普通高等教育制药类专业规划教材

制药分离工程

宋　航　主编
李　华　宋锡瑾　副主编

華東理工大學出版社
EAST CHINA UNIVERSITY OF SCIENCE AND TECHNOLOGY PRESS

图书在版编目(CIP)数据

制药分离工程/宋航主编.—上海：华东理工大学出版社，2011.8(2022.7 重印)

普通高等教育制药类专业规划教材

ISBN 978-7-5628-3066-5

Ⅰ.①制… Ⅱ.①宋… Ⅲ.①药物-化学成分-分离-生产工艺-高等学校-教材 Ⅳ.①TQ460.6

中国版本图书馆 CIP 数据核字(2011)第 115668 号

普通高等教育制药类专业规划教材

制药分离工程

主　　编／宋　航

副 主 编／李　华　宋锡瑾

责任编辑／周　颖

责任校对／张　波

封面设计／陆丽君　裘幼华

出版发行／华东理工大学出版社有限公司

社址：上海市梅陇路 130 号，200237

电话：(021)64250306(营销部)　64251837(编辑室)

传真：(021)64252707

网址：www.ecustpress.cn

印　　刷／广东虎彩云印刷有限公司

开　　本／787mm×1092mm　1/16

印　　张／21.75

字　　数／624 千字

版　　次／2011 年 8 月第 1 版

印　　次／2022 年 7 月第 6 次

书　　号／ISBN 978-7-5628-3066-5

定　　价／58.00 元

前 言

制药分离过程主要是利用待分离物系中的有效活性成分与共存杂质之间在物理、化学及生物学性质上的差异进行分离。因所用分离方法、设备和投入能量方式不同，使得分离产品的纯度、消耗能量的大小以及过程的绿色化程度有很大差别。制药工程学科涵盖了化学制药、微生物和现代生物技术制药、天然产物制药以及中药制药等方向，涉及制药过程的性质各有其特点。而且由于药物的纯度和杂质含量与其药效、毒副作用、价格等息息相关，使得分离过程在制药行业中的地位和作用非常重要。

迄今全国已有约200所各类院校相继设立了“制药工程”专业。在教育部本科教学指导委员会制药工程专业分指导委员会制定的“制药工程专业规范”中，明确将《制药分离工程》作为重要的专业课之一，其中一些院校将其作为必修课教学。

现有的分离类教材各有侧重。有的主要涉及生物类过程或一般的化工过程，也有的主要考虑中药制药过程或天然药物过程，或者内容体系尚待完整。而实际上，制药工程专业涵盖了化学制药、微生物和现代生物技术制药、天然产物制药以及中药制药等各专业方向。尽管各院校争取有各自的专业特色，但大多数院校的教学多涉及以上多个专业方向。因而，已有的教材尚难以满足教学需要。

本书在汲取《生物分离》、《化工分离》、《中药分离》等教材的优点和与制药工业分离纯化密切相关的其他内容基础上，在试用讲义过程中积累经验，不断修改和提高，并进行了教材内容和编排方式的多次研讨，从而使本书的编写和出版具有以下基本特色：

(1) 着眼于培养制药工程专业全面的知识、素质和能力考虑，本书所涉及的内容包括绪论、制药原料的预处理、固-液初步分离、一般分离纯化、高度纯化、进一步的成品加工，以及溶剂的回收循环使用等方面的内容，更为完整和系统化。各有关高校可以依据自身专业特色选学部分内容。

(2) 在有关章节编排中，经过多年研讨，采用了既考虑基本沿着制药过程从原料到产品的顺序，也将其中有关内容分别按固-液分离和液-液分离，有固体介质的分离和无固体介质的分离，初步的分离和高度纯化等不同类别，有规律地分类顺序编排，有利于学习和教学中能更好地掌握同类别和相近分离原理和方法的特点。

(3) 凭借多年从事制药分离工程教学和研究的丰富经验，引入了一些具有化学制药、生物制药，以及中药制药典型特点的应用实例，更有利于理解和掌握有关分离纯化的原理和方法。

(4) 各章均给出相关的思考题和习题，有利于课堂教学以外的自主教学，发挥学生主动性、巩固课堂内容，具有鲜明特色。

(5) 编写该书的主要作者有四川大学、浙江大学、郑州大学及西南科技大学等高校的教师。编写过程中参照了教育部制药工程本科教学指导委员会拟定的专业规范等文献，有利于较好地把握内容的深度和广度，更好地符合制药工程专业的规范和要求。

全书共有17章，由四川大学宋航任主编，李华、宋锡瑾任副主编。各章撰写人员情况如下。第1章：宋航；第2章：宋航，姚舜；第3章：宋航，张义文；第4章：黄毅，宋航；第5章：宋航，黄毅；第6章：胡国勤，李华；第7章：李华，胡国勤；第8章和第9章：宋锡瑾；第10章：张林，陈欢林；第 11 章：张义文，宋航；第 12 章：宋航，张义文；第 13 章：宋航，姚舜；第 14 章：胡国勤，李华；第 15 章：李华，胡国勤；第 16 章：姚舜，宋航；第 17 章：汪全义，宋航。本书在编写中引用了一些文献，由于篇幅有限，仅列出其中的主要部分，在此谨向所有著作权者表示诚挚的感谢。

制药工程专业是建立时间尚不够长的制药领域的工程技术专业，制药工程技术领域发展快速，一些问题还有待于进一步研究和探讨。加之作者的经验尚不够丰富、知识和水平有限，书中难免存在一些错误和不当之处，敬请读者提出宝贵意见。

编者
2011 年春

目录 Contents

1 绪 论

制药分离工程是制药工程的一个重要组成部分。它是描述回收生物产品分离过程原理和方法的一个术语，指从制药化学合成液、生物发酵液或酶催化反应液、动植物原料提取液中分离、纯化医药目标产物以及制成产成品的过程，是制药科学技术转化为生产力不可缺少的重要环节。

制药工程的主要目标是医药产品的高效生产，分离和纯化是最终获得商业产品的重要环节，是各种新医药产品实现产业化的必经之路，在整个医药行业中具有举足轻重的地位，因而一直受到广泛的重视。制药分离过程与很多医药技术产品质量的优劣、成本的高低、竞争力的大小密切相关，还与许多新产品的开发以及环境保护相关。近 20 年来，制药分离技术取得了长足的发展，出现了许多新概念和新技术，有些技术已经在工业上得到了应用，有的虽然还在研究中，但已经显示出良好的应用前景。医药技术产业在 21 世纪是发展最快的产业之一，必将成为本世纪的支柱产业，而制药分离工程技术的研究和发展是医药技术产业实现生存、进步和可持续发展的重要保证。

1.1 制药分离纯化过程的特点及重要性

医药产品具有很高的质量标准以及生产过程质量控制的法规严格约束。医药产品的生产，尤其是分离纯化过程，不同于一般的精细化工产品和生物产品的生产，具有其自身的特点。

1.1.1 制药分离对象的特点

1. 生物制药发酵液或培养液是产物浓度很低的水溶液

除了少数特定的生物制药体系，如酶在有机相中的催化反应外，在其他大多数生物制药过程中，溶剂全部是水。产物(溶质和悬浮物)在水溶液中的浓度很低，主要是受到物理和生产条件的限制。产物的浓度还会因微生物细胞受其反馈抑制作用而变化，如柠檬酸的发酵。可以通过 DNA 重组技术使蛋白质高效表达，但总体上产物在水溶液中的浓度是很低的，如青霉素仅为 4.2%，庆大霉素为 0.2%，而动物细胞培养液中的产物含量大多在 5～50 μg/mL 之间。

2. 药物原料液是多组分的混合物

制药过程包括多种类型的过程。药物化学合成结束后不少是待进一步处理的液体混合物，天然药物提取液和生物发酵液更是成分复杂的混合物。例如不同的发酵液中的细胞组成差异较大，这类发酵液混合物不仅含有大相对分子质量物质如核酸、蛋白质、多糖、类脂、磷脂和脂多糖，还包含了小相对分子质量物质，即大量存在于代谢途径的中间产物如氨基酸、有机酸和碱；混合物不仅包括可溶性物质，还包括以胶体悬浮物和粒子形态存在的组分如细胞、细胞碎片、培养基残余组分，沉淀物等。总之，生物制药培养液中组分的总数较大，也难以进行精确地测定，而且各组分的含量还会随着细胞所处环境的变化而变化。

3. 一些药物成分活性的稳定性差

无论是大相对分子质量还是小相对分子质量的生化制药产物都可能存在产物活性的稳定性问题。产物失活的原因主要是化学或微生物引起的降解。产物只能在窄的 pH 值和温度变化范围内才可能不出现化学降解的情况；蛋白质一般稳定性范围很窄，超过此范围，将发生功能的变性和失活；对于小分子生化产物，它们结构上的特性可能会变，例如青霉素的β-内酰胺环，在极端的pH值条件下会受损；具有手性核的分子可能由于pH值、温度和溶液中存在的某些物质所催化而被外消旋化，导致产物的大量损失。

微生物的降解作用是因为所有细胞中存在不同的降解酶，如蛋白酶、脂酶等，都能使活性分子被破坏成失活分子。由于升温能够加速这些降解酶的作用，因此在制备蛋白质、酶或相似产品时，应在尽可能低的温度和高的速度下操作。另外还应防止发酵产物染菌，否则可能产生毒素和降解酶，从而引入新的杂质或导致产品的损失。

4. 对最终产品的质量要求很高

作为临床药品或试剂，必须达到药典、试剂标准和规范的要求。如青霉素产品对其中一种杂质强过敏原——青霉噻唑蛋白类就必须放射免疫分析值(RIA值)小于100(相当于1.5×10^{-6})，对于蛋白类药物，一般规定杂蛋白含量小于2%，而生长激素(protropin)和重组胰岛素(recombulin)中杂蛋白含量应小于0.01%，不少产品还要求呈稳定的无色晶体。

实际上，各种制药过程的悬浮液或溶液原料中一般总是有或多或少的各种杂质，唯有经过分离和纯化等过程才能制得符合使用要求的高纯度药品，因此制药分离工程是各类医药产品工业化中的必要手段，具有不可取代的地位。制药分离工程的实施在不少情况下需要付出很大的代价，这是由生物制药过程中特别稀的水溶液原料和高纯度产品之间的巨大差异造成的，加上产物的稳定性差，导致其回收率不高，如抗生素产品一般都要损失20%左右。分离、纯化的方法也是十分复杂和昂贵的。从现有的资料可知，在大多数生物产品的开发研究中，分离纯化过程的研究费用占全部研究费用的50%以上；产品的成本构成中，分离和纯化部分占总成本的40%～80%，某些药用产品的比例则更高；生产过程中，仅分离纯化过程的人力、物力就可占全部过程的70%～90%。显然，开发新的制药分离技术和设备是提高经济效益或减少投资的重要途径。

1.1.2 制药分离过程的工艺流程和设备特点

1. 高标准的工艺设计和设备

为保证目标产物的生物活性和功能，必须设计合理的分离过程、优化单元操作条件，实现目标产物的快速分离纯化，获得高活性目标产物。为实现性质相似生物制药产物的分离，需利用具有高度选择性的分子识别技术或高效液相色谱技术纯化目标产物，并且采用多种分离技术和多个分离步骤完成一种目标产物的分离纯化。为提高产品回收率，必须优化设计分离过程和各个单元操作，并努力开发和应用新型高效的分离纯化技术。为与生物制药工程上游技术相衔接，要求分离纯化过程有一定的弹性，能够处理各种条件下的原料液。

2. 严格的生产管理和质量控制

以严格的工艺流程和高质量设备为物质基础所构成的制药生产过程，必须符合严格的药品生产管理规范(GMP)。该规范以国家法规的形式予以颁布和实施，而其他化学品、生物制品以及很多类产品生产则无此类法规约束；另一个特点在于医药产品的生产不仅要求最终产品质量符合高标准的质量要求，还要求在生产的各个环节或过程中对物料、半成品、制成品以及包装材料等进行有效监测即在线检测和控制，使各环节可能出现的问题能及时发现和处理，持续确保产品质量的稳定。

因为制药产品的种类和性质呈多样性，所用到的单元操作也多种多样。例如，同一单元操作可以在不同的工艺阶段使用；为获得最佳的分离效率，不同的单元操作可以组合等。

总之，制药产品的特点给分离纯化过程提出了特殊的要求。制药产业没有下游的分离纯化过程的配套就不可能有工业化的结果。没有制药分离纯化过程的进步，就不可能有更好的工业经济效益和社会效益。

1.1.3 制药分离工程的主要研究内容

制药工程技术的主要目标是医药产品的高效生产，其中制药分离工程是完成医药产品分离纯化，得到高质量产品的重要环节。因而，制药分离工程的研究内容至少包括两方面：一是研究目标产品及其基质的性质；二是研究根据产品及基质选择适宜的分离纯化技术，包括对基本技术原理、基本方法、基本设备的研究。其主要内容可以概括为以下几点。

1. 制药分离工程主要目标产品类型

制药分离过程主要针对两方面的产品：一是直接产物，即由化学合成、动植物提取以及生物发酵直接生产，分离过程中从相应的物料开始；二是间接产物，即由发酵过程得到的细胞或酶，再经转化和修饰得到产品。这些产品可按相对分子质量大小分类，也可按产品所处位置分类。相对分子质量小于 1 000 的，如抗生素、有机酸、氨基酸等；相对分子质量大于 1 000 的，如酶、多肽、蛋白质等；不被细胞分泌到胞外的胞内产品，如胰岛素、干扰素等；在胞内产生又分泌到胞外的胞外产品，如某些抗生素和酶等。不同类型的产品对分离纯化的要求不同，所采用的分离纯化技术也不同，对这些产品性质的深入了解，有助于有效选择分离纯化技术。

2. 制药分离工程技术原理的研发

分离是利用混合物中各组分在物理或化学性质上的差异，通过适当的装置和方法，使各组分分配至不同的空间区域或者不同的时间，然后依次分配至同一空间区域的过程。分离只是一个相对的概念，我们不可能将一种物质从混合物中完全分离出来，但追求尽可能高纯度、高效率的分离纯化是制药分离工程研究的重要内容。对分离技术原理的研究和不同分离原理的组合研究，是开发高效率分离纯化新技术、新介质的基础。

3. 制药分离工程设备的研究

制药分离工程设备是实现制药分离工程产品的高效率分离和纯化的基本保障，对分离设备性能、选择原则的研究有利于开发新设备。

4. 生化分离操作过程的设备和优化

研究设计、优化分离操作过程对医药产品的生产十分重要，合理的、完善的分离操作过程是充分利用所采用分离技术原理的特点、充分发挥分离设备的技术性能的前提，有利于达到提高分离效率、减少分离步骤、获得高质量产品、降低生产成本、提高企业经济效益的目的。

1.1.4 制药分离纯化的一般工艺过程及相关技术

制药分离工程的设计不仅取决于产品所处的位置(胞内或胞外)、分子大小、电荷多少、产品的溶解度、产品的价值和过程本身的规模，还与产品的类型、用途和质量(纯度)要求有关，所以分离和纯化步骤有不同的组合，提取和精制的方法也有不同的选择。但生物工业下游加工过程有一个基本框架，即常常按生产过程的顺序分为四个不同作用的阶段(图 1-1)。

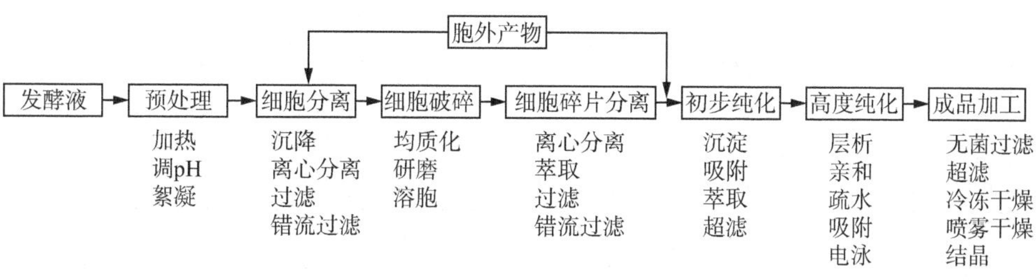

图 1-1 生物工业下游加工过程及相关的主要工艺技术

1. 发酵液的预处理与固-液分离(或称不溶物的去除)

由于技术和经济原因，在这一步骤中能选用的单元操作相当有限，过滤和离心是基本的单元操作。为了加速固-液两相的分离，可同时采用凝聚和絮凝技术；为了减少过滤介质的阻力，可采用错流膜过滤技术，但这一步对产物浓缩和产物质量的改善作用不大。一般希望以低投资和低成本来换取高的回收率及去杂率，但是这些要求往往是相互矛盾的。如果产物在细胞内，没有分泌到体外，如β-半乳酸苷酶以及由重组大肠杆菌产生的重组蛋白质等产品，通过分离收集细胞后，还需要进行细胞碎片的分离。

2. 初步纯化（或称产物的提取）

这一步骤的主要任务是提高产品浓度，以提高纯度为辅。通过这一步骤，可除去与产品性质有较大差异的物质。沉淀、萃取和吸附等是在这一步骤中使用的典型操作。

3. 高度纯化（或称产品的精制）

该步骤与初步纯化类似，仅有限的一些单元操作可供选用，但这些技术对产品有高度的选择性，可用于除去有类似化学功能和物理性质的杂质，典型的单元操作有层析、电泳和沉淀等。

4. 成品加工

产品的最终用途和要求，决定了最终的加工方法，浓缩和结晶常常是操作的关键，大多数产品还必须经过干燥处理。

由上可知，各步骤都有若干单元操作可供选择，其中包括许多常用的化工单元操作和若干因生物过程需要而发展起来的单元操作，应根据具体情况进行设计。为便于读者了解技术的选择，现将各种主要单元操作的原理和特点列于表 1-1 中。

表 1-1　制药过程及常用单元操作

过程		单元操作	分离类型	选择性	生产能力	应用
原料预处理	预整理	清洗	机械杂质	低	高	中药材、动植物药原料
		切片	形状变化	低	高	中药材、植物药原料
		粉碎	形状变化	低	高	动植物原料、中药材、化学药物固料
	预调理	加热	固-液形成	低	高	生物发酵液
		调节 pH 值	固-液形成	低-中	高	生物发酵液、天然和化学药物料液
		絮凝和凝聚	固-液形成	低-中	高	生物发酵液、天然药物料液
	细胞破壁	机械法	释放成分	低	中-高	动植物细胞内产品提取
		酶法	释放成分	低-中	中	动植物细胞内产品提取
		化学法	释放成分	低	中	（实验型）动植物细胞内产品提取
固-液初步分离	过滤	加压	固-液分离	低-中	高	动植物原料提取碎渣、菌体和细胞、晶体和沉淀
		减压				
		微滤		中	中	菌体、细胞碎片
	离心	沉降	固-液分离	低	高	生物菌体和细胞、晶体和沉淀、液-液悬浊液
		过滤		低-中	高	动植物原料提取碎渣、生物菌体和细胞、晶体和沉淀
		超离心		中-高	低	蛋白质、细胞
	液-液萃取	液-液	分离、纯化	中	高	蛋白质、抗生素、天然和化学药物
		双水相	分离、纯化	中-高	高	蛋白质、抗生素、天然药物
		超临界	分离	中-高	中	蛋白质、抗生素、天然药物
		反胶束萃取	分离、纯化	中-高	中	蛋白质、抗生素、天然药物
	沉淀	盐析	分离	低-中	高	蛋白质
		溶剂	分离	低-中	高	蛋白质、天然药物
		金属配合物	分离	低-中	高	蛋白质、天然药物
		结晶	析出	中-高	高	蛋白质、天然药物、合成药物

续 表

过程		单元操作	分离类型	选择性	生产能力	应用
	吸附	非活性基	分离	中-高	高	抗生素、蛋白质、天然药物
		特殊活性基	纯化	中-高	高	蛋白质、天然药物
		混合活性基	分离	中-高	高	抗生素、蛋白质、天然药物
	膜技术	微滤	分离、浓缩	低-中	高	细胞碎片、蛋白质、抗生素
		超滤	分离、浓缩	中	高	蛋白质、抗生素、脱盐和除热原
		纳滤	纯化	高	中-高	蛋白质、抗生素
		渗透蒸发	分离、浓缩	中-高	中-高	蛋白质、抗生素、生物碱、手性化合物
		电渗析	分离、浓缩	中-高	中-高	蛋白质溶液脱盐、纯化水
	色谱	高压液相	纯化	高	低	蛋白质和多肽、天然和化学药物
		低、中压层析	纯化	中-高	低-中	蛋白质和多肽、天然和化学药物
		凝胶	纯化	高	低-中	(实验型)蛋白质、多肽
		离子交换	纯化	中-高	中-高	血制品、天然和化学药物
		亲和	纯化	高	低	(实验型)蛋白质、多肽
		液-液逆流	纯化	中-高	中-高	蛋白质、抗生素、天然和化学药物
	其他	电泳、等电聚焦	纯化	高	低	蛋白质、多肽
		手性分离	纯化	高	低-中	蛋白质、手性天然和合成药物
料液浓缩及溶剂回收	浓缩	蒸发	浓缩	低	高	抗生素、天然和化学药物
		微滤/超滤	浓缩	低-中	中	蛋白质、抗生素、天然和化学药物
		冷冻浓缩	浓缩	低	低-中	蛋白质、抗生素、天然药物
	蒸馏	闪蒸	分离	低-中	高	天然和化学药物浓缩及溶剂回收
		单效、多效蒸发	分离	低-中	高	天然和化学药物浓缩及溶剂回收
		精馏	纯化	高	高	溶剂提纯
成品加工	干燥	喷雾干燥	干燥、造粒	低	高	α-淀粉酶、单细胞蛋白、天然和合成药物
		箱式/滚筒干燥	干燥	低	中	天然和合成药物
		冷冻干燥	干燥	中	低-中	生物活性药物、热敏性药物
	成型	喷雾、包衣		低	高	固体药物
		灌装		低	中	液体药物

1.2 制药分离工艺技术的选择

1.2.1 选择工艺技术的总体原则

当设计一个制药产品分离纯化加工过程时，不仅要在高产率、低成本等总体目标上有所要求，还应做到以下两点。

1. 采用步骤数量少

不仅生物过程，对于所有的分离纯化流程，都是多步骤组合完成的，但应尽可能采用最少步骤。几个步骤组合的策略，不仅影响到产品的回收率，而且会影响到投资大小与操作成本。假设每一步骤的回收率为 95% ($\varphi=0.95$)，则 n 个步骤的总回收率的期望值为 $\varphi^n=0.95^n$，如果现用 10 个步骤进行分离纯化，那么总回收率是 $0.95^{10}\approx0.60$，即 60%被回收。因此，为了改善总回收率，可以从两个方面进行，提高各个步骤的回收率或减少回收流程所需的步骤。若有某种特殊产品，原来的纯化路线为吸附加上三步结晶和重结晶，现在改用高效液相色谱（HPLC）和结晶来替代，假定两条路线的各步回收率都为0.9，则总回收率就能提高37%（$\varphi^{n-3}/\varphi^{n}=0.9^{-3}=1.37$）。

虽然，高效液相色谱（HPLC）比它所替代的单元操作步骤的成本要高，但由于其提高了产品的回收率而得到的效益，将大大抵消并超过其增加的成本。所以对于一个下游加工过程，不应将每一步骤割裂开来考虑，而应从各个步骤发生数变化带来的影响进行综合考虑。

2. 采用步骤的顺序要相对合理

在制药分离过程的四大步骤中，固-液分离、高度纯化和成品加工选用的技术范围窄，所以顺序不是问题，而在初步纯化时，对于不同特性的产品，具有不同的纯化步骤，表面上看没有明显的单元操作顺序，实际上却还是存在一些确定的顺序被生产和科研上广泛采用。

也可以通过每种方法在纯化阶段中所起的作用来确定其顺序的先后。以微生物制药为例，可得到如下顺序：匀质化（或细胞破碎）、沉淀、离子交换、亲和吸附、凝胶过滤。关于这个顺序（匀质化后）的说明为：沉淀能处理大量的物质，并且它受干扰物质影响的程度比吸附或色层分离小；离子交换用来除去对后续分离产生影响的化合物；亲和技术常在流程的后阶段使用，以避免因非专一性作用而引起亲和系统性能降低；凝胶过滤用于蛋白质聚集体的分离和脱盐，由于凝胶过滤介质的容量比较小，故分离过程的处理量小，一般常在纯化过程的最后一道处理工序中被使用。

1.2.2 选择工艺时应考虑的主要工业生产参数

除上述几点外，制药产品分离纯化加工过程的选择还应考虑实际工业加工过程中的各种因素。

1. 产品的规格

产品的规格（或称技术规范）是用产品中主要成分和杂质的含量来表示，是确定纯化要求的程度以及由此而产生的制药分离纯化加工过程方案选择的主要依据。如果对产物纯度要求不高，则一个简单的分离流程就足以达到纯化的目的；但是对于注射类药物，产品的纯度要求很高。在原料液中杂质的量及类型却很多，例如存在于微生物细胞壁中的组分能够引起抗原反应，从这点来说，热原是一组不定化合物蛋白质、脂质、脂多糖等的总称，在纯化步骤中必须将它们尽量除去，以满足注射药品规格的要求。

小分子产物纯化的共同特征是存在具有与目标产物结构相类似的代谢产物，但是缺少活性的功能团，像这种有若干功能团的变化分子，虽然在化合物的活性方面有显著的差异，但仅靠在分离过程上做小小的改变来达到有效的纯化是困难的。这种分离过程必须能区别物料的活性和非活性形式以及部分降解形式。物料的物理形式也是产品技术规格要求的重要组成部分，它包括干燥物料的粒子大小和结晶产品的晶形，这些可能对产品的有效使用是必需的，但与最佳分离过程可能是相矛盾的。

2. 生产规模

物料的生产规模在某种程度上决定了所能采用的工艺过程和设备类型。在使用离心、过滤等方法时由于这些方法自身能够适应很宽的规模范围，技术方法的选择与生产规模无关。但是在后续步骤中，技术方法的选择与生产规模则有关。例如，细胞破碎的机械方法——珠磨机或匀浆器，就比前面所说的固-液分离方法在生产能力上小几个数量级。如果某一生产规模超过了细胞破碎机械设备的生产能力，则要同时使用多台设备，或另选其他方法解决。酶法细胞破碎时，如果所用的酶比较昂贵或者必须大量使用时，则可能成本过高。此外，可能影响制药产品分离纯化加工过程在规模上变化的其他因素还表现在层析和吸附过程中。用于生物分离过程中的层析载体是由柔软的多糖类凝胶制成的，例如琼脂糖。用这类凝胶组成的系统，只能按比例放大到一定的规模，超过这个规模，凝胶的自重将会压塌凝胶的结构，来自液流的压降也会使凝胶颗粒破碎。这种情况在吸附过程中也会发生，克服这一缺陷的方法是提高凝胶的交联程度或用无机载体替代多糖类载体。另外一种情况，是在工艺过程的最后阶段。当产品需要干燥时，采用冷冻干燥难以适合较大的生产量，故大规模生产需要采用其他方法，如真空干燥或喷雾干燥，但是它们不适用于热敏性物质。

由上可知，生产规模对一些单元操作的影响是相当重要的，故在具体产品生产时，要综合考虑规模效应。

3. 进料组成

除了产品的规格以外，进料组成也是影响分离过程的主要原因之一。产物的定位（胞内或胞外）以及在进料中存在的产品是可溶性物质还是不溶性物质都是影响工艺条件的重要因素。在进料流中，一个高浓度的目标产物，意味着分离过程可能很简单，在进料中，若存在某些化合物与目标产物非常类似，则表明需要一个非常专一性的分离过程，才能制得符合规格的产品。进料流中可能含有的某些组分必须在分离过程的早期就被全部除去或者在最终产品中小于它的最低允许限度。

4. 产品的形式

最终产品的外形特征是一个重要的指标，必须与实际应用要求或规范相一致。对于固体产品，为了能有足够的保存期，需要达到一定的湿度范围；为了避免装卸困难或者在最后使用时，容易重新分散，需要达到一定的粒子大小分布。如果生产的是结晶产品（很可能是小分子），那么必须具备特有的晶体形态和特定的晶体大小，才能具有较高的药物生物利用度。对于制药分离过程，晶体形态对于处理过程的难易程度可能有较大影响，例如针状晶体过滤和洗涤都很困难。如果是液体产品，则必须在下游加工过程的最后一步进行浓缩，还可能需要过滤除菌等操作。

5. 产品的稳定性

通常用调节操作条件的办法，使由于加热、pH 值或氧化所造成的产品降解减小到最低程度。为了得到一个适宜的分离工艺，可以在短期内采用激烈的条件。以青霉素生产为例，其中通过溶剂萃取，使其进入酮溶剂中，提取出青霉素（一种弱酸）可萃取的水相溶液，pH 值应下调至 pK 值以下，在如此低的 pH 值下，由于化学结构的不稳定性，青霉素的半衰期缩短。因此，即使在萃取器中接触时间很短，青霉素快速进入有机相，它的收率损失也有 5%～10%，但这个总流程比其他可选用的流程更为经济，所以这样的收率损失还是可以接受的。

一些化学药物、天然药物以及蛋白质药物容易被氧化，因此必须排除空气并必要时使用抗氧化剂，以便使氧化作用减小到最低程度。当蛋白酶存在的时候，在纯化的早期阶段，就必须冷却，降低它们的反应速率和减少产品的损坏，必须使存在的重金属浓度降低到不破坏酶的活性为止。加热过程如干燥，若不谨慎控制，也会导致酶失活。

6. 物性

物性表征产物的物理性质，是分离过程设计和设备选择的一类重要参数。需要考虑的主要物理性质包括：①溶解度，溶解度受 pH 值、盐等影响，将指示沉淀过程或吸附过程怎样进行控制才最好；②分子电荷，分子电荷随 pH 值而变化，可以指示如何有效地进行离子交换和选择用阳离子交换树脂还是阴离子交换树脂，同样可以指示离子对萃取的可能性；③分子大小，对于蛋白质，分子大小可以指示凝胶过滤操作与膜过滤操作哪种可行；④功能团，功能团为稳定条件、提取剂及亲和吸附剂的选择提供依据；⑤稳定性，适宜的 pH 值范围、温度范围、半衰期（在保证目标产物稳定性的条件下，可用来降解或沉淀杂质）；⑥挥发性，仅是小分子物质选择分离过程的重要依据。

7. 危害性

产品本身、工艺条件、处理用化学品、应用的微生物细胞都存在着潜在危害。由于在生物系统中，大量地使用含水液流，所以导致的危害较轻。但是，对于在萃取、沉淀和结晶中使用的有机溶剂，必须引起注意。此外，产品本身可能发生的危害必须加以控制。例如类固醇抗生素，治疗药品可能需要封闭式操作；如果使用离心操作，则有可能产生气溶胶；如果使用重组 DNA 工程菌生产系统，则必须控制发酵产生的生物体的排放，发酵产生的气体必须过滤并用专门操作小心处理，直到生物体不能成活为止，即后期进行细胞破碎或专门的细胞致死操作。干燥过程的防护和粉尘及粒子排放的控制是必要的。对于固定化过程，可能会用剧毒的化学品，例如 CNBr。总体来说，在常温常压条件下，出现在生物物质加工过程中的危害是较低的。

8. 废水

随着操作规模的扩大，废水处理变得更加困难，从而需要重新评估使用的过程。生物量是生物需氧量（简称 BOD）的主要来源，它将通过对废水处理成本的大小来影响过程的经济性。固体可以在处理之前，从含水液流中分离出去，溶剂需要从含水液流中回收，盐浓度应设法限制，可将溶液稀释或在加工过程前预先处理。由于对过程环境影响的关注日益增加，所以导致这方面作为制药分离纯化过程选择的一个因素，其重要性在不断增加。

9. 分批或连续过程

制药的化学合成、动植物成分提取以及发酵或生物反应过程可以用分批或连续的方式操作。由于要与这个条件相适应，所以制药分离纯化过程的选择受到它们的限制。某些单元操作，例如色谱分离操作，在分批操作上是可行的，若要与连续发酵过程相适应，则必须进行改进。有些单元操作被认为是连续的，例如连续超滤，但是为了膜的清洗，必须做好过程循环的准备，需要置备缓冲容器或者加倍处理能力，以便于进行清洗。

1.2.3 分离纯化技术路线的选择原则

制药分离纯化工作的最终目标是实现工艺便捷、加工容量适宜、可重复性和可靠性好，试剂与设备等成本经济，目标产物高产、高纯度并保持药物活性。为此，以蛋白质纯化为例，一般在进行分离纯化工艺设计时，应考虑以下几条原则：①技术路线、工艺流程尽量简单化；②尽可能采用低成本的材料与设备；③将完整工艺流程划分为不同的工序；④注意时效性，应优选可缩短各工序纯化时间的加工条件；⑤采用成熟技术和可靠设备；⑥以适宜的方法检测纯化过程、产物产量和活性，对纯化过程进行监控等。

结合对终产品纯度和活性的要求，工艺研发过程还要注意对各工序目标产物纯度的要求应科学合理，对杂质的去除有针对性，应根据原材料来源确定目标产物的特点及含量，明晰主要混杂物的性质及在分离步骤中的分布变化规律，以保护、浓缩目标产物，破坏、稀释去除混杂物为中心设计纯化方案。

1.3 分离纯化方法的综合运用与工艺优化

医药产品尤其是非化学合成的有效成分的分离纯化过程由一系列工艺过程构成连贯的工艺流程。到目前为止，尚没有一种单一分离纯化设备和技术可以经过一步加工处理就能获得纯度符合产品标准的医药产品，必须综合运用多种分离设备和技术来加工纯化。

1.3.1 各工序间的合理配置和优化

产品是按工序逐步分离加工出来的，产品和加工成本随工序增加而增加。对于每一操作单元或工序本身各项影响加工效果的因素，如盐析或沉淀中沉淀剂种类、浓度或离子强度及 pH 值，超速离心中介质种类与梯度的设置，层析中吸附与洗脱液成分、离子强度及 pH 值、温度、吸附与洗脱时间和峰形等参数区间和操作条件都需要进行工艺优化。因工序间具有复杂的相互影响作用，前一工序加工产物的质量状况如 pH 值、盐浓度和颗粒杂质的存在等对后一工序的处理有直接影响。必须保证上一工序工艺处理条件和产物的质量适于下一工序的加工需要；后一工序对加工物料的专门要求决定前一工序加工产物必须符合一定的标准。例如进入层析柱的物料应无颗粒性杂质，以防止其堵塞装填介质形成反向压，这就要求用离心或过滤设备除去进料中的颗粒类杂质。如工艺流程中包括一组层析加工工序，则料液成分对下一工序的影响成为突出问题，其 pH 值或离子强度出现任何差错都可能影响下一层析效果，造成产品损失或质量降低等不良后果，应尽量减少对工序间在制品的调整性处理，做好工序间的衔接工作，从加工产物质量、产物收率与纯度的平衡、时间与经济性等角度出发，对影响工艺流程整体纯化效果的加工条件进行优化。

1.3.2 收率与纯度之间的平衡

制药分离纯化过程中，有效成分的纯度与收率之间是一对矛盾关系。产物有效成分的纯度是衡量其质量优劣的重要指标，尤其是非肠道类药物，其纯度的高低直接关系用药的安全性。纯化产品收率的提高往往伴随着纯度的下降。反之，对纯度要求的提高则意味着纯化工艺成本的升高和产物收率的降低。如何在纯化产物符合标准的前提下实现高的纯化收率，是纯化工艺水平的体现。应结合对产品的质量要求、加工成本、技术上的可行性和可靠性、产品价值以及市场需求等，找出纯化工艺加工产物纯度、生物活性和产量间的平衡点，实现工艺的最优化。

1.3.3 技术经济性考虑

纯化工艺总体成本与纯化产物的价值必然影响纯化工艺路线的设计。在纯化工艺流程中，产品的价值或纯化加工的成本是随工艺流程的进行而递增的。从技术设备、配制工艺处理液的原材料到纯化用层析介质等成本伴随在制品沿工序流动而累加。如在设计和整合全工艺流程时，即应将涉及在制品处理体积大、加工成本低的工序尽量前置；而层析介质价格较为昂贵，层析精制纯化工序则宜放在工艺流程的后段，进入层析工序的在制品体积应尽可能小，以减少层析介质的使用量。事实上在制品沿工艺流程被加工过程中，其中杂质成分随工序递进而逐级减少，而有效成分纯度则越来越高，体积渐次缩小是合理的并在工艺上容易做到。随产物纯度的提高，对工艺流程下游加工所用的设备、试剂的要求亦提高，一定要选择质量优良、性能可靠的设备，使用高质量的试剂，确保所用工艺处理溶液是合格的。

1.3.4 工艺放大与中试

生物技术产品的分离纯化工艺的建立一般都经过从实验室研究、中间试验生产到形成工业规模生产线的放大过程，应遵循工艺创新研究、技术开发、成熟和完善的一般规律。小规模纯化工艺研究是放大到大规模纯化工艺的基础。尽管工艺放大过程中往往会有操作细节或条件的改变，但在小规模工艺开发中所做的工艺条件优化和工序综合效果研究可为放大设计及工艺定型积累数据和提供经验。例如疏水层析柱的长度在实验室研究中初步确定后，理论上在一定范围内可以采用加大层析柱直径而保持层析柱高度不变的方式进行工艺放大。但在实际生产中由于制备层析柱直径的加大，势必增加层析介质装填过程中保持其均匀性的难度。如果介质装填不均匀，放大后的层析柱将不能达到实验室研究阶段的分离效果。尽管工艺放大前各工序及总体工艺流程已经过优化，放大后由于设备、物料体积、加工时间和具体工艺条件发生了改变，各工序内部各因素间以及各工序间的相互影响，既有加工量的增加，也有设备和方法等的变化，放大后无论是局部还是整体工艺条件均应进行重新优化。

不同规模纯化工艺加工物料的量如体积大小对设备规格型号、加工容量、加工周期有较大影响，亦与厂房设施、生产线规模、劳动力成本和工艺开发定型周期密切相关。工艺放大后一般将延长纯化时间，从而可能导致被纯化产物产率及活性的损失，所以工艺放大过程中应尽量采取缩短纯化工序。小规模纯化工序之间样品的加工如稀释、过滤和离心等操作较为容易和简单，但放大则会增加处理时间、处理量和成本，放大过程应减少工序间对在制品的稀释或浓缩等调整。

需要注意的是某些纯化工艺放大后不能重复放大前的处理效果，如从实验室水平离心沉淀处理放大到制备型离心沉淀加工规模可导致离心力有效值的下降，其后果可能是细胞碎片沉淀的牢固程度不如实验室中的效果，上清液含有更多的杂质。这种情况下有必要调整工序单元操作程序，如离心后增加过滤以除去细小颗粒的步骤，而这种调整与前述关于应减少工艺步骤的原则相悖，可见工艺放大工作的复杂性和难度。再如酵母细胞在实验室研究中可以采用玻璃珠振荡法或酶消化法破碎，而在大规模生产中如仍沿用实验室方法，则达不到生产目的，应采用高压破碎器进行制备性的破碎可能更具有生产价值。

1.3.5 纯化过程中对产品的检测

对各工序在制品、半成品中杂质去除程度、残留物含量和目标产物的含量、纯度与活性等的检测是分离纯化工艺的重要组成部分。实际生产中根据在工艺里所起作用可将其分为在线检测、数据检测和放行检测等三类。在线检测是在工艺运行过程中通过对在制品取样并用适当仪器和方法测试样品相应指标，或通过安装在生产设备上的监测仪器（如传感器等）直接检测加工物料或设备的有关数据，以便及时了解工艺运行状况，并对其进行调整和控制。纯化过程中往往在进一步加工之前需要测试在制品的某些指标的具体数值，根据测得的数据进行计算，确定下一道工序的工艺参数后才能继续加工，这种检测即为数据检测。如果在制品进入层析工序前，可能需要测试其中有效成分的浓度，并根据测得的浓度和在制品体积计算出有效成分的总量，按照层析柱的加工容量和性能，决定是否需要对在制品进行浓缩或稀释、合并或分批处理，推算应该进入层析柱的在制品体积或目标产物的数量以及平衡、洗脱所需各工艺处理溶液的体积等。又如在密度梯度离心和层析洗脱的分步收集产物工序中，可能必须同时检测在制品分步收集过程的光吸收峰图谱和取样检测各个分步收集容器里有效成分的含量，以确定图谱中有效成分峰的位置及决定合并哪些收集容器中的产物。在一道纯化工序结束后，其产物是否可以进入下一道工序继续分离处理，应根据加工工艺的要求，对工序间在制品设定质量标准，抽样检验在制品有关质量指标，其结果符合标准后方允许在制品进入后一道工序继续加工，这种检测就是放行检测。

1.4 制药分离过程技术的发展趋势

20 世纪 80 年代以来，虽然新的分离与纯化方法不断出现，解决了不少生产实际问题，提供了一大批生物技术产品，但无论是高价生物技术产品，还是批量生产的传统产品，随着商业竞争的激烈和生产规模的扩大，产品的竞争优势最终归结于低成本和高纯度，所以成本控制和质量控制将是生物工业下游加工过程发展的动力和方向。此外，有许多实验室技术需要逐步走向工业化，有些过程的理论问题还没有完全弄清楚，还需要探索新的高效分离、纯化技术，所以生物工业下游加工过程的研究与开发，正继续向新的高度进军。当前应该注重在以下几方面的研究和开发。

1.4.1 基础理论研究

(1) 研究非理想溶液中溶质与添加物料之间的选择性反应机理，以及系统外各物理因子对选择性的影响效应，从而研制高选择性的分离剂，改善对溶质的选择性。

(2) 研究界面区的结构、控制界面现象和探求界面现象对传质机理的影响，从而指导改善具体单元操作及过程速度，如改善萃取或膜分离操作和结晶速度等。作为生化分离工程设计基础的热力学和动力学等基础理论几乎还是空白，常常依靠中试加以解决，所以必须加大力度展开这方面的研究。

(3) 下游加工过程数学模型的建立。在化学工业中，数学模拟技术的使用已有多年的历史，但是在制药分离工程领域尤其是生物制药方面才刚刚开始，亟待发展和完善，获得合适的过程模拟软件，以对制药分离纯化过程进行分析、设计和技术经济评估等。

1.4.2 完善、研究、开发新型和经济高效的制药分离纯化技术

1）正确对待“新”、“老”分离技术，努力推进多种分离、纯化技术的结合

制药分离加工过程既包括了历时已一百多年的若干传统的化工单元操作，如精馏、干燥、吸收等，也包括了诸如膜分离、亲和反应等新的单元操作，其中已得到工业应用的单元操作，大体情况可用图 1-2 来说明。

由图 1-2 可以看出，各种单元操作目前的“技术成熟度”（横坐标）与“工业应用度”（纵坐标）之间的近似关系。值得注意的是，尽管精馏、吸收等操作已处于“S”形曲线的顶峰附近，但由于它们属于生产领域中量大面广的技术，它们的提高与改善将给生产带来极为可观的经济效益，所以不应忽视，应对它们加深研究，使之更加完善。曲线中间涉及的操作，是生物下游加工过程发展历史上基于不同应用场合建立和发展起来的单元操作，如沉淀、结晶、吸附、萃取、离子交换等，属于迅速发展中的新兴单元操作或分离技术，需要不断地提高其理论深度并扩展其应用广度。例如，萃取技术从用于核燃料提取、分离和纯化开始，扩展到了生物技术产品的分离和纯化过程之中，同时又得到了发展，并派生出了双水相萃取、反胶束萃取、超临界萃取等技术。

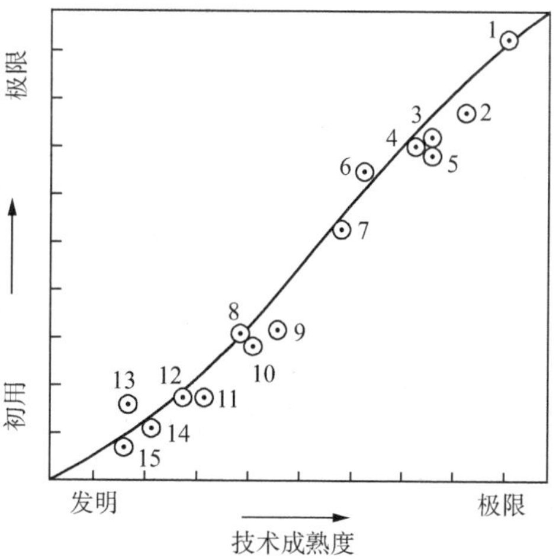

图 1-2 分离技术发展现状示意图

1—精馏；2—吸收；3—结晶；4—溶剂萃取；5—萃取（共沸）精馏；6—离子交换；7—吸附（气-固）；8—膜（液相进料）；9—吸附（液-固）；10—膜（气体进料）；11—色谱分离法；12—超临界萃取；13—液膜；14—场致分离；15—亲和分离

除了正确对待新、老技术外，当前生物工业下游加工过程发展的一个主要倾向是多种分离、纯化技术相结合，也包括新、老技术的相互交叉、渗透与融合，形成所谓融合技术（或称子代技术）。如萃取与离子交换相结合，形成了溶剂浸渍树脂和萃淋树脂分离技术；膜分离与亲和配基相结合，形成了亲和膜分离过程；离心分离与膜分离过程相结合，形成了膜离心分离过程等，如图 1-3 所示。这类技术具有选择性好、分离效率高、下游加工过程步骤简化、能耗低、加工过程水平高等优点，是今后的主要发展方向，近年来研究较多，并且有较大实用价值。

2）生物技术下游工程与上游工程相结合

发酵与分离耦合过程的研究是当今生物化学工程领域的研究热点之一。早在 20 世纪 70 年代，这一技术思路就开始用于厌氧发酵——乙醇的发酵过程中，取得了令人满意的效果，近年来逐步发展到好氧发酵过程中。发酵-分离耦合过程的优点是可以解除终产物的反馈抑制效应，提高转化率，同时可简化产物提取过程，缩短生产周期，增加产率，收到一举多得的效果。

3）强化化学作用对下游加工过程的影响

提高分离过程的选择性和设备效率最有效的一种方法，其中重点研究的内容有以下两大类。

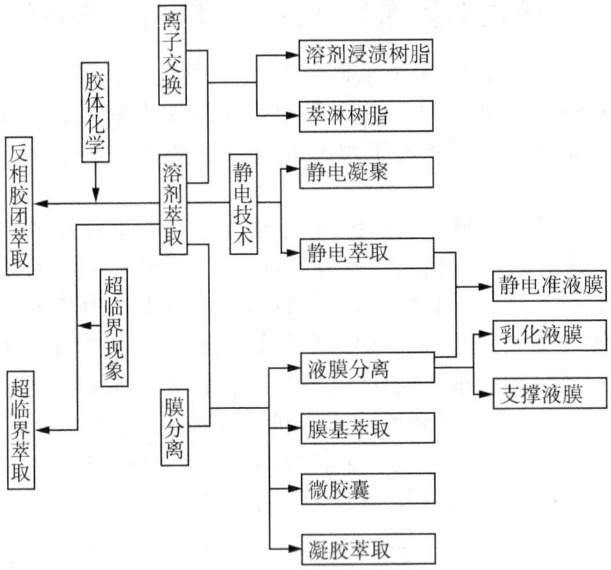

图 1-3　溶剂萃取与一些新兴分离技术之间的关系

(1) 强化化学作用对体系分离能力的影响　一是选择适当的分离剂，增大分离因子，从而提高对某一组分的选择性；二是向分离体系投入附加组分，改变原来体系的化学位，从而增大分离因子，如在乙醇水溶液浓缩制备无水乙醇时，用加入盐溶液的办法，使醇对水的相对挥发度大大提高，甚至使恒沸点消失，可以在较小的回流比下进行乙醇的分离，从而节约能源。

(2) 强化化学作用对相界面传质速率的影响　利用一些相转移促进剂来增大相间的传质速率，如在渗透蒸发分离乙醇时，若选用含有—COOH 基的膜就更有利于分离去水，这是因为—COOH 基能与水生成氢键，从而提高了分离的选择性和传质速率。将相转移促进剂结合在固相界面上的分离过程，即各类“亲和”分离过程，如亲和层析、亲和吸附、亲和过滤、亲和膜分离等是强化分离过程的一个前沿研究方向。

4) 改进上游因素，简化下游加工过程

例如对于生物制药，可从以下两方面考虑。

(1) 生物催化剂　菌种选育和工程菌构建是上游工程的主要工作之一，一般以开发新物种和提高目标产物量为目标。现在应该转变观念，从整体出发，除了达到上述目标外，还应设法赋予生物催化剂增加产物的胞外分泌量，减少非目标产物的分泌(如色素、毒素、降解酶及其他干扰性杂质等)以及赋予菌种或产物某种有益的性质以改善产物的分离特性，从而简化下游加工过程。

(2) 培养基和发酵条件　它们直接决定着输送给下游的发酵液质量，如采用液体培养基，不用酵母膏、玉米浆等有色物质和杂蛋白为原料，控制比生长速率、消沫剂用量、放罐时间等发酵条件，使下游加工过程更为方便、经济，从而提高总的回收率。

5) 工程问题的研究

制药过程尤其是生物制药过程产生的料液是复杂的非牛顿型流体，具有高黏度和依赖于生物流体的剪切力等流体力学行为，给传热和两相间的接触过程都带来了特殊的问题；生物制药技术产品的工业化需要将实验室技术进行放大，而某些专一性、高附加值的产品又需要进行过程缩小，这就需要借助化学工程中有关“放大效应”、“返混”、“质量传递”、“流体输送”等基本理论，结合生物制药过程的特点，研究大型生物制药分离装置中的流变学特性、热量和质量传递规律，探明在设备中的浓度、酸度、固含量、温度等条件的分布情况，制定合理的操作规范，改善设备结构，掌握放大方法，达到增强分离因子、减小放大效应、提高分离效果的目的。例如，依据固-液两相流规律的研究来改善大型离子交换柱的分离效率；用流体力学的基本原理来探讨超滤装置、电渗析过程中的浓差极化现象和预防措施；从大型搅拌釜中流体流动和传热规律的模拟来判断盐析、pH值调节、连续结晶和等电点沉淀等过程中有关组分的浓度和温度分布及其对过程结果的影响等。

总之，要从两相体系的流动特性研究入手来解决生化分离装置的设计与放大问题，经济、高效地实施制药分离纯化过程的产业化。制药分离工程必须向着减少对环境污染的清洁生产工艺转变确保工厂排污更符合环保要求，保证原材料、能源的高效利用，并尽可能确保未反应的原材料和水的循环利用。

思考题

1-1 简述制药分离工程在制药工业中的地位和作用。

1-2 制药分离纯化加工的一般工艺过程可分为几个阶段？有哪些主要的单元操作及其特点？

1-3 选择制药分离纯化技术时应该考虑哪些主要因素？

1-4 为什么需要综合运用多种分离纯化技术？工艺流程优化中应该考虑哪些主要问题？

1-5 列举几个制药分离工程的应用实例。

1-6 制药分离工程技术未来的发展动向有哪些？

参考文献

[1] 储炬，李有荣. 现代生物工艺学. 上海：华东理工大学出版社，2007.
[2] 许建和，宋航. 生物催化工程. 上海：华东理工大学出版社，2008.
[3] 严希康，俞俊棠. 生物物质分离工程. 北京：化学工业出版社，2010.
[4] 李淑芬，白鹏. 制药分离工程. 北京：化学工业出版社，2009.
[5] 严希康，俞俊棠. 生化分离工程. 北京：化学工业出版社，2001.
[6] 田瑞华. 生物分离工程. 北京：科学出版社，2008.
[7] 孙彦. 生物分离工程. 北京：化学工业出版社，2005.
[8] 刘铮，詹劲. 生物分离过程科学. 北京：清华大学出版社，2004.

2 制药原料的预处理

2.1 概　　述

为保证化学药物、中药/天然药物、生物药品新药的安全性、有效性和质量可控性，应对相关的原料进行必要的预处理，属于药品生产环节中的粗加工范畴。中药制药与化学制药生产相比，两者最大不同在于其粗加工的对象不同，即使用的原料不同。由于中药材和天然药物的原料主要是来自天然的动物、植物、矿物等，产生了原料预处理过程的特殊性。由于产地药物原料净度标准缺乏或水平较低，药材的包装物、自身夹带的泥沙、灰尘等杂质会严重影响原料质量。因此在生产前需要将其进行适当的清洗、浸润、切制、选制、炒制、干燥等，为有效成分的提取与中药浸膏的生产提供可靠的保证。

就制药工业整体来看，制药原料的预处理主要包括以下内容：①中药及天然药物原料的清洗、精选、软化及切片/粉碎；②固体化学原料药的重结晶、沉析、萃取以及液体原料药的精馏、萃取等预处理；③植物原料和化学制药原料的干燥；④原料保存中的保鲜和灭菌。

GMP 附录第七部分规定："中药材筛选、切制、粉碎等生产操作的厂房应安装捕吸尘等设施。"这是由于当前中药预处理设备普遍不具备净化功能而采取的补救措施。事实上，粉尘是因设备加工药材产生的，预处理设备配置适宜的净化装置，从源头消除粉尘对于净化前处理生产环境是十分必要的。GMP 第二十三条规定："药材的前处理、提取、浓缩（蒸发）以及动物脏器、组织的洗涤或处理等生产操作，不得与其制品生产使用同一生产厂房；中药材炮制与粉碎等生产操作必须与其制剂在厂房设施、生产设备、人物流向及生产操作等方面严格分开；在任何环节的炮制过程中，中药材都不能直接接触地面；中药材炮制应使用表面整洁、易清洗、消毒、不易产生脱落物的工具及容器；直接入药的净药材的粉碎等生产操作应参照洁净区管理；毒性药材的生产操作应有防止交叉污染的特殊措施"等。另外药品 GMP 认证检查标准 7019 项："中药材、中间产品、成品的灭菌方法是否以不改变质量为原则。"7020 项："直接入药的药材粉末，是否做微生物检查。"国家中药 GMP 认证标准中并未要求企业一定设立中药预处理车间。企业可以根据实际情况，选择建立或不建立预处理车间（购入净药材投料）。

化学药品原料（原料药）与生物制品原料国家亦制定了相关要求和规范进行质量控制，如《化学药物原料药制备和结构确证研究的技术指导原则》、《原料药质量研究及质量标准制定指导原则》、《原料药的生产验证标准》、《ICH 三方协调指南原料药的优良制造规范》、《中国生物制品主要原辅材料指控标准》，这些法律法规为药品原料预处理工艺设计、设备选型以及质量要求提供了明确的指南和充足依据。我国近年发生的多起药害事件（如 2006 年"齐二药"亮菌甲素注射液不良反应事件）都与药品原料的生产、采购、使用不规范有关，因此关注和重视制药原料的预处理是必要的，也是必须的。

2.2 中药及天然药物原料的净选、清洗及软化

中药材及饮片类原料的预处理是根据原药材或饮片的具体性质，在选用优质药材基础上将其经适当的清洗、浸润、软化等预处理，进而通过切制、选制、炒制、干燥等工序加工成具有一定质量规格的中药材中间品或半成品。中药材预处理加工目的是生产各种规格和要求的中药材或饮片，同时也可为中药有效成分的提取与中药浸膏的生产提供可靠的保证。药材包括植物药、动物药、矿物药三大类。其中，植物药和动物药为生物全体或部分器官、分泌物等，通常掺杂各种杂质；而矿物药多为天然矿石或动物化石，常夹有泥沙等。对不同类型的药材，采用的预处理方法也有所不同，如非药用部位的去除，包括去茎、去根、去枝梗、去粗皮、去壳、去毛、去核等方法来除去不作为药用的部位；杂质的去除，包括挑选、筛选、风选、洗、漂等方法来净化药材，利于准确计量和切制药材。

2.2.1 原料的净选

中药材在切制、炮炙或调配、制剂前，均应选取规定的药用部位，除去非药用部位、杂质及霉变品、虫蛀品、灰屑等，使其达到药用的净度标准，称净选，经过净选后的中药材称净药材，主要净选设备有带式磁选机、变频风选机及净选机组等，净选时应注意：①检查需净选的中药材，并称量、记录；②净选操作必须按工艺要求分别采用拣选、风选、筛选、剪切、刮削、剔除、刷擦、碾串等方法，清除杂质或分离并除去非药用部分，使药材符合净选质量标准要求；③拣选药材应设工作台，工作台表面应平整，不易产生脱落物；④风选、筛选等粉尘较大的操作间应安装捕吸尘设施；⑤经质量检验合格后交至下一道工序或入净材库。

2.2.2 原料的清洗

清洗是中药材预处理加工的必要环节，清洗的目的是要除去药材中的泥沙、杂物。根据药材清洗的目的，将不同药材按种类划分为水洗和干洗两种。水洗的主要设备是洗药机和水洗池(图 2-1)。洗药机有喷淋式、循环式、环保式三种型式。干洗的主要设备是干式表皮清洗机，可以避免水洗过程中有效成分的流失，清洗时应符合以下要求：①清洗药材用水应符合国家饮用水标准；②清洗厂房内应有良好的排水系统，地面不积水，易清洗，耐腐蚀；③洗涤药材的设备或设施内表面应平整、光洁、易清洗、耐腐蚀，不与药材发生化学变化或吸附药材；④药材洗涤应使用流动水，用过的水不得用于洗涤其他药材，不同的药材不宜在一起洗涤；⑤按工艺要求对不同的药材采用淘洗、漂洗、喷淋洗涤等方法；⑥洗涤后的药材应及时干燥。

2.2.3 原料的软化

药材切制前须经过润泡等软化处理，使其软硬适度，便于切制，常用的软化装备是水泥池、润药机及真空气相置换式润药机。软化时应注意：①需浸润的药材按其大小、粗细、软硬程度，分别采用淋、抢水、泡、润等方法；②控制好浸润药材用水量及时间，做到药透水尽，不得出现药材伤水腐败、变霉、产生异味等变质现象；③浸润药材符合切制要求后应及时切制；④采用真空加热浸润或冷压浸润，其工艺技术参数应经验证确认。

另外对于不同性质的药材可采取不同的浸润处理方式，如热处理(适合于水分多的黏性药材或油性较大的种子类药材)、冷处理(适用于糖分含量较高的药材)、水处理(适用于复方制剂中含黏液质较多的药材或胶性极大的药材)和油处理(适用于油胶树脂类药材)等。

2.3 中药及天然药物原料的切片/粉碎

2.3.1 切片/粉碎的基本要求

药材的切片指将净选后的药材切成各种形状、厚度不同的“片子”，称为饮片，根据其厚度规格可分为极薄片、薄片、厚片、斜片、直片、丝、段、块八种类型(表 2-1)，其目的是为了保证煎药或提取质量和效率，或者有利于进一步炮制和调配。类似切制、粉碎也是利用外来力量，克服物料的内聚力，将大颗粒固体物料变为小颗粒甚至微粉粒的工序。

粉碎的工作目的在于：①均化，使不同大小的颗粒粉碎成基本均匀的颗粒；②解离，使结合在一起的不同物质分离开来。

表 2-1 饮片规格和相关药材

类型	规格	适宜药物	药物举例
极薄片	厚度为 0.5 mm 以下	木质类及动物、角质类药材	羚羊角、鹿角、苏木、降香等
薄片	厚度为 1～2 mm	质地致密坚实、切薄片不易破碎的药材	白芍、乌药、三棱、天麻等
厚片	厚度为 2～4 mm	质地松泡、黏性大、切薄片易破碎的药材	茯苓、山药、天花粉、泽泻、升麻、大黄等
斜片	厚度为 2～4 mm	长条形而纤维性强的药材	甘草、黄芪、鸡血藤等
直片(顺片)	厚度为 2～4 mm	形状肥大、组织致密、色泽鲜艳和需突出其鉴别特征的药材	大黄、天花粉、升麻、附子等
丝	细丝(2～3 mm) 宽丝(5～10 mm)	皮类、叶类和较薄果皮药材	切细丝的如黄柏、厚朴、桑白皮、合欢皮、陈皮等；切宽丝的如荷叶、枇杷叶、冬瓜皮、瓜蒌皮等
段(咀、节)	长段(长为 10～15 mm)称节，短段称咀	全草类和形态细长，内含成分易于煎出的药材	薄荷、荆芥、益母草、木贼、麻黄、党参等
块	边长为 8～12 mm 的立方块	有些药物煎熬时，易糊化，需切成不等的块状	阿胶丁等

根据药材粉碎细度，粉末等级划分如下，①最粗粉：能全部通过一号筛，但混有能通过三号筛不超过 20%的粉末；②粗粉：能全部通过二号筛，但混有能通过四号筛不超过 40%的粉末；③中粉：能全部通过四号筛，但混有能通过五号筛不超过 60%的粉末；④细粉：能全部通过五号筛，并含能通过六号筛不少于 95%的粉末；⑤最细粉：能全部通过六号筛，并含能通过七号筛不少于 95%的粉末；⑥极细粉：指能全部通过八号筛，并含能通过九号筛不少于 95%的粉末。

2.3.2 切片/粉碎的基本方法和工艺

1. 切片的基本方法和工艺

中药材常用的切片方法和工艺有切、镑、刨、锉、劈五种类型，由于机器切制还不能满足某些饮片类型的切制要求，故目前在某些环节手工切制仍在使用。

(1) 切　机器切制操作时，将软化好的药材整齐地放置在输送带上或药斗中，压紧，随着机器的转动，药材被送至刀口，运动着的刀片将其切制成一定规格的饮片。而人工切片操作时，将软化好的药物，整理成把(称“把活”)或单个(称“个活”)置于刀床上，用手或一特别的压板向刀口推进，然后按下刀片，即切成饮片。饮片的厚薄长短，由推进距离控制。手工切制生产量小、劳动强度大，但切出的饮片平整、平滑，类型和规格齐全，外形美观，弥补了机器切制的不足。

(2) 镑　镑片所用的工具是镑刀。镑刀是在木质的柄上，平行镶嵌很多锋利的刀片，操作时，将软化的药材用钳子夹住，另一只手持镑刀一端，来回镑成极薄的饮片。此法适于动物角类药物，如羚羊角、水牛角等。近年来，一些地区已使用镑片机，该机有装药盒，盒上加压力轮，将药物向下挤压，利用镑刀往返运动，将药物镑成极薄片。无论用手工镑片还是机器镑片，均需将药物用水处理后，再进行操作。

(3) 刨　木质类药材，如檀香、松节、苏木等，适用于本法切制。操作时，将药材固定，用刨刀刨成薄片即可。若利用机械刨刀，药材则需预先进行水处理。

(4) 锉　有些药材，习惯上用其粉末。但由于用量小，一般不事先准备，而是随处方加工，如水牛角、羚羊角等。调配时，用钢锉将其锉为粉末，或再加工继续研细即可。

(5) 劈　本法是利用斧类工具将动物骨骼类或木质类药材劈成块或厚片，如降香、松节等。

2. 粉碎的基本方法和工艺

中药材常用的粉碎方法与工艺有干法粉碎、湿法粉碎、低温粉碎和超细粉碎，其中干法粉碎所得药物的水分一般为5%以下，一般药物均采用干法粉碎；湿法粉碎主要针对非水溶性药料，如朱砂、珍珠、滑石粉等；低温粉碎采取的是降低温度，增加脆性的粉碎方法，适用于乳香、没药、人参、玉竹、牛膝等含糖分、黏液质、胶质较多的药材；超细粉碎的粉碎粒径达 5 μm，对原料药进行细胞级粉碎，细胞破壁率达95%以上，其提取率随粉碎度的增加而大大加强。

1) 干法粉碎

干法粉碎是将干燥药材直接粉碎的方法。药材应先采用晒干、阴干、烘干等方法充分干燥再进行粉碎。根据药材特性可采用混合粉碎、单独粉碎或特殊处理后混合粉碎。

(1) 混合粉碎　将处方中药物经过适当处理后，全部或部分药物掺和在一起共同粉碎。复方制剂中的多数药材均采用此法粉碎。粉碎与混合操作一并进行，效率高，其中：①串料粉碎——先将处方中其他中药粉碎成粗粉，再将含有大量糖分、树脂、树胶、黏液质的中药陆续掺入，逐步粉碎成所需粒度，如乳香、熟地黄、山萸肉、麦冬、天冬等；②串油粉碎——先将处方中其他中药粉碎成粗粉，再将含有大量油脂性成分的中药材陆续加入，逐步粉碎成所需粒度，或将油脂类中药研成糊状再与其他药物粗粉混合粉碎成所需粒度，多为种子类药物如桃仁、苦杏仁、酸枣仁、火麻仁等；③蒸罐粉碎——将处方中其他中药粉碎成粗粉，再将用适当方法蒸制过的动物类或其他中药陆续加入，经干燥，再粉碎成所需粒度，适用于动物的皮、肉、筋、骨及部分需蒸制的植物药，如乌鸡、鹿胎、制何首乌、熟地、红参等。

(2) 单独粉碎　将一味药物单独进行粉碎的方法。本法适用于：①贵重细料药如冰片、麝香、牛黄、羚羊角等；②毒性药如马钱子、轻粉等，刺激性药如蟾酥；③氧化性或还原性强的药物，如火硝、硫黄、雄黄等；④树脂树胶类药，如乳香、没药等。还有很多情况也需单研，如制剂中需单独提取的药物；因质坚硬在粉性药物为主的处方中不便与余药一同粉碎，而需捣碎研磨粉碎的药如三七、代赭石等。一些中药的细料药均有传统经验，用单独粉碎方法，如朱砂、人参、珍珠、鹿茸、麝香、牛黄等。

2) 湿法粉碎

湿法粉碎是将药料中加入适量的水或其他液体进行研磨粉碎的方法。水飞法和加液研磨法均属湿法粉碎。

(1) 水飞法　将非水溶性药料先打成碎块，置于研钵中，加入适量水，用杵棒用力研磨，直至药料被研细，如朱砂、炉甘石、珍珠、滑石粉等。当有部分研成的细粉混悬于水中时，及时将混悬液倾出，余下的稍粗大药料再加水研磨，再将细粉混悬液倾出，如此进行，直至全部药料被研成细粉为止。将混悬液合并，静置沉降，倾出上部清水，将底部细粉取出干燥，即得极细粉。很多矿物、贝壳类药物可用水飞法制得极细粉，但水溶性的矿物药如硼砂、芒硝等则不能采用水飞法。

(2) 加液研磨法　将药料先放入研钵中，加入少量液体后进行研磨，直至药料被研细为止。研磨樟脑、冰片、薄荷脑等药时，常加入少量乙醇；研磨麝香时，则加入极少量水。注意要轻研冰片，重研麝香。

(3) 低温粉碎　低温时物料脆性增加，易于粉碎。低温粉碎适用于在常温下粉碎困难的物料、软化点低的物料，如树脂、树胶、干浸膏等。粉碎时将物料冷却，迅速通过粉碎机粉碎，或将物料与干冰或液化氮气混合再进行粉碎。

(4) 超细粉碎　超细粉碎是一项具有广泛应用前景的粉碎技术。一般粉碎方法可将原料药材粉碎至200目(75 μm)左右，而超细粉碎可将原料药材进行细胞级粉碎。粉碎体粒径为1～100 mm的称为纳米粉体；粒径为0.1～1 μm的称为亚微米粉体；粒径大于1 μm的称为微米粉体。

2.3.3　切片/粉碎的主要设备

常用的药材切制加工设备有：①往复式切药机，包括摆动往复式(或剁刀式)和直线往复式(或切刀垫板式)；②旋转式切药机，包括刀片旋转式(或转盘式)和物料旋转式(或旋料式)。其中，剁刀式或转盘式切药机以其对药材的适应性强、切制力大、产量高、产品性能稳定的特点，被广泛应用于各制药企业，但切制不够精细。切刀垫板式和旋料式切药机是近几年来开发的新产品，具有切制精细、成形合格率高、功耗低的特点。

常用的药材粉碎设备一般分为机械式粉碎机、气流粉碎机、低温粉碎机和研磨机四大类。

(1) 机械式粉碎机　是以机械方式为主，对物料进行粉碎的机械设备。它又分为齿式粉碎机(含冲击、剪切、碰撞、摩擦等作用)、锤式粉碎机(含锤击、碰撞、摩擦等作用)、刀式粉碎机(含剪切、碰撞、摩擦等作用)、涡轮式粉碎机(含剪切、碰撞、摩擦等作用)、压磨式粉碎机(含研磨、摩擦等作用)和铣削式粉碎机(含冲击、铣切、碰撞、摩擦等作用)六小类。

(2) 气流粉碎机　是通过粉碎室内的喷嘴把压缩空气(或其他介质)形成超音速高湍流的气流束，变成速度能量，促使物料之间产生强烈的冲击、摩擦来达到粉碎效果的机械设备。

(3) 低温粉碎机　是经低温(最低温度－70℃)处理，并对预先冷冻到脆化点以下的物料进行粉碎的机械设备。

(4) 研磨机　是通过研磨体、研磨头和研磨球等介质的运动对物料进行研磨，使物料研磨成超细度产品或混合物的机械设备。它又分为球磨机、乳钵研磨机和胶体磨三小类。

常见的中药材预处理设备如图2-1所示。

(a) 滚筒式洗药机　(b) 风选机　(c) 往复式切药机

图2-1　常见中药材预处理设备

2.4　动植物细胞的破碎

2.4.1　细胞壁的结构及成分

1. 细菌

细菌细胞壁的主要成分是肽聚糖(peptidoglycan)，它是一种难溶性的多聚物，由 *N*-乙酰葡萄糖胺、N-乙酰胞壁酸和短肽聚合而成的多层网状结构。几乎所有的细菌都具有上述肽聚糖的基本结构，但是不同细菌的细胞壁结构差别很大。革兰阴性菌比阳性菌复杂，在电子显微镜下，可观察到革兰阳性菌细胞壁较厚，具有20～80 nm的肽聚糖层，约占细胞壁干重的50%，此外细胞壁还含有大量的磷壁酸、脂多糖、脂蛋白等成分。不同种类的细菌细胞壁的化学成分不完全相同。

细胞壁的结构较为复杂，大部分细菌（如金黄色葡萄球菌）的细胞壁较厚，只有肽聚糖层，厚20～80 nm，由40层左右网状分子组成。肽聚糖是由N-乙酰葡萄糖胺（*N*-tylglucosamine）、N-乙酰胞壁酸（*N*-acetylmuramic acid）通过β-1,4-糖苷键连接成肽聚糖多糖链，再由4个氨基酸连起来的短肽连接在N-乙酰胞壁酸分子上。这4个氨基酸是按L型和D型交替排列的方式连接而成，即L-丙氨酸-D-谷氨酸-L-赖氨酸-D-丙氨酸。此外，短肽之间又以肽链中的第4个氨基酸与相邻肽链中的第3个氨基酸通过由甘氨酸组成的五肽短肽链相连，这样使前后2个肽聚糖单体交联起来，形成了纵横交叉的大分子网状结构。一般来说，细胞壁的强度主要取决于这些聚合物网状结构的交联程度，交联程度大，网状结构紧密，强度就高。此外，聚合物的种类以及细胞壁的厚度，细胞生长的条件也影响细胞壁的成分合成和细胞壁的强度。

2. 酵母菌的细胞结构

大多数酵母菌为单细胞，形状因种类而异，其基本形状为球形、卵圆形和圆柱形。有些酵母菌形状特殊，可呈柠檬形、瓶形、三角形、弯曲形等。酵母的大小，不同种类间差别很大，一般长5～30 μm，有些可达2～50 μm，甚至可达100 μm。其宽度变化较小，通常为1～5 μm。发酵生产中常用酵母菌的细胞直径平均为4～6 μm。各种酵母菌有一定的形状和大小，但也随菌龄及环境条件变化而变化。酵母菌的细胞结构与其他真核微生物相似，酵母菌的细胞有细胞壁、细胞膜、细胞核、细胞质、线粒体、内质网、液泡和核糖体等。

细胞壁在细胞的最外层，幼龄时较薄，有弹性，以后逐渐变硬、变厚，成为一种坚韧的结构。细胞壁厚约25～70 nm，约占细胞干重的25%。细胞壁的主要成分是葡聚糖和甘露聚糖，均为分支状聚合物，共占细胞壁干重的75%以上，还含有蛋白质8%～10%、脂类8.5%～13.5%，几丁质（N-乙酰葡糖胺的多聚物）含量因种而异。酿酒酵母含几丁质约1%，有些假丝酵母含几丁质超过2%，而一些裂殖酵母属一般不含甘露聚糖而含较多的几丁质。

葡聚糖是细胞壁的主要结构成分，约占30%，位于壁的内层，将它除去细胞壁就会完全解体。此外，甘露聚糖是一种甘露糖的复杂聚合物，主要分布在细胞壁的外层，除去甘露聚糖不改变细胞外形。甘露糖和几丁质也是重要成分，它将葡聚糖和甘露聚糖连接起来。蛋白质位于细胞壁中间、呈三明治状，它连接着葡聚糖和甘露聚糖，在细胞壁中起着重要作用。部分蛋白质是以与细胞壁结合的酶的形式存在。

3. 霉菌和藻类

霉菌在自然界中的分布极为广泛，约有4万种。除应用于传统的酿酒、制酱和制作其他的发酵食品外，在发酵工业中还广泛用于生产酒精、有机酸（柠檬酸、葡萄糖酸、延胡索酸等）、抗生素（青霉素、灰黄霉素等）、酶制剂（纤维素酶、淀粉酶、蛋白酶等）以及维生素等。农业上用于生产发酵饲料、植物生长刺激素（赤霉素）、杀虫农药（白僵菌剂）等。腐生型霉菌具有分解复杂有机物的能力，在自然界物质转化中具有重要作用。霉菌作为基因工程的受体菌，在理论研究中具有重要价值。但是，霉菌对人类也有不利的一面。

霉菌细胞壁厚约100～250 nm，大多数霉菌的细胞壁由几丁质和葡聚糖构成，此外还含有少量蛋白质和脂类。几丁质占细胞干重的2%～26%，与纤维素结构很相似，它是由数百个N-乙酰葡萄糖胺分子以β-1,4-葡萄糖苷键连接而成的多聚糖。几丁质和纤维素分别构成了高等和低等霉菌细胞壁的网状结构，它包埋在基质（包括葡聚糖及少量蛋白质等填充物）中，细胞壁中还有脂类等复杂物质。少数低等水生霉菌的细胞壁由纤维素构成。

霉菌等真菌的细胞壁可被蜗牛消化液中的酶溶解，得到原生质体。细胞膜厚约 7～10 nm，其结构和功能与酵母菌细胞相同。藻类的细胞壁非常复杂，其主要结构成分是纤维状的多糖类物质。

4. 植物细胞壁的化学组成和结构

对于已生长结束的植物细胞壁可分为初生壁和次生壁两部分。初生壁是细胞生长期形成的，次生壁是细胞停止生长后，在初生壁内部形成的结构。

初生壁一般较薄（1～3 μm），富有弹性，由多糖和蛋白质构成，多糖主要成分为纤维素、半纤维素和果胶类物质。初生壁的化学组成见表 2－2。纤维素是线状 β－1,4 糖苷键连接的 D－葡聚糖，许多这样的长链借助于链间氢键相互结合，平行排列，形成微纤丝（microfibril）。它是细胞壁的基本成分，构成细胞壁的骨架，细胞壁的机械强度主要来自于微纤丝。

表 2－2　植物细胞初生壁的化学组成

组分	维生素	半纤维素	果胶物质	蛋白质
结构和分类	β－1,4－D－葡聚糖	木葡聚糖 甘露聚糖 木聚糖（包括阿拉伯木聚糖和 4－O－甲基葡萄糖醛酸木聚糖）	半乳糖醛酸聚糖 鼠李半乳糖醛酸聚糖 半乳聚糖和阿拉伯半乳聚糖	结构蛋白 各种酶类 凝集素

某些植物细胞，当生长停止后，在细胞质和初生细胞壁之间形成了次生细胞壁；次生壁一般较厚（4 μm 以上），常由三层组成；在次生壁中，纤维素和半纤维素含量比初生壁增加很多，纤维素的微纤丝排列得更紧密和有规则，而且存在木质素（酚类组分的聚合物）的沉积。因此，次生壁的形成提高了细胞壁的坚硬性，与细菌等细胞相比，植物细胞具有很高的机械强度。

2.4.2　细胞破碎方法分类

微生物细胞很坚韧，Wimpenny 曾经指出，溶壁微球菌或藤黄八叠球菌内的渗透压大约为 2.0 MPa，可想而知耐受这一压力的细胞结构的牢固程度。破碎这样坚固的细胞壁和膜并释放出细胞内容物的方法，在过去的几十年中不断发展。Wimpenny 依据细胞破碎原理的不同进行了分类，见图 2－2。除机械法中高压匀浆器和珠磨机外，超声波法和非机械法大多处在实验室应用阶段，其工业化的应用还受到诸多因素的限制，因此人们还在寻找新的破碎方法，如激光破碎法、高速流撞击法、冷冻-喷射法等。

细胞破碎是生物加工过程一个必要的早期步骤。它是指用机械、化学、物理化学和微生物学方法打破细胞壁和细胞膜，使产物从细胞中释放出来的过程。细胞破碎技术使细胞内物质释放到液相中成为溶质或胶质，这样释放出来的物质有比原来完整细胞小得多的堆积体积，因此减少了干燥费用。此外，发酵液中固体的物理性质将被改变，可增加表观密度和防止形成不透水的填充层将滤器堵塞。细胞的破碎方法根据是否外加作用力可分为机械法与非机械法两大类，主要有化学法和机械法两大类。机械法主要是靠均质作用和球磨碾磨作用，细胞遭受强大的机械剪切力而被破碎，不仅在实验室而且在工业中均得到广泛应用。

机械破碎法主要有固体剪切破碎法和液体剪切破碎法。固体剪切破碎法是将细胞悬浮液和固体颗粒（如珠子或球粒）混合在一起进行强力搅拌，借助于碾磨过程在内的作用，实现细胞的破碎。

机械操作时，发热是一个主要问题，可更多地借助于非机械方法来解决。非机械法包括物理、化学和生物的方法。物理和化学法是借助渗透压、洗涤剂增溶或者有机溶剂溶解，使细胞壁破碎或变脆弱。该类方法比较温和，以致产品不易发生不可逆性变性，方法的放大也容易。如果要处理 10 倍的生物物质，只需用 10 倍的化学试剂就可以了。

细胞的化学破碎和酶解法在技术上可运用于多种操作水平，在一定条件下可较大规模地用以获得许多产品。化学处理带来的主要问题是成本问题、可能存在的毒性问题，以及化学物质的回收问题。许多微生物酶可用于破碎微生物和植物细胞的外壁，因此有利于打破细胞膜。但是，消化酶相当昂贵，并且难以在工业规模中加以回收。

图 2-2 中给出的各种可利用的细胞破碎技术，虽然均可用于实验室，但真正适合大规模回收过程应用的却很少。大规模细胞破裂方法的选择取决于：①细胞对破裂处理的敏感性；②产物特有的稳定性；③从细胞碎片中分离产物的难易程度；④方法的速度；⑤工艺成本。

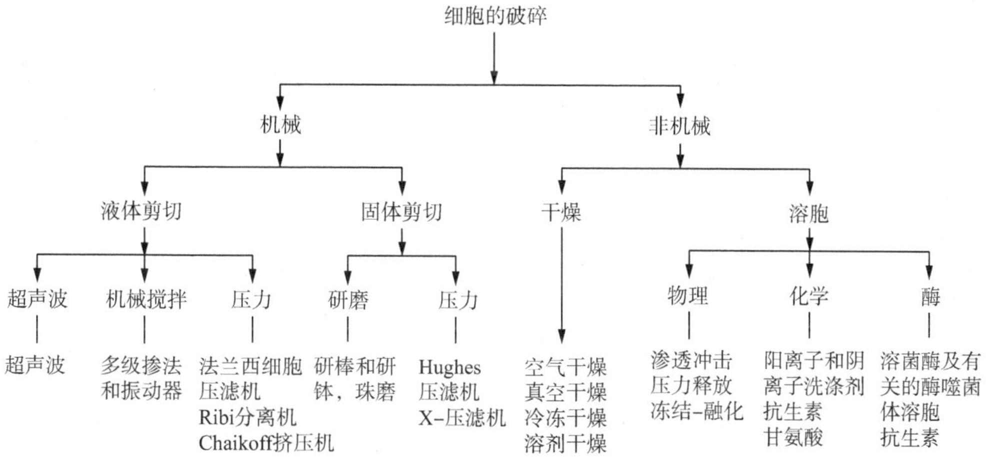

图 2-2　细胞破碎方法分类

2.4.3　高压匀浆法

高压匀浆法属于液体剪切破碎方法之一，是借助于高压匀化作用的液体剪切作用使细胞破碎。高压匀化过程是通过碰撞、剪切、空化和高速作用的综合效应来起作用。

1. 基本原理和特点

Manton Gaulin 高压匀浆器是常用的设备，它由可产生高压的正向位移泵和一个可调节放料速度的排出阀组成。图 2-3 为高压匀浆器的排出阀结构简图，细胞浆液通过止逆阀进入泵体内，在高压下迫使其在排出阀的小孔中高速冲出，并射向撞击环上。由于突然减压和高速冲击，使细胞受到高的液相剪切力而破碎。在操作方式上，可以采用单次通过匀浆器或多次循环通过等方式，也可连续操作。为了控制温度的升高，可在进口处用干冰等调节温度，使出口温度控制在 20℃左右。在工业规模的细胞破碎中，对于酵母等难破碎的及浓度高或处于生长静止期的细胞，常采用多次循环的操作方法。

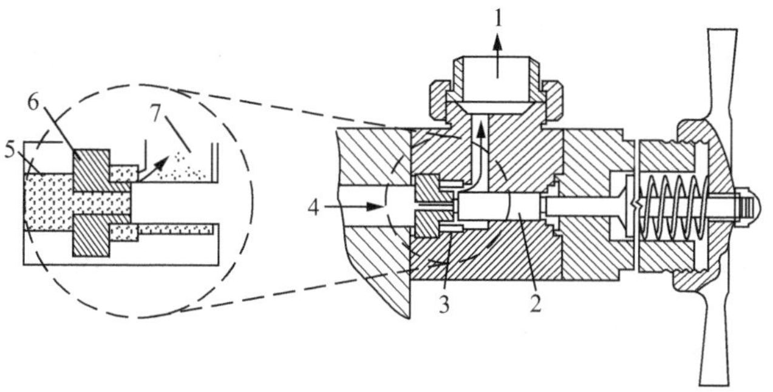

图 2-3　高压匀浆器的排出阀结构简图

1—出阀口；2—阀体；3—撞击环；4—入阀口；5—细胞悬浮液；6—阀座；7—匀浆

2. 温控与能耗

研究表明蛋白质和酶的失活主要由匀浆过程中产生的热引起。如果能将温度控制在 35℃以下,那么酶活损失可以忽略。对于温度敏感性物质,低温操作是必需的。高压匀浆一般需多级操作,每次循环前往往进行级间冷却。尽管提高压力有利于细胞破碎,但是提高压力需增加能耗(3.5 kW/100 MPa),同时为移走产生的热量(23.8℃/100 MPa)需要付出代价。机械破碎的能耗主要包括提供动力(如压力)消耗的能量以及低温操作耗费的能量。

3. 适用对象

除了较易造成堵塞的团状或丝状真菌以及较小的革兰氏阳性菌不适宜用高压匀浆器处理以外,其他微生物细胞都可以用高压匀浆法破碎。另外有些亚细胞器[如包含体(inclusion body)]质地坚硬,易损伤匀浆阀,也不适合用该法处理。但最近也有人在实验室用高压匀浆器研究真菌和含有包含体的大肠杆菌的破碎。

4. 胞内物质释放特性及影响因素

内含物全部释放出来,破碎的难易程度无疑由细胞壁的机械强度决定,而胞内物质的释放快慢则由内含物在胞内的位置决定。例如,胞间质(periplasm)的释放先于胞内质(cytoplasm),而膜结合酶(membrane-bound enzyme)最难释放。影响破碎的主要因素是压力、温度和通过匀浆器阀的次数。升高压力有利于破碎,它表明可以减少细胞的循环次数,在不明显增加通过量的情况下,甚至一次通过匀浆阀就可达到几乎完全的破碎,这样就可避免细胞碎片不至于过小,从而有利于随后的细胞碎片分离。Brokman 等人已研究了能适应于高压操作的匀浆阀,试验表明在约 175 MPa 的压力下,破碎率可达 100%,但是也有试验表明当压力超过一定值后,破碎率增长得很慢。在工业生产中,通常采用的压力为 55~70 MPa。

2.4.4 高速珠磨法

1. 基本结构及原理

高速珠磨法(high-speed bead mill)被认为是最有效的一种细胞机械破碎方法,珠磨法破碎的机理主要是:微生物细胞悬浮液与极细的研磨剂(通常是直径小于 1 mm 的无铅玻璃珠在搅拌桨作用下充分混合,珠子之间以及珠子和细胞之间的互相剪切、碰撞,促使细胞壁破裂,释放出内含物。在珠液分离器的作用下,珠子被滞留在破碎室内,浆液流出,从而实现连续操作。破碎中产生的热量由夹套中的冷却液移走。两种典型型号珠磨机的结构示意图如图 2-4 所示。

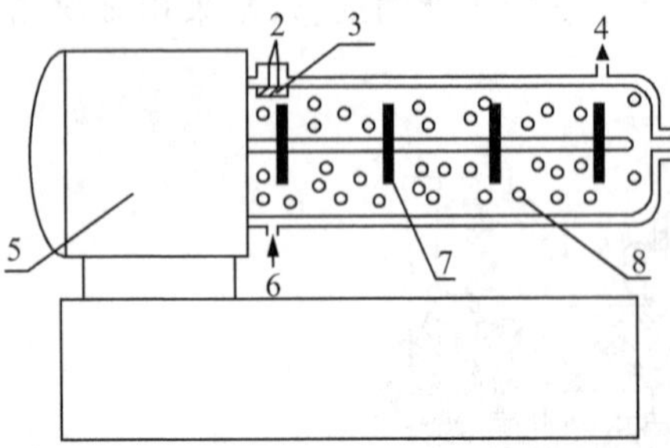

(a) 水平搅拌式珠磨机结构

1—细胞悬浮液;2—加工后的细胞匀浆;3—液珠分离器;
4—冷却液出口;5—搅拌电机;6—冷却液进口;
7—搅拌桨;8—玻璃珠

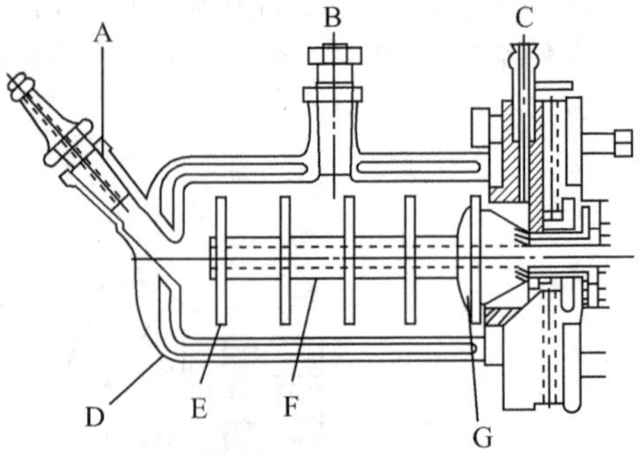

(b) 卧式珠磨机结构

(0.02~0.03 mm)将有利于细胞加以分离
A—细胞悬浮液进口;B—微球加入口;C—破碎细胞出口;
D—冷却剂夹套;E—碟片;F—分隔碟片;G—动力分离器

图 2-4 两种型号珠磨机的结构示意图

2. 使用影响因素

影响珠磨机效率有多种因素，包括珠磨机自身的结构参数以及操作参数。当珠磨机结构确定后，某些操作参数如转速、进料速度、珠子直径与用量、细胞浓度、冷却温度等可以调节。这些参数有各自的变化规律，同时也相互联系。如进料速度的增加虽然能够降低破碎单位质量细胞的能耗，但也会降低细胞的破碎率。珠磨机是采用夹套冷却的方式实现温度控制的，一般情况下能够将温度控制在要求的范围内。珠磨破碎的能耗与细胞破碎率成正比。提高破碎率，需要增加装珠量，或延长破碎时间，或提高转速，这些措施不仅增加电能消耗，而且产生较多的热量，引起浆液温度升高，因此总能量消耗增加。实验表明，破碎率大于80%时，能耗大大提高。

2.4.5 超声波法

声频高于15～20 kHz的超声波在高强度声能输入下可以进行细胞破碎，其破碎机理尚未完全清楚，可能与空化现象(cavitation phenomena)引起的冲击波和剪切力有关。空化现象是在强声波作用下，气泡形成、长大和破碎的现象。超声破碎(ultrasonication)的效率与声频、声能、处理时间、细胞浓度及菌种类型等因素有关。超声破碎在实验室规模应用较普遍，处理少量样品时操作简便，液量损失少。但是超声波产生的化学游离基团能使某些敏感的活性物质变性失活，可以通过添加游离基清除剂如胱氨酸、谷胱甘肽，或者用氢气预吹细胞悬浮液来缓解。破碎时的噪声很大，而且大容量装置声能传递、散热均有困难，因而超声破碎的工业化应用潜力有限。

采用超声波处理方法来破碎细菌的细胞壁，其处理的效果与原料的浓度、使用频率有关。在基因工程生产人胰岛素原过程中，用大肠杆菌提取人胰岛素原，用10～200 mg菌体浓度，在1～10 kHz的频率下处理10～15 min；对其他细菌，则视具体情况而定。一定要在操作过程中注意避免溶液中存在气泡。由于酶和核酸对超声波比较敏感，要慎重使用，防止产品降解。

2.4.6 其他方法

1. 物理方法

(1) 渗透冲击(osmotic shock)　细胞破碎的几种主要非机械方法中，最简单的方法是渗透冲击法。该法通常仅需把两倍于细胞体积的纯水，泵送入细胞中即可。此时由于渗透作用，引起外界的水向细胞内渗透，从而使细胞变得肿胀。待肿胀到一定程度，细胞破裂，它的内含物随即释放至周围溶液。

(2) 冻结-融化法　将细胞在低温(约－15℃)下急剧冷冻，然后在室温中缓慢融化。如此反复多次，使细胞壁破裂。冻结-融化法破壁的机理有两点：一是在冷冻过程中会促使细胞膜的疏水键结构破裂，从而增加细胞的亲水性能；二是冷冻时胞内水结晶，形成冰晶粒，引起细胞膨胀而破裂。

(3) 干燥法　采用空气干燥、真空干燥、喷雾干燥和冷冻干燥等方式，使细胞膜渗透性改变，当用丙酮、丁醇或缓冲液等溶剂处理时，胞内物质就容易被抽提出来。空气干燥主要适用于酵母菌，一般在25～30℃的气流中吹干，然后用水、缓冲液或其他溶剂抽提。空气干燥时，部分酵母可能产生自溶，所以较冷冻干燥、喷雾干燥容易抽提。真空干燥适用于细菌的干燥；冷冻干燥适用于较稳定的生化物质，将冷冻干燥后的菌体在冷冻条件下磨成粉，然后用缓冲液抽提。

此外，还能用有机溶剂[如丙酮、二氧六环(dioxane)等]使细胞脱水，例如将菌体悬浮液慢慢倒入10倍体积(预冷至－20℃的丙酮)中搅拌，使之脱水。丙酮除能脱水外，还能溶解除去膜上部分脂肪，所以更容易抽提。干燥法条件变化较剧烈，容易引起蛋白质或其他组织变性。

2. 化学方法

(1) 增溶溶解作用(solubilization)　表面活性剂分子中兼有亲脂性和亲水性基团，可降低水的表面张力，具有乳化、分散、增溶作用。在生产中常用十二烷基碳酸钠（SDS）、氯化二烷基吡啶和去氧胆酸钠，处理原料和分离纯化产品。化学法破碎细胞的一种重要方法，就是利用表面活性剂或洗涤剂进行增溶溶解，也称为表明活性剂破胞法。具体的做法是：把浓缩的洗涤剂溶液加入到细胞中去，于是洗涤剂破坏了细胞壁，使胞内物释出；待除去细胞的碎片之后，就可进行提取和提纯等工作。

（2）脂类物质的溶解（lipid dissolution） 这种方法操作很简单，它是加入某些有机溶剂，被细胞壁脂质层吸收后会导致胞壁膨胀，最后造成细胞壁的破裂，细胞内的产物就可放到水相中去，可处理的菌体有无色杆菌、芽孢杆菌、梭菌、假单胞杆菌等菌体。只要向细胞悬浮液内加入约为生物物质10%体积的甲苯时，甲苯随即被吸入细胞壁的脂类物质内，并使胞壁肿胀和破裂。一般选用具有与细胞壁中脂质类似的溶解度参数的溶剂作为细胞破碎用的溶剂。

（3）碱法处理 利用碱的皂化作用使细胞壁增溶，从而使细胞破碎。尽管碱法处理的费用十分低廉，但它反应剧烈，无选择性，并且要求碱的浓度很高，因此会引起细胞内含物的变性，从而破坏产品。因此，该法在工业生产中的应用很受限制。

必须注意，不论使用什么方法破碎细胞壁，都要在一定的稀盐溶液或缓冲液中进行，同时还要加入保护剂，防止生化物质变性、降解和破坏。

3. 生物法

（1）外加溶菌酶处理

溶菌酶是一种专一水解细胞壁的酶。处理微生物常用溶菌酶，对蜗牛霉、纤维素霉及植物细胞等也可用它处理。使用一种溶菌酶酶法裂解臭味的假单胞菌提取链烷经化酶已获得成功。如用噬菌体感染大肠杆菌细胞制造DNA时，采用pH值为8.0的0.1 mol/L三羧甲基氨基甲烷（tris），0.01 mol/L乙二胺四乙酸（EDTA）制成每毫升含两亿个细胞的悬浮液，然后加入0.1～1 mg的溶菌酶，在37℃下保温10 min，细菌胞壁即被水解。单一酶不易降解细胞壁，需要选择适宜的酶及酶反应系统，确定特定的反应条件，并结合其他的处理方法，如辐照、加入高浓度盐及EDTA，或利用生物因素促使生物对酶解作用敏感等。

（2）自溶法

利用微生物自身产生的酶来溶菌，而不需外加其他的酶。在微生物代谢过程中，大多数都会产生一种能水解细胞壁上聚合物的酶，以便生长过程继续下去。有时改变其生长环境，可以诱发产生过剩的这种酶或激发产生其他的自溶酶，以达到自溶的目的。影响自溶过程的因素有温度、时间、pH值、缓冲液浓度、细胞代谢途径等。微生物细胞的自溶常采用加热或干燥法。

（3）抑制细胞壁合成

该方法能导致类似于酶解的结果。某些抗生素如青霉素或环丝氨酸等，能阻止新细胞壁物质的合成。但是抑制剂的加入时间应在发酵过程中细胞生长后期，只有当抑制剂加入后，生物合成和再生还在继续进行时，溶胞的条件才是有利的，因为在细胞分裂阶段，细胞壁就造成缺陷，从而起到溶胞作用。

2.4.7 细胞破碎评价及其技术的选择

1. 细胞破碎评价

细胞破碎效果的评价，主要以细胞破碎率来定量表征，这对于破碎工艺的选择、工艺放大和工艺条件优化等有着非常重要的作用。

细胞破碎率定义为被破碎细胞的数量占原始细胞数量的百分比，即

$$S=[(N_0-N)/N_0]\times 100\% \qquad (2-1)$$

由于N_0（原始细胞数量）和N（经时间t操作后保留下来未损害的完整细胞数量）难以很清楚

地确定，因此破碎率的准确评价非常困难。目前 N_0 和 N 主要通过直接和间接两类方式获得。

2. 直接计数法

最常用的细胞破碎效果检测的方法是通过显微镜直接观察，统计破碎前后单位液体中完整细胞或活细胞的个数，从而依据式(2-1)计算出细胞破碎率。

1) 平板计数

直接对适当稀释后的样品进行计数，可以通过平板计数技术或在血球细胞器上用显微镜观察来进行染色细胞的最终计数。平板计数技术需时长，而且只有活细胞才能被计数，不活的完整细胞虽大量存在却不能计数，因此会产生很大的误差。如果细胞有团聚的倾向，则误差更大。

2) 显微镜计数

显微镜计数相对平板计数来讲快速而简单，但是，非常小的细胞不仅给计数过程带来困难，而且也很难区分未损害的完整细胞与略有损害的细胞，这时可采用涂片染色的办法来解决计数问题。在使用对比相的情况下，活细胞、死细胞和破碎细胞很容易辨认：活细胞呈现亮点，而死细胞和破碎细胞则呈现为黑影。该方法主要的困难是寻找一种合适、可用的细胞染色技术。

3. 间接计数法

间接计数法是在细胞破碎后，测定悬浮液中细胞破碎释放出来的可溶性化合物例如蛋白质、酶等的量 R，再将其所有细胞破碎时该化合物的最大释放量 R_{max} 进行对比，从而计算出细胞破碎率。通常是将破碎后的细胞悬浊液离心分离去除完整细胞和细胞碎片等固体物，然后对清液进行物质含量或活性的定量分析，并与100%破碎所获得的标准数值比较。例如用 Lorry 法测量细胞破碎后上清液中的蛋白质含量，可以估算细胞的破碎程度，也可以用离心细胞破碎液观察沉淀模型的方法来确定细胞破碎率，完整的细胞要比细胞碎片先沉淀下来，并显示不同的颜色和纹理。对比两项，可以估算出细胞破碎率。

4. 细胞破碎方法的选择

如上所述，细胞破碎的方法很多，选择破碎方法时，需要考虑下列因素：细胞的数量和细胞生理的强度；产物对破碎条件(温度、化学试剂、表面等)的敏感性；要达到的破碎程度及破碎所必要的速度等。具有大规模应用潜力的生化产品应选择适合于放大的破碎技术，同时还应把破碎条件和后面的提取步骤结合起来考虑。一般原则为：若提取的产物在细胞质内，需用机械破碎法；若在细胞膜附近则可用较温和的非机械法；若提取的产物与细胞膜或壁相结合时，可采用机械法和化学法相结合的方法，以促进产物溶解度的提高或缓和操作条件，但保持产物的释放率不变。另外，为了解决破碎过程中敏感性物质的失活、杂蛋白太多以及碎片的去除问题。

细胞破碎技术研究还应注意其他一些因素。在固-液分离中，细胞碎片的大小是重要因素，太小的碎片很难分离除去，因此，破碎时既要获得高的产物释放率又不能使细胞碎片太小。如果在碎片很小的情况下才能获得高的产物释放率，这种操作条件就不合适。最佳的细胞破碎条件应该从高产物释放率、低能耗和便于后续处理这三方面进行综合权衡。

2.5 化学原料药的预处理

2.5.1 固体原料药

在规模化预处理一般化学药品原料药的技术/工艺方面，结晶都不失为一种常用、重要、简便的提高原料药纯度和除去其中共存杂质的有效手段。结晶与沉析均可对应为固体从溶液中析出的过程，一般将析出物为晶体的过程叫做结晶，而析出物为非晶体的过程叫做沉析。溶液结晶一般是通过蒸发溶剂或者冷却降低溶解度来进行，沉析多为通过加入物质改变溶解度而得到。沉析可用于

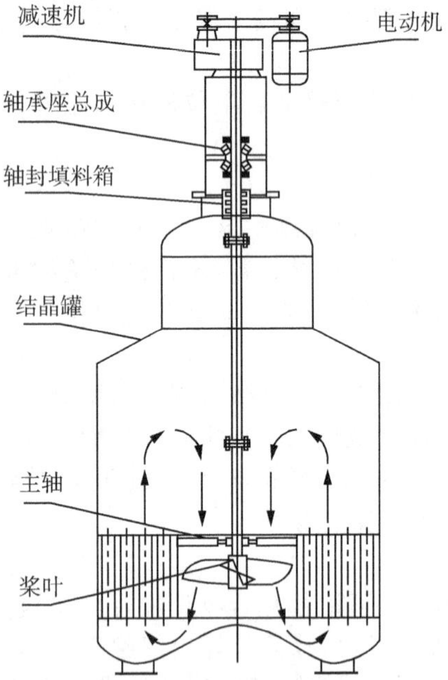

图 2-5　结晶罐的构造

原料的初步分离，结晶则可用于其进一步纯化。可以直接将原料药在合适的溶剂中以合适的浓度、温度在结晶罐(图 2-5)中结晶，对于不易结晶的原料亦可以将其简单衍生化后进行结晶(比如用酸/碱成盐的方法)。一个好的溶剂在沸点附近对结晶物质溶解度高而在低温下溶解度又很小。DMF、苯、二氧六环、环己烷在低温下接近凝固点，溶解能力很差，是理想溶剂。乙腈、氯苯、二甲苯、甲苯、丁酮、乙醇也是理想溶剂。结晶过程中，一般是溶液浓度高，降温快，析出结晶的速度也快些。但是其结晶的颗粒较小，杂质也可能多些。有时自溶液中析出的速度太快，超过化合物晶核形成分子定向排列的速度，往往只能得到无定形粉末。有时溶液太浓，黏度大反而不易结晶化。如果溶液浓度适当，温度慢慢降低，有可能析出结晶较大而纯度较高的结晶。有的化合物其结晶的形成需要较长的时间。此外固体原料药也可以用制备色谱法进行精制，即利用有效成分和共存杂质物理化学性质的差异(如吸附力、分子形状及大小、分子亲和力、分配系数等)，使其在固定相和流动相中的分布程度不同，从而使各组分以不同的速度移动而达到纯化原料药的目的。

2.5.2　液体原料药

对于液态的原料可以通过精馏的方法进行提纯，从而与不同沸点的液态杂质分开。在整个精馏过程中，气-液两相逆流接触，进行相际传质。液相中的易挥发组分进入气相，气相中的难挥发组分转入液相。对不形成恒沸物的物系，只要设计和操作得当，馏出液将是高度集中的易挥发组分，精馏塔底产物将是高度集中的难挥发组分。

此外，固、液态化学原料药还可以适当采用萃取的方法进行预处理。萃取利用原料药溶质组分与共存的有机/无机杂质在两个互不混溶的液相(如水相和有机溶剂相)中的竞争性溶解和分配性质上的差异来进行的分离操作。采用简单的分离操作即可将含有较多原料药中有用成分的一相与含有较多杂质的另一相分开，再通过回收溶剂的环节即可有效提高原料药纯度，目前已在制药工业中得到广泛应用。

2.6　原料的干燥

2.6.1　植物原料的干燥

切制好的药材或饮片应及时干燥，否则容易霉烂变质，另外饮片干燥后便于称量。需要注意：①根据药材性质和工艺要求选用不同的干燥方法和干燥设备，但不能露天干燥；②除另有规定外，干燥温度一般不宜超过 80℃，含挥发性物质的不超过 60℃；③干燥设备及工艺的技术参数应经验证确认；④干燥设备进风口应有适宜的过滤装置，出风口应有防止空气倒流装置。

另外值得一提的是，对主要含有糖和苷类活性物质的中药材，为防止贮存过程中新鲜药材中共存的生物酶将其水解而降低药效，在其他工序之前必须首先采取一定的杀酶工序。常用方法有高温、微波、放射线、酸碱处理、高浓度乙醇灭活等，上面所介绍的炮制工艺由于可以提供高温所以在某些情况下亦可以起到杀酶的作用。

常用植物原料的干燥设备有以下几种。

(1) 烘干箱　该烘干设备是以蒸汽、燃油或燃气为热源，热风炉为螺旋结构，避免燃烧的烟气污染药材。烘干箱为敞开式结构，干燥速度快，进出物料极为方便，易清洗残留物料。适合小批量多品种生产，具有风干功能。因此，特别适合饮片干燥。

(2) 带式干燥机　带式干燥机由若干个独立单元组成，每个单元包括循环风机、加热装置、单独或公用的新鲜空气抽入系统和层气排除系统。因此，干燥介质数量、温度、湿度和尾气循环量等操作参数可进行独立控制，从而保证带式干燥机工作的可靠性和操作条件的优化。带式干燥机操作灵活，湿物料进料、干燥过程在完全密封的箱体内进行，劳动条件较好，可避免粉尘外泄。对干燥物料色泽变化和湿含量均至关重要的某些干燥过程来说，带式干燥机非常适用。缺点是占地面积大，运行时噪声较大。

(3) 远红外线辐射干燥机　电能转变为远红外线辐射能。其特点是干燥速度快，药物质量好，具有较强的杀菌、杀虫及灭卵能力，节约能源，造价低，便于自动化生产，减轻劳动强度。近年来远红外干燥在原药、饮片等脱水干燥及消毒中都有广泛应用，并能较好地保留中药成分。

(4) 微波干燥机　微波干燥系指由微波能转变为热能使湿物料干燥的方法。其具有速度快、时间短、加热均匀、产品质量好、热效率高等优点。由于微波能深入物料内部，干燥时间是常规热空气加热时间的1%～10%，所以对中药中的挥发性物质及芳香性成分而言损失较少。

2.6.2　化学原料药的干燥

化学原料药的干燥主要包括除去固体、液体原料中的水分和有机溶剂等，与中药材的干燥相比大同小异，要求相对简单。可以选用的主要干燥设备有以下几种。

(1) 真空回转干燥器　真空回转干燥器源自双锥混合器，多为圆柱形器身、两头锥形，也俗称双锥干燥器。锥体中部有两中空悬轴，用以设备旋转支撑和真空、热水的通道。药品在干燥器中边干燥边转动，对整批药物的均一性有良好保证。热介质由一端中空管进入夹套，器内热气随另一端中空管中的排气管排出，并经冷凝回收挥发的溶剂。该设备已成为中小型抗生素原料药企业的首选干燥器，像青霉素、洁霉素、金霉素、咖啡因等都可选用。

(2) 真空干燥箱　真空干燥箱为较古老的干燥装置，箱内被加热板分成若干层。加热板中通入热水或低压蒸汽作为加热介质，将铺有待干燥药品的料盘放在加热板上，关闭箱门，箱内用真空泵抽成真空。加热板在加热介质的循环流动中将药品加热到指定温度，水分即开始蒸发并随着抽真空逐渐抽走。此设备易于控制，可冷凝回收被蒸发的溶剂，干燥过程中药品不易被污染，可以用在药品干燥、包材灭菌及热处理上。

(3) 三合一设备　三合一指把过滤、洗涤、干燥三道工序合在同一设备中进行，在医药行业非常具有代表性，这种设备在20世纪90年代以后发展迅速。由设备形式又分为带式、罐式、离心式等几种类型，带式三合一又有步进式和连续式两种，主要是滤带的前进方式不同，工作流程完全相同。物料由加料器均匀地铺在滤带上，滤带由传动装置拖动在干燥机内移动。在洗涤、抽滤段进行溶剂洗涤，真空冷抽回收溶剂母液；干燥段热空气进入，真空排除并冷凝回收溶剂。此设备用于大产量成批生产，适用于透气性较好的颗粒物料的干燥，成品干燥均匀，在我国维生素C和青霉素行业应用很广。

(4) 喷雾干燥器　喷雾干燥器的干燥过程类似于气流干燥。空气初滤后由加热器加热，产生的热空气经若干级过滤(按药品等级选用)，然后于干燥室顶部蜗壳通道由热风分配器产生均匀旋转的气流进入干燥室内。物料经过滤通过离心式雾化盘或压力喷嘴，产生分散、微细的料雾，料雾与旋流的热空气接触，水分迅速蒸发，在极短的时间内物料得到干燥。此设备适合于溶液、乳浊液、悬浊液、糊状液等流动性好的液状料干燥。现在原料药行业像链霉素、庆大霉素和多种生物提取物的干燥都可选用此设备。

(5) 气流干燥装置　气流干燥适用于易脱水的颗粒、粉末状物料，可迅速除去物料水分(主要是表面水分)。在气流干燥中，由于物料在干燥器内停留时间短，使干燥成品的品质得到最佳的控制。湿物料通过加料器与热气流充分混合，干燥的同时在风力吸引下进入干燥管进一步均匀干燥。风力无法吸引的湿重颗粒在干燥器内继续被撞击、破碎、干燥，直到能被风吸起进入干燥管，干燥管末端为旋风分离器。此设备在制药行业主要用于土霉素和部分保健品的生产。

(6) 沸腾床　沸腾床的药品从床身上部加入，热风从底部吹入，并穿过多孔分布板与一定料层厚度的物料接触，物料呈流化、沸腾状态，在气流中上下翻动、互相混合与碰撞，气固之间接触面积大，进行剧烈的传热、传质，较大地提高了干燥速度和干燥效率，是一种理想的干燥设备。对一些较湿的物料可一次干燥达到要求的水分指标。流化沸腾状态时热效率高，停留时间可以调节，易于得到低水分的成品。大小颗粒在床面上可得到分级，粗粒可从床身排出，细粉由集尘器排出。针对有的物料，布袋除尘可做在主机内(内置式)，节约占地面积，结构简单，投资少。此设备适合于粉，颗粒和丝、条状物料干燥，设备全密闭，可以进行在线清洗和灭菌，在制药行业中抗生素和半合成抗生素的生产上应用很广。

(7) 真空冷冻干燥机　真空冷冻干燥机适用于热敏性或易氧化药品的干燥，俗称冻干机，主要包括冻干箱、真空系统、加热系统、制冷系统等。按搁板面积可分为小型实验冻干机、中型生产冻干机、大型工业生产冻干机。原料药和制剂药的干燥应用冻干机的都很多，主要要求其可靠性高，灭菌功能齐全，同一搁板内和板层间的温差不大于 1.5℃，这也就必须要求搁板的平整度好。用此设备干燥原料药时，为保证产品的均一性，最好增加混粉器。氨苄青霉素、大量血制品、人工培养药物、抗体、疫苗等生产大多选用冻干机。

(8) 流化床　此设备有流化床和振动流化床，药品干燥受流动性影响大多选用振动流化床。干燥器由振动电机产生激振力使机器振动，物料在给定方向的激振力作用下跳跃前进，同时床底输入热风使物料处于流化状态，物料颗粒与热风充分接触，进行剧烈的传热传质过程，此时热效率最高。上腔处于微负压状态，湿空气由引风机引出，干料由排料口排出，从而达到理想的干燥效果。此设备流化均匀，无死角，温度分布均匀，热效率高。适用于颗粒、粉、条、丝梗状物料干燥，像淀粉、葡萄糖及很多大批量生产的药用中间体均可选用。

2.7　原料的保存

2.7.1　原料保存的基本要求

关于化学原料药、中药材、生物制品的保存应达到以下基本要求：

(1) 包装贮存前应再次检查、清除劣质品及异物，包装器材(袋、盒、箱、罐等)应是无污染、新的或清洗干净、干燥、无破损，包装应有批包装记录，内容有品名、批号、规格、重量、产地、工号、日期。

(2) 易破碎的药品原料应装在坚固的箱盒内；剧毒、麻醉、珍贵药材应特殊包装，并贴上相应的标记，加封。

(3) 原料批量运输时，不应与其他有毒、有害物质混装；运载容器应具有较好的通气性，以保持干燥，遇阴雨天应严密防潮。

(4) 药品原料仓库应通风、干燥、避光，最好有空调及除湿设备，地面为混凝土或可冲洗的地面，并具有防鼠、防虫设施；原料包装应存放在货架上，与墙壁保持足够距离，并定期抽查，防止虫蛀、霉变、腐烂、泛油等现象发生。

此外在应用传统贮藏方法的同时，应注意选用现代贮藏保管新技术、新设备，如冷冻气调、辐照法及国家食品、粮食仓贮法中允许的药剂消毒。下面即对于原料保存中的主要问题——保鲜和灭菌进行简单介绍。

2.7.2 原料的保鲜

对于暂不投入生产的、对热不稳定的中药材、化学原料以及生物制剂原料，都需要采取低温冷藏的方式进行适当保存，否则如蛋白质、微生物之类的原料可能会发生变性或失去生物活性。因此需要借助人工制冷的方法让固定的空间达到规定的温度，使得原料易于在较长时间内存放。最常用的是压缩式冷藏机，主要由压缩机、冷凝器和蒸发管等组成。按照蒸发管装置的方式又可分直接冷却和间接冷却：直接冷却是将蒸发管安装在冷藏库房内，液态冷却剂经过低压蒸发管时，直接吸收库房内的热量而降温；间接冷却是由鼓风机将库房内的空气抽吸进空气冷却装置，空气被盘旋于冷却装置内的蒸发管吸热后，再送入库内而降温。空气冷却方式的优点是冷却迅速，库内温度较均匀，同时能将贮藏过程中产生的二氧化碳等有害气体带出库外。此外对于水、光、氧不稳定性的原料贮存过程中也要进行相关的干燥、避光和真空保存处理，尽可能地使之与不稳定源隔绝。

2.7.3 原料的灭菌

由于GMP相关规定，中药及生物制品生产企业在设计建厂或厂房改造时，就要考虑选择合适的原料灭菌方式，是否建立相应的灭菌设施，并根据灭菌对象决定粉碎工序的位置。如果对药材灭菌，粉碎工序宜设立在洁净区(或按洁净区管理的区域)；如果对药粉灭菌，则粉碎工序设在非洁净区为宜，当然粉碎工序无论设立在哪里都应符合密闭、通风、除尘的要求。主要灭菌设备有：

1. 热压灭菌柜

热压灭菌柜是一种大型灭菌器，分立式和卧式两种。全部用坚固的合金制成，带有夹套的灭菌柜内备有带轨道的格车，分为若干格。灭菌柜顶部装有压力表两只，一只指示蒸汽夹套内的压力，另一只指示柜内的压力。两压力表的中间为温度表，灭菌柜底部装有排气管，在排气管上装有温度探头，以导线与温度相联。国内现已经生产一种有冷却水喷淋装置，灭菌温度与时间采用程序控制的新型热压灭菌器。常用的热压灭菌设备还有手提式热压灭菌器等。

2. 微波灭菌机

该设备是利用微波辐射浸透和介子极化的原理，在分子的作用下，使菌类细胞膜瞬时遭到破坏，最终以热的方式向外耗散，来达到灭菌的目的。微波具有穿透力强，作用时间短，灭菌速度快，灭菌效果可靠，温度低，不破坏物料成分原有品质的优点，效率显著，指标稳定可靠；缺点是不适用于含水量低的药材和药粉。制药行业中微波干燥灭菌机现多采用多管型隧道式，有卧式、立式、履带式几种。

3. 臭氧灭菌设备

臭氧是一种广谱杀菌剂，可杀灭细菌繁体和芽孢、病毒、真菌等，可破坏肉毒杆菌毒素。臭氧在水中的杀菌速度较氯快，缺点是不适用于易氧化的原料。

(1) 臭氧灭菌柜　该结构是在蒸汽灭菌柜的基础上，采用臭氧对粉料进行灭菌。其原理是先把粉料铺在托盘中，再放入柜内架子上，或把托盘放在移动小车上推入柜内，再用臭氧进行灭菌。此方法需定时将托盘取出并翻动粉料，以便能充分接触臭氧，但仍有死角，保证不了臭氧和粉料的充分混合，并且费时费力，故其实际应用价值不高。

(2) 臭氧粉料灭菌机　该设备结构采用真空上料，然后经自动投料装置进入混合悬浮箱，利用气力混合器投加高纯度、高浓度臭氧，使粉料悬浮在混合悬浮箱内，并瞬间达到灭菌浓度，经除尘装置进行气粉分离，洁净的气体通过风管经风机进入气力混合器进行循环使用，从而达到消毒灭菌和降解农药残留等目的，并能实现粉料的充分混合。其设计思路符合臭氧粉料灭菌需充分混合的条件，并且灭菌无死角，在实际生产中已经得到了认可。

除以上三种杀菌装备以外应用于处理制药原料的常见设备还有紫外线灭菌系列装备等。

思考题

2-1 简述制药原料预处理的内容与必要性。

2-2 中药材预处理主要生产工艺有哪些?

2-3 原料预处理设备分成哪几类? 各有哪些常用工业设备?

2-4 发酵液过滤中絮凝剂的作用和选择依据是什么?

2-5 细胞破碎方法分为哪两类? 选择依据是什么?

参考文献

[1] 国家药品监督管理局.《中药新药研究的技术要求》,1999 年 11 月 10 日起施行.

[2] 李淑芬,姜忠义.高等制药分离工程.北京:化学工业出版社,2004.

[3] 张鸿飞.中药前处理、提取浓缩及分离设备与工艺.机电信息,2010,8(20):1-11.

[4] 王广明.中药材前处理主要生产工艺及设备应用.中国制药装备行业协会,http://www.phmacn.com/committee/info/20090601/111417.asp.

[5] 田瑞华.生物分离工程.北京:科学出版社,2008.

3 固-液萃取

3.1 概 述

固-液萃取(也称浸取)是利用固体原料中组分在溶剂中溶解度的差异,选择一种溶剂作为萃取剂用来溶解固体原料混合物中待分离的组分,其余组分则不溶或很少溶于萃取剂中,这样在萃取操作中固体原料混合物中待分离的组分(溶质)从一相转移到另一相中,从而使溶质分离。

中药有效成分的浸出是中药提取工艺中的重要操作单元之一,即用一种适当的溶剂从固体状中药中把可溶性的有效成分溶解出来。在浸取操作中,凡用于药材浸取的液体称浸取溶剂(简称溶剂),浸取药材后得到的液体称浸出液,浸取后的残留物称为药渣。中药提取方法和工艺应根据处方药材特性、溶剂性质、剂型要求和生产实际等综合因素考虑,选择适宜的浸取方法及有效浸取工艺条件与设备,这对保证浸出制剂的质量,提高浸出效率和经济效益都十分重要。常见的中药浸取方法主要有:浸泡法、渗漉法、溶剂回流法等。

3.2 浸取原理与影响因素

3.2.1 浸取原理

作为中药材的有效成分,大多数都存在于细胞的原生质中。在中药有效成分的提取过程中,一个关键的问题是如何将有效成分从细胞壁一侧的原生质转移至另一侧的提取溶剂中,其提取原理分浸润、溶解和扩散三个过程。

1. 浸润

溶剂与植物表面接触时,受到毛细管力和细胞吸水力的影响进入细胞内。当植物的表面被溶剂浸润后,颗粒间的孔隙和细胞壁胶粒组成的网孔,皆可看作毛细管系统。在毛细管力的作用下,湿润表面的液体膜,沿着毛细管壁,被吸入细胞内。毛细管力越大,则溶剂进入细胞的速度越快。毛细管力的大小与湿润角和溶剂的表面张力有关。利用表面张力较大的溶剂提取,效果较好。但必须指出,当溶剂的表面张力越大时,吸入毛细管的作用力亦越强,则要求有较大的克制力,才能使之与植物细胞分离。为了帮助溶剂湿润植物原料,在某些情况下,可向溶剂中加入表面活性剂。

细胞的吸水力是溶剂进入细胞内的又一动力。细胞壁的纤维与果胶质皆属于有限膨胀的凝胶,具有弹性和吸胀现象。如果植物细胞呈干燥状态,原生质失水而收缩,细胞壁则随着内向收缩。细胞壁的弹性使细胞具有恢复原状的倾向,它不仅对原生质不施加压力,相反使其扩张,即细胞的吸水力达到了最大状态。干燥的植物原料,其吸收提取溶剂的速度最快。

2. 溶解

当溶剂进入植物细胞后，胶质物质由于胶溶作用而部分被溶解进入溶剂后，使部分溶解的化学成分同时进入溶剂中，但大部分胶质物质膨胀而形成凝胶，留在细胞内。植物细胞内的各种化学成分以吸附状态存在于细胞内。当溶剂对某些化学成分有更大的吸附力时，才能使之输入溶剂中，被提取出来。因此，选择适当的提取溶剂，或在溶剂中加入碱、酸或表面活性剂等物质，帮助细胞内化学成分克服植物组织内的吸附，有利于提取过程的进行。

3. 扩散

当溶剂在细胞中溶解了大量的可溶性化学成分后，细胞内形成了高浓度的溶液，并具有较高的渗透压。而细胞外仍为纯的溶剂或浓度较低的溶液，渗透压也较低，细胞内外之间便产生了渗透压差和浓度差。由于渗透压的作用，细胞内高浓度的溶液不断地向细胞外扩散，而细胞外低浓度的溶液和溶剂，不断地向细胞内部渗透，直至内外溶液的浓度趋于平衡。

3.2.2 浸取过程的影响因素

1. 被浸取物质的理化性质

一是原料结构：浸取溶剂通过多孔的细胞壁进行浸取时，溶剂和以分子状态分散于溶剂中的化学成分，很容易通过薄膜细胞膜。如果细胞壁木质化或含有木栓质，则扩散速率较慢。二是原料的化学性质：由于扩散系数与扩散物质的分子半径成反比，因此，在浸取过程中，原料中可溶性化学成分的分子半径大小不同，其扩散速率也必然不同，在溶解度相同的情况下，小分子化学成分先溶解，先扩散；而大分子化学成分则后溶解，后扩散。

2. 原料的粉碎度

植物原料粉碎得越细，扩散面积就越大，扩散速率也就越快。因此，通过改变原料的粉碎度，可以改善浸取效果。然而，粉碎过程中大量细胞被破坏，许多可溶性的高分子化合物即杂质，很容易进入浸取溶剂中，增加了浸取液的黏度，从而妨碍溶剂进入细胞继续进行浸取，同时杂质过多，也会给随后的过滤带来困难。而且，在渗透浸取工艺中，原料粉碎过细，容易产生堵塞，甚至会造成溶剂在渗滤柱内出现部分流畅、部分不流畅的现象，影响浸取效果。因此，选择原料粉碎度，既要考虑浸取方法，也要考虑溶剂的性质等其他条件。

3. 原料的干燥程度

原料干燥程度直接影响细胞的吸水力，原料越干燥，细胞吸水力就越大，对溶剂的吸收就越快，浸取速率也越快。反之，原料越湿，则细胞吸水力越小，浸取速率也就慢。新鲜植物原料，原生质层没有被破坏，因此它只选择性地允许一些物质透过，几乎不允许溶解于细胞内的化学成分渗出，则影响浸取效果。如果在浸取之前，将新鲜植物原料适当地干燥(最好是自然晒干)，则有助于提高浸取效果。

4. 浸取温度

浸取温度越高，扩散物质的量就越多。其原因可能是：温度升高后，降低了浸出液的黏度，同时使植物组织软化，促进组织的吸胀作用，增加化学成分的溶解和扩散。然而，许多药物在高温下易被破坏，挥发性成分在高温中易挥散，均造成有效成分的损失。同时，大分子的无效成分及胶体等杂质，因高温使其溶解度增加，给精制带来了困难。

5. 浸取时间

浸取量与浸取时间成正比。在一定条件下，时间愈长则浸取出的物质愈多。但是，时间过长，扩散系数小，粒子大的胶体物质也可被浸取出来。因此，浸取时间不能无限增长，长时间的浸取，既消耗大量热量，又造成有效成分被破坏。同时，杂质过多，也会影响质量。

6. 溶液的浓度差

浸取量与溶液的浓度差成正比。浓度差越大，则浸取量越多。当浓度差等于零时，则浸取过程完全停止。因此,可以利用经常更换新溶剂的措施来保持较高的浓度差,亦可以在浸取过程中进行搅拌。搅拌能促进高浓度的浸取液尽可能快地离开植物细胞,而以新的溶剂或稀浓度浸取液与植物原料接触,使得植物内外保持较高的浓度差,从而提高浸取速率。

7. 溶剂的 pH 值

浸出溶剂的 pH 值与浸取效果有密切关系。在中药材浸取过程中,往往根据需要调整浸取溶剂的 pH 值,以利于某些有效成分的浸取,如用酸性溶剂浸取生物碱、用碱性溶剂浸取皂苷等。

8. 浸取压力

当药材组织坚实,浸出溶剂较难浸润时,提高浸取压力会加速浸润过程,使药材组织内更快地充满溶剂和形成浓溶液,从而使开始发生溶质扩散过程所需的时间缩短。同时在有压力下渗透还可能将药材组织内某些细胞壁破坏,亦有利于浸出成分的扩散过程。当药材组织内充满溶剂后,加大压力对扩散速率则没有影响,对组织松软、容易湿润的药材的浸出影响也不明显。

9. 浸取溶剂的选择

浸取溶剂选择时应考虑以下原则:①对溶质的溶解度足够大,以节省溶剂用量;②与溶质之间有足够大的沸点差,以便于容易采取蒸馏等方法回收利用;③溶质在溶剂中的扩散系数大且黏度小;④价廉易得、无毒、腐蚀性小等。

浸取溶剂中,水为最常用的浸取溶剂,它作为溶剂经济易得,而且极性大、溶解范围广。其缺点是由于浸出范围广,选择性相对差,容易浸出大量无效成分,而且会引起一些有效成分(如某些苷类)的水解,或促进某些化学变化。乙醇为仅次于水的常用浸取溶剂,是一种半极性溶剂。由于乙醇的溶解性能介于极性与非极性之间,所以乙醇不仅能溶解水能溶解的某些成分,同时也能溶解非极性溶剂所能溶解的一些成分,只是溶解度不同。由于乙醇能与水任意互溶,利用乙醇与水的不同比例的混合物作溶剂时有利于选择成分的浸出。

10. 浸取辅助剂

为了提高浸取溶剂的浸取效能,增加浸取成分在溶剂中的溶解度,增加制品的稳定性以及除去或减少某些杂质,有时需要往溶剂或原料中添加某些被称为辅助剂的物质。一般常用酸(如盐酸、硫酸、冰乙酸、酒石酸)、碱(如氨水、碳酸钠、氢氧化钙、碳酸钙和石灰)调节 pH 值。

3.3 浸取过程的基本理论

3.3.1 浸取速率方程

在无主体流动或在静止流体中,因浓度梯度引起的分子扩散,可用费克定律表示如下

$$J_{AT}=-D\frac{dc_A}{dz} \tag{3-1}$$

式中,J_{AT}为物质 A 的扩散通量,或称扩散速率,kmol/(m^2 · s);$\frac{dc_A}{dz}$为物质 A 在 z 方向上的浓度梯度,kmol/m^4;D 为分子扩散系数,m^2/s。

式(3-1)右端的负号表示扩散方向是沿浓度梯度降低的方向。

浸取过程实际上包括分子扩散和流体的运动引起的对流扩散,对流传质过程用费克定律表示时应为分子扩散与涡流扩散共同的结果,即

$$J_{AT}=-(D+D_E)\frac{dc_A}{dz} \tag{3-2}$$

式中，D_E 为涡流扩散系数，m^2/s。

对于罐内浸泡的浸取过程，可近似认为是分子扩散，涡流扩散系数 D_E 可忽略不计，因此，中药材被浸出时，自药材颗粒单位时间通过单位面积的有效成分量，即扩散通量 J，可由式(3-2)简化为式(3-1)，省去下标后，表示如下

$$J=\frac{dM}{F d\tau}=-D\frac{dc}{dz} \tag{3-3}$$

当传递是在液相内扩散距离 Z 进行，有效成分浓度自 c_2 变化到 c_3 时，积分式(3-3)得

$$J=-\frac{D}{Z}(c_3-c_2)=k(c_2-c_3) \tag{3-4}$$

式中，k 为传质分系数，$k=D/Z$。

如果传递是在有孔固体物质中进行，有效成分浓度自 c_1 变化到 c_2 时，同理可得：

$$J=\frac{D}{L}(c_1-c_2) \tag{3-5}$$

式中，L 为多孔固体物质的扩散距离。

于是得到药材浸出过程中的速率方程

$$J=\frac{1}{\left(\frac{1}{k}+\frac{L}{D}\right)}(c_1-c_3)=K\Delta c \tag{3-6}$$

式中，K 为浸出总传质系数，$K=1\Big/\left(\frac{1}{k}+\frac{L}{D}\right)$，m/s；$\Delta c$ 为药材固体与液相主体中有效物质的浓度差，$kmol/m^3$。

实际浸取过程中，中药材固体与液相主体有效成分的浓度差并非为定值，则 Δc 可用式(3-7)表示

$$\Delta c=\frac{\Delta c_{始}-\Delta c_{终}}{\ln(\Delta c_{始}/\Delta c_{终})} \tag{3-7}$$

式中，$\Delta c_{始}$、$\Delta c_{终}$ 为浸出开始和终结时固、液两相的浓度差，$kmol/m^3$。

3.3.2 扩散系数

求解上述药材浸出过程的速率方程，必须先知道溶质在扩散过程中的扩散系数并求得传质系数。扩散系数是物质的特征常数之一，同一物质的扩散系数会随介质的性质、温度、压力及浓度的不同而异。一些物质的扩散系数可从有关物性手册查到，但对于医药物质，普遍数据缺乏。

1. 溶质A在液相B中的扩散系数

溶质在液相中的扩散系数，其量值通常在 $10^{-10}\sim10^{-9}$ m^2/s 之间。由于液相中扩散理论至今不成熟，目前对于溶质在液体中的扩散系数多采用半经验法。

对稀溶液，用斯托克斯-爱因斯坦(Stockes-Einstein)方法计算

$$D_{AB}=\frac{9.96\times10^{-17}T}{\mu_B V_A^{1/3}} \tag{3-8}$$

式中，V_A 为正常沸点下溶质的摩尔体积，$m^3/kmol$；μ_B 为溶剂B的黏度，Pa·s。

式(3-8)适用于相对分子质量大于1 000、非水合的大分子溶质，水溶液中 V_A 大于 0.5 $m^3/kmol$。

对溶质为较小分子的稀溶液，可用威尔盖(Wike)公式计算

$$D_{AB}=4.7\times10^{-7}(\varphi M_B)^{1/2}\frac{T}{\mu_B V_A^{0.6}} \tag{3-9}$$

式中，M_B 为溶剂的摩尔质量，kg/kmol；μ_B 为溶剂的黏度，Pa·s；V_A 为正常沸点下溶质的摩尔体积，m^3/kmol；φ 为溶剂的缔合参数，对于水为 2.6，对于甲醇为 1.9，对于乙醇为 1.5，对于苯、乙醚、庚烷以及其他不缔合溶剂均为 1.0。

2. 溶质在固体中的扩散系数

如果固体内存在浓度梯度，固体中组分可由某一部分向另一部分扩散。通常在固体中有两种扩散类型：一种是遵从费克定律、基本上与固体结构无关的扩散；另一种与固体结构有关的多孔介质内扩散。

外扩散系数随溶剂对流程度的增加而增加，在带有搅拌的浸取过程中，外扩散系数很大，计算时可忽略其作用，在此情况下，浸取全过程的决定因素就是内扩散系数。表 3-1 给出了一些植物药材的内扩散系数。

表 3-1　植物药材的内扩散系数

药材名	浸出物质	溶剂	内扩散系数/(cm^2/s)
百合叶	苷类	70%乙醇	0.45×10^{-8}
颠茄叶	生物碱	水	0.9×10^{-8}
缬草根	缬草酸	70%乙醇	0.82×10^{-7}
甘草根	甘草酸	25%氨水	5.1×10^{-7}
花生仁	油脂	苯	2.4×10^{-8}
芫荽籽	油脂	苯	0.65×10^{-8}
五倍子	丹宁	水	1.95×10^{-9}

3.3.3　总传质系数

植物药材在浸出过程中，总传质系数应由内扩散系数、自由扩散系数和对流扩散系数组成。总传质系数 H 为

$$H=\frac{1}{\frac{h}{D_{内}}+\frac{S}{D_{自}}+\frac{L}{D_{对}}} \tag{3-10}$$

式中，L 为颗粒尺寸；S 为边界层厚度，其值与溶解过程液体流速有关；h 为药材颗粒内边界层厚度；$D_{内}$ 为内扩散系数，表示药材颗粒内部有效成分的传递速率；$D_{自}$ 为自由扩散系数，在药材细胞内有效成分的传递速率；$D_{对}$ 为对流扩散系数，在流动的萃取剂中有效成分的传递速率。

$D_{自}$ 是式(3-8)和式(3-9)的 D_{AB}，自由扩散系数与温度有关，还与液体的浓度有关，温度值取操作时的温度，浓度取算术平均值。由于物质结构中存在孔隙和毛细管及其作用，使分子在毛细管中运动速度很缓慢，所以 $D_{内}$ 值比 $D_{自}$ 值小得多。叶类药材 $D_{内}$ 值为 10^{-8} cm^2/s 左右；根茎类 $D_{内}$ 值为 10^{-7} cm^2/s 左右；树皮类 $D_{内}$ 值为 10^{-6} cm^2/s 左右(表 3-1)。

内扩散系数与药材有效成分含量、温度及流体力学条件等有关，故不是固定常数。此外，$D_{内}$ 还和浸泡时药材的膨胀、药物细胞组织的变化和扩散物质的浓度变化等有关。

$D_{对}$ 值大于 $D_{自}$ 值，而且 $D_{对}$ 值随溶剂对流程度的增加而增加，在湍流时 $D_{对}$ 值最大。在带有搅拌的浸取过程中，$D_{对}$ 值很大，计算时可忽略其作用，在此情况下，浸取全过程的决定因素就是内扩散系数。

3.4 几种常见的浸取方法

3.4.1 浸泡法

将药材粗粉或碎片置于溶剂之中，通常在室温下放置(可定时搅拌)一定时间后将浸泡的药渣过滤分离，此时所需浸出的中药成分已经自药材转移至浸出液中。浸泡法的设备、操作均非常简单，所需时间为几天到半个月，为将药材成分较完全浸出需要多次浸泡，因此产量小、时间长、效率低。当以乙醇或稀乙醇为溶剂时(如制备药酒)，只要浸泡容器密闭，放置于温度不高的厂房内，乙醇的挥发损失较小，但挥发性很强的溶剂不一定合适。传统的药酒往往将固体药材也置于药酒瓶中(如人参酒)，此时只需按一定的固-液配比即可。目前很多保健酒已将药渣与药酒分离，因此要考虑单次浸泡时成分浸出率低，而采用多次浸泡能提高浸出率。

3.4.2 渗漉法

在圆柱或倒圆锥形的固定床内均匀装填有药材颗粒或粉体，将溶剂加入床内将药材完全浸没，浸泡一定时间，在保持稍高于药粉层的液面的条件下，自上而下或自下向上以定流量加入新鲜溶剂并取出渗漉液(保持进出物料的平衡)。渗漉法多在常温下进行，所需的浸出时间较长(一两天甚至更多天)，床内药材中的某些成分可以完全被浸出，渗漉的溶剂一般为乙醇或稀乙醇。渗漉的操作方式决定了中药成分较高的浸出收率，适合于较大的生产规模，可以实现连续化、自动化生产。渗漉过程一般在室温下进行，因此对药材中的活性成分保留得较好，不因加热而使热敏性成分破坏。

3.4.3 溶剂回流法

常温下中药成分自药材中至溶剂的浸出速度较慢，如果在溶剂沸腾情况下进行成分的浸出一定会大大提高成分的浸出速度，增加浸出收率。一般将药材破碎至一定程度，加某一倍数的溶剂，加热至沸腾，部分溶剂汽化成蒸气上升至冷凝冷却器，被冷凝的液体溶剂又回流到浸出器中。

常见的浸取溶剂为水，在水浸取回流过程中如果药材中含挥发油成分(不管其沸点是否远高于100℃)，则因为与水共存于一个体系，水与挥发油成分在略低于100℃的温度下沸腾汽化，蒸出的水-挥发油混合物则在冷凝器中冷凝成液体，由于水-挥发油相互不溶或仅部分互溶，因此很容易分为水相、有机相(挥发油)而得以分离，这种操作过程称为水蒸气蒸馏。一般挥发油只是中药成分浸取的产物之一，许多非挥发性成分则在浸出后保留在水浸取液中，显然一次浸取对成分的浸出是不完全的，为此需要进行多次浸取。

当使用乙醇、稀乙醇或其他有机溶剂作为浸取溶剂时也可采用回流法，此时所浸出成分常为脂溶性成分，因此同一味中药材在使用不同的溶剂(如水、乙醇为浸取溶剂)时，所浸出的成分可能是完全不同的。在生产中为了减少溶剂的每批周转量，还可以使用索氏提取法，该法中所加入的溶剂(如乙醇)在沸腾下抽出部分浸出液进入蒸发器蒸发，蒸发回收的溶剂又被连续送回浸出器补充所抽出的部分浸出液以保持溶剂数量的平衡。

3.4.4 压榨法

本法用于富含油脂的药材榨取油脂，或者对一些鲜药经压榨取得含某些成分的汁液或一些芳香油成分。鲜药的榨汁，如从新鲜大蒜中压榨取汁制备大蒜素，从括楼鲜根中榨汁制取天花粉，秋梨与藕榨汁再加另外六味中药的水浸取液制备秋梨膏，新鲜橘皮榨取芳香油等。本法适合于含水溶性蛋白质、酶、氨基酸、多糖和含多种维生素的果类或根茎类药材的制备。鲜药榨汁法又分为干榨法和湿榨法两种，前者是对鲜药只用压榨的方法取汁直至榨干，不对所得榨汁进行稀释；湿榨法则是榨出原汁后可数次加适量水再榨汁，以将鲜药中的成分压榨干净。榨汁过程要求洁净操作，防止微生物对鲜药汁液的污染。

3.4.5 几种浸取过程的特点和适用对象

上述各种方法出现于不同的历史时期，与当时的科技水平有很大的关系。但是已经存在的方法也不会轻易地退出，总是还有其存在的需要。表 3－2 列出了各种浸取过程的特点及其适用对象，便于读者根据不同的需要选择合适的浸提方法。

表 3－2　不同浸取方法的特点及适用对象

浸取方法		特点	适用对象
浸泡法		常见为室温下的乙醇或稀乙醇的浸泡，浸泡时间为数天至半个月，操作简单，但效率低，要较完全地将成分浸出需要多次浸泡	一般多用于药酒的生产，有时还可将药材(如人参)与药酒一起装于容器中
渗漉法		常见为室温下的乙醇或稀乙醇的渗漉浸取，浸出效率高，可较完全地将成分浸出，连续作业有利于自动化及规模化生产	因在室温下操作有利于热敏性水不溶性成分的浸取，乙醇或稀乙醇是首选的溶剂，溶剂损耗小
回流法	水煮法	最经济合理，可将所含挥发油成分方便取得，浸膏中的杂质较多，需要多次浸取	首选的方法，普遍适用，也是最接近于传统的方法，所浸取成分为热敏性物料时不适用
	有机溶剂回流法	可浸出水不溶性成分，浸膏中杂质较少，溶剂消耗大且需要回收，选择不同的溶剂所得成分有差异，需要多次浸取	根据不同浸膏产品的成分要求选择不同的溶剂，乙醇或稀乙醇为首选，适用于水不溶性成分的浸取，加热对热敏性物料不利
	索氏提取法	连续取出浸出液并连续加入新鲜溶剂，浸取过程有较大的推动力，在数小时的浸取后可将药材中的成分较完全地溶出，溶剂的周转量小，浸取液的浓缩也可同时完成	乙醇或稀乙醇为首选，适用于水不溶性成分的浸取，有较高的浸出效率与传质速率，加热对热敏性物料不利
压榨法		可将药材所含油脂、挥发油或其他成分直接压榨取得，设备、操作相对简单，但浸出收率不高，有时用于鲜药成分的浸取	适用于药材中油脂的制取，某些鲜药中成分的浸出也可采用本法；但因浸出收率低而需要用溶剂浸取法作为后续的补充工艺

3.5 浸取工艺及设备

3.5.1 浸取工艺

浸取工艺可分为单级浸取工艺、单级回流浸取工艺、单级循环浸取工艺、多级浸取工艺、半逆流多级浸取工艺、连续逆流浸取工艺六种。

1. 单级浸取工艺

单级浸取工艺是指药材和溶剂一次加入浸出设备中，经过一定时间浸取后，放出浸出药液，排出药渣的整个过程。在用水浸出时一般用浸泡法，乙醇浸出时可用渗漉法，但药渣中乙醇或其他有机溶剂需先经过回收，然后再将药渣排出。一次浸出的浸出速度，开始大，以后速度逐渐降低，直至到达平衡状态。故常将一次浸出称为非稳定过程。

单级浸取工艺比较简单，常用于小批量生产，其缺点是浸出时间长，药渣能吸收一定量的浸出液，可溶性成分的浸出率低，浸出液的浓度亦较低，浓缩时消耗热量大。

2. 单级回流浸取工艺

单级回流浸取又称索氏提取(图 3－1)，主要用于酒提或有机溶剂(如乙酸乙酯、氯仿浸出或石油醚脱脂)浸取药材及一些药材脱脂。由于溶剂的回流,使溶剂与药材细胞组织内的有效成分之间始终保持很大的浓度差,加快了浸出速度和提高了浸出率,而且最后生产出的浸出液已是浓缩液,使浸出与浓缩紧密地结合在一起。此法生产周期一般约为 10 h。其缺点是,此法使浸出液受热时间长,对于热敏性药材是不适宜的。

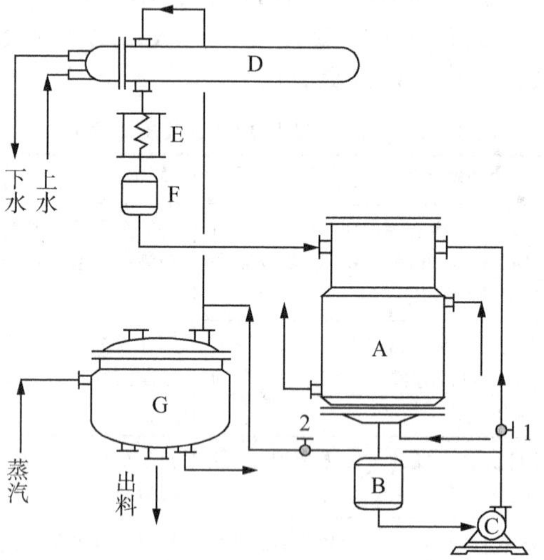

图 3-1　索氏提取法工艺流程示意图

A—浸出罐;B—缓冲罐;C—输送泵;D—冷凝管;E—冷却器;F—冷凝受槽;G—浓缩锅;1,2—阀门

3. *单级循环浸取工艺*

单级循环浸出系统将浸出液循环流动与药材接触浸出,它的特点是固-液两相在浸出器中有相对运动,由于摩擦作用,使两相间边界层变薄或边界层表面更新快,从而加速了浸出过程。循环浸出法的优点是:浸出液的澄清度好,这是因为药渣成为自然滤层,浸出液经过 14～20 次的循环过滤之故,由于整个过程是密闭提取,温度低,因此在用乙醇循环浸出时,所损耗乙醇量也比其他工艺低。其缺点是液固比大,在制备药酒时,白酒用量较其他的提取工艺用得多。因此,此法对于用酒量大,又有高澄清度要求的药酒和酊剂生产是十分适宜的。

4. *多级浸取工艺*

药材吸液引起的成分损失,是浸渍法的一个缺点。为了提高浸出效果,减少成分损失,可采用多次浸渍法。它是将药材置于浸出罐中,将一定量的溶剂分次加入进行浸出;亦可将药材分别装于一组浸出罐中,新的溶剂分别先进入第一个浸出罐与药材接触浸出,浸出液放入第二个浸出罐与药材接触浸出,这样依次通过全部浸出罐成品或浓浸出液由最后一个浸出罐流入接收器中。当第一罐内的药材浸出完全时,则关闭第一罐的进、出液阀门,卸出药渣,回收溶剂备用。续加的溶剂先进入第一罐,并依次浸出,直至各罐浸出完毕。

5. *半逆流多级浸取工艺*

此工艺是在循环提取法的基础上发展起来的,它主要是为保持循环提取法的优点,同时用母液多次套用克服酒用量大的缺点。罐组式逆流提取法工艺流程见图 3-2。

经粗碎或切片或压片之药材,加入浸出罐 A 中。乙醇由计量罐 I_1 计量后,经阀 1 加入浸出罐 A_1 中。然后开启阀 2 进行循环提取 2 h 左右。浸出液经循环泵 C_1 和阀 3 打入计量罐 I_1,再由 I_1 将 A_1 的提取液经阀 4 加入浸出罐 A_2 中,进行循环提取 2h 左右(即母液第 1 次套用)。A_2 的浸出液经泵 C_2、阀 6、罐 I_2、阀 7 加入浸出罐 A_3 中进行循环浸出(即母液经第 2 次套用),依次类推,使浸出液与各浸出罐之药材相对逆流而进,每次新鲜乙醇经 4 次浸出(且母液第 3 次套用)后即可排出系统,同样每罐药材经 3 次不同浓度的浸出外液和最后 1 次新鲜乙醇浸出后再排出系统。

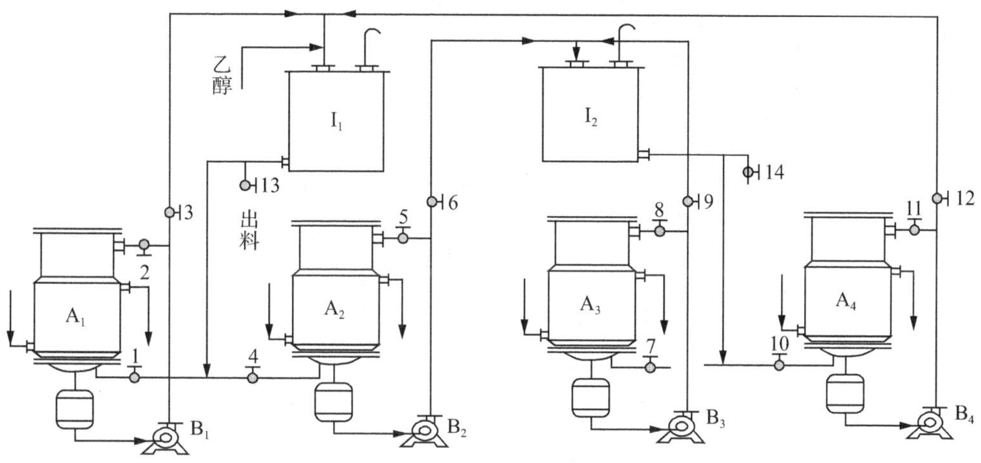

图 3-2　罐组式逆流提取法工艺流程示意图

I_1,I_2—计量罐;A_1,A_2,A_3,A_4—浸出罐;B_1,B_2,B_3,B_4—循环泵;1～14—阀门

6. 连续逆流浸取工艺

本工艺是药材与溶剂在浸出器中沿反向运动,并连续接触提取。它与一次浸出相比具有以下特点:浸出率较高,浸出液浓度亦较高,单位重复浸出液浓缩时消耗的热能少,浸出速度快。连续逆流浸出具有稳定的浓度梯度,且固-液两相处于运动状态,使两相界面的边界膜变薄,或边界层更新快,从而加快了浸出速度。

3.5.2　浸取设备

浸取设备按其操作方式可分为间歇式、半连续式和连续式;按固体原料的处理方法,可分为固定床、移动床和分散接触式;按溶剂和固体原料的接触方式,可分为多级接触式和微分接触式。

由于中药材的品种多,且其物性差异很大,一般大批量生产的品种不多,多数为中、小批量的品种,形成了"多品种、小批量"的生产特点,因此在选用中药浸取设备时,除了应考虑效率高、经济性好之外,还应考虑更换品种时清洗方便。目前国内中药厂所使用的浸取设备多数为间歇式固定床浸取设备,有些厂也采用效率较高的逆流连续式浸取设备。下面介绍一些中药生产中常用的浸取设备类型供参考。

1. 间歇式浸取器

间歇式浸取器的型号较多,其中以多功能式浸出罐较为典型(图 3-3)。除浸出罐外,还有泡沫捕集器、热交换器、冷却器、油水分离器、气液分离器、管道过滤器等附件,具有多种用途,可供药材的水浸出、醇浸出或浸出挥发油、回收药渣中的溶剂等。药材由加料口加入,浸出液经夹层可以通入蒸汽加热,亦可通水冷却,此器浸出效率较高,消耗能量少,操作简便。

2. 连续式浸取器

连续式浸取器有浸渍式、喷淋渗漉式和混合式三种。

1) 浸渍式连续逆流浸取器

(1) U 形螺旋式浸取器

U 形螺旋式浸取器亦称 Hildebran 浸取器(图 3-4),整个浸取器是在一个 U 形组合的浸取器中,分装有三组螺旋输送器来输送物料。在螺旋线表面上开孔,这样溶剂可以通过孔进入另一螺旋中,以达到与固体成逆流流动。螺旋式浸取器主要用于浸取轻质的、渗透性强的药材。

(2) U 形拖链式连续逆流浸取器

U 形拖链式连续逆流浸取器是一 U 形外壳,其内有连续移动的拖链,浸取器内许多链板上有

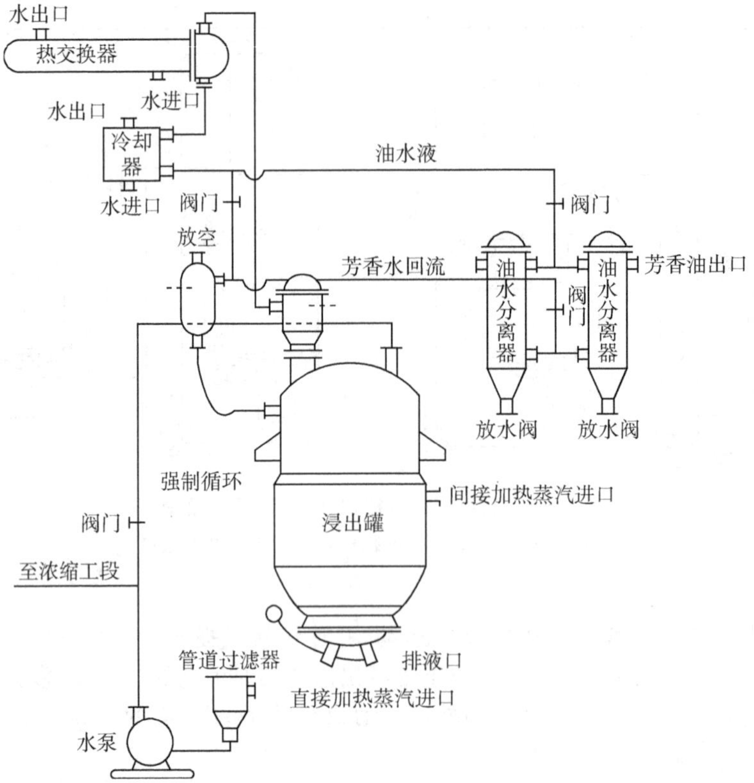

图 3-3　多功能式浸出罐示意图

许多小孔。被浸取的固体物由左上角加入，在拖链板的推动下由左边移动到右上角而排出渣物，而溶剂则由右上部加入，与固体物料呈逆流接触，由左上部排出浸出液。这种浸取器结构简单，处理能力大，适应性强，且浸取效果良好。

(3) 螺旋推进式浸取器

如图 3-5 所示，螺旋推进式浸取器上盖可以打开（以便清洗和维修），下中带有夹套，其内通入加热蒸汽进行加热。如果采用煎煮法，其二次蒸汽由排气口排出。浸取器安装时有一定的倾斜度，以便液体流动。浸取器内的推进器可以做成多孔螺旋板式，螺旋的头数可以是单头的或者多头的，也可用数十块桨片组成螺旋带式。在螺旋式浸取器的基础上，把螺旋板改为桨叶，则称为旋桨式浸取器，其工作原理和螺旋式相同。

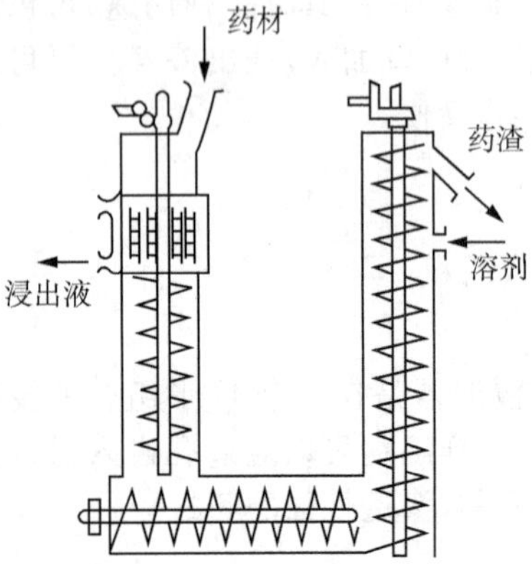

图 3-4　U 形螺旋式浸取器

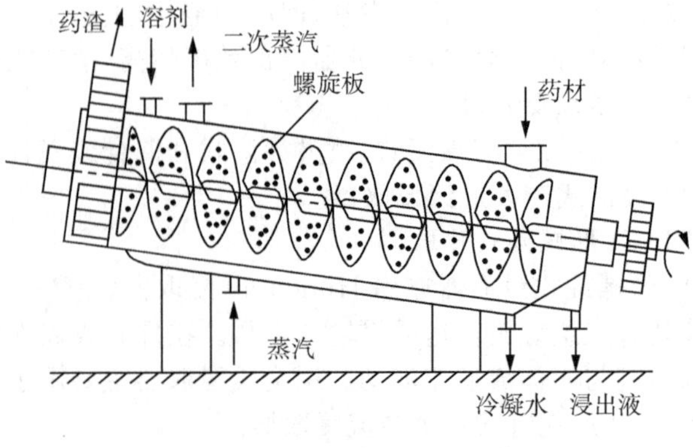

图 3-5　螺旋推进式浸取器

(4) 肯尼迪(Kennedy)式逆流浸取器

如图 3－6 所示，具有半圆断面的槽连续地排列成水平或倾斜的，各个槽内有带叶片的桨，通过它的旋转，固体物料按各槽顺序向前移动，溶剂和固体物料逆流接触，此浸取器的特点是可以通过改变桨的旋转速度和叶片数目来适应各种固体物料的浸取。

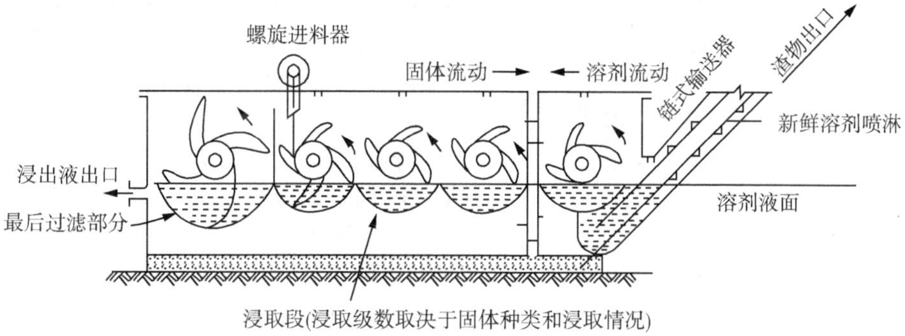

图 3－6　肯尼迪(Kennedy)式逆流浸取器

2) 喷淋渗漉式浸取器

(1) 波尔曼(Bollman)连续浸取器

波尔曼连续浸取器，包含一连串的带孔的料斗，其安排的方式犹如斗式提升机，这些料斗安装在一个不漏气的设备中。固体物料加到向下移动的那一边的顶部的料斗中，而从向上移动的那一边的顶部的料斗中排出。溶剂喷洒在那些行将排出的固体物料上，并经过料斗向下流动，以达到逆向的流动。然后，又使溶剂最后以并流方式向下流经其余的料斗。典型的浸取器每小时大约转一圈。波尔曼连续浸取器，一般处理能力大，可以处理物料薄片。但是在设备中只有部分采用逆流流动，且有时发生沟流现象，因而效率比较低，其结构如图 3－7 所示。

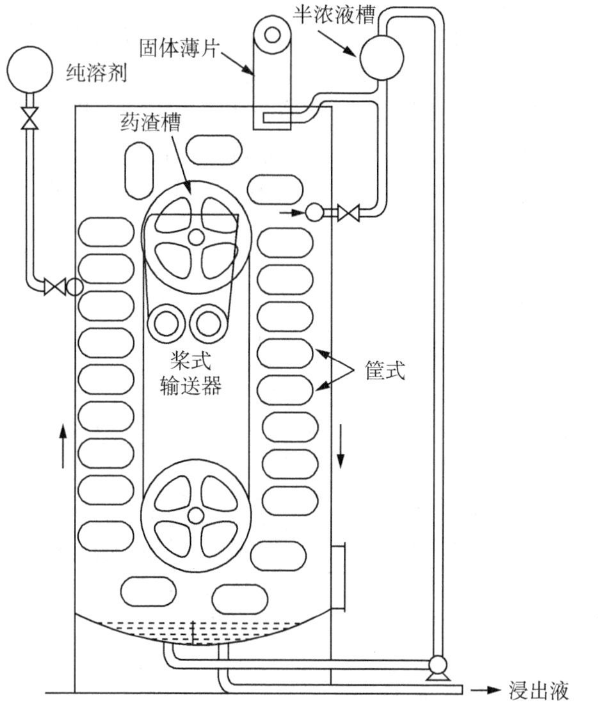

图 3－7　波尔曼连续浸取器

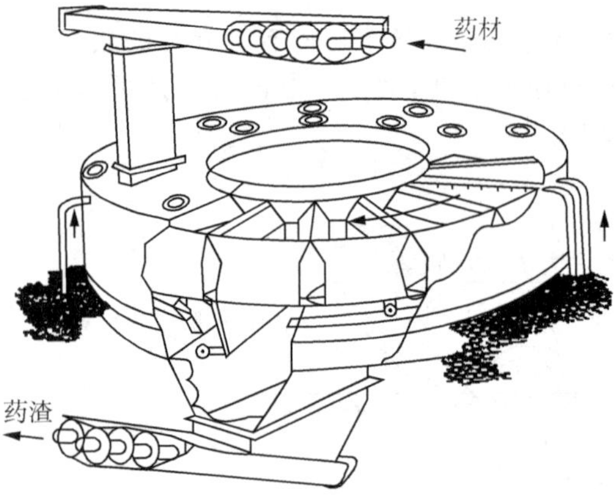

图 3-8　平转式连续浸取器

(2) 平转式连续浸取器

如图 3-8 所示是一种平转式连续浸取器，其结构为在一圆形容器内有间隔 18 个扇形格的水平圆盘，每个扇形格的活底打开，物料卸到器底的出渣器上排出。在卸料处的邻近扇形格位置上部喷新鲜的浸取溶剂，由下部收集浸出液，并以与物料回转相反的方向用泵将浸出液打至相邻的扇形格内的物料上，如此反复逆流浸取，最后收集到浓度很高的浸出液。平转式浸取器结构简单，并且占地较小，适用于大量植物药材的浸取，在中药生产中得到广泛应用。

(3) 覆带式连续浸取器

固体原料装在螺旋式皮带输送机上一边输送一边在几个地方从上面喷淋溶剂，并用泵将溶剂逆流地输送，进行浸取。被浸取的物料经过回转阀进入装料漏斗，落到带上，称为层状移动，料层厚度通过挡板调节(一般为 800～1 200 mm)。接受料层的带是铺有合金钢丝网的钢板，在板上开有无数小孔。原料约需 2 h 在带上一边浸取一边移动，渣物从带上落下，用漏斗接收后，通过回转阀排出。另一方面新鲜溶剂加入浸取部分，然后在料层中渗漉浸取，溶液落入带下面的接收槽中，用泵输送使固-液两相成逆流接触。

(4) 鲁奇式连续浸取器

鲁奇式连续浸取器是由上下配置的两个特殊的钢丝造的皮带输送机与此机等速移动的循环式无底框箱群所组成。框箱的底由上述皮带输送机构成。从上部送料的固体物料首先放入料斗上，这料层起密闭作用，用螺旋输送机把湿料送入框箱，料层高位 0.7～0.8 m，上段皮带输送机一边移动一边使框箱内固料层被浸取，浸取方式与平转式相同，接收由上面注入的溶剂并充满框箱，框箱不断移动，溶液下流到接收槽用泵送到下段的料层，当料层移动皮带输送机回转点时，落入下一段皮带输送机上，此时再形成料层，继续进行浸取。这样，即使上段出现浸取不均匀，下段还可继续浸取，最后用新溶剂洗淋，然后螺旋输送机排出药渣。新溶剂进入第 1、第 2 级主要为洗药渣，由第 1、第 2 级出来的溶液用泵送至第 3 级，第 3 级出来再送入第 4 级等，最后浸取液由第 8 级用泵打出，并用少部分浸取液喷淋第 9 级固体，由此出来的液体再送入此泵与第 8 组长浸取液一起排出。

此浸取器的特点是由于用框箱可以与溶剂充分接触，同时由上段向下一段移动料层时，可以进行料层的转换，因此能进行均匀而高效的浸取。

3) 混合式连续浸取器

所谓混合式是在浸取器内有浸渍过程，也有喷淋过程。如图 3-9 所示的千代田式 L 形连续浸取器。固体物料加进供料斗中，经调整物料层高度，横向移动于环状钢网板制的皮带输送上，其间通过浸取液循环泵进行数次溶剂喷淋浸取，当卧式浸取终了，固体物料便落入立式部分底部，并浸渍于溶液中，然后用带有孔可动底板的提篮捞取上来，在此一边受流下溶剂渗漉浸取一边上升，最后在溶剂入口上部加入，积存于底部，经过过滤器进入卧式浸取器，在那边和固体物料成逆流流

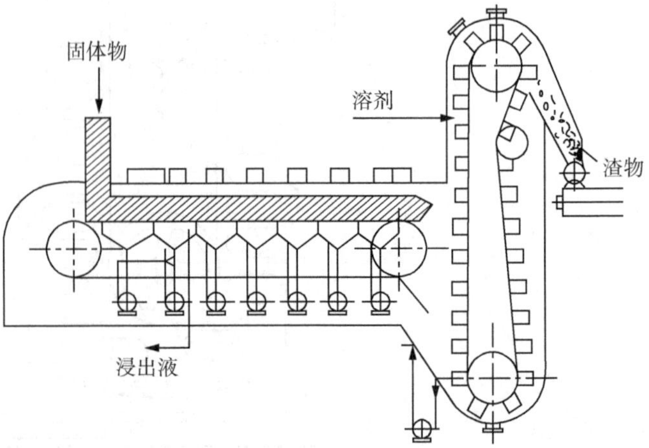

图 3-9　千代田式 L 形连续浸取器

动，最后作为浸出液排出。这种浸取器的特点是浸取比较充分和均匀。

3.6 天然药物及中药制药过程中的新型浸取技术

近年来，利用新技术强化和改善浸出效率的探讨值得注意。其中近年来发展起来的超声波与微波辅助浸取以及加酶辅助浸取技术因其快速、高效等优点尤其受到重视。此外，还出现了不少强化手段：电磁场强化浸出、电磁场振动浸出和流化床强化浸出等。本节重点介绍超声波与微波辅助浸取以及加酶辅助浸取技术，同时简要介绍其他强化方法。

3.6.1 超声波辅助浸取

1. 超声波的基本作用原理

超声波和声波一样，是物质介质中的一种弹性机械波，只是频率不同。人们所能听到的频率上限为 10～18 kHz。而超声波热学机理、超声波机械机理和空化作用是超声波辅助浸取的三大理论依据。

由于超声波的空化效应产生极大的压力造成被粉碎物细胞壁及整个生物体的破碎，而且整个破碎过程在瞬间完成；同时，超声波产生的振动作用增加了溶剂的湍动强度及相接触面积，加快了胞内物质的释放、扩散及溶解，从而强化了传质，有利于胞内有效成分的浸出。

2. 超声波浸取的特点

超声波浸取有以下特点：①药材成分浸出完全，浸出率高；②浸取过程所需时间短；③浸取过程温度低；④能量、物料消耗少；⑤浸出产品质量高。

3. 超声辅助浸取技术的应用

(1) 提取黄酮类成分

黄酮类成分常用加水煎煮法、碱提酸沉或乙醇、甲醇浸取，费时又费工，浸出率也低。有文献报道，在黄芩根茎中提取主要成分黄芩苷时，以水为溶剂，仅超声提取 10 min 就高于加水煎煮 3 h 的浸出率，并以 20 kHz 超声波提取 40 min 的黄芩苷的浸出率最高。又如从槐米中提取芦丁，超声提取 40 min 的浸出率为 22.53%，是目前大生产浸出率的 1.7～2 倍，经对比试验可知，节约药材 30%～40%。

(2) 提取蒽酮类成分

蒽酮衍生物在植物体内存在形式复杂，游离态与化合态经常共存于同一种中药中，一般浸取都采用乙醇或稀碱性水溶液浸取，因长时间受热易破坏其中的有效成分，影响浸出率。当从大黄中提取大黄蒽酮类成分时，用超声波提取 10 min 比煎煮法提取 3 h 的蒽酮成分高，同时以频率为 20 kHz 的超声波提取的浸出率最高。在复方首乌口服液的浸取工艺中，对含有大量蒽酮苷类衍生物的何首乌、大黄、番泻叶采用超声提取，可避免蒽酮类物质因久煎破坏有效成分。

目前超声技术在提取植物性药材中有效成分的应用研究还处于小试或中试范围，使超声技术向有利于工业化大生产的方向发展还有许多工程与技术问题。但随着对超声波的理论与实际应用研究的深入，其在中药提取工艺中将会有广阔的应用前景。

3.6.2 微波辅助浸取

1. 微波的基本作用原理

微波是指波长在 1 mm～1 m(相对频率在 300～30 000 MHz)的电磁波，介于红外与无线电波之间。微波以直线方式传播，并具有反射、折射、衍射等光学特征；大多数导体能够反射微波不吸收，绝缘体可穿透并部分反射微波，通常对微波吸收较少，而介质如水、极性溶剂等则具有吸收、穿透和反射微波的性质。

微波具有以下三个特点：体热源瞬间加热；热惯性小；反射性和透射性。

微波辅助萃取植物药材时，一方面是利用微波透过萃取剂到达物料内部，由于物料腺细胞系统含水量高，水分子吸收微波能，产生大量的热量，所以能快速被加热，使胞内温度迅速升高，液态水汽化产生的压力将细胞膜和细胞壁冲破，形成微小的孔洞，进一步加热，导致细胞内部和细胞壁水分减少，细胞收缩，表面出现裂纹。孔洞或裂纹的存在使胞外溶剂容易进入细胞内，溶解并释放出胞内有效成分，再扩散到萃取剂中。另一方面，在固-液浸取过程中，固体表面的液膜通常是由极性强的萃取剂所组成，在微波辐射作用下，强极性分子将瞬间极化，并以 2.45×10^{9} 次/秒的速度做极性变换运动，这就可能对液膜层产生一定的微观“扰动”影响，使附在固相周围的液膜变薄，溶剂与溶质之间的结合力受到一定程度的削弱，从而使固-液浸取的扩散过程所受的阻力减小，促进扩散过程的进行。

2. 微波辅助浸取的特点和应用

与传统浸取方法相比，微波辅助浸取具有以下几个特点：①萃取速度快，可以节约萃取时间；②溶剂消耗少，利于环境改善并减少投资；③对萃取物具有较高的选择性，利于产品质量的改善；④可避免长时间高温引起的热不稳定物质的降解；⑤操作简单。

国内近年来开始将微波辅助浸取技术应用于多糖类、黄酮类、蒽醌类、有机酸类、生物碱类等中药有效成分的浸出中，使微波辅助浸取成为研究的热点之一。另外，微波干燥新鲜药材或制作中药饮片也有应用，微波的快速高温处理可以将细胞内的某些降解有效成分的酶类（如苷的水解酶）灭活，从而使这些有效成分在药材保存或浸出期间不会遭到破坏。

微波技术应用于浸出中药有效成分或生物细胞内耐热物质具有穿透能力强、选择性高、加热效率高等显著特点。但是这种方法也有一定的局限性：一是只适用于热稳定的产物，如寡糖、多糖、核糖、生物碱、黄酮、苷类等中药成分的提取，对热敏性物质，如蛋白质、多肽、酶等，微波加热容易导致它们变性失活；二是要求被处理的物料具有良好的吸水性，或是说待分离的产物所处的部位容易吸水，否则细胞难以吸收足够的微波能将自己击破，产物也就难以释放出来。微波用于中药提取还刚刚开始，有许多问题亟待解决。

3.6.3 加酶辅助浸取

1. 概述

在药材成分浸取生产中目前也已引入这一技术，特定种类的酶对一些植物药材细胞壁的破壁使在常温下浸出时，浸出物的产量、收率、浸出速度等都有提高。

植物药材的大部分化学成分存在于细胞壁内，少量存在于细胞间隙中。存在于细胞壁内的成分在新鲜植物或干燥药材经充分浸泡复水后，通过水等溶剂渗入细胞壁，将成分溶解、成分扩散至细胞壁外、由植物组织内扩散至溶剂、由固-液边界扩散至溶液主体等子过程完成溶质的浸出。但有时成分通过细胞壁的迁移阻力很大，影响成分的总浸出速度，使得浸出过程难以完成。酶可使细胞壁、细胞间质中的纤维素、半纤维素、果胶质等物质降解，减少细胞壁、细胞间质等传质屏障对中药活性物质的传质阻力，有助于成分的溶出，此外也能阻止非目标物质的溶出。

2. 加酶辅助浸取的应用

1）浸取野木瓜汁

采用两种或两种以上的酶按一定比例进行组合，进行中药浸取，可以较大地加快浸出速率，提高浸出率。吴国卿等研究了复合酶法浸取野木瓜汁的工艺。以野木瓜为原料，采用复合酶法浸取野木瓜汁。确定了果胶酶与纤维素酶的最佳添加比例为1∶6。复合酶浸取野木瓜汁的最佳酶解工艺条件为：复合酶添加量1.0%，酶解温度45℃，pH4.0，酶解时间2.5 h，在此最佳条件下，野木瓜出汁率可达56.7%，比传统的出汁率（13.7%）高出43.0%。

2）浸取黄芪多糖

黄芪药用部位是根，细胞壁多为纤维素构成，结构多糖中的纤维素可能是制约黄芪多糖最大限度溶出的主要因素。加纤维素酶量 60 U/g，酶处理时间 90 min，酶解温度 50℃；每次用生药 800 g，第一次加 10 倍量水，浸取 2 h，第二次加 8 倍量水，浸取 1.5 h。实验结果表明，加酶法多糖的收率能高达 30.3%。

3.6.4 其他新型浸取技术

1. 强化浸取技术

1）电磁场强化浸取技术

该方法是在浸出器外壳上绕上层线圈，并通入交流电或直流电，使浸取过程在磁场振荡作用下进行。试验证明，在交流磁场强度为 25×10^4 A/m 作用下，静态浸渍浸出缬草根茎 10 h 达平衡状态，浸出率为 93%，未加电磁场时的静态浸出需 52 h 才能达到平衡状态，浸出率只有 67.5%。在电磁场作用下，经过 5 h 便可达到同样的浸出率，浸出过程加快了 10 倍。缬草酸的最高浸出率增加约 25%。研究表明，交流电磁场对静态浸渍有良好的作用，而直流电磁场对动态连续流动浸取有良好作用。

2）电磁场振动强化浸取技术

它是将特殊设计的电磁振动器头插入浸出器内振动浸取，溶剂或浸出液经电磁振动后，极易穿透药材组织细胞，扩散边界层更新加快，因而加强了有效成分的浸出。试验表明，电磁振动用于颠茄叶等质地柔软药材（如花、叶、全草）的浸出，在其他条件相同的情况下，其浸出时间可从原来的 48 h 缩短至 1.5～2 h。

3）流化床强化浸取技术

流化床浸取系使同液两相形成流态化进行浸出。这是根据流化床（或叫沸腾床）比固定床的传质系数大，因为固-液两相的接触面大，扩散边界层厚度薄或边界层更新快等。例如，将马铃薯干芽碎成一定粒度的粉粒，添加溶剂湿润，装入流化床内，并按规定的速度自下而上地送入浸取溶剂时，由于床内固-液两相相对运动速度很大，故对其中的龙葵碱和茶可宁的浸出速度，比固定床浸出速度大 3～4 倍。

2. 新浸取溶剂技术

目前出现了一些新浸取溶剂技术，如超临界流体浸取技术、双水相浸取技术、离子液体浸取技术等。本节仅作简单介绍，有关详细内容参见本书后面的有关章节。

1）超临界流体浸取技术

与传统浸取方法相比，利用超临界流体萃取技术浸取中药有效成分具有许多独特的优点，如浸出效率高、分离工艺流程简单等，特别适用于热敏性天然产物的浸取。近年来，有关超临界流体萃取技术浸取中药的报道很多。葛发欢等利用超临界 CO_2 萃取技术浸取益母草中的总生物碱，浸出率可达常规法的 10 倍。

2）双水相浸取技术

双水相浸取技术是近年来出现的极有前途的新型浸取技术，其特点是能够保留产物的活性，整个操作可以连续化进行，并且选择性很高。与传统的浸取方法相比，双水相浸取特别适用于小分子生物活性药物的浸取，如青霉素、头孢菌素、氨基酸等。此外，使用双水相浸取可以同其他分离技术结合，可大大提高浸出效率。

3）离子液体浸取技术

由于离子液体具有其独特的理化性能，非常适合于用作提纯天然药物的溶剂。约克大学的 Bioniqs 公司研究了离子液体萃取青蒿素。采用离子液体（*N*，*N* -二甲基乙醇胺辛酸盐，DMEA oct）对青蒿素萃取 30 min 后青蒿素的浓度可以达到 0.79 g/L，而且青蒿素没有发生降解。浸取后经过纯化可得到浓度在95%以上的青蒿素，溶剂经过闪蒸可以实现离子液体的循环使用。

思考题

3-1 简述浸取原理。
3-2 影响浸取过程的因素有哪些？
3-3 常见的浸取方法有哪些？各有何特点？
3-4 简述常见的浸取工艺和相应设备。
3-5 新型的浸取技术有哪些？各有何特点？

参考文献

[1] 李淑芬，姜忠义. 高等制药分离工程. 北京：化学工业出版社，2006.
[2] 李淑芬，白鹏. 制药分离工程. 北京：化学工业出版社，2009.
[3] 陈平. 中药制药工艺与设计. 北京：化学工业出版社，2009.
[4] 曹光明. 中药浸取物生产工艺学. 北京：科学出版社，2009.
[5] 刘小平，李湘南，徐海星. 中药分离工程. 北京：化学工业出版社，2005.

4 过滤、沉降及离心分离

在制药工艺流程中，原料药、成药、辅料的生产及制药废水的处理都离不开液相与固相的分离操作，其手段主要包括过滤、沉降及离心分离三大类，各有其应用特点及相应的适用对象和范围。从待处理对象的基本性质入手，选择适宜的固-液分离形式和设备，才能够实现合理的固-液分离工艺过程。

4.1 物料的性质

要良好地控制固-液分离效果或设计分离设备，必须对固-液分离中的混合物在一定温度和压力下的特性做全面的了解。混合物中固体颗粒的形状、密度、尺寸、比表面积，液体的密度、黏度、表面张力和挥发性，以及悬浮液的固相含量、密度与黏度等，都将会决定固-液分离过程中颗粒沉降或过滤速度的快慢、分离效果的好坏、滤饼层的渗透性及滤饼的比阻等性质。

根据混合物内是否有相界面，混合物可分为均相混合物和非均相混合物两大类。物质互相溶解后形成的混合物称为均相混合物，均相混合物由溶质和溶剂组成；由互不相溶的物质组成的或物质以不同的形态或相形成的混合物称为非均相混合物。可以说非均相混合物是一个颗粒介质的系统或悬浮系统，该系统中颗粒为分散相，介质为连续相。广义地讲，均相混合物和非均相混合物的分类是根据分散相颗粒的粒度大小而定：非均相混合物中的粒子为粗粒子，均相混合物中的粒子为离子或分子，中间有一个过渡性混合物，即胶体，胶体粒子的大小为 1～100 nm。目前胶体可以认为是分散相为微细颗粒的非均相混合物。制药过程涉及的固-液分离大多属于非均相混合物的分离，因此有必要对其基本理论进行了解。

4.1.1 固体颗粒性质

1. 颗粒形状

颗粒形状会影响到颗粒-介质系统的黏度、颗粒的沉降、过滤等分离特性，还会影响到颗粒的分散性等。固体颗粒与液体颗粒不同，很少成圆球形，且形状也很少一致。生产实践中，颗粒有球形、杆形、线形、椭球形、蝶形等，反映颗粒形状的主要参数有三种：球形系数、体积形状系数和面积形状系数。

1）球形系数

球形系数反映颗粒与球形的差别，其基本含义是：具有相同体积的球形颗粒的表面积与其实际颗粒的表面积之比。实际上常采用显微镜下与颗粒投影面积相等的圆的直径即投影直径与颗粒投影面积的最小外接圆的直径之比来表示。同一颗粒系统，粗粒级的球形颗粒系数往往与细粒级的不同。一般来说，颗粒越细，球形系数大。因固体颗粒形状大都不规则，在进行理论计算时，通常将颗粒作为球形处理，这是理论计算与实际情况不符的原因之一。

2）体积系数和面积系数

体积系数 a_V 和面积系数 a_S 的含义分别为：$a_V=V/x_p^3$ 和 $a_S=S/x_p^2$，其中 V 和 S 分别为颗粒的平均体积和颗粒的平均表面积；x_p 为显微镜下与颗粒投影面积相等的圆的直径，即投影直径。

2. 颗粒尺寸——粒径及粒度分布

在非均相混合物中，颗粒粒度是选择分离技术和设备的重要参数之一。如粒度大于 5 μm，可用沉降槽；小于 5 μm，则可用离心机、深层过滤器等，并可由颗粒大小预测滤饼层的渗透性或比阻等参数，因为滤饼比阻与颗粒粒度的平方成反比。然而，颗粒尺寸的确认却并不简单。固-液分离过程中面对的大多是悬浮液或胶体溶液，从形成这些混合物的颗粒尺寸来说，前者可达毫米范围，后者一般在微米或亚微米范围。在液体中有的颗粒分散很好能成单个状态，有的由于颗粒太小极易成聚集状态而很难分散。

1）粒径定义

对于形状不规则的单个颗粒直径即粒径有多种测定方法，根据所测结果是颗粒的线性尺寸还是它的本身特性，可分为三类粒径，即"当量球径"、"当量圆径"和"统计直径"。本文仅简单介绍"当量球径"。

当量球径(equivalent sphere diameter)：与颗粒本身特性(包括体积、表面积、表面积与体积之比和沉降速度等)成等值的当量球体所具有的直径，如体积直径、面积直径、表面积体积直径、斯托克斯(Stokes)直径等。不同的测量方法往往会得到不同的粒径，不同的过程也需要不同量度性质的粒径。例如在悬浮液分离中，把一颗粒相对于流体的运动作为控制因素时(如重力沉降)，采用自由沉降直径或更多地用 Stokes 直径(由沉降法可测得)最为适宜，而在过滤中与分离机理关系最密切的是表面积体积直径(由渗透法可测得)。

2）粒度分布

颗粒并非单一粒度，而是有大有小，即有的粒度的颗粒多些，有的粒度的颗粒少些。也就是说，具有某一粒度的颗粒与粒度具有函数关系，即粒度分布函数。粒度分布可以用四种不同方式表示，即可以分别用个数、长度、表面积以及体积(质量)表示粒度分布。与粒度表示方法一样，应根据要求来选择粒度分布的表示方法。在大多数固-液分离的应用中，最注重颗粒的体积或质量分布。而对于液体澄清(药液澄清或医药用水处理)来说，上清液的浊度最大，所以用表面积或个数粒度分布更为适用。

3）颗粒粒度分布集中趋势的量度

颗粒体系是由不同粒度的颗粒组成，而人们希望能用单一的数值来反映这个颗粒系统粒度的大小-集中趋势。这虽然不能反映分布宽度，但可以提供对过程控制的指导。对于一个给定的粒度分布，可以用三个趋势常数来表示，即：最频出现颗粒的粒度(众值)；将分布曲线下的面积等分为二，即有一半颗粒小于此粒度，另一半颗粒大于此粒度(中值)；平均值。

3. 颗粒密度

颗粒密度决定颗粒沉降方向，影响沉降速度和沉降床层的特性，是非均相混合物分离过程设计或性能预测的一个重要参数。如果所测值均为颗粒的真实质量和体积，则这样计算得到的密度为颗粒的真密度。若颗粒具有一定的吸液或吸气性，即颗粒内部存在一定量的液体或气体，则所得到的密度为假密度，或称为"视密度"，在工艺实践中所要用的颗粒密度往往就是这种"视密度"，因为颗粒总是在一定的介质中。

4. 颗粒的表面特性

颗粒的表面特性影响到液体对固体的润湿性、分散性、固-液混合物的黏度及颗粒的沉降特性。

1）润湿性

手入水即湿，但涂油后入水手就不湿了。将净玻璃上的水倒掉后玻璃是湿的，但玻璃上的汞倒掉后玻璃上却无汞。这些现象都与材料的润湿性有关，润湿程度可分为沾湿、浸湿和铺展三类。润湿角可被用来判定液体对固体的润湿性：润湿角小，液体对固体的润湿性好，从而固体颗粒的分散性好，固-液混合物的黏度小，沉降慢，但沉降床层紧密、体积小；润湿角大，液体对固体的润湿性差，从而固体颗粒的分散性差，固-液混合物的黏度大，沉降快，但沉降床层疏松、体积大。

2）电特性

绝大多数固体物料在水溶液中分散时，其表面与极性水分子相互作用，在固-液界面上发生溶解、吸附等现象，从而导致颗粒表面呈现出荷电。颗粒表面荷电的原因主要有：①颗粒表面的晶格离子在溶液中选择性溶解或表面组分在溶液中选择性解离；②水溶液中的晶格同名离子，当达到一定浓度后不可避免地要在颗粒表面发生选择性吸附；③表面晶格缺陷会因固体晶格中非等电量的类质同象替换、间隙原子、空位等，引起表面电荷失衡而使颗粒表面荷电。

3）颗粒表面的吸附作用

与液体一样，固体表面上的原子或分子的力场是不均衡的，所以固体表面也有表面张力和表面能。活性炭脱色、硅胶吸水、吸附树脂脱酚等都是常见的吸附作用。活性炭、硅胶等物质产生吸附的主要原因是固体表面上的原子力场不饱和，有表面能，因而可以吸附某些分子以降低表面能。固体从溶液中吸附溶质分子后，溶液浓度将降低，而被吸附的分子将在固体表面上浓聚，所以吸附是表面现象，是被吸附的分子在界面上的浓聚。

5. 颗粒床层的特性

1）孔隙度

在分离悬浮液的过程中常常在微孔中会形成充满着液体的固体颗粒床，简称颗粒床。颗粒床层中固体颗粒的特性和排列方式对过滤过程有很大的影响，通常都用孔隙度、渗透率或过滤阻力来反映多孔材料。孔隙度是颗粒之间的孔隙体积与其表观体积之比，通常用百分数表示。

2）渗透率

与空隙率意义不完全相同，因为渗透率还与颗粒的表面特性有关，颗粒越小，渗透率越低。这是因为在滤饼等湿颗粒床层中，颗粒表面有一层水化膜，它在颗粒表面定向有序排列，流动性极差，甚至静止不动。颗粒越小，比表面积越大，孔隙越小（空隙率不变），亲水表面的水化膜越牢固。对同样亲水能力的物料而言，水化膜所占据的空间比例越大，滤液的实际通道越窄，阻力越大，因而渗透率越低。

4.1.2 液体的性质

液体的密度、黏度、表面张力、挥发度等物理性能直接影响着固-液分离过程。

1. 密度和黏度

液体密度值的大小很重要，例如在沉降分离中，分离推动力与固-液两相的密度差成正比。一般情况下，升高液体的温度，可以使液体密度下降。如果液体是溶液，可以通过改变溶质的浓度来改变溶液的密度，从而改善分离过程。

液体黏度是指液体分子面在外力作用下相对摩擦的摩擦阻力的大小。通常温度越高，液体黏度越小，通过过滤介质的阻力就小，有利于提高过滤速度与沉降速度，并使滤饼或沉渣的含湿量降低，所以常利用加温的方法来提高过滤速率。若能测得液体的黏度-温度曲线，可以作为选择适宜的固-液分离操作温度的依据。

2. 表面张力和挥发度

表面张力是指通过液体表面上的任一单位长度，并与之相切的表面紧缩力。表面张力大小直接影响液体润湿固体表面的程度，并促成颗粒堆聚。如果液体不易湿润过滤介质，将妨碍过滤过程；相反若是不易被液体湿润的疏水性面体颗粒，则滤饼（或滤渣）的湿含量将降低。

易挥发的液体，在真空下极易挥发成气体，不仅会损失有价值的滤液（溶剂），而且会降低真空度，污染真空泵油，所以不宜采用真空抽滤。

4.1.3 悬浮液的特性

悬浮液的特性除与两相自身的特性有关，还有两相共存所产生的新特性。这些特性均会影响固-液分离操作。

1. 密度和黏度

由于固体颗粒的掺入，悬浮液的密度不再是原液体的密度。悬浮液的密度可根据悬浮液的固体含量、固相和液相的密度计算，公式如下

$$\rho=\frac{100}{\frac{100-C}{\rho_L}+\frac{C}{\rho_S}} \tag{4-1}$$

式中，ρ 为悬浮液密度，g/L；C 为悬浮液中固相质量分数，%；ρ_L 为悬浮液中液相密度，g/L；ρ_S 为悬浮液中固相密度，g/L。

由于悬浮液中固体颗粒不能完全均匀地与液体混合，如静置一段时间，密度较大的固体颗粒会下沉，颗粒越大下沉越快，悬浮液密度不再是常量。因此用直接测量的办法测取悬浮液的密度误差是很大的。当液体中存在分散的固体颗粒时，就增大了液体抗剪切变形的能力，悬浮液的黏度随着液体中固相浓度的增大而增加。

2. 固含量

在悬浮液中固体颗粒与液体是以怎样的比例混合，对其分离过程的影响是十分重要的，为此常需对悬浮液标明其固含量为多少。固含量的大小可用固体颗粒的质量占悬浮液总质量的百分数来表示，称作质量分数。前面已经提到固含量对悬浮液黏度的影响，因此其对固-液分离的操作影响是不可忽视的。例如悬浮液的固含量达到一定值后，颗粒间距小，互相制约，将在沉降分离中出现干涉沉降的现象，进而影响沉降速度。

3. 电泳现象及 ζ 电位

前面固体颗粒性质一节曾介绍当固体颗粒晶格不完整时，会使晶体表面有剩余离子，或是一些低溶解度的离子型晶体，在水中就会由于水的极性使周围有一层电荷所环绕，形成双电子层。双电子层围绕着颗粒，并延伸到含有电解质的分散介质中，双电子层与分散介质之间的电势差称为 ζ 电位，颗粒自身荷有的剩余电荷还会造成荷有相同电荷的颗粒之间相互排斥，当对分散介质施以外加电场时，荷电颗粒也会产生相应的定方向的运动。这些现象既影响着颗粒间的团聚长大，也影响着过滤介质的堵塞性能。

4.2 过　　滤

过滤是利用多孔介质构成的障碍场从流体中分离固体颗粒的过程，其基本原理如图 4-1 所示。过滤的推动力可以是重力、压力差、真空或离心力。过滤操作有两类：滤饼过滤和深层过滤。滤饼过滤是固体粒子在过滤介质表面积累，很短时间内发生架桥现象，此时沉积的滤饼起到过滤介质的作用，过滤在介质的表面进行，称为表面过滤；深层过滤是固体粒子在过滤介质的孔隙内被截留，固-液分离过程发生在整个过滤介质的内部。实际过滤中以上两类过滤机理可同时或先后发生(图 4-2)。

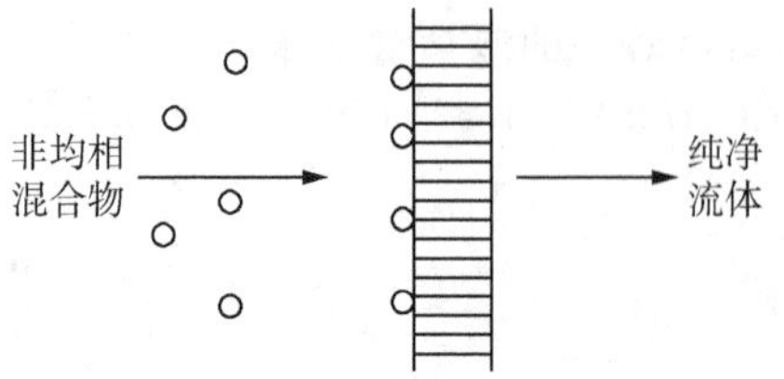

图 4-1　过滤过程

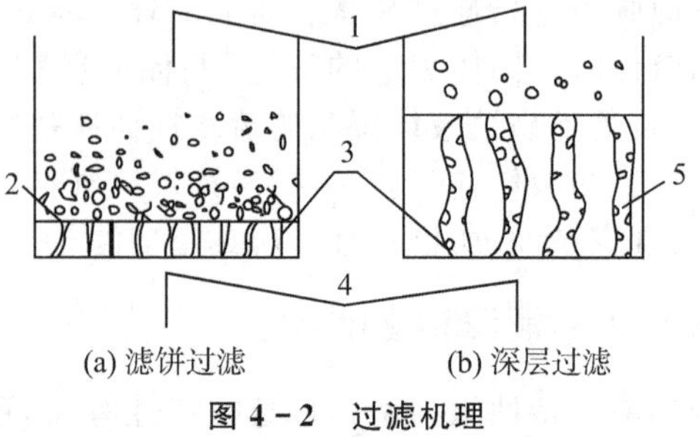

图 4-2　过滤机理

1—料浆；2—滤饼；3—过滤介质；4—滤液；5—截流粒子

4.2.1 过滤基本理论

1. 滤饼过滤

(1) 过滤基本过程

滤饼过滤一般应用织物、多孔固体或孔膜等作为过滤介质,这些介质的孔一般小于颗粒,过滤时流体可以通过介质的小孔,颗粒的尺寸大,不能进入小孔而被过滤介质截留形成滤饼。因此,颗粒的截留主要依靠筛分作用(图 4-3)。

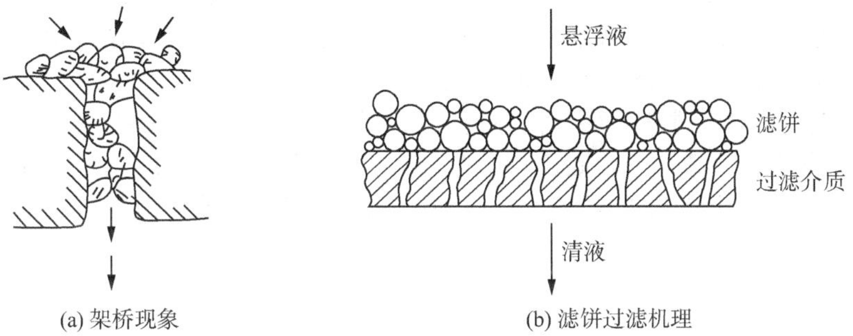

图 4-3 滤饼过滤过程

实际上滤饼过滤所用过滤介质的孔径不一定都小于颗粒的直径,在过滤开始时,部分颗粒可以进入介质的小孔,有的颗粒还会透过介质使滤液浑浊。随着过滤的延伸,许多颗粒一齐拥向孔口,在孔中或孔口上形成架桥现象,如图 4-3(a)所示。当固体颗粒浓度较高时,架桥是很容易生成的。此时介质的实际孔径减小,细小颗粒也不能通过而被截留,形成滤饼。滤饼在随后的过滤中起到真正过滤介质的作用,由于滤饼的空隙小,很细小的颗粒亦被截留,使滤液变清,此后过滤才能真正有效地进行,如图 4-3(b)所示。由于滤饼是在介质的表面进行的,亦称表面过滤。由于介质在稀释悬浮液的过滤中会发生堵塞现象,所以滤饼过滤通常用于处理固体体积浓度大于 1%的悬浮液。对于稀释悬浮液,可借助人为地提高进料浓度的方法,也可以加助滤剂作为掺浆,以尽快形成滤饼过滤,同时由于助滤剂具有很多小孔,所以增强了滤饼的渗透性,从而使低浓度的和一般难以过滤的浆液能够进行滤饼过滤。

(2) 过滤基本方程

过滤过程的主要参数有:①处理量,以处理的悬浮液流量或分离得到的纯净的滤液量 V(m^3/s)来表示;②过滤的推动力,可以是重力、压力差或离心力;③过滤面积,是表示过滤机大小的参数;④过滤速度,是单位时间通过单位过滤面积的滤液量。

关于过滤速度 v 的表达式,可从流体力学的基本观点出发导出过滤的基本式

$$v=\frac{k\Delta p}{\mu l}=\frac{\Delta p}{\mu(l/k)} \tag{4-1}$$

式中,Δp 是滤层两侧的压力差,为过滤推动力;μ 和 l 分别为滤液黏度和滤层厚度;k 为过滤常数;l/k 可视为除黏度之外的过滤阻力。式(4-1)亦称为过滤的达西(Darcy)公式,但在应用时,还须对它做如下修改。

首先,在间歇过滤时,过滤速度随时间而变,因此,需把速度写成微分形式。由式(4-1)速度定义可知:v 是单位时间、单位过滤面积上通过的滤液量,即

$$v=\frac{1}{A}\frac{dV}{dt} \tag{4-2}$$

式中,V 为滤液体积;t 为时间;A 为过滤面积。

其次，可把式(4－1)中的过滤阻力项(l/k)分为介质阻力 R_M 和滤饼阻力 R_C 两部分，即

$$\frac{l}{k}=R_M+R_C \tag{4-3}$$

最后，合并式(4－1)、(4－2)和(4－3)可得恒压情况下的达西公式——过滤基本方程式

$$\frac{1}{A}\frac{dV}{dt}=\frac{\Delta p}{\mu(R_M+R_C)} \tag{4-4}$$

通常 R_M 是常量，随着过滤的进行，其值恒定不变，但 R_C 是变量，随着过滤时间的推移，由于固滤饼逐渐变厚，其值将逐渐增大。我们知道，滤饼是由滤液中夹带的固体在过滤表面上的堆积所造成，所以滤饼厚度 l 正比于滤液体积 V。也就是说，通过的滤液量越多，沉积在过滤表面上的固体也就越多，滤饼就越厚。而且，过滤表面上固体的沉积量还与滤浆带有的固体量 ρ_0 有关，如果滤浆带有的固体量越多，固体沉积量也一定越多。除此之外，滤饼厚度 l 又反比于过滤面积 A，因为过滤面积越大，滤饼就越宽坦，同样量的固体沉积，得到的滤饼就越薄，滤饼阻力可表示为

$$R_C=a\rho_0\frac{V}{A} \tag{4-5}$$

从而，过滤基本方程可进一步表达为

$$\frac{1}{A}\frac{dV}{dt}=\frac{\Delta p}{\mu(a\rho_0 V/A+R_M)} \tag{4-6}$$

该方程式有如下的初始条件：$t=0$，$V=0$，该条件表明当过滤开始时没有滤饼。式(4－6)经积分并整理后可得

$$\frac{At}{V}=K\frac{V}{A}+B \tag{4-7}$$

式中

$$K=\frac{\mu a\rho_0}{2\Delta p},\ B=\frac{\mu R_M}{\Delta p} \tag{4-8}$$

由此可见，若将(At/V)对(V/A)作图，可得一直线，其斜率为 K，截距为 B。K 是压力降 Δp 及滤饼性质 a 的函数；而 B 则与滤饼性质无关，但正比于介质阻力 R_C。如果介质阻力可以忽略不计，则式(4－7)可简化成如下形式

$$t=\frac{\mu a\rho_0}{2\Delta p}\left(\frac{V}{A}\right)^2 \tag{4-9}$$

这一公式在过滤计算中常被使用，因它关联了 t、Δp、V、A 等重要变量之间的关系。但是该公式只适用于不可压缩滤饼。

滤饼可分为不可压缩滤饼和可压缩滤饼两类。所谓不可压缩滤饼，是指这类滤饼刚性较大，故在 Δp 的作用之下，滤饼不会变形，过滤的阻力也无明显的变化，这时，滤饼的比阻 a 与 Δp 无关。而可压缩滤饼则比较软，一经受到压力作用，滤饼便被压紧，过滤通道骤减，过滤阻力增加。所以，可压缩滤饼的比阻 a' 随压力的变化可用下式表示

$$a'=a\Delta p^s \tag{4-10}$$

式中，s 为压缩指数，是反映滤饼压缩性大小的值，从 0(刚性不可压缩滤饼)变到近乎 1.0(极易压缩的滤饼)。实际上 a' 的值在 0.1～0.8 之内。s 及 a 值，可从 a' 对 Δp 的对数表中确定。当 s 值甚高时，就应考虑使用助滤剂来进行预处理。发酵液中固体物大多是柔软的微生物细胞，因此由发

酵液过滤获得的滤饼，几乎全是可压缩滤饼。这里要指出的是，尽管滤饼可压缩，但由式(4-7)给出的过滤方程的基本形式，并不会因此而发生变化，所改变的仅是 K 值与 Δp 之间的关系。由此对可压缩滤饼而言，式(4-9)相应地为

$$t=\frac{\mu a'\rho_0}{2\Delta p^{1-s}}\left(\frac{V}{A}\right)^2 \tag{4-11}$$

例 4-1 过滤含有蛋白酶的发酵液。现拟从含枯草杆菌的发酵液中提取蛋白酶，为此，必须先把菌体分离掉。为便于过滤去除枯草杆菌，我们先在发酵液内加入 1.3 倍于生物物质的赛拉通助滤剂，得到含固体 3.6%(质量分数)的发酵液，其黏度为 6.6×10^{-3} Pa·s。过滤试验设备为直径 5 cm 的布氏漏斗，与真空泵相连接，在 24 min 内能过滤发酵液 100 cm^3。另外，用同类发酵液进行的前期研究表明，其滤饼的压缩指数 s 等于 2/3。

现在一板框压滤机的中试设备内，需过滤这类发酵液 3 000 L。该过滤机具有 15 个框，每框面积 3 520 cm^2，框与框之间的空间足够大，以致在滤毕 3 000 L 发酵液之前，框间不会被渣充满。过滤介质的阻力可以忽略不计，使用的过滤压力降为 1.72×10^5 Pa。试求：

(1) 在 1.72×10^5 Pa 压力下，过滤完这些发酵液需用时多少？

(2) 在上述 2 倍压力下过滤，则过滤完同样的发酵液需用时多少？

解 我们首先计算滤饼的性质，因为介质阻力可以忽略，故得式(4-11)

$$t=\frac{\mu a'\rho_0}{2\Delta p^{1-s}}\left(\frac{V}{A}\right)^2$$

代入相应的小试实验值，并把 Δp 计为 1.013×10^5 Pa，得

$$\mu a'\rho_0=\frac{2t\Delta p^{1-s}A^2}{V^2}=\frac{2\times\frac{24}{60}\times(1.013\times10^5)^{1/3}\times\frac{\pi}{4}\times5^2}{100^2}=0.05\ \mathrm{h\cdot Pa^{1/3}\cdot cm^{-2}}$$

此 $\mu a'\rho_0$ 的单位很少见，但使用方便。

(1) 现使用同样的公式求取板框过滤时的过滤时间。其中，$\Delta p=1.72\times10^5$ Pa，$V=3\,000$ L$=3$ m^3。因板框过滤系在框的两侧进行，故过滤面积为框面积的两倍，即 $A=(2\times15\times3\,520)\ \mathrm{cm^2}=105\,600\ \mathrm{cm^2}=10.56\ \mathrm{m^2}$。

故

$$t=\frac{0.05\times10^4}{2\times(1.72\times10^5)^{1/3}}\times\frac{3}{10.56}=1.9\ \mathrm{h}$$

注意，这里黏度及发酵液的浓度并没有在计算中使用，它们仅以乘积 $\mu a'\rho_0$ 的形式出现。

(2) 如果压力降是(1)的 2 倍，则由同样的方程式可得

$$t=0.95\ \mathrm{h}$$

由此可见，时间缩短不多，这是因为该滤饼的可压缩性很大。

2. *深层过滤*

深层过滤是用粒状介质堆积进行的澄清过滤。介质层一般较厚，在介质层内部构成长而曲折的通道，通道的尺寸大于颗粒粒径，当颗粒随着液体流入介质的孔道时，在重力、扩散和惯性等作用下，颗粒在运动过程中趋于孔道壁面，并在表面力和静电力作用下附着在壁面上而与液体分开。这种过滤方式的特点是过滤在过滤介质内部进行，过滤介质表面无固体颗粒层形成，由于过滤介质孔道细小，过滤阻力较大，一般只用于生产能力大，而流体中颗粒小，且固体体积浓度在 0.1% 以下的场合，例如制药用水的净化等。

在深层过滤中颗粒的运动包括迁移行为(颗粒运动到过滤介质内部孔隙表面的行为)、附着行

为(颗粒迁移到过滤介质的滤粒表面时,两者间相互作用力的性质决定能否吸附)和脱落行为(当颗粒或颗粒团与过滤介质表面的结合力较弱时,它们会从介质孔隙的表面上脱落下来)。

深层过滤过程中物料的性质及介质的性能对过滤效率的影响表现在:①过滤效率与物料粒度、密度和形状有关;②过滤介质孔隙越不规则、比表面积越大、弯道越多,过滤效果越好;③流速越高,过滤效率越低;④料浆温度升高,黏度降低,滤液质量随之提高;⑤对于迁移过程中重力起主导作用的过滤,下流式过滤器的效率高于上流式过滤器,但对于迁移行为是以扩散作用力或流体运动作用力起主导作用的过滤,则上流式与下流式过滤器的效率无差异。

4.2.2 过滤介质

1. 特性

过滤介质是实现过滤的基本条件,应具有较好的各种性能(表 4-1)。

2. 分类

按照过滤原理,过滤介质可分为表面过滤介质和深层过滤介质。对于前者,固体颗粒是在过滤介质表面被捕捉的,如滤布、滤网等,其用途多用于回收有价值的固相产品;对于后者,固体颗粒被捕捉于过滤介质之中,如砂滤层、多孔塑料等,主要用途是回收有价值的液相产品。有的过滤介质既有表面过滤介质的作用,同时也有深层过滤介质的作用,借助两种过滤原理的综合作用而实现液固分离。

按材质分类,可分为天然纤维(如棉、麻、丝等)、合成纤维(如涤纶、锦纶等)、金属、玻璃、塑料及陶瓷过滤介质等。按结构分类,可分为柔性、刚性及松散性等过滤介质,具体分类见表 4-2。

表 4-1 过滤介质的基本性能

机械性能	使用性能	过滤性能
刚度	化学稳定性	截留的最小颗粒
强度	热稳定性	截留效率
蠕变或拉伸抗力	生物学稳定性	清洁介质的流动阻力
移动的稳定性	动态稳定性	纳污容量
抗摩擦性	吸附性	堵塞倾向
振动稳定性	可湿性	
可制造工艺性	卫生和安全性	
密封性		
可供应尺寸		

表 4-2 过滤介质分类

结构类型	形状	材质及形式
柔性	织物类	金属:丝编织、条状滤网 非金属:天然、合成纤维织物
	非织物类	金属:板状、不锈钢纤维毡 非金属:滤纸、非织造布、高分子有机滤膜
刚性	多孔类	塑料、陶瓷、金属、玻璃
	滤芯或膜类	高分子滤芯、无机膜
松散	颗粒状或块状	活性炭、石英砂、磁铁矿、无烟煤等

3. 新型过滤介质

1) 无石棉过滤板

石棉/纤维素滤板是传统较常用的过滤材质,使用历史悠久,过滤效果很好。纤维素中纤维的作用:一是增强滤板的强度;二是极细的纤维能使滤板有很大的空隙率,可截留小颗粒,而石棉因其带正电荷能吸附微小负电固体颗粒。但该材质因石棉有碍健康,目前国外已禁用此滤板。无石棉滤板由极细纤维、细硅藻土及作为电荷载体的合成聚合物(如带正电荷的树脂)精确混制而成的,其三维筛状结构能吸留微小颗粒,继承了石棉/纤维素滤板高流量和高精度过滤的优点。

2) 金属过滤介质

包括楔形和圆形金属筛网,材质多为不锈钢、碳素钢、镀锌碳钢、黄铜、紫铜、铝合金及镍、钛等特殊合金和烧结金属过滤介质(所谓烧结,是指将金属置于真空中,使之受热至温度为熔点温度的

90%，并施加一定时间的压力，使金属各接触点的原子互相扩散而结合在一起）等。

3）多孔陶瓷

多孔陶瓷耐高温、耐腐蚀，所以在过滤工艺中具有特殊价值。它们形状有矩形、圆形和管形等。

4）纤维素长带条缠绕滤芯

此类滤芯是由纤维素长带条按螺旋形缠绕而成的，带条的宽度相当于滤芯的壁厚。带条经过酚醛树脂浸渍，并通过热处理而硬化。在带皱纹的带条迭层之间，形成了孔隙。流体可以通过这些孔隙从芯的外面流入芯的内腔，也可从芯的内腔透过芯壁上的孔隙向芯外流，污物只被截留在带条迭层的边缘上。由此可知，其过滤机理属表面过滤，可用流体逆洗再生，或用反向带压溶剂和压缩空气使之再生。该滤芯的优点是价廉，强度好，耐热性好，耐酸碱溶剂的腐蚀，沿元件的周边至中心有大量的孔隙均匀分布着，容易清洗和刷洗再生。

4.2.3 过滤设备

制药工业生产中需要分离的悬浮液性质差异较大，原料处理和过滤目的也各不相同。为适应不同的要求，过滤设备的形式也是多种多样的。按操作方式可分为间歇式过滤机和连续式过滤机两大类。按过滤推动力，过滤设备又可分为加压式、真空式、离心式三大类。

1. 加压过滤机

1）板框压滤机

板框压滤机是加压过滤机的代表，历史最久，目前在微生物制药等生产过程中广泛使用。基本结构如图 4-4 所示。该型设备包括许多交替排列的滤板与滤框，共同支承在两侧的架上并可在架上滑动，并用一端的压紧装置将它们压紧，使全部滤板、滤框组成一系列密封的滤室。滤板和滤框可用铸铁、碳钢、不锈钢、铝、塑料、木材等制造，操作压力一般为 0.3～0.5 MPa。

操作方式基本是间歇式，每个操作循环由过滤、洗涤、卸渣、整理组装四个阶段组成。板框压滤机优点是结构简单，制造容易，设备紧凑，过滤面积大，占地面积小，操作压强高，所得滤饼含水量少，对各种物料适应能力强；缺点是不能连续自动操作，管理劳动量多且强度大，滤布损耗非常快。近年来，各种自动操作板框压滤机的出现缓解了上述问题。

2）加压叶滤机

加压叶滤机的主要构件是矩形或圆形的滤叶，滤叶内有金属网的扁平框架。叶滤机内部具有一定空间，外部覆以滤布（图 4-5），若干块平行排列的滤叶组转成一体，插入盛滤浆的密封槽内，以便进行加压过滤。滤叶可以垂直放置，也可以水平放置。

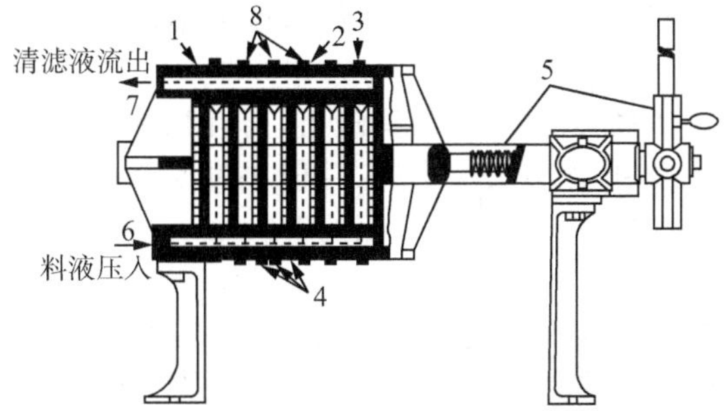

图 4-4　板框压滤机

1—固定架；2—滤板；3—滤框；4—滤布；5—压紧装置；
6—料液压入；7—清滤液流出；8—滤渣积聚在滤框中

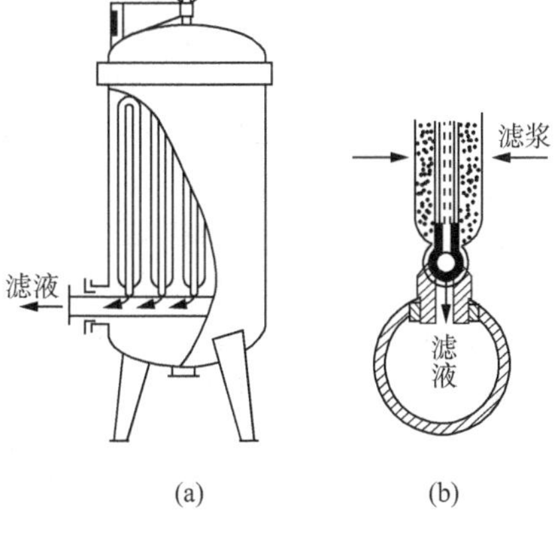

图 4-5　加压叶滤机

操作方式是间歇操作。优点是设备紧凑，密封操作，劳动条件较好，槽体容易实现保温或加热，可以在高温高压下进行过滤操作，而且每次循环滤布不用装卸，机械化程度较高，劳动力较省；缺点是结构比较复杂，造价较高。

2. 真空过滤机

转筒真空过滤机是工业上应用最广的一种连续操作的过滤设备，它是依靠真空系统造成的转筒内外的压差进行过滤的。图 4-6 为该类设备原理及工作示意图：水平转筒安装在中空的轴上，浸没在滤浆中；筒的表面有一层金属网，网上覆盖滤布；转筒沿圆周分隔成互不相通的若干扇形格，每格都要有单独的孔道与分配头的转动盘上相应的孔相连。通过分配头，圆筒旋转时其壁面的每一格，可以依次与处于真空下的滤液罐、洗水罐、鼓风机稳定罐（正压下）相通，每旋转一周每个扇形格的表面即可依次按过滤、洗涤、吸干、吹松、卸饼的顺序逐级完成过滤操作。

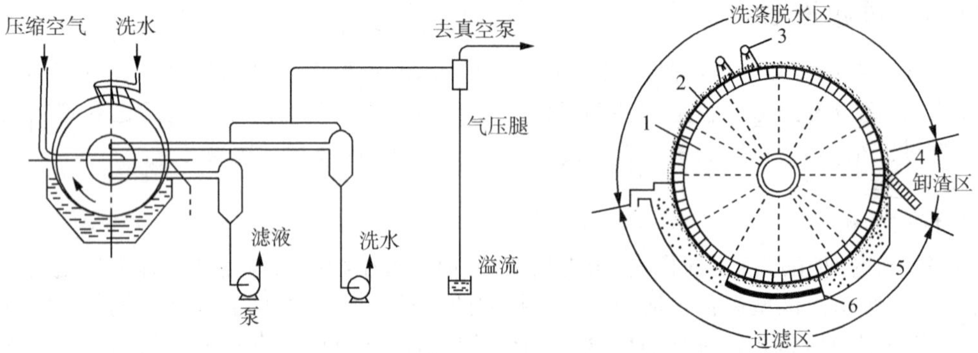

图 4-6　转筒真空过滤机装置流程及原理示意图

1—转筒；2—分配头；3—洗涤水喷嘴；4—刮刀；5—悬浮液槽；6—料液器

转筒真空过滤机突出优点是连续自动操作，适用于处理易含过滤颗粒的悬浮液，在过滤细且黏的物料时采用预涂助滤剂的方法也比较方便，只要调整刮刀的切削深度就能使助滤剂层在长时间内发挥作用。转筒真空过滤机的缺点是系统设备比较复杂，投资大，依靠真空过滤推动力受限制，滤饼难以充分洗涤，此外它不宜于过滤高温悬浮液。

过滤式离心机将在 4.4.2 节离心分离设备中介绍，在此不再赘述。

4.2.4　助滤剂

若流体中所含的固体颗粒很细且悬浮液的黏度较大，这些细小颗粒可能会将过滤介质的孔隙堵塞，形成很大的阻力。同时细颗粒形成的滤饼阻力大，致使过滤过程难于进行。另一方面，有些颗粒例如细胞或胶体粒子在压力作用下会产生变形，空隙率减小，其过滤阻力随着操作压力的增加而急剧增大。为了防止过滤介质孔道的堵塞或降低可压缩滤饼的过滤阻力，可采用加入助滤剂的方法。

助滤剂是一种坚硬呈粉状或纤维状的小颗粒，它的加入可以使结构疏松，而且几乎是不可压缩的滤饼。适于作助滤剂的物质应能较好地悬浮在滤浆中，颗粒大小合适，并能在过滤介质上形成一个薄层。常用作助滤剂的物质有硅藻土、珍珠岩粉、石炭粉、石棉粉、纸浆粉等。

助滤剂的使用方法有两种：

(1) 用助滤剂配成悬浮液，在正式过滤前用它进行过滤，在过滤介质上形成一层由助滤剂组成的滤饼，称为预涂。这种方法可以避免细颗粒堵塞介质的孔道，并可在一开始就能得到澄清的滤饼，如果滤饼有黏性，此法有助于滤饼的脱落。

(2) 将助滤剂混在滤浆中一起过滤，这种方法得到的滤饼可压缩性减小、空隙率增大，有效地降低过滤阻力。

但必须指出，使用助滤剂进行过滤一般是以获得洁净液体为目的，因此助滤剂中不能含有可溶于液体的物质。另外，若过滤的目的是回收固体物质又不允许混入其他物质，则不能使用助滤剂。

4.2.5 过滤分离的应用

无论是原料药、制剂或是辅料生产中，液固分离均是制药工业中常使用的一种单元操作方法，过滤分离的效果好坏将直接影响产品的质量、分离精度、收率、成本以及安全和环境保护。由于制药生产中需要分离的物料性质不同，对产品的要求也不同，因此采用的过滤分离方法与设备也不尽相同。

1. 中药的过滤分离

中药中化学成分十分复杂。按药的作用可将其分为有效成分、辅助成分、无效成分等。现代中药生产大多通过浸取获取药用成分，然后进行液固分离。由于药源为动植物，所以浸取液中必然含有动植物蛋白、多糖等胶体与胶状体物质。过滤过程中滤饼比阻较大，分离困难，而且分离液中物质如果条件合适还会不断析出，使已滤清的液体再出现絮状物，影响药液的澄清度，产品质量下降。

若采用普通工业滤布为过滤介质，滤液不可能很清，如稍增加过滤压力，一方面会使滤饼阻力加大，减慢过滤速度；另一方面，一些胶状物也极易变形而透过滤布空隙。如改用一次性过滤介质（如 PP 或 PE 滤芯等）又极易堵塞，且消耗大、操作成本高。因此用常规的方法在过滤介质选用上有一定难度。

若固相（药渣）含量高，而且液固两相密度差小，如采用高速管式离心机排渣与清洗都不可能理想。采用沉降离心机只能排出湿的滤渣，损失太大，目前有的厂对中药液的沉降分离还停留在只用重力沉降的方法（即自然沉降），沉降时间很长（2 天、3 天甚至 10 多天），同时还会有 15%～20%以上的料液无法回收，收率不高，损失太大。

针对以上特性，中药生产中应采用合理的分离技术及配套的集成工艺，如采用预过滤或加热与冷冻，使固相加速析出；或采用加入添加物，使可能聚合的大分子分解成小分子不再析出；或对不同相对分子质量的物质用符合卫生要求的一定孔径的滤芯或膜再进行精密膜滤，比如藿香正气水药液过滤分离的集成工艺就采用了先将兑制液经离心分离，然后对上清液进行带有吸附的复合过滤，再对滤过液进行聚丙烯膜折叠滤芯的精密过滤，可大幅度提高药液澄清度。

2. 发酵液的过滤分离

不论西药或中药的原料（如抗生素或中药柴胡等）都可能有发酵液。发酵液过滤是抗生素制品提取工艺中最重要的操作环节，直接影响抗生素制品的收率、质量和劳动生产率。发酵液大部分是典型的非牛顿流体，含有菌丝体、多糖类、残留培养基及其代谢产物等，主要成分是蛋白质，其黏度和可压缩性很大。由于同一种发酵液，不同罐批其过滤速度差异很大，因此发酵液的过滤一直是制药生产中的一个难题。但由于对欲分离药液性能不甚了解，或过滤介质选择不能同时满足过滤精度与过滤速率的要求，或操作条件（特别是滤饼厚度、进料浓度及操作压力等）不当，往往都不能得到理想的分离效果。长期以来，发酵液的过滤一直是制药生产中的难题。

目前我国的发酵液过滤设备一般多采用板框压滤机、转鼓真空过滤机和折带真空过滤机，也有的采用螺旋离心机、碟式分离机，但由于属于离心机沉降分离，滤槽无法洗涤，也不能得到干的滤渣，因此分离效果都不是十分理想。采用预过滤后再进行深层过滤得到更清的药液可能是个研究方向，但其工艺流程及设备系统必然会更长。

3. 活性炭与脱色后药液的过滤

部分合成药生产及抗生素、辅料、中草药和制剂等的生产，经常需要采用粉末活性炭进行脱色。脱色液与粉末活性炭的过滤成为影响产品质量很重要的操作。粉末炭很细，最细的仅 1～2 μm。目前国内外制药工业过滤粉末活性炭绝大多数是以滤布为过滤介质，过滤机多采用加压过滤器、多层过滤机或管式过滤机。由于滤布的孔径均在 10 μm 以上，因此仅对大的炭粒度有滤除效果，小的则易穿滤，过滤效果不佳。

解决办法是对第一次滤液再进行二次或多次复滤，其复滤介质多采用不再生的纤维黏结过滤管或折叠式微孔膜滤芯。多次复滤可保证滤液的质量，但操作复杂、成本高。另外，第一次过滤所排出的活性炭滤渣，往往不是干渣，而是湿渣，导致废水处理负荷增加。目前国内企业多数是使第一次滤液回到原来料液中进行循环过滤，以逐渐提高滤液澄清度。这种操作方法虽不复杂，但仍难以保证滤液质量。现在活性炭过滤已成为整个医药工业亟待解决的难题。不采用传统的加压过滤而采用其他精密过滤方法以及采用新开发的专用功能性过滤介质来解决活性炭与脱色后药液的过滤也是当前发展的方向。

4. 药液除菌过滤

在药物生产中，要求对液体进行无菌过滤。我国过去采用硅藻土陶瓷滤芯进行无菌过滤，由于滤芯砂粒易脱落，质地脆而易破裂，后来逐渐被石棉滤板取代。石棉含致癌物质，被世界卫生组织明令禁止使用。自 20 世纪 80 年代以来，有用微孔膜片或滤芯滤菌，微孔膜过滤介质的除菌效率很高，但只能一次性使用，寿命短，成本高，限制了推广应用。后来又有采用石棉滤板与微孔膜相重叠，料液的过滤路线为先石棉后膜，这样既能有效除菌，又可防止石棉微粒进入药液。由于石棉滤板的微粒易脱落飘浮在空气中，因此在安装滤板与滤膜时，难以防止石棉微粒不污染在微孔膜的另一面，所以石棉板与微孔膜重叠的方法也不是一种好方法。近年来美国发明了一种可取代石棉的带正电荷的介质，能有效去除液体中的细菌，过滤速度较快，成本较微孔膜滤芯低。该介质虽然也是一次性使用，但寿命较微孔膜滤芯长得多。

5. 结晶体的过滤

在原料药的生产上，大部分产品是结晶体，结晶体必须先通过过滤机脱水，然后干燥，最后获得最终产品。由于结晶比较粗，因此采用离心式过滤机就可解决脱水问题。在我国，三足式离心过滤机被普遍采用。

由于药的性质不同，过滤、分离的要求也不一样，如何选择符合过滤分离精度又经济有效的技术与设备，并能合理地使用，是当前实现中医制药行业现代化一个十分重要的问题。

4.2.6 制药生产中过滤分离技术的发展

过滤分离技术是当今各个领域中不可或缺的科学技术，其技术水平的高低、设备质量的优劣对于实现生产过程的现代化和实现工艺的先进性都具有重要意义。在过去的 20 多年，过滤分离技术在所有工业部门的应用都得到了发展。随着科学技术与工业生产的发展，能源、资源、农业、三废治理等更加受到重视。生物化工、制药、精细化工、新型材料等高新技术领域的迅速发展，对液固分离技术提出更高的要求。目前和今后一段时期，过滤固-液分离技术的研究和开发主要集中于以下几个方面：

(1) 适应资源利用，能源多元化开发，工业和生活废水处理与再利用的大处理量，高效过滤分离设备的开发与改进；

(2) 医药化工、生物化工、食品饮料等高纯制品，微电子工业用高纯水、高纯溶剂的高精密过滤装置的研究和开发；

(3) 对高可压缩、高黏度、高分散性的难过滤分离物料的分离技术的研究和开发；

(4) 对于要求得到精密过滤后的制药、生物化工、精细化工、新材料等高新技术产业，更应重视过滤与分离配套集成工艺的系统研究与开发。

4.3 重力沉降分离

利用非均相混合物间的密度差使颗粒在重力作用下发生下沉或上浮来进行分离的过程称为重力沉降分离。重力沉降通常作为非均相混合物分离的第一道工序，常常在沉降槽中进行，设备构造简单、操作容易。

4.3.1 沉降分离原理及基本方程

工业上处理的非均相混合物(或悬浮体系)中颗粒的浓度一般较高,颗粒之间因明显的相互作用,使得颗粒的沉降多属干扰沉降,明显区别于自由沉降。其沉降过程可用郝克斯雷(Hawksly)提出的修正斯托克斯定律来描述

$$u_t=\frac{x^2(\rho_p-\rho_e)g}{18\mu_e} \tag{4-12}$$

式中,x 和 ρ_p 分别为颗粒粒度和颗粒密度;ρ_e 为介质的表观密度,$\rho_e=\varepsilon\mu_e+(1-\varepsilon)\rho_p$;$\mu_e$ 为悬浮体系的表观黏度,$\mu_e=\mu_m/\varphi$。其中,ε 为悬浮体系中介质的体积分率,即空隙率;μ_m 为介质的黏度;φ 为悬浮液的经验校正因子,为悬浮体系空隙率的函数,$\varphi=1/10^{1.82(1-\varepsilon)}$。

式(4-12)表明,当颗粒的粒度 x 和密度 ρ_p 一定时,悬浮体系中介质的体积分率越小。也就是说,颗粒的浓度越大,介质的表观密度越大,表观黏度也越大,使得沉降速度越小。式(4-12)也可表达为

$$u_t=\frac{x^2(\rho_p-\rho_m)g}{18\mu}\varepsilon\varphi \tag{4-13}$$

由式(4-13)可知,悬浮体系中颗粒浓度的增加使大颗粒的沉降速度减慢,小颗粒的沉降速度加快。试验发现,对于粒度差别不超过 6∶1 的悬浮液,所有粒子以大体相同的速度沉降。

4.3.2 影响沉降分离的因素

重力沉降分离的依据是分散相和连续相之间的密度差,其分离效果还与分散相颗粒的大小、形状、浓度、连续相(或介质)的黏度、凝聚剂和絮凝剂的种类及用量、沉降面积、沉降距离以及物料在沉降槽中的停留时间等因素有关。

1. 颗粒的性质

对同种固体物质,球形或近似球形的颗粒,比同样体积的非球形颗粒,如片状、针状或尖锐棱角的颗粒,其沉降速度要快得多。非球形颗粒在沉降时的取向,可变形颗粒的变形等都会影响颗粒的沉降速度。小颗粒的比表面积大,在悬浮液中,会产生小颗粒聚集形成较大的集合体,还可存在大颗粒沉降过程中带动小颗粒一同下沉,结果使粒度不同的颗粒以大体相同的速度沉降。

2. 悬浮体系中颗粒的浓度

在液体中增加均匀分散的颗粒的数量,会减小每个单独颗粒的沉降速度。在低浓度悬浮液中单个颗粒或絮凝团在液体中自由沉降;中浓度悬浮液中,絮凝团相互接触稀疏,如果悬浮液的高度足够,则进行沟道式的沉降,这些沟道是被颗粒置换的液体通过絮凝团向上流动的诱导期中形成的,尺寸与絮凝团同一数量级;在高浓度悬浮液中,或者由于缺乏足够的高度或者由于接近容器底部剩余的液体量较少,不可能形成回流沟道。因此,液体只能通过原始颗粒间的微小空间向上流动,从而导致相对低的压缩速率。

3. 介质的性质

对于一定的固体颗粒,介质的密度和黏度对沉降速度有显著的影响。介质与颗粒的密度差越大,介质的黏度越小,颗粒的沉降速度就越大。介质的黏度会随着温度的上升而下降,因此,可通过调节温度来改变沉降速度。

4. 凝聚剂和絮凝剂

凝聚与絮凝都可使胶体(固体粒度小于 1 μm 的固-液分散体系)或悬浮液中微细固体聚集而使颗粒尺寸变大,从而大大提高沉降速度。一般来说,凝聚对微细颗粒作用明显,产生的凝聚体粒度

小、密实、易碎，但碎后又可重新凝聚。相对凝聚而言，絮凝产生的聚集物要大得多。絮凝体的特点是粒度大、疏松、强度大，但碎后一般不再成团，即絮凝过程不可逆。如果颗粒本身的表面存在可利用的离子条件，即使不添加絮凝剂也可发生自动絮凝。

5. 沉降设备特性

沉降设备的分离效率(如液体的澄清度)随物料在沉降设备内停留时间的增加而提高，但停留时间延长则意味着处理能力减小。沉降设备的处理能力与沉降面积成正比，通过缩短颗粒的沉降距离，可以在不延长停留时间或加大沉降面积的情况下提高处理能力或澄清度。此外，由于缩短沉降距离意味着在不改变沉降面积的前提下减少所需的沉降空间，这样就产生了斜板浓缩机或斜板隔油池，这就是所谓的浅池原理。靠近沉降颗粒的静止容器壁会干扰颗粒周围流体的正常流型，从而降低颗粒沉降速度。如果容器直径 D 与颗粒直径 x 之比大于 100，容器壁对颗粒的沉降速度可视为没有影响。

悬浮液的高度一般并不影响沉降速度或最终获得的沉淀浓度。当固体浓度高时，沉降设备应能提供足够的悬浮液高度。直立的沉降设备且横截面不随高度而变，沉降设备形状对沉降速度影响甚微。如果沉降设备横截面积或容器壁倾斜度有变化时，则应考虑设备器壁对沉降过程的影响。

4.3.3 沉降分离设备

实现重力沉降分离的设备称为沉降槽(器)，也称浓缩机、浓密机、澄清器等。重力设备的使用方式分为间歇式和连续式两类。重力浓缩设备最早的发展方向是大型化和高效化，但是大型化乃至超大型化浓缩机笨重、占地面积大，因而又出现了向小型化方向发展的势头，特别是后来凝聚剂和絮凝剂的使用显著地提高了单位面积的处理能力。重力沉降设备适用于处理固体含量不高、颗粒不太细微，但处理量较大的悬浮液，一般沉渣含液量约 50%或更高，主要决定于颗粒的性质。

1. 间歇式沉降槽

间歇式沉降槽通常为带有锥底的柱-锥形圆槽。需处理的悬浮料浆送入槽内静置足够的时间后，即可由上部抽出澄清液而由底口排除稠厚的沉渣。如图 4-7 所示为一种典型的间歇式沉降槽。为了引出清液，在槽内不同高度侧壁上装有几个侧管，并配有阀门。引出清液也可以采用虹吸管的方式。一般地，当一批物料沉淀完毕后，先引出清液后再卸出沉淀。不同的浆料，沉降速度的变化很大。有些固体沉降甚快，而有些浆料则不论采取何种工艺措施，分离都极为困难。

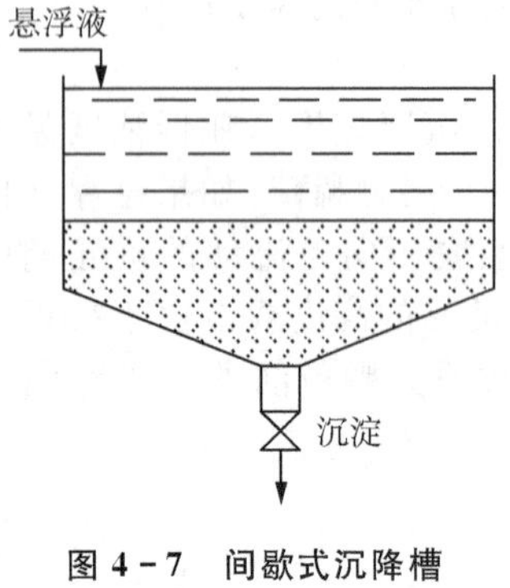

图 4-7　间歇式沉降槽

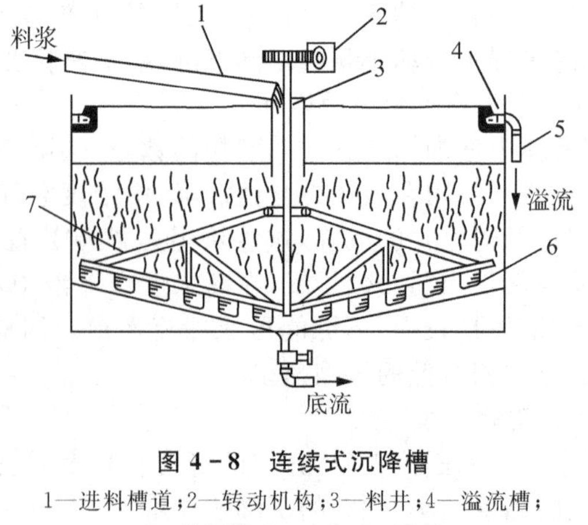

图 4-8　连续式沉降槽

1—进料槽道；2—转动机构；3—料井；4—溢流槽；5—溢流管；6—叶片；7—转耙

2. 连续式沉降槽

连续式沉降槽的进料以及清液和沉淀的卸除均为连续，其结构是一个底部稍带锥形的大直径浅槽(图 4-8)。料浆经中央进料口送至液面以下 0.3～1 m 处，在力求减少扰动的条件下，迅速分布到整个横截面上，颗粒下沉而清液上升到溢出堰溢出，流速甚小，底部有中央出口供增浓液排出；另一个是进一步压缩槽底的沉积物，由于转动的耙子在压缩的沉淀中耙出沟道，可让沉淀中的水溢出，以便能相对紧密和快速处理沉淀物。此外，耙臂缓慢转动所起的搅拌作用可增加颗粒碰撞机会，从而有利于聚凝和絮凝，同时还可降低悬浮液的表观黏度，紧聚沉淀物。

连续沉降槽的直径，小至数米，大的可达数百米，小槽耙的转速约 1 r/min，大槽只有 0.1 r/min 左右。连续式沉降槽的直径与高度相比往往很大，有时将 3～5 个沉降槽垂直叠放，共享一根中心竖轴带动各轴的转耙，这种多层沉降槽可以减少占地面积，成倍地提高生产能力。

3. 深锥形浓缩机

深锥形浓缩机（图 4-9）具有深而陡的锥底。由于浓缩池深，又使用絮凝剂，因此，设备的处理能力大，而且可得到高浓度的底流产品，某些底流产品甚至可以用皮带运输机输送。它具有占地面积小、处理能力大、自动化程度高等优点，目前已逐步开始大量应用。

重力沉降分离由于沉降效率较低，在制药工业生产中多用于部分微生物制药分离的预处理、天然药物沉淀分离过程和制药用水的预处理及废水处理等方面，其他固-液分离环节使用相对较少。

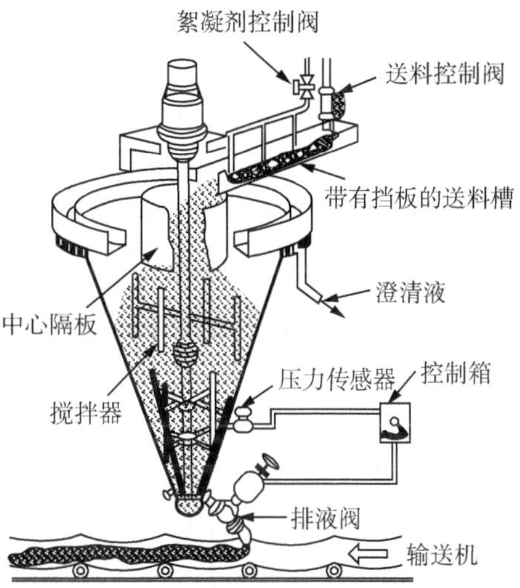

图 4-9　深锥形浓缩机

4.4　离心分离

离心机是一种利用转鼓带动物料高速旋转产生的离心力来强化分离过程的分离设备，它是工业上主要的分离设备之一，可用于澄清、增浓、脱水、洗涤或分级等分离过程。离心机的构造很多，但基本结构或主要部件为高速旋转的转鼓，转鼓可以垂直或水平安装。鼓壁有两种：一种有孔，另一种无孔。有孔的为离心过滤机，鼓内壁覆以滤布或其他过滤介质。当转鼓高速旋转时，鼓内料液在离心力的作用下，透过滤孔排出，而固体颗粒则被截留在滤布上。这样完成固体与液体分离的过程称为离心过滤。如鼓壁上无孔，混合物料液受离心力作用，从而混合物内的相按密度或粒度大小分层，密度或粒度大者富集于鼓壁，密度或粒度小者富集于中央。这种在转鼓内利用离心沉降原理使不同密度或粒度的相分离的过程称为离心沉降分离。

由于离心机可获得非常大的离心力以加速混合物内颗粒的沉降，甚至可克服颗粒布朗运动的影响。所以离心机可实现重力场中不能有效进行的分离操作，如微细颗粒（2～5 μm）的悬浮液或在重力场下十分稳定的乳浊液的分离。

4.4.1　离心分离原理

离心分离与过滤，均可达到固-液分离的目的，但是过滤是借助过滤介质对固体颗粒的截留，离心分离则是依靠固体颗粒在离心力场中的沉降。可见，离心分离的基础是颗粒的沉降。

当球形颗粒在重力场中的液体中沉降时，其沉降速度 u_t 为

$$u_t=\frac{d^2}{18\mu}(\rho_s-\rho)a \tag{4-14}$$

式中，d 为颗粒直径；ρ_s、ρ 分别为颗粒与液体的密度；a 为重力加速度。

如果颗粒在离心力场中沉降，则 a 是离心加速度，$a=\omega^2 r$，沉降速度为

$$u_{\omega}=\frac{d^2}{18\mu}(\rho_s-\rho)\omega^2 r \tag{4-15}$$

式中，ω 为旋转角速度，rad/s；r 为颗粒在离心力场中旋转时的旋转半径。由于沉降速度与 ω 的二次方成正比关系。因此，如果使颗粒做快速旋转，便可获得很大的沉降速度，因而获得好的分离效果。

在此，令 $f=\omega^2 r/g$，它是离心加速度与重力加速度之比，称为离心分离因数，它可反映离心分离的效果，是代表离心设备分离能力的一项重要指标。由离心因数公式可知，增大转鼓半径或转速，有利于提高离心机的分离因数，其中增加转速比增大转鼓半径更为有效。但由于设备强度、振动、摩擦等方面的原因，两者的增加都是有一定限度的。

4.4.2 离心分离设备

1. 设备分类

离心机的类型可按分离因数、操作原理、卸料（渣）方式、操作方式、转鼓形状、转鼓数目等加以分类。

(1) 按分离因数的大小，离心机可分为常速离心机、高速离心机和超速离心机。常速离心机：$f<3\,000$，主要用于分离颗粒较大的悬浮液或物料的脱水；高速离心机：$3\,000<f<50\,000$，主要用于分离乳浊液和细粒悬浮液；超速离心机：$f>50\,000$，主要用于分离极不容易分离的超微细粒悬浮液和高分子胶体悬浮液。

(2) 按操作原理，离心机可分为过滤式离心机和沉降式离心机。过滤式离心机：鼓壁上有孔，实现过滤操作，典型的过滤式离心机有三足式离心机、上悬式离心机、卧式刮刀卸料离心机、活塞推料式离心机等，由于转速一般在 1 000～1 500 r/min 内，分离因数不大，主要适用于晶体悬浮液和较大颗粒悬浮液的过滤分离以及物料的脱水；沉降式离心机：鼓壁上无孔，实现沉降分离，如管式分离机、碟片式离心机、螺旋卸料式离心机等，用于不易过滤的悬浮液。

(3) 按操作方式，离心机可分为间歇式离心机和连续式离心机。间歇式离心机：卸料时必须停车或减速，然后用人工或机械的方法卸出物料，如三足式离心机和上悬式离心机，其特点是可根据需要延长或缩短过滤时间，满足物料最终湿度的要求；连续式离心机：整个操作均连续化，如螺旋卸料沉降式离心机、活塞推料式离心机。操作方式与物料的流动性有关，如用于液-液分离的离心机都为连续式的。

(4) 按卸料（渣）方式，离心机可分为人工卸料和自动卸料两类。自动卸料形式多样，包括刮刀卸料、活塞推料、离心卸料、螺旋卸料、排料管卸料、喷嘴卸料等。

(5) 按转鼓形状，可分为圆柱形转鼓、圆锥形转鼓和柱-锥形转鼓三类。

(6) 按转鼓的数目，离心机可分为单鼓式和多鼓式离心机两类。

2. 过滤式离心机

过滤式离心机的一般形式如图 4-10 所示。

1) 间隙式过滤离心机

(1) 三足式离心机属于间歇转篮式，是制药工业中最常用的过滤式离心设备，其优点是结构简单、操作平稳、占地面积小、滤过颗粒不易磨损，适用于过滤周期长、处理量不大，且滤渣含水量要求较低的生产过程。它对于粒状的、结晶状的、纤维状的颗粒物料脱水效果好。特别值得指出的是，它可通过控制分离时间来达到产品湿度的要求，比较适宜于小批量多品种物料的分离。缺点是上部出料，间隙操作，劳动强度大，除非有自动卸料装置；滤饼上下不均匀，上细下粗，上薄下厚，纯度不均匀，下部传动系统维护不便，且可能有液体漏入传动系统而发生腐蚀。

较先进的一种三足式离心机是用刮刀或气动装置卸除滤饼。如犁形刮刀将滤饼翻向中心，使其在底部开口处下落排出。

（2）上悬式离心机 避免三足式下部传动上部卸料所带来的问题，上悬式离心机采用上部传动下部卸料的结构，可用于过滤和沉降分离。缺点是主轴较长，易磨损，有振动。

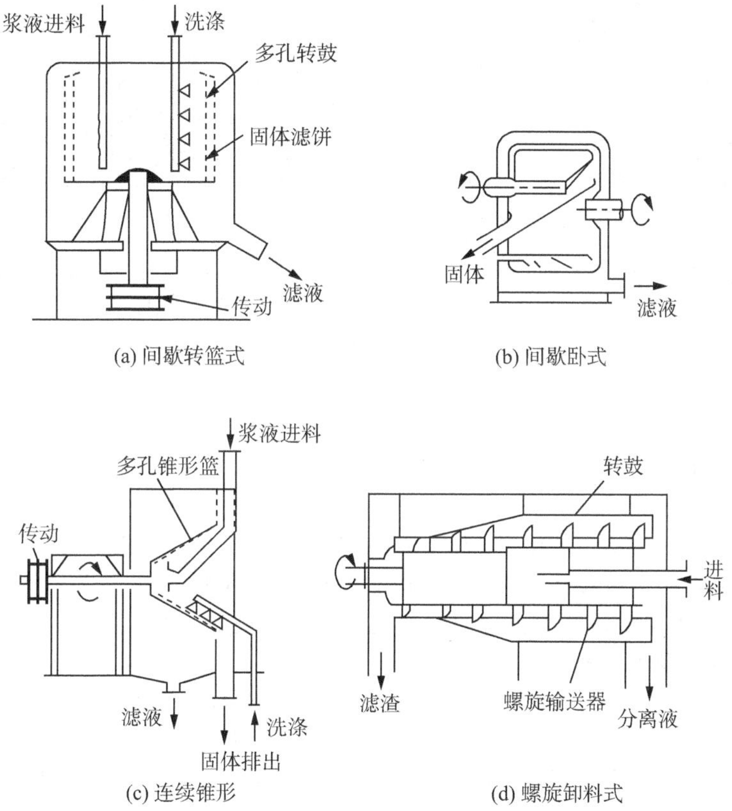

图 4-10　离心过滤设备

2）连续式过滤离心机

（1）卧式刮刀卸料离心机　结构如图 4-11 所示，在固定机壳内。转鼓由一悬臂式主轴带动，鼓内有进料管、冲洗管各一根，一个耙齿，还有一个固定的料斗，内装一可上下移动的长形刮刀。卧式刮刀卸料离心机为间隙操作，但进料、洗涤、脱水、卸料、洗网可实现人工或自动操作。其优点是产量高，可自动操作，适合于中细粒度悬浮的脱水及大规模生产；缺点为刮刀寿命短，设备振动严重，晶体破损率大，转鼓可能漏液到轴承箱。

（2）离心卸料离心机　离心卸料离心机又称锥篮离心机或惯性卸料离心机。它是利用滤渣自身的离心力自动卸料，不需卸料装置，是自动连续式离心机中结构最简单的一种。它对物料的过滤过程是一种动态过滤，过滤分离时薄层滤饼不断移动与更新，有利于提高分离效果。该种离心机有立式和卧式两种，图 4-12 为立式离心卸料离心机的示意图。该离心机的过滤速度大小与物料的性质、转鼓结构尺寸（如直径、锥角大小）、转速、滤网形式、网孔大小等诸多因素有关。锥形转鼓的锥角对该离心机的性能影响很大：增大锥角能提高生产能力，但也会增大滤渣含湿量；锥角减小，物料在转鼓中的停留时间延长，滤渣干燥程度提高，但生产能力降低；锥角过小，物料停滞在转鼓上，不能自动卸料。所以，必须根据不同的物料和分离要求，选择适宜的转鼓锥角。

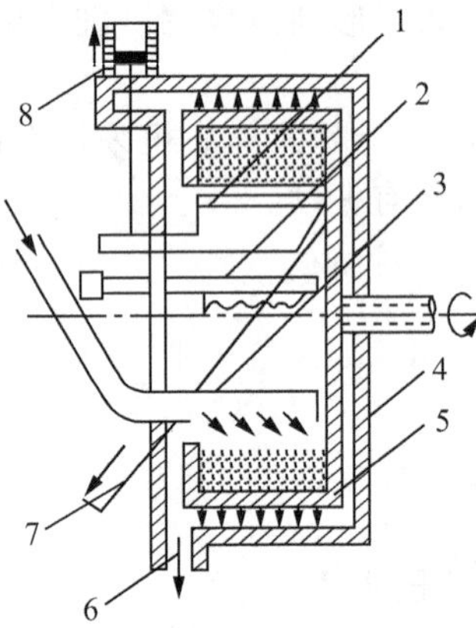

图 4-11　卧式刮刀卸料离心机

1—刮刀；2—把齿；3—进料管；4—机壳；5—转鼓；
6—滤液出口；7—卸渣斜槽；8—油压装置

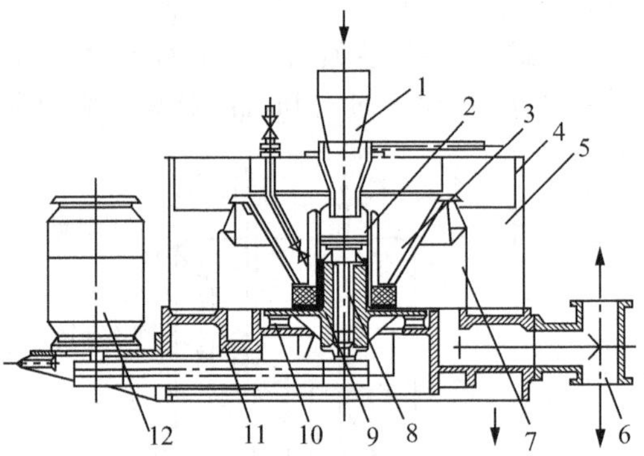

图 4-12　离心卸料离心机

1—卸料系统；2—分配器；3—转鼓；4—橡皮裙；5—外机壳；6—排液管；
7—内机壳；8—主轴；9—轴承座；10—减振管；11—机座；12—电动机

与其他连续式离心机相比，该设备突出的优点是结构简单，具有造价便宜、容易维修、体积小、质量轻和耗电少等优点。

3. 沉降式离心机

1）管式离心机

管式离心机如图 4-13(a)所示，主要结构特点为细长无孔转鼓(直径 70～160 mm，长径比 4～8)，悬挂于离心机上端的橡胶挠性驱动轴上，其下部与中空轴连接，中空轴置于机壳底部的导向轴衬内。物料经下部一固定的进料管进入底部空心轴，而后被导入鼓底，由于鼓内十字形挡板的作用，加速至转鼓速度而发生沉降。

管式离心机可用于液-液分离和固-液分离。对于液-液分离，轻液通过驱动轴周围的环状挡板环溢流而出，重液则从转鼓上端排出，转鼓上端装有可更换的不同内径的环状隔液环来调节轻重液的分层界面。由于液-液混合物没有流动性问题，因此用于液-液分离的管式离心机为连续操作。对于固-液分离，由于固相沉淀物流动性差，只能采用间歇式操作。固相出口必须关闭，只留液相溢流口，待固体聚积到一定体积后，停车拆下转鼓，进行清理。为了避免过分频繁的清洗，管式离心机通常用于处理固含量小于 1%的悬浮液，在生产过程中为了保持连续处理，采用两台离心机交替使用。管式离心机的优点是平均允许滞留时间要比同体积的转鼓式离心机的长，分离能力大，结构紧凑和密封性好。缺点是容量小，分离能力较碟片式的低，固-液分离只能为间隙操作。

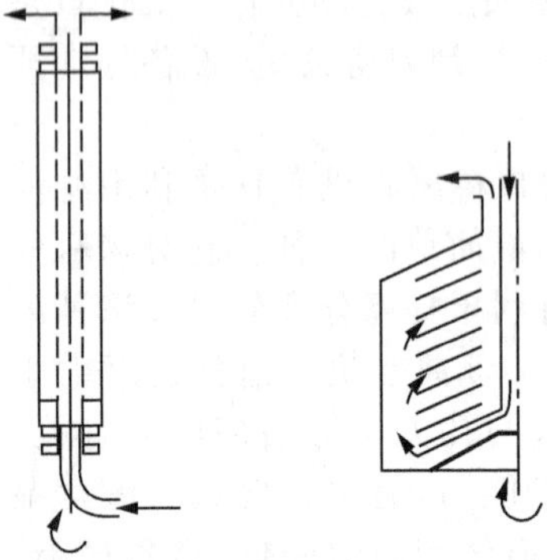

图 4-13　管式离心机和碟片式离心机

2）碟片式离心机

一种应用最为广泛的离心机，其结构是具有一个密封的转鼓，内装数十至上百个锥顶角为 60°～100°锥形碟片，见图 4-13(b)。悬浮液从中心管计入转鼓，由碟片外缘进入碟片间隙在碟片内缘流动。由于碟片间隙很小，形成薄层流动分离，固体颗粒的沉降距离极短，分离效果较好。沉降到碟片表面的颗粒向碟片外缘滑动，最好沉积到鼓壁上。经澄清的液体由溢流口或向心泵排出。碟片式离心机的离心强度可达 3 000～10 000，所以分离效果良好。碟片间距一般为 0.5～2.5 mm，与被处理的物料性质有关。锥顶角的大小应大于固体颗粒与碟片表面的摩擦角。

根据卸渣方式的不同，碟片式离心机可以分成几种类型，包括：人工排渣式，适合处理固体浓度小于 2%的料液，尤其适合于分离两种液体并同时除去少量固体，以及可用于澄清。喷嘴排渣式，转鼓周边有多个喷嘴，连续操作。由于排渣的含液量较高，适合浓缩过程，可用于固体含量小于25%、粒径0.1～100 μm的悬浮液，浓缩比为5～20。活门排渣式，利用活门启闭排渣孔进行断续自动排渣。离心强度5 000～9 000，适合于处理固体含量小于10%、粒径0.1～500 μm的悬浮液。活门排渣的喷嘴式，是较为新近开发的，与相同大小的活门式相似，但速度可以增加20%～30%，分离因数可高达15 000左右，优于其他类型的碟片式离心机。

3）螺旋卸料式离心机

螺旋卸料式离心机，根据主轴方位分为卧式[图4-14(a)]和立式[图4-14(b)]两类，以卧式为主。螺旋卸料式离心机，转鼓为圆锥形[图4-14(a)]，内有螺旋卸料器；进料管为螺旋输送器的空心轴，在此空心轴上某一轴向位置（偏向底流口）开有进料孔；溢流口（若干个溢流孔）在转鼓的大端，底流口（排渣孔）在转鼓的小端。

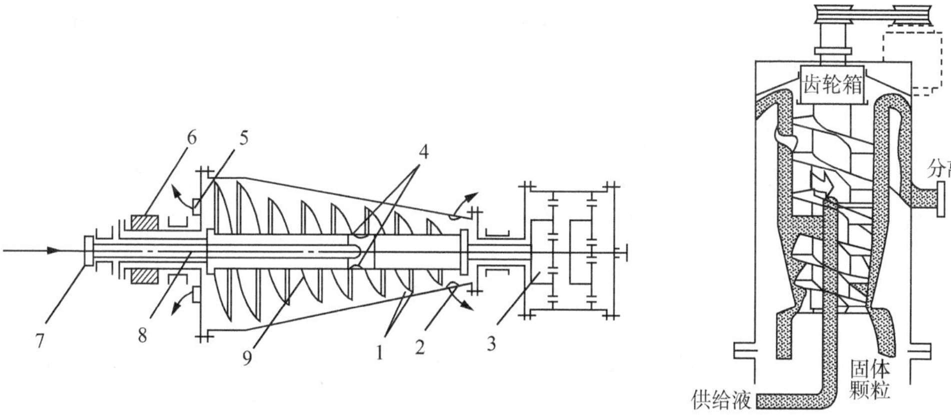

(a) 卧式　　(b) 立式

图4-14　圆锥形转鼓螺旋卸料式离心机

1—锥形转鼓；2—卸料口；3—行星减速箱；4—进料孔；5—溢出口；6—皮带轮；7—卸料口；8—进料管；9—螺旋推送器

4.4.3　离心分离工艺计算

1. 管式离心机

对于离心分离系统内某参照颗粒，分别考虑其沿径向 r 和轴向 z 的运动，前者促使颗粒向管壁沉降，后者使颗粒随液流一起逸出圆筒。显然，颗粒必须在沿轴向 z 运动离开圆筒之前已经沉降到筒壁，才能到达分离的目的。颗粒在离心机内的运动轨迹可以表示为

$$\frac{\mathrm{d}r}{\mathrm{d}z}=\frac{\mathrm{d}r/\mathrm{d}t}{\mathrm{d}z/\mathrm{d}t}=v_g\left(\frac{r\omega^2}{g}\right)\frac{\pi(R_0^2-R_1^2)}{Q} \tag{4-16}$$

系统内参照颗粒很多，现将关注那些最难除去的颗粒，并以此为离心机设计的对象。所谓最难除去的颗粒，是指那些在 $r=R_1$ 处进入离心机，以及在出口处即 $z=H$ 处，才刚到达筒壁（$r=R_0$）的颗粒。这些颗粒的边界条件是

$z=0, r=R_1$（进入）；$z=H, r=R_0$（离开）。对这些最难除去的颗粒积分式(4-16)并经重新整理后，得

$$Q=\frac{\pi H(R_0^2-R_1^2)v_g\omega^2}{g\ln(R_0/R_1)} \tag{4-17}$$

式(4-17)给出了管式离心机可能达到的最大流量。换言之，如果离心机在这一流量 Q 下进行

操作，那么将能保证除去那些最难除去的颗粒；如果超过这一流量，则将因颗粒在 z 方向的运动速度加大而来不及沉向筒壁便已自筒的上端被流体带出，从而未能除去。所以在一般情况下，为确保离心分离彻底，操作流量 Q_a 应小于或等于 Q。

在大多数管式离心机内，因为液层很薄，$R_0 \approx R$，$R_1 \approx 0$，故式(4-17)可简化为

$$Q = v_g \frac{2\pi H R^2 \omega^2}{g} \quad 或 \quad Q = v_g \Sigma \tag{4-18}$$

该式表明，流量 Q 取决于 v_g 和 Σ 两项因素，其中 v_g 反映系统的性质，包括料液的黏度、密度、固体颗粒的大小及其密度等，而与离心机特性无关，Σ 则关联了离心机的特性，如其高度 H、转速 $n(\omega)$ 及半径 R 等，而与系统性质无关。所以，在操作、设计中，如果仅仅是系统发生变化，而不改变离心机的特性，那么只需考虑 v_g 的改变而无需考虑 Σ 的变化；反之，若是改变了离心机的特性，而系统不发生变化，那么此时只需考虑 Σ 的变化而不必考虑 v_g 的改变。这一思路，对离心分离的设计计算及放大等问题的解决带来了方便。

2. 碟片式离心机

对碟片式离心机的分析，如同管式离心机一样，即首先找出参照颗粒的运动规律。在碟片式离心机中，颗粒从中心管进入离心机底部后，以 θ 角度沿锥形碟片向上 x、垂直于碟片向外 y 方向运动。经过一系列的推导可获得颗粒在碟式离心机碟片间运动的轨迹为

$$\frac{dy}{dx} = \left[\frac{2\pi n h v_g \omega^2}{Q g f(y)}\right](R_0 - x\sin\theta)^2 \cos\theta \tag{4-19}$$

式中，R_0 为碟片的外缘半径；Q 为总流量；n 为碟片数；r 为离转轴的距离；$2h$ 为碟片间的垂直距离。

然后，再重点考察那些最难除去的颗粒。这些颗粒在碟片的外缘进入，在碟片的内缘被除去。在此假定，凡是沉降至上端碟片表面($y=h$)的颗粒，才能被除去(注意：颗粒是向上沉降)。所以，这种颗粒积分的边界条件为 $x=0$，$y=0$，$x=(R_0-R_1)/\sin\theta$，$y=h$(离开)。经积分式(4-19)并整理后，可得

$$Q = v_g \left[\frac{2\pi n \omega^2}{3g}(R_0^3 - R_1^3)\cot\theta\right] = v_g \Sigma \tag{4-20}$$

式(4-20)适合于碟片式离心机，但它与管式离心机的公式(4-18)有着相同的形式，它们的 v_g 均是系统性质的函数，而与离心机特性无关；量 Σ 反映了离心机的几何特性，与系统性质无关。

例 4-2 小球藻细胞系在敞开的水环境中培养，现拟把稀的细胞流，通过碟片式离心机，以便收获这些生物物质。现已测得，这些细胞的重力沉降速度为 1.07×10^6 m/s，离心机有碟片 80 片，倾角 40°，外半径为 15.7 cm，内半径为 6 cm。如果离心机在 6 000 r/min 的转速下运作，试估算该离心机的容积生产能力 Q。

解 用式(4-20)来估算生产能力

$$Q = v_g \left[\frac{2\pi n \omega^2}{3g}(R_0^3 - R_1^3)\cot\theta\right]$$

根据题意已知：$v_g = 1.07\times10^6$ m/s，$R_0 = 0.157$ m，$R_1 = 0.06$ m，$n = 80$，$\theta = 40°$，$\omega = 2\pi\times6\ 000/60 = 628$ (rad/s)。代入上式为

$$Q = 1.07\times10^{-6}\times\left[\frac{2\pi\times80\times628^2}{3\times9.8}\times(0.157^3 - 0.06^3)\times\cot40\right]$$
$$= 0.031\ m^3/s = 112\ m^3/h$$

这种离心机处理量较小，仅适用于小批量离心沉降分离的需要。

4.4.4 离心分离设备选型

不同的离心机有不同的特性，适应不同的物料和分离要求。因此，选择离心机要根据混合物特性、分离要求（包括澄清、增浓、脱水和洗涤等）、处理能力及经济性等进行初步选择，再做必要的试验后才能最后确定离心机的型号及规格。初步选择时，利用处理能力 Q 和边界粒度或 Q/Σ，或根据处理能力 Q 和极限颗粒直径（或所需最小分离因数），查离心机性能图（图 4－15），初步确定离心机类型。然后再根据物料特性和其他工艺要求，进一步缩小选择范围，确定离心机类型及型号。

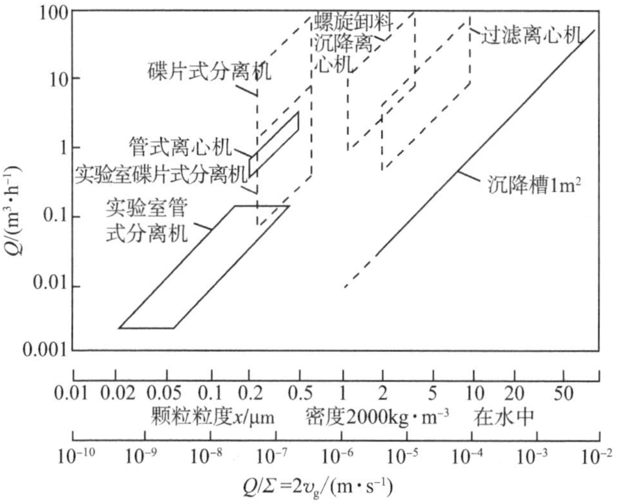

图 4－15 离心机性能图

物料特性包括：

（1）分散相的形态。若分散相为液体如乳浊液，由于液体具有好的流动性可连续排料，连续操作，则可选用管式离心机、碟式离心机及其他多鼓式离心机；若分散相为固体，则可根据下面所述视固相含量来选用离心机；若分散相既有液体，又有固体，则视固相含量在管式、碟片式和其他多鼓式离心机中选一种。

（2）固相含量、粒度、与液相的密度差、可压缩性、液相黏度，以及处理后液体产品中固含量或渣的含液量要求。若固相含量较高，粒度较大（＞0.1），固相密度等于或接近于液相密度，工艺上又要求获得含液量较低的渣并需要对渣进行洗涤时，应先考虑选用过滤离心机；若固含量较少，粒度较小（＜0.1 mm），固体可压缩，液相黏度较大，过滤介质易被固相颗粒堵塞又难于再生，工艺上又要求获得较清的液相，则应考虑使用沉降离心机。管式离心机或其他多鼓式离心机，均需停机后拆开转鼓卸渣，因而它们只适合处理固含量低于 1％的物料。当然，活塞排渣碟式离心机和喷嘴排渣碟式离心机可在运行中排渣，因而可以处理固含量较高（＜10％）的物料，但排出的渣含液量大而成糊状。螺旋卸料离心机可处理固含量高达 70％（质量分数）的物料，并得到含液量较低的渣，且能进行一定程度的洗涤。

（3）液体性质（如腐蚀性、对空气敏感性、挥发性等）。例如醇提法生产大豆蛋白质过程，因酒精易挥发，改选用敞口离心机，但操作时会造成酒精的大量损失。

（4）安全性（如可燃性、易挥发性及爆炸性等）。

4.5 制药生产中固-液分离需要关注的问题

当前制药生产中采用液固分离技术存在以下几个主要问题。

(1) 对于欲分离物料的液固两相的物性了解不深，如对药液中固相粒子的大小分布、形状、密度、可压缩性，液相的黏度、电位、密度及 pH 值未做详细测定，因此在进行生产工艺的确定与过滤分离设备选型、操作条件的确定等方面都无法做到科学与合理。

(2) 是采用过滤还是采用离心分离来进行液固分离，往往习惯于沿用已有旧生产工艺采用的不尽合理的技术与设备，以致造成选型不当，该用过滤分离的用了离心分离，该用离心分离的用了过滤技术。而在采用过滤技术时应采用深层过滤而仍采用滤饼过滤也时也会发生(如有些低浓度药液应采用深层过滤而不应再采用滤饼过滤)。

(3) 操作条件不合理。对已经选择好的过滤或离心分离设备，由于对物料性能(如比阻、可压缩系数、黏度-温度关系、液固两相密度及密度差、浓度等)不甚了解，因此不能正确采用过滤与离心分离的操作压力、温度、滤饼厚度、分离因数等。

(4) 对预过滤分离技术不太了解，所以在生产工艺中没有很好采用，如有些物料浓度太低，必须采用絮凝、凝聚、预增浓才能有利于后续过滤与分离过程的进行。

(5) 对于采用过滤技术(不论加压过滤、真空过滤或离心过滤)，由于固相颗粒的粒径大小及分布未做测定，因而无法正确选择满足截留效果与处理量要求的滤布(或滤网、滤带)，这个问题在西药与中药生产中相当普遍。对于新出现的截留效果好、过滤阻力小的新型过滤介质还不甚了解，也更不可能积极采用。

(6) 对于一些要求较高的药液及生物化工等产品的提纯与分离，除采用常用的过滤与分离方法以外，对其进一步处理采用预增浓。过滤或离心分离-精密分离(过滤)等集成工艺技术缺乏了解，对于采用微滤、超滤、反渗透(甚至纳滤技术)分离技术也仅刚刚开始接触，这个问题在中药生产中更为突出。

上述问题必然制约制药的生产与发展，重视与克服上述问题对于开发高纯度、高品位的药物与实现中药现代化都是十分重要的。

思考题和习题

4-1 简述表面过滤与深层过滤机理与应用范围。

4-2 简述过滤介质的分类。

4-3 简述离心沉降的原理与主要设备。

4-4 制药生产中药液过滤分离的特性是什么?

4-5 简述几种药液的过滤分离情况。

4-6 现拟从一种微生物制药的发酵液中提取药物成分，需要先分离出菌体。已知该发酵液的固体含量为 7.0%(质量分数)，黏度为 5.0×10^{-3} Pa·s。在前期的实验室研究中采用直径 5 cm 的布氏漏斗减压抽滤，在 45 分钟内能过滤发酵液 150 mL。另外，用同类发酵液进行的研究得知，其滤饼的压缩指数 s 等于 0.65。

在进一步的中试开发中，需要处理这种发酵液 5 000 L。如果采用一个板框压滤机进行试验，该过滤机具有 15 个框，每框面积 4 200 cm^2，框与框之间的空间足够大，以致在滤毕 5 000 L 发酵液之前，框间不会被渣充满。过滤介质的阻力可以忽略不计，使用的过滤压力降为 1.5×10^5 Pa。

试求：

(1) 在 1.5×10^5 Pa 压力下，过滤完这些发酵液需用时多少？

(2) 在上述 2 倍压力下过滤，则过滤同样的发酵液需要多少时间？

4-7 某一生物制药过程中，生物发酵液经发酵后需要浓缩后再进行处理。现已测得，这些细胞的重力沉降速度为 1.05×10^6 m/s，离心机有碟片 70 片，倾角 40°，外半径为 20 cm，内半径为 8 cm。如果考虑运用碟式离心机在 5 000 r/min 的转速下分离，试估算该离心机的容积生产能力 Q。

参考文献

[1] 李淑芬，姜忠义. 制药分离工程. 北京：化学工业出版社，2004.

[2] 袁惠新，冯骉. 分离工程. 北京：中国石化出版社，2002.

[3] 孙彦. 生物分离工程. 2 版. 北京：化学工业出版社，2005.

[4] 吴梧桐. 生物制药工艺学. 2 版. 北京：中国医药科技出版社，2005.

[5] 李孟，刘新明. 国内外深层过滤理论的最新研究进展. 中国水运，2008，6(10)：45-46.

[6] 罗国华，梁云，郑帜嵩，等. 纤维材料过滤理论的研究进展. 过滤与分离，2006，16(4)：20-24.

[7] 过志昌，过常乐. 中国过滤技术的重大进展. 化工装备技术，2009，30(5)：13-20.

[8] 俞雷霖，奚立峰，俞如右. 离心分离技术的国内国外进展及大规模定制设计. 化学世界，2006(11)：696-699.

[9] 储炬，李有荣. 现代生物工艺学. 上海：华东理工大学出版社，2007.

[10] Purchas D B. Hand book of filter media. Netherlands：Elsevier，2002.

[11] Buxbaum，Engelbert. Biophysical Chemistry of Proteins. US：Springer，2011，Part 4：237-249.

[12] Holtzhauer，Martin. Basic Methods for the Biochemical Lab. Berlin Springer，2006：161-180.

5 沉淀分离

沉淀分离(precipitation)又称沉析分离，是通过改变溶液的物理环境而引起溶质溶解度降低，生成固体凝聚物(aggregates)的现象。该法与结晶法同属固相析出分离技术，是最经典的纯化技术之一，适用于抗生素、有机酸等小分子物质的分离，也适用于蛋白质、酶、多肽、核酸及多糖等大分子的分离、浓缩，广泛应用于实验室和工业生产中。

同结晶相比，沉淀是不定性固体颗粒，成分组成较复杂，常混含共沉淀的杂质、沉淀剂，因此其产品纯度一般低于结晶产品。但该技术简单、设备要求及成本低、收率高，其浓缩作用常大于纯化作用，一般作为化合物粗分离手段用于纯化单元的初始阶段。

根据沉淀原理及应用对象和范围的差异，沉淀法可分为：盐析法、有机溶剂沉淀法、等电点沉淀法、高聚物沉淀法及其他沉淀法等。

5.1 盐 析 法

对于蛋白质、多肽、氨基酸等两性电解质，它们在高盐离子强度的溶液中溶解度下降，发生沉降析出的现象称为盐析(salting-out)。盐析分离就是利用各种生物大分子(主要是蛋白质)在浓盐溶液中溶解度的差异，通过向溶液中引入一定数量的中性盐，使目标产物或杂蛋白部分析出并收集而达到纯化目的的方法。

5.1.1 两性电解质表面特性

多肽、蛋白质等两性电解质，大多能溶于水溶液中，因多肽链中的氨基酸残基疏水折叠及所带电荷不同，其表面形成了疏水、亲水及荷电不同的区域(图 5-1)，由于静电引力作用使溶液中带相反电荷的离子(称反离子，counterion)被吸附在其周围，在界面上形成双电层(diffuse electrical double layer)。双电层可分为两部分：一为紧靠蛋白质表面的一层不流动反离子，称为紧密层(stern layer)；其余为紧密层外围反离子浓度逐渐降低直到为零的部分，称为分散层(couy-chapman layer)(图 5-2)。双电层中存在距表面由高到低(绝对值)的电位分市，双电层的性质与该电位分布密切相关。接近紧密层和分散层交界处的电位值称为 ζ 电位，带电粒子间的静电相互作用取决于 ζ 电位(绝对值)的大小。由于粒子表面电位一定，所以分散层厚度越小，ζ 电位越小。若分散层厚度为零，则 ζ 电位为零，粒子处于等电状态，不产生静电相互作用。当双电层的 ζ 电位足够大时，静电排斥作用抵御分子间的相互吸引作用(分子间范德瓦尔斯引力)，使蛋白质溶液处于稳定状态。

除双电层外，在蛋白质分子周围存在与蛋白质分子紧密或疏松结合的水化层。紧密结合的水化层可达到 0.35 g/g 蛋白质，而疏松结合的水化层可达到蛋白质分子质量的 2 倍以上。蛋白质周围的水化层使得蛋白质相互隔离形成稳定的胶体溶液，从而防止蛋白质凝聚沉淀。

由于以上两种作用，蛋白质等生物大分子物质以亲水胶体形式存在于水溶液中，无外界影响时，呈稳定的分散状态。

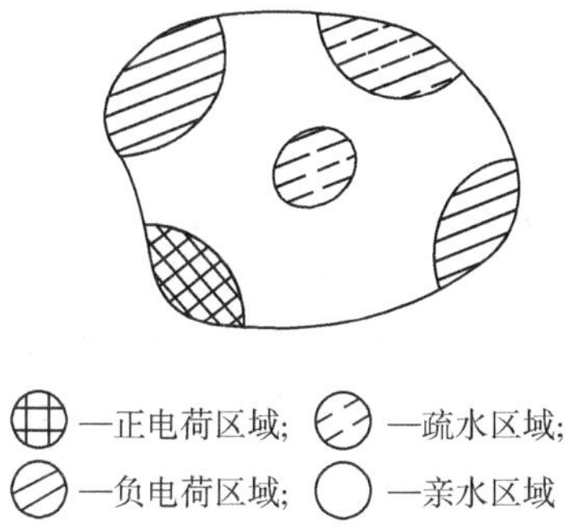

图 5-1　蛋白质分子的表面特性

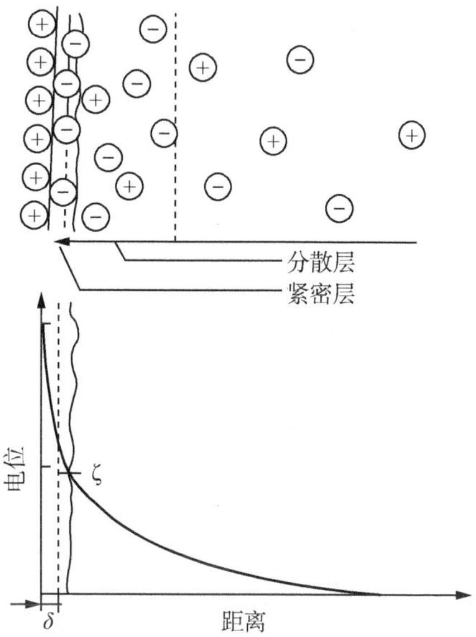

图 5-2　双电层

5.1.2　盐析原理

由上述可知，蛋白质在溶液中能保持不聚集和稳定的主要原因：其一是蛋白质周围的水化层能阻碍蛋白质凝聚；其二是蛋白质分子周围电中性的双电层使蛋白质分子相互隔离，降低了范德瓦尔斯引力的吸引作用。

当向蛋白质溶液中逐渐加入中性盐时，会产生两种现象：低盐浓度情况下，随着中性盐离子强度的增高，蛋白质溶解度增大，称为盐溶(salting-in)现象。但是，在高盐浓度时，蛋白质溶解度随之减小，就发生了盐析作用。产生盐析作用的一个原因是由于盐离子与蛋白质分子表面具相反电性的离子基团结合形成离子对，因而盐离子部分中和了蛋白质的电性，使蛋白质分子之间静电排斥作用减弱而能相互靠拢，聚集沉淀。

盐析作用的另一个原因是由于中性盐的亲水性比蛋白质大，盐离子在水中发生水化而使蛋白质逐步脱去了表面的水化膜，暴露出疏水区域，由于疏水作用相互聚集发生沉淀。蛋白质的盐析机理示意图见图 5-3。

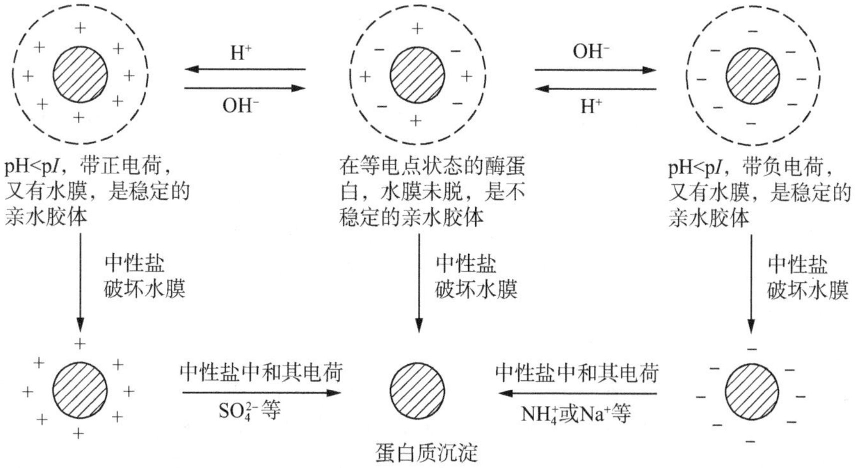

图 5-3　蛋白质盐析原理示意图

1. Cohn 方程

Cohn 经验公式常用来描述蛋白质的溶解度与盐浓度之间的关系

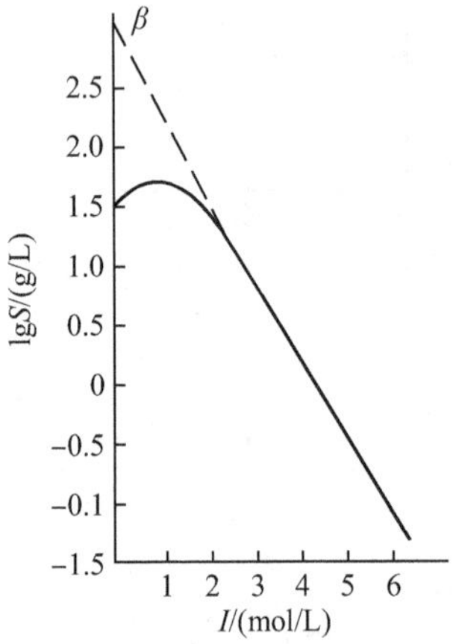

图 5-4　25℃、pH=6.6 时，碳氧血红蛋白 lg*S* 与 $(NH_4)_2SO_4$ 离子强度 *I* 的关系

$$\lg S=\beta-K_s I \qquad (5-1)$$

式中，S 为蛋白质溶解度，mol/L；β 和 K_s 为一对特定的盐析系统常数，K_s 称为盐析常数；I 为盐离子强度，$I=\frac{1}{2}\sum c_i Z_i^2$，其中，$c_i$ 为离子 i 的摩尔浓度，mol/L，Z_i 为 i 离子的电荷数。

有时也直接简化用浓度代替离子强度，则式(5-1)成为 $\lg S=\beta'-K'_s m$，式中 m 为盐的摩尔浓度。

式(5-1)的物理意义是：当盐离子强度为零时，蛋白质溶解度的对数值 lgS 是图中直线向纵轴延伸的截距 β(图 5-4)，它与盐的种类无关，但与温度、pH 和蛋白质种类有关。K_s 是盐析常数，为直线的斜率，与温度和 pH 无关，但与蛋白质和盐的种类有关。

2. 盐析分类

根据 Cohn 方程，可将盐析方法分为两种类型：

(1) 在一定的 pH 和温度下改变离子强度(盐浓度)进行盐析，称作 K_s 盐析法。该法多用于分离工作的前期，通过向溶液中加入固体中性盐或其饱和溶液，以改变溶液的离子强度(温度及 pH 基本不变)，使目标产物或杂质分别沉淀析出，这种操作中，被盐析物质的溶解度剧烈下降，易产生共沉现象，分辨率不高。

(2) 在一定离子强度下仅改变 pH 和温度进行盐析，称作 β 盐析法。该法因溶质溶解度变化缓慢，分辨率比 K_s 盐析法好，多用于分离的后期阶段，甚至可用于结晶。

3. 盐析方法的优缺点及应用范围

优点：不需特殊设备，成本低廉，操作简便、安全，应用范围广，较少引起变性。

缺点：沉淀物中常夹带杂质，分辨率较低；盐析剂需在后续操作中通过透析、凝胶过滤、超滤等方法除去。

应用范围：主要用于蛋白质等生物大分子回收或粗分离。

5.1.3　影响盐析的因素

1. 溶质种类的影响

在 Cohn 经验式中，不同溶质的 K_s 和 β 值均不相同，因而它们的盐析行为也不同，图 5-5 显示了几种蛋白质在硫酸铵溶液中的盐析曲线。蛋白质沉淀的速度可用盐析分布曲线表示，从图 5-6 可看出，蛋白质沉淀速度开始时十分迅速，后逐步减缓，从开始沉淀到结束，形成尖端的峰，峰宽由 Cohn 经验式中的 K_s 决定，峰在横轴上的位置由 β 值和蛋白质浓度决定。

因此，利用不同蛋白质盐析分布曲线在横轴上的位置不同，可采取先后加入不同量无机盐的方法来分级沉淀不同蛋白质。

2. 溶质浓度的影响

当对高浓度的蛋白质混合液进行盐析时，大量目标蛋白质沉淀时会通过分子间的相互作用吸附一定数量的特种蛋白质而产生共沉淀作用，从而降低分辨率，影响了分离效果。一般来说，蛋白质浓度大时，沉淀所需中性盐量低，共沉作用强，分辨率低；蛋白质浓度较小时，沉淀所需中性盐量大，

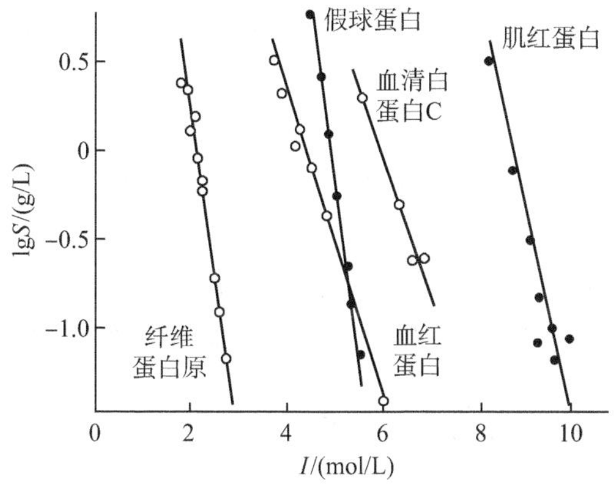

图 5-5　几种蛋白质析出所需硫酸铵的离子强度

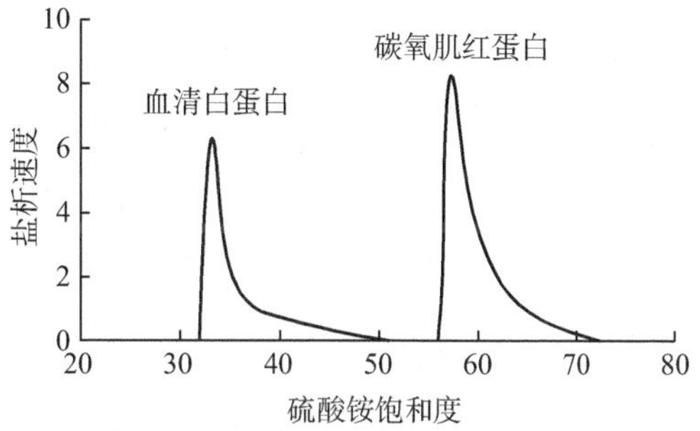

图 5-6　血清白蛋白和碳氧肌红蛋白的盐析分布曲线

但共沉作用弱，分辨度较高。所以在盐析时首先需要进行预实验，根据结果调节蛋白质溶液的浓度。比如对溶液稀释可使原本重叠的两条蛋白质盐析曲线拉开距离而达到分离的目的；在生产目的蛋白时，也可提高溶液浓度，减少用盐量而降低成本。实际操作中一般将蛋白质的浓度控制在2%～3%为宜。

3．pH 值对盐析的影响

通常蛋白质分子表面所带的净电荷越多，溶解度就越大，当外界环境使其表面净电荷为零（等电点）时，溶解度将达到一个相对的最低值。所以调节溶液的 pH 值或加入与蛋白质分子表面极性基团结合的离子（称反离子）可以改变它的溶解度。工业中往往通过调整蛋白质溶液的 pH 值于沉淀目标产物等电点附近进行盐析。这样做所消耗的中性盐较少，蛋白质的收率也高，同时可以部分地减弱共沉作用。操作过程中需要特别注意的是，蛋白质等高分子化合物的表观等电点易受介质环境的影响，尤其是在高盐溶液中，分子表面电荷分布发生变化时，等电点往往发生偏移，与负离子结合的蛋白质，其等电点常向酸侧移动。当蛋白质分子结合较多的 Mg^{2+}、Zn^{2+} 等阳离子时等电点则向高 pH 偏移，因此实际操作时需要通过预实验灵活调整。

4．盐析温度的影响

由 Cohn 经验式得知，温度的变化会影响 β 值。一般来说，在低盐浓度下蛋白质等生物大分子的溶解度与其他无机物、有机物相似，即温度升高，溶解度升高。但在高盐浓度下，它们的溶解度反而降低，如不同温度下，血红蛋白结合物在浓磷酸缓冲液中的溶解度，见图 5-7。只有少数蛋白质例外，如胃蛋白酶、大豆球蛋白，它们在高盐浓度下的溶解度随温度上升而增高。而卵球蛋白的溶解度几乎不受温度影响。由于很多生物大分子尤其是蛋白质易受热变性，常规盐析大多在室温下进行，因此盐析温度优化使用面较窄。

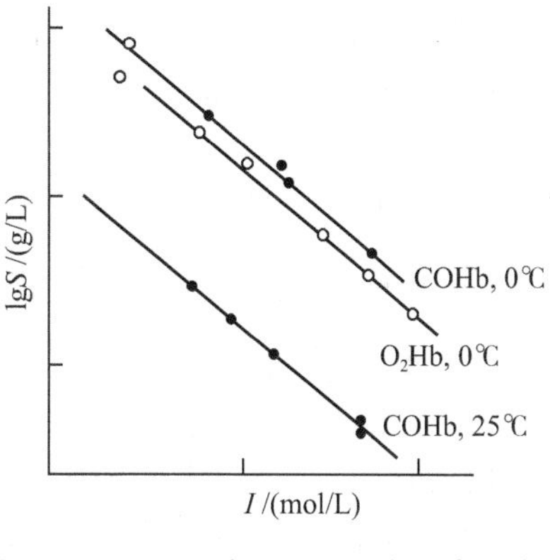

图 5-7　不同温度下血红蛋白结合物在浓磷酸缓冲液中的溶解度曲线

5．盐的种类

按照上述盐析理论，离子强度对溶质的溶解度起着决定性的影响。根据 Cohn 公式，盐离子强度是由离子浓度和离子化合价决定的。1888 年，Hofmeister 就对一系列盐沉淀蛋白质的行为进行了测定，得出通常半径小的高价离子在盐析时的作用较强，半径大的低价离子作用较弱；阴离子比阳离子盐析作用强，尤其是高价阴离子。下面列出了两类离子盐析效果强弱的经验规律（Hofmeister 序列，又称感胶离子序）。

阴离子：

$C_6H_5O_7^{3-} > C_5H_4O_6^{2-} > SO_4^{2-} > F^- > IO_3^- > H_2PO_4^- > Ac^- > BrO_3^- > Cl^- > ClO_3^- > Br^- > NO_3^- > ClO_4^- > I^-$

阳离子：

$Ti^{3+} > Al^{3+} > H^+ > Ba^{2+} > Sr^{2+} > Ca^{2+} > Mg^{2+} > Cs^+ > Rb^+ > NH_4^+ > K^+ > Na^+ > Li^+$

实际选用盐析用盐时还需要考虑以下几个主要问题：

(1) 盐析用盐需有足够大的溶解度，能配置成高离子强度的溶液，且溶解度受温度影响应尽可能地小。这样便于获得高浓盐溶液，有利于操作，尤其是在较低温度下，不致造成盐结晶析出，影响盐析效果；

(2) 盐析用盐需惰性，不影响溶质等分子的活性，不引入给分离尤其是测定带来麻烦的杂质；

(3) 盐溶液密度不高，便于蛋白质沉淀的沉降和离心分离；

(4) 来源丰富、成本低廉。

目前常用的盐析用盐包括硫酸铵、硫酸钠、磷酸盐等几种，它们的性质差异见表 5－1。

表 5－1　常用盐析用盐的性质

种类	盐析作用	溶解度	溶解度受温度影响	缓冲能力	其他性质
硫酸铵	大	大	小	小	含氮、便宜
硫酸钠	大	较小	大	小	不含氮、较贵
磷酸盐	小	较小	大	大	不含氮、贵

其中硫酸铵具有盐析效应强，溶解度大且受温度影响小、价格便宜等特点，在盐析中使用最多。在 25℃时，1L 水中能溶解 767g 硫酸铵固体，相当于 4 mol/L 的浓度。盐析要求很高时，则可将硫酸铵进行重结晶，有时还需通入 H_2S 以除去重金属。使用硫酸铵做盐析时需要注意以下问题：第一，硫酸铵为强酸强碱盐，水解后使溶液的 pH 值降低，该饱和溶液的 pH 值在 4.5～5.5 内，使用时有时需用浓氨水调节到 pH＝7 左右；第二，其在高 pH 值和高浓度下会释放氨，对金属有一定腐蚀性；第三，残留在食品中的少量硫酸铵可被人的味觉感知，影响食品口味，临床医疗有毒性；第四，可能会对盐析产物的检测有影响，易引起较高的背景出现。

硫酸钠溶解度较低，尤其在低温下，如在 0℃时仅为 138 g/L，30℃时上升为 326 g/L。它有不含氮的优点，主要应用于热稳定性高的胞外蛋白质的盐析，应用远不如硫酸铵广泛。

磷酸盐、柠檬酸盐也用于盐析，且有缓冲能力强的优点，但因溶解度低，易与某些金属离子生成沉淀，应用都不如硫酸铵广泛。

5.1.4　盐析操作

1. 盐析用盐计算

在生产和实验中的盐析用盐大多采用硫酸铵。一般有两种操作方式：一是直接加入固体细粉末，加入时速度不能太快，应分批加入并充分搅拌，使其完全溶解以防止溶液局部浓度过高，该法在工业生产中常采用；另一种是加入硫酸铵饱和溶液，在实验室和小规模生产中，或盐浓度不需太高时，可采用这种方式，它可有效防止溶液局部过浓，但加量较多时，料液会被稀释。

硫酸铵的加入量有不同的表示方法，常用“饱和度”来表征。“饱和度”指浓度相当于饱和溶解度的百分数。20℃时$(NH_4)_2SO_4$ 的饱和浓度为 4.06 mol/L(即 536.34 g/L)，密度为 1.235 kg/L，即用 1.0 L 水制备硫酸铵的饱和溶液，需要加入 761 g 硫酸铵，饱和溶液体积约为 1.42 L，定义此时的浓度为 100％饱和度。盐析操作中为了使目标溶液达到所需要的饱和度，应加入固体$(NH_4)_2SO_4$的量，可由下式计算

$$X=\frac{G(P_2-P_1)}{1-AP_2} \tag{5-2}$$

式中，X 为 1 L 溶液所需加入$(NH_4)_2SO_4$ 的克数；G 为特定温度下 1 L 饱和硫酸铵溶液中溶解的$(NH_4)_2SO_4$ 克数，0℃时为 514.72 g/L，10℃时为 525.05 g/L，20℃时为 536.34 g/L，25℃时为 541.24 g/L，30℃时为 545.88 g/L；P_1 和 P_2 分别为初始和最终溶液的饱和度，%；A 为常数，0℃时为 0.29，10℃和 20℃时为 0.3，25℃和 30℃时为 0.31。

如果加入的是$(NH_4)_2SO_4$饱和溶液，为达到一定饱和度，所需加入的$(NH_4)_2SO_4$ 饱和溶液的体积可由下式求得

$$V_a=V_0\frac{G(P_2-P_1)}{1-AP_2} \tag{5-3}$$

式中，V_a 为加入的饱和$(NH_4)_2SO_4$ 溶液的体积，L；V_0 为蛋白质溶液的原始体积，L；其余参数同式(5-2)。

实际操作中常将以上公式数据制作成表格，方便快速查询，见表 5-2。

表 5-2　0℃硫酸铵溶液由原来的饱和度达到所需要的饱和度时，每 100 mL 硫酸铵水溶液应加固体硫酸铵的克数

硫酸铵初浓度，%饱和度	在 0℃时硫酸铵终浓度，%饱和度																
	20	25	30	35	40	45	50	55	60	65	70	75	80	85	90	95	100
	每 100 mL 溶液加固体硫酸铵的克数/g																
0	10.6	13.4	16.4	19.4	22.6	25.8	29.1	32.6	36.1	39.8	43.6	47.6	51.6	55.9	60.3	65.0	69.7
5	7.9	10.8	13.7	16.6	19.7	22.9	26.2	29.6	33.1	36.8	40.5	44.4	48.4	52.6	57.0	61.5	66.2
10	5.3	8.1	10.9	13.9	16.9	20.0	23.3	26.6	30.1	33.7	37.4	41.2	45.2	49.3	53.6	58.1	62.7
15	2.6	5.4	8.2	11.1	14.1	17.2	20.4	23.7	27.1	30.6	34.3	38.1	42.0	46.0	50.3	54.7	59.2
20	0	2.7	5.5	8.3	11.3	14.3	17.5	20.7	24.1	27.6	31.2	34.9	38.7	42.7	46.9	51.2	55.7
25		0	2.7	5.6	8.4	11.5	14.6	17.9	21.1	24.5	28.0	31.7	35.5	39.5	43.6	47.8	52.2
30			0	2.8	5.6	8.6	11.7	14.8	18.1	21.4	24.9	28.5	32.3	36.2	40.2	44.5	48.8
35				0	2.8	5.7	8.7	11.8	15.1	18.4	21.8	25.4	29.1	32.9	36.9	41.0	45.3
40					0	2.9	5.8	8.9	12.0	15.3	18.7	22.2	25.8	29.6	33.5	37.6	41.8
45						0	2.9	5.9	9.0	12.3	15.6	19.0	22.6	26.3	30.2	34.2	38.3
50							0	3.0	6.0	9.2	12.5	15.9	19.4	23.0	26.8	30.8	34.8
55								0	3.0	6.1	9.3	12.7	16.1	19.7	23.5	27.3	31.3
60									0	3.1	6.2	9.5	12.9	16.4	20.1	23.1	27.9
65										0	3.1	6.3	9.7	13.2	16.8	20.5	24.4
70											0	3.2	6.5	9.9	13.4	17.1	20.9
75												0	3.2	6.6	10.1	13.7	17.4
80													0	3.3	6.7	10.3	13.9
85														0	3.4	6.8	10.5
90															0	3.4	7.0
95																0	3.5
100																	0

实际操作中盐析分离一种蛋白质料液所需的最佳硫酸铵饱和度可通过预实验确定，步骤如下（假设操作温度为 0℃）：

(1) 取一部分料液，将其分成等体积的数份，冷却至 0℃；

(2) 用式(5-2)计算饱和度达到 20%～100%所需加入的硫酸铵量，并在搅拌条件下分别加到料液中，继续搅拌 1 h 以上（同时保持温度在 0℃），使沉淀达到平衡；

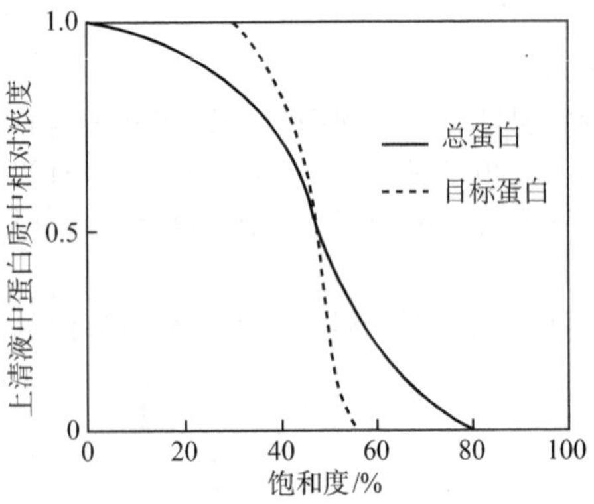

图 5-8 盐析沉淀平衡后上清液中蛋白质浓度与硫酸铵饱和度关系曲线

(3) 3 000 g 下离心 40 min 后，将沉淀溶于 2 倍体积的缓冲溶液中，测定其中蛋白质的总浓度和目标蛋白质的浓度（如有不溶物，可离心除去）；

(4) 分别测定上清液中蛋白质的总浓度和目标蛋白质的浓度，比较沉淀前后蛋白质是否保持物料守恒，检验分析结果的可靠性；

(5) 以饱和度为横坐标，上清液中蛋白质的总浓度和目标蛋白质的浓度为纵坐标作图，如图 5-8 所示，图中纵坐标为上清液中蛋白质的相对浓度（与原料液浓度之比）。

根据图 5-8 的结果得知，使目标蛋白质不出现沉淀的最大饱和度约为 35%，使目标蛋白质完全沉淀的最小饱和度约为 55%。因此，沉淀分级操作应选择的饱和度范围为 35%～55%，具体饱和度值应根据同时得到较大纯化倍数和回收率确定。

2. 盐析方法及注意事项

分部盐析法是最适用的常规操作法。通过不断增加盐浓度的方法可以从溶液中逐步沉淀制取多种成分。图 5-9 及图 5-10 为两种提取液分部盐析曲线。由图 5-9 可见，当盐析用盐浓度达到 W_1 时提取液中总蛋白含量下降了约 3/4，而目标酶的活力下降极少；当盐浓度上升到 W_2 时，90% 以上的酶沉淀析出。而图 5-10 中，当盐浓度达到 S_1 时乙酶大部分析出而甲酶很少析出；浓度上升到 S_2 时甲酶几乎全部析出。甲酶中所混乙酶很少，为后续纯化提供了方便。若一次盐析效果较差，可反复溶解多次盐析以提高分辨率。

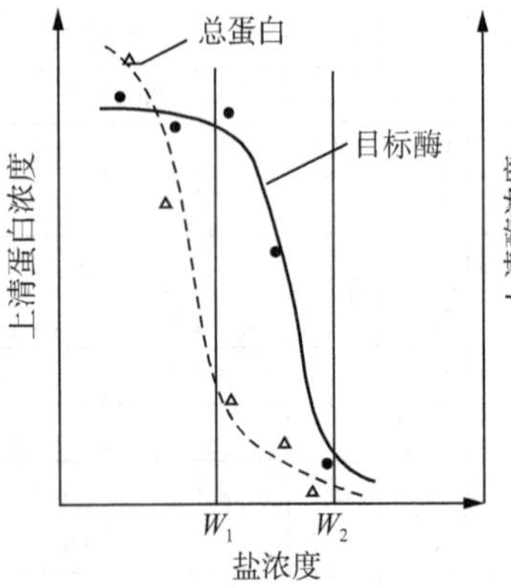

图 5-9 单酶盐析曲线

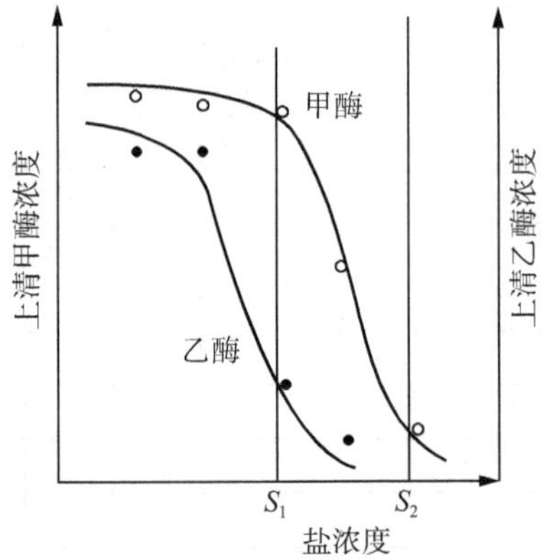

图 5-10 双酶盐析曲线

实际制备过程中有时为了排除共沉淀的干扰，可先在较高的盐浓度下将目标产物夹带杂质一同沉淀，然后再将沉淀用较低浓度盐溶液平衡，溶出其中的目标产物，该法称为反抽提法（图 5-11）。

盐析操作过程中需要注意以下基本问题。

首先，要防止“局部过浓”。对于固体盐投入法，需先将盐研磨细（硫酸铵易吸潮，使用前，可先磨碎平铺放入烤箱内，60℃烘干后再称量），在不断搅拌下分批缓慢加入到溶液中，边溶解边加入，不使溶液底部留下未溶的固体盐，这样就能避免局部过浓造成共沉作用和某些蛋白质的变性；用饱和盐溶液进行盐析时同样需要慢慢加入并不断搅拌。

其次，由于蛋白质易变性，盐析温度一般控制在室温以下；盐析所得沉淀通常需要经一段“老化”时间后进行离心或过滤分离；盐析后的产物尽快用透析、超滤或凝胶过滤等手段进行脱盐处理；对于酶的盐析，为了避免盐对目标产物活性测定的影响，一般脱盐处理后再测活性。

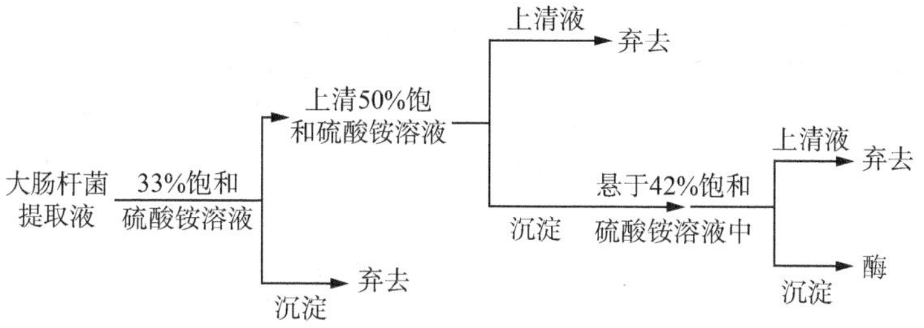

图 5-11　大肠杆菌 RNA 聚合酶的反抽提法制备

5.1.5　盐析的应用

1. 氨基酸、多肽及蛋白质

盐析沉淀广泛应用于实验室和工业级别的初级纯化和浓缩中，主要适用于氨基酸、多肽及蛋白质等生物分子化合物的分离。从早期的血清蛋白分离，到后来的多种氨基酸及酶类活性成分的分离，以及现在基因工程干扰素或胰岛素等生物制品发酵液的初级分离都用到了盐析技术。现在部分技术人员更将盐析分离和超声处理合用取得了更好的沉淀效果。通常来说盐析一般要经过静置沉淀，这需要耗费较长时间。当用超声波作用于溶液体系，利用超声波的机械效应促进传质过程，加快电解质离子与蛋白质周围的水化层的位置更换，离子很快取代水分子，从而使蛋白质的水化层被电解质离子取代，增加了凝聚作用，同时中和了蛋白质表面所带的部分电荷，破坏了双电层。这样，超声波加速蛋白质分子碰撞，使失去了水化层和电荷的蛋白质大分子，很容易凝聚析出。因此，超声波作用后的盐析体系虽不静置，也可提高蛋白质的盐析分离速度，提高了工作效率。

盐析沉淀法不仅是蛋白质初级纯化的常用手段，在某些情况下还可用于蛋白质的高度纯化。例如，利用无血清培养基培养的融合细胞培养液浓缩 10 倍后，加入等量的饱和硫酸铵溶液，在室温下放置 1 h 后离心除去上清液，得到的沉淀物中单克隆抗体回收率达 100%，纯度达到电泳纯。对于杂质含量较高的料液，例如，从牛胰脏中提取胰蛋白酶和胰凝乳蛋白酶，可利用反复盐析沉淀并结合其他沉淀法，可制备纯度较高的酶制剂。

2. 多糖、核酸

多糖及核酸类化合物的沉淀常规采用乙醇等有机溶剂沉淀法，但有机溶剂价格较贵，成本较高且回收时能耗较大。因此国内部分科研工作者和企业技术人员开始尝试盐析法沉淀多糖。目前在肝素钠、果胶等化合物分离方面已经取得了一定的进展。

3. 天然有机小分子

盐析沉淀有时也用于天然有机小分子化合物的分离，虽然其原理并非水化层和双电层的破坏，而是游离小分子及其成盐后溶解度的变化。但应用面也很广，如碱溶盐析法从女贞子中提取齐墩果酸，盐析提取儿茶素等。

综上所述，盐析沉淀法因其经济、简便、安全等优点，广泛应用于多种化合物的粗分离，实际操作中常与变性沉淀、等电点沉淀等技术合用，都取得了非常不错的效果。

5.2　有机溶剂沉淀法

5.2.1　原理

向水溶液中加入一定量亲水性有机溶剂，降低溶质的溶解度，使其沉淀析出的方法，称为有机溶剂沉淀法。其原理包括脱水作用和静电作用，其中脱水作用占主要地位。

(1) 亲水性有机溶剂加入溶液后，溶剂本身较强的水合作用降低了原溶液中自由水的浓度，从而压缩了亲水溶质分子表面原有水化层的厚度，暴露出疏水区域，导致脱水凝聚。当然，有些有机溶剂还有可能破坏蛋白质或酶类生物活性物质的某些次级键，造成空间结构变形，从而出现变性沉淀。

(2) 亲水性有机溶剂加入溶液后降低了介质的介电常数，使溶质分子之间的静电排斥力减小，静电引力增加，易于发生聚集而沉淀。根据库仑公式

$$F=\frac{q_1 q_2}{\varepsilon r^2} \tag{5-4}$$

式中，q_1、q_2 分别代表两个带电质点的电荷量；r 代表质点间的距离；ε 为介电常数，F/m。两个带电质点间的静电引力在质点电量不变、质点间距离不变的情况下与介质的介电常数 ε 成反比，表 5-3 是一些常用有机溶剂的相对介电常数。

表 5-3　一些常用有机溶剂的相对介电常数

溶剂	相对介电常数	溶剂	相对介电常数
水	80	2.5 mol/L 尿素	84
20%乙醇	70	5 mol/L 尿素	91
40%乙醇	60	丙酮	22
60%乙醇	48	甲醇	33
100%乙醇	24	丙醇	23
2.5 mol/L 甘氨酸	137		

由表 5-3 可知，最常用的沉淀用溶剂乙醇、丙酮的相对介电常数都较低，而 2.5 mol/L 甘氨酸的相对介电常数很大，常用作蛋白质等生物高分子溶液的稳定剂。

同盐析沉淀相似，有机溶剂沉淀也是一种经典的沉淀分离技术，其沉淀物与母液间密度差较大，适合于离心分离，共沉淀作用较盐析低，所得产物的纯度较高，乙醇等有机溶剂易挥发回收且对活性测定影响较小，产物不需脱盐处理，而且像乙醇这种有机溶剂是天然的杀菌剂，卫生条件较好，沉淀工艺可广泛应用于食品及药品行业；但缺点也很严重，其产率较盐析低，而且对于生物大分子，有机溶剂容易使其变性失活，且成本也较高，还需注意防火防爆，低温操作。

5.2.2 影响因素

1. 温度

有机溶剂与水混合时要产生一定热量，使溶液温度升高，增加了有机溶剂对蛋白质的变性作用。因此，在使用有机溶剂沉淀生物大分子时，一定要控制低温操作，同时低温通常会促使溶质溶解度下降，减少了溶剂用量。为了达到此目的，常将待分离的溶液和有机溶剂分别先在 0～4℃下进行预冷，当具体操作时还应不断搅拌散热，逐步加入溶剂使其混合均匀，防止溶剂局部过浓引起的变性作用和分辨率下降。

在用于蛋白质沉淀时，为了减少溶剂对蛋白质的变性作用，通常使沉淀在低温下进行短时间(0.5～2 h)的老化处理后即进行过滤或离心分离，接着真空抽去剩余溶剂或将沉淀溶入大量缓冲液中稀释溶剂，以减少有机溶剂与目标产物的接触。

2. 溶液的 pH 值

许多蛋白质在等电点附近有较好的沉淀效果，因此在进行蛋白质有机溶剂沉淀时可配合进行 pH 调整，适宜的 pH 值可使沉淀效果增强，提高产品收率，同时还可提高分辨率。但不是所有的蛋白质都是如此，甚至有少数蛋白质在等电点附近不太稳定。在控制溶液 pH 值时要特别注意，即务

必使溶液中大多数蛋白质分子带有相同电荷，而不要让目标产物与主要杂质分子带相反电荷，以免出现严重的共沉作用。

3. 离子强度

较低离子强度的条件往往有利于沉淀作用，甚至还有保护蛋白质，防止变性，减少水和溶剂相互溶解及稳定介质 pH 值的作用。用有机溶剂沉淀蛋白质时，离子强度以 0.01～0.05 mol/L 为好，通常不应超过 5%的含量，因此可加入醋酸钠、醋酸铵、氯化钠等单价盐作为助沉剂。它们可增加蛋白质分子的表面电荷，从而增强分子间引力，更有利于聚集沉淀。但在离子强度较高(0.2 mol/L以上)时，往往需增加溶剂的用量才能使沉淀析出。介质中离子强度很高时，沉淀物中会含有较多的盐，所以若要对盐析后的上清液进行溶剂沉淀，则必须预先除盐。

4. 样品浓度

与盐析相似，样品较稀时，将增加溶剂投入量和损耗，降低溶质收率，对于蛋白质容易产生稀释变性；但稀的样品共沉作用小，分离纯度较高。反之浓的样品会增强共沉作用，降低分辨率，然而可减少溶剂用量，提高回收率，变性的危险性也小于稀溶液。所以一般控制蛋白质的初浓度以0.5%～2%为好，对多糖则以 1%～2%较合适，如透明质酸的沉淀浓度为 1%～2%得到的效果最佳。

5. 金属离子的助沉作用

在用溶剂沉淀生物高分子时还需注意到一些金属离子，如 Zn^{2+}、Ca^{2+} 等可与某些呈阴离子状态的蛋白质形成复合物，使这种复合物的溶解度大大降低而不影响生物活性，有利于沉淀形成，并降低溶剂耗量，但是在运用金属离子的助沉作用时，应避免与这些金属离子能形成难溶盐的阴离子的存在(如磷酸根)。实际操作时，往往先加溶剂沉淀除去杂蛋白，再加 Zn^{2+} 以沉淀目标产物。图 5-12 是胰岛素精制工艺流程示意图：

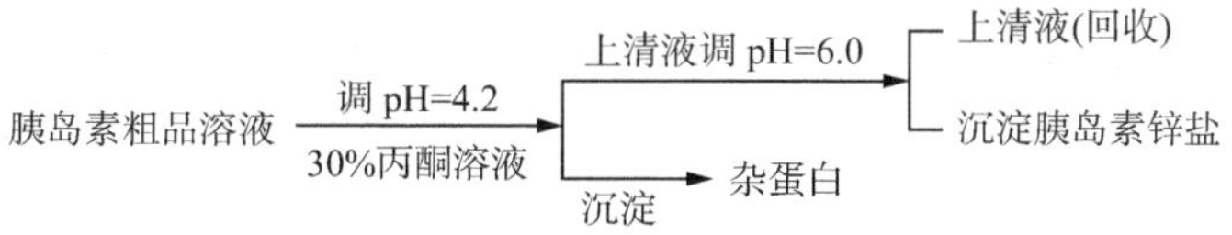

图 5-12　胰岛素精制工艺中有机溶剂沉淀时 Zn^{2+} 助沉淀作用

5.2.3 溶剂的选择

沉淀用有机溶剂的选择，主要应考虑以下几方面因素。

(1) 相对介电常数小，沉淀作用强；

(2) 毒性小，挥发性适中；

(3) 能与水无限混溶；

(4) 变性作用小。

因以上原则，有机溶剂中乙醇、丙酮和甲醇最为常用。

乙醇：沉淀作用强，沸点适中，无毒，广泛用于沉淀蛋白质、核酸、多糖等生物高分子及氨基酸等小分子。早在 20 世纪 40 年代，乙醇就用于血浆蛋白质(血清白蛋白、球蛋白及其他蛋白质)的制备，目前仍用于血浆制剂的生产。

丙酮：沉淀作用大于乙醇，用丙酮代替乙醇作沉淀剂一般可以减少用量的 1/4 到 1/3。但因其沸点较低，挥发损失大，对肝脏有一定毒性，着火点低等缺点，使得它的应用不及乙醇广泛。

甲醇：沉淀作用与乙醇相当，且对蛋白质的变性作用比乙醇和丙酮均小，但由于口服有剧毒，使其不能广泛应用于医药食品类产品的生产。

其他溶剂：如二甲基甲酰胺、二甲基亚砜、2-甲基-2,4-戊二醇(MPD)和乙腈也可作沉淀剂用，但远不如上述乙醇、丙酮、甲醇普遍。

5.2.4 有机溶剂沉淀技术的应用

1. 多糖、核酸

有机溶剂沉淀技术常用于多糖及核酸的浓缩，肝素、果胶、葡甘聚糖等均可用乙醇进行沉淀回收，应用例子如图 5－13 所示。

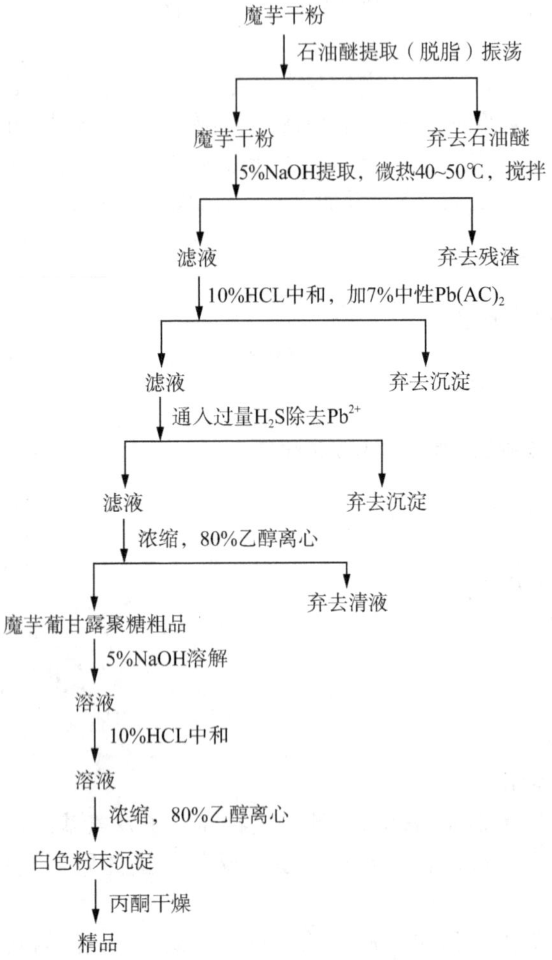

图 5－13　魔芋葡甘聚糖乙醇沉淀精制工艺

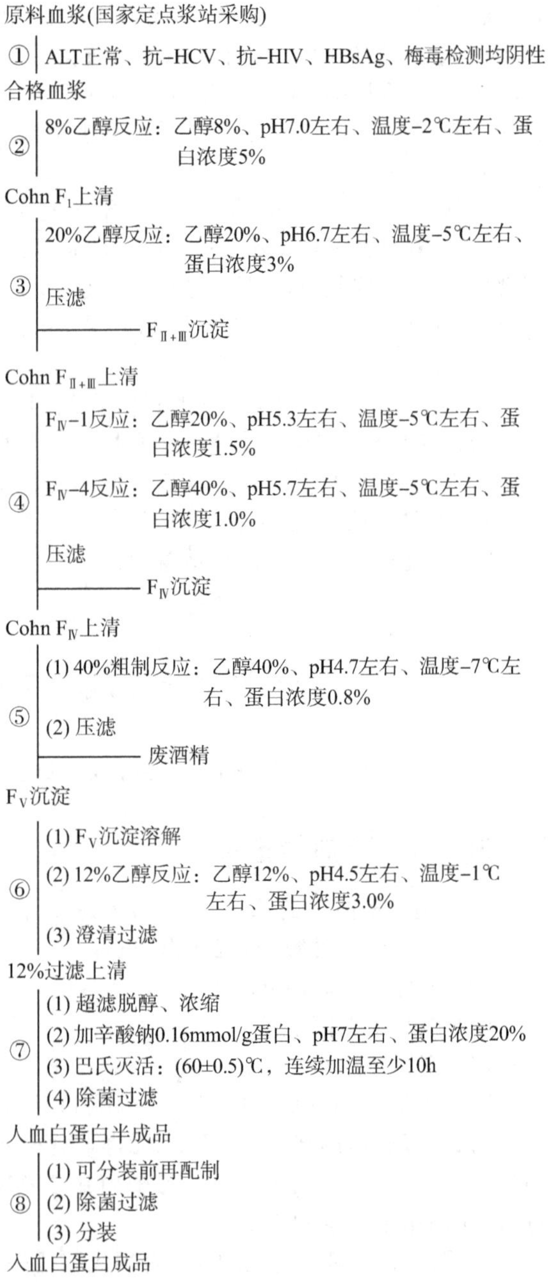

图 5－14　人血白蛋白制备工艺流程

2. 蛋白

虽然有机溶剂对很多蛋白质有一定的变性作用，但在低温环境下，蛋白质的有机溶剂沉淀技术却非常经典。从血清中分离白蛋白的工艺，一直延续着乙醇沉淀粗分离的手段(图 5－14)，因为其不仅沉淀效果较佳，同时有助于除去或灭活一些致病性的病原，目前该手段早已与疏水层析、亲和层析等技术偶联实现完全自动化、高效化。而像超氧化物歧化酶SOD的分离，大多采用丙酮沉淀的技术而放弃至变性作用更小的硫酸铵盐析(图5-15)，原因就在于硫酸铵会干扰SOD活性测定。

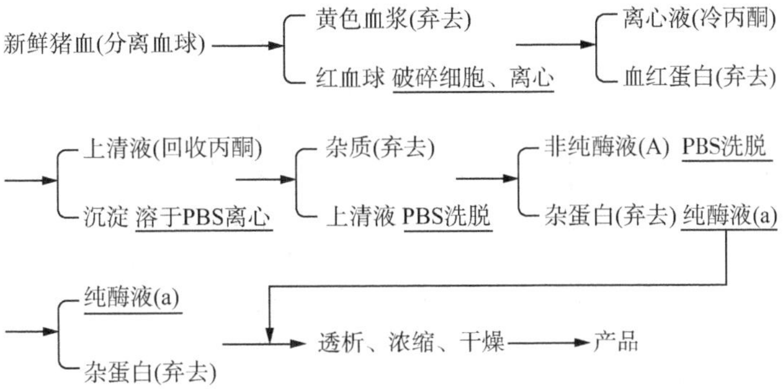

图5-15 SOD提取分离工艺

3. 天然产物

传统的中药制药工艺"水提醇沉"环节多是利用了乙醇沉淀的方法除去溶液中的蛋白或多糖类杂质，但有时也可用有机溶剂沉淀技术进行天然小分子化合物的分离和提取，比如有科研人员以水酶法提取葵花籽油脂后分离出的水浸提液为原料，采用醇沉淀法去除浸提液中的多糖，抽滤浓缩滤液后得到绿原酸。还有人用大孔吸附树脂从西洋参提取物中富集西洋参总皂苷，再利用丙酮沉淀分离得到人参二醇类和三醇类皂苷。

总之，有机溶剂沉淀同盐析沉淀一样是最主要的沉淀分离技术，能相互互补，广泛用于多种类型化合物的分离。目前，它们之间联用以及与金属离子沉析、高压CO_2提取联用的趋势越发明显。

5.3 等电点沉淀法

5.3.1 原理

蛋白质等两性电解质带电性质与溶液的pH值有关，当溶液的pH为某一值时，蛋白质不带电荷，此时溶液pH值常用pI表示，称为等电点。不同蛋白质的pI值不同(表5-4)，当溶液pH>pI，蛋白质带负电；当pH<pI，蛋白质带正电。

表5-4 几种酶和蛋白质的等电点及pI值

蛋白质	pI	蛋白质	pI	蛋白质	pI
胃蛋白酶	1.0	β-乳球蛋白	5.2	胰凝乳蛋白酶	9.5
卵清蛋白酶	4.6	γ-乳球蛋白	6.6	细胞色素	10.65
血清蛋白	4.9	血红蛋白	6.8	溶菌酶	11.0
尿素酶	5.0	肌红蛋白	7.0		

两性电解质在溶液pH处于等电点时，分子表面净电荷为零，相互之间无静电排斥作用，易聚合沉淀，溶解度最低。通过调节溶液的pH值，利用蛋白质等两性电解质等电点时溶解度最低的原理进行沉淀分级的方法称为等电点沉淀法。

等电点沉淀法操作简便，试剂消耗及杂质引入均较少，无需后续脱盐操作，主要用于对pH变化耐受能力较大的氨基酸、多肽及蛋白质的分离。缺点在于两性溶质在等电点及等电点附近仍有相当的溶解度，所以等电点沉淀往往不完全，加上许多生物分子的等电点比较接近，故很少单独使用等电点沉淀法作为主要纯化手段，而与盐析、有机溶剂沉淀等法联合使用。在实际工作中普遍用等电点沉淀法作为去杂手段。

5.3.2 影响因素

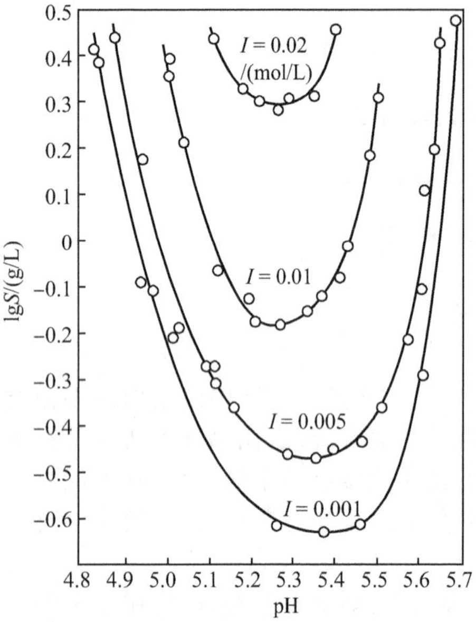

图 5-16 不同离子强度下同种蛋白质的溶解度与 pH 的关系

1. 离子强度

等电点沉淀的操作条件是低离子强度且 pH=pI。因此，等电点沉淀操作需在低离子强度下调整溶液 pH 至等电点，或在等电点的 pH 下利用透析等方法降低离子强度，使蛋白质沉淀。由于一般蛋白质的等电点多在偏酸性范围内，故等电点沉淀操作中，多通过加入无机酸（如盐酸、磷酸和硫酸等）调节 pH 值，见图 5-16。

2. 适用对象

等电点沉淀法一般适用于疏水性较大的蛋白质（如酪蛋白），而对于亲水性很强的蛋白质（如明胶），由于在水中溶解度较大，在等电点的 pH 下不易产生沉淀。

因此在进行等电点操作时需要注意以下几个问题。

（1）生物分子的等电点易受盐离子的影响发生变化，若蛋白质分子结合的阳离子多，如 Ca^{2+}、Mg^{2+}、Zn^{2+} 时等电点升高，若结合阴离子多，如 Cl^-、SO_4^{2-}、HPO_4^{2-} 时等电点降低。自然界中许多蛋白质较易结合阴离子，使等电点向酸一侧移动。

（2）在使用等电点沉淀时还应考虑目标产物的稳定性。有些蛋白质或酶在等电点附近不稳定，如 α-糜蛋白酶（pI=8.1～8.6），胰蛋白酶（pI=10.1），它们在中性或偏碱性的环境中由于自身或其他蛋白水解酶的作用而部分降解失活。

（3）生物大分子在等电点附近盐溶作用很明显，所以无论是单独使用或与溶剂沉淀法合用，都必须控制溶液的离子强度。

5.3.3 等电点沉淀的应用

等电点沉淀通常作为辅助沉淀手段配合其他沉淀技术，单独使用主要应用于毛发中提取精氨酸、谷氨酸、酪氨酸等氨基酸，近年也有技术人员用冰醋酸作为 pH 调节剂进行蛋白质沉淀，由于冰醋酸溶液易挥发分离，简化了生产工艺。图 5-17 为使用等电点沉淀法分离毛发水解物中 L-酪氨酸的流程示意图，图 5-18 是锌盐等电点法提取谷氨酸的流程示意图。

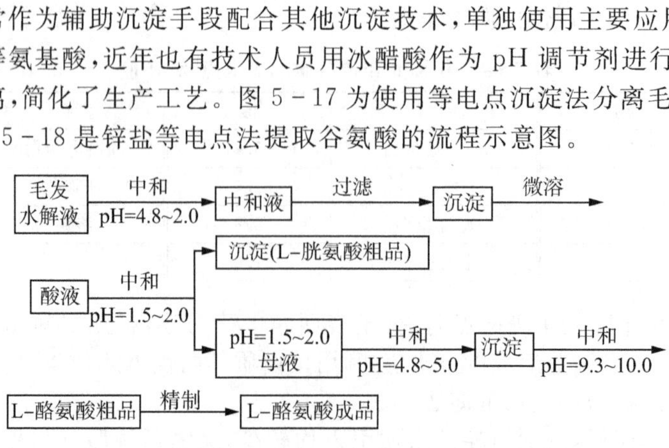

图 5-17 等电点沉淀法分离毛发水解物中 L-酪氨酸

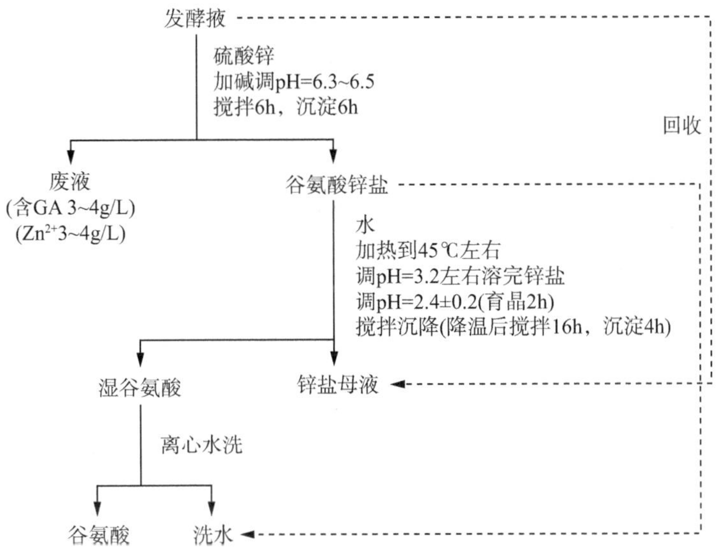

图5-18　锌盐等电点法提取谷氨酸

5.4　高聚物沉淀法

高聚物沉淀属于絮凝(floculation)现象，即通过高分子聚合物分子吸附多个微粒的架桥作用而使多个微粒形成絮凝团沉淀。高聚物絮凝剂包括非离子型聚合物和离子型聚合物(又称聚电解质)两类。相对盐析法、有机溶剂沉淀等方法而言，聚合物沉淀产生的聚集物要大得多，沉淀产物粒度粗、疏松、强度较大，破碎后一般不再成团。

5.4.1　原理

1. 吸附力

高聚物依靠其分子中的多个官能团在颗粒表面多位置上吸附固着颗粒。吸附作用分为物理吸附和化学吸附。

1）物理吸附

(1) 静电作用：聚电解沉淀剂在带异号电荷颗粒表面上吸附的主要作用，吸附过程几乎不可逆。

(2) 偶极吸引作用：非离子型聚合物沉淀剂可由偶极或诱导偶极在离子晶体上吸附，这种作用的键合能较弱。

(3) 范德瓦尔斯作用：暂时偶极作用，是中性分子或原子之间的吸引作用，力度较弱。

(4) 疏水作用：聚合物分子的某些非极性基(如苯环等)与水颗粒表面的作用。

2）化学吸附

(1) 化学键：聚合物沉淀剂的官能团与溶质中的金属离子通过共价键或离子键形成不溶解的化合物。

(2) 配位键：絮凝剂可借配位键在固体表面上形成络合物或螯合物而固着。

(3) 氢键：当有机化合物中的氢原子与负电性强的原子(O、S、N)连接时，氢原子能够从固体表面的原子接受电子而形成氢键。当颗粒表面和聚合物沉淀剂所带电荷符号相同时，氢键往往是聚合物分子在颗粒表面吸附的主要作用力之一。

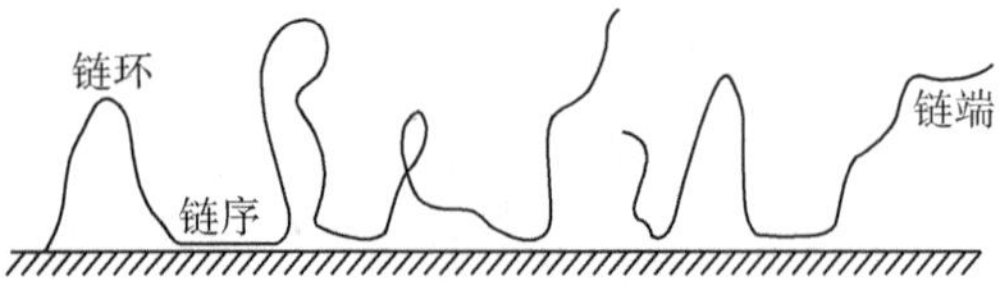

图 5-19　高分子聚合物在颗粒表面吸附示意图

2. 吸附状态

高分子聚合物有很多的活性功能团，分子链中可有多处吸附于颗粒表面，由于分子链长，未吸附的部分以链环和无规则的链端伸向溶液，如图 5-19 所示。

3. 絮凝过程及机理

高聚物沉淀主要是因为高分子的架桥作用，过程如图 5-20 所示。

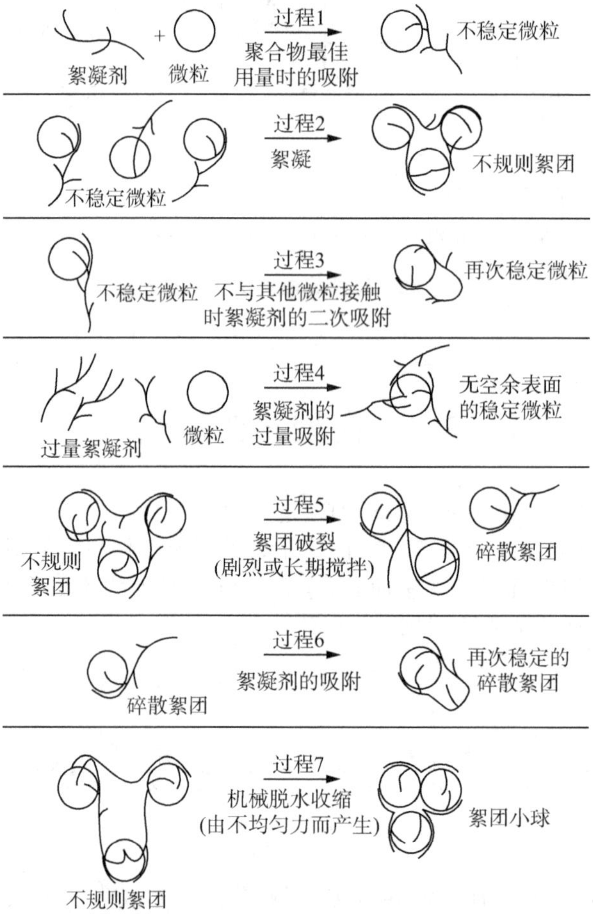

图 5-20　高分子絮凝过程模型

过程 1：分散体系中加入高聚物絮凝沉淀剂，絮凝剂分子与颗粒碰撞，高分子中的某些基团在颗粒上吸附，其余部分伸向溶液，形成不稳定颗粒；

过程 2：不稳定颗粒上的絮凝剂分子在另一个有吸附空位的颗粒上吸附，形成随机絮团，此时的絮凝剂分子在两颗粒间起着架桥作用；

过程 3：不稳定颗粒上的絮凝剂分子伸向溶液的另一部分，没有机会在其他颗粒上吸附，在运动过程中，有可能吸附在该颗粒的其他位置上，重新形成稳定颗粒；

过程 4：当絮凝剂添加过量，颗粒表面的絮凝剂分子饱和而不再有吸附空位，此时高分子絮凝剂不仅起不了架桥作用，反而因为位阻效应使颗粒稳定分散；

过程 5、6：在强烈或长时间搅拌作用下，絮团破裂，伸向溶液的絮凝剂分子的另一部分在原吸附颗粒表面的其他部位吸附，使颗粒重新分散；

过程 7:架桥作用的松散絮团,因外部作用力不均匀产生机械脱水收缩形成稳定絮团。

一般来说,非离子型絮凝剂分子链上没有解离基团,所以无特殊的静电作用,又由于分子链上的极性基彼此间氢键的作用,其分子在溶液中呈弯曲扭转状态。在颗粒表面上吸附后伸向溶液部分多呈环状,使絮凝颗粒彼此靠得更近些,易形成小絮团。虽然非离子型絮凝剂本身与溶液的 pH 值和盐类的关系不太明显,但颗粒表面的荷电性对絮凝剂架桥过程有很大的影响。如当溶液 pH 值较高时,颗粒表面负电荷增加,双电层变厚,粒间的静电斥力增大,不利于已在单个颗粒表面上吸附的伸向溶液部分长度有限的絮凝剂发挥桥联作用。

对于阴离子絮凝剂,在中性或碱性介质中,当颗粒表面荷负电时,如上述讨论,其在颗粒表面上吸附后,以较多的链端伸展在溶液中,所以絮凝能力强,能捕集远距离的周围颗粒,易形成大而易破碎的絮团。而阳离子型絮凝剂与溶液中颗粒所带电荷的符号一般是相反的,低相对分子质量的阳离子絮凝剂在荷负电的颗粒表面吸附很难形成伸向溶液的自由链端和疏松链环,其絮凝机理类似于无机电解质絮凝剂,即降低颗粒表面电位,压缩双电层而使颗粒絮凝,此外由于其大分子特性,又可能造成颗粒表面电荷不均匀,与邻近相反符号的电荷相吸引。对于较高相对分子质量的阳离子絮凝剂,则上述电荷中和所引起的凝聚作用和粒间架桥作用有可能共同存在。

5.4.2 高聚物种类

高聚物絮凝剂的种类较多,可分为天然和人工合成两类,也可按官能团分类,主要有阴离子型、阳离子型和非离子型三大类,见表 5-5。

表 5-5 高分子絮凝剂主要官能团

阴离子型官能团	—COOH
	$—SO_3H$
	$—OSO_3H$
阳离子型官能团	$—NH_2$
	—NH-R
	$—NR_2$
	$—NR_3$
非离子型官能团	—OH
	—CN
	$—CONH_2$

天然高分子絮凝剂主要有:淀粉、纤维素、硅藻酸钠、丹宁、古尔胶、动物胶和白明胶等。其中很多还可经过各种化学改性以适应不同的需要。通常天然高分子絮凝剂价格低廉,但相对分子质量较低而不恒定,使用时用量高,效果不佳且排放时可能产生 BOD 等问题。所以,除某些特殊场合,如考虑到毒性而不能采用合成絮凝剂的转而使用天然的高分子絮凝剂外,大多数工业应用中都使用人工合成的高分子絮凝剂。表 5-6 是常见的人工合成高分子絮凝剂。

表 5-6 常见的人工合成高分子絮凝剂

离子型	聚合法	聚合物名称
非离子型	乙烯聚合	聚丙烯酰胺 聚氧化乙烯
阴离子型	乙烯聚合	聚丙烯酸钠 聚苯乙烯磺酸 聚丙烯酰胺部分水解物

续 表

离子型	聚合法	聚合物名称
	高分子反应	聚磺化甲基化聚丙烯酰胺 乙烯聚合聚丙烯酸二烷基胺乙酯 聚二烯丙基季铵盐
阳离子型	高分子反应 开环聚合 缩环聚合	聚乙烯吡啶盐 聚胺基甲基丙烯酰胺 聚乙烯咪唑啉 聚乙烯亚胺 氯甲基氧丙烷亚烷基二胺重缩合物 聚酰胺基聚胺

5.4.3 聚合物沉淀影响因素

影响聚合物絮凝沉淀效果的影响因素主要有两方面：一是絮凝剂性质；二是悬浮物性质（包括悬浮物、pH值、水温等）。

1. 絮凝剂性质

1）相对分子质量的影响

高分子絮凝剂一般都是线形结构的化合物，相对分子质量越大，所含的有效官能团也越多，对颗粒的吸附也就越强烈。而且相对分子质量越大，越有利于在相距较远的颗粒之间架桥，因而絮凝作用越强。但需要注意的是，絮凝剂相对分子质量越大，溶解性越差，其在溶液中伸展受到限制，因而对絮凝剂相对分子质量的选择，需综合考虑。

2）极性基团的影响

阳离子絮凝剂适合于处理颗粒带负电的胶体和悬浮液，考虑到絮凝剂的解离情况，溶液应呈酸性或中性。若溶液pH值介于碱性范围，则应使用季铵盐絮凝剂为好。相反，阴离子絮凝剂适合于处理颗粒带正电的胶体和悬浮液，溶液应呈碱性或中性。虽然实际胶体或悬浮液中的颗粒大多数荷有负电荷，但阴离子絮凝剂在实际生产中却比阳离子絮凝剂应用广泛，原因主要是阴离子絮凝剂的价格要比阳离子絮凝剂便宜得多。

与阳离子絮凝剂和阴离子絮凝剂相比，非离子絮凝剂受溶液pH值和盐类波动的影响较小。一般情况下，在中性或碱性条件下，絮凝效果比阴离子絮凝剂差；但在酸性条件下，絮凝效果比阴离子絮凝剂好。

2. 悬浮液性质

1）悬浮物的影响

主要表现在两方面：一是颗粒表面电性；二是颗粒的粒度。

(1) 表面电性：颗粒表面的ξ电位越高，悬浮液越稳定，ξ电位越低，越有利于凝聚。

(2) 颗粒粒度：颗粒越细，碰撞概率越小，絮凝越困难，所以一般对于粒度较细的胶体或悬浮液可先用盐或有机溶剂凝聚后再絮凝。

2）pH值的影响

胶体和悬浮液的pH值对絮凝效果的影响，一方面是影响絮凝剂的溶解及其分子在溶液中的伸展程度；另一方面是影响颗粒表面电性，因为溶液中的H^+和OH^-本身就可在颗粒表面吸附，从而引起电性中和及压缩双电层的作用。

3）水温的影响

水温对絮凝效果的影响十分显著。水温升高，分子运动的动能增加，分子间的内聚力减弱，则水的黏度降低；反之则水的黏度增加。水的黏度增加的不良后果是胶粒的布朗运动减弱，导致凝聚作用减弱。其次是黏度增加水流的剪切力增大，从而影响絮凝体的增长。水温降低，絮凝剂进入水中的分散速度降低，絮凝剂分子与颗粒的吸附反应变慢。此外，水温降低，颗粒表面的水化作用增强，且水化层内水分子的黏度和密度增大，这样有可能影响絮凝剂分子在颗粒表面的吸附。

5.4.4 高聚物沉淀的应用

1. 蛋白质分离

高聚物沉淀剂是20世纪60年代发展起来的一类重要沉淀剂，最早应用于提纯免疫球蛋白(IgG)和沉淀一些细菌与病毒，近年来逐渐广泛应用于核酸和酶的分离纯化。这类物质包括各种不同相对分子质量的聚乙二醇(polyethylene glycol，简写为PEG)、聚乙烯吡咯烷酮(PVP)、葡聚糖、*R*-糖苷硫酸酯等。

聚乙二醇是使用最多的水溶性非离子型聚合物，常写作PEG-XX，XX表示平均相对分子质量，近年来广泛用作蛋白质分离的沉淀剂。使用PEG分离蛋白质有以下优点：①体系的温度只需要控制在室温条件下；②沉淀的颗粒往往比较大，同其他方法相比，产品比较容易收集；③PEG非但不会使蛋白质变性，而且可以提高它的稳定性。PEG沉淀蛋白质的缺点是：PEG比其他沉淀剂更难以从蛋白质溶液中除去。常用的PEG的相对分子质量为4 000或6 000，又因为低相对分子质量的聚合物无毒，所以在临床产品加工过程中优先使用。一般情况下，低相对分子质量的酶由于体积较小，需采用较高浓度的PEG级分离；高相对分子质量的酶由于分子体积较大，采用低浓度PEG级分离。操作时应先离心除去粗大的悬浮颗粒，调节溶液pH值和温度至适度，然后加入中性盐和多聚物至一定浓度，冷贮一段时间后，即可形成沉淀。

所得到的沉淀中含有大量沉淀剂。除去的方法有吸附法、乙醇沉淀法及盐析法等。例如，将沉淀物溶于磷酸缓冲液中，用35%硫酸铵沉淀蛋白质，PEG则留在上清液中；也可用DEAE纤维素吸附目标产物，此时PEG不被吸附；或用20%乙醇处理沉淀复合物，离心后也可使将PEG留在上清液中而除去。

用葡聚糖和聚乙二醇作为两相系统也可用于分离单链DNA、双链DNA和多种RNA制剂，在20世纪60年代就有报道。50多年来发展很快，特别是用聚乙二醇沉淀分离质粒DNA，已相当普遍。一般在0.01 mol/L磷酸缓冲液中加聚乙二醇达到10%的浓度，即可将DNA沉淀下来。在遗传工程中所用的质粒DNA的相对分子质量一般在10^6左右。选用的PEG相对分子质量常为6 000，因它易与相对分子质量在10^6范围的DNA结合而沉淀。

另外，酸性多糖、羧甲基纤维素、海藻酸盐、果胶酸盐和卡拉胶等聚电解质也常用于酶和食用蛋白质的回收。

2. 病毒分离

有机聚合物PEG目前也与超速离心配合用于病毒分离，见表5-6。

表5-6 五种病毒PEG沉淀法提纯一览表

病毒名称	病毒抽提缓冲液		澄清剂	PEG沉淀		病毒悬浮液缓冲液	
	缓冲液种类及pH值	添加剂		PEG/%	NaCl/%	缓冲液种类及pH值	添加剂
烟草花叶病毒	0.05 mol/L磷酸缓冲液，pH=7.4	0.1%巯基乙醇	50～55℃热处理5 min	4	2	0.01 mol/L磷酸缓冲液，pH=7.4	
苜蓿花叶病毒	0.2 mol/L磷酸缓冲液，pH=7.2	0.1%巯基乙醇	V(30%丁醇)∶V(氯仿)=1∶1	10	4	0.01 mol/L磷酸缓冲液，pH=7.2	1 mol/L EDTA
黄瓜花叶病毒	0.5 mol/L柠檬酸缓冲液	0.1%巯基乙醇	25%氯仿	8	3	熏蒸水	

续 表

病毒名称	病毒抽提缓冲液		澄清剂	PEG 沉淀		病毒悬浮液缓冲液	
	缓冲液种类及 pH 值	添加剂		PEG/%	NaCl/%	缓冲液种类及 pH 值	添加剂
马铃薯 Y 病毒	0.5 mol/L 柠檬酸缓冲液	0.1%巯基乙醇	8%正丁醇和 4%氯仿混合液	7	3	0.01 mol/L 硼酸缓冲液，pH=8.2	0.5 mol/L 尿素
烟草坏死病毒	蒸馏水，pH=6.5	0.1%巯基乙醇	50～55℃热处理 5 min	10	3	蒸馏水，pH=6.5	

3. 三废除杂

制药行业大量产生对水体造成严重污染的废水，其中污染物多属于结构复杂、有毒、有害和生物难以降解的有机物质，同时许多废水还呈明显的酸、碱性，部分废水中含有过高的盐分，这些特点都让制药污水成为较难处理的一种污水。通常，化学沉淀法常用来处理高浓度氨氮废水的处理。但由于化学沉淀法所用沉淀剂费用较高，制约了化学沉淀法在实际中的应用。而通过聚丙烯酰胺(PAM)或聚合氯化铝(PAC)对磷酸铵镁的助凝作用，可降低沉淀剂的使用量，使处理污水的成本降低，增强了化学沉淀法处理氨氮污水的实用性。

5.5 其他沉淀方法

5.5.1 成盐沉淀

除以上沉淀方法外，生物大分子和小分子都可以生成盐类复合物沉淀，此法一般可分为：①与生物分子的酸性功能团作用的金属复合盐法(如铜盐、银盐、锌盐、铅盐、锂盐、钙盐等)；②与生物分子的碱性功能团作用的有机酸复合盐法(如苦味酸盐、苦酮酸盐，丹宁酸盐等)；③无机复合盐法(如磷钨酸盐、磷钼酸盐等)。以上盐类复合物都具有很低的溶解度，极易沉淀析出，若沉淀为金属复合盐，可通过 H_2S 使金属变成硫化物而除去；若为有机酸盐、磷钨酸盐，则可加入无机酸并用乙醚萃取，把有机酸、磷钨酸等移入乙醚中除去，或用离子交换法除去。但值得注意的是，重金属、某些有机酸和无机酸与蛋白质形成复合盐后，常可使蛋白质发生不可逆沉淀，应用时必须谨慎。

1. 金属离子沉析

许多有机物包括蛋白质在内，在碱性溶液中带负电荷，都能与金属离子形成沉淀。所用的金属离子，根据它们与有机物作用的机制可分为三大类：第一类包括 Mn^{2+}、Fe^{2+}、Co^{2+}、Ni^{2+}、Cu^{2+}、Zn^{2+} 和 Cd^{2+}，它们主要作用于羧酸、胺及杂环等含氮化合物；第二类包括 Ca^{2+}、Ba^{2+}、Mg^{2+} 和 Pb^{2+}，这些金属离子也能和羧酸起作用，仅对含氰物质的配基没有亲和力；第三类金属包括 Hg^{2+}、Ag^{+} 和 Pb^{2+}，这类金属离子对含硫氢基的化合物具有特殊的亲和力。蛋白质和酶分子中含有羧基、氰基、咪唑基和硫氢基等，均可以和上述金属离子作用形成盐复合物。

蛋白质-金属复合物的重要性质是它们的溶解度对介质的相对介电常数非常敏感。调整水溶液的相对介电常数(如加入有机溶剂)，用 Zn^{2+}、Ba^{2+} 等金属离子可以把许多蛋白质沉淀下来，而所用金属离子浓度约为 0.02 mol/L 即可(图 5-21)。金属离子复合物沉淀也适用于核酸或其他小分子，还可沉淀氨基酸、多肽及有机酸等。

2. 有机酸沉析

含氮有机酸如苦味酸、苦酮酸和鞣酸等，能够与有机分子的碱性功能团形成复合物盐而沉淀析

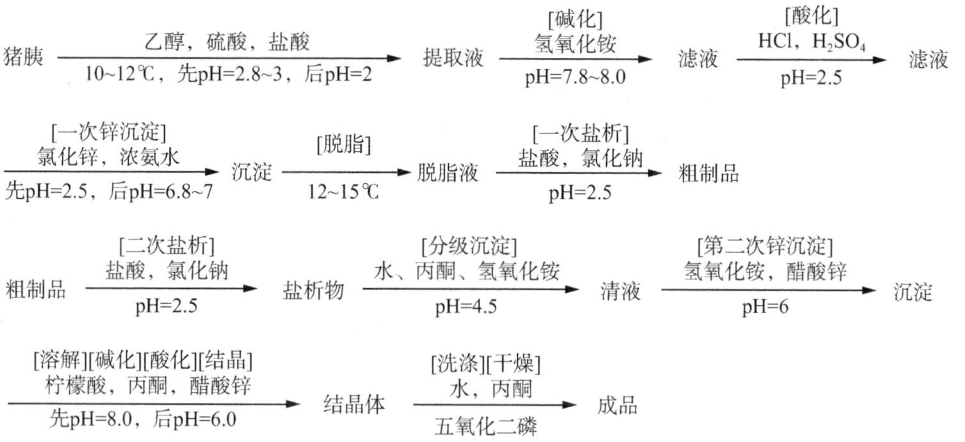

图 5-21　胰岛素分级提取直接锌盐沉淀法工艺

出。但这些有机酸与蛋白质形成盐复合物沉淀时，常常发生不可逆的沉淀反应。工业上应用此法制备蛋白质时，需采取较温和的条件，有时还加入一定的稳定剂，以防止蛋白质变性。

1）丹宁（鞣酸）

分子结构可看作是一种没食子酸酰基葡萄糖，为多元酚类化合物，分子上有羧基和多个羟基。由于蛋白质分子中有许多氨基、亚氨基和羧基等，这样就有可能使蛋白质分子与丹宁分子间形成许多的氢键而结合在一起，从而生成巨大的复合颗粒沉淀下来。丹宁沉淀蛋白质的能力与蛋白质种类、环境 pH 值及丹宁本身的种类和浓度有关。由于丹宁与蛋白质的结合相对比较牢固，用一般方法不易将它们分开，故多采用竞争结合法，即选用比蛋白质更强的结合剂与丹宁结合，使蛋白质游离释放出来。这类竞争性结合剂有乙烯氮戊环酮（PVP），它与丹宁形成氢键的能力很强。此外聚乙二醇、聚氧化乙烯及山梨糖醇甘油酸酯也可用来从丹宁复合物中分离蛋白质。

2）雷凡诺

又叫利凡诺（2-乙氧基-6，9-二氨基吖啶乳酸盐，2-ethoxy-6，9-diaminoacidine lactate），是一种吖啶染料。其与蛋白质作用主要也是通过形成盐的复合物而沉淀的。此种染料对提纯血浆中 γ-球蛋白（免疫球蛋白）有较好效果。实际应用时以 0.4% 的雷凡诺溶液加到血浆中，调 pH＝7.6～7.8，除 γ-球蛋白外，可将血浆中其他蛋白质沉淀下来。然后将沉淀物溶解，再以 5% NaCl 溶液为流动相，通过活性炭柱或马铃薯淀粉柱的吸附，将雷凡诺沉淀除去。溶液中的 γ-球蛋白可用 25% 乙醇或加等体积饱和硫酸铵溶液沉淀回收。使用雷凡诺沉淀蛋白质，不影响蛋白质活性，并可通过调整 pH 值，分段沉淀一系列蛋白质组分。但蛋白质的等电点在 pH＝3.5 以下或 pH＝9.0 以上，不被雷凡诺沉淀。核酸大分子也可在较低 pH 值（pH≈2.4）时，被雷凡诺沉淀。

3）三氯乙酸（TCA）

TCA 沉淀蛋白质迅速而完全，一般会引起变性。但在低温下短时间作用可使有些较稳定的蛋白质或酶保持原有的活力。如用 2.5% 浓度的 TCA 处理胰蛋白酶，抑肽酶或细胞色素 C 提取液，可以除去大量杂蛋白而对酶活性没有影响。此法多用于目标产物比较稳定且分离杂蛋白相对困难的场合，如分离细胞色素 C 工艺，即是该方法的应用实例之一（图 5-22）。

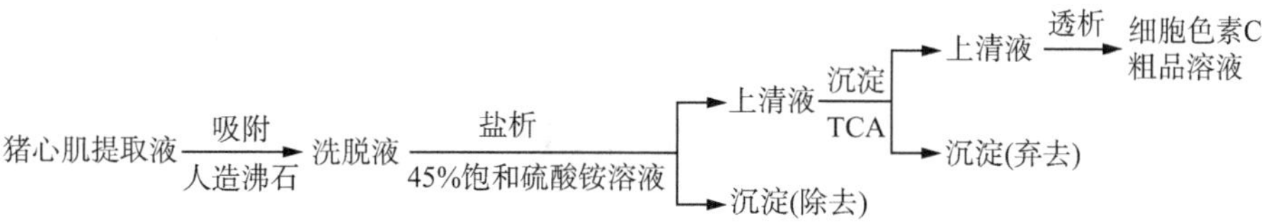

图 5-22　TCA 沉淀法分离细胞色素 C 工艺流程示意图

5.5.2 选择变性沉淀

利用溶液中溶质和杂质的物理或化学性质敏感性不同，选择特定的方法使其中杂质变性沉淀，以达到分离提纯目的的方法称为选择变性沉淀。主要用于蛋白质、酶和核酸等生物大分子的分离。

1. 热变性沉淀

在较高温度下，热稳定性差的蛋白质发生变性沉淀。利用这一现象，可根据蛋白质的热稳定性的差别进行蛋白质的热沉淀，分离纯化稳定性高的目标产物。

例如超氧化物歧化酶(SOD)的提纯，通常采用有机溶剂沉淀法。事实上 SOD 是一种对热较稳定的酶，可以耐受 60℃的温度。因此在提纯操作中先加热沉淀部分杂蛋白，再联合有机溶剂沉淀法，可大大减少有机溶剂的用量并提高提纯倍数。又如生物制药上游工艺中常用的 PCR 工具酶-TaqDNA 聚合酶，因其能耐受 80℃以上的高温，其工程菌表达产物只需在 75℃的水浴下就能使杂蛋白变性与 DNA 大分子缠绕沉淀，从而快速分离。

热变性方法操作简单，在制备一些对热稳定的小分子物质过程中，除去一些大分子蛋白质和核酸特别有用，可以大幅缩减纯化步骤和成本，但分离效率较低。

2. 选择性酸碱变性

利用蛋白质和酶等对于溶液中酸碱不同 pH 值的稳定性不同而使杂蛋白变性沉淀，通常是在分离纯化流程中附带进行的一个分离纯化步骤。

3. 表面活性剂和有机溶剂变性

不同蛋白质和酶等对于表面活性剂和有机溶剂的敏感性不同，在分离纯化过程中使用它们可以使那些敏感性强的杂蛋白变性沉淀，而目标产物仍留在溶液中。使用此法时通常都在冰浴或冷冻室中进行，以保护目标产物的生物活性。

思考题和习题

5-1 有机溶剂沉淀和盐析沉淀的区别是什么？

5-2 絮凝的原理是什么？常用的絮凝剂有哪几类？

5-3 盐析操作注意事项有哪些？

5-4 有 100 L 蛋白质溶液，其中含牛血清白蛋白(BSA)和另一种蛋白(X)，质量浓度分别为 10 g/L 和 5 g/L，拟用硫酸铵沉淀法处理该溶液，回收沉淀中的 BSA。20℃下 BSA 和 X 的 Cohn 方程参数列于下表(假设其他蛋白质的存在不影响方程参数)，其中离子强度用硫酸铵浓度表示，蛋白质质量浓度单位为 g/L，硫酸铵浓度单位为 mol/L。

蛋白质	B	K_s
BSA	21.6	7.65
X	20.0	6.85

问：(1) 如果溶液体积变化与硫酸铵加入量成正比，若回收 90%的 BSA，需加入多少硫酸铵？

(2) 沉淀中 BSA 的纯度是多少？

参考文献

[1] 李淑芬，姜忠义. 制药分离工程. 北京：化学工业出版社，2004.

[2] 袁惠新，冯骉.分离工程.北京：中国石化出版社，2002.
[3] 孙彦.生物分离工程.2版.北京：化学工业出版社，2005.
[4] 储炬，李有荣.现代生物工艺学.上海：华东理工大学出版社，2007.
[5] 吴梧桐.生物制药工艺学.2版.北京：中国医药科技出版社，2005.
[6] 许建和，宋航.生物催化工程.上海：华东理工大学出版社，2008.
[7] 严寒，田志宏.生化技术教材中硫酸铵盐析公式参数的校正.植物生理学通讯，2005，43(4)：765.
[8] 吴世斌，陆海波.胰岛素粗品生产中盐析工艺的改良.中国生化药物杂志，2001，22(2)：88.
[9] Buxbaum，Engelbert. Biophysical Chemistry of Proteins. US：Springer，2011，Part 2：143－146.
[10] Niederauer M Q，Glatz C E. Bioseparation. Berlin：Springer，1992，159－188.

6 液-液萃取

6.1 概　　述

液-液萃取又称溶剂萃取，是一种用液态的萃取剂处理与之不互溶的双组分或多组分溶液，实现组分分离的传质分离过程。它是制药工业中提取或分离混合物的重要单元操作，该单元操作具有处理能力大、分离效果好、回收率高、可连续操作及易于自动化控制等特点。

根据液-液萃取中两相的性质及溶质在两相中的分配方式不同，可分为物理萃取、化学萃取、双水相萃取、液膜萃取、反胶束萃取、超临界萃取等类型。本章重点介绍传统的液-液萃取，即用有机溶剂对水相中的非极性、弱极性药物进行的萃取。有关萃取单元操作在化工原理中已经有所介绍，所阐述的概念与本章所涉及的概念一致，在此不再阐述。

6.1.1 液-液萃取的基本概念及原理

1. 分配定律和分配系数

对于稀溶液且不发生分子缔合的萃取体系，能斯特在 1891 年提出了溶质在液-液两相间的分配规律，即某一溶质在互不相溶的两种溶剂间分配时，若该溶质在两相中的分子形态相同，在一定的温度和压力下，达到平衡时，溶质在两相中的活度之比为一常数，对于稀溶液，可以用浓度代替活度，即

$$K=\frac{c_1}{c_2}=\frac{\text{萃取相浓度}}{\text{萃余相浓度}} \tag{6-1}$$

式(6-1)即为分配定律，K 为分配系数。分配定律应满足：①必须是稀溶液，即接近于理想溶液的萃取体系；②溶质对溶剂的互溶度没有影响；③溶质在两相中必须是同一分子形式，即不发生缔合或解离。当满足这些条件时，分配系数为一常数，与溶质分子在有机相中的溶解度有关。

在实际萃取过程中，如抗生素青霉素、天然药物生物碱、生化药物蛋白质等溶质在萃取过程中常伴随着解离、缔合、络合等化学反应，因此溶质在两相中的分子形式并不相同。所以说这些体系并不完全服从分配定律，但在溶剂萃取的实际研究中，仍然采用类似分配定律的公式。这时溶质在萃取相和萃余相中的浓度，实际上是以各种化学形式进行分配的溶质总浓度，它们的比值以分配比表示

$$K_{\text{表}}=\frac{c_1}{c_2}=\frac{c_{11}+c_{12}+c_{13}+\cdots+c_{1n}}{c_{21}+c_{22}+c_{23}+\cdots+c_{2n}} \tag{6-2}$$

式中，$K_{\text{表}}$ 为分配比或表观分配系数，它不是常数，影响它的因素包括热力学因素如两相间的密度差、表面张力、黏度、体系温度、压力等，动力学因素如混合形式及程度、萃取时间等，所以对于不同的萃取体系，$K_{\text{表}}$ 通常需要通过实验来测定。总之，分配比表示一个实际萃取体系达到平衡后，被萃取溶质在两相中的实际分配情况，因此它在萃取研究和生产中具有重要的实际意义。

2. 分离因素

同样，在制药工业过程中，无论天然药物提取液、化学药物反应液及微生物药物发酵液中的溶质并非是单一的组分，除了目标产物外，还存在杂质。萃取时难免会把杂质一同带到萃取液中，为了定量地描述某种萃取剂对料液混合物中各种物质选择性分离的难易程度，引入萃取选择性系数的概念，常用 β 表示。为了较好地描述萃取选择性系数这一概念，假设原料液中只有目标溶质和一种杂质的情形，其大小等于溶质和杂质在相同萃取条件下的分配系数的比值，即

$$\beta=\frac{K_{产}}{K_{杂}}=\frac{c_{1产}/c_{1杂}}{c_{2产}/c_{2杂}} \tag{6-3}$$

式中，下标 1 代表萃取相；2 代表萃余相；$K_{产}$ 和 $K_{杂}$ 分别代表产物和杂质在两相的分配系数。β 值的大小表示产物和杂质被某一种萃取剂所分离的难易程度，如果产物的分配系数大于杂质，则萃取相中溶质产物的浓度就高于杂质，这样产物和杂质就能够在一定程度上得到分离。β 越大表示萃取剂选择性越好，若 $\beta=1$ 则说明该操作条件下萃取剂不能把产物和杂质分开。

6.1.2 液-液萃取相平衡

液-液萃取相平衡，决定过程的方向、推动力和过程的极限，因此，液-液相平衡是研究液-液萃取过程的重要基础数据。

在萃取过程中，每一液相至少要涉及三个组分，即溶质 A、原溶剂 B 和萃取剂 S，若所选择的萃取剂和原溶剂两相不相溶或基本上不溶，则萃取相和萃余相中都只含有两个组分，其平衡关系就类似于吸收操作中的溶解度曲线，可在直角坐标上标绘。但若萃取剂和原溶剂部分互溶，则萃取相和萃余相中都含有三个组分。此时，为了既可以表示出被萃取组分在两相间的平衡分配关系，又可以表示出萃取剂和原溶剂两相的相对数量关系和互溶状况，通常采用三角形坐标图表示其平衡关系，即三角形相图。

1. 三角形相图

萃取相和萃余相均由三组分组成，当确定其中两个组分的组成时，第三组分的组成可由归一法确定。

混合物的组成可以用体积分数、质量分数或摩尔分数来表示。三角形可以是等边或等腰的，但等腰直角三角形比较方便，读取数据比较方便；等边三角形原理表述清楚，也可以是非等腰的，可以将其中一边的尺寸放大，便于作图和读数。

用直角坐标来描绘三元体系的相图通常有杰奈克直角坐标和一般直角坐标两种方法。杰奈克直角坐标相图的优点是横坐标和纵坐标轴的刻度可以不相等，并可根据需要对某一坐标轴的刻度进行放大，以得到展开的标绘曲线。但是，最常用的还是一般直角坐标相图，见图 6-1。

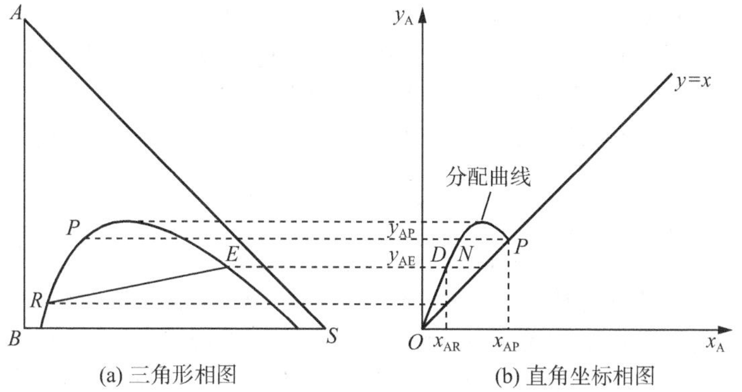

(a) 三角形相图　　(b) 直角坐标相图

图 6-1　三角形相图与直角坐标相图的关系

图 6－1 中曲线 $ODNP$ 即为一定温度下的平衡线，横坐标 X 代表溶质 A 在原溶剂 B 中的平衡浓度，纵坐标 Y 代表溶质 A 在萃取溶剂 S 中的平衡浓度。在实际萃取体系中，很多情况下都是溶剂与原溶剂的互溶度较小或者可以在设计计算中假定它们不互溶。因此，由于直角坐标法的使用方便而在萃取过程中得到广泛的应用。由三角形相图中一对共存相的组成可以在相应的直角坐标相图中确定一点，该点就是由直角坐标所表示的平衡点，平衡点浓度的值由横、纵坐标的单位所决定。液-液萃取平衡时物料衡算可以用杠杆规则的简捷算法进行计算。

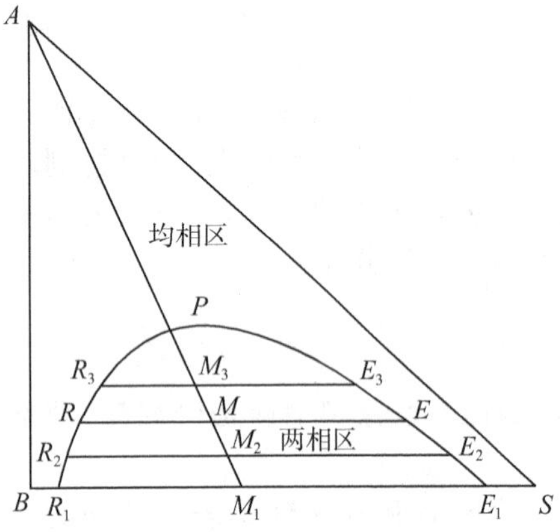

图 6－2　溶解度曲线和平衡联结线

如图 6－2 所示的是在一定温度条件下，形成一对部分互溶液相的三元体系的溶解度曲线。

在溶质、原溶剂和萃取剂所组成的三元体系中，若三组分混合形成单一的均相溶液，则不能进行萃取操作，显然只有形成互不相溶的液相才有实际意义。除了形成一对部分互溶液相的情形下，还有形成两对、三对部分互溶的液相，图 6－2 中所形成的 $R_1R_2RR_3P\,E_3EE_2E_1$ 就称为溶解度曲线。

图 6－2 中位于溶解度曲线包围区域外表示该混合物的均相区，而溶解度曲线以及 R_1E_1 线所围成的区域表示该混合物的两相区，是萃取过程的可操作区域。若某三组分物系的组成位于两相区内的点 M，则该混合物可分为互成平衡的共轭相 R 及 E，R、E 的联线称为平衡联结线。由于两相区内任一混合物都可分成两个平衡的液相，故原则上可以得到无数条联结线，如图的 R_2E_2、R_3E_3。同一物系的平衡联结线的倾斜方向一般相同，但也有少数物系在不同浓度范围内平衡联结线的倾斜方向不同。

2. 液-液相平衡数据的获得

液-液萃取平衡数据是进行萃取流程设计和设备计算的基本依据。一般流程的工艺研究工作均要从平衡数据的测定开始。实验测定、活度系数模型计算是获得液-液平衡数据的常用方法。

1）实验测定

液-液相平衡数据的测定实质上就是通过确定液-液相平衡的溶解度曲线或平衡联结线，得到液-液相平衡的相图。实验室中确定溶解度曲线或平衡联结线的实验方法主要有混合分层法和浊度法。

（1）混合分层测定　为了确定确定平衡联结线曲线上的各点组成，如图 6－2 所示，组成为点 M 的一种三元混合物，当被充分混合并静置分层后，会分成 R 和 E 两个液相。通过气相色谱法、光密度变化的浊度法，液相折光率法等确定 R 和 E 相各组分的组成。按同样的方法，从初始组成不同的一系列三元混合物出发，就可以描绘出该体系的平衡联结线，最终确定溶解度曲线。

（2）浊度法　在一定温度下，向已确定组成的纯 B 和 S 的二元混合物溶液中滴入计量的纯 A 组分，滴定开始后一段时间内三元溶液一直是混浊的，直到溶液开始变清时那一刻停止滴定，通过计算这一点的组成，就可以确定它在联结点曲线上的位置。按同样的方法，改变纯 B 和 S 的二元混合物溶液的组成，再次计量滴入纯 A 组分，计算溶液由浊变清时的组成，依次进行就可确定溶解度曲线。

2）液-液相平衡数据的预测及其关联方法

上述用图解法来关联数据，由于它们建立在经验方法的基础上，故在应用范围上受到限制。而非电解质溶液的活度系数的各种计算方法由于是以溶液理论为基础而发展起来的，并把过量热力学函数与萃取体系中的组分浓度相关联，因此已得到广泛应用，尤其是在物理萃取体系中。

溶液浓度可以由活度系数 γ 的值来求得。因此，如何求取非电解质溶液中组分的活度系数就成为学者们研究的对象。有关溶液活度系数的计算模型可参考相关的专著或学术期刊。

6.2 液-液萃取机理

从萃取机理分析，液-液萃取过程可以分为简单分子萃取、中性溶剂化络合萃取、酸性络合萃取、离子对缔合萃取和协同萃取等五个类型。如果按照萃取过程中萃取剂和待分离物质之间是否发生化学反应来分类，萃取分离也可以分为物理萃取和化学萃取两大类。简单分子萃取属于物理萃取，中性溶剂化络合萃取、酸性络合萃取、离子对缔合萃取和协同萃取则属于化学萃取。

物理萃取不涉及化学反应的物质传递过程。它利用溶质在两种互不相溶的溶剂中不同的溶解度将其分离开来。根据“相似相溶”规则，在不形成新形式物质的条件下，两种物质的分子大小与结构越相似，它们之间的相互溶解度就越大。对于水溶性的料液，物理萃取过程往往对弱极性的溶质体系的萃取比较合适，而对于极性物质稀溶液的萃取常常是不理想的。选择极性大的溶剂做萃取剂时，该溶剂在水中的溶解度也大。这无疑会在工艺过程中带来较大量的溶剂流失、二次污染或加重残液脱溶剂的负荷。

对于极性较强的药物稀溶液的萃取分离过程，为了提高过程分离的高效性和高选择性，往往采取化学萃取操作，即萃取物与萃取剂形成一种新的物质，使其从水相进入有机相，这类伴有化学反应的传质过程，称作化学萃取。如化学萃取中的络合萃取过程是，首先稀溶液中待分离溶质与含有络合剂的萃取溶剂或稀释剂相接触，络合剂与待分离溶质反应形成络合物，并使其转移至萃取相内，然后进行逆向反应使溶质得以回收，萃取溶剂循环使用。至于络合萃取的萃取机理及相关的过程设计则比较复杂，例如，萃取物的组成、萃取效果很难用简单组分或原因进行解释，这是因为该分离过程中的络合剂、稀释剂及待分离溶质都是有机化合物，络合剂之间、络合剂与稀释剂之间、络合剂与待分离溶质之间、络合剂与水分子之间都可能形成新的“化合物”。同时，有机化合物分子所拥有的特殊官能团带来的诱导效应、共轭效应及空间位阻效应等都将影响萃取物的萃取效果等。近年来，络合萃取工艺在氨基酸、某些抗生素等极性稀溶液的分离、纯化方面都有重要的应用。

本节以青霉素等为例，分别讨论物理萃取和化学萃取过程的机理、影响因素等。

6.2.1 物理萃取

1. 两相萃取机理

由于待分离的溶质(产物)如有机酸、氨基酸、抗生素等药物都是弱酸或弱碱，在水相中部分电离，而在有机溶剂中几乎不离解，在有机溶剂一水组成的系统中，可以得到表观分配系数是 H^+ 浓度的函数，故可通过改变萃取液 pH 值的方法来提高分配系数。

青霉素在水相中的电离方程为

$$AH \rightleftharpoons A^- + H^+ \tag{6-4}$$

其电离常数可用 K_p 表示为

$$K_p = \frac{[H^+]_{(aq)} \cdot [A^-]_{(aq)}}{[AH]_{(aq)}} \tag{6-5}$$

其中，$[\,]_{(aq)}$ 表示某组分在水相中的浓度。

非解离青霉素在两相中的分配为

$$AH_{(aq)} \rightleftharpoons AH_{(O)} \tag{6-6}$$

则其分配系数 K 表示为

$$K = \frac{[AH]_{(O)}}{[AH]_{(aq)}} \tag{6-7}$$

其中，$[\ ]_{(O)}$表示某组分在有机相中的浓度。

若青霉素在有机相内没有聚合，则其在两相间的表观分配系数 $K_{表}$ 表示为

$$K_{表}=\frac{[AH]_{(O)}}{[AH]_{(aq)}+[A^-]_{(aq)}} \tag{6-8}$$

用上面四个关系式可以导出表观分配系数的计算式

$$K_{表}=\frac{K}{1+K_p/[H^+]_{(aq)}} \tag{6-9}$$

若青霉素在有机相内有聚合，如

$$nAH_{(aq)}\rightleftharpoons(AH)_{n(O)} \tag{6-10}$$

则其分配系数可用 K' 表示为

$$K'=\frac{[AH_n]_{(O)}}{[AH]^n_{(aq)}} \tag{6-11}$$

则其在两相间的表观分配系数 $K_{表}$ 表示为

$$K_{表}=\frac{[AH]_{(O)}+n[AH_n]_{(O)}}{[AH]_{(aq)}+[A^-]_{(aq)}}=\frac{K+nK^nK'[AH]_{(aq)}}{1+\frac{K_p}{[H^+]_{(aq)}}} \tag{6-12}$$

式(6－12)表明了弱酸类物质萃取时其表观分配系数与 pH 值的关系。由此可知，提高弱酸或弱碱的分配系数可通过改变水溶液的 pH 值来实现。也就是说可采用改变溶液 pH 值的方法来改善萃取操作，以利于弱酸性及弱碱性物质分离，即萃取选择性。有关物质的 K_p 值可查阅相关工具书或文献。已知青霉素的电离平衡常数 $K_p=10^{-2.75}$，所以当 $pH<1.0$ 时，青霉素在有机相和水相之间的分配接近不电离的青霉素游离酸的分配，而在 $pH>5$ 时，分配系数 $K_{表}$ 便随$[H^+]$浓度下降而呈比例下降，在 $1.0<pH<5.0$ 内分配系数取决于水相的 pH 值，可由关系式来计算求得。

离子液体作为萃取剂已经在分离纯化氨基酸、抗生素、苯的衍生物等方面进行了实验研究。孙楠等以咪唑类 $[PF_6]^-$ 型离子液体 1－丁基－3－甲基咪唑六氟磷酸盐([Bm in][PF_6])、1－己基－3－甲基咪唑六氟磷酸盐([Hm in][PF_6])和 1－辛基－3－甲基咪唑六氟磷酸盐([Om in][PF_6])为萃取剂萃取苯胺、对氯苯胺等胺类化合物。以咪唑类$[PF_6]^-$离子液体萃取化学医药中间体胺类化合物为例简单介绍其萃取机理。

离子液体对胺类化合物的萃取是通过迁移游离的胺类化合物分子进入萃取相实现对胺类化合物的萃取分离。离子液体液体萃取胺类时存在液-液萃取平衡

$$RNH_{2(aq)}\longrightarrow RNH_{2(o)} \tag{6-13}$$

则其分配系数 K 可表示为

$$K=\frac{[RNH_2]_{(O)}}{[RNH_2]_{(aq)}} \tag{6-14}$$

质子化有机胺在水溶液中存在电离平衡

$$RNH^+_{3(aq)}\rightarrow RNH_{2(aq)}+H^+_{(aq)} \tag{6-15}$$

离子液体萃取胺类化合物的表观分配系数 $K_{表}$ 为

$$K_{表}=\frac{[RNH_2]_{(O)}}{[RNH_2]_{(aq)}+[RNH_3^+]_{(aq)}}=\frac{K}{1+10^{pK_a-pH}} \tag{6-16}$$

式(6－16)表示了弱碱类物质萃取时其表观分配系数与 pH 值的关系。

2. 萃取条件的选择与控制

影响物理萃取操作的因素主要有水相 pH 值、温度、溶剂性质及相比等。

1) 萃取操作的 pH 值

青霉素在工业萃取过程中，pH 值的选择是一个关键问题，它涉及产品的纯度、青霉素的稳定性、收率和萃取的级数。

根据式(6－9)，青霉素的分配系数随 H^+ 浓度的升高即 pH 值下降而急剧升高，因此萃取宜在酸性条件下进行，从理论上分析，水相 H^+ 浓度越高，越有利于青霉素的提取，萃取级数越少，但是 H^+ 浓度过高，青霉素的稳定性就受到威胁，同时发酵液滤液中比青霉素酸性较弱的杂质就越容易被萃取，从而影响到青霉素的萃取率萃取选择性。pH 在 3.0 以上，青霉素的稳定性急剧上升，提高操作的 pH，将大大减少青霉素的降解。滤液酸化至 pH＝2.0 时，滤液中的青霉素效价降解损失平均达 7.1％；而酸化至 pH＝3.0，其降解损失只有 2.0％，但萃取级数将提高。兼顾青霉素萃取率和稳定性两方面考虑，目前工业上选取适宜的 pH 为 1.8～2.0，采用两级逆流萃取，选取的 pH 为 3.0 时，需用三级萃取。反萃取时同样要考虑到青霉素的降解，反萃取 pH 超过 7.5，青霉素降解产生青霉噻唑酸，并易产生乳化现象。

对于咪唑类 $[PF_6]^-$ 型离子液体萃取有机胺类化合物时，pH 值对表观分配系数影响较大。根据式(6－16)可知，随着 pH 值的增大，$K_表$ 也随之增加，否则正好相反。

2) 萃取操作的温度

发酵液中青霉素的降解不仅与 pH 值关系密切，而且与温度也有直接关系，温度升高青霉素的稳定性急剧下降，即温度越低越稳定。在 pH＝2.0 时，只能选择在低温(5℃)下进行，以减少因降解而造成的损失，这将大大增加操作能耗。另外，大量实验证明，在低温下萃取，乳化严重，提高温度将有利于两相分离，对操作是有利的。将萃取 pH 提高到 3.0，萃取操作温度可以从低温提高到常温，可以节省大量的能源。同时，萃取率随温度升高也有所上升。

3) 溶剂的选择

选择萃取溶剂的一般原则：①分配系数越大越好，若分配系数未知，可根据“相似相溶”的原则，选择与药物结构相近的溶剂；②选择分离因素大于 1 的溶剂；③料液与萃取溶剂的互溶度越小越好；④溶剂毒性较低；⑤溶剂的化学稳定性更高，腐蚀性低，沸点不宜太高，挥发性小，价格便宜，来源方便，便于回收。

工业生产中常用的溶剂有乙酸乙酯、乙酸丁酯、乙酸戊酯和丁醇等。随着溶剂萃取技术的发展，新的萃取溶剂不断被发现，如超临界 CO_2 流体、离子液体等绿色溶剂，有关超临界 CO_2 溶剂的性质及萃取技术会在本书其他章节中介绍。

与传统的有机溶剂相比，离子液体具有突出的优点：①液程宽，最高可至 400℃；②蒸气压极低，不易挥发；③对有机物、无机物都有良好的溶解性；④具有结构可调控性，定向设计离子液体体系；⑤具有良好的热稳定性和极好的抗氧化性。

由图 6－3 可知，随着离子液体咪唑基团上取代烷基链长的增加，离子液体的疏水性增加，同样，在胺类化合物的苯环上增加疏水性的基团时，使得胺类分子的疏水性增加，导致 $K_表$ 随着离子液体的取代烷基链长的增加而增加。因此对于含胺类成分的废水可以采用不同碳链长度的离子液体，以达到更好的萃取分离效果。

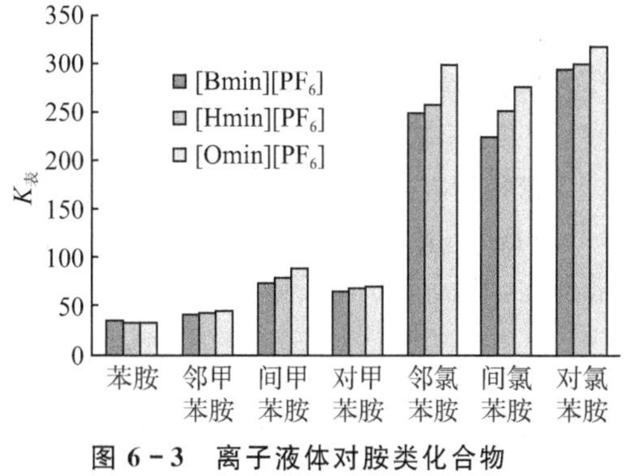

图 6－3　离子液体对胺类化合物表观分配系数的影响

4）萃取操作的相比

适当降低萃取操作时有机相和水相的相比，有利于青霉素与其他杂酸的分离，相比大于0.5时，萃取液的污染系数急剧增大。因此，适当降低相比有利于产品质量的提高。其原因可能是作为萃取剂的乙酸丁酯存在饱和容量问题，因此在萃取过程中，青霉素和其他杂酸存在竞争，相互排斥，即如果青霉素进入有机相的量增加，则杂酸进入有机相的量将会相应地减少。

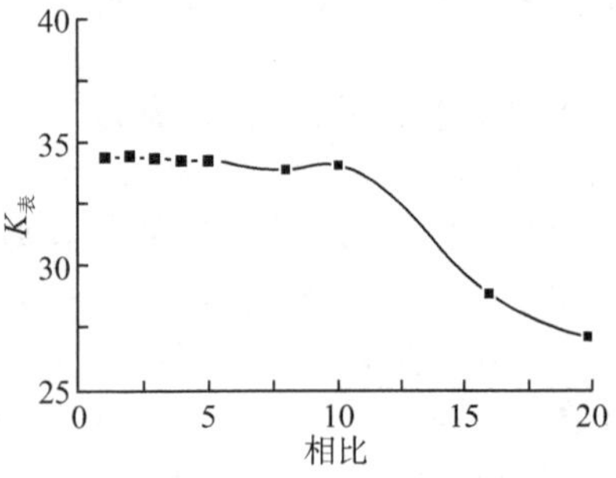

图6-4　苯胺分配系数随相比的变化

图6-4中的相比为胺类化合物水溶液与离子液体的体积比，以离子液体[Bmin][PF_6]萃取苯胺水溶液，相比分别为1∶1、2∶1、3∶1、4∶1、5∶1、8∶1、10∶1、16∶1和20∶1，结果表明，当相比大于10∶1后，$K_{表}$由10∶1时的34.4降到20∶1时的27.0，显著下降的原因是苯胺水溶液中所含的苯胺量已达到甚至超过它的饱和临界点，随着相比的继续增大，苯胺在离子液体相中的浓度基本上保持不变，而在水相中的浓度逐渐增大，所以致使$K_{表}$降低。

3. 三相萃取

目前，工业上青霉素的物理萃取主要采用两相萃取。但随着萃取技术研究深度的加大，研究人员在研究青霉素萃取工艺过程中，将现行两相萃取工艺和双水相分离工艺结合起来实现优势互补，提出了三相一步法萃取青霉素的创新工艺。

所谓三相一步法是利用与水不相溶或极少相溶的有机溶剂与双水相体系共同组成的三相体系一次完成对复杂混合物的分离。用该方法对青霉素发酵液和发酵滤液进行萃取就是将原来工艺中的絮凝、破乳、脱色、冷冻、脱水等步骤一次完成，有效地简化了现行的工艺流程，提高了产品质量。研究结果表明，三相一步法用于萃取青霉素发酵滤液和全发酵液，其乙酸丁酯萃取液的各项指标均可达到现行操作过程对滤液萃取的标准，超过现行操作过程对发酵液萃取的标准。

从目前的研究情况来看，液-液-液三相萃取体系在生产规模、三相分离及三相萃取体系的热力学、动力学等基础理论还存在许多不足之处，有待于进一步改进和完善。

6.2.2　化学萃取

物理萃取法主要是通过调整水相中溶液的pH，尽量抑制青霉素在水相中的电离，使更多的游离酸进入有机相，但是pH的调节是有限的，当pH低于1.8就会影响到青霉素的稳定性，部分溶剂与水的互溶度偏大，从而限制了物理萃取法提取青霉素相关应用的广度和深度。为了提高青霉素的萃取能力，减少青霉素在萃取过程中的降解损失和酸耗，工业上也可采用化学萃取操作来提取青霉素。

进行化学萃取的萃取剂主要有中性和酸性磷类萃取剂、高分子脂肪胺类和脂肪酸类萃取剂等。由于中性磷类萃取剂如磷酸三丁酯（TBP）具有良好的萃取能力，同时还具有一定的破乳能力，因此本节就以TBP为萃取剂，煤油为稀释剂研究青霉素的化学萃取过程。

1. 化学萃取机理

青霉素在水相中的电离见物理萃取过程。

TBP与青霉素间的络合反应属于中性络合，设1分子青霉素可以同n分子的TBP结合，生成络合物，则反应方程式如下

$$n\mathrm{TBP}_{(\mathrm{O})}+\mathrm{AH}_{(\mathrm{aq})}=[\mathrm{TBP}_n\cdot\mathrm{AH}]_{(\mathrm{O})} \tag{6-17}$$

反应平衡常数可表示为

$$K_{\mathrm{A}}=\frac{[\mathrm{TBP}_n\cdot\mathrm{AH}]_{(\mathrm{O})}}{[\mathrm{TBP}]^n_{(\mathrm{O})}[\mathrm{AH}]_{(\mathrm{aq})}} \tag{6-18}$$

热力学反应平衡常数 K_A 在一定条件下保持定值，具有预测功能，只要通过少量实验测出各组分的平衡浓度，并测出或计算出组分的活度系数，就可以得到萃取反应平衡常数。

对于磷酸三丁酯(TBP)-煤油萃取青霉素的稀溶液，其表观萃取分配系数可表述为

$$K_{表}=\frac{[TBP_n\cdot AH]_{(O)}}{[AH]_{(aq)}+[A^-]_{(aq)}}=\frac{K[TBP]^n}{1+\frac{K_p}{[H^+]}} \tag{6-19}$$

通过实验测出各组分的平衡浓度，就可以得到表观萃取平衡常数，预测其他条件时萃取下的萃取平衡分配系数。

如果式(6-17)的 n 值为 1，而且假设未参与络合反应的溶质在料液相与萃取相之间的分配符合线性分配关系。利用通常的萃取平衡分配系数为参数进行比较，络合萃取法在低溶质平衡浓度条件下可以提供非常高的分配系数值。当待萃取溶质浓度越高时，络合剂就越接近化学计量饱和。因此，络合萃取法可以实现极性有机物在低浓度区的完全分离。此外，由于溶质的分离取决于络合反应，络合反应是络合剂的特殊官能团与具有相应官能团的溶质之间发生的，所以，络合萃取法的另一个突出特点是它的选择性。

由于青霉素分子中含有羧基、羰基和酰胺基，这些基团可以直接或通过水分子与萃取剂发生多种缔合作用，形成只能溶于有机相的络合物。同时，水相中溶液的 pH 值和络合剂的浓度对萃取率也有很大的影响。如图 6-5 所示，当水相中的 pH 值 为 3.05 左右时，其萃取率可达 85%以上；当 pH 值为 5 时，其萃取率在 25%左右；而在 pH 值为 7 时，其萃取率小于 4%。由图 6-6 可知，青霉素 G 的萃取率随着有机相中 TBP 浓度的增大而增大。

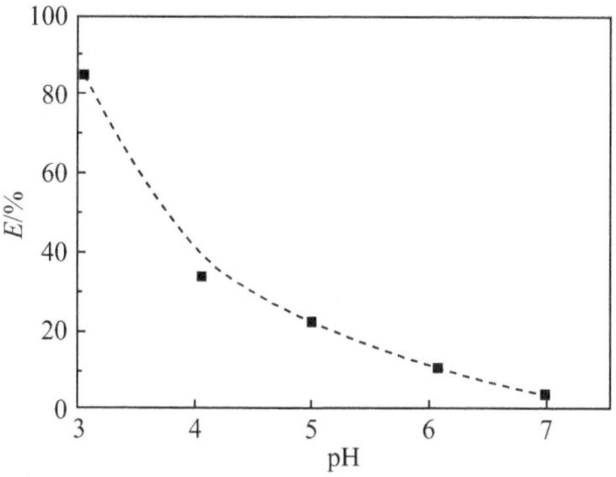

图 6-5　水相 pH 值对青霉素 G 提取率的影响

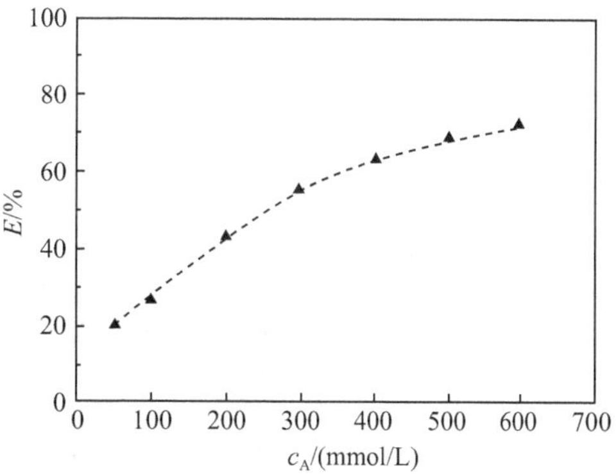

图 6-6　TBP 浓度对青霉素 G 提取率的影响

基于上述反应机理的提取方法有：采用 5%磷酸三丁酯的醋酸丁酯溶液在 pH3.0～3.5 进行二级逆流萃取，并用 1.3%～1.5%浓度的碳酸氢钠在 pH6.5～7.2 进行二级逆流反萃取。此工艺与只用醋酸丁酯萃取的工艺相比，最大优点是提高了萃取时的 pH，降低了酸解破坏，使萃取率提高 3%～5%。但破乳剂用量并未减少，并仍需从大量废水中回收醋酸丁酯。

若改用 20%～25%磷酸三丁酯的煤油溶液，则在 pH3.0～3.5 一次萃取率就可达到 90%以上，再用 1.5%浓度的碳酸氢钠在 pH6.7～7.2 进行反萃取。此工艺优点是减少了青霉素的破坏，破乳剂的用量仅为醋酸丁酯提取工艺的四分之一，且省去了废水中回收醋酸丁酯的步骤。

田庆来等采用络合萃取技术分离天然产物甘草提取液中的水溶性甘草黄酮。其萃取机理如下：

以三烷基氧化膦(trialkylphosphine oxide，TRPO)为萃取剂萃取有机物是萃取络合反应，TRPO 中的氧原子与有机物中的羟基氢以氢键形成络合物，甘草苷只有一个羟基，假定甘草苷的分

子式为 LQOH，则 TRPO 萃取甘草苷的反应式为

$$n\,\overline{\mathrm{TRPO}}+\mathrm{LQOH}=\overline{(n\mathrm{TRPO})\cdot\mathrm{LQOH}} \tag{6-20}$$

萃取反应平衡常数 K_A 可表示为

$$K_A=\frac{[\overline{(n\mathrm{TRPO})\cdot\mathrm{LQOH}}]}{[\overline{\mathrm{TRPO}}]^n[\mathrm{LQOH}]} \tag{6-21}$$

其表观分配系数 $K_{表}$ 表示为

$$K_{表}=\frac{[\overline{(n\mathrm{TRPO}\cdot\mathrm{LQOH}}]}{[\mathrm{LQOH}]}=K_A[\overline{\mathrm{TRPO}}]^n \tag{6-22}$$

在温度、pH 值、甘草苷浓度一定的情况下，K 只与 TRPO 的浓度有关。

2. 络合剂的特性

络合萃取溶剂一般是由络合剂、助溶剂及稀释剂组成的。络合剂应当具备以下特征。

1）络合剂应具有特殊的官能团

络合萃取的分离对象一般是带有 Lewis 酸或 Lewis 碱官能团的极性有机物，络合剂则应具有相应的官能团，参与和待分离的萃取物质的反应，且与待分离溶质的化学作用键能应具有一定大小，一般在 10～60 kJ/mol，便于形成萃取物，以实现相转移。但是，络合剂与待萃取物质间的化学作用键能也不能过高，过高的键能虽能使萃合物容易生成，但在完成第二步逆向反应，再生络合萃取剂时往往会发生困难。中性含磷类萃取剂、叔胺类萃取剂经常选作分离带有 Lewis 酸性官能团极性有机物的络合剂。酸性含磷类萃取剂则经常选作分离带有 Lewis 碱性官能团极性有机物的络合剂。

2）络合剂应具有良好的选择性

由于分离体系是稀溶液，一般待分离物质的浓度小于 5%（质量分数），因此，络合萃取剂在发生络合反应、有针对性地分离溶质的同时，必须要求其萃水量尽量减少或容易实现溶剂中水的去除。

3）络合萃取过程中应无其他副反应

络合剂有针对性地分离溶质是十分关键的，不应在络合萃取过程中发生其他副反应，同时络合剂应是热稳定的，不易分解和降解，以避免不可逆损失。

4）反应速率快

在不同条件下反应在其正负反应方向上均应具有足够快的动力学机制，以便在生产实践过程中不需要要求过长的停留时间和过大的设备体积。

3. 稀释剂的选择

在络合萃取过程中，稀释剂的作用是十分重要的。它的主要作用是调节形成的混合萃取剂的黏度、密度及表面张力等参数，使液-液萃取过程便于实施。当络合剂或助溶剂的萃水问题成为络合萃取法使用的主要障碍时，加入的稀释剂可以起到降低萃取水量的作用。当然，稀释剂的加入是以降低萃取体系的分配系数为代价的。

选择适当的络合剂、稀释剂，优化络合萃取剂各组分的配比是络合萃取法得以实施的重要环节。常用的稀释剂有脂肪烃类如正己烷、煤油等，芳烃类如苯、甲苯、二甲苯等。

6.3 液-液萃取过程及理论计算

工业萃取按两相的接触方式不同可分成两大类，即逐级萃取方式和微分萃取方式。

6.3.1 逐级萃取

1. 过程分析

逐级萃取就是平衡级萃取，根据萃取级数的不同，一般分为单级萃取和多级萃取，多级萃取又根据两相操作方式的不同分为多级错流萃取和多级逆流萃取。混合-澄清萃取是典型的逐级萃取，每一级都包含一个混合室和一个澄清室。两相在混合室中得到充分接触，溶质在两相间的分配已满足热力学平衡条件，然后在澄清槽中得以分开，此时认为两相已完成一个平衡级接触。单级萃取操作简单，设备投资少，但该操作方式下萃取剂的用量大，萃取时间长，萃取效率低。

为了提高单级萃取的萃取效率，工业上往往采用逐级操作方式。第一种情况是将单级萃取的萃余相中再次加入新鲜溶剂进行萃取，如此多次操作，即为逐级错流萃取，该方式所用设备投资较大，溶剂用量大；第二种情况是将单级萃取的萃余相与萃取相逆流接触，如第一级的萃余相与第二级的萃取相进行接触，达到平衡后完成一级操作，第二级的萃余相与第三级的萃取相接触完成萃取操作，而第二级的萃取相与第一级的萃余相实际就是原料液进行接触萃取，以此逐级进行即为逐级逆流操作，该操作方式减少了传递的不可逆性，能提高操作效率，降低萃取剂用量。一般来讲，错流萃取由于需向每一级都加入新鲜溶剂，会造成回收溶剂(反萃取或精馏)的负担较大，在实际工业中，以逐级逆流萃取流程最为常见。

2. 单级萃取

只用一个混合器和一个分离器的萃取称为单级萃取。料液 F 和溶剂 S 先经混合器混合，达到平衡后，用分离器得到萃取液 L 和萃余液 R。

溶质经萃取后，若已知分配系数 K，原料液体积为 V_F、萃取剂体积为 V_S、c_1 为溶质在萃取液中的浓度，c_2 为溶质在萃余液中的浓度，假设两相完全不互溶且能完全分离，经萃取后，溶质在萃取相和萃余相中质量或物质的量之比为

$$E=\frac{c_1V_S}{c_2V_F}=\frac{K}{m} \tag{6-23}$$

$$m=\frac{V_F}{V_S} \tag{6-24}$$

式中，E 称为萃取因素；m 称为浓缩比。由萃取后两相物料衡算与萃取因素 E 可求得未被萃取分率 φ(或称萃余率)和理论收率 P

$$\varphi=\frac{\text{萃余液中溶质总量}}{\text{原始料液中溶质总量}}\times100\%=\frac{1}{E+1}\times100\% \tag{6-25}$$

$$P=1-\varphi=\frac{E}{E+1}\times100\% \tag{6-26}$$

例 6-1 在 10℃和 pH 为 2.5 时，赤霉素在醋酸乙酯-水两相中的分配系数为 35，用等体积乙酸乙酯单级萃取水相中的赤霉素，求其理论收率。

解 由公式(6-23)可知

$$E=\frac{K}{m}=\frac{35}{1}=35$$

$$P=1-\varphi=\frac{E}{E+1}\times100\%=\frac{35}{35+1}\times100\%=97.2\%$$

由例 6-1 可知，单级萃取流程简单，但由于只萃取一次，所以一般萃取率不高，产物在水相中含量仍然很高，增加萃取剂的用量会使产品的浓度降低，以及对萃取剂的回收、处理增加工作量，为

改善上述过程，可采用逐级错流或逐级逆流的萃取流程，下面重点介绍逐级逆流萃取过程的计算。

3. 逐级逆流萃取过程的计算

逐级萃取过程的计算主要解决两种实际问题，一是设计型问题，已知料液流量及组成、物料的相平衡数据，以及工艺要求所规定的萃余液中萃取物的含量，计算溶剂需用量、萃取相、萃余相流量及其组成；二是操作型问题，已知料液及溶剂的流量和组成，计算萃取相、萃余相的流量和组成。计算方法主要有图解法和公式计算法，图解法主要依据物质溶解度分配曲线和操作线方程进行计算萃取级数，特别是当溶解度分配曲线为非线性曲线时使用该法计算更方便；公式法主要有应用代数公式法和矩阵法。代数公式法比较适用于溶剂不互溶体系或者可近似认为不互溶体系的计算；矩阵法的优点是既适用于三元或三元以上体系，又适用于溶剂不互溶或部分互溶体系的计算，加上矩阵法便于计算机编程求解，所以也得到广泛应用。本节简单介绍多级逆流萃取流程的图解法和代数公式法，并举实例介绍交替使用平衡关系和操作关系求解理论级数和逐级浓度分布的计算过程。

多级逆流萃取流程示意图见图 6-7。图中水相和有机相的流量分别以 V_F 和 V_S 表示，其浓度分别以 x_i 和 y_i 表示($i=1,2,3,\cdots,N-1,N$，表示级的编号)，x_f 和 y_f 分别为水相和有机相的进料浓度。显然，如果传质方向是从水相到有机相，则随着萃取的进行，有机相中各级出口浓度逐渐增大，即 $y_1>y_2>y_3>y_4>\cdots>y_{N-1}>y_N$，而水相中各级出口浓度则逐级减小，直至 x_N 满足所要求的分离浓度。

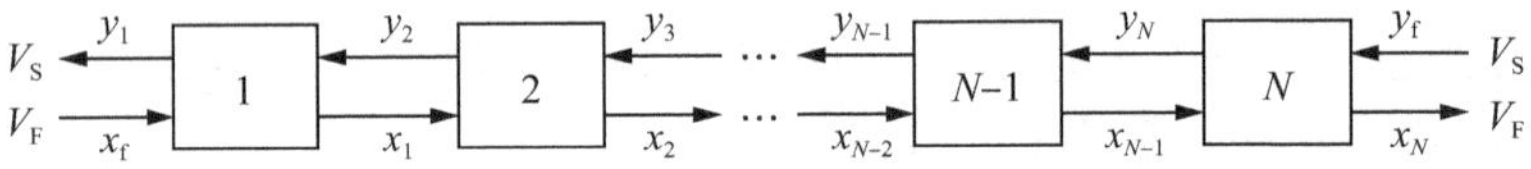

图 6-7　多级逆流萃取流程图

1）理论级数

(1) 图解法

假设萃取两相为完全不互溶物系，V_F 为料液或萃余相中稀释剂的流量，V_S 为萃取相中纯溶剂的流量。对整个萃取系统作物料衡算，则

$$V_F(x_f-x_N)=V_S(y_1-y_f) \tag{6-27}$$

自第 1 级至第 i 级为控制区域，则

$$V_F(x_f-x_i)=V_S(y_{i+1}-y_1) \tag{6-28}$$

整理得

$$y_{i+1}=mx_i+(y_1-mx_f) \tag{6-29}$$

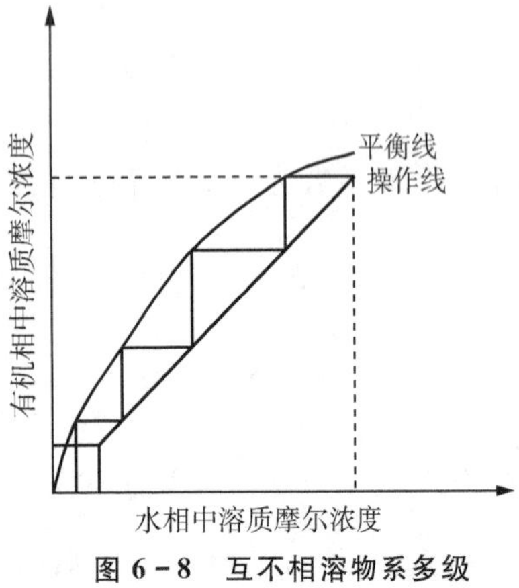

图 6-8　互不相溶物系多级逆流萃取图解

式(6-29)为逐级逆流操作时的操作线方程，其中 $m=V_F/V_S$，m 为相比。因 m 对各级为一定值，操作线为一直线，曲线为平衡线。如图 6-8 所示，从水相初始组成 x_f 开始，在操作线和平衡线之间反复画阶梯，每一阶梯代表一个平衡级。图中操作线的斜率为 m，当逐步增加萃取剂的用量时，斜率逐渐变小，操作线与平衡线距离变大，所需理论级数变少；反之，减少萃取剂用量，所需理论级数变多，但若操作线斜率增大到操作线与平衡线相交于一点，此时则需要无限多个阶梯才能完成指定的分离任务，此时相应的流比称为极限流比或最小流比。

(2) 代数公式法

在溶剂不互溶，萃取因素 E 为常数时，根据物料衡算和萃取两相的相平衡关系，可以求出萃取理论级数 N 的计算式为

$$N=\frac{\lg\left[\left(\frac{x_f-y_f/K}{x_N-y_f/K}\right)\left(1-\frac{1}{E}\right)+\frac{1}{E}\right]}{\lg E} \tag{6-30}$$

式(6－30)即为著名的克莱姆塞-休特(Kremser-Souder)方程式。式中，x_f、x_N 分别为水相的进料浓度和末级出口浓度；y_f 为有机相的进料浓度；K 为分配系数；E 为萃取因素。用此方程式在已知水相的进、出口浓度，有机相的进口浓度，K 和 E 时，可方便地求出理论级数。

当萃取因素不是常数时，用代数公式法计算逐级浓度分布则需要用试差法。先根据物料衡算导出各级浓度和末级浓度表达式，在计算中必须先假定各级的浓度值以确定相应的 E 值，多次试算后，直到计算值和假定值接近为止。

2）理论收率

设各级萃取因素 E，萃取级数为 N，根据物料衡算便可计算经 N 级逆流萃取的萃余率和理论收率分别为

$$\varphi=\frac{E-1}{E^{N+1}-1}\times 100\% \tag{6-31}$$

$$P=1-\varphi=\frac{E^{N+1}-E}{E^{N+1}-1}\times 100\% \tag{6-32}$$

例 6－2 如例 1 所述条件，当赤霉素进行错流萃取时，第一级乙酸乙酯用量为料液的 1/2，第二级为料液的 1/10；若采用二级逆流萃取，萃取剂乙酸乙酯的用量为料液的 1/2(体积比)，试求这两种操作的理论收率。

(提示：错流萃取时，其理论总收率 $P=1-\varphi=1-\frac{1}{(E_1+1)(E_2+1)\cdots(E_N+1)}\times 100\%$)

解 对于二级错流萃取操作

$$E_1=35\times\frac{1/2}{1}=17.5,\ E_2=35\times\frac{1/10}{1}=3.5$$

$$P=1-\varphi=1-\frac{1}{(17.5+1)(3.5+1)}\times 100\%=98.79\%$$

对于二级逆流萃取操作

$$E=35\times\frac{1/2}{1}=17.5,\ n=2$$

$$P=1-\varphi=\frac{17.5^3-17.5}{17.5^3-1}\times 100\%=99.7\%$$

由例 6－2 计算结果可知，当乙酸乙酯用量为 3/5 料液体积时的二级错流萃取总理论收率为 98.79%，乙酸乙酯用量为 1/2 料液体积时的二级逆流萃取总理论收率为 99.7%，单级萃取乙酸乙酯用量为 1 料液体积的理论收率 97.2%，以逆流萃取收率最高，溶剂用量最少，这在工业上是很经济的，因而也是工业上普遍采用的流程。

6.3.2 微分逆流萃取过程

在塔型萃取设备中，水相和有机相分别在塔内进行微分逆流接触，与逐级接触萃取不同的是，塔内溶质在其流动方向的浓度变化是连续的，这类萃取过程需要用微分逆流萃取的计算方法。通常采用传质单元数法和理论当量高度法进行设计计算，类似于吸收原理和吸收塔塔高的计算方法。

1. 传质单元数法

两相在萃取塔进行连续逆流接触。令 A 为塔的横截面积；H 为塔高；a 为单位塔体积的两相接触界面积，即比表面积；x、y 分别为萃余相和萃取相的溶质浓度；V_F、V_S 分别表示料液和纯萃取剂的流量。

假设体系两相为完全不互溶体系，总传质系数保持不变，结合双膜理论、传质速率方程式和物料衡算式，可以得到塔高为

$$H=\frac{V_F}{k_{ox}aA}\int_{x_2}^{x_1}\frac{dx}{x-x^*} \tag{6-33}$$

$$H=\frac{V_S}{k_{oy}aA}\int_{y_2}^{y_1}\frac{dy}{y^*-y} \tag{6-34}$$

式中，k_{ox}、k_{oy}分别为基于萃余相和萃取相的总传质系数；x^*、y^* 分别对应于 x 和 y 的平衡浓度。

传质单元数表示了完成给定分离任务的难易程序。对于推动力大或分离要求低的体系，它的值就较小。反之，它的值就越大。传质单元数受到多种因素的影响，例如分配系数的变化或两相流比的变化等。

传质单元高度反映的是萃取过程中传质动力学的特性，从式(6-33)和式(6-34)可以看出它受到传质速率(即 $k_{ox}a$ 或 $k_{oy}a$)及表观流速(V_F 或 V_S)的影响，有关传质单元高度的计算比较复杂，因为它随设备类型、体系物性和操作条件的变化而不同，对于实际的微分萃取塔，其传质单元高度可通过实验进行测定。

2. 理论当量高度法

在工程上也采用理论级和理论级当量高度的概念来处理萃取塔的设计计算问题，特别是在多组分复杂体系的计算中。萃取塔的高度 H 可表示为

$$H=\text{NETS}\cdot\text{HETS} \tag{6-35}$$

式中，NETS 为理论级数，m；HETS 为理论级当量高度，m。

HETS 的概念是：当两相通过塔内某一段高度后，其分离效果相当于一个理论级所对应的分离效果，则这段高度称作理论级当量高度。显然，HETS 可反映传质效率的高低，其值越小则传质效率越高。而 NETS 与前文逐级萃取中的理论级数一样，反映了完成指定分离任务的难易程度。

必须指出，理论级数和理论级当量高度基于平衡级概念，而实际上两相连续逆流中的传质不同于逐级接触过程。因此，在工程设计中应用理论级数和理论级当量高度的可靠性还有待不断提高。

6.4 制药工业常用萃取设备

6.4.1 液-液萃取设备的分类与选择

1. 液-液萃取设备的分类

在液-液萃取操作中，所采用的萃取设备都包括两相的混合和分离两部分。为了获得较高的传质速率，混合部分如混合槽就应采取各种措施使两相密切接触并伴有较高的湍动程度，分离部分如澄清槽主要是两相经充分接触后根据两相的重力或离心力的差异能较快地分离。因此，各种萃取设备都是围绕如何采取强化措施使两相接触时达到充分地混合和有效分离为目的进行设计的。

液-液相传质和气液传质均属于相间传质过程。因此这两类传质过程有相似之处，但也有相当

的差别。在气液系统中，两相有很大的密度差与界面张力，然而在液-液系统中，两相间的密度差较小，界面张力也不大。所以从过程进行的流体力学条件看，在液-液相的接触过程中，能用于强化的惯性力不大。同时已分散的两相，分层分离的能力不高。因此，用于气液接触效率较高的设备，如浮阀塔、筛板塔等，用于液-液接触就显得效率不高。为了提高液-液相传质设备的效率，常常要补给能量，如搅拌、脉动、振动等。为了达到两相逆流和两相分离的目的，有时需借助重力或离心力。

工业萃取设备根据两相的分离原理可分为重力分相和离心分相设备。重力分相设备又根据两相混合方式不同可分为无搅拌、搅拌和脉冲三种型式。离心分相设备主要按轴的安装方式分为卧式和立式，按转鼓的转速分为高速(几万转/分)和低速(几千转/分)两种型式。

当然，按分散相与连续相的接触方式不同可分为逐级接触式和连续微分接触式两大类。目前，工业所采用的各种类型设备已超过 30 种，而且还在不断有更新的设备问世。不管以哪一种分类法，都是相对的，对某一种萃取设备而言，可能在不同的分类法中有交叉。因此，在这里仅仅列出制药工业中有代表性的设备并就其原理及应用作介绍。

2. 液-液萃取设备的选择

在选择萃取设备时，一开始往往面临两种情况：一是有众多设备可供挑选；二是所要解决问题的复杂性相多因素性，包括体系的各种物理性质、对分离的要求、处理量的大小等等，甚至还应包括投资条件、技术与操作的可靠性、建设项目所在地的地理环境等因素。

尽管选择萃取设备因素繁多，甚至会使人困惑，但还是有一些原则可循，包括：

(1) 体系特性　体系物理性质往往是首先要考虑的因素之一。如果系统稳定性差或两相密度差小，则选用离心式萃取器比较合适；若黏度高、界面张力大，可选用有补充能量的萃取设备。

(2) 完成分离任务所需的理论级数　所选萃取设备必须能满足完成给定分离任务的要求。通常若级数在 5 级以上，则不应考虑填料塔、筛板塔等无外加能量的设备。而当级数相当多时(如几十级甚至上百级)则混合澄清槽是合适的选择，如在稀土工业中就有极成功的典型例子。

(3) 处理量的大小　一般认为转盘塔、筛板塔、高效填料塔和混合澄清槽的处理量较大，而离心式萃取设备处理量最小。

(4) 设备投资、操作周期和维修费用　设备制造费用、日常操作运转费用及检修费用也是需要考虑的因素。这几个因素有时会产生矛盾，应与其他因素一起进行综合考虑，以对设备进行选型。

(5) 厂房条件　通常是指厂区能给所选设备提供的面积和高度。显然，塔型设备占地小但高度大，混合澄清槽类设备占地较多而高度小。

(6) 设计和生产操作者的经验　一般来说混相澄清槽类设备比较容易操作，因为其过程比较直观，而塔型设备的操作难度相对大一些。随着先进控制技术的日益发展，这种差别已逐步缩小，但同时也对操作者的素质提出了更高的要求。

除了以上因素之外，设计者必须对各种萃取设备的性能有较全面的了解，从这个角度而言，往往设计者的经验和实践是十分重要的。

6.4.2 常用萃取设备

1. 混合澄清槽

混合澄清槽是一种典型的逐级接触式液-液萃取设备。每一级都是由一混合器与一澄清槽组成，可连续操作或间歇操作。

图 6-9(a)、(b)为传统的单级混合澄清槽。混合槽是进行两相混合并实现萃取传质过程的装置，为了实现良好的混合和传质：一方面，混合槽应具有良好的搅拌特性，使两相混合均匀，具有足够的相间接触面积和湍流程度，能达到较高的传质速度，从而达到所要求的级效率；另一方面，混合槽应具有合适的结构和尺寸，保证在要求生产能力下使两相液流在混合槽内有足够的宏观停留时间。分散体系在混合槽内经过足够的宏观停留时间后进入澄清槽，在澄清槽内可以依靠重力使分

散相凝聚，轻重液得到分离。

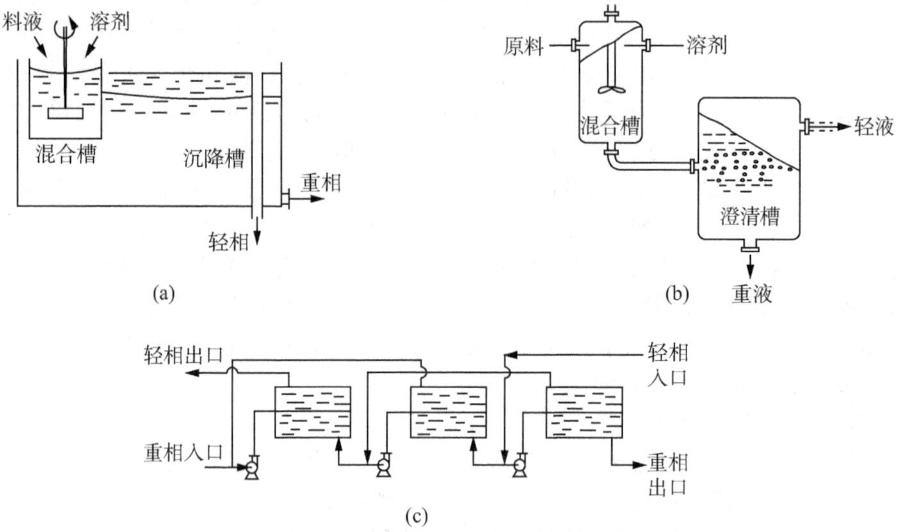

图 6-9　常用混合澄清槽

图 6-9(c)为多级逆流萃取流程。当要进行多级连续萃取时，可将若干单级混合澄清槽串联起来使用，也可将若干个单级组合构成一个箱式的多级混合澄清槽，级间流体流动一般依靠泵输送或者靠液体本身的压差进行，这样一种方式使得逐级的级数可以无限制增加，对于难分离的体系级数有多达 400 级的实例。

混合澄清槽适宜于物料处理量大、分离理论级数较高(≥5)时，具有传质效率高，流速范围广，操作简单、稳定等优点，也可以根据分离任务的要求增加或减少串联级数，而且也可以处理像发酵液这种含有悬浮固体的物系。当萃取相含溶质量要求进一步提高时，可以较方便地增加串联级数。此种设备的缺点是动力消耗大，占地面积大，设备费用及维修费也较高。

当进行间歇分批操作时，可以在一个萃取罐内分别进行萃取与分离操作。若溶质在一次萃取后还有剩余，可进行多次萃取。若萃取剂的密度小于原溶液，可配置一对萃取罐，以备将上层萃取液与萃余液分离。混合相的澄清是在简单的重力澄清室中进行，为了加速澄清过程，也可以在澄清室内充填填料、安装挡板或装设其他促进分散相聚合的装置。箱式混合澄清槽把搅拌和分离输送结合起来，去除了另外设置的级间泵，简化了结构，同时把多组混合槽和澄清槽组成了一个整体，这样就使槽体结构更加紧凑，减少了占地面积，并便于加工制造。

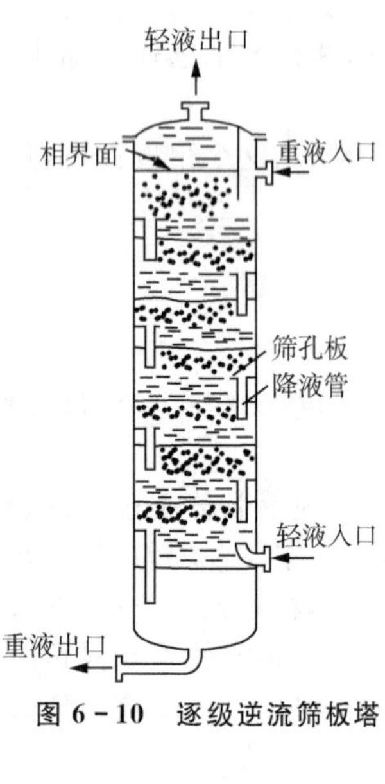

图 6-10　逐级逆流筛板塔

2. 萃取塔

1) 逐级逆流筛板塔

筛板塔是利用重力使液体通过筛孔分散成为液滴的塔式萃取设备。其基本原理就是轻、重相在每块塔板上进行错流流动，一相以液滴形式分散在另一连续相，经混合后利用重力使两相达到分离，每层塔板相当于单级混合澄清槽，就整个筛板塔而言，两相呈逆流流动。图 6-10 是轻液为分散相的筛板塔的操作示意图，操作时轻相从塔底进入，经过每层板上筛孔分成细液滴向上流动，连续相由塔顶进入经溢流管流向下流动，在每一块筛板上轻相以液滴的形式与流动相接触混合，然后在两相密度差的作用下，经上层塔板再次分散成液滴而上升，重相经降液管流入下一层。若以重液相为分散相，则将降液管改为升液管。由升液管上升的连续相轻液横向流过筛板塔,重液则通过筛孔被分成液滴,并多次凝结,从而有利于液-液相间的传质。由于有塔板的存在,也减少塔内轴向混合的影响。

为产生较小液滴且有利于分离,筛板塔的筛孔一般为 3～8 mm,塔板间距一般为 300 mm 左右。该类设备结构简单,生产能力大,萃取效率较高,是较常用的液-液萃取设备。

2) 脉冲筛板塔

对于两相界面张力比较大的体系,仅仅依靠密度差将无法使两相通过筛板塔做逆向流动。为改善两相接触状况,强化传质过程,往往在筛板塔内提供外加机械能以造成脉动,脉动的产生可由往复泵或压缩空气来完成。采用脉冲搅拌的办法,可以明显地改善简单的填料柱与筛板柱的性能。使柱内流体做快速的往复脉动,既可以粉碎浓滴,增加分散相存留分数,从而大大地增加两相接触面积,又可以增大流体的湍动,改善两相的接触。因此,脉冲萃取柱的传质效率比简单的重力作用萃取柱高得多,HETS 或 HTU 大幅度下降。与此同时,采用脉冲搅拌,萃取柱内没有运动部件和轴承,对处理强腐蚀性和强放射性物料特别有利。因此脉冲萃取柱在核化工、湿法冶金与石油化工中得到广泛的应用。

脉冲筛板塔的结构见图 6-11,柱内安装了一组水平的筛板。与普通筛板柱不同的是它们没有降压管。筛板孔径通常约为 3 mm,板间距约为 50 mm。筛板的开孔率一般为 20%～25%。由于筛板的孔径与开孔率较小,柱内流体周期性的上、下脉动作用,既能使液体得到很好的分散和混合,又能使流体通过筛板,实现两相逆流流动。萃取柱的两端分别有上、下澄清段,以保证两相得到比较完全的澄清与分离。在操作时,两相界面位置取决于分散相的选择。如果重相分散,则两相界面在柱底;如果轻相分散,则两相界面在柱顶。分散相的选择根据工艺要求和体系特性而定。

由于脉冲筛板柱具有传质效率高、处理能力较大、柱内无运动部件、便于远距离操作等优点,因此在核化工和湿法冶金等领域中得到广泛应用。

3) 振动筛板塔

振动筛板塔的工作原理与脉冲筛板塔相似。但是为了克服脉冲筛板塔使整个萃取塔内流体产生脉动因而能量消耗较大的缺点,改为流体不流动而使筛板在塔内做上、下的往复运动。振动的筛板使浓滴得到良好的分散和均匀的搅拌。

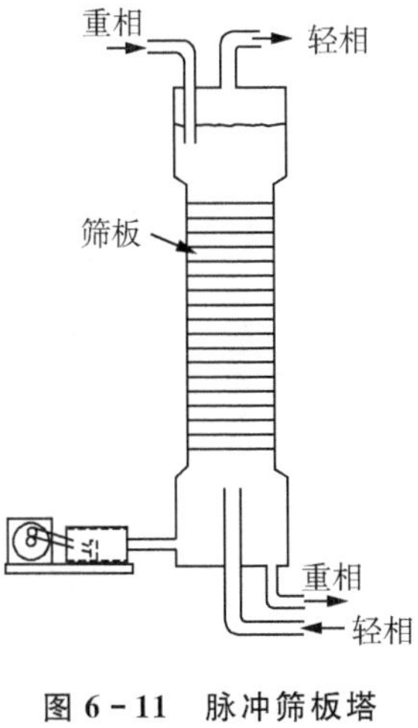

图 6-11 脉冲筛板塔

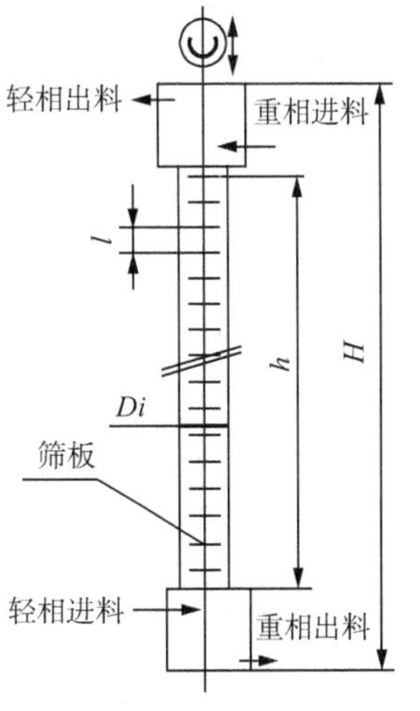

图 6-12 振动筛板塔

图 6-12 是振动筛板塔的示意图,筛板开孔率约为 58%,一系列筛板和一些用于减小阻力的圆环形挡板安装在中心轴上,形成一个装配件。利用安装在塔顶的马达、减速器和凸轮机构,推动偏心轴和筛板做往复振动。振幅是可以调节的,通常为 3～50 mm。振动频率可以从低频一直增加到

1 000 次/分。这种萃取塔具有处理量大、传质速率高、操作弹性大和结构简单等优点。实验还表明,振动筛板柱分散均匀,混合良好,纵向扩散系数比较小,而且柱径的影响比较小。

其他振动筛板柱的研究和发展比较快,近年来还出现了一些新的设计,如振动分届网填料筛板柱,旋转振动筛板柱,小孔径、小开孔率的振动筛板柱等,各有其特点。

3. 离心萃取器

离心萃取器是利用离心力代替重力进行相分离的一种萃取设备。与通常的萃取柱和混合澄清槽相比,由于离心力可以比重力大很多,因而其相分离能力很强。正是这一特点使离心萃取器得到广泛的应用。

离心萃取器特别适用于处理两相密度差小、黏度大和易乳化的体系。通常重力操作的萃取设备中要求相密度差大于 0.1 g/mL,而离心萃取器中,甚至密度差小至 0.01 g/mL 的体系也能得到分离。

在离心萃取器中,两相流体的停留时间很短。一般在萃取柱和混合澄清槽中,两相停留的时间都以分钟计,而在离心萃取器中停留时间只有几秒钟。这一特点使离心萃取器在某些生产过程中得到应用。例如在某些抗菌素如盘尼西林的生产过程中得到应用,由于产品的稳定性差,要求两相接触时间尽可能短,离心萃取器便可以满足这一要求。由于两相停留时间短,可以利用待分离物质在化学动力学行为方面的差异,在离心萃取器中进行分离,提高分离效果,通常称之为"非平衡操作"。由于两相混合和分离都能有效地进行,因此离心萃取器具有很高的传质效率。

因为设备紧凑,单位容积生产能力高,溶剂滞留量较小,也易于密封,因而离心萃取器非常适用于卫生要求高的制药工业等。此外,离心萃取器的开停车方便,易于达到稳定。但是其构造复杂,加工要求高,制造费用高,维修麻烦。许多离心萃取器不适宜处理含固体的料液。

由于离心萃取器的突出优点,从 20 世纪 30 年代问世至今,它越来越广泛地应用于制药、石油、化工、冶金、核燃料生产和废水处理等各个领域。

CTL 直联式离心萃取分离机主要有转鼓部件、外壳、机架及传动部件组成,结构简图见图 6-13。转鼓部件由上、下轴及轴承,幅板叶片,轻相堰板和重相堰板等组成,是 CTL 直联式离心萃取分离机的重要组成部件,也是液体分离的主要场所。外壳体由上下机壳组成。下机壳是分离液和萃取剂的入口处,上机壳是分离后的轻、重相收集腔,收集后的液体经轻相出口和重相出口流出。大型 CTL 离心萃取分离机的机架还另配减震系统,吸收震动,以免震动传递给地面,产生破坏作用。

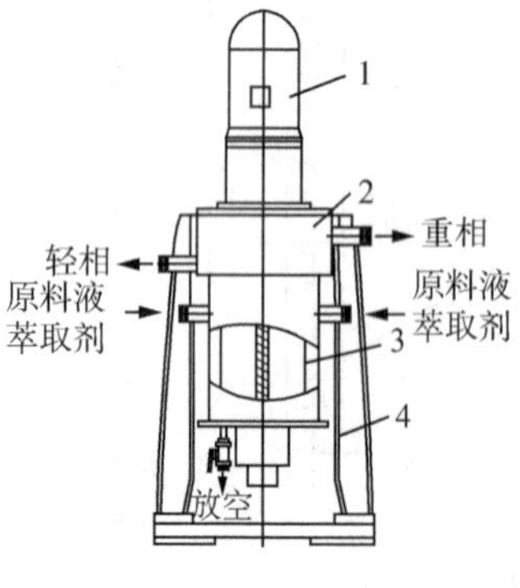

图 6-13　直联式离心萃取分离机结构简图

1—转动部件;2—外壳;3—转鼓部件;4—机架

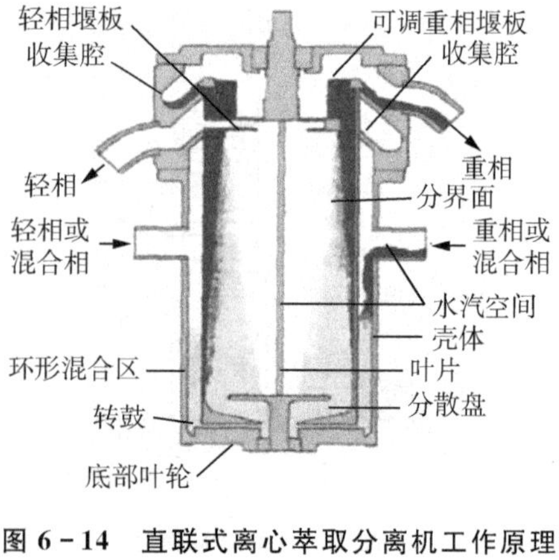

图 6-14　直联式离心萃取分离机工作原理

工作原理:CTL 直联式离心萃取分离机工作原理如图 6-14 所示。互不相溶的两液相(原料液和萃取剂)分别自机壳的 2 个进料管口进入机壳和转鼓外壁形成的外腔,借助转鼓的旋转而快速混合。转鼓底部和机壳上的叶轮形成自吸泵作用，该作用产生吸引力，使混合后的液体通过转鼓底部的通道吸入转鼓内部。转鼓内部借助幅板叶片分为4个竖直的腔体，进入的液体相互平衡。液体在转鼓内从下而上的流动过程中逐渐分离。分离区从转鼓底部一直到轻相堰板，保证有足够的时间形成液/液分界面。分离开的液/液相分别通过轻、重相堰汇集到各自的收集腔，并分别由各自出口排出。

重相堰板可以方便拆下和更换，可以更换合适直径的重相堰板，以达到良好的分离效果。除了具有清洗方便、防乳化装置外，CTL离心萃取分离机还具有如下特点：①占用空间小，电机直接驱动、无传动附件，结构紧凑，节省占地面积和减小操作空间；②适应性能强，与传统的厢式萃取设备和塔式萃取设备相比，CTL离心萃取分离机的存留时间短、分相迅速、适应的流比范围宽，通过调换堰板和变频调速可满足不同密度、黏度的液体物料；③萃取效率高，相平衡建立快，易于实现单级或多级串联逆流或错流洗涤和萃取；④操作性能好，全自动控制，机器设置有过载保护、异常振动报警和停机保护等措施，可连续无间断运行，也可小批量、多品种间歇使用；⑤节省生产成本，机器内部容积小，溶剂存留量小，萃取剂、溶剂或洗涤剂耗量最小，节省投资费用和溶剂的回收再生费用；⑥密闭性能好，适合防爆、有毒、有害和易挥发性介质的应用环境，易于满足制药企业GMP规范要求。

用萃取法提取某些抗生素，如在青霉素、链霉素等抗生素的生产过程中，为了保持产品的稳定性，要求萃取过程中两相的接触时间越短越好，CTL离心萃取分离机正好满足了这一要求，因此得到应用。

4. 设备验证

萃取是把有效成分从液相中用另一液相进行混合接触并重新分离，使有效成分转移的过程。此类设备要求其设备本体及所附属的管道不积存料液，并可原位清洗。

1）安装确认

萃取设备安装过程前，应先对照设备清单清点核对设备部件，包括数量、材质与规格等，清点设备出厂前各项检测记录是否齐全，如萃取反应罐/釜及液料输送管道压力耐受试验、与溶剂是否产生化学反应、泄漏检测、温度/压力控制系统与仪表的校准记录等，设备使用、常见故障排除、保养及维修说明书或指南等技术文件是否完备；同时检查核对配套公用设施如水、电、气、冷、热及溶剂等供应管线规格、控制系统及其接口与萃取装量是否匹配。在全部生产线中萃取工序与其上、下游工序设备是否配套衔接等。

以上核查无误后，按照安装说明书和设计图纸依次装配萃取装置各设备部件和系统，包括主体反应罐/釜及液料输送管道的就位、固定和连接，安装温度/压力/流量监测仪表、供电系统与自动控制系统，对这些装配操作和连接过程逐项检查、核对确认其安装正确，记录和签署相应安装记录和确认文件；继而将萃取设备整机相应接口与水、电、气、冷、热、溶剂和废料排污等公用工程设施连接起来，对于水、气、冷/热交换、溶剂和液料输送管线的接口、阀门及仪表等连接处的气密性、耐压性等进行测试，对供电系统与设备电器、动力系统和控制系统的连接质量也要用相应的技术手段检测，对连接安装过程、检测过程和检测结果逐项核查、记录并签署有关安装确认文件；如果萃取设备或单元整体与萃取工序的上、下游工艺加工设备有料液（如进料输入/产物输出等）输送管线的连接安装工作，则遵循上述原则对其装配连接和测试过程与结果进行安装确认的文件化工作。

针对萃取设备安装过程和结果记录文件进行审核，在证实所有安装工作符合要求，安装过程中出现的任何技术问题得到妥善解决，确认测试经过合格后，设备提供方、设备接收方人员及安装、测试的责任人员签署最后安装确认文件后，设备验证可以进入操作确认阶段。

2）操作确认

通过现场分别对萃取设备各组成部件及相关公共工程设施配套设备进行单机运行试验和测试，确认其运行状态符合设计要求，溶剂温度、搅拌速度、物料输送管线阀门的开启与关闭、萃取反应器及管道压力的控制达到设计规范,温度、压力等在线检测传感器探头的准确性和灵敏度能够满足萃取工艺的需要。对各进出物料或液料口、溶剂进出口和取样口的机械操作和控制运行状况进行检查,考核按照操作程序对设备进行操作时的设备工作状况主要技术性能能否达到设计指标,自动控制系统能否按照设计要求正常运行等。

在证实所有操作符合要求,操作实验中出现的任何未达到技术标准情况得到纠正处理和妥善解决,对运行确认过程和结果记录文件进行审核,确认测试结果合格后,设备提供方、设备接收方人员及操作实验和运行测试的责任人员签署最后操作确认文件后,设备验证可以进入性能确认阶段,此时工艺验证工作也可以展开。

3)性能确认

在萃取设备和相关系统通过了操作确认后,表明各设备能达到设计要求,处于可运行状态。但特定制品的生产工艺全过程加工,不仅需要有各个符合要求的独立设备和系统,更需要将这些设备和系统按生产工艺衔接起来执行一个完整的工艺操作流程。为了确保萃取生产线各组成部分在生产工艺条件下的相互配合形成一个工艺整体,尚需进一步做工艺条件下的性能验证。萃取装置的性能确认往往与工艺验证结合进行,采取溶剂试车的方式进行性能确认。其认证内容既包括萃取设备自身性能的确认,也包括其与完整生产线和工艺流程的匹配能否达到工艺要求。

原位清洗效果要通过实际加入模拟污染物按运行程序清洗后,检测模拟污染物的去除情况,证明原位清洗程序包括去污剂的种类和使用等能够达到要求,还应证明萃取反应器和有关管道的死角能得到有效清洗。原位消毒效果的验证则要用热电偶巡检仪检测萃取反应器和有关管道的消毒温度和保持时间,找出消毒温度最低点;验证中关键点和温度最低点放置微生物指示剂,消毒后培养应无微生物生长。

6.4.3 萃取设备中液-液两相的流动和传质特性

1. 萃取设备中两相的流动特性

1)分散相与连续相

在萃取过程中,要求两相能紧密接触,以扩大传质的表面积并强化传质,所以总是使一相分散成液滴的形式与另一相进行逆流流动,前者就称为分散相,而后者称作连续相。

理论上说分散相可以是两相中的任何一相,但由于分散相的选择会影响到塔内传质效果及操作性能,所以在决定以哪一相作为萃取过程的分散相时,往往要考虑分散相和连续相的流量、黏度、体系的界面特性和其他物性、传质方向、通量、传质和操作的稳定性、设备内构件与两相的浸润关系等。

一般情况下,选择分散相应通过试验,特别是在中试中确定。分散相的液滴尺寸与萃取设备的结构紧密相连,如是否有外加能量、加入形式及强度,是否有喷嘴或分布器等。

关于分散相液滴尺寸分布的计算,大多是经验关联式或半经验关联式,因为其大小不仅与体系物性有关,还与设备尺寸的结构有关,如液滴尺寸 d_{32} 的半经验关联式,通常以沙特(Sauter)液滴平均直径 d_{32} 来表示液滴的平均直径 d_{p}

$$d_{32}=\frac{\sum_{i=1}^{N} n_i d_{\mathrm{p}i}^3}{\sum_{i=1}^{N} n_i d_{\mathrm{p}i}^2} \tag{6-36}$$

设备中分散相的比表面积 a 可以由平均液滴直径 d_{32} 和分散相滞留率来表示

$$a=6\varphi/d_{32} \tag{6-37}$$

式中,φ 通常称为分散相的滞留率,定义为设备中分散相所占有的体积与塔中两相所占据的有效体积之比值。从提高液-液传质速率角度考虑，分散相液滴的平均直径越小，传质的比表面积越大，传质速率就越快。但经过充分接触的两相混合后，还要快速达到分相的目的，液滴平均直径过小不利于分散相液滴的凝聚和分相。

2）滑动速度和特性速度

滑动速度 v_s 是塔内两相实际线速度之和，亦即连续相与分散相的相对速度。可用下面基本关系式关联

$$v_s=\frac{v_d}{\varphi}+\frac{v_c}{1-\varphi}=v_k(1-\varphi) \tag{6-38}$$

式中，v_d、v_c 分别为分散相和连续相的表观速度（也称空塔速度），可以分别由两相的体积流率除以塔的横截面积得到；v_k 定义为特性速度。显然，在一定条件下，v_k 与分散相滞留率无关，而仅是体系物性、设备几何尺寸及搅拌强度的函数。

3）液泛

从宏观上看，萃取塔运行中若操作不当，会发生一液相被另一相“推”出设备的情况，或者还会发生分散相液滴凝聚成一段液柱并把连续相隔断的现象，这种现象称为液泛。刚开始发生液泛的点称为液泛点，这时两液相的流速分别称为两相的液泛流速。显然，液泛是设备操作者不愿发生的现象，但它又是一个重要的设计指标。因为液泛速度表明了一个萃取塔所能允许的最大处理通量（也可用负荷或比负荷来表示）。

对式(6－38)而言，从理论上说，液泛时应有$\frac{\partial v_d}{\partial \varphi}$和$\frac{\partial v_c}{\partial \varphi}$都等于零，从而得到两相液泛速度

$$v_{dF}=2v_k\varphi_F(1-\varphi_F) \tag{6-39}$$

$$v_{cF}=v_k(1-\varphi_F)^2(1-2\varphi_F) \tag{6-40}$$

式中，φ_F 为液泛时的分散相滞留率。由下式得到

$$\varphi_F=\frac{(L_R^2+8L_R)^{\frac{1}{2}}-3L_R}{4(1-L_R)} \tag{6-41}$$

式中，$L_R=v_d/v_c$，即两相流速比。

这样得到的两相液泛速度称为表观液泛速度。一般在设计中往往取液泛速度的50%～70%作为设备中液相的实际操作速度。萃取塔径设计过程中，可以先根据工艺要求确定流比 L_R，从式(6－41)可求出液泛时的分散相滞留率 φ_F，再选用合适的特性速度 v_k 的关联式并结合式(6－39)和式(6－40)求出两相液泛速度 v_{dF} 和 v_{cF}，然后按液泛速度的50%～70%决定实际操作速度，最后，可计算塔径。

2. 萃取设备中的传质特征

萃取设备中的传质发生在连续相和液滴群之间，考虑到单个液滴的界面面积和与它有关的接触时间容易通过实验得到，因此通过研究单液滴的传质行为来得到传质系数，进而对设备内的传质进行预测，事实上已经有了从单液滴传质机理较成功地预测喷淋塔、筛板塔和转盘塔尺寸大小的报道。

一般认为单液滴传质按顺序应包括四个阶段，即液滴形成、液滴释放、液滴自由运动和液滴凝聚。

(1) 液滴形成阶段　通常认为该阶段的传质量接近平衡时总传质量的20%，故研究报道也不少，但由于实验的困难性和外加因素的多样性，又由于合适的测量技术难以找到，故所报道的经验公式一致性比较差。

(2) 液滴自由运动阶段　由于传质方向可以从分散液滴到连续相，也可以从连续相到分散液

滴，所以这一阶段的传质研究分为滴内和滴外两方面。相关专著或专业期刊分别研究了滴内传质系数和滴外传质系数的关联计算。

(3) 液滴凝聚阶段　液滴凝聚也是一种复杂的界面现象。由于目前对此尚缺乏透彻的认识，更缺乏可靠的计算方法，因此仅有少量的半经验公式来估算该阶段的传质系数。从目前对该阶段的研究来看，有以下几个方面的定性认识：①界面张力的影响，界面张力越低，凝聚时间延长；②密度差的影响，两相密度差增加会使凝聚时间缩短；③黏度的影响，连续相的黏度越大，凝聚时间延长；④液滴直径的影响，实验中能观察到的液滴直径越小，凝聚时间越长，但也有报道认为这是由于小液滴到达传质界面所需时间较长的缘故，并不说明它们在界面上的停留时间长；⑤一些外加因素都会影响凝聚，如温度、微量杂质等。通常温度的升高有利于液滴的凝聚。

从上面讨论可以看出，在萃取设备中两相间传质行为的影响因素的复杂性，除了上面所介绍的各阶段的传质外，分散相液滴在其整个塔内运动中可能反复地发生形成-凝聚-再形成的情况，加上传质表面不断得到更新并伴有强烈湍动，都会造成传质速率大大提高。另外，液滴的外形状态也会对传质产生极大的影响，在以前讨论的液滴平均直径计算中部假设把液滴看作球形，而实际上液滴在与连续相的逆流流动中，只有小液滴才可能保持球形状态，较大的液滴可能呈椭圆形或其他形状，这些因素都极大地影响着萃取过程中的传质行为。其他影响传质的因素还有液滴内发生的环流力“颤抖”，以及各种原因导致的界面骚动，有关内容读者可参阅相关教材。

思考题和习题

6-1 简要说明液-液相平衡数据的测定方法及溶解度曲线和平衡联结线对液-液萃取操作的指导作用。

6-2 试比较物理萃取和化学萃取的操作要点以及萃取剂(或稀释剂)的选择原则。

6-3 试比较逐级筛板塔和脉冲筛板塔在实现液-液萃取过程中操作原理的相同点和不同点。

6-4 试述液-液萃取过程中两相流动特性和传质特性对萃取塔操作的影响。

6-5 在0℃、pH2.5时苄青霉素在乙酸乙酯-水中的表观分配系数为30，用占原料液体积1/3的乙酸乙酯进行一次单级萃取，计算理论收率。

6-6 试推导错流萃取时，理论总收率

$$P=1-\varphi=1-\frac{1}{(E_1+1)(E_2+1)\cdots(E_N+1)}\times 100\%。$$

6-7 在25℃时，甘氨酸在水、正丁醇间的分配系数为70.4，如果采用总料液体积1/5的水作萃取剂进行三级逆流萃取，计算总理论收率。

参考文献

[1] 邓修，吴俊生. 化工分离工程. 北京：科学出版社，2000.

[2] 韩菲，裴亮，王理明. 离子液体在萃取分离中的应用. 过滤与分离，2009，19(2)：19-22.

[3] 吕廷婷，等. 离子液体萃取有机物的研究进展. 化工进展，2010，29(5)：801-806.

[4] 孙楠，等. 咪唑类[PF6]⁻型离子液体萃取胺类化合物. 环境工程学报，2009，3(8)：1399-1404.

[5] 顾觉奋. 分离纯化工艺原理. 北京：中国医药科技出版社，2000.

[6] 于品华，等. 液-液萃取及新型液-液-液三相萃取机理研究. 化工进展，2009，28(9)：1507－1512.

[7] 任钟旗，吕元元，张卫东. 青霉素提取工艺的研究. 中国科技论文在线，2007，2(12)：893－896.

[8] 田庆来，等. 溶剂萃取法分离水溶性甘草黄酮. 过程工程学报，2007，7(3)：496－500.

[9] 戴猷元，秦炜，张瑾. 有机物络合萃取技术. 北京：化学工业出版社，2003.

[10] 戴猷元，等. 有机物络合萃取化学. 北京：化学工业出版社，2008.

[11] 汪家鼎. 溶剂萃取. 北京：化学工业出版社，2002.

[12] 李以圭，李洲，费维扬. 液-液萃取过程和设备. 北京：化学工业出版社，1981.

[13] 李津，俞詠霆，董德祥. 生物制药设备和分离纯化技术. 北京：化学工业出版社，2003.

7 反胶束萃取与双水相萃取

7.1 反胶束萃取

7.1.1 概述

传统的分离方法,如有机溶剂液-液萃取技术,由于具有操作连续,多级分离,放大容易和便于控制等优点,已在抗生素等物质的生产中广泛应用,并显示出优良的分离性能。但却难以应用于一些生物活性物质(如蛋白质)的提取和分离。因为绝大多数蛋白质都不溶于有机溶剂,若使蛋白质与有机溶剂接触,会引起蛋白质的变性。另外,蛋白质分子表面带有许多电荷,普通的离子缔合型萃取剂很难奏效。因此,研究和开发易于工业化的、高效的生化物质分离方法已成为当务之急。反胶束萃取是近年来涌现出来的另一种新颖萃取方法。反胶束萃取技术为活性生物物质的分离开辟了一条具有工业应用前景的新途径。它的突出优点如下:

(1) 有很高的萃取率和反萃取率并具有选择性;

(2) 分离、浓缩可同时进行,过程简便;

(3) 能解决蛋白质(如胞内酶)在非细胞环境中迅速失活的问题;

(4) 由于构成反胶束的表面活性剂往往具有细胞破壁功效,因而可直接从完整细胞中提取具有活性的蛋白质和酶;

(5) 反胶束萃取技术的成本低,溶剂可反复使用等。

7.1.2 反胶束的形成及其基本性质

1. 反胶束的形成

将表面活性剂溶于水中,当表面活性剂的浓度超过一定的数值时,表面活性剂就会在水溶液中聚集在一起形成聚集体,称为胶束。水相中的表面活性剂聚集体其亲水性的极性端向外指向水溶液,疏水性的非极性"尾"向内相互聚集在一起。同理,当向非极性溶剂中加入表面活性剂时,如表面活性剂的浓度超过一定的数值时,也会在非极性溶剂内形成表面活性剂的聚集体。与在水相中不同的是,非极性溶剂内形成的表面活性剂聚集体,其疏水性的非极性尾部向外,指向非极性溶剂,而极性头向内,与在水相中形成的微胶束方向相反,因而称之为反胶束或反向胶束(reversed micelles),其示意图如图 7-1 所示。胶束或反胶束的形成均是表面活性剂分子自聚集的结果,因而是热力学稳定体系。

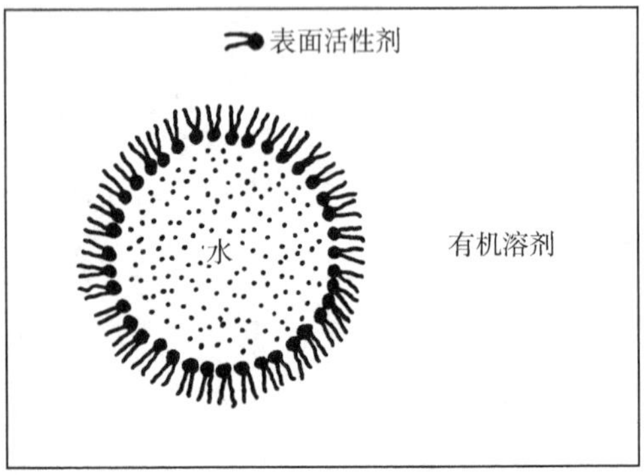

图 7-1 反胶束模型

图 7-2 是表面活性剂不同聚集体的微观构造。

在反胶束中有一个极性核心，此极性核心具有溶解极性物质的能力，极性核心溶解水后，就形成“水池”。由于胶束的屏蔽作用，生物物质不与有机溶液直接接触，起到保护生物物质活性的作用。

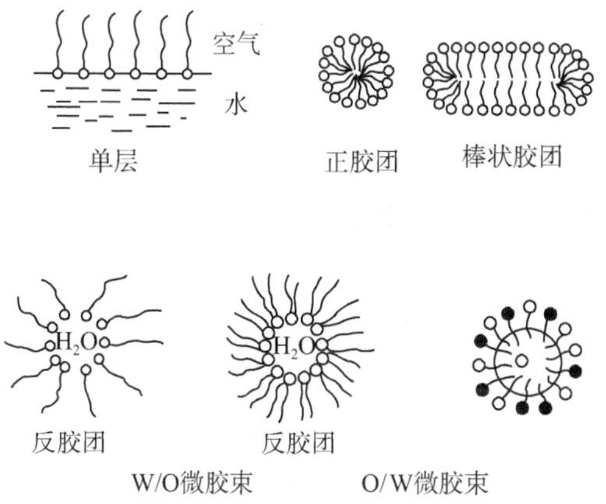

图 7－2　表面活性剂的不同聚集体

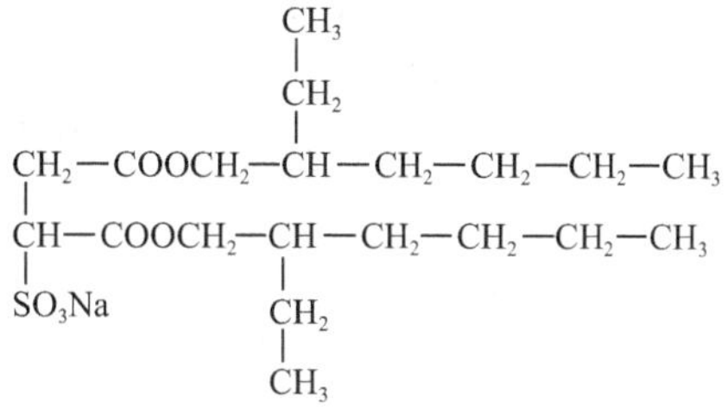

图 7－3　AOT 的分子结构

表面活性剂的存在是构成反胶束的必要条件，有三类表面活性剂即阴离子型、阳离子型和非离子型表面活性剂，都可在非极性溶剂中形成反胶束。在用反胶束萃取技术分离蛋白质的研究中使用得最多的是阴离子型表面活性剂 AOT (Aerosol OT)，其化学名称是琥珀酸二(2－乙基己基)酯磺酸钠(sodium di-2-ethyl-hexylsulfosuccinate)，它的化学结构式如图 7－3 所示。AOT 容易获得，其特点是具有双链，形成反胶束时无需加入助表面活性剂且有较好的强度；极性基团较小，所形成的反胶束空间较大，半径为 170 nm，有利于生物大分子进入。

其他常用的表面活性剂有 CTAB (溴代十六烷基三甲铵)、TOMAC(氯化三辛基甲铵)、PTEA(磷脂酰乙醇胺)、DDAB(溴化十二烷基二甲铵)等。而常用于反胶束萃取系统的非极性有机溶剂有环己烷、庚烷、辛烷、异辛烷、己醇、硅油等。AOT/异辛烷/水体系最常用，它的尺寸分布相对来说是均一的，含水量为 4%～50%时，流体力学半径为 2.5～18 nm，每个胶束中含有 35～1 380 个表面活性剂分子。AOT/异辛烷体系对于分离核糖核酸酶、细胞色素 C、溶菌酶等具有较好的分离效果，但对于相对分子质量大于 30 000 的酶，则不易分离。

2. 反胶束的基本性质及制备

1) 反胶束的物理化学特性

反胶束的形状通常为球形，有些情况下也可能成为椭球形或棒形。反胶束的大小取决于表面活性剂和非极性有机溶剂的种类、浓度；操作时体系的温度、压力；微小水池中的离子强度等。

(1) 临界胶束浓度

将表面活性剂在非极性有机溶剂相中能形成反胶束的最小浓度称为临界胶束浓度(critical micelle concentration，简称 CMC)，大多数在 0.1～1.0 mmol/L 内。它与表面活性剂种类、溶剂、温度和压力等因素有关。在有机溶剂中反胶束的表面活性剂分子缔合数，与水溶液系统相比要小，而且疏水性的碳链越长缔合数越小。CMC 越小，表明表面活性剂形成胶束所需的浓度越低，达到表面饱和吸附的浓度越低。CMC 的数值可以通过测定各种物理性质的突变(如表面张力、渗透压、电导率等)来确定。

(2) 含水率 W_0

表征反胶束大小较好的参数是反胶束含水率 W_0，反胶束大小因 W_0 的不同而差别很大。W_0 用有机溶液中水和表面活性剂的摩尔浓度之比来定义，即

$$W_0=\frac{c_{水}}{c_{表}} \tag{7-1}$$

如表面活性剂是 AOT，则

$$W_0=\frac{c_{水}}{c_{AOT}} \tag{7-2}$$

W_0 是个非常重要的参数，反胶束的半径随 W_0 增加而增大。

反胶束“水池”中的水与普通的水在性质上是有差异的。当 $W_0<6\sim8$ 时，反胶束内微水相中的水分子被表面活性剂亲水性基团强烈地束缚，其表观黏度可增大到普通水黏度的 50 倍，且疏水性也极高。另外，其冰点通常低于 0℃。随着 W_0 的增大，这些现象逐渐减弱，当 $W_0>16$ 时，“水池”中的水逐渐接近正常的水，反胶束内可形成双层，见图 7-4。但即使当 W_0 值很大时，“水池”中水的理化性质也不可能与普通的水完全相同，特别是接近表面活性剂亲水一头的区域内。

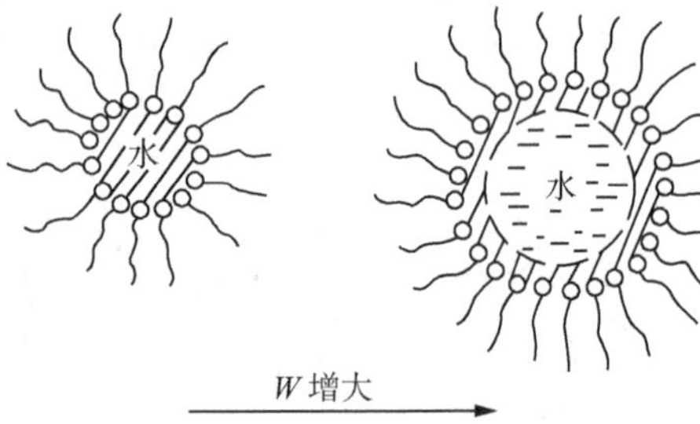

图 7-4　胶束变化示意图

除了 W_0 或表面活性剂 AOT 浓度很大的场合，可假定微水相为球形，从而可用同心球模型近似表达。反胶束平均直径 d_m 的增加大致和 W_0 的增加成正比，$W_0=0\sim50$ 时，$d_m=2\sim30$ nm。

2）反胶束的制备

制备反胶束系统一般有以下三种方法：

（1）注入法　这是最常用的方法。将含有蛋白质的水溶液直接注入含有表面活性剂的非极性有机溶剂中去，然后进行搅拌直到形成透明的溶液为止。这种方法的过程较快并可较好地控制反胶束的平均直径和含水量。

（2）相转移法　将酶或蛋白质从主体水相转移到含表面活性剂的非极性有机溶剂中形成反胶束-蛋白质溶液。即将含蛋白质的水相与含表面活性剂的有机相接触，在缓慢的搅拌下，一部分蛋白质转入（萃入）有机相。此过程较慢，但最终的体系处于稳定的热力学平衡状态，这种方法可在有机溶剂相中获得较高的蛋白质浓度。

（3）溶解法　对非水溶性蛋白质可用该法。将含有反胶束（$W_0=3\sim30$）的有机溶液与蛋白质固体粉末一起搅拌，使蛋白质进入反胶束中，该法所需时间较长。含蛋白质的反胶束也是稳定的，这也说明反胶束“水池”中的水与普通水的性质是有区别的。

7.1.3　反胶束萃取蛋白质的基本原理

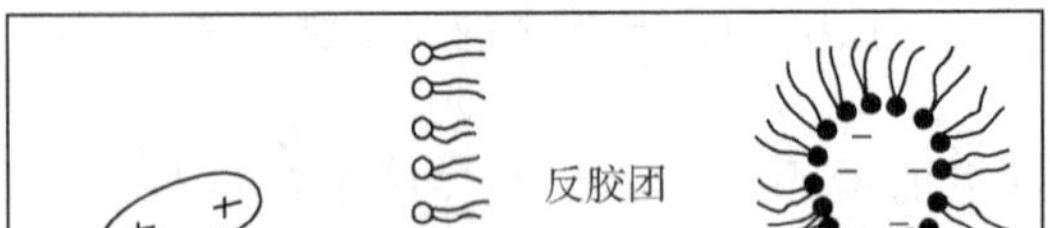

图 7-5　反胶束萃取原理

1. 反胶束萃取的原理

从宏观上看蛋白质进入反胶束溶液是一协同过程。在有机溶剂相和水相两宏观相界面间的表面活性剂层，同邻近的蛋白质分子发生静电吸引而变形，接着两界面形成含有蛋白质的反胶团，然后扩散到有机相中，从而实现了蛋白质的萃取。改变水相条件（如 pH 值、离子种类或离子强度），又可使蛋白质从有机相中返回到水相中，实现反萃取过程。微观上，如图 7-5 所示，是从主体水相向溶解于有机溶剂相中纳米级的、均一且稳定的、分散的反胶束微水相中的分配萃取。从原理上，可当作“液膜”分离操作的一种。

其特点是萃取进入有机相的生物大分子被表

面活性分子所屏蔽，从而避免了与有机溶剂相直接接触而引起的变性、失活。pH 值、离子强度、表面活性剂浓度等因素会对反胶束萃取产生影响，通过对它们的调整，对分离场(反胶束)-待分离物质(生物大分子等)的相互作用加以控制，能实现对目标物质高选择性的萃取和反萃取。另外，因有机相内反胶束中微水相体积最多仅占有机相的几个百分点，所以它同时也是一个浓缩操作。只要直接添加盐类，就能从已和主体水相分开的有机相中分离出含有目标产物的浓稠水溶液。

2. 蛋白质的溶解

由于反胶束内存在"水池"，故可溶解蛋白质等生物分子，为生物活性物质提供了易于生存的亲水微环境，因此，反胶束萃取可用于蛋白质等生物分子的分离纯化。蛋白质向非极性溶剂中反胶束的纳米级水池中的溶解，有如图 7-6 所示的四种可能的模型。图 7-6(a)为水壳模型；(b)蛋白质中的亲脂部分直接与非极性溶剂的碳氢化合物相接触；(c)蛋白质被吸附在微胶束的"内壁"上；(d)蛋白质被几个微胶束所溶解，微胶束的非极性尾端与蛋白质的亲脂部分直接作用。目前被普遍接受的是水壳模型。在水壳模型中，蛋白质居于"水池"的中心，周围存在的水层将其与反胶束壁(表面活性剂)隔开，水壳层保护了蛋白质，使它的生物活性不会改变。

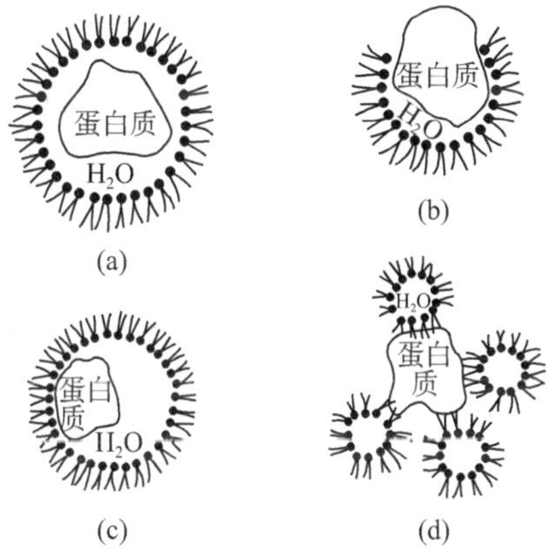

图 7-6　蛋白质向反胶束溶解的几种可能模型

蛋白质溶入反胶束相的主要推动力是蛋白质表面电荷与反胶束内表面电荷间的静电相互作用，因此，凡能影响静电作用的因素都会影响蛋白质的溶入，如水溶液的 pH 值、离子强度等。

3. 反胶束萃取

生物分子溶入反胶束相的主要推动力是表面活性剂和蛋白质的静电相互作用，此外，反胶束与生物分子的空间相互作用和疏水性相互作用对生物分子的萃取率也有重要影响。下面以研究得较多的 AOT/异辛烷体系为对象，以静电性、空间性、疏水性相互作用的分离特性及效果作以下归纳。

1) 静电性相互作用

在反胶束萃取体系中，表面活性剂与蛋白质都是带电的分子，因此静电性相互作用是萃取过程的一种主要推动力。当水相 pH 值偏离蛋白质等电点时，由于溶质带正电荷($pH<pI$)或负电荷($pH>pI$)，与表面活性剂发生强烈的静电相互作用，影响溶质在反胶束相的萃取率(即溶解率)。理论上，当溶质所带电荷与表面活性剂相反时，由于静电引力的作用，溶质易溶于反胶束，萃取率较大，反之则不能溶于反胶束相中。以表 7-1 中的酶、蛋白质为例，具体考察它们从主体水相向反胶束内微水相中的萃取或反方向的反萃取时静电性相互作用以及 pH 值对这种作用的影响。

表 7-1　蛋白质的相对分子质量和等电点

蛋白质	M	pI
细胞色素 C	12 400	10.6
核糖核酸酶 A	13 700	7.8
溶菌酶	14 300	11.1
木瓜酶	23 400	8.8
BSA	65 000	4.9

(1) 对于小分子蛋白质($M<20\ 000$)，当 $pH>pI$ 时，蛋白质不能溶入胶束内，但在等电点附近，急速变为可溶；当 $pH<pI$ 时，即在蛋白质带正电荷的 pH 范围内，它们几乎完全溶入胶束内(图 7-7)。

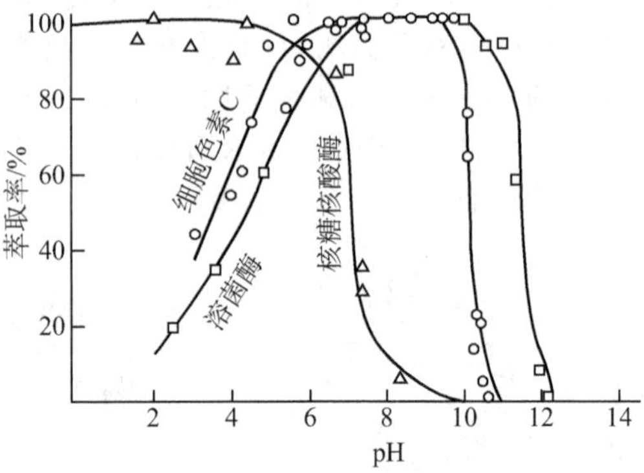

图 7-7　pH 对细胞色素 C、溶菌酶和核糖核酸酶萃取的影响

(2) 蛋白质相对分子质量增大到一定程度，即使将 pH 值向酸性一侧偏离 p*I*，萃取率也会降低(即立体性相互作用效果增大)。

(3) 相对分子质量更大的 BSA，整个 pH 值范围内几乎都不能萃取(即静电性相互作用无限小，可忽略不计)。此时，若将 AOT 浓度从通常条件(50～100 mmol/L)增加到 200～500 mmol/L，逐渐变为可萃取。

(4) 降低 pH 值，正电荷量增加，似乎有利于萃取率的提高。事实上，缓慢减小 pH 值，萃取率从某一 pH 值开始，急速减小，这可能是蛋白质的 pH 变性所造成的。蛋白质和水相中微量的 AOT 在静电、疏水性等的相互作用下，在水相中生成了缔合体，引起蛋白质变性，不能正常地溶解于反胶束相。

(5) 添加 KCl 等无机盐，因离子强度的增加和静电屏蔽的作用，而使静电性相互作用变弱，一般萃取率会下降(图 7-8)。而且，它对有机相具有脱水作用(W_0 减小，见图 7-9)，使立体性相互(排斥)作用增大。

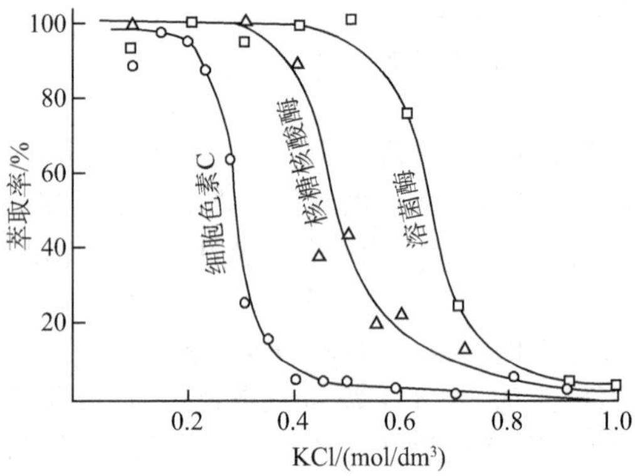

图 7-8　KCl 浓度对细胞色素 C、溶菌酶和核糖核酸酶萃取的影响

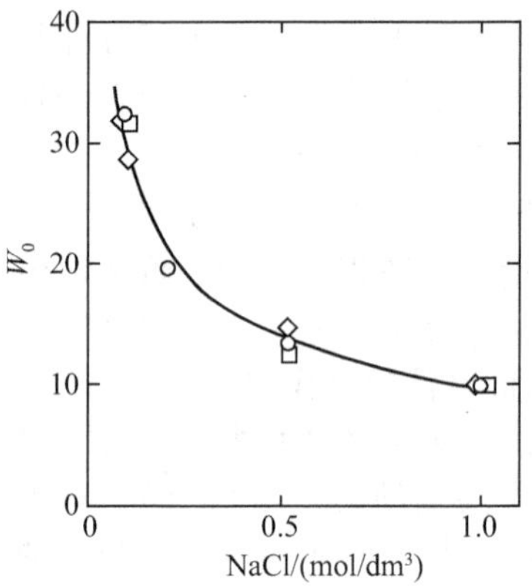

图 7-9　盐浓度对 W_0 的影响

2) 空间性相互作用

反胶束"水池"的大小可以用 W_0 的变化来调节，并且会影响大分子如蛋白质的增溶或排斥，达到选择性萃取的目的，这就是空间排阻作用。研究表明，随着 W_0 的降低，反胶束直径减小，空间排阻作用增大，蛋白质的萃取率下降。

另外，空间排阻作用也体现在蛋白质分子大小对分配系数的影响上。随着蛋白质相对分子质量的增大，蛋白质分子和胶束间的空间性相互作用增加，分配系数(溶解率)减小。用动态光散射法测定，发现反胶束粒径并非一致，存在一粒径分布(图 7-10)。由图 7-10 可知，胶束的粒径分布(分离场)随盐浓度和 AOT 浓度的增加而发生显著的变化。蛋白质溶入与否，对它几乎没有影响。

如分离场不受蛋白质种类的影响，反之则可认为，可能通过立体性相互(排斥)作用，高效分离纯化蛋白质。如图 7-11 所示，随着蛋白质相对分子质量的增加，分配系数 K_{pI}(蛋白质等电点处的分配系数)迅速减小，当相对分子质量超过 20 000 时，分配系数很小。该实验在蛋白质等电点处进行，排除了静电性相互作用的影响，表明随相对分子质量的增加，空间位阻作用增大，蛋白质萃取率下降。因此可以根据蛋白质间相对分子质量的差异，利用反胶束萃取实现蛋白质的选择性分离。从图中还可以知道，即使萃取溶入胶束的蛋白质的种类和相对分子质量不同，分离场的特性（胶束平均直径和含水率）几乎不变。

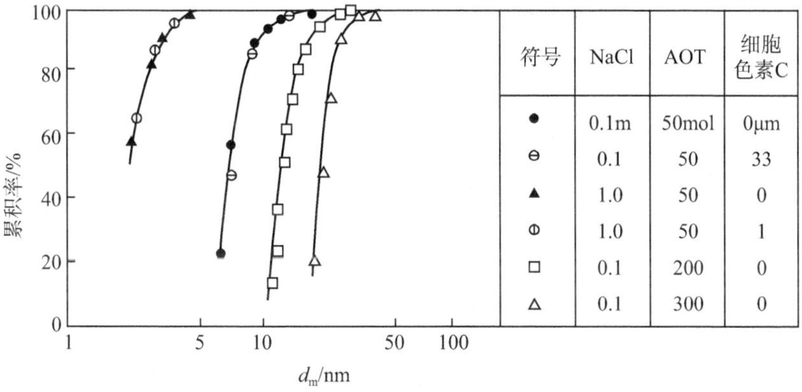

图 7－10 胶束粒径大小分布

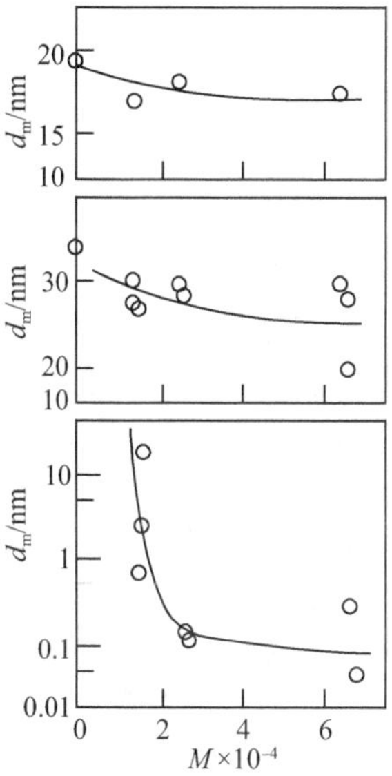

图 7－11 蛋白质平均相对分子质量的影响

3）其他相互作用

关于疏水性相互作用和特异性相互作用，还研究不多。即使是疏水性比其他蛋白质大的木瓜酶，由于其 K_{pI}，也可被统一性地关联在图 7－11 之中，所以在蛋白质的场合下，疏水性相互作用对蛋白质分配特性的影响不大。

7.1.4 反胶束萃取的过程和工艺开发

1．反胶束萃取的过程

水相中的溶质进入反胶束相需经历三步传质过程：①通过表面液膜从水相到达相界面；②在界面处溶质进入反胶束中；③含有溶质的反胶束扩散进入有机相。反萃取操作中溶质亦经历相似的过程，只是方向相反，即在界面处溶质从反胶束内释放出来。反胶束萃取过程见图 7－12。

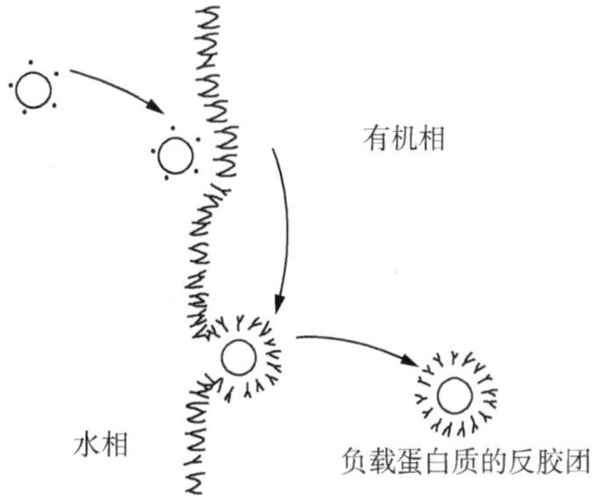

图 7－12 反胶束萃取过程

2．反胶束萃取的工艺开发

反胶束萃取的本质仍为液-液有机溶剂萃取，可采用各种微分萃取设备和混合/澄清槽萃取设备。

1）混合/澄清槽萃取

混合/澄清槽萃取器是一种常用的液-液萃取设备，该设备由料液与萃取剂的混合器和用于两相分离的澄清槽组成，可进行间歇或连续的液-液萃取。但该设备最大的缺点是反胶束相与水相相混合时，混合液易出现乳化现象，从而增加了相分离时间。

Dekker 等用混合/澄清槽（图 7－13）实现了用 TOMAC/异辛烷反胶束系统对 α-淀粉酶的连续萃取。

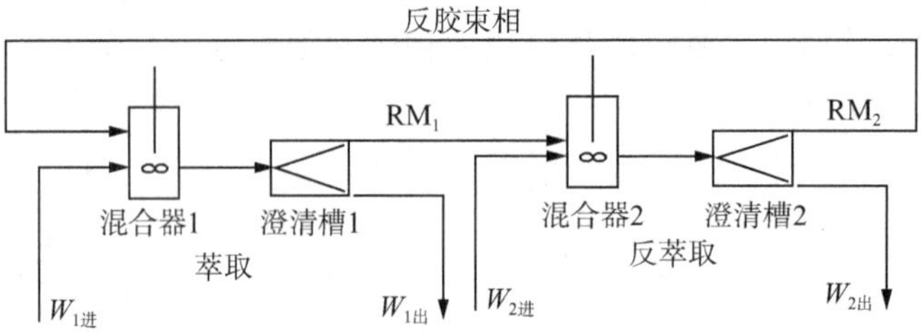

图 7-13　混合/澄清槽反胶束萃取 α-淀粉酶流程图

该过程由两个混合/澄清单元构成，图中左侧单元用于反胶束萃取，经沉降澄清槽后反胶束相进入右侧单元的混合器进行反萃取。从反萃取单元的沉降澄清槽中流出的反胶束相循环返回左侧萃取混合器，同时分别向萃取混合器和反萃取混合器中连续加入料液和反萃取液。从萃取澄清槽中得到萃余相，从反萃取澄清槽中得到产品，从而实现连续萃取分离操作。试验结果表明，利用该萃取装置，可使 α-淀粉酶浓缩 17 倍，收率约 87%。

2）中空纤维膜萃取

中空纤维膜材料为聚丙烯，孔径约 0.2 μm，保证酶和含有酶的反胶束能够自由透过。膜萃取是一种新型溶剂萃取技术，其优点是：

(1) 水相和有机相分别通过膜组件的壳方和腔内，从而保证两相有很高的接触比表面积；

(2) 膜起固定两相界面的作用，从而在连续操作的条件下可防止液泛等现象的发生，流速可自由调整。因此，利用中空纤维膜萃取设备有利于提高萃取过程速度及规模放大。

3）反胶束液膜萃取

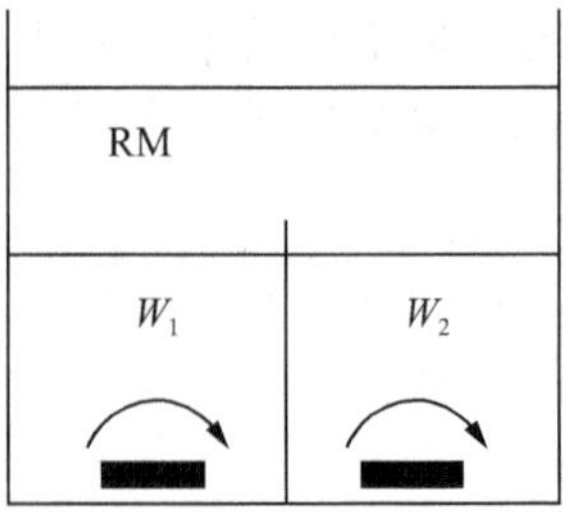

图 7-14　反胶束液膜萃取

图 7-14 是利用体积液膜装置进行蛋白质的反胶束萃取。该过程的特点是萃取与反萃取同时进行。可以看出，待萃取基本达到平衡后，胰凝乳蛋白酶基本保留在料液相(W_1)，而 80%以上的溶菌酶被反萃取到第二水相(W_2)。另外，各组分分别萃取的实验结果与双组分萃取试验结果一致，说明组分之间无相互影响。由于体积液膜相间接触面积小，萃取速度慢，所以达到萃取平衡需时较长，采用支撑液膜有望解决这一问题。

4）喷淋柱萃取

喷淋柱是一种应用广泛的液-液微分萃取设备，具有结构简单和操作弹性大等优点。特别是当用于含有表面活性剂的反胶束体系时，所需输入的能量很低，故不易乳化，从而缩短了相分离时间。但缺点是连续相易出现轴向返混，从而降低了萃取效率。

7.1.5　反胶束萃取技术在药物制造过程中的应用

1. 反胶束相转移法提取青霉素 G

印度 Fadnavis 等选用 AOT［二-(2-乙基己基)琥珀酸磺酸钠］/异辛烷反胶束系统研究了青霉素 G 的萃取率，考察了 pH、电解质、AOT 浓度对萃取率的影响。在 pH4.5 左右有最大的萃取率。在 pH=3.5 时，其萃取率却仅有 10%，Fadnavis 等认为在反胶束萃取抗生素除了静电作用、疏水作用，还有溶质与水形成的氢键也起重要的作用。如苄青霉素有自由的羧基，可以与水形成氢键，因此这种抗生素的萃取率不高。

我国吴子牛等也报道了反胶束萃取青霉素 G 的研究结果，研究用 CTAB（十六烷基三甲基溴化铵）/正辛醇/氯仿的反胶束系统萃取青霉素 G 时 pH 值对萃取率的影响，其结果与印度的 Fadnavis 的研究结果有所不同；在一定的条件下，青霉素的萃取率与 pH 值无关；另外增大 NaCl 浓度，青霉素的萃取率呈下降趋势，但萃取率变化不是很大。

反胶束是一种新型生物活性物质的分离方法，最初应用于具有鲜明等电点的氨基酸、蛋白质类物质的分离。吴子生等在室温和 pH 5～8 的条件下进行了青霉素 G 的反胶束相转移萃取研究，萃取率在 90%以上，离子强度及 pH 对青霉素萃取率、反萃取率的影响不大，但是离子强度对蛋白质的萃取率影响很大，因此可利用这些特点将杂蛋白除去。

2. 反胶束萃取卡那霉素

李夏兰等将磷酸二(2-乙基己基)酯(HDEHP)、磷酸三丁酯(TBP)、异辛烷形成反胶束，对萃取卡那霉素进行了研究，发现反胶束萃取率与水相 pH 值、盐浓度密切相关。当 KCl 浓度为 0.05 mol/L，萃取前水相 pH 为 10.0，HDEHP 浓度为 1 mol/L 时，HDEHP-TBP-异辛烷反胶束萃取发酵滤液的萃取率为 88.6%。而目前工业上离子交换法提取卡那霉素发酵滤液的单级萃取率一般为 82%～86%左右。重要的是反胶束在萃取过程中表现极为稳定，不会由于萃取中的机械混合而破坏导致生化物质返回到料液，可反复使用并可实现连续化生产。

3. 反胶束萃取牛血清白蛋白或溶菌酶

反胶束溶液萃取技术是近年来发展起来的一种新型分离技术，它具有液-液萃取的传统优点，且反胶束内的环境接近细胞内的环境，蛋白质不易变性，特别适用于生物制品的分离、浓缩和纯化。目前研究中常用阴离子表面活性剂 AOT [二-(2-乙基己基)琥珀酸磺酸钠]来形成反胶束相，其不足之处是不能萃取相对分子质量较大的蛋白质，如牛血清白蛋白(BSA)。陆强等研究了十六烷基三甲基溴化铵(CTAB)-正己醇-正辛烷反胶束溶液萃取 BSA，并获得了成功。考察了水相的 pH 值与离子强度和种类、有机相中表面活性剂浓度和助溶剂浓度等因素对反胶束萃取的影响，在适宜条件下，萃取率可达 99%以上。

4. 反胶束萃取苦参碱

苦参碱(matrine)是豆科植物苦参(sophora flavescens ait)，苦豆子(sophora alopecuroide)，广豆根(sophora tonkinensis)等中草药的活性成分，其活性单体的主要药理作用表现在对中枢神经系统、心血管系统、消化系统、生殖系统的作用上，在抗炎、抗皮肤纤维化、防治脑水肿、免疫抑制，特别是在抗肿瘤和抗乙型肝炎病毒上有明显的疗效。

苦参碱属于四环喹嗪啶类化合物，分子式为 $C_{15}H_{24}N_{20}$，带正电荷，能与带负电荷的阴离子形成离子键，可能被阴离子表面活性剂构成的反胶束选择性“增溶”，达到分离纯化。

陈明拓等用 AOT-异辛烷反胶束从粗苦参碱中萃取苦参碱，用毛细管电泳定量分析了苦参碱和氧化苦参碱，发现用 AOT-异辛烷反胶束体系对苦参碱具有良好的选择性，可以单次萃取形成较高纯度的苦参碱，在优化($pH=12$，$W_0=30$，$T=35$℃)的条件下，此体系萃取苦参碱萃取率达 70.3%，在选择性和萃取率上均优于原有工艺。同时，反胶束法代替原有萃取苦参碱工艺的重要性还在于取代了毒性较大的有机溶剂和容易对环境造成污染的酸、碱，使苦参碱的萃取更温和、更安全。

7.2 双水相萃取

萃取是最常用的一种液-液分离方法，在制药和化工行业应用极为普遍。但是随着生物技术的发展，有很多生物制品无法使用有机溶剂萃取的方法来进行分离纯化，其原因是有机溶剂对这些生物物质有毒害作用。因此需要开发大规模生产的、经济简便的、快速高效的分离纯化技术，双水相萃取技术就是考虑到这种现状，基于液-液萃取理论同时考虑保持生物活性所开发的一种新型的液-液萃取分离技术。

双水相萃取工业化应用开始于 20 世纪 70 年代西德科勒的工作，现在的研究已涉及很多物质的分离和提纯。其特点是用两种互不相溶的聚合物，如聚乙二醇(PEG)和葡聚糖(dextran)进行萃取，而不用常规的有机溶剂为萃取剂。因为所获得的两相，均含有很高的含水量，一般达70%～90%，故称双水相系统(aqueous two-phase system，ATPS)。

双水相萃取的优点如下：

(1) 每一水相中均有很高的含水量，为生物物质提供了一个良好的环境，并且聚乙二醇、葡聚糖和无机盐对生物物质无毒害作用。用这种体系的溶剂处理发酵液，不必担心生物活性物质会变性受害。甚至这些亲水性聚合物对蛋白质等生物物质，还能起到保护和稳定的作用。

(2) 双水相萃取法不仅可从澄清的发酵液中提取物质，还可以从含有菌体的原始发酵液或细胞匀浆液中直接提取蛋白质，免除过滤操作的麻烦。

双水相萃取技术作为一种新型的分离技术，克服了常规萃取有机溶剂对生物物质的变性作用，提供了一个温和的活性环境，萃取过程中能够保留产物的活性，整个操作可以连续化，在除去细胞或细胞碎片时，还可以纯化蛋白质，与传统的过滤法和离心法去除细胞碎片相比，无论在收率上还是在成本上，双水相萃取法都要优越得多。

7.2.1 双水相的分离理论

1. 双水相的形成

在聚合物-盐或聚合物-聚合物系统混合时，会出现两个不相混溶的水相。例如，在水溶液中的聚乙二醇和葡聚糖，当各种溶质均在低浓度时，可以得到单向匀质液体；当溶质的浓度增加时，溶液会变得浑浊，在静止的条件下，会形成两个液层，实际上是其中两个不相混溶的液相达到平衡，在这种系统中，上层富集了PEG，而下层富集了葡聚糖。

这两种亲水成分的非互溶性，可由它们各自分子结构的不同所产生的相互排斥来说明：葡聚糖本质上是一种几乎不能形成偶极现象的球形分子，而PEG是一种具有共享电子对的高密度直链聚合物。各个聚合物分子都倾向于在其周围有相同形状、大小和极性分子，同时由于不同类型分子间的排斥力大于同它们的亲水性有关的相互吸引力，因此聚合物发生分离，形成两个不同的相。

常用的双水相体系见表7-2。其中最常用的双水相体系有：聚乙二醇/葡聚糖体系，聚乙二醇/无机盐体系等。甲基纤维素和聚乙烯醇，因其黏度太高而限制了它们的应用。聚乙二醇和葡聚糖因其无毒性和良好的可调性而得到广泛的应用。

表7-2 常用的双水相体系

种类	双水相	
A	聚丙二醇	聚乙二醇 聚乙烯醇 葡聚糖 羟丙基葡聚糖
	聚乙二醇	聚乙烯醇 葡聚糖 聚乙烯吡咯烷酮
B	硫酸葡聚糖钠盐 羧甲基葡聚糖钠盐	聚丙烯乙二醇 甲基纤维素
C	羧甲基葡聚糖钠盐	羧甲基葡聚糖钠盐
D	聚乙二醇	磷酸钾 硫酸铵 硫酸钠 硫酸镁 酒石酸钾钠

2. 双水相的相图

水性两相的形成条件和定量关系常用相图表示，图 7－15 是聚乙二醇/葡聚糖和聚乙二醇/Kpi 体系的相图。

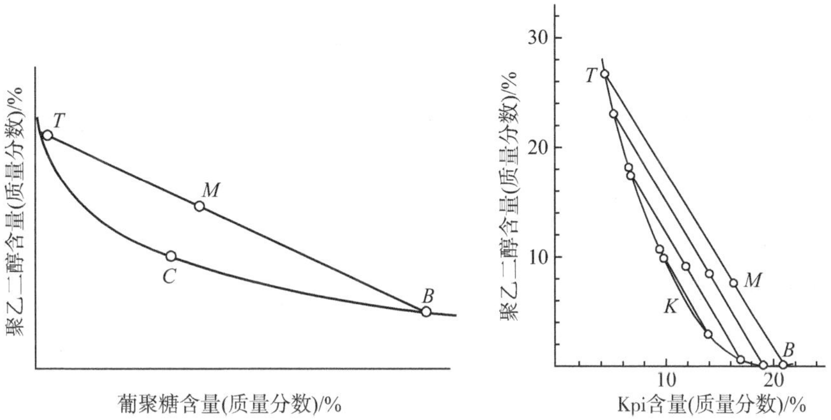

图 7－15　聚乙二醇/葡聚糖和聚乙二醇/Kpi 体系相图

图中把均匀区与两相区分开的曲线，称为双节线。双节线下方为均匀区，该处聚乙二醇、葡聚糖(或盐)在同一溶液中，不分层；双节线上方即为两相区，两相分别有不同的组成和密度。上相组成用 T(Top)表示，下相组成用 B(Bottom)表示。由图 7－15 可知，上相主要含聚乙二醇，下相主要含葡聚糖，如点 M 为整个系统的组成，该系统实际上由 T、B 所代表的两相组成，TB 为系线。两相平衡时，符合杠杆规则，V_T 表示上相体积，V_B 表示下相体积，则

$$\frac{V_T}{V_B}=\frac{BM}{MT} \tag{7-3}$$

式中，BM 是点 B 到点 M 的距离；MT 是点 M 到点 T 的距离。

当点 M 向下移动时，系线长度缩短，两相差别减小，到达点 C 时，系线长度为 0，两相间差别消失而成为一相，因此 C 点为系统临界点。从理论上说，临界点处的两相应该具有同样的组成、同样的体积，且分配系数等于 1。

3. 物质在双水相中的分配

和溶剂萃取法一样，物质在两水相中的分配也服从 Nerst 分配定律，分配系数用 K 表示，即

$$K=\frac{c_T}{c_B} \tag{7-4}$$

式中，c_T、c_B 分别代表上相、下相中溶质的浓度，mol/L。K 与温度、压力以及溶质和溶剂的性质有关，与溶质的浓度无关。

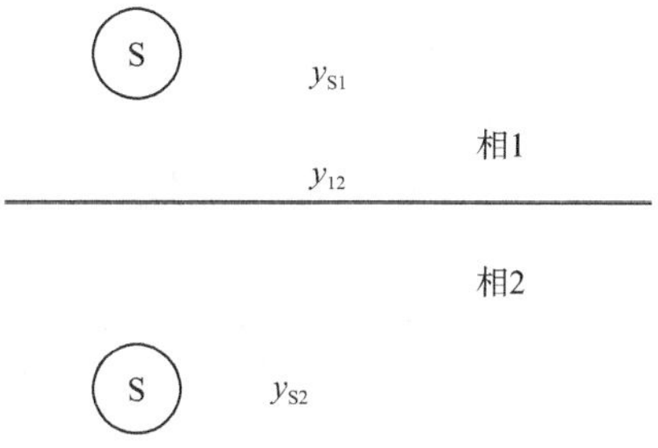

图 7－16　溶质分子在两相间的分配

S—溶质；γ_{S1}—溶质与相 1 间的表面张力；γ_{S2}—溶质与相 2 间的表面张力；γ_{12}—相 1 与相 2 间的表面张力

1) 表面自由能的影响

分配定律虽然是经验定律，但是也可由热力学原理推导出这一结论。分子或粒子在溶液中的分配，总是选择两相中相互作用最充分或系统能量达到最低的那个相。如图 7－16 所示，假设分子 S 从相 2 转移到相 1 所需的功为 ΔE，根据两相平衡时化学位相等的原则，可推导出

$$\ln K=-\frac{\Delta E}{kT} \tag{7-5}$$

式中，k 是玻尔兹曼常数，J/K；T 是温度，K。

假设溶质分子或粒子为球形，其半径为 R，则它在两相中的表面能分别为 $4\pi R^2\gamma_{S1}$，$4\pi R^2\gamma_{S2}$，其中 γ_{S1} 为溶质与相 1 间的表面张力，γ_{S2} 为溶质与相 2 间的表面张力。ΔE 为 $4\pi R^2(\gamma_{S1}-\gamma_{S2})$，则

$$\ln K=\frac{-4\pi R^2(\gamma_{S1}-\gamma_{S2})}{kT} \tag{7-6}$$

但一般来说，分子或粒子不为球形，设其表面积为 A，则有

$$\ln K=\frac{-A(\gamma_{S1}-\gamma_{S2})}{kT} \tag{7-7}$$

其中溶质分子或粒子表面积 A 大致与相对分子质量 M 有关，$-(\gamma_{S1}-\gamma_{S2})$ 为一常数，定义它为系统的表面特性系数 λ，则有

$$\ln K=\frac{M\lambda}{kT} \tag{7-8}$$

式(7-8)即为 Brownstedt 方程式。因大分子物质的 M 值很大，λ 的微小改变就会引起分配系数 K 发生很大的变化。因此利用不同的表面性质（表面自由能），可以达到分离大分子物质的目的。可见，在理论上，双水相系统对于生物大分子的分离是很合适的。

2）表面电荷的影响

如果粒子带有电荷，当在两相中分配不相等时，就会在相间产生电位，称为道南电位（Donnan Potential），可用式(7-9)表示

$$\psi=U_2-U_1=\frac{RT}{(Z^+-Z^-)F}\ln\frac{K_B^{Z^-}}{K_A^{Z^+}} \tag{7-9}$$

式中，U_2、U_1 是相 2 和相 1 的电位；Z^+，Z^- 分别表示一种盐的正、负离子的离子价；F 为法拉第常数，C/mol；T 是温度，K；K_A^{Z+}，K_B^{Z-} 是 A^{Z+} 和 B^{Z-} 在两相中的分配系数。

由式(7-9)可知，当一种盐的正、负离子对两相有不同的亲和力，即 $K_A^{Z+}\neq K_B^{Z-}$ 时，就会在两相间产生电位差，即 $U_2-U_1\neq 0$。而且，盐的正、负离子所带电荷数之和越大，电位差就越小。

进一步可证明

$$\ln K_i^*=\ln K_i+\frac{Z_iF(U_2-U_1)}{RT} \tag{7-10}$$

式中，K_i^* 是 i 组分带电时在体系中的分配系数；K_i 是 i 组分不带电（或等电点）时在体系中的分配系数；Z_i 是 i 组分离子价。由此可见，两相系统中如有盐存在，会对大分子在两相中的分配产生较大的影响，这称为盐效应。

3）综合考虑

以上分别讨论了表面自由能和表面电荷对分配系数的影响。综合以上两种影响分配系数的主要因素，分配系数可用 Gerson 提出的下列公式表示

$$-\lg m=\alpha\Delta\gamma+\delta\Delta\varphi+\beta \tag{7-11}$$

式中，α 是表面积；$\Delta\gamma$ 是两相表面自由能之差；δ 是电荷数；$\Delta\varphi$ 是电位差；β 是标准化学位和活度系数等组成的常数。

表面自由能可用来量度表面的相对憎水性，改变成相聚合物的种类。聚合物的平均相对分子质量和相对分子质量分布，都能影响相的疏水性。一般地，大分子的表面积 α 都很大，$\Delta\gamma$ 的微小变化都会引起蛋白质大分子的分配系数产生很大变化；加入系统的盐，以及体系的 pH 会影响相间电

位差 $\Delta\varphi$ 和蛋白质所带的电荷数 δ，因而也对分配系数产生大的影响。由于影响分配系数的因素很多，加上各因素间又互相影响，因此定量地将蛋白质的一些分子性质与分配系数关联起来是困难的，最佳的双水相操作条件还得依靠实验来获得。

4）影响分配平衡的参数

影响分配平衡的主要参数有成相聚合物的相对分子质量和浓度、体系的 pH 值、体系中盐的种类和浓度、体系中菌体或细胞的种类和浓度、体系温度等。选择合适的条件，可以达到较高的分配系数，较好地分离目标产物。

（1）聚合物的相对分子质量

成相聚合物的相对分子质量和浓度是影响分配平衡的重要因素。若降低聚合物的相对分子质量，则能提高蛋白质的分配系数，这是增大分配系数的一种有效手段。例如，聚乙二醇/葡聚糖系统的上相富含 PEG，蛋白质的分配系数随着葡聚糖相对分子质量的增加而增加，但随着 PEG 相对分子质量的增加而降低。也就是说，当其他条件不变时，被分配的蛋白质易为相系统中低相对分子质量高聚物所吸引，而易为高相对分子质量高聚物所排斥。

选择相系统时，可改变成相聚合物的相对分子质量以获得所需的分配系数，使不同相对分子质量的蛋白质获得较好的分离效果。

（2）盐的种类和浓度

盐的种类和浓度对分配系数的影响主要反映在对相间电位和蛋白质疏水性的影响。盐浓度不仅影响蛋白质的表面疏水性，而且扰乱双水相系统，改变各相中成相物质的组成和相体积比。这种相组成及相性质的改变直接影响蛋白质的分配系数。

在双水相体系萃取分配中，磷酸盐的作用非常特殊，既可以作为成相盐形成 PEG/盐双水相体系，又可以作为缓冲剂调节体系的 pH 值。由于磷酸不同价态的酸根在双水相体系中有不同的分配系数，因而可通过调节双水相系统中不同磷酸盐的比例和浓度来调节相间电位，从而影响物质的分配，可有效地萃取分离不同的蛋白质。

（3）pH 值

pH 值对分配系数的影响主要有两个方面的原因：第一，由于 pH 值影响蛋白质的解离度，故调节 pH 值可改变蛋白质的表面电荷数，而改变分配系数；第二，pH 值影响磷酸盐的解离程度，即影响 PEG/Kpi 系统的相间电位和蛋白质的分配系数。对某些蛋白质 pH 值的微小变化会使分配系数改变 2～3 个数量级。

（4）温度

温度主要是影响双水相系统的相图，影响相的高聚物组成，只有当相系统组成位于临界点附近时，温度对分配系数才有较明显的作用，远离临界点时，影响较小。

分配系数对操作温度不敏感，所以大规模双水相萃取一般在室温下进行，不需冷却，这是因为：成相聚合物 PEG 对蛋白质有稳定，常温下蛋白质一般不会发生失活或变性；常温下溶液黏度较低，容易相分离；常温操作节省冷却费用。

7.2.2 双水相萃取技术在药物制造过程中的应用

由于双水相萃取条件较为温和，不会导致被分离物质的失活，该技术已应用于生物物质的分离和纯化，并且在抗生素提取、中药中有效成分提取分离、天然产物纯化等方面得到了广泛的应用。

1. 双水相萃取技术在药物提取分离中的应用

大部分生物制品的原液是低浓度和有生物活性的，需要在低温条件下进行富集、分离，因此，常规的萃取技术在这些领域的应用受到限制，双水相体系由于具有活性损失小、分离步骤少、操作条件温和，且不存在有机溶剂残留的问题等优点，所以在蛋白质、酶、氨基酸、激素等方面有良好的应用前景。近年来，国内外报道也逐渐增多。

Settu Saravanan 等采用聚乙二醇/聚丙烯酸双水相萃取体系萃取分离肌红蛋白和卵白蛋白。研究了聚合物的相对分子质量、pH、温度的影响。实验表明，蛋白富集在上相的聚乙二醇相中，随着 PEG 相对分子质量和温度的增加，分离的蛋白质量减少。当分离条件为 PEG 4000 -聚丙烯酸、温度 20℃、pH=8.0 时，蛋白质得到了很好的分离，提取分离到的肌红蛋白和卵白蛋白质量分数分别为 95.2%和 87.4%。Madhusudhan 等采用双水相萃取和沉淀结合的方法从酿酒酵母中分离纯化乙醇脱氢酶，设计了两个方案：方案一是采用硫酸铵沉淀法与双水相结合；方案二是采用聚乙二醇沉淀法与双水相结合。结果表明，方案二优于方案一。整个实验证明，双水相萃取与沉淀法相结合将能发展成为一个更有效的提取纯化乙醇脱氢酶的方法。

邓凡政等建立了由亲水性离子液体四氟硼酸-1-甲基-3-丁基咪唑和 KH_2PO_4 形成的双水相体系萃取分离牛血清白蛋白(BSA)的新方法，结果表明离子液体双水相体系对 BSA 有较高的萃取率。郑楠等通过聚乙二醇/葡聚糖双水相体系也对牛血清白蛋白的分配特性进行了研究，得出较合适的双水相体系：PEG 9%(质量分数)和葡聚糖 9%(质量分数)的浓度组成。黄淑霞等用 PEG/$(NH_4)_2SO_4$ 双水相体系提取、纯化糖化酶，并研究了影响体系分配系数、回收率和纯化因子的因素，从而确定了萃取糖化酶的最佳条件。在 PEG 的质量分数为 24%，$(NH_4)_2SO_4$ 的质量分数为 8%条件下，即 PEG 和 $(NH_4)_2SO_4$ 的浓度比为 3 时，分配系数最小达 0.002，回收率为 95.6%。

孟玲等研究了聚乙二醇/硫酸铵双水相体系对植物酯酶的萃取纯化的可行性，选取了最佳分离纯化植物酯酶的条件，考察了影响萃取结果的各因素，当萃取体系中 PEG 1000 和 $(NH_4)_2SO_4$ 的质量分数分别为 27%和 13%，pH 为 7.5 时，酶液的分离纯化效果最好。龚丽芬等以聚乙二醇/硫酸钠双水相体系分离提取琼脂糖和胃蛋白酶，并探讨了胃蛋白酶与琼脂糖在双水相中的回收情况及影响条件，结果琼脂糖的回收率高于 90%，胃蛋白酶的回收率约为 50%。

李丽敏研究了单一氨基酸及混合氨基酸在乙醇/磷酸氢二钾双水相体系中分离行为，实验表明 pH 值和氨基酸的支链结构对氨基酸在此双水相体系中分配系数影响较大。通过调节适当的 pH 值、K_2HPO_4 和 C_2H_5OH 的质量分数，从混合氨基酸中分离出了苯丙氨酸和半胱氨酸。该有机溶剂/无机盐双水相体系简单、易得且低成本，可用于分离混合氨基酸，也可以用来预测一些表面结构中含有这五种氨基酸的蛋白质分子在双水相体系中的分离情况。

2. 双水相萃取技术在中药及天然产物中提取与分离的应用

中药中含有大量的有机化合物且成分十分复杂，提高中草药有效成分提取及分离技术对我国中医、中药进入国际市场有很大的促进作用。中草药有效成分分子中多具有疏水性结构，因此双水相萃取技术在中草药有效成分分离纯化中具有一定的应用价值。

甘草是一种应用价值很高的中草药，甘草的主要成分是具有甜味的皂苷——甘草皂苷。基于与水互溶的有机溶剂和盐水相的双水相萃取体系具有价廉、低毒、较易挥发等特点，林强等采用与水互溶的有机溶剂的新型双水相体系萃取研究从甘草中提取甘草酸盐的新工艺，结果提取甘草酸盐的最佳溶剂为乙醇/磷酸氢二钾双水相体系，此体系的两相分配完全，分配系数达 12.8，收率为 98.3%。此双水相体系具有无需反萃取和避免使用黏稠水溶性高聚物等特点，易回收、易处理、操作简便。赵晓莉采用双水相体系精制柿叶黄酮，确定了最佳双水相体系为 25% PEG 600/25% $(NH_4)_2SO_4$，最优的萃取条件是：pH=11.0，$MgCl_2$ 的添加量为 3%，温度为 25℃，萃取率可达 96%。

白藜芦醇又称芪三酚，存在于许多植物中，是植物体内用于抵抗病原侵染的多酚物质。传统的从虎杖中粗提白藜芦醇方法多用毒性较大的有机溶剂进行萃取，李梦青等采用乙醇-硫酸铵-水双水相体系提纯白藜芦醇，使虎杖提取液中的各物质按极性不同在两相中得到分离。双水相萃取时，白藜芦醇的含量远高于有机溶剂萃取，达 34.29%。可见双水相技术可以完全代替有机溶剂提纯白藜芦醇，产品纯度高，且具有工艺简单，毒性小，成本低等优点。

中药黄芩是一种疗效显著的传统中药，黄芩苷是黄芩主要有效成分。赵爱丽等通过采用非离子表面活性剂聚乙二醇-磷酸氢二钾-水双水相体系分离纯化黄芩苷，萃取率为98.6%。此方法所形成的双水相体系操作简便，萃取率高，方法重复性好，可适用工业化生产。郭丽等采用微胶囊与双水相联合萃取技术提取柑橘精油。通过调整β-环糊精和硫酸钠的浓度比，可有效控制囊化萃取物中柑橘精油的质量，总收率高达96%以上。将微胶囊技术和双水相萃取技术相结合用于提取柑橘精油，不仅能提高柑橘精油的提取率和纯度，而且还能避免提取过程中的高温、氧化、聚合等情况的发生，有效地保护柑橘精油的天然组分。

李中华等研究了葛根素在环氧乙烷-环氧丙烷共聚物(EOPO)/磷酸氢二钾(K_2HPO_4)体系中的分配行为。利用温度诱导相双水相体系，结果当EOPO型号为EOPO SDP30，诱导温度为70℃，诱导时间为60 min，EOPO质量分数为28%，K_2HPO_4质量分数为24%时，葛根素最大总收率可达42.26%。该方法解决了传统双水相萃取技术中聚合物回收的难题，可以使EOPO循环使用，且方法设备投资少、操作简单，为工业化提取葛根黄酮提供了一条新途径。Chethana等采用PEG 6000/$(NH_4)_2SO_4$双水相体系对甜菜红碱进行了提纯浓集。双水相萃取作为一种具有吸引力的技术在甜菜红碱的下游加工中第一次应用，主要是为了除去糖，使糖与甜菜红碱得到了很好的分离。

3. 双水相萃取技术在抗生素及其他药物提取分离与制备中的应用

泰乐菌素是禽畜专用的大环内酯类抗生素，但是泰乐菌素发酵液呈黏稠的流体态，过滤很困难。张咏梅等研究了采用双水相法从未过滤的全发酵液中萃取泰乐菌素。结果表明，以14%PEG 4000和20% Na_2HPO_4构成的双水相萃取泰乐菌素的总收率是52.4%，工艺省略了过滤，只需调节一次pH，简化了提取过程，提高了泰乐菌素的活性。范小娜等采用非离子表面活性剂PEG-$(NH_4)_2SO_4$-H_2O双水相体系对盐酸氯丙嗪(CPZ)分配行为进行了研究。研究药物在PEG 800-$(NH_4)_2SO_4$-H_2O及PEG 2000-$(NH_4)_2SO_4$-H_2O双水相体系中的分配行为，结果CPZ在两种体系中的一次萃取率分别为92.8%、90.5%。此双水相体系无需使用振荡器，操作简便，萃取率高，方法重复性好，适用范围广。

刘庆芬等建立了由亲水性离子液体1-丁基-3-甲基咪唑四氟硼和磷酸二氢钠形成的双水相体系萃取青霉素G的新方法。结果表明，离子液体双水相可以有效萃取青霉素，轻相中青霉素萃取率可达93.7%。离子液体双水相体系的pH值在4～5内，在该条件下萃取过程不发生乳化现象。Mokhtarani等聚乙二醇-硫酸钠-水双水相体系分离环丙沙星，实验中运用正交设计的方法考察了温度、盐的浓度、聚合物浓度和聚合物相对分子质量的影响，结果表明环丙沙星的分离情况受到盐浓度的很大影响，温度和聚合物浓度对其影响较小，聚合物相对分子质量大小没有任何影响。

7.2.3 双水相萃取技术的发展

双水相萃取技术是一种温和的萃取技术，不仅有利于保护目标产物的生物活性，而且目标产物的收率高，纯度高。目前，双水相萃取技术的发展主要集中在以下几个方面。

1. 廉价双水相体系的开发

从表7-3可见，高聚物-高聚物体系对活性物质变性作用很小，界面吸附少，但价格高。该体系的成相聚合物价格昂贵，在工业化大规模生产时，从经济上丧失了该体系技术上的优势，因而寻找廉价的有机物双水相体系是双水相体系的一个重要的发展方向。

表7-3 常用的两种双水相体系的比较

体系	优点	缺点
高聚物(PEG)/高聚物(Dextran)	盐浓度低，活性损失小	价格贵，黏度大，分相困难
高聚物(PEG)/盐	成本低、黏度小	盐浓度高，活性损失大，界面吸附多

廉价双水相系统的开发目前主要集中在寻找一些廉价的高聚物取代现用昂贵的高聚物，如采用变性淀粉(PPT)、乙基羟乙基纤维素(EHEC)、糊精、麦芽糊精、阿拉伯树胶等有机物代替贵的葡

聚糖，羟基纤维素、聚乙烯醇(PVA)、聚乙烯吡咯烷酮(PVP)等代替 PEG 都获得一定的成功。研究发现由这些聚合物形成的双水相体系的相图与 PEG-葡聚糖形成的双水相体系相图非常相似，其稳定性也比 PEG-盐体双水相体系好，并且具有蛋白质溶解度大、黏度小等优点。用成本只有 PEG-葡聚糖体系的 1/8 的聚乙二醇-羟丙基淀粉(Reppal PES)双水相体系从黄豆中分离磷酸甘油酸激酶(PGK)和磷酸甘醛脱氢酶(GAPDH)，收率在 80%以上。

2. 新型功能双水相体系探索

新型功能双水相体系是指高聚物易于回收或操作简便的双水相体系。Alred 采用乙烯基氧与丙烯基氧的共聚物(商品名 UCON) 和 PEG 可形成温敏性双水相体系。常温条件下，PEG、UCON 和水混合后为均相体系，当加热到 40℃时，形成两相体系，上相为 PEG 和 UCON，下相为水，这种体系可以实现 PEG 和 UCON 的循环利用。

近年来又研究开发了一种以热分离聚合物和水组成的新型双水相体系，热分离聚合物的水溶液在高于某一临界温度时分离成两相，该温度点被称为浑浊点。大多数水溶性热分离聚合物是环氧乙烷(EO) 和环氧丙烷(PO) 的随机共聚物(简称 EOPO 聚合物)。水-EOPO 热分离两相体系由几乎纯水的上相和富含聚合物的下相组成。Kula 等开发了一种表面活性剂 Triton 和水形成的热分离双水相体系，当温度高于体系浑浊点时，表面活性剂和水形成双水相，上相为表面活性剂相，下相为水。表面疏水性强的蛋白质易于分配在表面活性剂相中，而菌体和亲水性蛋白质主要分配在水相中，利用这种表面活性剂双水相体系纯化胆固醇氧化酶，酶收率高达 90%。

随着双水相技术研究的不断深入，新型功能双水相体系表面活性剂-表面活性剂-水体系、普通有机物-无机盐-水体系、双水相胶束体系等相继被发现。研究表明，这些双水相体系各有优势，表面活性剂双水相体系与高聚物双水相体系相比，有更高的含水量，因而条件更为温和，表面活性剂的增溶作用，不仅可以用于可溶性蛋白质分离，而且可用于水不溶性蛋白质的分离；普通有机物型双水相体系最大的优点是价格便宜，分离后续工作处理简单。

3. 亲和双水相萃取技术

亲和双水相萃取技术是在组成相系统的聚合物(如 PEG、葡聚糖等) 上耦联一定的亲和配基。根据配基性质不同，常用于亲和双水相系统的配基有 3 种：基团亲和配基型、染料亲和配基型以及生物亲和配基型。近几年来双水相亲和分配组合技术发展极为迅速，仅在 PEG 上接上亲和配基就达十多种，分离纯化的物质已有几十种。Kamihira 等将亲和配基 IgG 耦联在高分子 EudragitS100 上，它主要分布在双水相系统的上相，应用该亲和双水相系统提纯重组蛋白质 A，重组蛋白质的纯度提高了 26 倍，达到 81%，收率为 80%。

针对抗体、凝集素等双水相萃取亲和配基不能在高盐浓度下操作、不能用于成本较低的 PEG/无机盐系统的缺点，有人提出了金属离子亲和双水相萃取。其利用金属离子和蛋白质中精氨酸、组氨酸的亲和作用达到分离和纯化蛋白质的目的。目前金属离子亲和双水相萃取已应用于多种酶的分离纯化，金属亲和双水相萃取和普通亲和双水相萃取相比，具有亲和配基价廉、可用于 PEG/盐体系、成本低和亲和配基再生容易等优点。

近年来发展起来的 PEG 或葡聚糖衍生物，即在 PEG 或葡聚糖上引入亲和基团或离子基团，这样不但使体系具有双水相处理量大的特点，而且具有亲和层析专一性高的优点，如：在 PEG 上引入亲和基团或离子基团，$(CH_3)_3N^+-PEG-N^+(CH_3)_3$，$NH_2-PEG-NH_2$，ConA-PEG-ConA，$H_2O_3P-O-PEG-O-PO_3H_2$ 等。在同样的操作条件下，使用 PEG 衍生物体系，目标蛋白的收率和纯度都有很大的提高。

4. 双水相萃取技术与其他分离技术的集成

双水相分配技术作为一个很有发展前景的分离单元操作，除了其独特优势外，也有一些不足之处，如易乳化、相分离时间较长、成相聚合物的成本较高、单次分离效率不高等，一定程度上限制了双水相分配技术的工业化推广和应用。如何克服这些困难，已成为国内外学者关注的焦点，其中

“集成化”概念的引入给双水相分配技术注入了新的生命力。双水相分配技术与其他相关的生物分离技术进行有效组合，实现了不同技术间的相互渗透、相互融合，充分体现了集成化的优势。

有的物质因为其有独特的结构，如果只用双水相萃取技术进行分离，很难达到纯化的目的，因此需要与其他分离技术联合使用，使分离效果达到人们的要求。如把微胶囊技术和双水相萃取技术巧妙地加以结合，在用其萃取植物精油过程中，可避免高温、氧化、聚合等情况的发生，能有效保护精油的天然组分。

双水相萃取与相关技术的集成可以归纳为以下三个方面：

(1) 与温度诱导相分离、磁场作用、超声波作用、气溶胶技术等常规技术实现集成化，改善了双水相分配技术中诸如成相聚合物回收困难、相分离时间较长、易乳化等问题，为双水相分配技术的进一步成熟、完善并走向工业化奠定了基础；

(2) 与亲和沉淀、高效层析等新型生化分离技术实现过程集成，充分融合了双方的优势，既提高了分离效率，又简化了分离流程；

(3) 将生物转化、化学渗透释放和电泳等技术引入双水相分配，给已有的技术赋予了新的内涵，为新分离过程的诞生提供了新的思路。

5. 双水相电泳分离蛋白质

黎四芳等提出了一种新型的双水相电泳装置，并进行了双水相电泳分离肌红蛋白、牛血清蛋白和细胞色素 C 及其混合物的实验，研究了电场方向、pH 值、电场强度和电泳时间对双水相萃取分离效果的影响，并与不加电场的双水相萃取结果进行了比较。根据电场方向和 pH 值不同，肌红蛋白能任意地被迁移至上相或下相；肌红蛋白的分配系数和上相收率随电泳时间的延长而增大。电泳 80 min 之后，分配系数改变了一个数量级，上相收率达 90%以上；肌红蛋白的分配系数和上相收率随电场强度的增强而增大，即使电场强度高达 48.1 V/cm，界面处也不发生对流和返混，表明双水相界面具有强的抗对流特性。

在双水相电泳过程中，蛋白质的迁移速率与电场强度和电泳迁移率成正比。pH 值距等电点越远，蛋白质所带的静电荷越多，电泳迁移率越大。但是，带不同电荷的蛋白质分子之间的相互作用使电泳迁移速率变小，这在细胞色素 C 和牛血清蛋白的分离过程中较为明显。

6. 双水相萃取相关理论的发展

虽然双水相萃取技术在应用方面取得了很大进展，但目前这些工作几乎都只是建立在实验数据的基础上，还没有一套比较完善的理论来解释生物大分子在体系中的分配机理。考虑到生物物质在双水相系统中分配时是一个由聚合物、聚合物(或无机盐)、生物分子和水等构成的四元系统，系统中的组分性质千差万别，从晶体到无定形聚合物、从非极性到极性、从电解质到非电解质、从无机小分子到有机高分子甚至生物大分子，这些都不可避免地造成理论计算的复杂性。因此，建立溶质在双水相系统中分配的机理模型一直是双水相系统相关研究的重点和难点。

随着分离技术的发展，必将促进双水相萃取体系的完善，从而更显示出双水相萃取技术在生物活性物质分离中的独特优点。

思考题

7-1 何谓反胶束和反胶束萃取？反胶束萃取有哪些特点？画出反胶束的示意图，说明它的构成及反胶束萃取的基本原理。

7-2 影响反胶束萃取蛋白质的主要因素有哪些？

7-3 何谓双水相萃取？试说明双水相萃取的基本原理。常见的双水相构成体系有哪些？请举例说明。

7-4 举例说明反胶束萃取与双水相萃取在制药领域中的应用及适用范围。

7-5 在恒温恒压下，影响物质在聚乙二醇/葡聚糖双水相体系中分配的因素有哪些？分配系数 K 怎样变化？

7-6 怎样提高双水相体系对活性生物物质萃取的选择性？

7-7 为什么说反胶束萃取技术为活性生物物质的分离开辟了一条具有工业应用前景的新途径？反胶束萃取的突出优点有哪些？

参考文献

[1] 毛忠贵. 生物工业下游技术. 北京：中国轻工业出版社，2002.

[2] 李淑芬，姜忠义. 高等制药分离工程. 北京：化学工业出版社，2004.

[3] 孙彦. 生物分离工程. 北京：化学工业出版社，2004.

[4] 严希康. 生化分离工程. 北京：化学工业出版社，2001.

[5] 李淑芬，白鹏. 制药分离工程. 北京：化学工业出版社，2009.

[6] 陈明拓，周小华，骆辉. 苦参碱的反胶束萃取研究. 天然产物研究与开发，2007，19(2)：295-298.

[7] 李夏兰，翁连进. 反胶束萃取技术及其在抗生素分离上的应用. 中国抗生素杂志，2003，28(9)：576-579.

[8] 陆强，李宽宏，施亚钧. 反胶束萃取牛血清蛋白. 高校化学工程学报，1995，9(2)：139-141.

[9] 戈延茹，曹恒杰. 双水相萃取技术及其在药物提取分离中的应用近况. 中国现代应用药学，2009，26(8)：623-627.

[10] 李夏兰，等. 反胶团萃取乳糖酸红霉素的研究. 中国药学杂志，2006，41(19)：1491-1494.

[11] 胡松青，等. 双水相萃取技术研究新进展. 现代化工，2004，24(6)，22-25.

[12] 黎四芳，丁富新，袁乃驹. 双水相电泳分离蛋白质的研究. 生物工程学报，1996，12(1)：87-90.

8　超临界流体萃取

8.1　概　　述

超临界流体萃取(supercritical fluid extraction,简称 SFE 或 SCFE)是 20 世纪 70 年代兴起的一种新型分离技术。它是以高压、高密度的超临界流体为溶剂,将溶质从液体或固体混合物中提取出来的操作过程。

所谓超临界流体(supercritical fluid,简称 SCF)是指物质处于临界温度和临界压力时成为单一相态的流体。在超临界状态下,流体既非液体也非气体,而是介于气体和液体之间的一种特殊的聚集态,性质也介于气体和液体之间,这种状态下的流体对溶质具有超常的溶解能力,超临界流体萃取就是利用超临界流体这一特性而发展起来的一种新兴的萃取分离技术。

早在 1869 年,爱尔兰物理化学家 Andrews 就已发现超临界现象;1879 年,英国 Hannay 和 Hogarth 又报道了有关超临界流体对液体和固体物质具有显著溶解能力的物理现象,他们首次用实验证明了金属卤化物(如碘化钾、溴化钾)可以溶解在超临界流体乙醇中,而且当压力降低时,这些无机盐又可以析出。关于超临界流体的溶解现象,多年来有过不少讨论,例如甲烷在石油的形成和迁移过程中所起的作用、水在岩石形成的地质变化中所具有的影响等,都与超临界流体的溶解作用有关。在随后的 100 多年里,许多学者都开展了这项研究工作,1936 年有人首次用高压丙烷从重油中脱除沥青;1937 年,Michels 等精确测定了 CO_2 近临界点处的状态;1947 年,Messmore 等申请了利用超临界流体萃取技术从石油中除去沥青的专利;进入 20 世纪 50 年代,美国 Todd 和 Elain 率先从理论上提出了超临界流体用于萃取分离操作的可能性,并于 70 年代采用超临界二氧化碳(简称 SC - CO_2)萃取乙醇成功验证了自己的理论;德国在 20 世纪 60 年代开展了超临界萃取的大量基础和应用研究工作,但直到 70 年代才用于提取分离操作,他们用超临界 CO_2 代替己烷和甲醇萃取除虫菊酯获得成功。

实际上,真正认识到超临界流体可作为一类具有较强溶解能力的萃取剂来分离物质,是近 30 年左右的事情。人们发现超临界流体对有机化合物的溶解度与按正常蒸气压条件下计算所得溶解度相比,一般能增加 10^3～10^5 倍,在适当条件下甚至达到 10^{10} 倍。德国的 Zosel 博士是最早提出超临界流体是一种分离剂观点的学者之一,并因 1978 年建成了第一套利用超临界 CO_2 脱除咖啡豆中咖啡因的工业化装置(处理量达到 27 000 吨/年)而成为超临界流体萃取技术工业化的先驱。同年在德国召开了世界上第一次"超临界流体萃取"的专业性学术会议。此后,关于 SCFE 的基础研究,如 SCF 相图,溶质在 SCF 中的溶解度、密度、黏度、扩散系数等物性的测定等都相继开展,超临界流体萃取的工艺流程、设备设计以及工业化等应用方面的研究也取得了很大发展。

由于超临界流体萃取具有可低温操作、溶质与溶剂分离方便、无溶剂残留、选择性良好、操作简单、绿色环保、节能等一系列优点,特别适用于提取和精制热敏性、难挥发性和高附加值的天然物质,因此在食品、香料、医药及石油深加工等领域得到广泛应用,也特别受到中草药加工领域的青睐。

由于被萃取物性质不同,超临界流体萃取工艺流程差异较大,超临界流体萃取过程也比较复杂，但与蒸馏、液-液萃取一样，超临界流体萃取属于传质分离中的平衡分离过程，主要是利用临界或超临界状态的流体，依靠被萃取的物质在不同的蒸气压力下所具有的不同化学亲和力和溶解能力进行分离、纯化的操作，分离过程中蒸气压和相分离均在起作用。

8.1.1 超临界流体萃取的基本原理

物质通常都存在三种相态——气相、液相、固相，三相呈平衡态共存的点叫三相点，而气-液两相平衡线的端点就是该物质的临界点，此时气、液两相的界面消失。图 8-1 是纯流体的压力-温度关系图，C 点就是纯流体的临界点，在临界点时的温度和压力称为临界温度（T_c）和临界压力（p_c），阴影部分就是超临界区域，也是超临界流体萃取的压力温度条件范围。

不同的流体达到临界点时所对应的压力和温度各不相同的，高于临界温度和临界压力的状态称为超临界状态。超临界流体就是在临界温度和临界压力以上处于超临界区域范围的流体，此时流体处于气态与液态之间的一种特殊凝聚状态，具有十分独特的物理化学性质，如表 8-1 所示。

表 8-1　超临界流体与气体、液体的物性比较

流　体	密度 ρ/(g/cm^3)	黏度 μ/(Pa·s)	扩散系数 D/(cm^2/s)
气体（15～30℃，常压）	$(0.6\sim2)\times10^{-3}$	$(1\sim3)\times10^{-5}$	0.1～0.4
液体，有机溶剂（15～30℃，常压）	0.6～1.6	$(0.2\sim3)\times10^{-3}$	$(0.2\sim2)\times10^{-5}$
超临界流体	0.2～0.9	$(1\sim9)\times10^{-5}$	$(0.2\sim0.7)\times10^{-3}$

从表 8-1 可以看出，超临界流体既具有接近液体的密度和类似液体的溶解能力，又具有接近气体的黏度和扩散系数，兼有气体和液体的优点。因而 SCF 具有高扩散性、高溶解性和较高的传质速率，能够迅速达到萃取平衡。更为重要的是，超临界流体的密度受压力和温度影响很大，以 CO_2 为例，在临界点附近压力或温度发生微小的变化都会引起超临界 CO_2 的密度发生很大变化，如图 8-2 所示。

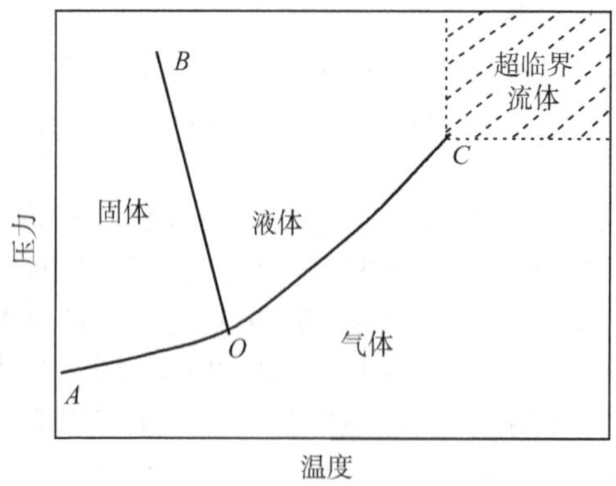

图 8-1　纯流体的压力-温度关系图

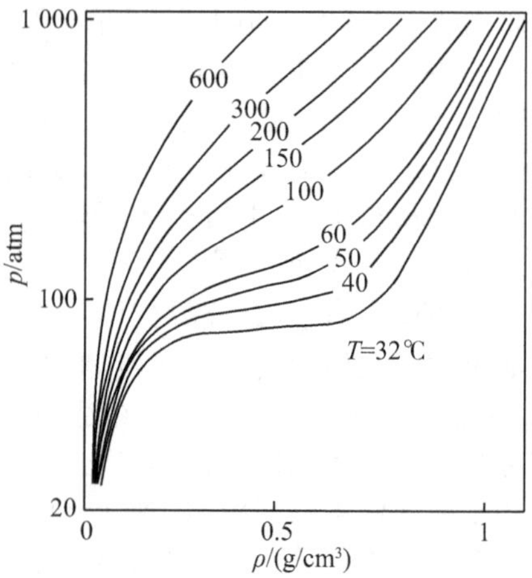

图 8-2　CO_2 的 $\rho-p$ 关系图

在其他条件完全相同的情况下，超临界流体的密度在相当程度上反应了它的溶解能力，随着流体的密度发生变化，溶质在超临界流体中的溶解度甚至可以发生几个数量级的突变。因此，通过改变压力或温度来改变 SCF 的性质，就可以达到选择性地萃取各种类型目标溶质的目的。

一般超临界流体萃取的操作条件：操作温度超出临界温度 T_c 10～100℃，操作压力大于临界压力 p_c 即可。

8.1.2 超临界流体萃取的技术特点

与传统的分离技术相比，尤其是与传统的萃取分离技术相比，超临界流体萃取的优势是十分明显：

(1) 与大多分离过程需在有机溶剂中完成不同，超临界流体萃取过程主要采用超临界 CO_2 作萃取剂，无毒，无味，不易燃爆，使用安全，萃取过程绿色环保，萃取物没有溶剂残留现象，是一种对环境友好的分离技术；

(2) 超临界流体萃取过程通常可在接近室温（CO_2 的临界温度为 31.3℃）下进行，且流体在设备中是全充满，有效地防止了热敏性物质的热解和氧化，特别适合天然产物，尤其是药用植物中有效成分的萃取；

(3) 萃取结束后，通过调整体系的压力或温度就可使溶质凝析出来，过程无相变，很容易实现溶质与萃取剂的分离，萃取和分离操作可合二为一，萃取过程效率高而且能耗少，且萃取剂可循环重复使用，提高了生产效率，也降低了费用成本。

正是具有这些特点，超临界流体萃取技术作为常规分离方法的替代，有许多潜在的应用前景。特别是在中药现代化过程中，中药有效成分的提取分离是中药生产的起点，直接关系到中药材的利用率和后续加工，被视为中药生产现代化的重要环节，超临界流体萃取技术被认为是实现中药现代化具有重要意义的分离纯化方法。

8.1.3 常用萃取剂

实现萃取分离所用的溶剂就是萃取剂，对于超临界流体萃取而言，萃取剂就是超临界流体本身，它的合理选择，是超临界流体萃取过程能否顺利、经济实现的关键，而萃取剂的选择往往是根据流体特征、性质、工艺要求、成本、安全性、环保，以及溶质产品特性和要求等各种因素综合考虑的结果。

在超临界流体诸多特性中，最重要的性质是密度、黏度和扩散系数。流体的密度越大，往往其溶解能力越强，在对比温度（$T_r=T/T_c$）1～1.2，对比压力（$p_r=p/p_c$）0.7～2 内，流体有很大的可压缩性，适当增加压力可使流体密度很快增大到接近普通液体的密度，进而使超临界流体具有类似液体对溶质的溶解能力，而且溶解能力一般随温度与压力的变化而呈连续变化。超临界流体的黏度受温度和压力的影响也很大，它的对比黏度（$\mu_r=\mu/\mu_c$）只有 1～3，而普通液体萃取剂的 μ_r 为 12 以上。同样，超临界流体的扩散系数要比通常状态下的扩散系数大 7～24 倍。表 8-2 列出了一些常见物质的临界性质。

表 8-2　部分流体的临界性质

物质	沸点 T_b/℃	临界温度 T_c/℃	临界压力 p_c/MPa	密度 ρ/(g/cm³)
CO_2	−78.5	31.3	7.39	0.448
NH_3	−33.5	132.4	11.28	0.24
CH_4	−164.0	83.0	4.60	0.16
C_2H_6	−88.0	32.4	4.89	0.203
C_3H_8	−44.5	97.0	4.26	0.220
C_4H_{10}	−0.5	152.0	3.80	0.228
C_5H_{12}	36.5	196.6	3.37	0.232
C_2H_4	−103.7	9.5	5.07	0.200
C_3H_6	−47.7	92.0	4.67	0.230

续 表

物质	沸点 T_b/℃	临界温度 T_c/℃	临界压力 p_c/MPa	密度 ρ/(g/cm^3)
SO_2	−10.0	157.6	7.98	0.525
SF_6	−63.8	45.0	3.76	0.74
CF_3Cl	−81.4	28.8	3.95	0.58
CF_2Cl_2	−29.8	111.7	3.99	0.558
N_2O	−89.0	36.5	7.23	0.457
H_2O	100.0	374.2	22.0	0.344
C_6H_6	80.1	288.9	4.89	0.302
C_7H_8	110.6	318.5	4.16	0.292

由表 8-2 中数据可知，多数烃类流体的临界压力在 4 MPa 左右，且同系物的临界温度一般随摩尔质量的增大而升高。虽然烃类流体如乙烷、丙烷等的临界压力比 CO_2 低，但 CO_2 具有很高的临界密度，因而其溶解能力强，更适合作萃取剂。此外，萃取剂按其分子结构又有极性和非极性的区别，适用范围也各不相同。

常见的极性萃取剂有甲醇、乙醇、异丙醇、氨、丙酮和水等，其中水是自然界中应用最多、成本最低、使用最安全的溶剂。超临界状态的水能与非极性物质如戊烷、己烷、苯、甲苯等有机物完全互溶；一些通常状态下仅能少量溶于水的空气、氧气、氮气、二氧化碳等也可以任意比例溶于超临界水中；而无机物质，特别是盐类，在超临界水中的溶解度却很低。正是由于这些溶剂化特性，使超临界水成为水热反应的理想介质。但水达到超临界状态时，其临界温度和临界压力均较高，对设备的材质要求很苛刻，生产运行费用也很大，限制了它作为超临界萃取剂的大面积使用。

常见的非极性萃取剂包括乙烯、丙烯、乙烷、丙烷、丁烷等低分子烃类，以及苯、甲苯、二甲苯等芳香烃化合物，但应用最广的是二氧化碳。

除此之外，有时为了增加溶解能力或提高萃取的选择性，可以适当地在超临界流体中加入第二种甚至更多种组分，这种添加组分通常称作共溶剂、共同试剂、改性剂或夹带剂，但由于这种添加剂会使后续分离操作变得十分复杂，大大降低了超临界萃取技术的便捷性，因而要权衡利弊慎重使用。

8.1.4 超临界流体 CO_2 的性质

1. CO_2 的热力学性质

1) 纯 CO_2 的压力-温度关系

图 8-3 是纯 CO_2 的压力-温度关系图，临界点处 $T_c=31.3$℃，$p_c=7.39$ MPa。当温度和压力均超过上述值的状态就称为 CO_2 的超临界状态，此时 CO_2 的溶解能力完全依赖于温度和压力，并具有接近液体的密度、接近气体的黏度和扩散速度等特性。处在这种状态下的 CO_2 具有很大的溶解能力，很高的传质速率和很快达到萃取平衡的能力。

2) 温度和压力对 CO_2 密度的影响

图 8-4 是温度、压力对 CO_2 密度的影响关系图，图 8-5 则表示了 CO_2 在超临界区域附近对比压力 p_r、对比温度 T_r 与对比密度 ρ_r 之间的关系，比温度为 0.95～1.4，对比压力为 1～6 内，即是比较适宜进行超临界萃取操作的区域。在稍高于临界点温度的区域内，超临界 CO_2 的密度接近于其液态时的密度，在这区域附近压力稍有变化就会引起 CO_2 密度发生很大的变化，此时超临界 CO_2 对液体、固体物质的溶解度与液体溶剂的溶解度比较接近。

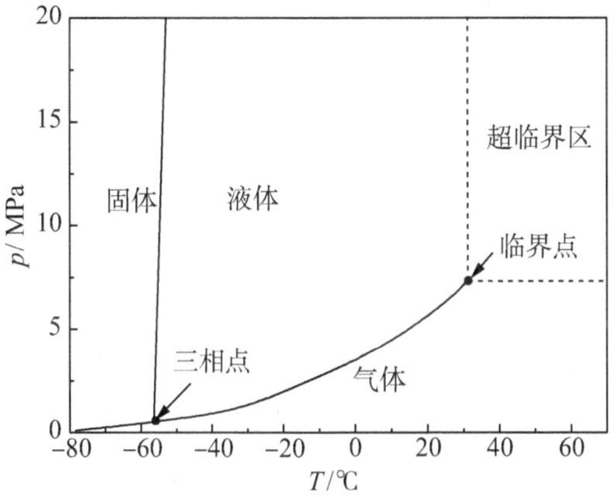

图 8-3　CO_2 的压力-温度图

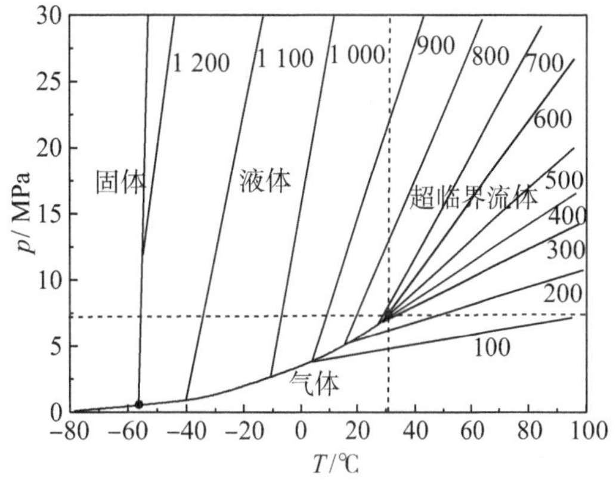

图 8-4　温度、压力对 CO_2 密度(kg/m^3)的影响

3) CO_2 的温度-熵($T-S$)关系图

图 8-6 是 CO_2 的 $T-S$ 关系图，绘有一系列的等压线和等焓线。该图是用于直观地了解超临界过程中温度 T 的变化所引起的熵 S 的变化，可以用它来计算熵变，给超临界 CO_2 萃取操作模式和工程设计提供能量方面的依据。

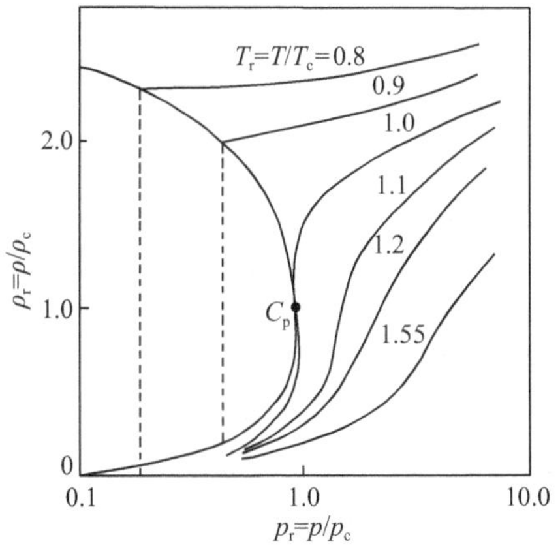

图 8-5　CO_2 的 $p_r-T_r-\rho_r$ 关系图

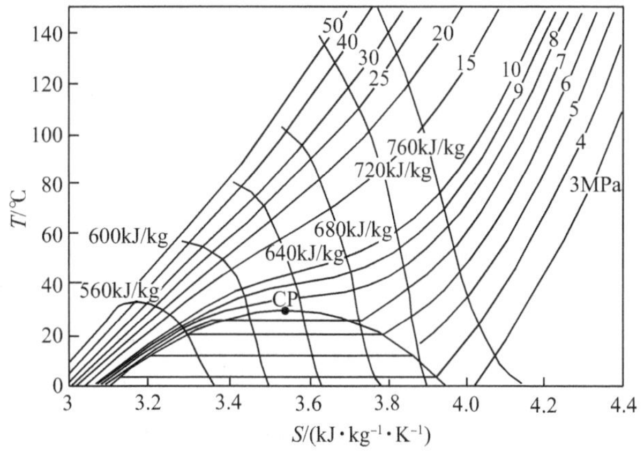

图 8-6　CO_2 的 $T-S$ 关系图

2. CO_2 的传递性质

CO_2 的传递性质决定了传质过程进行的速率、分离级数、萃取剂使用量及设备尺寸的大小，是影响萃取分离过程的关键因素，主要包括黏度、扩散系数、导热系数、介电常数等。

1) CO_2 的黏度

黏度是衡量超临界流体传质能力的重要参数之一，图 8-7 是不同温度下二氧化碳的黏度 μ 与压力 p 的关系图。从图 8-7 中可以看出，在压力相对处于较低的范围内，二氧化碳的黏度随压力的变化很小；当在临界点附近时，二氧化碳的黏度随压力升高而急剧增大，随后变化又稍微缓慢，如 37℃线；但在远超临界点的范围内，黏度随压力升高是持续增加的，如 77℃时对应的曲线。

如果将压力对超临界 CO_2 的黏度和密度的影响同时作比较如图 8-8 所示，就会发现，在温度恒定 40℃的情况下，压力对两者的影响是不同步的，尤其是在临界点到 16 MPa 范围内，CO_2 的密度会随压力的增大迅速上升，而黏度变化则相对缓慢。这就为利用压力调控和优化超临界 CO_2 的溶解能力和传质速率提供了依据。当压力超过 16 MPa 以后，黏度和密度随压力的变化趋缓。

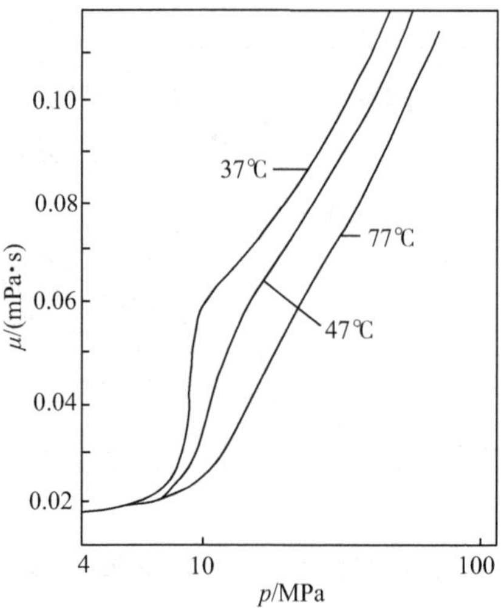

图 8-7　黏度与压力的关系

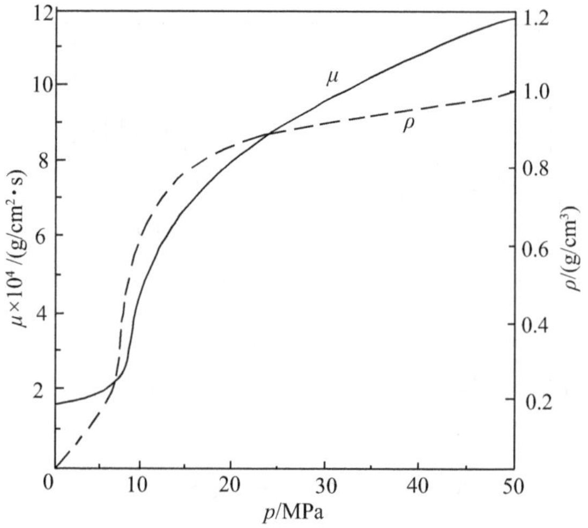

图 8-8　黏度、密度与压力的关系

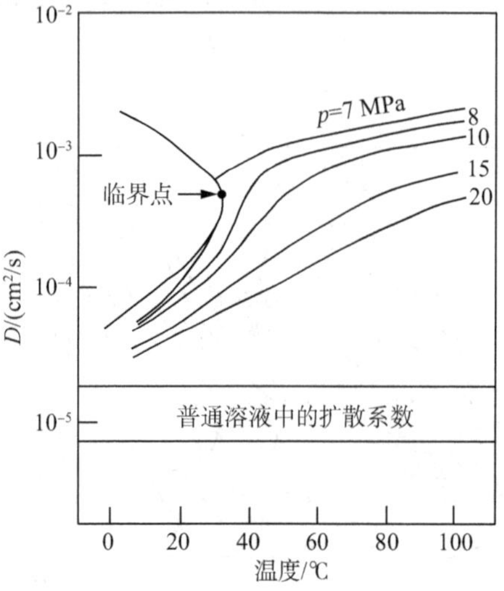

图 8-9　扩散系数与温度、压力的关系

2）CO_2 的扩散系数

CO_2 扩散系数 D 是影响超临界流体传质能力的另一重要参数。图 8-9 是不同压力下 CO_2 的扩散系数 D 随温度、压力的变化关系，图中还表示了常压下一般液体中的扩散系数范围。

3. CO_2 的表面张力和极性

随着温度的升高，CO_2 的表面张力逐渐下降，当温度升至接近临界温度时，表面张力降至零，表明在临界状态下，CO_2 气-液相界面消失，表面张力不复存在，如图 8-10 所示。极性相近的物质一般可以互溶，是选择萃取溶剂的重要依据，而溶剂的极性与相对介电常数密切相关，相对介电常数大，溶剂的极性强。因此，溶剂的相对介电常数通常可作为考察溶剂是否与溶质匹配的重要指标。CO_2 的相对介电常数 ε_r 受压力的影响如图 8-11 所示。CO_2 的相对介电常数随压力的升高而增大，在临界点附近变化更明显，在 $1.00<T_r<1.10$、$1.00<p_r<2.00$ 内，超临界状态的 CO_2 显示非极性的性质，因而更适于萃取非极性物质。

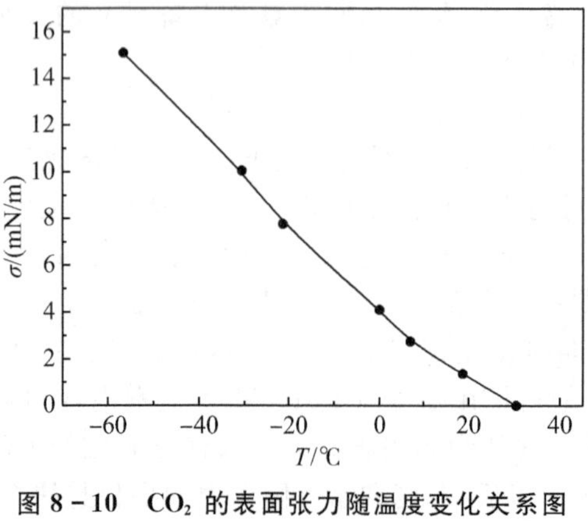

图 8-10　CO_2 的表面张力随温度变化关系图

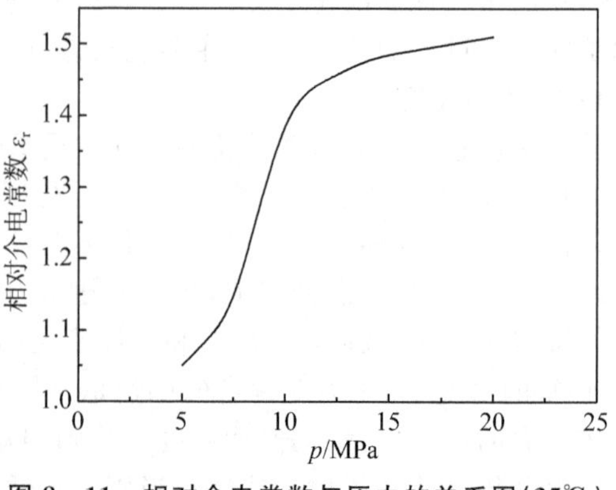

图 8-11　相对介电常数与压力的关系图(35℃)

由前面所列 CO_2 的一些临界性质，可以看出超临界状态下 CO_2 的物理化学性质与在非临界状态的液体和气体有很大的不同。由于密度是溶解能力、黏度是流体阻力、扩散系数是传质速率高低的主要参数，因此超临界 CO_2 的特殊性质决定了超临界 CO_2 萃取技术具有一系列的重要特点。如超临界状态下，CO_2 的黏度是液体的百分之一，自扩散系数是液体的 100 倍，因而具有良好的传质特性，可大大缩短相平衡所需时间，是高效传质的理想介质；具有远超过液体的溶解速率，有比气体大得多的对固体物质的溶解和携带能力；同时还具有很大的可压缩性，在临界点附近，系统压力和温度的微小变化会引起 CO_2 的密度发生很大的变化，所以可通过简单的变化体系的温度或压力来调节 CO_2 的溶解能力，提高萃取的选择性；通过降低体系的压力来分离 CO_2 和所溶解的产品，省去脱除溶剂的工序。

综上所述，可以看出 CO_2 作为超临界萃取剂具有多方面的优点。据不完全统计，目前在超临界萃取领域有超过 90% 的工艺采用 CO_2 作萃取剂。尤其是在中药现代化过程中，超临界 CO_2 萃取技术被认为是最有竞争力的萃取方法，它的具体优势体现为：

(1) 超临界 CO_2 萃取的操作温度低（CO_2 的临界温度为 31.3℃），基本可以保证中药有效成分在提取过程中不被破坏，因此，特别适合于热敏性中药有效成分的萃取；

(2) 萃取效率高，利用超临界 CO_2 提取中药有效成分，提取时间快，生产周期短。超临界 CO_2 提取循环一开始，传质分离便开始进行，一般提取十几分钟就有成分溶出，2～4 小时左右便可基本提取完全，而且不需浓缩等步骤，大大提高了产品收率及资源的利用率；

(3) 萃取选择性好，通过调整操作过程的温度或压力，可以调节控制超临界 CO_2 对溶质的溶解能力，有选择地进行中药中多种物质的分离，从而可减少杂质；

(4) 经药理、临床实验证明，超临界 CO_2 提取中药，不仅工艺上优越，质量稳定，且标准容易控制，其药理、临床效果能够保证或更好；

(5) 采用超临界 CO_2 萃取天然产物中的有效成分，无毒价廉，工艺流程简单，操作安全方便，工艺参数容易控制，节省劳动力和大量有机溶剂，减少三废污染，并能保证有效成分及产品质量的稳定性，是一种高效、对环境友好的提取、分离技术。

8.1.5 萃取夹带剂

尽管超临界流体萃取技术有很多优势，可供选择作为超临界流体的萃取剂种类也比较多，但实际上很难找到一种单一组分溶剂兼具有很多优点来满足萃取要求。因此，为了赋予和强化超临界流体一些新功能如改善流体的溶解能力、提高选择性等，往往加入夹带剂（又称共溶剂或改性剂）以扩大超临界流体的应用范围，提高萃取效率。

夹带剂在使用时加入量很少，与原超临界流体可以混溶，其挥发性介于被萃取物质与超临界流体之间，按极性不同可分为极性夹带剂和非极性夹带剂。通常具有很好溶解性能的溶剂，也往往是很好的夹带剂，如甲醇、乙醇、丙酮、乙酸乙酯等均可作夹带剂。

关于夹带剂的作用机理，以最常用的超临界 CO_2 流体萃取剂为例来说明：夹带剂的引入可以从两个方面影响溶质在超临界 CO_2 流体中的溶解度和选择性，即 CO_2 流体的密度和溶质与夹带剂分子间的相互作用。一般来说，夹带剂在使用中用量较少，对 CO_2 的密度影响不大，而影响溶解度和选择性的决定因素就是夹带剂与溶质分子间的范德瓦尔斯力或夹带剂与溶质有特定的分子间作用（如氢键及其他各种作用力）。例如，利用超临界 CO_2 流体萃取重金属，重金属离子带有正电荷，具有很强的极性，超临界 CO_2 流体与重金属离子与之间的范德瓦尔斯力很弱，难以直接萃取，此时就可以选择带有负电荷的夹带剂（此处也称金属配合剂），以中和金属离子的正电荷，由于配合衍生效应的缘故，生成的中性配合物的极性已大大降低，再结合另一种极性夹带剂，增强其在超临界 CO_2 流体中的溶解度，进行萃取。此外，在流体的临界点附近，溶质溶解度对温度、压力的变化最为敏感，加入夹带剂后，能使混合溶剂流体的临界点相应改变，更接近萃取温度，增强溶质溶解度对温度、压力的敏感程度，使被分离组分在操作压力不变的情况下，适当升温就可使溶解度大大降低，从循环气体中分离出来，以避免流体再次压缩的高能耗。

夹带剂的使用虽然可以改善原有超临界萃取体系的萃取效果，但对其合理科学的选择并非易事，通常可以从被萃取物和流体的性质、操作条件、体系热力学参数、成本、安全等因素着手，并综合考虑夹带剂自身的性质如分子极性、分子结构、相对分子质量、分子体积等因素，然后加以试验才能确定。

夹带剂的引入虽然扩大了超临界 CO_2 流体萃取技术的应用范围，但同时也带来了两个负面影响：一是由于夹带剂的使用，增加了从萃取物中分离回收夹带剂的难度，而且使得一些萃取物中有夹带剂的残留，丧失了超临界 CO_2 流体萃取没有溶剂残留的优点；二是工业上增加了设计、研制和运行工艺方面的困难，生产成本提高。

8.2 超临界流体萃取过程的热力学

8.2.1 相平衡行为

虽然超临界流体本身是单一相态的流体，但由于超临界流体萃取属于传质分离中的平衡分离过程，超临界流体在萃取过程与被萃取混合物接触时，必然涉及相际接触，进而通过平衡分配达到分离混合物的目的。而超临界流体萃取过程能否进行，可以进行到什么程度，超临界流体萃取分离时需要多少理论级，单位理论能耗需要多少等问题，都可用超临界系统的相平衡关系来计算。超临界萃取的混合物对象有固体和液体，而且操作条件是在萃取剂临界温度点以上的高压区，由于高压下的相平衡与常压下的相平衡有着明显的不同，其测定过程比较复杂，开展这方面的基础研究相对较少，相关数据比较缺乏，因此用热力学预测相平衡数据，或利用少量实验数据作热力学关联和延伸，并了解该类相图在超临界萃取领域的研究和应用是非常重要的。

1. 超临界流体-固体的高压相平衡

超临界流体萃取对象通常涉及固体，因此，必然要研究高压下的液-固平衡，超临界流体-固体的相图主要有两类。

1）第Ⅰ类相图

图 8－12 是超临界流体-固体的第Ⅰ类相图。组成这类混合物的超临界流体和固体的分子大小、形状、结构及临界条件相差不是很大，轻组分的临界温度与重组分的熔融温度相差也不是太远，如超临界水-氯化钠等。通常用 $p-T-Z$(压力-温度-组成)三维图形表示。为了便于了解，把图投影到 pT 和 pZ 面上来观察。

图 8－12(b)是 $p-T-Z$ 三维相图投影到 pT 平面上的情况。因为固体的熔点和临界点温度都比超临界流体高得多，线段 A_1C_1 代表溶剂(即萃取剂)的蒸气压曲线，点 C_1 是溶剂的临界点；线段 EM 代表固体溶质的升华线，MN 是熔解线，MC_2 是溶质的蒸气压曲线，点 C_2 是溶质的临界点，M 为溶质的三相点。图中的 VLS 线是将各等温线上的三相共存线投影到 pT 面上所致。图 8－12(c)、(d)分别是当操作温度 $T<T_{c1}$，和 $T>T_{c1}$ 时，这两个等温截面投影到 pZ 面得到的相图。

图 8－12(c)，因为 T 低于易挥发组分的临界温度 T_{c1}，所以等温包络线的左边交于纯易挥发组分的蒸气压线，当系统的总压低于固体的升华压时，体系为单一的气相 V，随着压力的增加，体系的状态由单一的气相进入气-固两相区 VS，压力继续增加，体系就到了气-液-固三相共存，出现了 V－L－S 三相平衡线，当压力再增加，出现 VL 和 LS 两相区，因液相组成随压力的变化不大，所以从图上看，液相线近似于直线垂直向上。

图 8－12(d)，当温度超过易挥发组分的临界温度 T_{c1}，图的形状与图 8－12(c)相似，但等温包

络线的左边不与蒸气压线相交，而且固体在混合物中的溶解度增加，整个包络线向右移动，使气-液包络线区域扩大。温度继续升高，$T \gg T_{c1}$，气-液包络线区域继续扩大，一直到 $T > T_M$，此时只观察到 V－L 的平衡曲线，如图 8－12(e)所示。

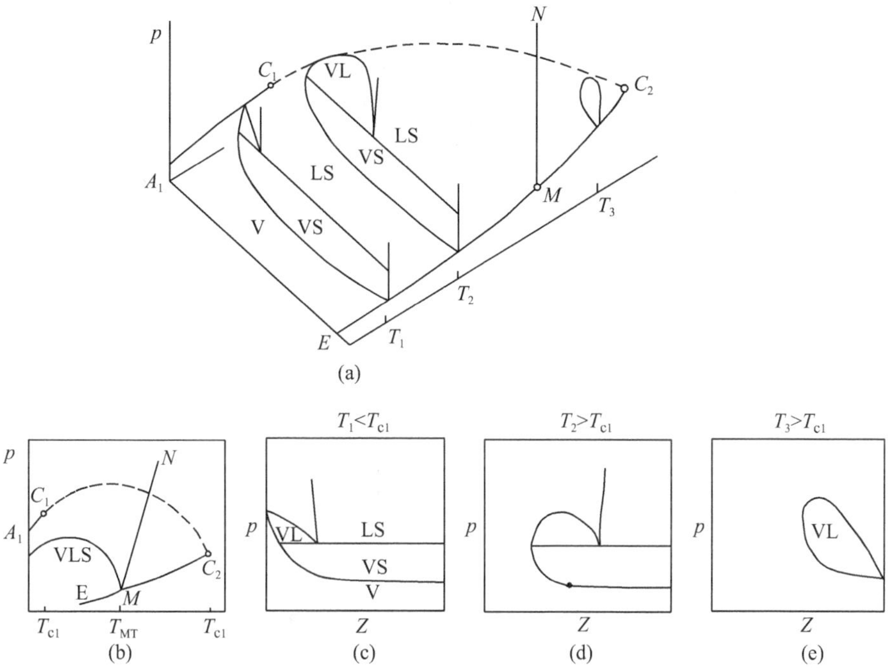

图 8－12　第Ⅰ类超临界流体-固体的相图

2）第Ⅱ类相图

第Ⅱ类相图如图 8－13 所示。这类相图的两个组分在分子大小、形状、极性上都相差很大，如超临界二氧化碳-萘、超临界乙烯-萘等组成的体系。其中 SLV 三相线是分成两部分的，LCEP 称下临界端点，UCEP 称上临界端点。

第Ⅱ类相图最大的特点就是 SLV 线是不连续的。由于性质差别大，以至于气体在已熔化固体中的溶解度不大，不会引起固体的熔点有明显的下降，所以从熔点出发绘制的 SLV 三相线不会随压力升高而弯向低温侧，而是陡峭地随压力升高而向上，并与临界混合物在曲线上临界端点相交，如图 8－13(b)所示。图中当温度为 T_1 时（$T_1 < T_{c1}$），其 PZ 图与图 8－12 中的 T_1 时的图形相仿。当温度上升到 T_2 时（$T_2 > T_{c1}$），由于系统的难溶特性，使得气-液包络线的区域反而缩小了，见图 8－13(c)。当温度升高到 T_3 时，气-液临界区缩小成为一个点，并呈现为包络线上的一个转向点，该点的压力和温度代表了三相线的终点，表示下临界端点 LCEP。如果温度稍高于下临界端点的值，即如图 8－13(e)所示 $T_4 > T_{LCEP}$ 的范围，则只能观察到气-固两相的存在，图中的 T_4 温度之下就只出现气-固两相，图中的曲线表示重组分在 SCF 中的溶解度随压力的变化。温度较低区域的相图分区描述在图 8－13(b)的左边，三相线与临界混合物曲线相交于下临界端点上。在图中的下临界端点附近，从曲线的形状可以看出压力的微小变化会引起组成的明显变化，表明了体系如在临界端点附近操作，固体在超临界流体中的溶解度将有很大增加。图中 T_4 以下的温度都低于固体的熔点，所以图中右边都不出现液相，只有达到固体的熔点，才开始出现液相，所以固体的熔点是三相线的起点。当温度升高到图中的 T_5，压力也有相应的升高，正好达到有过量固体存在下的气-液临界点，它属于上临界端点 UCEP，在该点附近，压力的微小变化将引起溶解度的明显增加。温度再升高，例如达到 T_6，体系就呈现为通常的气-液包络线形状。

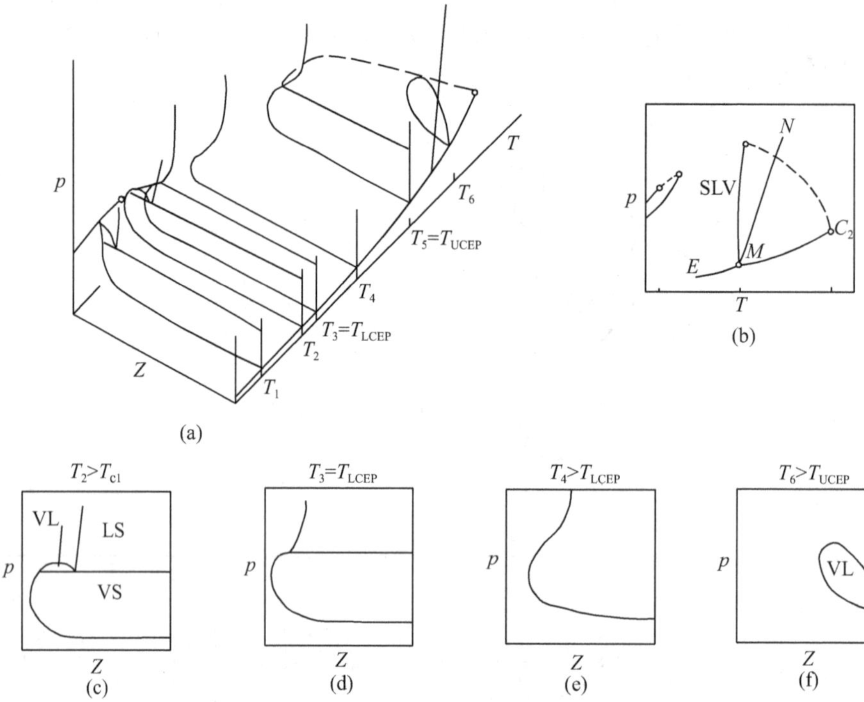

图 8-13 第Ⅱ类超临界流体-固体的相图

从以上分析可知，对第Ⅱ类超临界流体-固体混合物而言，在 LCEP 和 UCEP 之间的范围内应该是超临界流体萃取的工作区域。

2. 超临界流体-液体的相平衡

对于混合物而言，除了天然产物绝大部分是以固体混合物存在外，实际接触的混合物很多是以液体混合物形式存在，因此，对于超临界流体萃取技术的应用而言，高压下超临界流体-液体三元系相行为的研究十分必要。需要说明的是与纯组分或二元系的临界性质和行为的研究是以实验为前提进行基础研究不同，由于三元或多元系的相行为基础数据测定难度大、成本高，许多数据都是通过理论模型模拟，再有选择地进行实验测量得到的，尽管如此，含 SCF 的三元相图数据依然十分稀缺，也不像二元体系那样容易形成规律，目前描述超临界流体-液体的相图常以有机溶剂(S)、水(H_2O)和乙烯(C_2H_4)三元体系为例，一般分为三类，下面分别进行介绍。

1) Ⅰ型三元相图

图 8-14(a)为有机溶剂(S)、水(H_2O)和乙烯(C_2H_4)三元混合物在等温条件下压力与组成的三棱柱图形。Ⅰ型三元相图的主要特点是不存在液-液-气三相区，温度处于稍高于 SCF 临界点的温度。在大气压为 p_1 时，水和有机溶剂可按任意比例混合，而乙烯基本不溶于水，仅微溶于有机溶剂中。当压力升至比乙烯的临界压力稍低的 p_2 时，乙烯基本上不溶于水，但在有机溶剂中的溶解度却显著升高。当压力继续升高，超过乙烯和有机溶剂的临界压力至 p_3 时，此时乙烯可按任意比例与有机溶剂混合，溶解度曲线不再与三元相图中乙烯-有机溶剂的二元轴相交，超临界 CO_2 -乙醇-水体系的三元相图与此类似。

2) Ⅱ型三元相图

图 8-14(b)为Ⅱ型三元混合物在等温条件下压力与组成的三棱柱图形。与Ⅰ型三元流体混合物不同的是，在一定温度和压力下，在相图中出现液-液-气三相平衡区和液-液两相平衡区，但液相不互溶区并不扩展至三棱柱的有机溶剂-乙烯面上。

当压力为大气压 p_1 时，等温 $p-x$ 图与第Ⅰ类相图相同；压力升至略低于乙烯的临界压力 p_2 时，出现有机溶剂-水-乙烯不互溶区和液-液两相区；当压力进一步上升至 p_3 时，有机溶剂-水-乙烯不互溶区和液-液两相区的范围显著扩展，说明有机溶剂更容易从水中分离出来，但在富有机相中的有机溶剂含量稍有下降；当压力再进一步升高，超过有机溶剂-乙烯系的临界压力达到 p_4 时，乙烯与有机溶剂完全互溶，三相区完全消失，此时的相图与图 8-14(a)压力 p_3 时相似。

3）Ⅲ型三元相图

图 8-14(c)为Ⅲ型三元混合物在等温条件下压力与组成的三棱柱图形。此类三元混合物由超临界流体与两种部分互溶液体所组成。在压力为大气压 p_1 时，三元相图有很大的三相区；当压力升至 p_2 时，有机溶剂-水两相区扩大；当压力超过有机溶剂-水二元系的临界压力 p_3 时，出现单一的液-液溶解度曲线，并和有机溶剂-水两轴有两个交点，说明即使在较高的压力下，有机溶剂和水的部分互溶区仍然存在。

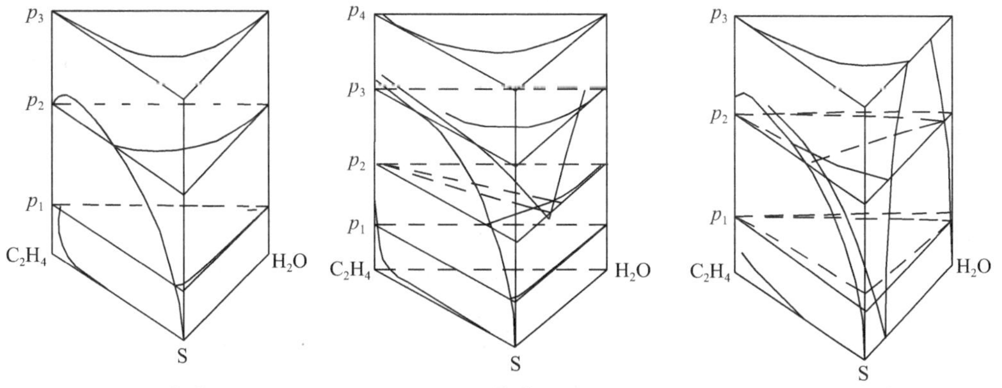

(a) Ⅰ型　　(b) Ⅱ型　　(c) Ⅲ型

图 8-14　三元流体混合物的相图

需要指出的是，以上对三元流体混合物的分类是在一定温度下进行的，一个三元系在不同的温度下，可以显示出以上三类不同相平衡情况，所以在介绍相图时须注明温度和压力条件。

8.2.2　溶解度

1. 固体在超临界流体中的溶解度

1）固体在 SCF 中的溶解度曲线

前已述及，超临界流体的溶解能力与其密度有很大关系，因此受压力和温度影响也很大，在临界点附近区域体系压力或温度发生微小的变化都会引起超临界流体溶解能力的急剧变化。以萘和苯甲酸在 SCF-CO_2 中的溶解度曲线为例，可以明显看出温度和压力对溶解度的影响，见图 8-15、图 8-16。

2）热力学模型

由于超临界流体热力学数据的实测过程复杂而且费用高，因此利用热力学模型来关联和预测物性数据就不失为经济而又实用的一种方法。热力学模型的主要功能就是关联和预测，其中关联型的模型可以用内插法求取数据点；而预测型模型则是用外推法来获取数据，所以也称“推算”，由于具有“预测”功能，所以预测型模型显得比关联型模型更重要，但它的建立必须对系统有充分的了解，需要考虑的因素也更多，所以能得到普遍认同的预测型模型是非常少的。在固体-超临界流体溶解度数据的关联中，常将超临界流体看作“压缩气体”或“膨胀液体”，再利用热力学计算逸度系数和活度系数的方法来关联溶解度数据。下面简单介绍这两种模型。

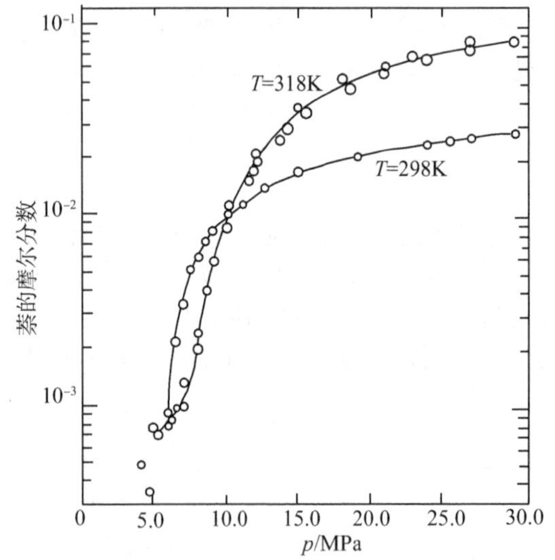

图 8－15　萘的溶解度-压力关系曲线

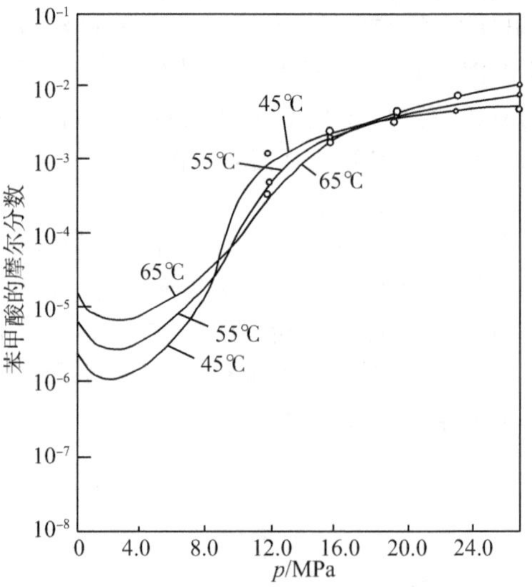

图 8－16　苯甲酸的溶解度-压力关系

(1) 压缩气体模型

也称“稠密气体”(dense gas)模型，就是将超临界流体看作压缩气体来处理。也就是说，应用于压缩气体的有关热力学模型可以用在超临界体系进行数据关联和预测。此时，固体作为溶质，达到平衡时，它在超临界流体中的逸度与在固相中的逸度相等。

热力学模型的具体表达式就是状态方程，用于压缩气体的状态方程已有很多，如立方型状态方程、微扰状态方程、格子气体状态方程等，但最常见的大多是立方型状态方程，它的形式比较简单，而且在计算超临界流体的相平衡数据中是比较令人满意的，因此应用得最普遍。

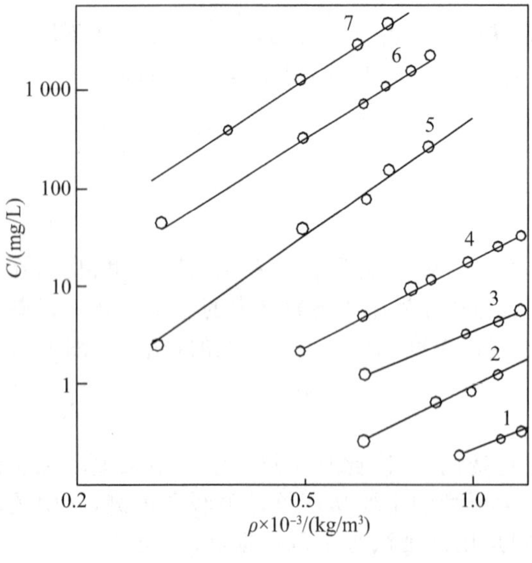

图 8－17　各种物质在 CO_2 中的溶解度与密度的关系曲线（T＝40℃）

1—甘氨酸；2—弗朗鼠李苷(franggu lin)；
3—大黄素[$C_{15}H_7O_2(OH)_3$]；4—对羟基苯甲酸；
5—1，8－二羟基蒽醌；6—水杨酸；7—苯甲酸

(2) 膨胀液体模型

膨胀液体模型就是将超临界流体看作膨胀液体来处理，其特点是处理过程不需要通过临界区的积分。但这类模型中需要溶液理论的支撑，建模中会出现活度系数和溶液偏摩尔体积的热力学参数，计算起来比压缩气体模型要复杂得多。而且，能用于描述膨胀液体的热力学模型——状态方程相应较少，还需要对它进一步的研究。

3) 数据关联

(1) 双对数法

根据图 8－17 中溶解度与密度的双对数曲线族，可以写出 $\ln C = m\ln\rho + n$ 的形式。其中，m、n 与不同的萃取剂及被萃物质的化学性质有关。

Prausnitz 等从理论上提出了以下固体溶质的溶解度关联式

$$y_2 = \frac{p_2^0 \phi_2^s}{p\phi_2}\exp\left[\frac{V_2^s(p - p_2^0)}{RT}\right] \quad (8-1)$$

式中，y_2 为溶质的平衡摩尔分数；p_2^0 为溶质

的饱和蒸气压；V_2^s 为溶质的摩尔体积；p、T 为操作压力和温度；ϕ_2^s 为溶质在饱和蒸气压 p_2^0 下的逸度系数；ϕ_2 为溶质在压力 p 时的逸度系数；R 为通用气体常数。

由于固体蒸气压很低，所以 $\phi_2^s \approx 1$。通过热力学公式计算溶质的 ϕ_2，代入式(8-1)，取对数，得到表达式

$$\ln y_2 = \alpha \ln \rho + \beta \qquad (8-2)$$

式中，α，β 为斜率和截距。

(2) 增强因子法

把观察到的平衡溶解度与用理想气体定律在同样的温度压力下推算的溶解度之比称为增强因子 E

$$E = y_2 / y^* \qquad (8-3)$$

而理想气体

$$y^* = p_2^0 / p \qquad (8-4)$$

结合(8-1)得 $\phi_2^s \approx 1$，$p > p_2^0$，$E = \dfrac{1}{\phi_2}\exp\left(\dfrac{V_2^s p}{RT}\right)$ (8-5)

在常压到 10 MPa 内，指数项的值仍不大于 2，故 ϕ_2 远小于 1 是 E 大大增加的主要因素。要计算 E，归结为计算 ϕ_2，ϕ_2 计算的准确度直接关系到 y_2 的计算准确度，所以关键是寻找能较精确计算 ϕ_2 的方法。表 8-3 列出了几种 E 的计算方法。

表 8-3　溶解度数据关联表

方法		方程	说明
双对数法		$\ln C = m \ln \rho + n$ 或 $\ln y_2 = \alpha \ln \rho + \beta$	C 为溶质的质量浓度；y_2 为溶质的摩尔分数；ρ 为 SCF 流体的密度；m，n，α，β 为斜率和截距，与不同的萃取剂及被萃物质的化学性质有关
增强因子法	状态方程法	维利方程 $\dfrac{pV}{RT} = 1 + \dfrac{B}{V} + \dfrac{C}{V^2} + \cdots$ $\ln E = \dfrac{V_2^s - 2B_{12}}{V_t}$（只考虑第二维利系数）	V_t 为混合物的体积；B 为第二维利系数，B_{12} 表示组分 1 和组分 2 分子之间的相互作用参数，呈负值
	经验关联法	Reid 等提出 $\lg E = \alpha \rho_r + \beta + \sigma (T - T_{ref})$	T_{ref} 为参考温度；ρ_r 为对比密度；σ 是在选定的密度下，$\lg E$ 对 ρ_r 作图的等温空间常数，K^{-1}；α，β 为方程的参数
		Ziger 等提出 $\lg E = \eta \left\{ \varepsilon_2^* \left(\dfrac{\Delta}{y_1}\left[2 - \dfrac{\Delta}{y_1}\right] - \lg\left(1 + \dfrac{\delta_1^2}{p}\right)\right)\right\} + \gamma$ 1—SCF；2—溶质	$\Delta = \dfrac{\delta_1}{\delta_2}$，$\varepsilon_2^* = \dfrac{\delta_2^2 V_2^L}{2.3RT}$ 为无因次能量参数，与温度有关；δ 为溶解度参数；η，γ 为斜率和截距
经验关联法		Chrastil 等提出 $C = (\rho_F)^k \exp\left(\dfrac{a}{T} + b\right)$	C 为溶质在 SCF 中的质量浓度，g/L；ρ_F 为 SCF 流体的密度，g/L；a，b，k 为经验常数
$SC-CO_2$-液体的溶解度计算		PR 方程法 $p = \dfrac{RT}{V-b} - \dfrac{af(T)}{V(V+b)+b(V-b)}$ $f(T) = [1 + k(1 - T_r^{0.5})]^2$ $k = 0.374\,64 + 1.542\,26\omega - 0.269\,9\omega^2$ 热力学相平衡原理：$y_i \phi_i^V p = x_i \phi_i^L p$ 计算两相组成	T_c，p_c 为临界温度和压力；T_r 为对比温度；ω 为偏心因子。y_i 气相组成；x_i 液相组成；ϕ_i^V 流体相逸度系数；ϕ_i^L 液相逸度系数 $a = 0.457\,27\dfrac{R^2 T_c^2}{p_c}$，$b = 0.077\,8\dfrac{RT_c}{p_c}$， 该方程在计算二元体系相平衡时，关键是混合物的参数 a、b 与组成之间的关系即混合规则，以及二元相互作用参数的求取

(3) Chrastil 等提出的以实验数据为依据的经验关联式,如表 8－3 所示。

固体在 SCF 中的溶解度关联方法中,双对数法最简单也直观,有一定的理论依据,而且符合较好,但缺点是不具有普遍适用性;增强因子法能反映出溶质在超临界流体与普通气体中的溶解度差异的程度,从不同的增强因子计算方法中获得溶质的溶解度数据。

2. *液体在超临界流体中的溶解度*

1) 超临界流体-液体的溶解平衡

与超临界流体在固体中的溶解度可以忽略不同,SCF 在液体中会溶解,因此,液相不能被当作纯物质处理,其分析研究过程远比固体-超临界流体系统复杂得多。更为不同的是,各类液体的沸点范围宽,挥发度差异大,有时甚至高达几个数量级,因而需要分类处理。

超临界流体与低挥发性液体如 CO_2 － $C_{16}H_{34}$ 体系、CO_2 -苯甲醇体系、CO_2 -油酸组成的体系等。相平衡数据可通过测定相互间的溶解度来表达,如 CO_2 -苯甲醇体系,需同时测定苯甲醇在 CO_2 中的溶解度和 CO_2 在苯甲醇中的溶解度,分别如图 8－18、图 8－19 所示。

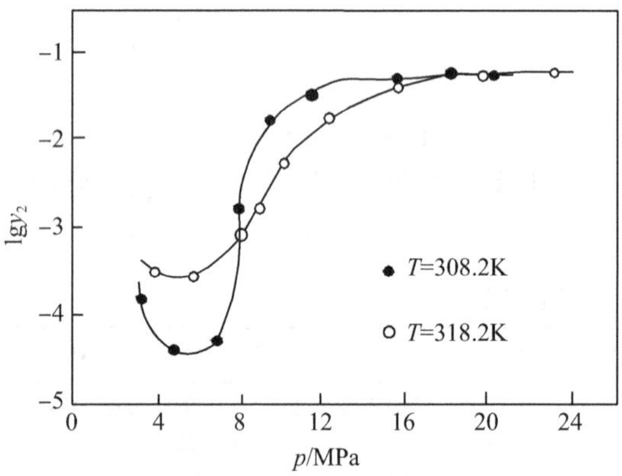

图 8－18　苯甲醇在 CO_2 中的溶解度

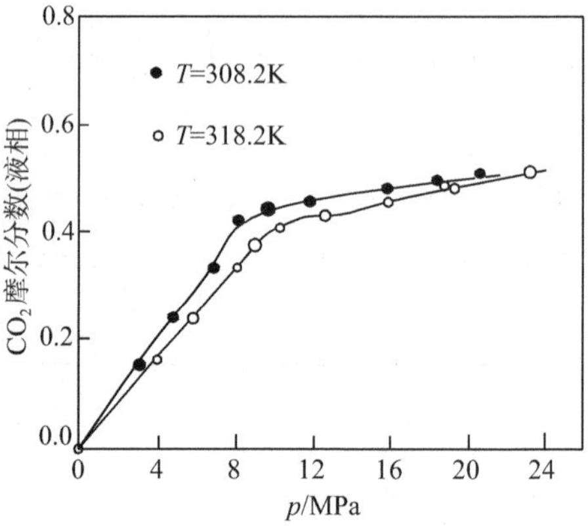

图 8－19　CO_2 在苯甲醇中的溶解度

溶质在 SCF 中的溶解度是 SFE 过程设计和操作的依据,若 SCF 选定后,影响溶解度的其他主要因素有萃取剂密度、溶剂与溶质分子间的相互作用、溶质分子结构和挥发性。超临界流体与易挥发性液体如含醇体系:CO_2 -甲醇、CO_2 -乙醇、CO_2 -丙醇、CO_2 -丁醇,CO_2 -辛烷等的二元体系相平衡数据已有发表,且关联和预测的状态方程比较多,精度也能达到要求。如 P－T 方程、P－R 方程。

2) 超临界 CO_2 流体-液体的热力学模型计算

在超临界 CO_2 萃取过程的设计计算中,对溶质在超临界 CO_2 中的溶解度的关联和预测是非常重要的,而状态方程是最有效的方法之一。在众多状态方程中,能用于超临界流体计算的状态方程以 P－T 方程、S－R－K 方程、P－R 方程等较为常用。其中 P－R 方程形式较简单,计算精度较其他方程高,在计算和关联超临界流体相平衡中有较好的表现,见表 8－3。

对于三元体系平衡关系计算,有三个二元相互作用参数,而每个 k_{ij},η_{ij} 都需通过实验数据拟合。以乙醇-水-CO_2 三元体系为例,从 $C_2H_5OH - CO_2$,$H_2O - CO_2$,$C_2H_5OH - H_2O$ 三个二元体系的相平衡数据和拟合参数来推算三元系的相图,为了提高精度,还要实测 $C_2H_5OH - H_2O - CO_2$ 三元系的数据,去拟合参数。有了这些参数,就可以计算溶质在超临界流体中的溶解度。

3. *溶解度的测定方法*

由于溶质在超临界流体中的溶解度对萃取过程的设计至关重要,因此,尽管测定过程复杂而且费用较高,还是有不少机构开展了这方面的研究工作,并积累了一些测定超临界流体中物质溶解度的方法,按照溶质在超临界流体中的溶解方式,目前测试方法基本上可以归结为两类:动态法和静态法。

1）动态法

亦称流动法。测定是在恒温条件下进行的，测定时首先将超临界流体连续通过装有溶质的床层，填充溶质的床层要足够长，以保证超临界流体有足够的停留时间与溶质充分接触达到饱和状态，然后将饱和的流体混合物释压膨胀到常压状态使溶质析出，最后收集溶质并进行分析即可。分析方法根据溶质的溶解度、性质等可采用重量法、光谱法、介电常数法和色谱法等。

2）静态法

静态法测定溶解度首先是将超临界流体与溶质置于高压釜内，在一定温度和压力下，使其充分接触以达到溶解平衡，为了尽快使体系达到平衡，可适当采用搅拌或连续循环等方法加速平衡进程。根据所用高压釜的种类，静态法又可分为分析法和观测法两类。分析法需从高压釜中取出流体样品进行溶解度数据分析，取样过程影响实验测定的可靠性，因此取样体积必须足够小，以不致扰动平衡；观测法则是使用一个带有透明窗的高压釜，在测定过程中，通常是在一定温度下，改变压力，由高压釜的透明窗口观察完全溶解的压力。

例 8-1 用超临界二氧化碳对10%乙醇和90%水（质量分数）的混合物进行萃取，SC-CO_2 的流率为 3 mol/s，混合物流率为 1 mol/s，采用逆流接触萃取器，操作条件为 305 K 和 9.86 MPa，萃取分离程度相当于 5 个平衡级，萃取结果如下表所示，计算乙醇和水的萃取率。

解 先将进料组成质量分数转化成摩尔分数，总的物料平衡情况如下表。

组分	进料/(mol/s)	萃取剂/(mol/s)	萃取相/(mol/s)	萃余相/(mol/s)
二氧化碳	0.000 0	3.000 0	2.971 3	0.028 7
乙醇	0.041 7	0.000 0	0.014 0	0.027 75
水	0.958 3	0.000 0	0.016 1	0.943 51
总量	1.000 0	3.000 0	3.001 4	0.998 6

乙醇的萃取率为：0.014 0/0.041 7×100%＝33.6%

水的萃取率为：0.016 1/0.958 3×100%＝1.68%

萃余相中二氧化碳的萃取率为：0.028 7/3.0×100%＝0.957%

可见，超临界二氧化碳对乙醇萃取率要远大于对水的萃取率，所以，用超临界二氧化碳从稀乙醇水溶液中提取乙醇是可行的。

例 8-2 在温度为 333 K，压力不同（临界压力以上）的条件下，测得咖啡因在 SC-CO_2 的溶解度数据（摩尔分数），根据以下的实验数据，用双对数法拟合出溶解度与 SC-CO_2 密度的关系式，并计算当 SC-CO_2 密度为 780 kg/m^3 时咖啡因的溶解度。

SC-CO_2 ρ/(kg/m^3)	735.1	757.5	772.8	796.3	812.4	828.8
咖啡因 $y\times10^{-4}$	3.35	3.71	4.18	5.00	5.53	6.11

解 根据双对数法的表达式(8-2)$\ln y_2=\alpha\ln\rho+\beta$，对表中的密度和摩尔分数分别取自然对数，然后用最小二乘法或作图法，拟合直线方程如下

$$\ln y_2=5.22\ln\rho-42.50$$

当 SC-CO_2 密度为 780 kg/m^3 时，计算得 $y_2=4.36\times10^4$。

8.3 超临界流体萃取过程的传质

8.3.1 传质过程

超临界萃取过程的热力学可以说明萃取过程是否可以进行以及分离过程达到的程度，而萃取过程的时间、所需设备大小则由传质速率决定。虽然，超临界流体萃取方面的文献不少，但涉及超临界流体中的传质现象的研究报道却不多见，主要原因是对超临界流体性质的了解还不充分，高压条件下测定传质过程较为困难。目前，以超临界流体与固体间的传质过程研究得较多一些，本节内容对此作介绍。

以固体溶质为对象，超临界流体萃取过程的传质可以这样描述：①超临界流体在固体外形成一滞留层（流体膜）；②超临界流体向固体内部渗透扩散；③超临界流体与溶质分子作用，溶质在 SCF 中溶解，与其他不溶性固体脱离；④携带有溶质的 SCF 从固体内部扩散到固体表面；⑤溶质通过固体表面流体膜向流体主体扩散。

溶质的溶解速度、溶质的内扩散速度和外扩散速度对整个超临界的传质速率都产生影响，提高传质速率的途径有：提高超临界流体与原料的比，不断用新鲜的溶剂置换出固体溶质，扩大浓度梯度，增加传质推动力；提高操作压力，超临界流体的密度也随之增大，溶解能力和萃取效果提高；改变温度对传质的影响从两方面看，提高温度可以提高流体的扩散系数，降低黏度，减少了传质阻力，但不利的一面是，提高温度会降低流体的密度，也就降低了对溶质的溶解能力。另外，一些措施包括：加夹带剂、搅拌、采用移动床、超声波强化等。

8.3.2 传质模型

由于超临界流体萃取操作的特殊性，试验数据测定难，可靠性低，影响因素多，使得研究超临界流体萃取传质模型的文献相对较少。目前超临界流体萃取传质模型可分为三类：经验关联式、基于传热分析的模型和基于物料衡算方程的模型。下面介绍较常用的准数关联式。

在强制对流条件下，$Re>10$，超临界流体的传质经验准数式

$$Sh=aRe^{1/2}Sc^{1/3} \tag{8-6}$$

在超临界流体萃取系统中，流体的流速很低，且黏度小，在体系中很容易产生自然对流，在这种条件下，传质系数的关联式如下

$$Sh=bGr^{1/4}Sc^{1/4}\text{（层流自然对流）} \tag{8-7}$$

$$Sh=cGr^{1/3}Sc^{1/3}\text{（湍流自然对流）} \tag{8-8}$$

式中，$Sh=\dfrac{kl}{D}$，Sherwood 数；$Sc=\dfrac{\mu}{\rho D}$，Shmidt 数；$Pr=\dfrac{c_p\mu}{\lambda}$，Prandtle 数；

$Re=\dfrac{dv\rho}{\mu}$，Reynolds 数；$Gr=\dfrac{\beta_T\Delta Tgl^3}{v^2}$，Grashoff 数

其中，k 为传质系数；a,b,c 是与流动形态和几何条件有关的参数；l 为特征长度（流动方向上的长度）；v 为运动速度；D 为扩散系数；g 为重力加速度；d 为固体粒子的直径；μ,ρ 分别为流体黏度和密度；c_p 为比定压热容；λ 为导热系数；β_T 为热膨胀系数。

自然对流的判断：当 $GrPr>600$ 为自然对流，在超临界萃取过程中，压力高，自然对流很容易产生，如超临界二氧化碳在 38℃下只需 3 K 的温差，就可以引起自然对流。

8.4 超临界流体萃取过程的流程与设备

8.4.1 超临界流体萃取的工艺流程

与其他分离方法不同，超临界流体萃取过程由于兼具有蒸馏和萃取的特点，甚至还包括吸附、吸收组合，因此，本身的工艺特征并不明显，工业化上几乎没有什么“标志性”的生产装置，具体萃取流程常根据萃取对象和分离任务确定。一般情况下，超临界流体萃取工艺流程有以下几种：

(1)按被萃取物料性质可分为超临界流体-固体萃取、超临界流体-液体萃取；

(2)按操作方式可分为间歇式操作、半连续式操作、连续式操作；

(3)按溶质析出方法可分为等温法、等压法、吸附法、吸收法。

实际上，按溶质析出方法分类的流程也是超临界流体萃取的基本流程，工业上大多数流程都是在基本流程的基础上结合物料特征和生产规模建立的，下面先介绍超临界流体萃取的基本流程，然后再介绍几种典型的生产工艺流程。

1. 超临界流体萃取的基本流程

基本的超临界流体萃取过程是由萃取阶段和分离阶段两部分组合而成。在萃取阶段，超临界流体将溶质从混合原料中提取出来；在分离阶段，通过变化某个参数或其他方法，使溶质从超临界流体中分离出来，超临界萃取剂则循环使用。

按分离阶段的工作原理不同，超临界流体萃取的基本流程主要有等温、等压、吸附和吸收四种方法。

1) 等温法

该工艺是应用最普遍的一种流程。如图 8 - 20(a)所示，萃取是在等温条件下进行的，通过压力变化而使萃取的溶质从超临界流体中分离出来。萃取时首先将待分离原料混合物装入萃取器 1 中，排除杂质气体，然后向萃取器 1 中通入设定的超临界流体萃取剂，与被萃取物料充分接触达到溶解平衡后，含溶解萃取物的超临界流体由萃取器顶部经膨胀阀降压到低于萃取剂临界压力以下进入分离罐 3（又称解析罐）中，由于萃取物溶解度急剧下降而析出溶质，自动分离成溶质和萃取剂两部分，前者即为产品，定期从分离罐 3 底部放出，后者为循环流体萃取剂，再经压缩机 4 将萃取剂升压至设定的超临界状态循环使用。

2) 等压法

等压法就是在等压条件下，利用温度的变化来实现溶质与萃取剂的分离操作。如图 8 - 20(b)所示，等压萃取时，首先将待分离原料混合物装入萃取器 1 中，排除杂质气体，然后将设定状态的超临界流体萃取剂通入萃取器 1 中，待萃取剂与物料充分接触并达到溶解平衡后，由萃取器顶部引出含溶解萃取物的超临界流体，通过加热器 2 预热升温后，进入分离罐 3（又称解析罐）中，在较高温度(T_2)下进行分离，分离后的产品定期从分离罐 3 底部放出，萃取剂则从分离罐 3 顶部引出，通过循环泵 4 和冷却器 5 后，送回萃取器 1 中循环使用。

该法与等温法比较，温度对萃取能力的影响比压力的影响要复杂。等压升温时，超临界流体的密度减小，降低了对溶质的溶解能力，但此时溶质的蒸气压会提高，溶解度会有所增加，两者相互消长的结果会造成在某一压力范围内温度升高则溶解度增加，而在另一压力范围内，温度升高则溶解度降低的情况，所以操作起来工艺条件比较苛刻，适应性不强，故在实际生产和科研上应用较少。

3) 吸附法

吸附法是利用对溶质的选择性吸附而将溶质与萃取剂分离的操作，大致相当于一个等温和等压的过程。如图 8 - 20(c)所示，操作时，首先将待分离原料混合物装入萃取器 1 中，排除杂质气体，然后将设定状态的超临界流体萃取剂通入萃取器1中，待萃取剂与物料充分接触并达到溶解平衡后，将溶解有萃取物的超临界流体导入吸附分离罐2中，利用吸附剂将溶质选择性吸附分离后，萃取剂经循环泵送回萃取器1中循环使用。吸附法又分在分离罐(解析罐)中吸附和直接在萃取器中吸附两种。该流程比等温法、等压法工艺更加实用、简单，但必须选择廉价的、易于再生的吸附剂。

4) 吸收法

吸收法是利用萃取剂和溶质在吸收剂(水、有机溶剂等)中的溶解度不同而将其分离的一种操作。如图8-20(d)所示，其萃取流程大致与吸附法相似，萃取时先将待分离原料混合物装入萃取器1中，排除杂质气体，然后将设定状态的超临界流体萃取剂通入萃取器1中，待萃取剂与物料充分接触并达到溶解平衡后，将溶解有萃取物的超临界流体从底部导入吸收罐3中，然后逆流上升与吸收罐3顶部导入的吸收剂相接触，利用吸收剂将溶质选择性吸收分离后，萃取剂经循环泵送回萃取器1中循环使用，吸收剂经蒸发塔7中脱溶质后也送回吸收罐循环使用。

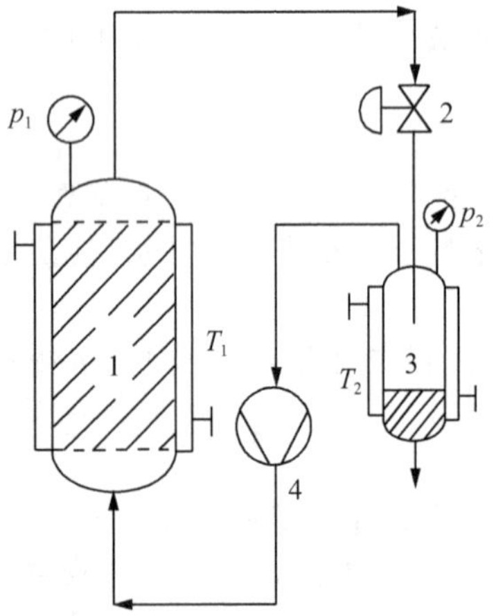

(a) 等温法

$T_1=T_2, p_1>p_2$

1—萃取器；2—膨胀阀；3—分离罐；4—压缩机

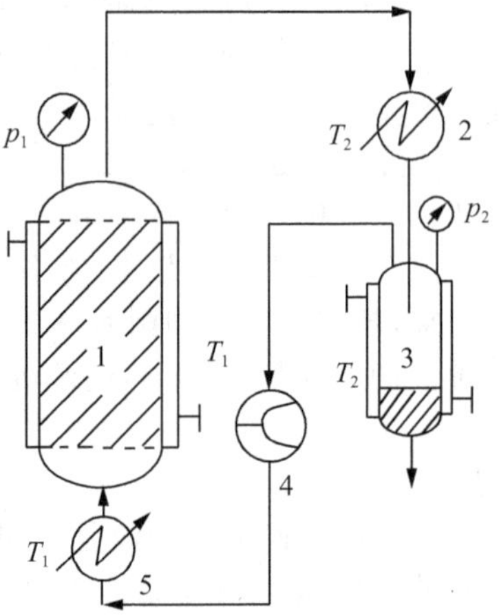

(b) 等压法

$T_1<T_2, p_1=p_2$

1—萃取器；2—加热器；3—分离罐；4—循环泵；5—冷却器

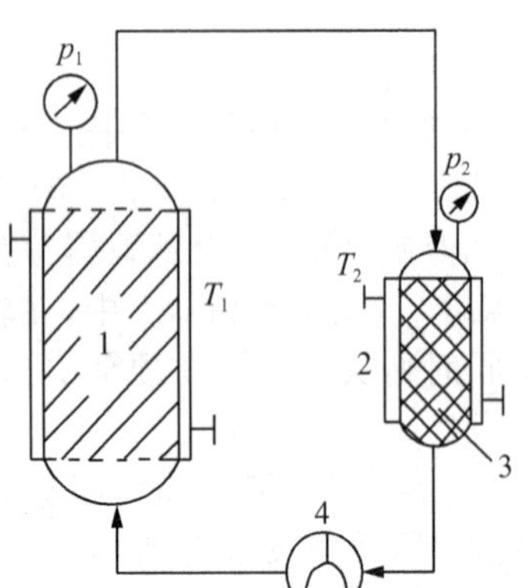

(c) 吸附法

$T_1=T_2, p_1=p_2$

1—萃取器；2—吸附分离罐；3—吸附剂；4—循环泵

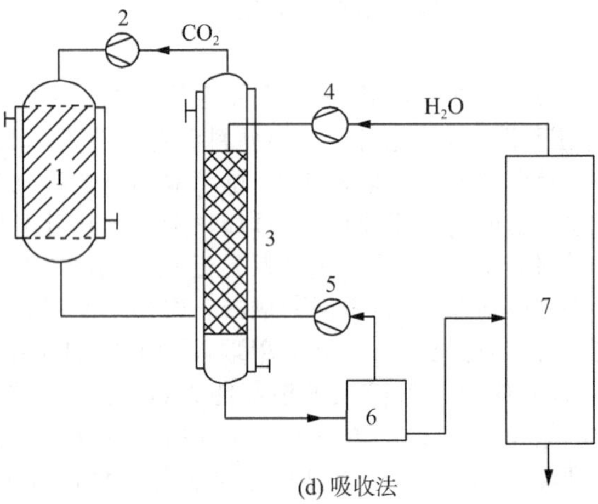

(d) 吸收法

1—萃取器；2，5—压缩机；3—吸收分离罐；4—水泵

6—脱气罐；7—蒸发塔

图8-20 超临界流体萃取的四种基本流程

2. 间歇操作的超临界流体萃取工艺流程

间歇式操作是超临界流体萃取最简单、最实用的一种工艺，可以在等温、等压下进行，也可以在变温、变压下操作，图 8－21 是一种典型的间歇式超临界流体萃取工艺流程。萃取操作时，首先将待萃取分离的混合物装入萃取器内，然后通过置换等方法排除所有杂质气体，再注入超临界流体，达到溶解平衡后，将溶有溶质的超临界流体经膨胀阀通入分离器内，降压析出溶质即得产品。

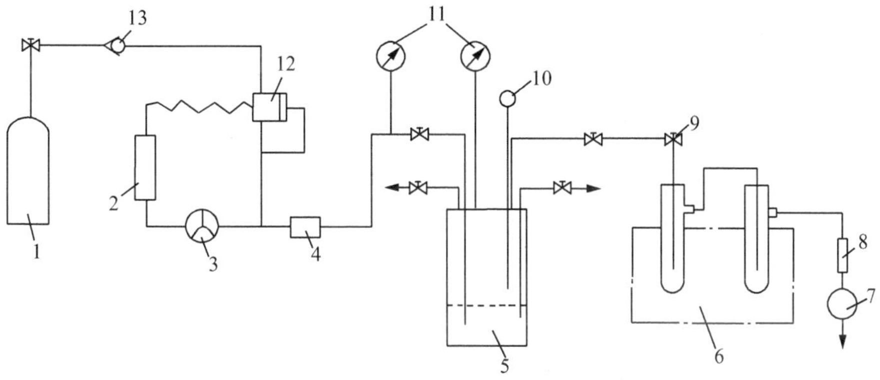

图 8－21　间歇操作的超临界流体萃取流程示意图

1—CO_2 钢瓶；2—冷凝器；3—泵；4—预热器；5—萃取器；6—分离器；7—流量加和器；8—流量计；9—微量计量阀；10—温度表；11—压力表；12—调压器；13—控制阀

3. 半连续操作的超临界流体萃取工艺流程

半连续操作时，首先将被萃取混合物置于萃取器内，排除杂质气体后，使超临界流体连续地通过被萃取物床层，流体通过床层应有足够的停留时间以保证达到或接近溶解平衡，萃取流体流出萃取器后，经过调节流体的温度或压力进入分离器内，使溶解的溶质自动析出，萃取流体由压缩机升压到设定状态后进入萃取器继续连续循环使用，溶质产品则自分离器底部排出，其萃取工艺流程示意图如图 8－22 所示。在超临界流体萃取应用方面，实际上半连续法应用是最广的，大多数中试和工业化都采用此法。

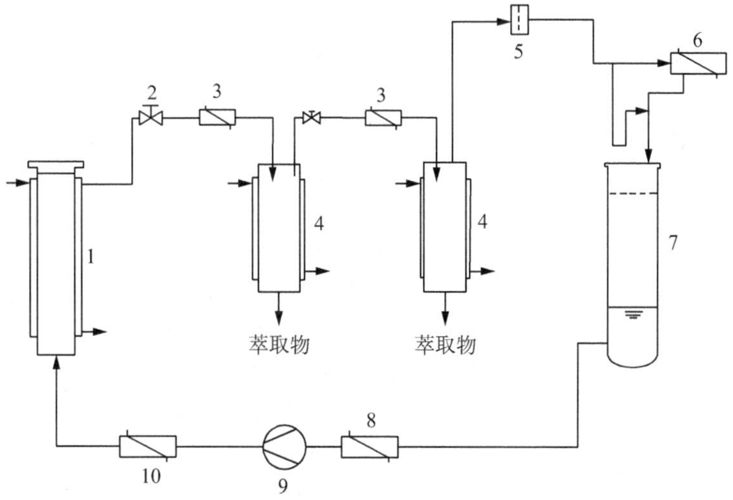

图 8－22　半连续操作的超临界流体萃取流程示意图

1—萃取器；2—减压阀；3—热交换器；4—分离器；5—过滤器；6—冷凝器；7—CO_2 贮罐；8—预冷器；9—加压泵；10—预热器

4. 连续操作的超临界流体萃取工艺流程

连续法是将超临界流体和被萃取物料同时连续不断地送入萃取器中，并使其在萃取器中有充分的接触时间以达到溶解平衡，然后超临界流体和被萃取后的物料进入收集分离器中被收集，在超临界流体的分离收集器中即可以得到溶质产品。日本在1988年发明了固体物料的连续式超临界流体萃取装置，如图8-23所示，该装置使用螺旋杆加料器7输送固体物料，避免了萃取釜开盖过程中造成的能量损失，CO_2 用计量泵注入萃取釜8，通过装置上的节流阀来调节进料、萃取平衡。

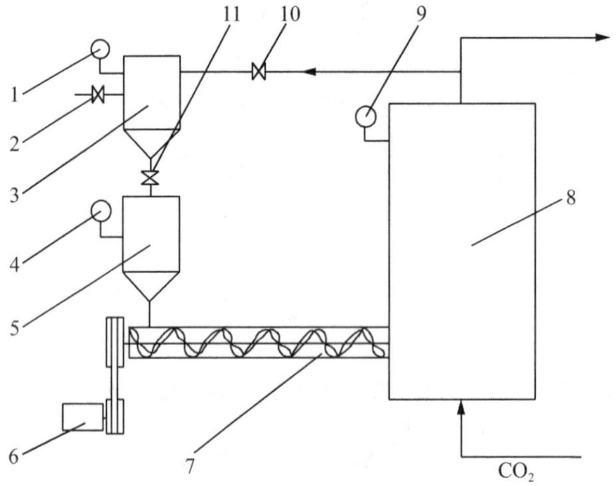

图8-23 连续操作的超临界流体萃取流程示意图

1,4,9—压力表；2,10,11—节流阀；3,5—料仓；6—电机；7—螺旋输送机；8—萃取釜

由于连续操作的超临界流体萃取工艺十分复杂，生产条件苛刻。因此，大多都停留在实验室研究阶段。工业化的报道较少。

8.4.2 超临界流体萃取的设备

对于超临界流体萃取，由于萃取对象、后期分离方式及处理规模的不同，设备差异很大，设备尺寸也大不相同，小则几升，大到数十立方米的设备都曾在工业化过程中出现。但无论设备规模或结构差异有多大，典型的超临界流体萃取过程都包含有萃取器、分离器和加压设备。

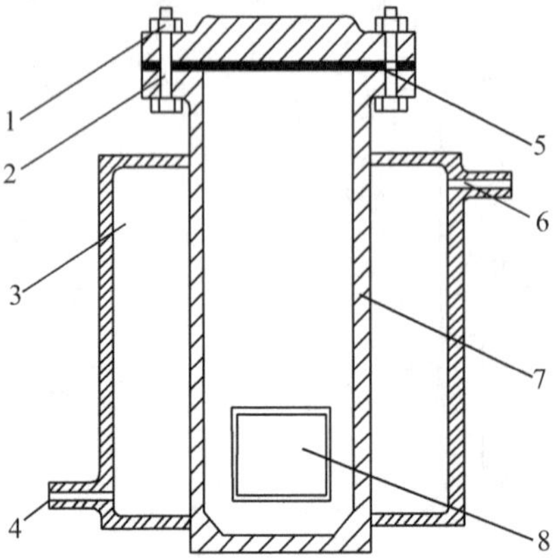

图8-24 间歇式萃取器

1—法兰盖；2—螺栓；3—水冷套筒；4—进水口；5—透镜垫；6—出水口；7—筒体；8—提篮

1. 超临界流体的萃取器

萃取器是整个萃取系统的核心部件，因此，其设计是否科学、合理直接关系到萃取过程的成败。超临界萃取器的设计通常根据萃取工艺的需要，结合物料的性质、萃取操作方式、产品分离要求、生产处理规模及工艺控制条件等相关因素，来选择和确定设备的结构形式、装卸料方式、设备材质和制造工艺。超临界萃取器通常用不锈钢制造，并且必须要耐高压，还要耐腐蚀，密封可靠，操作方便、安全，一般按《钢制压力容器》或《钢制化工容器制造技术要求》进行设计、制造、试验和验收。

1）间歇式萃取器

目前，超临界萃取过程大多数的萃取器都采用间歇式操作，图8-24是一种比较典型的间歇式萃取器结构图。

一方面，由于超临界流体具有特异的溶解性和超强的渗透性，对萃取设备的密封材料要求苛刻；另一方面，间歇式操作需要频繁添加或卸出物料，设计时要考虑萃取器开盖的方便。因此，超临界萃取器的快开密封结构设计就变得十分重要，国内外许多机构都对此做过专门研究，目前常见的快开密封结构有卡箍式、齿啮式、剖分环式、螺纹式等。

2）半连续式萃取器

半连续萃取器主要针对固体物料的萃取，其结构原理与固定床反应器十分相似，操作时被萃取原料加入萃取器后所形成的“床层”静止不动，超临界流体为流动相连续通过萃取器。对于固体物料的超临界萃取，由于高压状态下固体物料的连续进出料比较困难，装置设计复杂而又难以操作控制，目前连续化生产还很难实现，因此，实际生产应用中还是以半连续法操作为主的。

3）连续式萃取器

连续式萃取器在以液体进料的萃取过程中有所应用，如从压榨柑橘类水果皮油中提取精油的操作，或精油组分的进一步分馏等；而对于固体原料，虽然有如图 8－23 所示的装置，但要在工业上大规模实现仍有难度。因此，由于原料的限制，连续式萃取器的使用范围相对有限。图 8－25 是液相物料连续式萃取塔的示意图。

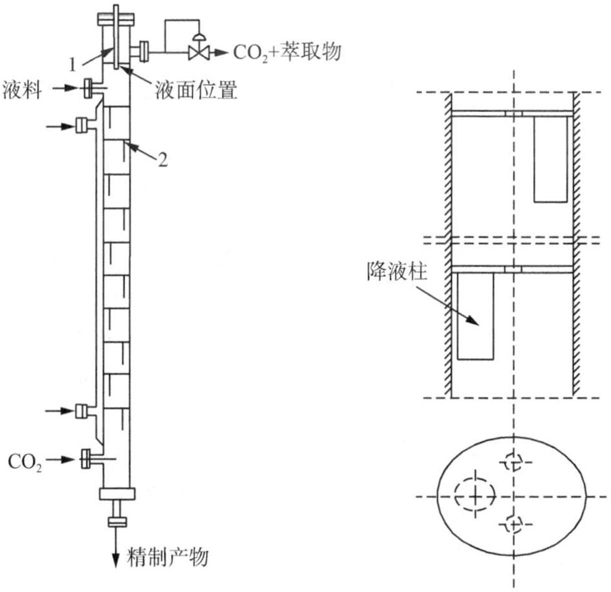

图 8－25　液相物料连续式萃取塔

1—电容传感器；2—塔盘

2．超临界流体萃取的分离器

分离器是溶质与超临界流体进行分离并被富集的场所，是萃取系统的另一个重要部件，其结构内部一般不设进料管和其他辅助设施，并保证有足够的空间。根据溶质的性质和采用的分离原理不同，分离器一般有轴向进气、切线方向进气和内设换热器三种形式，如图 8－26 所示。三者各有特点，生产中可根据具体情况选用。

3．超临界流体萃取的加压设备

超临界萃取过程是高压操作过程，加压设备是使流体达到超临界状态并使萃取过程得以实施的主要设备，因此，加压系统的合理选用和确定对工艺操作至关重要。超临界流体萃取的加压设备按其输送设备类型可分为压缩机和高压泵两种类型，压缩机的优点在于所用流体不必冷却成液体便可实现加压循环，过程简单、维护方便，缺点在于输送同样流量的流体所需压缩机体积较大，且由于等焓压缩过程会产生很大的温升，必须配置中间冷却系统。此外，压缩机噪声大，工作环境也比

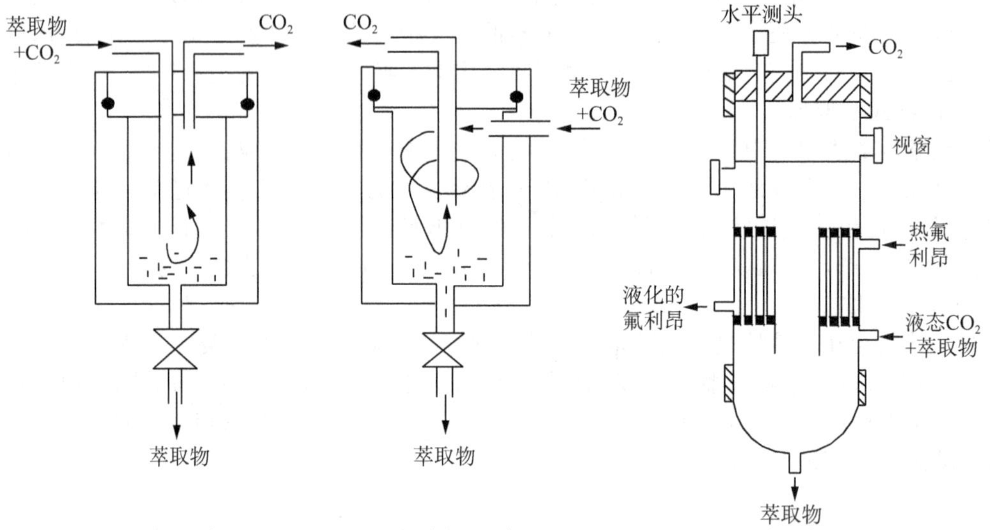

图 8-26　分离器的结构

较恶劣；使用高压泵的优点是流体输送量大，噪声小，热效应也小，总能耗低，整个输送过程稳定、可靠，缺点是超临界流体在进入泵体前必须冷却成液体，需配备深冷系统，较大规模的工业化超临界萃取过程一般采用高压泵较多。

高压泵的种类较多，最常用的是柱塞泵和隔膜泵两种。柱塞泵是往复泵的一种，其柱塞靠泵轴的偏心转动驱动，往复运动，其吸入和排出阀都是单向阀，柱塞泵价格适宜，维修容易，操作简单，但密封环易磨损而泄漏，输出流量波动是其主要缺点；隔膜泵是一种由膜片往复变形造成容积变化的高压泵，其工作原理近似于柱塞泵，由于隔膜泵没有动密封，维修简便，因而避免了泄漏现象，而且隔膜泵的流量可调节，始终能保持高效，不会因为磨损而降低，并具有体积小、重量轻，便于移动等特点，因此生产中很受欢迎，但造价较高是其主要缺点。除了上述两种高压泵以外，近些年还出现了多柱塞隔膜泵、气动隔膜泵等一些新型高压泵，可供生产中选择。

8.4.3　超临界萃取过程的影响因素

1. 压力

压力是影响超临界萃取过程的重要因素之一，当温度恒定时，随着压力的升高，超临界流体的密度增加，提高了溶质在超临界流体中的溶解度，特别是在临界点附近，溶解度急剧上升，从前述的图 8-15、图 8-16、图 8-18 的溶解度曲线也可以得到验证，这样在给定的萃取时间内可以萃取更多的溶质，从而提高萃取效率。

2. 温度

温度也是萃取过程的重要影响因素之一，但温度的影响要复杂得多，一方面，温度的升高，超临界流体的密度会降低，溶质的溶解度下降；另一方面，温度的升高，溶质的蒸气压增大，使得溶质的溶解度增加，而且，温度高有利于提高固体物质中溶质的溶出速度。研究发现，当压力较低时，温度升高导致溶解度下降，当压力较高时，温度升高使溶解度上升，所以溶解度随温度变化的曲线有拐点，与溶解度随压力变化曲线不同。因此，在萃取过程中，要根据被萃取对象的性质选择合适的操作温度。

3. 溶剂比

溶剂比就是超临界流体与被萃取物质的比例，当萃取温度和压力确定后，增加溶剂比，可以增加萃取过程的传质推动力，有利于溶质的萃取，缩短萃取时间，提高了萃取速率，但溶剂比大，溶剂中溶质浓度低，引起溶剂循环操作成本增加，一般应兼顾效率和成本这两方面来确定合适的溶剂比。

4．夹带剂

最常用的超临界 CO_2 流体萃取剂是非极性的，对极性较强的溶质的萃取能力较差，加入如甲醇、乙醇、丙酮、水等这类溶剂作为夹带剂，提高溶质在超临界 CO_2 流体中的溶解度和选择性；加入夹带剂，可以增加溶质溶解度对温度、压力的敏感程度，降低萃取压力，从而降低萃取设备所用材料的耐高压要求。例如，纯 CO_2 流体几乎不能从咖啡豆中萃取咖啡因，但在加水后(用水浸泡咖啡豆)，可以成功地将咖啡因萃取出来；棕榈酸在纯超临界 CO_2 流体中的溶解度是 0.25%(质量分数)，同样条件下，加入 10%(质量分数)乙醇夹带剂，溶解度达到 5.0%(质量分数)以上。

8.5 超临界流体萃取技术的应用实例

由于超临界流体萃取作为分离技术的特殊优势，使其在相关领域受到广为青睐，因此应用范围十分广阔。如在医药工业中，可用于中草药有效成分的提取，热敏性生物制品药物的精制，以及脂质类混合物的分离；在食品工业中，可用于啤酒花、色素的提取等；在香料工业中，可用于天然及合成香料的精制；在化学工业中则用于各种混合物的分离等。下面介绍超临界流体萃取在医药领域的应用。

8.5.1 超临界流体萃取咖啡因的工艺

1．咖啡因的性质

咖啡因，又称咖啡碱，学名 1,3,7－三甲基－2,6－二氧嘌呤或 1,3,7－三甲基黄嘌呤，俗称茶毒、马黛因、瓜拉纳因子、甲基可可碱等，分子式为 $C_8H_{10}O_2N_4$。咖啡因是一种植物生物碱，无味、白色针状或粉状固体，易溶于乙醚、氯仿、二氯甲烷，能溶于乙醇、丙酮、醋酸乙酯，难溶于乙醚和苯。咖啡因是重要的医药原料，在许多植物中都存在，如咖啡、茶及一些可可等，茶叶中约含 2%～4%的咖啡因，是医用咖啡因的重要来源。适度地使用咖啡因具有祛除疲劳、兴奋神经的作用，临床上用于治疗神经衰弱和昏迷复苏。但大剂量或长期使用也会对人体造成损害，特别是它具有成瘾性，多饮对人体有害，因此须从咖啡、红茶中等饮品中脱除。

2．咖啡因的萃取脱除工艺

早在 20 世纪 50 年代就出现了脱除咖啡因的红茶，但传统的咖啡因脱除方法是采用二氯甲烷、氯仿、乙醇等有机溶剂，在脱除咖啡因的同时也将咖啡、茶叶中的芳香物质萃取出来，而且残存的有机溶剂不易除净，影响饮品风味和质量，这种状况一直延续到 70 年代。1978 年，德国建成了第一套利用超临界 CO_2 脱除咖啡豆中咖啡因的工业化装置，随后被世界各国普遍采用。由于干燥咖啡豆中的咖啡因不溶于超临界 CO_2，其原因可能是咖啡因会与存在咖啡豆中的绿原酸(chlorogenic acid)形成某种结构，而水的存在会破坏这种结构，使咖啡因游离出来。因此，萃取时咖啡豆均需预处理，即先用机械法清洗鲜咖啡豆，除去灰尘和杂质，随后通入蒸汽和水浸泡，以使鲜咖啡豆中水分含量提高到 30%～50%为宜，备用。采用下列四种工艺之一进行萃取。

(1) 水吸收法　将预浸泡过的咖啡豆装入萃取器中，用 CO_2 置换掉所有杂质气体，并不断往萃取器中送入 CO_2 直至操作压力达到 16～20 MPa，操作温度达 70～90℃，流体密度为 0.4～0.65 g/cm^3，其间不断有 CO_2 循环通过，咖啡豆中的咖啡因便逐渐溶解扩散至 CO_2 中而被提取，带有咖啡因的 CO_2 流体进入水洗塔用水洗涤，咖啡因由于易溶于水而转入水相，CO_2 流体则从塔顶逸出循环使用。经约 10 h 处理后的咖啡豆，其咖啡因的含量可从原先的 0.7%～3.0%降低至

0.02%，低于规定值的0.08%。每处理1 kg咖啡豆约需3～5 L水，咖啡豆的其他香味则无损失。工艺流程采用图8-20吸收法基本流程。

(2) 活性炭吸附法　操作方法除用活性炭替代水吸附CO_2流体中的咖啡因外，其余操作与水吸收法相同。

(3) 萃取-吸附法　将处理好的活性炭与咖啡豆一起装入萃取器，活性炭颗粒大小恰好能使它充填在咖啡豆之间的空隙中，在工艺条件$p=220$ atm①，$T=90℃$下浸泡至溶解平衡，使咖啡豆中咖啡因被超临界CO_2流体萃取后立即被活性炭吸附，用振动筛将咖啡豆与活性炭分开，然后用蒸馏法或脱附法将活性炭中的咖啡因加以回收，CO_2则循环使用。一般用这种工艺处理5 h咖啡豆中咖啡因就可降至要求值。

(4) 半连续生产法　其特点是操作时超临界CO_2流体连续进出萃取器，而被萃取物料则是周期性的进出。采用周期性加入新鲜咖啡豆的进料方式，能保持CO_2流体与咖啡豆中的咖啡因之间有最大的浓度差，因此传质速度明显加快。

图8-27是目前较常见的半连续法从咖啡豆中脱除咖啡因的生产工艺。首先将含水分的咖啡豆通过输送管道送入咖啡萃取塔2中，除去杂质气体后，向装置内连续不断通入超临界CO_2流体，通过咖啡豆床层后，含有咖啡因的高压CO_2流体从萃取塔2上部离开，进入水吸收塔3的底部，并逆流而上与吸收塔顶部喷淋而下的水逆流接触，水吸收咖啡因后，从该塔的底部流出进入反渗透装置4中，分离出一部分水，浓缩后富含咖啡因的水溶液从反渗透装置4中排出进入下一道工序。分离出的水与新鲜补充水合并，重新回到水吸收塔3的上部循环使用；从水吸收塔3的顶部排出的CO_2中的咖啡因含量已经很低，与CO_2气源出来的CO_2合并通过管线循环进入咖啡萃取塔2中继续作萃取剂使用。

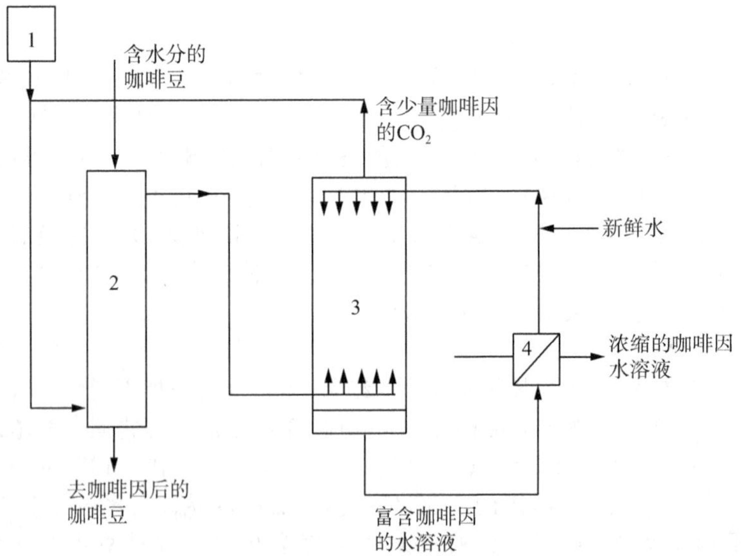

图8-27　半连续法从咖啡豆中脱除咖啡因工艺

1—CO_2气源；2—萃取塔；3—水喷淋塔；4—反渗透装置

在咖啡因脱除工艺中，实践证明超临界CO_2是一种很理想的萃取剂，对咖啡因有极好的选择性。经CO_2处理后的咖啡豆除了提取咖啡因之外，其他芳香物并不损失，CO_2也不残留于咖啡豆中，这一点有人用放射性CO_2做了仔细证实。

① 1 atm=101 325 Pa。

8.5.2 超临界流体萃取在鱼油中萃取 EPA 和 DHA 的生产工艺

鱼油是鱼体内的全部油类物质的统称，主要成分包括甘油三酯、磷甘油醚、类脂、脂溶性维生素，以及蛋白质降解物等。鱼油中富含的多烯脂肪酸以二十碳五烯酸(eicosapentaenoic acid，简称 EPA)和二十二碳六烯酸(docosahexaenoic acid，简称 DHA)为主，两者均属于 $\omega-3$ 型不饱和脂肪酸，它们在鱼油中主要以甘油三酯的形式存在。海水鱼含量较高，其中 DHA 的含量较多，约 5%～26%，EPA 含量约 2%～16%，$\omega-3$ 型不饱和脂肪酸的总含量约为 12%～53%，可见，海鱼及其油是 EPA 和 DHA 的主要来源。临床证明 EPA 有助于保持血管畅通，预防血栓产生，阻止中风或心肌梗塞的发生，清除血液中堆积的脂肪，预防动脉硬化及阻止末梢血管阻塞的发生；DHA 是大脑细胞形成、发育及运作不可缺少的物质基础，可以促进、协调神经回路的传导作用，以维持脑部细胞的正常运作。

由于鱼油中含有相当数量的饱和脂肪酸和单烯酸，这些脂肪酸多以甘油三酯形式存在，易水解成混合脂肪酸，且由于高度不饱和脂肪酸本身的特点，EPA 和 DHA 自身性质也不稳定，极易受光、热和氧等影响发生氧化、聚合、降解、转位和异构化等反应而使其天然结构受到破坏。因此，普通、单一的分离方法难以得到理想的分离效果，而超临界萃取技术特有的优势无疑在此又显现出来。目前，在鱼油中提取 EPA 和 DHA 较成功的技术是尿素包合-超临界 CO_2 流体萃取联合法。

首先对鱼油进行酯化处理，把甘油酯变成脂肪酸甲酯或乙酯，这样做的目的一是降低沸点，提高在超临界流体中的溶解度；二是鱼油中的饱和脂肪酸经甲酯或乙酯酯化后便于尿素的包合。尿素包合法是一种较常用的分离长链不饱和脂肪酸的方法，其原理是尿素分子在结晶过程中与饱和脂肪酸或单烯脂肪酸形成较稳定的晶体包合物析出，而长链不饱和脂肪酸由于双键较多，碳链弯曲，具有一定的空间构型，不易被尿素包合，含双键数目越多脂肪酸越不易被包合。因此，饱和脂肪酸和单烯脂肪酸就与尿素形成包合物从溶液中沉淀出来，可以通过过滤先行除去，滤液则经过处理再进行超临界 CO_2 流体萃取，即可获得 90%的 EPA 和 DHA。

尿素包合-超临界 CO_2 流体萃取联合法的工艺流程有：①先用尿素包合法进行前处理，再将滤液用 SFE 精馏(类似于图 8－25)的方法，浓缩得到 EPA 和 DHA；②尿素包合和 SC－CO_2 萃取同时进行，如图 8－28 所示。在萃取器 5 上部装入尿素，下部放入酯化处理过的鱼油，关闭阀 6，当压力和温度达到设定值后，关闭阀 4 和 8，打开阀 6，开启循环泵 7，包合反应开始；经过一段时间，关闭阀 6 和泵 7，打开阀 4 和 8，以 SC－CO_2 为溶剂进行萃取分离，将液相中未被尿素包合的成分萃取出来。

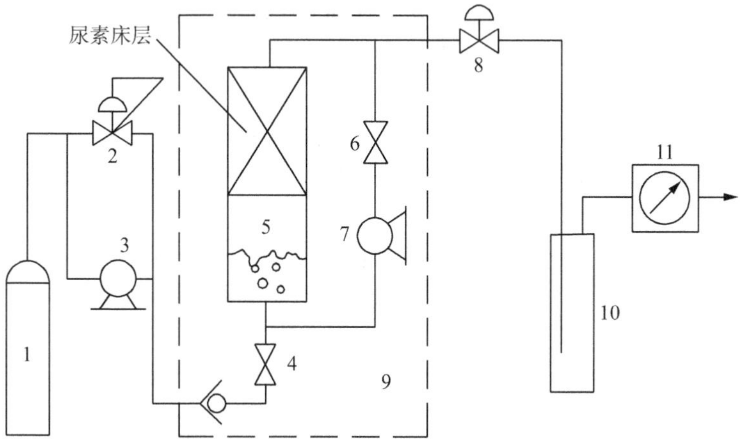

图 8－28 尿素包合-超临界 CO_2 联合法分离鱼油流程图

1—CO_2 气源；2—背压阀；3—高压泵；4，6—截止阀；5—萃取器；7—循环泵；8—减压阀；9—恒温系统；10—收集器；11—干气计量仪

8.5.3 超临界流体萃取银杏叶黄酮

银杏，俗名白果、公孙树，属裸子植物，和它同门的所有其他植物都已灭绝，被称为“孑遗植物”，在生物演化学史上被称为“活化石”。银杏叶是银杏科植物银杏的叶，具有很高的药用价值，随着其药理作用不断被认识，临床应用范围也逐步扩大，银杏叶已成为国际上近代植物药开发的热点之一。

银杏叶的化学成分为黄酮类、萜内酯类、酚酸类及生物碱类等化合物，银杏黄酮是银杏叶中的主要有效成分之一，能有效地清除体内有毒过氧自由基的作用，并降低细胞的氧化代谢，对脑和动脉血流失调引起的一系列心脑血管疾病有明显和独特的疗效，其优异的抗氧化、抗病毒、防治心血管疾病、增强免疫力等作用也备受世人瞩目。

关于银杏叶中黄酮的提取，国内外传统的方法中主要采用丙酮、乙醇、醋酸乙酯、水等或它们的混合物作萃取溶剂，操作方式则以煎煮、冷浸、渗漉、回流等为主。与这些传统工艺相比，采用超临界 CO_2 流体萃取技术从银杏叶中提取黄酮具有明显的优势，其工艺流程一般采用如图 8-24 所示的半连续操作的超临界流体萃取流程。由于黄酮类化合物的极性较大，超临界 CO_2 极性小，直接萃取银杏叶黄酮很难，为了获得较高收率，往往需要加入极性溶剂作为夹带剂，如乙醇、甲醇和水等。有资料表明，在 40℃、28 MPa 条件下，以 10%甲醇作为夹带剂，收率高达 4.1%，黄酮等有效成分含量大于 35%；在 30～50℃、10～20 MPa 条件下，用含夹带剂的超临界 CO_2 进行萃取，银杏叶黄酮的收率约为 3.4%，而溶剂萃取方法的收率为 1%。超临界萃取与溶剂浸取法相结合，采用超临界 CO_2 萃取银杏叶的乙醇浸提液，有效提取活性成分，产品中黄酮含量达 28%以上。

思考题和习题

8-1 什么是超临界流体和超临界区域？

8-2 当压缩气体超越临界温度和临界压力后，它对溶质的溶解能力有什么变化？

8-3 在超临界区域，超临界流体的物理性质发生了什么变化？

8-4 超临界流体萃取的工艺流程有哪些？请按不同分类方法分别叙述。

8-5 为什么 CO_2 经常被作为最合适的超临界流体？

8-6 超临界 CO_2 流体萃取过程中，回收并循环使用 CO_2 的方法有哪些？

8-7 为什么超临界流体萃取的相平衡数据缺乏？

8-8 简述超临界流体萃取的传质过程。

8-9 简述超临界流体萃取的萃取单元和分离单元的设备特点。

8-10 用超临界 CO_2 流体从乙醇-水混合物中萃取乙醇的过程中，为什么乙醇浓度低的时候萃取分离效果好？

8-11 用超临界二氧化碳对流率为 100 mol/min 的 10%丙酮和 90%(摩尔分数)水的混合物进行萃取，SC-CO_2 的流率为 300 mol/ min，采用逆流接触萃取器，操作条件为 370 K 和 8 MPa，萃取结果如下表所示，计算丙酮和水的萃取率。

组分	进料/(mol/min)	萃取剂/(mol/min)	萃取相/(mol/min)	萃余相/(mol/min)
二氧化碳	0.0	300.0	291.38	8.62
丙酮	90.0	0.0	9.79	0.21
水	10.0	0.0	6.63	83.37

8－12 进料组成、流率及萃取剂用量与题 8－11 相同，如果操作条件发生变化，萃取的结果也随之改变，请根据下面的数据，对 SC－CO_2 萃取丙酮水溶液的过程作分析讨论。

序号	压力/MPa	温度/K	丙酮萃取率/%	水萃取率/%
1	7	350	68.8	4.53
2	7	360	79.1	5.64
3	7	370	89.7	6.97

8－13 在温度为 353 K、不同压力(临界压力以上)的条件下，测得咖啡因在 SC－CO_2 的溶解度数据(摩尔分数)，根据下表的实验数据，用双对数法拟合出溶解度与 SC－CO_2 密度的关系式，并计算当 SC－CO_2 密度为 735.1 kg/m^3时，咖啡因的溶解度，并与例 2 同样密度下的数据进行比较。

SC－CO_2 密度 $\rho/(kg/m^3)$	601.8	632.7	665.1	720.5	749.9	772.8
咖啡因摩尔分数 $y_2\times10^4$	2.88	3.71	4.86	6.43	7.77	10.08

参考文献

[1] Seader J D, Henley Ernest J. Separation process principles. New York: John Wiley & Sons, Inc., 1998.

[2] 朱自强. 超临界流体技术——原理和应用. 北京：化学工业出版社，2000.

[3] 陈维杻. 超临界流体萃取的原理和应用. 北京：化学工业出版社，1998.

[4] 马海乐. 生物资源的超临界流体萃取. 合肥：安徽科学技术出版社，2000.

[5] 戴猷元. 新型萃取分离技术发展及应用. 北京：化学工业出版社，2007.

[6] 李淑芬，姜忠义. 高等制药分离工程. 北京：化学工业出版社，2004.

[7] 冯淑华，林强. 药物分离纯化技术. 北京：化学工业出版社，2009.

[8] 廖传华，黄振仁. 超临界 CO_2 流体萃取技术——工艺开发及其应用. 北京：化学工业出版社，2004.

[9] 韩布兴. 超临界流体科学与技术. 北京：中国石化出版社，2005.

[10] 蒋维钧，余立新. 新型传质分离技术. 2 版. 北京：化学工业出版社，2006.

[11] 彭英利，马承愚. 超临界流体技术应用手册. 北京：化学工业出版社，2005.

[12] 邓修，吴俊生. 化工分离工程. 北京：科学出版社，2000.

[13] 李国丽，李春霞，王威强. 银杏叶黄酮类化合物提取分离研究现状和展望. 山东轻工业学院学报，2005，19(3)：18－23.

9　水蒸气蒸馏及分子蒸馏

9.1　水蒸气蒸馏

水蒸气蒸馏是利用水蒸气将原料中有一定挥发性且不溶于水的成分蒸馏出来的操作，由于蒸馏时沸点低，冷凝后馏分又可自动分成油、水两层，产品很容易分离，因而非常适合中药生产中易挥发物质的提取和纯化。

9.1.1　水蒸气蒸馏的原理

当两种互不相溶的液体混合在一起时，由于两种组分彼此互相溶解的程度非常小，相互影响可以忽略不计，此时混合物中每一组分在某温度下的分压等于其纯态时在该温度下的蒸气压，各组分的蒸气压与单独存在一样，因此，溶液上方的蒸气压实际上就是各组分蒸气压之和。这种体系中只要两种液体共存，不管其相对数量如何，体系的总蒸气压恒高于任一纯组分的蒸气压，而沸点则低于任一纯组分的沸点。

由于水与大多数非极性有机物不互溶，因此，水与它们形成混合物时，有所谓的水相与油相之分，此时整个混合物体系上方的蒸气压力是纯水的蒸气压和纯油相的蒸气压之和，混合物体系的沸点比纯水和纯油相的时候都低，因而加热混合物很容易达到沸点，沸腾时将水和油相同时馏出，冷凝后由于两者互不相溶而分为水层和油层，很容易分开，这就是水蒸气蒸馏的原理。在进行水蒸气蒸馏操作时，极限的情况下可以是水相中含一滴油相或油相中含一滴水相。

水蒸气蒸馏时，一般涉及的组分是比较多的，尤其是对于天然产物的提取，化学成分多，物化性质复杂，通常为了处理方便，可以将其假设为由水和水不互溶组分组成的二元体系，此时在标准大气压下，体系的沸点将低于水的正常沸点。

实际上即使是把水蒸气蒸馏的组分看作二元体系，根据蒸馏和加热方式不同，操作工艺上也有所不同，以待分离的混合物液体置于蒸馏釜中的操作为例，可以采用两种方式加热实现水蒸气蒸馏。一种是直接通入饱和水蒸气加热，蒸馏过程会有部分蒸气冷凝下来，釜内必然有水层存在；另一种是通入过热的水蒸气加热，或在通入饱和水蒸气加热的同时辅之以间壁加热，以保证蒸馏过程中没有蒸气冷凝下来，此时釜底仅有“油相”存在，而无水层出现。下面对这两种情况分别进行讨论。

当釜中有水层存在时，由于水和水不互溶的组分蒸气分压仅取决于温度，与混合液的组成无关，根据道尔顿(Dalton)分压定律，水(A)与不互溶组分(B)形成的溶液，对应的气相总压是该操作温度下水和组分 B 的饱和蒸气压力之和，即

$$p_{总}=p_{A}^{0}+p_{B}^{0} \tag{9-1}$$

从上式可知，任何温度下混合物的总蒸气压总是大于任一组分的蒸气压，在相同外压下，不互溶物质的混合物的沸点要比其中沸点最低组分的沸腾温度还要低。

图 9－1 是常见有机液体的蒸气压曲线，除了用曲线表示饱和蒸气压与温度之间的关系外，还常用 Antoine 公式来计算，即

$$\lg p^0 = A - \frac{B}{T+C} \tag{9-2}$$

式中，p^0 为温度 T 时的饱和蒸气压，mmHg；T 为温度，K；A、B、C 为安托因常数。

如果要计算在某一总压 p 条件下混合物的沸腾温度，可以从手册查得水和被分离组分安托因常数，由式(9－1)、式(9－2)联立计算即可获得混合物的沸点。借助于图 9－1 中液体的饱和蒸气压与温度之间的关系，可以用图解法获得混合物的沸点，图中虚线是总压(上下分别为 760 mmHg、400 mmHg)减去各温度下水的饱和蒸气压的结果，该曲线与被分离组分蒸气压曲线的交点即为体系的沸点。

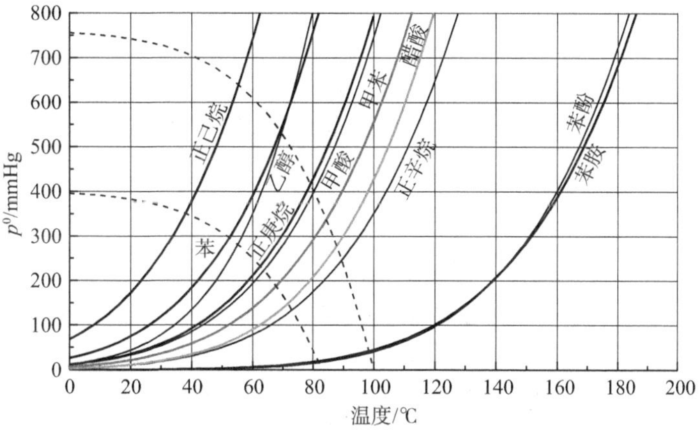

图 9－1　常见有机液体的蒸气压曲线

由图可知，常压下，若被分离组分的沸点远高于 100℃，如苯酚和苯胺，则曲线交点所对应的温度接近于 100℃。

当釜中无水层存在而仅有待分离的混合物液体时，水的分压 p_A 通常不等于 p_A^0，而是随通入的蒸气量而定，因此蒸馏的温度也会随之改变，一般均比有水层出现时的蒸馏温度高。

9.1.2　水蒸气用量的计算

水蒸气蒸馏的馏出液中的被分离组分的含量 y_B 可用下式计算

$$y_B = \frac{p_B^0}{p_{总}} \tag{9-3}$$

而水蒸气用量的计算根据操作时所采用的蒸气性质可以按以下方法计算。

1. 饱和水蒸气蒸馏

以水(A)和一种被分离组分(B)形成的不互溶体系为例，假如把水蒸气和 B 蒸气当作理想气体，就可应用理想气体定律，得到下列关系

$$p_A V = n_A RT = \frac{m_A}{M_A} RT \tag{9-4}$$

$$p_B V = n_B RT = \frac{m_B}{M_B} RT \tag{9-5}$$

$$\frac{m_A}{m_B} = \frac{p_A M_A}{p_B M_B} \tag{9-6}$$

从上式看出，两种物质在馏出液中的相对质量与它们的分压和相对分子质量成正比。当分压

是纯组分的饱和蒸气压时，p_A^0，p_B^0 代替上式的分压 p_A，p_B

$$\frac{m_A}{m_B}=\frac{p_A^0 M_A}{p_B^0 M_B} \tag{9-7}$$

式中，m 为物质的质量；M 为摩尔质量；n 为物质的量；T 为温度；p 为分压；R 为摩尔气体常数。

利用上式，可以计算出蒸馏出一定量的 B 组分所需要的理论蒸气量，不包括加热和汽化混合物所消耗的蒸气量在内。

通常水蒸气蒸馏的化合物的相对分子质量要比水大，所以一种化合物，在接近 100℃时，只要有一定的蒸气压，都可以用水蒸气蒸馏实现较好的分离效果，固体物质中的有效成分可用水蒸气蒸馏提取就是这个道理。

2. 过热水蒸气蒸馏

当被蒸馏物在 100℃左右时蒸气压较低，且性质较稳定，则可以采用过热水蒸气来进行蒸馏。此时的蒸馏锅内无水层出现，蒸馏温度比较高。在计算水蒸气用量时，水的分压 p_A 不等于 p_A^0，应该是

$$p_A=p_{总}-p_B^0 \tag{9-8}$$

$$\frac{m_A}{m_B}=\frac{p_{总}-p_B^0}{p_B^0}\times\frac{M_A}{M_B} \tag{9-9}$$

例 9-1 用水蒸气蒸馏法从樟树枝叶中提取樟脑精油（精油是指从植物原料中提取浓缩后的挥发性油状物），粗品油可进一步分离精制成樟脑（$C_{10}H_{16}O$）与樟脑精油。根据不同温度下樟脑和水的蒸气压数据，当外界压力为 1 atm（760 mmHg）时，计算混合物的蒸馏温度和馏出液中樟脑与水的比例（樟脑精油的平均相对分子质量按樟脑计）。

解 从表 9-1 不同温度下樟脑和水的蒸气压数据，可得

在 90℃时，体系总压力 $p_{总}=(525.5+13.5)\,\text{mmHg}=539.0\ \text{mmHg}$

在 100℃时，体系总压力 $p_{总}=(760.0+24.0)\,\text{mmHg}=784.0\ \text{mmHg}$

当外界压力为 1 atm（760 mmHg）时，混合物的沸点在 90～100℃之间，将该温度段内 $p-T$ 的变化近似看成直线，通过插值法计算沸点温度，即

$$\frac{784.0-539.0}{100-90}=\frac{784.0-760.0}{100-t}$$

得 $t=99.0$℃，此时樟脑和水的蒸气压分别为 22 mmHg、738 mmHg。樟脑的相对分子质量为 152，水的相对分子质量为 18，代入式（9-7）得

$$\frac{m_A}{m_B}=\frac{p_A^0 M_A}{p_B^0 M_B}=\frac{738\times 18}{22\times 152}=3.97$$

即每千克樟脑精油的水蒸气用量为 3.97 kg。

表 9-1 不同温度下樟脑和水的蒸气压

温度/℃	水的蒸气压/mmHg	樟脑的蒸气压/mmHg
40	55.32	1.05
50	92.51	1.78
60	149.4	3.00
70	233.7	5.10
80	355.1	8.90
90	525.5	13.5
100	760.0	24.0

9.1.3 水蒸气蒸馏的工艺和应用

水蒸气蒸馏是天然药物提取和中药生产中经常用到的分离方法。使用水蒸气蒸馏，被提纯化合物应具备下列条件：

(1) 在沸腾条件下长时间与水共存不起化学反应，某些沸点高的有机化合物，在沸点附近易分解的物质，能在低于100℃的情况下蒸出；

(2) 在100℃左右，该化合物应具有一定的蒸气压(一般不小于1.33 kPa，约10 mmHg)；

(3) 不溶或难溶于水。

1. 水蒸气蒸馏方式

根据蒸馏釜内原料与水接触的情况，一般可将蒸馏方式分成三种，即水中蒸馏、水上蒸馏和直接蒸汽蒸馏，如图9-2、图9-3、图9-4所示。可在常压下进行，也可以在减压或加压下进行。

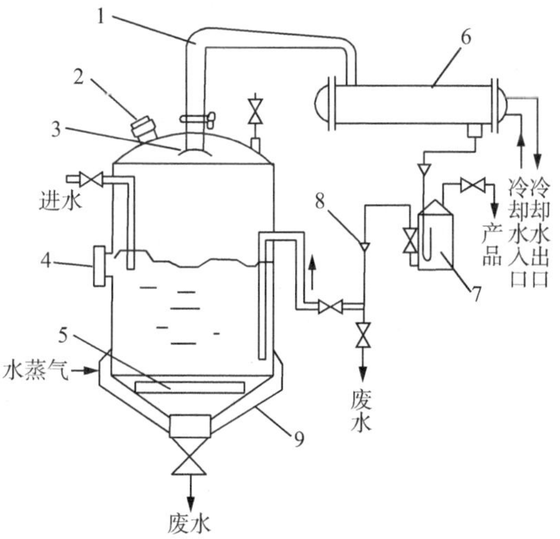

图9-2 水中蒸馏流程

1—鹅颈导管；2—人孔；3—挡板；4—液位镜；5—筛板；6—冷凝器；7—油水分离器；8—回水漏斗；9—加热器

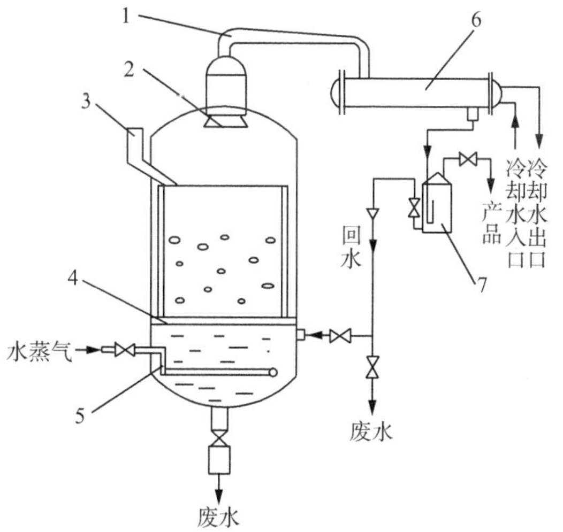

图9-3 水上蒸馏流程

1—鹅颈导管；2—挡板；3—加料口；4—筛板；5—加热管；6—冷凝器；7—油水分离器

(1) 水中蒸馏　将原料置于筛板上或直接放入蒸馏釜内，加水浸过料层使水位高于原料层，在底部进行加热。加热方式采用直接蒸汽或间接蒸汽加热。

水中蒸馏的特点：因为原料浸泡在水中，水散(水散是指水向原料的润湿和渗透)效果较好，受热较均匀，但原料中的一些酯类物质易水解，如果提取目标产物是酯类时不合适采用。此种方式可以进行减压操作。

(2) 水上蒸馏　又称隔水蒸馏。蒸馏时将原料置于筛板上，釜内加入水量仅需满足蒸馏要求而不得高于筛板，并保证水沸腾时不至溅湿料层。水上蒸馏常采用连续回水式，使釜内水量保持恒定，可在釜底安装窥镜，观察水面高度。

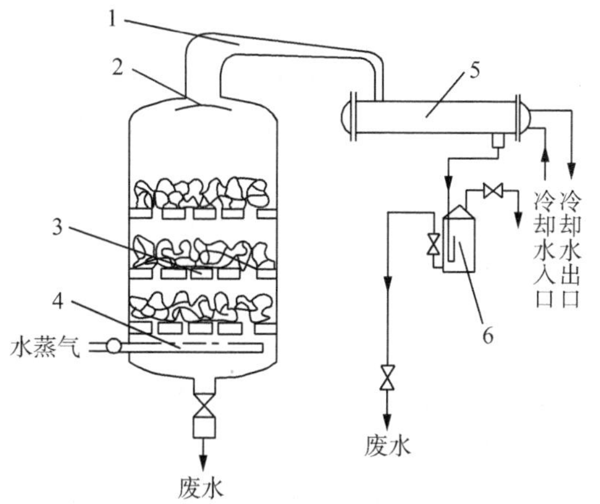

图9-4 直接蒸汽蒸馏流程

1—鹅颈导管；2—挡板；3—筛板；4—加热管；5—冷凝器；6—油水分离器

水上蒸馏的特点：水蒸气上升遇到原料后冷凝

成水，有利于水散作用，由于原料仅与水蒸气接触，酯类物质不易水解，故这种蒸馏方式在水蒸气蒸馏中比较常用。

(3) 直接蒸汽蒸馏　原料置于筛板上，在筛板下安装一根带孔盘管，锅内不放水，由外来蒸汽通过盘管小孔直接喷出，通过筛孔对原料进行加热，从而完成蒸馏。

直接蒸汽蒸馏的特点：可以使用较高压力的蒸汽，蒸馏温度较高，热渗透效果好，蒸馏速度快，且易于改为加压蒸馏，但要注意高压蒸汽可能引起某些成分的分解。油水分离后的水不需要回流水，但水散作用不充分，应预先在锅外进行水散。

水蒸气蒸馏除了上述常见的三种操作方式外，近些年还出现了一种新颖的蒸馏技术——水扩散蒸汽蒸馏。操作时，水蒸气由蒸馏釜顶进入，蒸汽自上而下向物料层渗透，同时将料层内的空气赶出，这种操作方式的特点是水散效果好，蒸馏出来的油相组分无需全部汽化就直接进入釜底冷凝器，蒸馏均匀、出油率高，而且由于油水混合液能较快进入底部冷凝器，油水热接触时间短，产品不易变性，因此所得产品质量较好，还有蒸馏时间短、能耗较低、设备简单等一系列优点。

2. 水蒸气蒸馏的工艺

用水蒸气蒸馏从中草药中提取易挥发的油相组分，其工艺过程包括以下几个部分：

(1) 原料的准备　将中药材切碎或破碎成大小均匀的物料，放入蒸馏釜内，做到松紧适宜、高度恰当，避免产生水蒸气的“短路”，影响蒸馏效果和精油收率。

(2) 蒸馏过程　在蒸馏开始阶段，应缓慢加热，然后逐渐加大热量，观察馏出液的数量变化，一般以每小时馏出液的量占釜内容积的5%～10%较合适。蒸出的精油量不再随时间的延长而增加时，即为理论上的终点，实际生产中经常按出油率达到理论得油率的90%～95%来判断。

(3) 馏出液的冷凝和冷却　油水蒸气在冷凝器中被冷凝成馏出液，继续冷却到接近室温，沸点高、黏度大的产品一般冷却到40～60℃。

(4) 油水分离　经过冷凝器的馏出液进入油水分离器，为了提高分离效果，可以采用2个或2个以上的油水分离器串联。油水分离器按分离对象的密度差异，可以是同时连续出油和出水，也可以是间歇放油和连续出水的方式。

(5) 馏出水的处理　馏出水中通常含有少量精油，一般采用复馏(水相馏分重新蒸馏的过程)或萃取的方法处理。

(6) 精制过程　从油水分离器分出来的精油称“直接粗油”，从馏出水中回收的精油称为“水中粗油”，这些粗油需要进一步精制，包括静止、澄清、脱水、过滤过程。

工业上的水蒸气蒸馏经常采用如下的操作流程，如图9-5所示。原料加入蒸馏釜2内进行水蒸气蒸馏，馏出液经冷凝器3冷却后进入油水分离器4，油相即为直接粗油，水相中常含有少量的精油，经过萃取器5得到萃取液，萃余的水相进入水槽6，用泵打入高位槽8再经复馏釜9、冷凝器10、油水分离器11得到复馏粗油。将这些粗油进一步精制即得所需产品。

3. 水蒸气蒸馏的应用实例

水蒸气蒸馏可从各种中药材中分离出药用挥发油(薄荷油、樟脑油、松节油)、某些小分子生物碱(麻黄碱、萧碱、槟榔碱)，以及某些小分子的酚类物质(如丹皮酚)等，而且设备简单，操作容易，成本较低，处理量大，所以被广泛应用在中药生产中。

1) 薄荷油的提取

薄荷是我国常用的传统中药之一，薄荷有疏风、散热、解毒的功效，用于治疗风热感冒、头痛、目赤、咽喉肿痛、牙痛等。薄荷中主要成分为挥发油，挥发油中主要有效成分为薄荷醇(俗称薄荷脑)。目前国内外对薄荷挥发油的提取主要以水蒸气蒸馏为主，带有连续回水式装置的水上蒸馏法因其操作简便、易行而较为常用。将薄荷草晒至半干，置于筛板上，锅内加入水，水面离筛板12～15 cm左右，向锅内通水蒸气加热或锅底直接加热，生成的水蒸气与原料接触，进行蒸馏。蒸馏时间1.5～3 h，馏出液温度为36～40℃，出油率为0.5%～0.6%。为了使馏出的油水混合物及时液化，冷凝

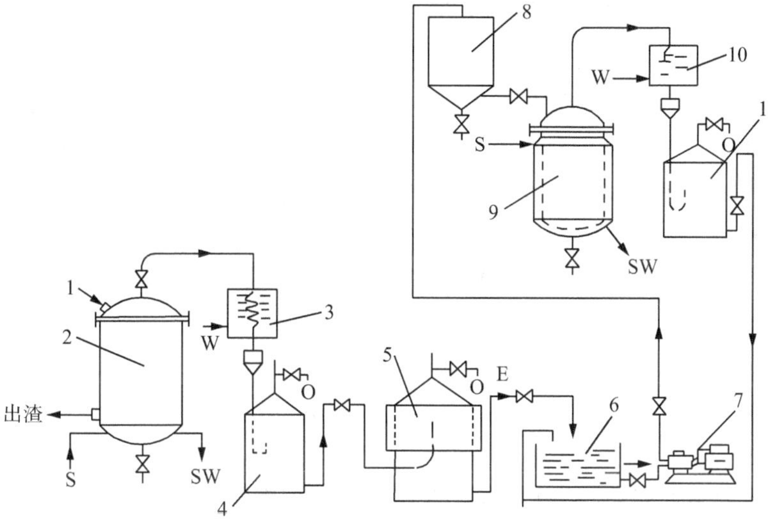

S—水蒸气；SW—蒸汽冷凝水；O—油；E—萃取后的水；W—冷水

图 9-5　带有萃取和复馏装置的水蒸气蒸馏的工艺流程

1—加料口；2—蒸馏釜；3—冷凝器；4—油水分离器；5—萃取器；6—水槽；7—泵；8—高位槽；9—复馏釜；10—冷凝器；11—油水分离器

水温度不宜超过 60℃，过热的水要及时放掉，防止馏出液温度过高而引起冒气现象，影响出油率。合理确定蒸馏终点，可以缩短蒸馏时间，节省能耗，降低成本，提高薄荷油的质量，当油水混合物中油的含量很少时，停止蒸馏，进行出锅。经水上蒸馏得到薄荷原油经冷冻结晶、离心分离，精制后即为薄荷醇，脱除薄荷脑后的油为薄荷素油。

2）丹皮酚的提取

丹皮酚(paeonol)，又名牡丹酚，是毛茛科植物牡丹皮中的主要活性成分之一，含量依产地不同而不同，一般为 1.2%～2.2%，它具有抗菌、解热镇痛等作用，临床上用于治疗风湿痛、胃痛等。丹皮酚熔点为 50℃，能溶于热水而难溶于冷水，能随水蒸气挥发，可以用水蒸气蒸馏法提取。取牡丹皮药材粗粉装入水蒸气蒸馏器中，用蒸馏水浸润 2～3 h，然后加热蒸馏，一直到蒸馏液无白色为止，冷却后析出丹皮酚粗品。提取过程中选择适宜的 pH 范围使丹皮酚溶解，在蒸馏过程中可以加盐(如氯化钠)提高提取率，缩短时间。丹皮酚若采用一般的水上水蒸气蒸馏装置，由于初馏液中的丹皮酚浓度过高，遇冷易析出结晶，黏着于冷凝管内壁，加入乙醇可把黏着于冷凝管内壁的丹皮酚溶解而流入接收瓶中。

9.2　分子蒸馏

分子蒸馏(molecular distillation)是一种在高真空条件下进行的非平衡分离的连续蒸馏过程，是利用分子运动平均自由程的差异实现物质的分离。分子蒸馏过程的压力通常为 10^{-2}～10^{-1} Pa，混合物可以在远低于沸点的温度下进行蒸发，且分子蒸馏装置内蒸发面与冷凝面之间的距离小于易挥发组分的分子平均自由程，易挥发组分只需经过很短的距离即被冷凝，所以分子蒸馏又称为短程蒸馏(short-path distillation)。由于操作温度低，受热时间短，大约为几秒到十几秒，分子蒸馏可以为高沸点、热敏性、易氧化物质的分离提供有效的方法，在生物活性物质、医药、食品、油脂和精细化工等行业中得到了广泛应用。

9.2.1 分子蒸馏的基本原理和特点

1. 分子平均自由程

分子在运动中经常与其他分子碰撞，在任意两次连续的碰撞之间，一个分子所经过的自由路程有长有短，该路程就是分子运动的自由程，分子在运动过程中自由程都在不断变化，在某时间间隔内自由程的平均值为平均自由程。设 V_m 为某一分子的平均速度，f 为碰撞频率，λ_m 为平均自由程，则

$$\lambda_m=\frac{V_m}{f} \qquad 或 \qquad f=\frac{V_m}{\lambda_m} \tag{9-10}$$

根据热力学原理的麦克斯韦公式

$$f=\sqrt{2}V_m\frac{\pi d^2 p}{kT} \tag{9-11}$$

式中，d 为分子有效直径，所谓分子有效直径是分子在碰撞过程中，两分子质心的最短距离(即发生斥离的质心距离)；p 为分子所处空间的压强，T 为分子所处环境的温度，k 为玻尔兹曼常数，$k=1.38\times10^{-23}$ J/K。

则
$$\lambda_m=\frac{k}{\sqrt{2}\pi}\frac{T}{d^2 p} \tag{9-12}$$

对于一群处在相同状态下的运动分子，它的自由程有长有短，其分布规律可以用下式表示

$$\frac{N}{N_0}=e^{-\lambda/\lambda_m} \tag{9-13}$$

式中，N_0 为总分子数；N 为某一时间，自由程为 λ 时未碰撞的分子数。

式(9-13)表示一个气体分子经过距离为 λ 时(即自由程大于或等于 λ_m)未碰撞的概率。

由公式(9-13)可以得出，其自由程等于或大于平均自由程 λ_m 的概率$=e^{-\lambda_m/\lambda_m}=e^{-1}=0.368$，全部分子中平均只有 36.8%的分子能自由运行大于 λ_m 的距离，而自由程小于或等于 λ_m 的概率为 $F=1-e^{-\lambda/\lambda_m}=0.063\ 2$。

从式(9-12)可以看出，温度、压力及分子有效直径是影响分子运动平均自由程的主要因素。当压力一定时，一定物质的分子运动平均自由程随温度增加而增加。当温度一定时，平均自由程 λ_m 与压力成反比，压力越小(真空度越高)，λ_m 越大，分子间碰撞概率越小。不同物质的分子有效直径不同，分子平均自由程也不同。

2. 分子蒸馏的基本原理

1) 分子蒸馏的基本原理

由分子运动平均自由程的公式可以看出，不同种类的分子，由于其分子有效直径不同，其平均自由程也不相同，也就是说，不同种类的分子逸出液面后不与其他分子发生碰撞的运动距离是不相同的。

分子蒸馏技术正是利用不同种类分子逸出液面后平均自由程不同的特点而实现分离。如图 9-6 所示，当液体混合物受热逸出液面，轻组分分子的平均自由程大，重组分分子的平均自由程小，若在离混合物

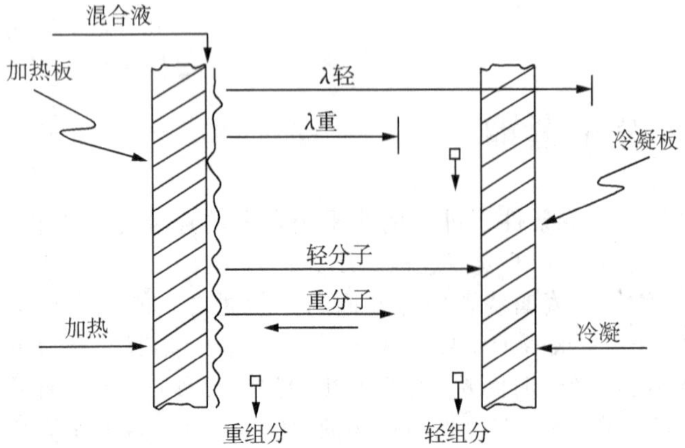

图 9-6 分子蒸馏原理示意图

液面的某段距离内设置一冷凝面，该距离小于轻组分分子的平均自由程而大于重组分分子的平均自由程，则轻分子经过这段距离后落在冷凝面上被冷凝，而重组分分子还来不及达到冷凝面就已回到原来的液面，这样，混合物就得到了分离。

2) 分子蒸馏的过程

分子蒸馏的过程需经历四个步骤，即形成液膜→自由蒸发→飞射→冷凝。

(1) 形成液膜　料液从液相主体流至蒸发面形成很薄的液膜。分子在液相中的扩散速率和液层的厚度是控制分子蒸馏速度的主要因素，应尽可能减薄液层并强化液层的扰动。

(2) 自由蒸发　在高真空条件下，蒸发面上的液膜分子受热后自由蒸发。蒸发速率随温度的升高而增大，但分离因子有时却随温度的升高而下降。因此，应根据组分的热稳定性、分离要求等具体情况，选择适宜的操作温度。

(3) 飞射　蒸气分子由蒸发面向冷凝面飞射的过程中，既可能互相碰撞，又可能与残存的空气分子发生碰撞。由于蒸发分子均具有相同的运动方向，因此它们之间的相互碰撞对飞射方向和蒸发速率影响不大。但残存的空气分子呈杂乱无章的热运动状态，其数量的多少对蒸发分子的飞射方向及蒸发速率均有重要的影响。因此，分子蒸馏过程必须在足够高的真空度下进行。

(4) 冷凝　即分子在冷凝面上冷凝。为使该步骤能够快速完成，应采用光滑且形状合理的冷凝面，并保证蒸发面与冷凝面之间有足够的温度差(一般应大于 60℃)。

3. 分子蒸馏的技术特点

1) 蒸馏温度

由分子蒸馏的原理可知，混合物的分离是依据不同种类分子在逸出液面后的平均自由程不同的特点，一般的操作温度远低于物质沸点，分离过程中并不需要沸腾，这与常规的蒸馏过程有区别，使得一些在沸点易分解的物质能够采用此法来进行。在分子蒸馏器内，为了使分子逸出液面速度足够大，射向冷凝面的分子能快速冷凝，受热面与冷凝面之间的温度差理论上要求在 60～100℃。

2) 蒸馏压力

从分子运动平均自由程的公式(9-12)看出，降低分子蒸馏的压力可以增大 λ_m，因此分子蒸馏通常在极高的真空下操作。同时，分子运动平均自由程的增加，可使分子蒸馏设备内蒸发面与冷凝面的距离的设计更易达到分子蒸馏的操作条件。目前，通过分子蒸馏器内部独特的结构设计，蒸馏压降可以达到极小，一般的操作压力仅为 10^{-1} Pa 数量级，不过，这个压力系指残余空气的压力，而非蒸馏器内显示的压力。因各组分的蒸气压是由温度决定的，一般比残余压力大很多，可能达到约 100 Pa，而且这个蒸气压力对液体分子的蒸发和传递过程有利。表 9-2 中列出了某甘油三酸酯的分子蒸馏压力与分子平均自由程数据，可以看出，分子平均自由程随压力的降低而增大，但最大的也不过 50 mm，说明分子蒸馏设备内冷凝面与加热面的距离只能设计在几个厘米的范围，分子平均自由程大于两个面距离者，才能在冷凝面上被收集而作为馏出物。

表 9-2　分子蒸馏压力对平均自由程的影响

蒸馏压力/Pa	平均自由程/mm
1.0	7
0.40	25
0.13	50

3) 受热时间

因为分子蒸馏对象的特殊性，要求混合物在蒸馏器内的停留时间短，减少与热表面的接触时间。由分子蒸馏原理可知，混合液的受热面与冷凝面间的距离要小于轻分子的平均自由程，这段距离是非常小的，轻分子一经受热就开始离开液面，未经碰撞就到达冷凝面，所以受热时间很短。另外，若混合物液体在分子蒸馏器内呈薄膜状，使液面与加热面的面积几乎相等。这样，物料在蒸馏过程中受热时间就变得更短，从而避免因受热时间长造成混合物中某些组分的分解或变性。对真空蒸馏而言，受热时间大约为 1 h，而分子蒸馏仅为 10 s 左右。

4）蒸发速率

蒸发速率是单位时间内所蒸发的物料量，是衡量分子蒸馏器生产能力的重要指标。根据一维分子运动理论，在绝对真空的条件下，表面自由蒸发速率等于分子的热运动速率。

对二元混合物（A 和 B）的蒸发速率可用下式计算

$$n_A = E(M_A/2\pi R)^{0.5}(x_A p_A^0 T_S^{-0.5} - \Gamma y_A p_V T_V^{-0.5}) \quad [9-14(a)]$$

$$n_B = E(M_B/2\pi R)^{0.5}(x_B p_B^0 T_S^{-0.5} - \Gamma y_B p_V T_V^{-0.5}) \quad [9-14(b)]$$

式中，E 是蒸发系数；Γ 是分子运动达到平衡时的实际碰撞概率；n 为蒸发速率，mol/(cm^2 · s)；p^0 为饱和蒸气压，Pa；p_V 为气相压力，Pa；T_S 为蒸发温度，K；T_V 为气相温度，K；M 为摩尔质量，kg · mol^{-1}；x 为液相摩尔分数；y 为气相摩尔分数；R 为摩尔气体常数，8.314 J · mol^{-1} · K^{-1}。

由于分子蒸馏是在高真空下进行的，蒸发器与冷凝器之间的距离小于分子间平均自由程，所以气相分子的运动是无障碍的，上式的第二项就可以忽略。

$$n_A = E(M_A/2\pi R)^{0.5} x_A p_A^0 T_S^{-0.5} \quad [9-15(a)]$$

$$n_B = E(M_B/2\pi R)^{0.5} x_B p_B^0 T_S^{-0.5} \quad [9-15(b)]$$

若组分的饱和蒸气压再用 Antoine 方程式(9-2)代入，则分子蒸馏的蒸发速率就是温度的函数。

5）分离因子

当液体混合物受热蒸发，形成气液界面，同时，分子以一定速度逃逸气液界面，一部分到达冷凝面，这样，轻组分在气液界面上的浓度不断减少，促使混合物不断蒸发，最终达到分离的目的，该过程中，温度、各组分的性质都对分子蒸馏的分离效率产生影响。分子蒸馏的分离效率可以用分离因子表示，分离因子的大小表示了各组分之间分离的难易程度。对于双组分溶液，常规蒸馏的相对挥发度计算式如下

$$\alpha = \frac{y_A/y_B}{x_A/x_B} = \frac{p_A}{p_B} \quad (9-16)$$

气相摩尔分数

$$y_A = \frac{n_A}{n_A + n_B} \qquad y_B = \frac{n_B}{n_A + n_B} \quad (9-17)$$

对分子蒸馏过程，n_A，n_B 按式(9-15)计算，则得到分子蒸馏的分离因子为

$$\alpha_m = \frac{p_A}{p_B}\sqrt{\frac{M_B}{M_A}} \quad (9-18)$$

式中，M_A 为轻组分相对分子质量，M_B 为重组分相对分子质量，kg · kmol^{-1}。而常规蒸馏时的相对挥发度 $\alpha = \frac{p_A}{p_B}$，在 $\frac{p_A}{p_B}$ 相同的情况下，重组分的相对分子质量 M_B 比轻组分的相对分子质量 M_A 大，$\frac{M_B}{M_A} > 1$，所以 α_m 比 α 大，即分子蒸馏时的分离因子要大于普通蒸馏时的相对挥发度。普通蒸馏不能分离相对挥发度 α 等于 1 的液体混合物，但由上式可知，只要被分离组分的相对分子质量存在明显差异，理论上可用分子蒸馏来分离。这就表明同种混合液分子蒸馏较常规蒸馏更易分离。

综上所述，分子蒸馏过程与普通蒸馏相比，有以下特点：

(1) 普通蒸馏在泡点温度下进行，分子蒸馏可在低于沸点的温度下进行，只要蒸发面与冷凝面之间存在足够的温度差。普通蒸馏存在鼓泡和沸腾现象，而分子蒸馏是在液层表面上进行的自由蒸发过程，不存在鼓泡和沸腾现象。

(2) 普通蒸馏包括减压蒸馏，系统的操作压力均远高于分子蒸馏的压力，而且蒸气分子需经过较长的距离冷凝为液体，气液两相达到相平衡状态，蒸发与冷凝是可逆过程；而分子蒸馏在很高的真空度下进行，蒸发面与冷凝面之间的距离很小，因此分子由蒸发面飞射至冷凝面的过程中，彼此发生碰撞的概率很小，理论上没有返回蒸发面的可能性，故分子蒸馏过程为不可逆过程。

(3) 普通蒸馏的分离能力与各组分的蒸气压有关，而分子蒸馏的分离能力不仅与各组分的蒸气压有关，而且与各组分的相对分子质量有关。

(4) 分子蒸馏器内蒸发面与冷凝面之间的距离非常小，轻分子一经受热就开始离开液面，未经碰撞就到达冷凝面，所以受热时间很短，对热敏性物质的分离有利。

9.2.2 分子蒸馏的流程与设备

1. 分子蒸馏的流程

分子蒸馏的工艺流程主要包括进料系统、分子蒸馏器、馏分收集系统、加热系统、冷却系统、真空系统和控制系统等部分组成，如图 9－7 所示。

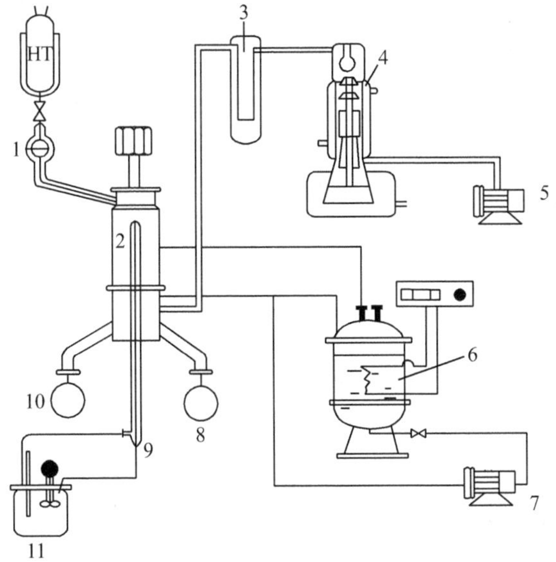

图 9－7 分子蒸馏流程

1—原料罐；2—分子蒸馏器；3—冷阱；4—油扩散泵；5—真空泵；6—导热油炉；7—油泵；8—重组分收集器；9—冷凝柱；10—轻组分收集器；11—恒温水槽

流程简介如下：

(1) 进料系统　为保证系统的高真空，进入系统的物料应先脱气，大规模工业生产则应单独设置真空脱气系统。料液贮罐应设置加热和搅拌装置，这样在料液被送入蒸馏器之前，可在贮罐中先行预热，以提高蒸馏效率。

(2) 分子蒸馏器　分子蒸馏器是整个流程的核心，进入蒸馏器内的料液在蒸发面形成很薄的液层，在高真空状态下，分子从液相蒸发进入气相，向冷凝面飞去。流程的真空系统及加热、冷却系统可保证系统的高真空度和蒸发面加热介质的温度。

(3) 馏分收集系统　馏分接收器的结构宜采用多级接收形式，这样可通过调节阀门或转盘实现连续地收集不同操作条件下的馏分。有些馏分的沸点较高，在常温下呈固体，因此馏分收集系统应设置保温或加热装置，以避免馏出液或残液在流出过程中冷却成固体而堵塞管道。

(4) 控制系统　进料速度、蒸馏器内真空度和温度都是重要的操作参数，所以必须要安装精确的流量测量表和压力、温度控制仪表。

2. 分子蒸馏器

根据分子蒸馏的原理，分子运动平均自由程是设计分子蒸馏器内蒸发面与冷凝面之间距离的最重要的依据，被分离物料在蒸馏器内的受热时间和蒸发温度也是不同分子蒸馏器设计时的主要因素，分子蒸馏技术发展至今，已研制出各种分子蒸馏器以满足不同的分离要求，常见分子蒸馏器有静止式、降膜式、刮膜式、离心式等几种。

1) 静止式分子蒸馏器

它出现早，结构简单，特点是一个静止不动的水平蒸发表面，按其形状不同，可分为釜式、盘式等，釜式分子蒸馏器是最早使用的一种设备，但其操作温度比较高，停留时间比较长(1～5 h)，且设备内存在着较大的压力差，早期一般用于实验室及少量生产，目前已不被采用。

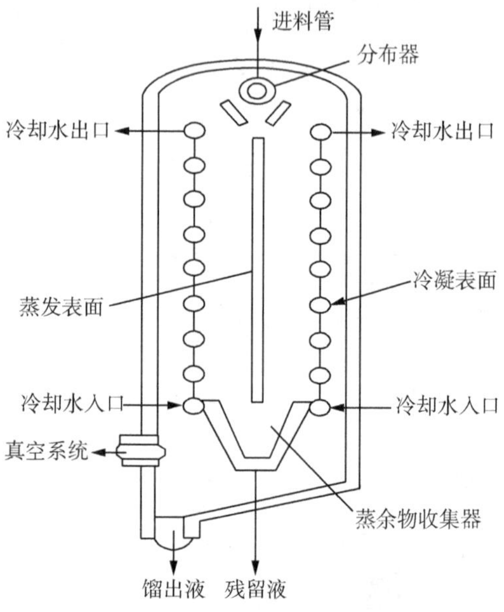

图 9-8　降膜式分子蒸馏器

2) 降膜式分子蒸馏器

如图 9-8 所示，混合液由上部加入，经分布器使液体均匀分布在蒸发面上，蒸发面位于中间，冷凝面在其周围，其蒸发器表面结构为圆状或板状，轻组分在冷凝面上冷凝成馏出物，重组分进入收集器作为残留液。物料在重力和黏性力的作用下，沿着蒸发器的壁面以层流的形式向下流动，形成一层薄膜，轻组分不断从液膜上蒸发，飞到冷凝面上冷凝，与釜式相比，性能要完善得多，如停留时间短，降低了热分解的可能性，分离过程可以连续进行，处理能力大。

不过，这种蒸馏器中的液膜厚度不均匀，膜层仍较厚(一般为 10^{-4}～3×10^{-4} m)，膜层中存在较大的温度梯度，易挥发组分的受热时间还比较长，液体出现过热点，对那些热敏性物质不太适用。由于液体是依靠重力的作用而向下流动的，故降膜式分子蒸馏器一般不适用于高黏度液体混合物的分离，适用于中、低黏度液体混合物的分离。

降膜式分子蒸馏器操作时容易出现的问题有：液膜在沿传热面下降的过程中易产生沟流，从而难以形成均匀完整的液膜。液体在下降过程中常发生翻滚现象，所产生的雾沫夹带有时会溅到冷凝面上，导致分离效果下降。

3) 刮膜式分子蒸馏器

如图 9-9 所示，刮膜式分子蒸馏器是对降膜式设备的改进，其结构的主要特点是在分子蒸馏器的蒸馏室内设有一个可以旋转的刮膜器，当刮膜器在电机的驱动下高速旋转时，转子环可贴着蒸馏室的内壁滚动，既保证液体能够均匀覆盖蒸发表面，又可增强向下流动液膜的湍动程度，下流液层得到充分搅动，可将流至内壁的液体迅速滚刷成 10～100 μm 的液膜，且液膜厚度比较均匀，避免了沟流现象，从而强化了物料的传热和传质过程，提高了分离效能。

4) 离心式分子蒸馏器

与降膜式相比，离心式分子蒸馏器具有旋转的蒸发表面，物料受离心力和黏性力作用，在蒸发表面形成非常薄的液膜(一般为 5×10^{-5} m)，液膜分布均匀，且离心加速度一般大于重力加速度，所以料液沿蒸发器表面流动的速度比较大，易挥发组分的受热时间就大大缩短，可适用于热敏性物质的分离。缺点是结构复杂，密封困难，造价较高。图 9-10 是一立式离心式分子蒸馏器。

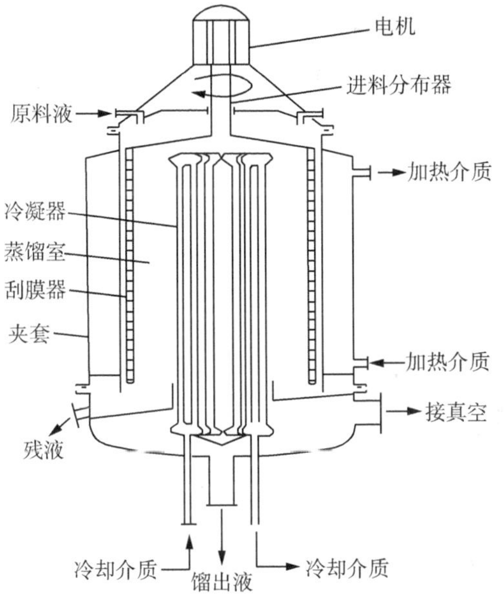

图 9-9　刮膜式分子蒸馏器

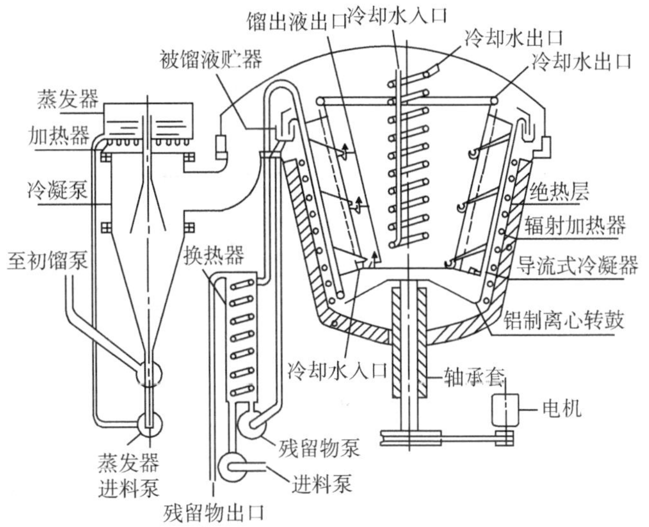

图 9-10　离心式分子蒸馏器

随着分子蒸馏技术的发展，各种类型的分子蒸馏器不断涌现，其中刮膜式分子蒸馏器是目前使用范围最广、性能较完善的一种分子蒸馏器，人们在刮膜器形状和内部结构上不断改进，以获得更好的传质、传热和分离效果。

9.2.3　分子蒸馏的应用

分子蒸馏具有操作温度低、受热时间短、分离速度快、物料不会氧化等优点。目前该技术已成功地应用于制药、食品、香料等领域，其中的典型应用是天然及合成维生素 E 的提取，维生素、蛋白质等的浓缩，从鱼油中提取 DHA 和 EPA，从天然物质中提取胡萝卜素，中草药有效成分的提纯等。

1. 分子蒸馏在天然维生素 E 制备中的应用

维生素 E 是一种脂溶性的维生素，为金黄色或淡黄色的黏稠油状物，相对密度是 0.947～0.950，易溶于乙醇，混溶于丙酮、乙醚、氯仿等有机溶剂。生育酚是一类化合物的统称，当用作人或动物的药品或保健品时被称为维生素 E。天然存在的维生素 E 为四种生育酚的同系物，称为 d-α-生育酚，d-β-生育酚，d-γ-生育酚和 d-δ-生育酚。

天然维生素 E 主要存在于植物油中，但植物油中维生素 E 含量很低，一般毛油中其含量还不到千分之一。而植物油精炼过程中产生的副产物——脱臭馏出物一般含有 1%～15%的维生素 E，是提取天然维生素 E 的理想原料。分子蒸馏法是目前常用的一种从脱臭馏出物中分离天然维生素 E 的方法，其工艺流程如图 9-11 所示。

所用设备为德国 U.I.C 二级分子蒸馏仪：第一级为薄膜蒸馏设备，处理量 0.5～2 kg/h，蒸发面积约 6 dm^2，蒸馏温度＜200℃；第二级为分子蒸馏设备，处理量 1.5 kg/h，蒸发面积约 4.8 dm^2，内冷凝面积 6.5 dm^2，蒸馏温度＜350℃。一级蒸馏蒸出沸点比维生素 E 低的物质，主要是脂肪酸甲酯。二级蒸馏蒸出维生素 E，高沸点组分作为残留液排出。

具体的操作条件为：第一级蒸馏温度 160～165℃，系统压力 0.017 kPa，进料流量 10～12 mL/min，刮板转速 300 r/min；第二级蒸馏温度 210～220℃，系统压力 10^{-4} kPa，进料流量 7～9 mL/min，刮

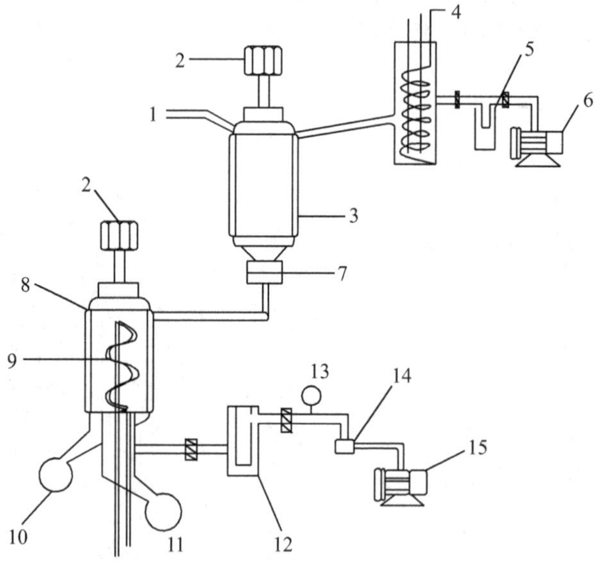

图 9-11　天然维生素 E 分子蒸馏装置

1—进料口；2—转子驱动马达；3—一级加热夹套；4—一级冷凝器；5—一级冷阱；6—一级旋转真空泵；7—齿轮传输泵；8—二级加热夹套；9—二级冷凝器；10—重组分收集瓶；11—轻组分收集器；12—二级冷阱；13—二级真空表；14—油扩散泵；15—二级旋转真空泵

板转速 300 r/min。经过二级蒸馏后，可以将总生育酚含量由原料中的 5.5%提升至 39.1%，生育酚回收率 81.7%。

2. 分子蒸馏技术分离纯化大蒜精油

大蒜为百合科葱属植物蒜的地下鳞茎，含有多种保健成分。它的活性成分——含硫有机化合物，又称大蒜油。大蒜油不仅具有抗菌、抗病毒、杀虫的作用，而且在防治心血管疾病、抗肿瘤、防治糖尿病等方面有功效。大蒜油中有多种含硫有机化合物如：二烯丙基一硫醚、甲基烯丙基二硫醚、二烯丙基二硫醚(diallyl disulfide，DADs)、二烯丙基三硫醚(diallyl trisulfide，DATs)、二烯丙基四硫醚等，其中主要有效成分为 DADs 和 DATs。

目前我国蒜油出口中 DADs、DATs 的含量较低，致使蒜油价格远低于国际市场产品价格。采用分子蒸馏技术从大蒜粗油中富集提纯 DADs 和 DATs 两种主要成分，可以提高大蒜油中有机硫化物的含量，从而提高大蒜油的质量。大蒜粗油中 DADs 和 DATs 的含量为 6.516%，精制提纯的过程在国产 MD-S80 分子蒸馏装置上进行，如图 9-12 所示。

对一级分子蒸馏的蒸馏温度、真空度、进料速度、刮膜转速这四个因素对产品纯度和收率的影响进行试验，得到以下结果。

一级分子蒸馏的最佳操作条件为：蒸馏温度 50℃，真空度 200 Pa，进料速度 1.5 mL/min，刮膜转速 200 r/min，所得产物中有效成分纯度为 34.59%，收率达 87.67%。

为了提高产品纯度，需要采用多级分离操作。随着分离级数的增加，有效成分的纯度逐步提高，经过五级分子蒸馏操作，可以将原料中的有效成分(DADs 和 DATs)的纯度由 6.516% 提高到 85.03%，总收率为 54.35%。

3. 分子蒸馏分离纯化川芎油

分子蒸馏是一种分离精制技术，不能直接对中草药进行提取，需要与其他的提取技术相结合，如浸取、水蒸气蒸馏、超临界萃取等方法，然后将含有效成分的液体提取物再进行分子蒸馏，获得纯化精制后的产品。

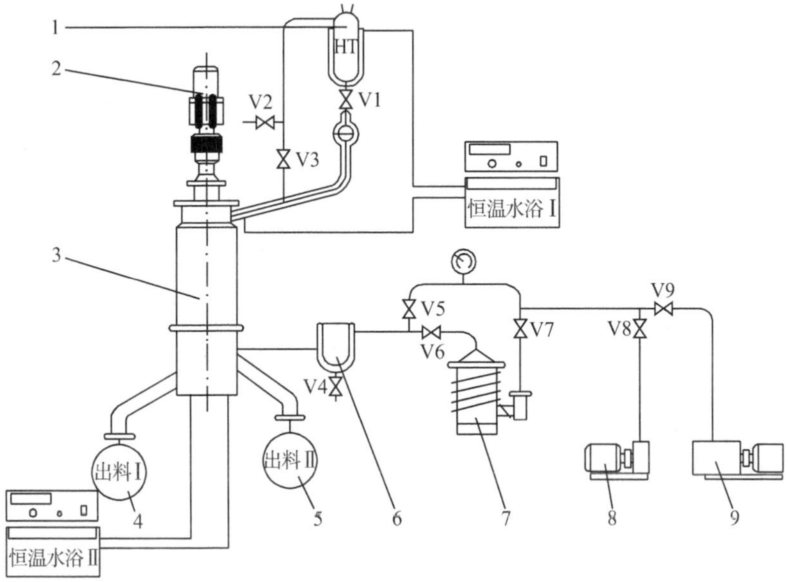

图 9-12　MD-S80 刮膜式分子蒸馏装置

1—高位槽；2—电机；3—分子蒸馏柱；4—轻组分收集瓶；5—重组分收集瓶；6—冷阱；7—增压泵(油扩散泵)；8、9—真空泵；V1～V9—阀门

川芎为伞形科藁本属植物川芎的干燥根茎，具有活血行气、祛风止痛等功效，主要含藁本内酯、丁基肽内酯、川芎嗪、阿魏酸等。先用超临界 CO_2 萃取川芎，获得川芎原油，以此为原料，用 MD-S80 分子蒸馏装置(图 9-12)进行分子蒸馏。操作条件为：真空度 4Pa，蒸馏温度 130℃，转子刮膜的转速 260 r/min 左右，流速 2 mL/min。从两个出料口分别得重组分和轻组分，各占原油的 60.97% 和 39.03%，重组分外观为红褐色黏稠油状液体，轻组分外观为金黄色透明油状液体，用 GC-MS 对川芎原油及分子蒸馏所得重、轻组分进行测定，并对成分种类及其相对含量的变化进行比较，结果如下：川芎原油共有 25 种成分，藁本内酯相对含量 47.32%；分子蒸馏的重组分有 12 种成分，藁本内酯相对含量 53.95%，较原油有了明显提高，富集效果较好；轻组分有 17 种成分，藁本内酯相对含量 48.94%。川芎原油所含化学成分经分子蒸馏后明显减少，川芎油中的丁基肽内酯、洋川芎内酯经分子蒸馏后全部被保留到轻组分中，说明分子蒸馏技术对挥发性成分分离纯化的效果较好。

思考题和习题

9-1 溶于水的物质是否可以用水蒸气蒸馏？为什么？

9-2 在天然产物提取中，我们可以用水蒸气蒸馏来获得所需要的物质，那么是否可以用水蒸气蒸馏除去不需要的杂质？请举例说明。

9-3 在什么情况下可以用过热水蒸气蒸馏？

9-4 简述分子蒸馏的基本原理与特点。与常规蒸馏过程的不同之处有哪些？

9-5 简述分子蒸馏相对挥发度的定义。

9-6 分子蒸馏器有哪些？目前应用最广泛的是哪种？

9-7 用水蒸气蒸馏法从樟树枝叶中提取樟脑精油，根据表 9-1 中不同温度下樟脑和水的蒸气压数据，当操作压力为 400 mmHg 时，计算混合物的蒸馏温度和每千克樟脑精油的水蒸气用量（樟脑精油的平均相对分子质量按樟脑计）。

参考文献

[1] Seader J D, Henley Ernest J. Separation process principles. New York: John Wiley & Sons, Inc., 1998.

[2] 蒋维钧，余立新. 新型传质分离技术. 2 版. 北京：化学工业出版社，2006.

[3] 李淑芬，姜忠义. 高等制药分离工程. 北京：化学工业出版社，2004.

[4] 罗金岳，安鑫南. 植物精油和天然色素加工工艺. 北京：化学工业出版社，2005.

[5] 刘俊果，赵国群. 生物产品分离设备与工艺实例. 北京：化学工业出版社，2009.

[6] 冯淑华，林强. 药物分离纯化技术. 北京：化学工业出版社，2009.

[7] 周宛平，曾兰萍. 化学分离法. 北京：北京大学出版社，2008.

[8] 杨村，于宏奇，冯武文. 分子蒸馏技术. 北京：化学工业出版社，2003.

[9] 李鑫钢. 现代蒸馏技术. 北京：化学工业出版社，2009.

[10] 陈玉昆. 中药提取生产工艺学. 沈阳：沈阳出版社，1992.

[11] 王志祥. 制药化工原理. 北京：化学工业出版社，2005.

[12] 毕艳红，乔旭光，田云. 分子蒸馏技术分离纯化大蒜精油的研究. 食品与发酵工业，2007，33(5)：153－157.

[13] 谢春英，等. 分子蒸馏技术分离川芎油的研究. 国际医药卫生导报，2007，13(19)：73－76.

10 膜 分 离

10.1 概　　述

膜分离是以对组分具有选择性透过功能的膜为分离介质，通过在膜两侧施加（或存在）一种或多种推动力，使原料中的某组分选择性地优先透过膜，从而达到混合物的分离，并实现产物的提取、浓缩、纯化等目的的一种新型分离过程。因此，在膜科学中，膜是用于分离的工具，而膜过程则是指分离过程。目前，膜分离过程已成为石油化工、食品加工、水处理、生物医药等领域的重要分离过程，其中微滤、超滤、纳滤、反渗透和电渗析等已经实现了大规模的工业化应用，而渗透汽化等过程也建成了工业化规模的装置。各种膜过程的机理不尽相同，适用于不同的对象和要求，但一般具有过程简单，经济性好，无相变，能耗低，可在常温下操作等优点，特别适合热敏性物质的处理，因此在医药、生化领域有其独特的适用性。

有关膜分离的系统研究可以追溯到18世纪，例如1748年，Abbe Nolet发现水自发透过猪膀胱的渗透（osmosis）现象。整个19世纪和20世纪早期，膜分离尚未有工业化或商业化的应用，仅仅是在实验室作为实验工具用于物理或化学研究。直到1960年，各种膜科学的要素获得了长足的发展，但是膜分离技术仍旧停留在实验室或小规模的工业化应用上，其主要原因是膜分离技术被认为是缺乏足够的可靠性、差的选择性、低的生产能力和高昂的膜成本。在随后的30多年，上述这几个问题逐渐得到了解决，膜分离发展成为了一个常规技术。本章将着重介绍各种膜分离过程的基本原理和应用。

10.1.1 膜分离过程的特点与分类

根据膜分离的定义，其过程的推动力是指膜进料侧（通常称为膜上游）和透过侧（通常称为膜下游）之间的某种化学位差，可以为压力差（也称跨膜压差）、浓度差、电位差、温度差等。根据推动力和所使用的膜，膜分离过程可以分为不同的种类，表10-1列出了9种不同的膜过程种类及其基本特征。

表10-1　工业化应用的膜过程种类及其基本特征

过　程	简　图	膜类型	推动力	传递机理	透过物	截留物
微滤 (0.02～10 μm)	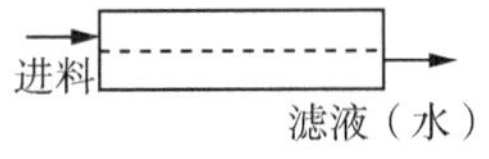	均相膜 非对称膜	压力差 约0.1 MPa	筛分	水、溶剂 溶解物	悬浮物 微粒、细菌
超滤 (0.001～0.02 μm)	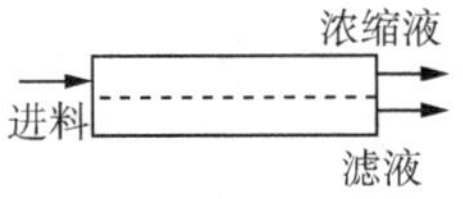	非对称膜 复合膜	压力差 0.1～10 MPa	微孔筛分	溶剂、离子 及小分子	生物大分子

续 表

过 程	简 图	膜类型	推动力	传递机理	透过物	截留物
反渗透(0.000 1～0.001 μm)	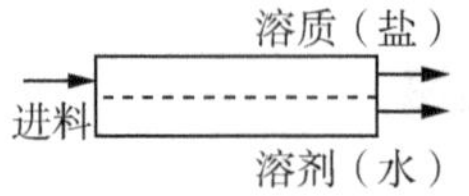	非对称膜 复合膜	压力差 0.1～10 MPa	优先吸附 毛细孔流动	水	溶剂、溶质 大分子、 粒子
渗析	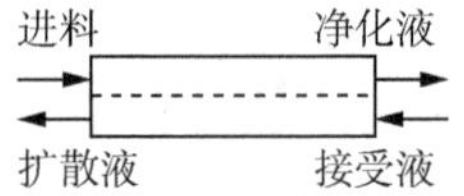	非对称膜 离子交换膜	浓度差	扩散	低相对分子 质量溶质、 离子	溶剂相对 分子质量 >1 000
电渗析	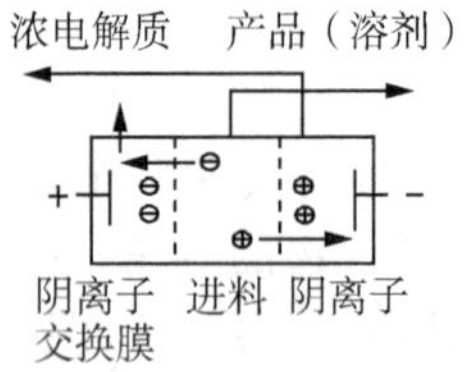	离子交换膜	电位差	反离子迁移	离子	同名离子 大分子水
膜电解	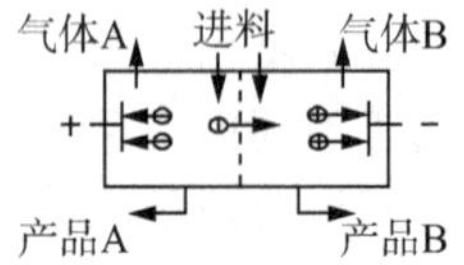	离子交换膜	电位差 电化学反应	电解质离子 选择传递 电极反应	电解质离子	非电解质 离子
气体分离	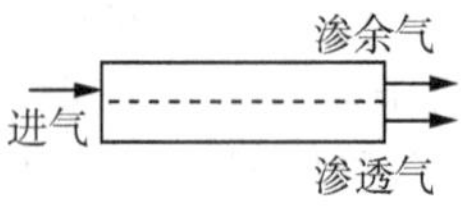	均相膜、 复合膜、 非对称膜	压力差 1.0～10 MPa 浓度差	筛分 溶解扩散	气体或蒸气	难渗气体 或蒸气
渗透汽化	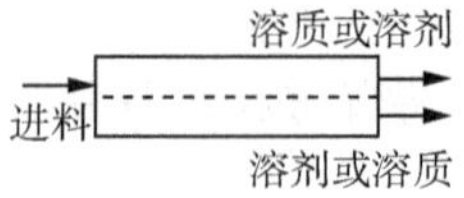	均相膜、 复合膜、 非对称膜	压力差	溶解-扩散	蒸气	难渗液体
膜蒸馏	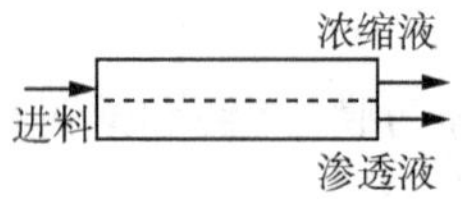	疏水均相 微孔膜	温度差	蒸气扩散 渗透	蒸气	大分子、 离子等 溶质

在上述的这些膜过程中，进料将被膜分成通过膜的流体（渗透物），和不通过膜的流体（截留物）。而评价这些膜过程性能的好坏主要依赖于渗透物和截留物的量和组成，其中反渗透、微滤、超滤和电渗析是工业化成熟的膜过程，气体分离和渗透汽化是正在发展的膜过程。

10.1.2 膜材料、膜组件和操作流程

1. 膜分类

膜是膜分离过程的核心，由于膜的种类和功能繁多，相应的分类方法也有多种。按膜的形态可分为气相态、液相态、固相态或三种相态的组合；按电性可分为中性膜和荷电性膜；按膜材料的化学组成可将膜分为有机膜和无机膜；按膜组件的形状可分为平板膜、管式膜和中空纤维膜；按膜断面的结构可分为对称膜和不对称膜；按膜的分离作用机理可分为渗透汽化膜、反渗透膜、纳滤膜、超滤膜、微滤膜、电渗析膜等，其中按结构和作用机理是最常见的分类方式。图 10－1 是按膜的来源、结构和形态分类的示意图。

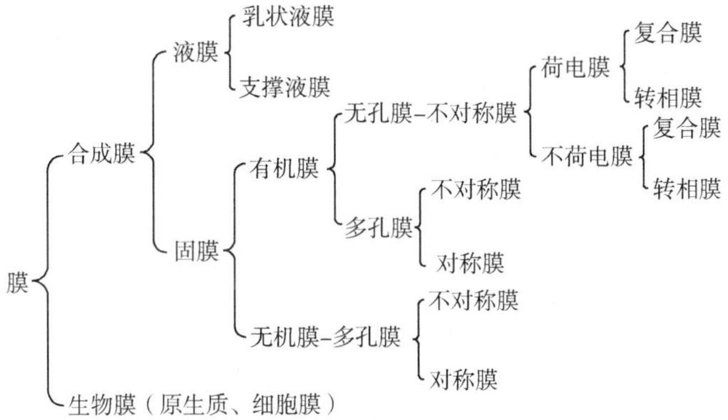

图 10-1　按膜的来源、结构和形态分类的示意图

（1）对称膜　膜两侧截面的结构及形态相同，且孔径与孔径分布也基本一致的膜称为对称膜。对称膜有疏松的多孔膜和致密的无孔膜两大类，膜的厚度大致在 10～200 μm 内，绝大多数多孔膜的孔是不规则的，呈柱形、海绵等形状[图 10-2(a)]，且有一个孔径分布。根据孔径大小，多孔膜可用于微滤、超滤及纳滤过程，具有疏水或亲水功能的对称多孔膜还可用于膜蒸馏、膜基萃取、膜基吸收等过程。致密的无孔膜有玻璃态聚合物膜和橡胶态聚合物膜两类，可用于气体分离与蒸气渗透等过程。致密的无孔膜的传递阻力与膜的总厚度有关，降低膜的厚度能提高渗透率。

（2）非对称膜　非对称膜常由致密的表皮层及疏松的多孔支撑层组成，表皮层与支撑层材料相同，如图 10-2(b)、(c)所示，膜上下两侧截面的结构及形态不相同，致密层厚度约为 0.1～0.5 μm，支撑层厚度约为 50～150 μm。非对称膜支撑层结构具有一定的强度，在较高的压力下也不会引起很大的形变。在以压力为推动力的膜过程中，非对称膜的传递阻力主要或完全取决于致密表皮层厚度，渗透速率反比于起选择渗透作用的膜厚，由于非对称膜的表皮层比均质膜的厚度薄得多，故其渗透速率比对称膜的大得多。

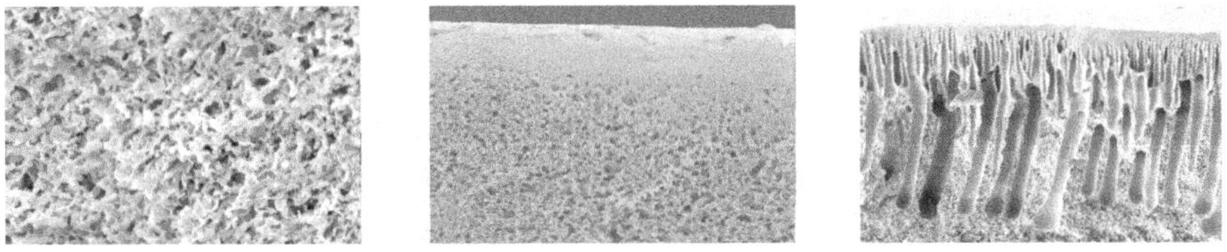

(a) 均相海绵状膜　　(b) 非对称海绵状膜　　(c) 非对称指状形膜

图 10-2　几种多孔膜的截面结构

（3）复合膜　复合膜也是一种具有表皮层的非对称膜，通常，表皮层材料与支撑层材料不同，超薄的致密皮层可以通过物理或化学方法在支撑层上直接复合或多层叠合制得。复合膜具有以下特点：可以分别优选不同的材料制作超薄皮层和多孔支撑层，使它们的分离性能最优化；可用不同方法制得厚度为 0.01～0.1 μm 的高交联度或带离子性基团的超薄皮层，使它们既具有良好的物化稳定性和耐压密性，又具有较高的透水速率与优越的分离性能。目前用于反渗透、渗透汽化、气体分离等过程的大多为复合膜。

（4）荷电膜　常用的荷电膜，即离子交换膜，按结构可以分成异相、半均相和均相膜三大类。按膜的作用机理可分为阳离子交换膜、阴离子交换膜及具有特种性能的离子交换膜。阳离子交换膜上带有阴离子固定基团，以及与阴离子连接的可解离阳离子。反之，阴离子交换膜带有阳离子固定基团，使膜带正电荷，能选择性地吸附和透过阴离子。膜内的解离离子既可与膜外同电荷的离子进行交换，又能进行电流的传导，并起离子选择性透过作用。

对电渗析膜的基本要求是具有高电导率和高离子渗透率，通过增加离子电荷密度可以提高电导性能，通过交联可改善化学稳定性和热稳定性，另外还需要有一定的机械强度。

除了普通的阴离子和阳离子交换膜外，还有螯合、镶嵌、表面涂层等特种性能的荷电膜。离子交换膜通常用于渗析、电渗析、膜电解过程；带有正或负电荷的微孔膜常用于微滤、超滤、纳滤等过程。

2. 膜材料

膜材料也是发展膜分离技术的一个核心课题。为了更好地应用膜分离技术，必须了解膜材料的物理化学性质，这对选择膜材料、预测膜性能和膜的适用范围都有十分重要的意义。各种膜过程所需的常用膜材料大致可分为天然高分子、有机合成高分子和无机材料等三大类。

天然高分子主要有醋酸纤维和再生纤维素等及其衍生物。醋酸纤维膜的使用温度低于 45℃、pH 在 3～8 内，常用于制备反渗透膜，也可制备微滤膜和超滤膜。

有机合成高分子膜材料主要有聚烯烃、聚砜、聚酰胺类等。这类材料成膜性能较好，常用于制备非对称膜。所制成的膜一般能承受 70～80℃的温度，某些可高达 125℃，适用 pH 范围较宽，耐氧化能力也强，其中，聚酰胺膜的耐压能力较高，对温度和 pH 都有很好的稳定性，使用寿命较长，常用于制备反渗透膜；而聚砜膜耐压性能稍差，承受的操作压力在 0.5～1.0 MPa 内，常用作制备超滤膜。

若高分子膜以对称、非对称膜和复合膜分类，则对称或非对称膜的主要制备方法为相转化(phase inversion)和熔融拉伸(stretching)等；而复合膜的制备方法有浸涂、喷涂、纺丝涂敷(spin coating)、界面聚合(interfacial polymerization)、原位聚合(in-site polymerization)、等离子聚合、接枝聚合等方法，目前最常用的为界面聚合法。

无机膜材料以氧化铝、氧化锆为主，根据制膜材料、膜及载体结构、膜孔径大小、孔隙率和膜厚度不同，选择不同的制备方法，最常用的方法为固态粒子烧结法和溶胶-凝胶法两种。目前实用化的陶瓷膜主要有截留相对分子质量在 10 000 以上的超滤膜和孔径在 0.1 μm 以上的微滤膜。无机膜的特点是有一定的机械强度，耐高温，耐有机溶剂，但缺点是不易加工，成品率低，造价较高。

3. 膜组件

对膜分离过程，仅有优良分离性能的膜还不够，单独的膜是无法应用于膜分离过程，必须要把膜以某种形式组装在一个结构紧凑、性能稳定的基本单元设备内，以便使用、安装、维修，这种基本单元设备叫膜组件。因此，了解膜组件的结构对膜分离系统的设计具有十分重要的意义。商品膜组件主要有板框式(plate-frame module)、圆盘形板式、折叠式(pleated sheet module)、中空纤维式(hollow fiber module)、管式及卷式(spiral-wound module)等 6 种，图 10－3 为几种主要膜组件的结构示意图。

板式膜组件类似于常规的板框式压滤装置，有长方形、椭圆形或圆盘形等。膜被放置在多孔的支撑板上，膜之间可夹有隔板，两块装有膜的多孔支撑板叠压在一起形成 1 mm 左右料液流道间隔，且多层交替重叠压紧，两层间可并联或串联连接。隔板上的沟槽用作料液流道，支撑板上的连通多孔可作为透过液的通道。除了压紧式外，还有系紧螺栓式及耐压容器式两种。

折叠式膜组件所采用的是平膜，这些膜被折叠成圆筒形滤芯，滤芯被装在可加压的过滤器外壳内，料液由壳侧进入膜表面，透过液收集于中心管，中心管与加压外壳间用 O 形圈隔离密封。

卷式膜组件是采用平板膜制成信封状密封膜袋，将多孔性支撑材料夹在膜袋之内，半透膜的开口与中心管密封，再在膜袋上下衬和上料液隔网，然后连在一起滚压卷绕在空心管上，再将其装入圆柱形压力容器内，构成膜组件。组件内膜袋的数目称为叶数，叶数增多，膜面积也增加，但原料流程变短。

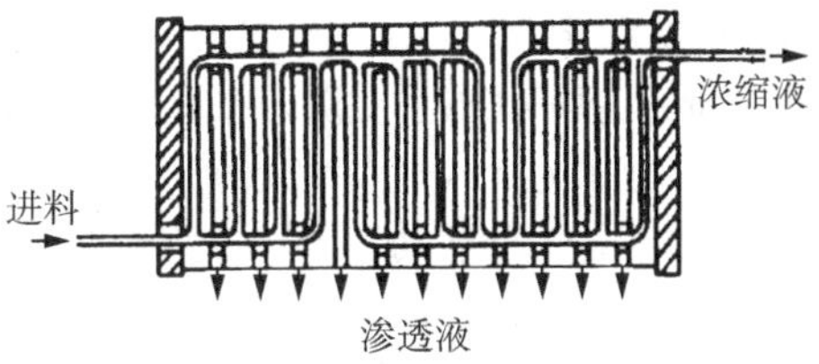

(a) 板框式

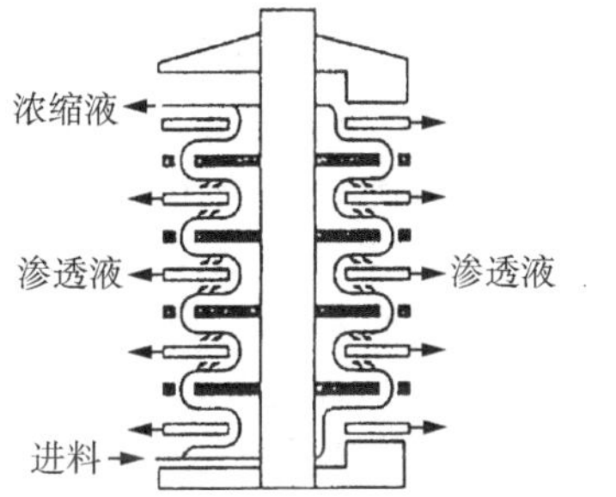

(b) 圆盘形板式

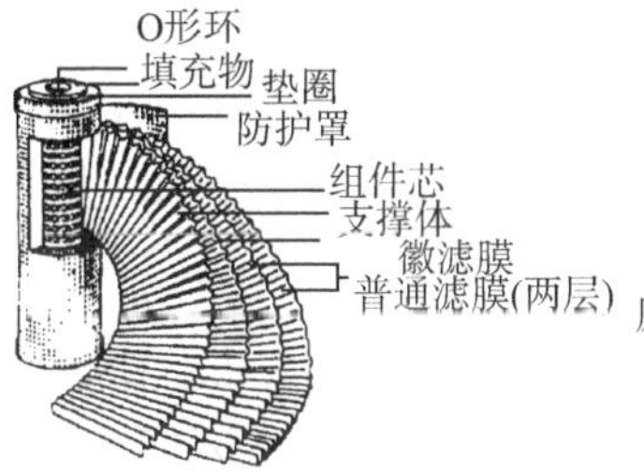

(c) 折叠式

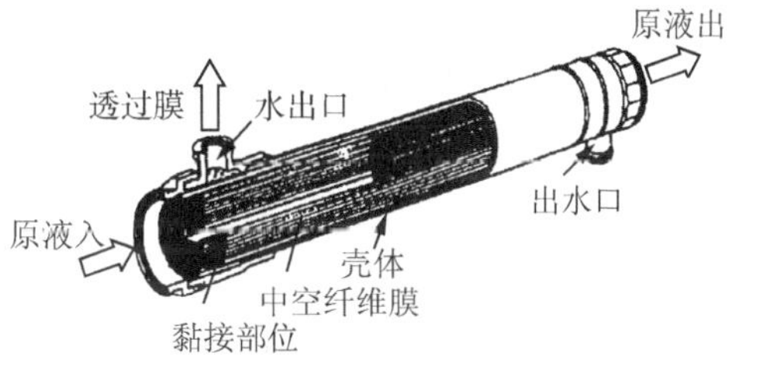

(d) 中空纤维式

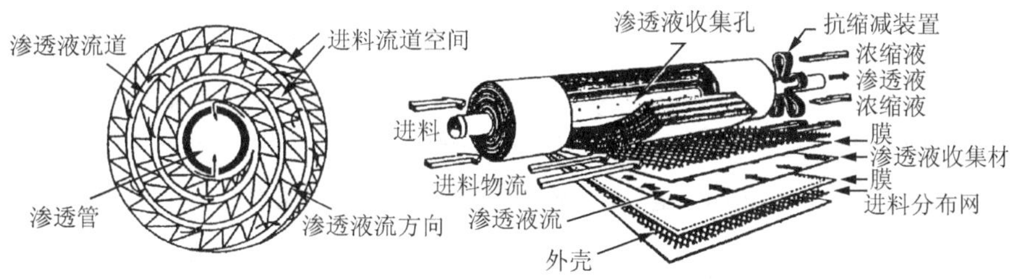

(e) 卷式

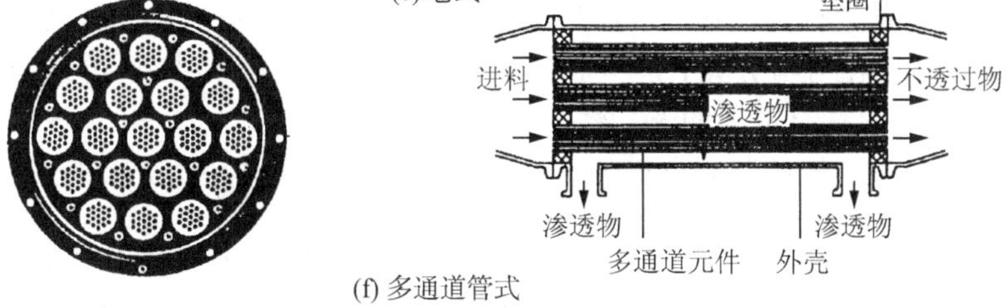

(f) 多通道管式

图 10－3　各种形式的膜分离膜组件

中空纤维膜组件是由数千至几十万根外径为 80～400 μm、内径为 40～200 μm 的中空纤维束弯成 U 形，在纤维束的中心轴装有一支原料分布管，纤维束的一端或两端用环氧树脂铸成管板或封头，装入圆筒形耐压容器内。中空纤维膜组件大多为外压式，耐压能力较高。组件的排列方式有轴流型、径流型及纤维卷筒型等。

毛细管式膜组件是由直径为 0.5～6 mm 的非对称膜束构成，耐压性能不及中孔纤维膜组件。

管式膜组件有无机膜和有机膜组件两大类，管式有机膜组件是将制膜液直接涂布在内径 10～25 mm 的多孔支撑管上制成，也有直接涂布在外壁上。常将 10～20 根管并联组装成类似于换热器的膜组件，也可制成套管式；无机膜组件可由多支单通道管或多通道管组装成。多通道管的通道数可以为 7、19 及 37 个。

4. 膜分离过程原理

膜分离过程中各组分的传递现象包括膜内传递过程和膜外传递过程两种。膜内的传递过程包括两个方面：一个是每个组分在膜表面的吸附、吸收和溶胀等热力学过程，主要是由分离物质在主流体和膜内不同的分配系数决定；另一个是物质从膜表面进入膜内的传递动力学过程。这是由于膜两侧的各种化学势差产生的推动力造成的分子运动，即扩散所产生的膜内传递过程。由于膜与各种组分之间具有不同的相互作用，因此，在不同的推动力下，各组分的传递速率不同而形成分离。膜外的传递过程指物质从膜表面进入膜内以前因流动状况不同，受膜表面边界层传递阻力或逆扩散的影响，包括由浓度极化、伴有传热过程的温度极化，以及实际操作条件下形成的传递过程。膜分离过程的效果不仅决定于膜材料及其成膜后的特性，同时也取决于过程中的操作条件，如流动状态、温度、压力等。因此，膜内、膜外传递过程的综合结果才能得到实际的分离效果。

各组分在膜内的传质形式主要有三种，分别为被动传递、促进传递和主动传递。其基本原理如图 10－4 所示。

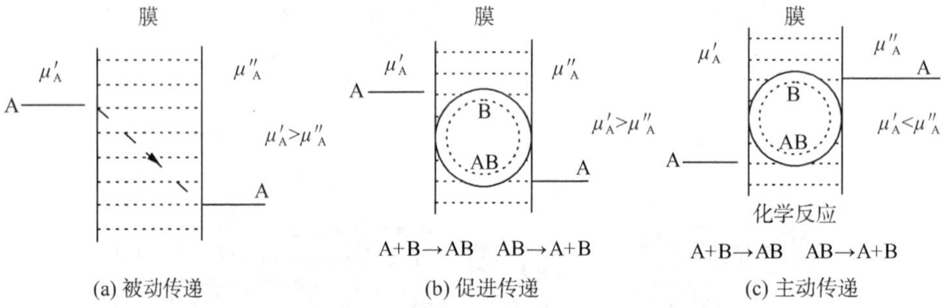

图 10－4 组分通过膜相传质过程基本原理示意图

图 10－4(a)为最基本的传质形式，称作“被动传递”(passive transport)。组分以化学势差作为推动力，扩散通过作为物理屏障的膜。

图 10－4(b)为“促进传递”(facilitated transport)过程，组分通过膜的传质推动力仍旧是膜两侧的化学势差，但膜内存在与组分具有相互作用的载体，载体与组分在膜上游结合，传递通过膜，并在膜下游分解，因此，过程具有很高的选择性。

图 10－4(c)为“主动传递”(active transport)，在该过程中各组分的传递方向与其化学势梯度相反，其推动力由膜内某化学反应提供，主要存在于生命膜中。

对于被动传递形式，常用的传递模型可分为两类，第一类以假定的传递机理为基础，其中包含了分离物质的物理、物化性质和传递属性。这类模型又分为两种不同情况：一是通过多孔型膜的流动；二是通过非多孔型膜的渗透。前者有孔模型(pore model 或 sieve model)、微孔扩散模型(micro pore diffusion model 流动)、优先吸附毛细管流动模型(preferential sorption and capillary flow model)和表面力-孔流动模型等；后者有溶解-扩散模型(solution-diffusion model)和不完全的溶解-扩散模型(solution-diffusion-imperfection model)等，多孔和非多孔之间，实际有一过渡区间(transition region)。当前又有不少修正型的模型，但基本概念是一致的。对于荷电膜则加上电位差梯度为其推动力，仍用 Nernst Planck 方程。第二类以不可逆热力学为基础，称为不可逆热力学模型(irreversible thermodynamics model)，主要有 Kedem-Katchalsky 模型和 Spiegler-Kedem 模型等。不论哪类模型都涉及物质在膜中的传递性质，对于非荷电膜，最主要的是溶质和溶剂的扩散系数和溶解平衡(或为吸附溶胀平衡)，对荷电膜尚需考虑道南平衡。

10.2 微　　滤

10.2.1 微滤的基本原理

微滤是目前以压力为推动力的液体分离膜技术中应用最为广泛的一种膜技术，主要应用于制药行业的过滤除菌，海水淡化或者纯水制备过程的预处理及简单的水处理，食品和生物工业产品的浓缩等。常用的微滤膜包括采用相转化法制备的醋酸纤维素、聚偏氟乙烯、聚丙烯腈、聚砜、聚醚砜，拉伸法制备的聚乙烯、聚丙烯、聚四氟乙烯等。

所谓的微滤是指当压力推动流体透过微滤膜，利用筛分效应从流体中分离微米大小粒子的过程。虽然微滤截留颗粒的精确度尺寸范围存在争议，但一般定义为 0.1～10 μm 的颗粒或可溶物。因此，微滤过程的作用相当于过滤，但在该过程中微滤膜的结构起到了决定性的作用，膜结构不同，其截留机理也有较大差异。依据微孔形态的不同，微滤膜可分为两类：柱状孔膜和弯曲孔膜。柱状孔膜的孔通常为贯通膜壁近乎完美的直孔，这种膜又称"筛分"膜，其对颗粒物的截留是通过如图 10－5(a)所示的三种方式实现：①比孔径大的粒子是机械截留；②粒子之间的相互作用及粒子与膜表面的吸附；③粒子之间的架桥作用。对于弯曲孔膜，一般认为颗粒被截留在孔的内部而不是膜的表面，如图 10－5(b)所示。

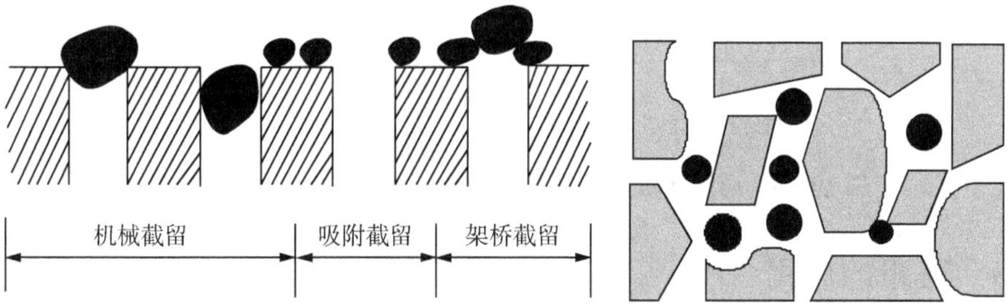

(a) 柱状孔膜　　(b) 弯曲孔膜

图 10－5　微孔膜各种截留作用示意图

通常，真实的微滤膜分离是由以上几种机理共同作用的结果，在柱状孔结构的膜中也可能存在弯曲孔，因而有不同的机理，而弯曲孔膜表面也可能存在机械截留的现象。此外，膜材料不同所引起的吸附和电性能差异也会对膜的截留性能造成影响。

对于机械截留等造成的表层截留，其过程接近于绝对过滤，膜易清洗，但杂质沉积量相对较少，而对于弯曲孔的内部截留则接近于公称值过滤，比表面积大，杂质沉积量大，且不易清洗。

微滤过程具有以下特点：①属于绝对过滤介质，所有比膜孔径大的粒子全面截留；②膜的孔径均匀，过滤精度高；③膜的孔隙率高，孔径大，过滤速度快；④膜的厚度薄，对有效成分的吸附小，过滤损失低；⑤颗粒物容纳量小，易发生膜孔堵塞。

10.2.2 微滤的操作方式

如上所述，类似于常规过滤，微滤也可分为表面过滤（微粒被膜截留在膜表面，即滤饼过滤）和深层过滤（流体中微粒在膜的深层被截留）。对此，也可用传统过滤的数学模型描述微滤过程。

微滤有两种操作方式：终端微滤（dead-end flow）和错流微滤（cross flow）。终端微滤特点是原料液置于膜上游，在压力差的推动下，溶剂和小于膜孔径的颗粒透过膜，比孔大的颗粒被截留。错流微滤是工业上最常见的操作方式，原料以切线方向流过膜表面，在压力作用下溶剂和小于膜孔径的颗粒透过膜,大于孔径的颗粒在膜表面形成一个污染层。

1. 终端微滤

如图 10-6(a)所示,料液中的微粒在膜表面积累,形成滤饼并逐渐增厚。在恒压过滤中,膜通量逐渐下降。若要保持膜通量不变,则需逐渐增加压力差。

2. 错流微滤

如图 10-6(b)所示,料液沿膜表面切线方向流动,在压力差下,清液错流透过膜,微粒截留在膜面。由于料液在膜面的切向流能将沉积在膜面的部分微粒带走,使膜面积累的滤饼层达到一定厚度后不再增加。在实际情况中,有时当滤饼形成后,仍发现在一段时间内通量缓慢下降,这种现象大多是由于滤饼和膜被压实所致。

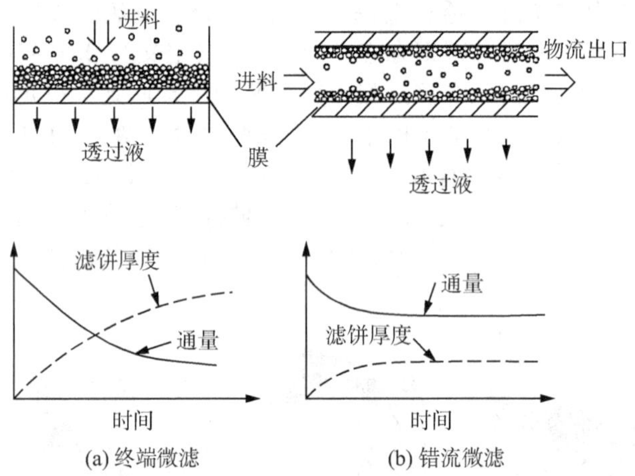

图 10-6　两种微滤过程的通量与滤饼厚度随时间的变化关系

10.2.3　微滤的应用

1. 微滤性能指标

微滤性能的好坏可以用分离过程中对物料中透过物的通量和截留物的去除率(或截留率,当截留物为目标产物时)来表示。

去除率由式(10-1)计算

$$R=\left(1-\frac{c_0}{c_F}\right)\times 100\% \tag{10-1}$$

式中,R 为去除率;c_0 和 c_F 分别是物料主体浓度和透过液浓度。

通量被定义为单位时间内透过单位膜面积的透过物的量,可以由式(10-2)来计算

$$J=\frac{V_F}{St} \tag{10-2}$$

式中,V 为透过物的体积或质量;S 为有效膜面积;t 为操作时间。

例 10-1　采用微滤过程浓缩细胞悬浮物,将细胞悬浮液浓度从 1%浓缩至 10%,在浓缩过程中通量可保持在 100 L/(m^2·h)。设初始发酵液体积为 0.5 m^3,微滤膜面积为 0.5 m^2。假设膜对细胞的截留率为 100%,计算操作所需时间。

解　已知膜的面积和渗透物通量,所以若计算操作时间,根据式(10-2)只需获得透过物的量即可。

根据题意,渗透体积为

$$V_F = V_0\left(1-\frac{c_0}{c_F}\right) = 0.5\times\left(1-\frac{1\%}{10\%}\right) = 0.45\ m^3$$

因此，间歇操作所需时间为

$$t=\frac{V_F}{JS}=\frac{0.45}{100\times10^{-3}\times0.5}=9\ h$$

2. 微滤在制药工业中的应用

微滤在制药工业中主要应用于发酵产品处理，如抗生素、疫苗、生物工程蛋白，血浆和血清的处理，注射用水、气体、蒸气，药液除菌除杂，制药废水处理等。

1）生物制剂的浓缩

酶制剂是常用的生物制剂，其相对分子质量通常为 10 000～1 000 000，如葡萄糖淀粉酶的相对分子质量为 60 000 左右，常用的处理方法有减压浓缩、盐析沉淀、溶剂萃取、真空蒸发、低温冷冻、层析和超离心分离等，虽都能达到酶制剂浓缩、提纯的目的，但是效率很低，而且有时会使酶制剂失活。使用微滤膜可以实现酶制剂高效、安全的回收和浓缩，产品纯度是传统方法的 4～5 倍，回收率提高 2～3 倍，高污染液产出量减少 3/4～2/3。图 10－7 为一典型的微滤膜浓缩酶制剂工艺流程。

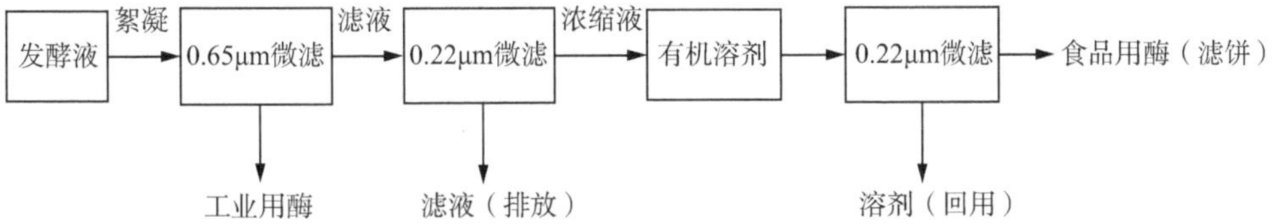

图 10－7 微滤浓缩酶制剂流程图

2）消毒过滤

细菌的分子大小为 5～10 μm，微滤膜孔径一般约为 0.1～10 μm，可以截留分子大小为 0.1～15 μm 的微粒，所以在理论上是可以实现微滤膜消毒灭菌功能的。实验证明，用 0.22 μm 的微滤膜可以将细菌截留，达到消毒的效果。工业上采用的终端过滤器分为多级，用于澄清的过滤器孔径为 3～5 μm，可以除去可见的粒子；用于除去大分子有机物和小粒子的过滤器孔径为 0.65 μm，可以除去酵母和霉菌；用于热源过滤的过滤器孔径为 0.45 μm，可以除去大部分细菌；用于消毒的过滤器孔径为 0.22 μm，可以完全截留假单孢菌；用于菌质去除的过滤器孔径为 0.1 μm，可以除去小分子有机物。

10.3 超　　滤

10.3.1 超滤的基本原理与特点

超滤与微滤类似，也是通过膜的筛分作用将溶液中大于膜孔的大分子溶质截留，使这些溶质与小分子溶剂分离的膜过程。超滤膜孔的大小和形状对分离起主要作用，材料与膜的物化性质对分离性能影响不大。由于超滤膜多为不对称结构，且具有一个超薄的皮层，该皮层的膜孔孔径比微滤膜孔径小很多而起主要的分离作用，皮层下方是一层较厚的海绵状或指状孔结构的支撑层。因此，超滤分离过程的截留现象主要发生在膜表面，深层截留的现象相对不明显。

超滤过程中的溶质截留率定义与微滤过程中的溶质截留率相类似，可用式(10－1) 计算。由于超滤过程的对象是大分子，如蛋白质、病毒、核酸聚合物、淀粉等，膜的孔径常用被截留分子的相对分子质量的大小来表征，也称作切割相对分子质量(MWCO)。图 10－8 是用一系列标准物质的缓冲溶液或水溶液对膜测得的截留率与相对分子质量的关系。目前不同生产厂对膜的截留相对分子质量取值方法不统一，有取截留率分别为 50％、90％、100％时所对应的相对分子质量为截留相对分子质量，以及取 S 曲线的切线与截留率为 100％时的横坐标上的交点为截留相对分子质量。图 10－8 中 A′曲线，其截留相对分子质量相应为 1 000、3 000、8 000 和 3 500。尽管截留相对分子质量的取值方法不一，但 S 曲线的形状可相应地说明该膜的孔径分布及性能，S 曲线越陡则截留相对分子质量范围越窄，膜的性能也越好。

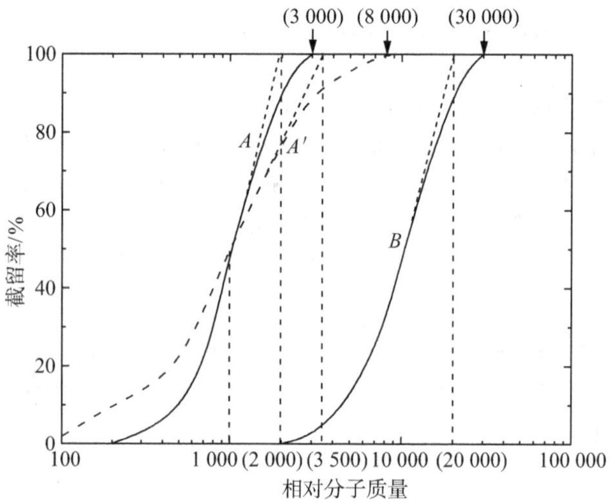

图 10－8　膜的截留相对分子质量与截留率的关系

超滤是仅次于渗析和微滤的最广泛使用的膜过程。超滤具有以下一些特点：①在常温、不发生相变等相对较温和的条件下实现操作，因此对于一些温度、pH 值、离子强度等敏感体系，如抗生素、蛋白质、病毒等的分离、浓缩、纯化特别适合；②过程中不需要加入第三组分，对一些生物制品不会发生失活、变性等问题；③可以通过采用不同切割相对分子质量的膜来实现目标产物的分级分离；④溶液的渗透压可忽略不计，操作压力低；⑤由于物料中被截留大分子的扩散系数小，因此容易产生浓差极化现象。

10.3.2　浓差极化与凝胶层阻力模型

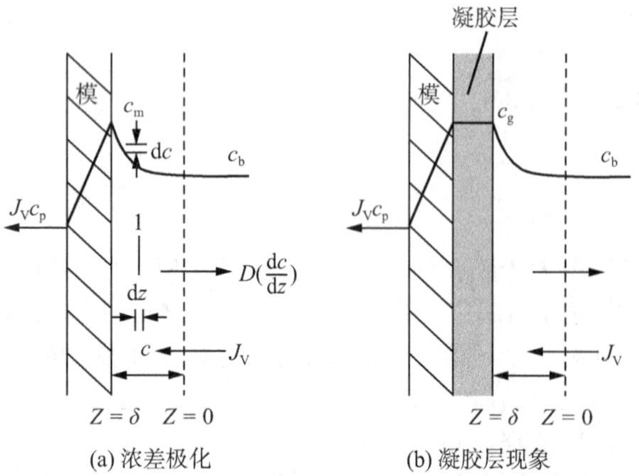

图 10－9　超滤过程中的浓差极化和凝胶层形成现象

对于超滤过程，被膜所截留的通常为大分子，大分子溶液的渗透压较小，由浓度变化引起的渗透压变化对过程影响不大，但超滤过程中的浓差极化对通量的影响则十分明显。超滤过程中的浓差极化现象及传递模型可用图 10－9 来描述，当不同大小的分子混合物流动通过膜面时，在压力差作用下，混合物中小于膜孔的组分透过膜，而大于膜孔的组分被截留，这些被截留的组分在紧邻膜表面形成浓度边界层，使边界层中的溶液浓度大大高于主体流溶液浓度，形成由膜表面到主体流溶液之间的浓度差，使得跨膜传质推动力下降。浓度差的存在导致紧靠膜面溶质反向扩散到主体流溶液中，这就是超滤过程中的浓差极化现象。浓差极化严重时足以使操作过程无法进行。

如图 10-9(a)所示，对面 1 至 $z=\delta$ 的膜面间列物料衡算

$$J_V c = J_V c_p + D\frac{dc}{dz} \tag{10-3}$$

$$J_V(c-c_p) = D\frac{dc}{dz} \tag{10-4}$$

分离变量，在 $z=0$ 至 $z=\delta$ 间积分

$$J_V = \frac{D}{\delta}\ln\frac{c_m-c_p}{c_b-c_p} \tag{10-5}$$

令 $D/\delta=k$，得

$$\frac{c_m-c_p}{c_b-c_p} = \exp\left(\frac{J_V}{k}\right) \tag{10-6}$$

式中，J_V 为溶液渗透通量，$m^3 \cdot m^{-2} \cdot s^{-1}$；$k=D/\delta$，为浓差极化边界层内的传质系数，$m \cdot s^{-1}$。当 $c_p \ll c_b$，$c_p \ll c_m$ 时，上式可简化为

$$J_V = k\ln\frac{c_m}{c_b} \tag{10-7}$$

膜面浓度 c_m 一般低于溶质的凝胶点浓度 c_g，当 c_m 达到 c_g 时，将式(10-5)至式(10-7)中的 c_m 改写为 c_g，称为凝胶层公式。凝胶浓度 c_g 取决于大分子溶质物化性质。在一定压力下，渗透通量 J_V 与料液主体浓度 c_b 对数的关系，是一条斜率为 $-k$ 的直线，其截距为 $k\ln c_g$。在凝胶浓度下，增大操作压力往往使凝胶层厚度增加，导致凝胶层阻力增大，结果渗透通量并没有明显改善。

对于有凝胶层存在的超滤过程，常用阻力模型表示，如图 10-9(b)所示，若忽略溶液的渗透压，则可用膜阻力 R_m、浓差极化层阻力 R_p 及凝胶层阻力 R_g 来表示

$$J_V = \Delta p/[\mu(R_m+R_p+R_g)] \tag{10-8}$$

式中，$\Delta p=\Delta p_m+\Delta p_p+\Delta p_g$，$\Delta p_m$、$\Delta p_p$ 和 Δp_g 分别为作用于膜、浓差极化层和凝胶层的压力差。由于 $R_g \gg R_p$，故

$$J_V = \frac{1}{A}\frac{dV}{dt} = \frac{1}{\mu}\frac{\Delta p}{(R_m+R_g)} = \frac{1}{\mu}\frac{\Delta p_m}{R_m} = \frac{1}{\mu}\frac{\Delta p_g}{R_g} \tag{10-9}$$

从式(10-9)可知，在超滤过程中，若不考虑浓差极化层的阻力，增加超滤压力 Δp，则相应的凝胶层厚度增加，也即凝胶层组力增大，从而导致 J_V 值保持不变。

10.3.3 超滤过程传质

图 10-10 为超滤压力差对通量的影响关系，操作压力对超滤过程的通量影响比较复杂，可大致划分成三个传质区，虚线表示区域的界面。在充分低的压力差下，其通量与压力差的关系呈线性；当操作压力差提高到一定范围后，截留溶液中的溶质被膜浓缩，这时的透过速率受传质控制，通量不再随压力差的增大而变化；在两个传质区之间为过渡区，透过通量同时受操作压力差及传质影响，部分受膜污染的影响。从该图上还能反映出膜阻力、流速、温度、料液浓度等对通量的影响。对纯水的超滤、膜阻力的影响最小，进料浓度降低、温度升高，以及流速增加均有利于通量的增加。但由于被截留下来的大分子在膜表面积累形成一定的浓度时，会和主体溶液形成一个浓度差，从而导致溶质向主体的反向扩散。当达到稳定时，溶质向膜表面迁移的量与从膜表面向主体反向扩散的

量相等，继续提高操作压力并不能使通量持续增加。

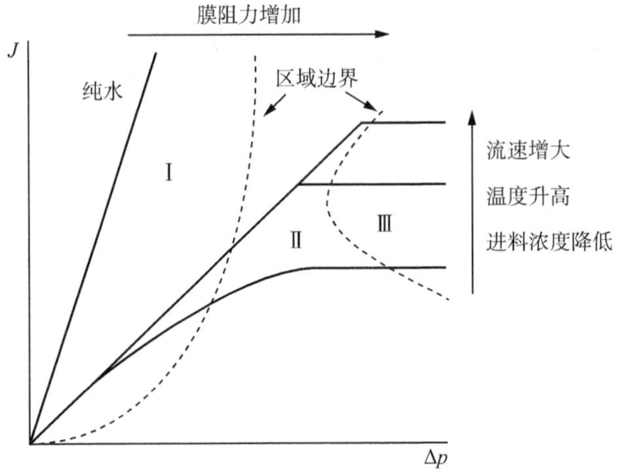

图 10－10　超滤过程中的传质

（Ⅰ—压力控制区；Ⅱ—过渡区；Ⅲ—传质控制区）

例 10－2　某超滤膜在 0.3 MPa 下纯水通量为 210 L/(m² · h)。在 0.45 MPa 情况下，用此膜浓缩油水乳浊液。由于乳浊液在膜面上形成滤饼层，通量降至 35 L/(m² · h)。已知滤饼的比阻力为 $1.5\times10^8\,m^2$，计算滤饼层的厚度，假定黏度与水相同。

解　已知超滤膜的纯水通量 $J=210$ L/(m² · h)、压力 $\Delta p=0.3$ MPa 、水的黏度 $\mu=1.0\times10^{-3}$ Pa · s，则由阻力模型求出膜的阻力

$$R_m=\frac{\Delta p}{J\mu}=\frac{3\times10^5}{\frac{0.210}{3\,600}\times10^{-3}}=5.1\times10^{12}\,m^{-1}$$

另已知用于浓缩油水乳浊液时的通量为 $J=35$ L/(m² · h)、压力 $\Delta p=0.45$ MPa，则滤饼层的阻力可用下式求得

$$R_c+R_m=\frac{\Delta p}{J\mu}=\frac{4.5\times10^5}{\frac{0.035\,0}{3\,600}\times10^{-3}}=4.6\times10^{13}\,m^{-1}$$

则有

$$R_c=(46\times10^{12}-5.1\times10^{12})=40.9\times10^{12}\,m^{-1}$$

又已知滤饼的比阻力为 $1.5\times10^8\,m^2$，进而可求出滤饼层的厚度

$$l_c=R_c/r_c=40.9\times10^{12}/1.5\times10^{18}=27.3\times10^{-6}\,m=27.3\,\mu m$$

10.3.4　超滤浓缩比与洗滤工艺

当超滤用于大分子的浓缩时，其过程常用体积浓缩比 *VCR* 来表示

$$VCR=\frac{V_0}{V_R} \qquad (10-10)$$

式中，V_0 为初始料液体积；V_R 为截留液体积。

同理，溶质的浓度比可用下式表示

$$SCR=\frac{c_R}{c_0} \tag{10-11}$$

式中，c_0 为初始料液浓度，kg/m³；c_R 为截留液浓度，kg/m³。Cheryan 根据以上定义，推出超滤溶质浓度比与体积浓缩比（VCR）之间的关系式

$$\lg(SCR)=R\lg(VCR) \tag{10-12}$$

式中，截留率 R 可用式（10－1）求算。若式中其中的任意两个变量确定，则另一个变量也随之确定，也可利用图 10－11 查三者之间的关系。

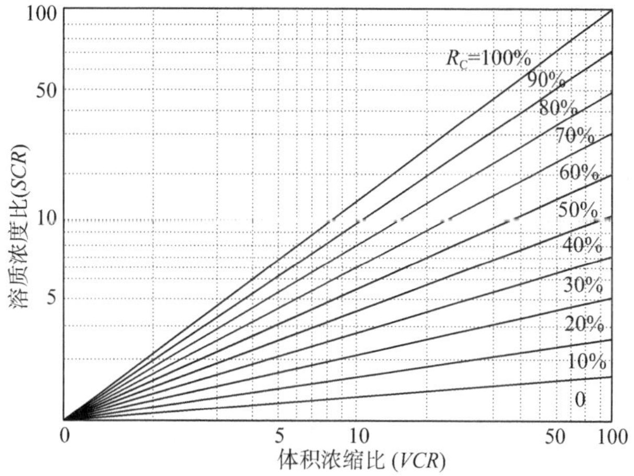

图 10－11　溶质浓度比与体积浓缩比之间的关系

在超滤过程中，有时在被超滤的混合物溶液中加入纯溶剂（通常为水），以增加总渗透量，并带走残留在溶液中的小分子溶质，达到分离、纯化产品的目的，这种超滤过程称为洗滤（diafiltration）或重过滤。洗滤是超滤的一种衍生过程，常用于小分子和大分子混合物的分离，被分离的两种溶质的相对分子质量差异较大，通常选取的膜的截留相对分子质量介于两者之间，对大分子的截留率为100%，而对小分子则完全透过。两种洗滤过程如图 10－12 所示。

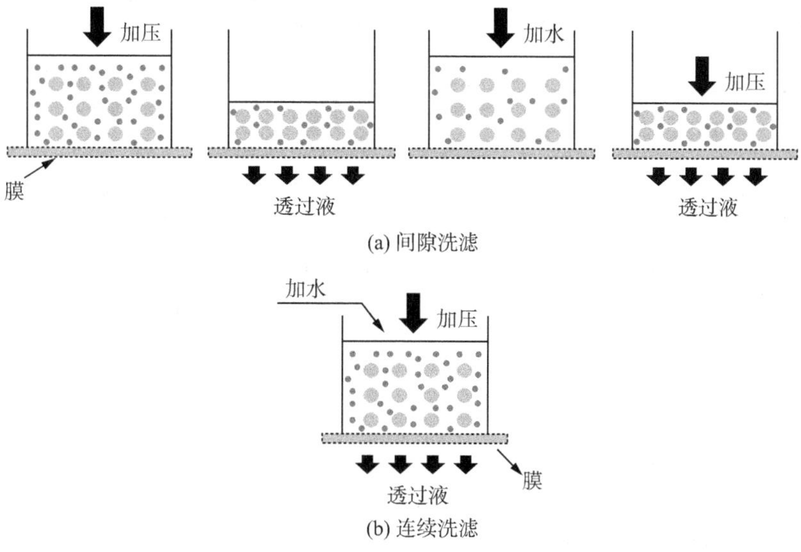

图 10－12　间隙洗滤和连续洗滤过程

对间歇洗滤，洗滤前的溶液体积为100%，溶液中含有大分子和小分子两种溶质，随着洗滤过程的进行，小分子溶质随溶剂（水）透过膜后，溶液体积减小，如图10-12(a)所示，再加水至100%，将未透过的溶质稀释，重新进行洗滤，这种过程可重复进行，直至溶液中的小分子溶质全部除净。

若每次操作体积浓缩比都相等，且截留率 R 不变，则经 n 次洗滤后，被截留溶质的浓度为

$$c_R = c_0 (VCR)^{1+n(R-1)} \tag{10-13}$$

式中，c_0 为原始料液浓度；n 为洗滤次数；R 为溶质的平均截留率。如果两次洗滤的 VCR 及 R 不相同，则两次洗滤后组分浓度应为

$$c_R = c_0 (VCR)^{R_1} (VCR)^{R_2 - 1} \tag{10-14}$$

式中，下标1、2分别为第一、第二次洗滤。

对连续洗滤过程，如图10-12(b)所示。设原料液量一定，膜面积为 A，则在洗滤过程中，任一时刻的各种溶质浓度可通过简单的物料衡算来确定。假定在操作过程中，原料液的体积以加入相等体积的纯水来保持，则操作过程可用以下关系描述

$$-V\left(\frac{dc_R}{dt}\right) = (1-R)c_R A J_V \tag{10-15}$$

若初始溶液中溶质的浓度为 c_0，则积分上式得

$$\frac{c_R}{c_0} = \exp\left[-(1-R)\left(A\frac{J_V}{V_0}\right)t\right] \tag{10-16}$$

式中，c_R 为任一时刻在洗滤池中溶质的浓度，$kmol/m^3$；V_0 为溶液的体积，m^3。

式(10-16)中的 AJ_Vt 的乘积即为渗透物的总体积 V_P，定义洗滤过程中的体积稀释比 V_D。

$$V_D = \frac{AJ_V t}{V_0} = \frac{V_P}{V_0} \tag{10-17}$$

如果溶质完全被截留，即 $R=1$，那么该溶液在渗透池中的浓度为常数，$c_R = c_0$，如果溶质全部通过膜，即 $R=0$，则由式(10-16)可知，该溶质洗滤池中的浓度将按指数函数下降；如果大分子溶质只有部分被截留，则大分子溶质在连续洗滤过程中会损失。因此，对洗滤过程，总是希望低相对分子质量溶质的截留率接近于零，而对大分子溶质的截留率要求为100%，这就是洗滤的理想条件。

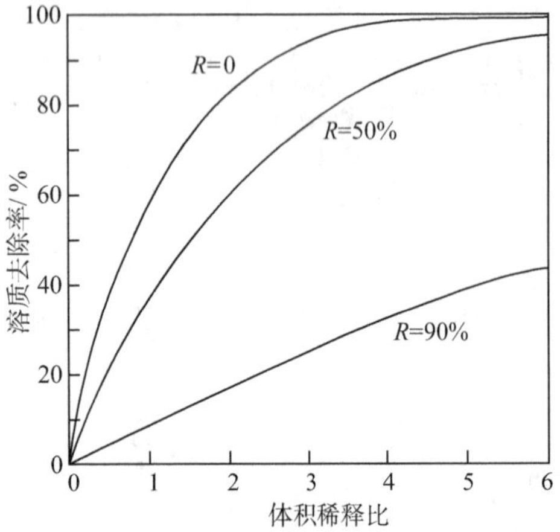

图10-13　溶质截留率与体积稀释比对溶质去除率的影响

图10-13表示不同溶质截留率时，连续洗滤过程中体积稀释比对溶液中溶质去除率的影响。由图可知，当截留率为零时，体积稀释比大于4时，几乎可洗去溶液中的所有小分子溶质；而当截留率为90%时，即使体积稀释比增加到6倍，其溶液中溶质的去除率也只有40%。

在此间歇操作中，料液体积与截留组分的浓度可通过渗透速率方程及浓差极化模型得到以下积分式

$$\int_{V_0}^{V_R} \frac{dV}{\ln \frac{c_m}{c_0} \frac{V}{V_0}} = kA_m \int_0^t dt \tag{10-18}$$

或

$$J = -\frac{1}{A_m}\frac{dV}{dt} = \left(J_0 - k\ln\frac{V_0}{V}\right) \tag{10-19}$$

式中，J_0 表示初始渗透速率。随着超滤的进行，料液

的体积不断减小，对任意料液体积 V，可由上式求出相应的超滤时间及渗透速率 J。用以上关系式也可求出在一定操作时间内，将料液浓缩到一定体积时所需的膜面积。

10.3.5　超滤在制药工业中的应用

从发酵液中分离疫苗或抗生素是超滤工艺的一个重要应用领域。超滤过程是抗生素、干扰素等生物制品纯化工艺中的一个操作单元。图 10－14 给出了从间歇发酵液中分离头孢霉素 C 的一个组合过程：首先采用 0.2 μm 的微滤膜除去发酵液中细胞，然后用切割相对分子质量为 10 千道尔顿的超滤膜去除蛋白质和多糖，其渗透液再用反渗透浓缩，最后由 HPLC 纯化。另外，在一些生物发酵过程中，还可以通过集成超滤膜过程，分离发酵产物，截留菌体返回发酵罐而实现连续发酵。

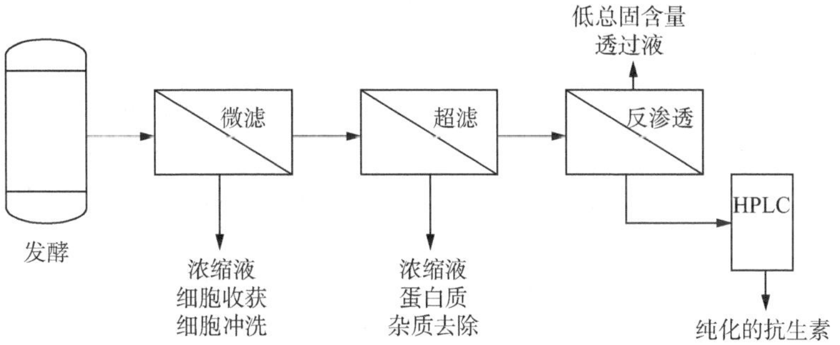

图 10－14　头孢霉素 C 的回收工艺

10.4　反渗透与纳滤

10.4.1　反渗透与纳滤的基本原理

1. 反渗透过程

反渗透是渗透的逆过程，借助于半透膜对溶液中溶质的截留作用，在压力差为推动力下，使溶剂透过半透膜，达到溶液脱除溶质的目的。

渗透和反渗透现象如图 10－15 所示，图 10－15(a)为平衡过程，当膜两侧的溶剂化学位 μ 不等时，溶剂会从化学位高的一侧透过半透膜向化学位低的一侧流动，直到膜两侧溶剂的化学位相等，此时达到动态平衡。

图 10－15(b)为渗透过程，假定膜左侧为溶剂、右侧为溶液，由于溶液中溶质的浓度 $c_1>c_2=0$，有 $\mu_2>\mu_1$。当两侧压力相等时，则溶剂分子自纯溶剂的一侧透过膜进入溶液一侧，直至渗透平衡。

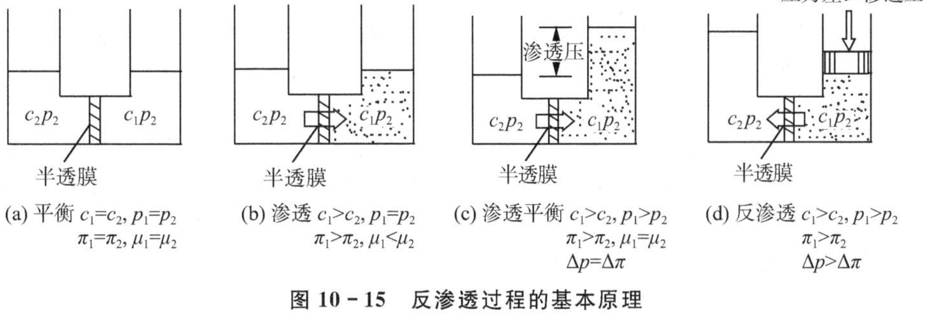

图 10－15　反渗透过程的基本原理

为阻止溶剂分子进入溶液，需要在溶液上方施加额外的压力，以增加其蒸气压，使半透膜两侧溶剂的化学位相等而达到平衡，这个额外的压力就是渗透压差。如图 10－15(c)所示，如果膜两侧溶液上方的压力差等于两侧溶剂的渗透压($\Delta p=\pi$)，此时膜两侧溶剂的化学位相等即 $\mu_2=\mu_1$，故系统处于动态渗透平衡。

图 10－15(d)为反渗透过程，膜两侧溶剂的化学位为 $\mu_1>\mu_2$。当在右室的溶液上方施加一个压力，使膜两侧的压力差大于两侧溶剂的渗透压($\Delta p>\pi$)，则溶剂从高浓度一侧透过膜流入低浓度一侧，这种依靠外界压力使溶剂从高浓度一侧向低浓度一侧渗透的过程称为反渗透。

在反渗透过程的设计中，溶液的渗透压数据是必不可少的。对于多组分体系的稀溶液，可用扩展的范特荷夫渗透压公式计算溶液的渗透压

$$\pi = RT\sum_{i=1}^{n}c_i \tag{10-20}$$

式中，c_i 为溶质摩尔浓度，$kmol/m^3$；n 为溶液中的溶质组分数，若溶质发生电离，则为离子数。

从范特荷夫渗透压方程可以导出在某一渗透压下的溶质相对分子质量与最大溶质质量分数的关系。当溶液的浓度增大时，溶液偏离理想程度增加，上式是不严格的。

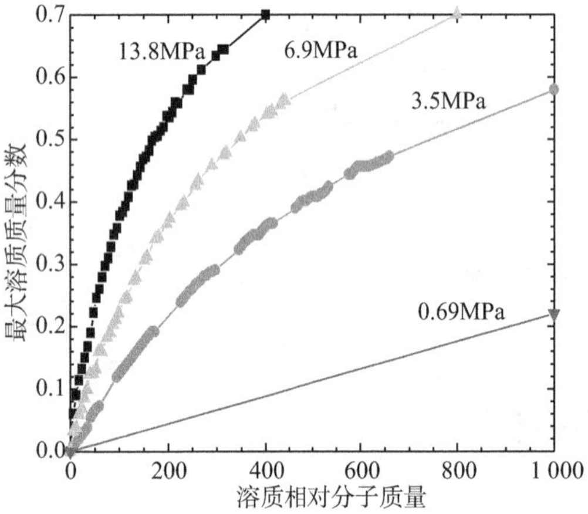

图 10－16　渗透压与最大溶质质量分数的关系

如图 10－16 所示，对低相对分子质量物质，在给定浓度下的渗透压非常大，要使此种溶液的浓度提高，显然受到操作压力的限制。如对许多相对分子质量为 100 左右的典型含氧物质，如果操作压力差为 3.5 MPa，那么对水溶液能达到的最大浓度仅为 22%。在这个浓度下，溶液的渗透压力与过程的操作压力差相等，也即在此操作压力差条件下，溶剂的渗透通量为零。尽管图 10－16 的数据是以水为溶剂列出的，但也可用于非水溶液渗透压影响的定性分析。

2. 纳滤过程

纳滤是介于反渗透和超滤之间的一种膜过程，也是压力驱动的膜过程，但与反渗透相比，其操作压力更低，因此纳滤又被称作“低压反渗透”或“疏松反渗透”，其基本原理与反渗透类似，但由于大部分纳滤膜为负电荷。因此，纳滤膜对离子的截留性能主要是由离子与膜之间的道南(Donnan)效应或电荷效应引起的，使得膜对不同离子具有选择性透过能力，而对中性不带电荷的物质的截留则是根据微孔的筛分机理实现的。

当含有固定电荷的纳滤膜与电解质溶液中的离子接触时，会发生静电作用，达到平衡时，膜相中反离子(与膜所带电荷相反的离子)浓度比主体溶液中的离子浓度高，而同名离子(与膜所带电荷相同的离子)的浓度较低，从而在主体溶液与膜之间产生道南电势梯度，该作用阻止了反离子从主体溶液向膜相扩散和同名离子从膜中向主体溶液的扩散，该现象称为道南平衡。基于道南平衡，但电解质溶液受到压力驱动接近纳滤膜表面时，道南电势梯度排斥反离子进入膜，同时保持电中性，同名离子也被排斥。道南效应对稀电解质溶液中离子的截留尤为明显，同时，由于电解质离子的电荷强度不同，造成膜对离子的截留率存在差异，例如，对高价离子的截留率普遍较高，而对 NaCl 的截留率则相对较小。另外，用于解释纳滤膜对电解质溶液的分离机理还有空间电荷模型、固定电荷模型等，由于篇幅的限制，这里则不予介绍。

10.4.2 反渗透、纳滤膜的特性及膜污染控制

1. 反渗透、纳滤膜的特性

国际上通用的反渗透、纳滤膜主要有醋酸纤维素(CA)和芳香族聚酰胺(α-PA)两大类，另外在反渗透膜的开发过程中也有一些其他的膜被制备出来，但很少被商业化。不同的膜，由于所用的材料、制备工艺和后处理等方面的不同，在结构上则各有差异，这主要有均相和异相、对称和不对称、致密和多孔、复合和一体差别。无论是第一代非对称醋酸纤维素还是目前广泛使用的聚酰胺复合膜，从其结构来看均包括表层或超薄致密层、过渡层和支撑下层等，但不同的膜其微观结构仍旧有非常大的差别，其厚度、膜表面形貌、粗糙度等均为不同，而对于纳滤膜还存在孔径及其分布、孔的形状和孔隙率等的差异。这些微观结构的不同导致了膜性能各异，因此弄清膜的结构对指导制膜和了解膜的性能等，都是十分重要的。

图 10-17 是典型的反渗透或纳滤膜的结构示意图。膜主要由织物增强层、多孔支撑层、超薄分离层构成，其中织物增强层主要起到增强膜的机械性能的作用，通常为无纺布纤维；多孔支撑层也是为了增强膜的机械性能，同时将分离层与增强层连接起来，通常与增强层一起构成高通量超滤膜，整个超滤膜也可以称为支撑膜；超薄分离层是起截留无机盐或小分子有机物，让水透过的膜表层，可以通过界面聚合或涂覆法复合在支撑膜的表面。

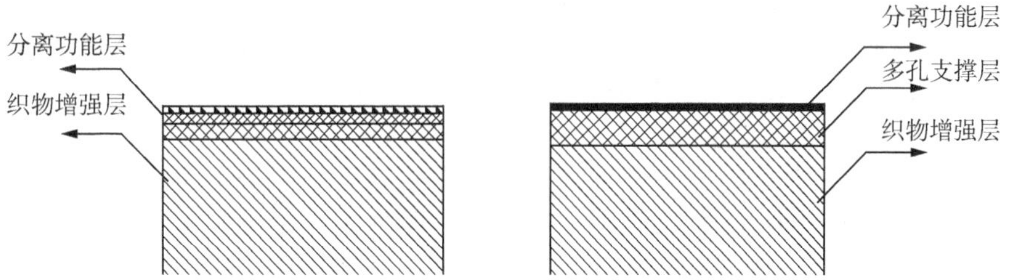

图 10-17 反渗透、纳滤膜的结构示意图

反渗透膜的性能主要是指脱盐率、水通量、抗压密性和对各种物理化学变化的耐受性等。脱盐率主要是表征膜对溶质的截留性能，反映了膜的选择性。水通量或水的渗透速率主要是表征单位时间内水透过膜的能力，反映了膜的生产能力。由于反渗透和纳滤均在较高压力下操作，在长时间的高压下膜容易被压实，导致通量下降，因此抗压密性成为膜长期使用的一个重要参数。膜的压密性与膜材料、膜制备工艺、操作压力及进料温度等有关。膜被压密的结果是导致水通量逐渐减小，可以通过通量衰减系数来表征膜的抗压密性能，其定义为

$$F_t = F \cdot t^m \tag{10-21}$$

式中，F 和 F_t 分别为初始时和运行 t 小时后膜的水通量。对式(10-21)取对数，并以 $\lg(F_t/F) - m\lg t$ 作图，其直线斜率即为通量衰减系数。好的反渗透或纳滤膜其通量衰减系数应该小于 0.03。

另外，反渗透和纳滤膜往往会在不同的条件下进行操作，物料的 pH 值、其微生物及用于杀菌的游离氯都可能对膜结构和膜材料结构造成破坏，例如醋酸纤维素膜具有很好的耐游离氯能力，但对微生物的耐受性则很差，而聚酰胺膜具有很好的生物和 pH 值耐受性，但耐氯性则非常差，因此在实际应用中进行膜选型时必须考虑这些因素。

2. 膜污染与膜清洗

膜污染是指处理物料中的微粒、乳浊液、胶体或溶质分子等受某种作用而使其在吸附或沉积在

膜表面或膜孔内，造成膜孔径变小或堵塞的不可逆现象。这种作用可以是膜与被处理物料的物理化学相互作用、浓差极化作用或机械作用等。其结果是造成膜的透过通量下降，对某些体系，膜污染比浓差极化的影响更为严重，足以使过程难以进行。膜污染现象十分普遍，膜污染不仅造成透过通量的大幅度下降，而且影响目标产物的回收率，因此，它是膜分离过程中一个十分重要的问题。膜污染的机理非常复杂，对于一种给定溶液，其污染程度不但取决于溶液本身的特性及其与膜的相互作用力，如浓度、pH 值、离子强度等，还取决于具体的分离过程。污染大多发生在微滤、超滤、纳滤等以压力差为推动力的膜过程中，这是由于这些过程使用的多孔膜，易被截留的颗粒、胶粒、乳浊液、悬浮液等在膜表面沉积或吸附，同时也与这些过程所处理的原料特征有关。在反渗透中，仅盐等低相对分子质量的溶质被截留，故污染可能性较低。

为保证膜分离操作高效稳定地进行，必须对膜进行定期清洗，除去膜表面及膜孔内的污染物，以恢复膜的透过性能。

1）减轻膜污染的方法

膜过程中的污染现象是客观存在的，但可以通过选取适当的方法减轻膜污染现象。

（1）原料液预处理及溶液特性控制

为减少污染，首先要确定适当的预处理方法，有时采用很简单的方法，可以取得良好的效果。预处理方法包括：热处理、调节 pH、加螯合剂（如 EDTA 等）、氯化、活性炭吸附、化学净化、预微滤和预超滤等。对被处理溶液特性控制也可改善膜的污染程度，如对蛋白质分离或浓缩时，当将 pH 值调节到对应于蛋白质的等电点时，即蛋白质为电中性时，污染程度较轻。另外对溶液中溶质浓度、料液流速与压力、温度等的控制等在某种条件下也是有效的。

（2）膜材料与膜的筛选

膜的亲疏水性、荷电性会影响膜与溶质间的相互作用大小。通常认为亲水性膜及膜材料电荷与溶质电荷相同的膜较耐污染，疏水性膜则可通过膜表面改性引入亲水基团，或用复合手段复合一层亲水分离层等方法降低膜的污染。

多孔的微滤与超滤膜，由于通量较大，因而其污染也比一般的致密膜严重得多，使用较低通量的膜能减轻浓差极化。根据分离的体系，选择适当膜孔结构与孔径分布的膜，也可以减轻污染。经验表明，具有窄孔径分布的膜有助于减轻污染。选用亲水性膜也有利于降低蛋白质在膜面上的吸附污染，因为一般状况下，蛋白质在疏水膜表面上比在亲水膜表面上更容易吸附且不易除去。当原料中含有带负电荷微粒时，使用带负电荷膜也有利于减少污染。

另外，还可以利用膜对某些溶质具有优先吸附的特性，预先除去这些组分。选用高亲水性膜或对膜进行适当的预处理，均可缓解污染程度，如聚砜膜用乙醇溶液浸泡，醋酸纤维膜用阳离子表面活性剂处理。

（3）膜组件及膜器运行条件选择

通过对膜组件结构的筛选及运行条件的改善来降低膜的污染。采用错流过滤，可提高传质系数；采用不同形式的湍流强化器减少污染；对小规模应用场合，应用浸润式和转动式膜器系统也能有效地控制膜的污染。

尽管上述方法均可在某种程度上减少污染，但在实际应用中，还是要采用适当的清洗方法，清洗是膜分离过程不可缺少的步骤。

2）膜的清洗与保存

（1）清洗方法

清洗方法的选择主要取决于膜的种类与构型、膜耐化学试剂的能力及污染物的种类。膜的清洗方法大致可以分成水力清洗、机械清洗、化学清洗和电清洗四种。

水力清洗方法有膜表面低压高速水洗、反冲洗、在低压下水和空气混合流体或空气喷射冲洗等，清洗水可用进料液或透过水。在清洗时，可以一定频率交替加压、减压和改变流向，经过一段时间操作后，原料侧减压，渗透物反向流回原料侧以除去膜内或膜表面的污染层，这种方法可使膜的透水性得到一定程度的恢复；抽吸清洗类似于反清洗，在某些情况下，清洗效果较好。机械清洗有海绵球清洗或刷洗，通常用于内压式管膜的清洗，海绵球的直径比膜管径稍大一些，通过水力使海绵球在管内膜表面流动，强制性地洗去膜表面的污染物。该法几乎能全部除去软质垢，但若对硬质垢的清洗，则易损伤膜表面。电清洗是通过在膜上施加电场，使带电粒子或分子沿电场方向迁移，达到清除污染物的目的。电清洗的具体方法有电场过滤清洗、脉冲电解清洗、电渗透反洗、超声波清洗等。化学清洗是减少膜污染的最重要方法之一，一般选用稀酸或稀碱溶液、表面活性剂、络合剂、氧化剂和酶制剂等为清洗剂。具体采用何种清洗剂，则要根据膜和污染物的性质，以及它们之间的相互作用而定，原则是使选用的清洗剂既具有良好的去污能力，同时又不能损害膜的过滤性能。如果用清水就可恢复膜的透过性能，则尽量不要使用其他清洗剂。

实践经验表明，对蛋白质吸附所引起的膜污染，用胃蛋白酶、胰蛋白酶等溶液清洗，效果较好；月桂基磺酸钠、加酶洗涤剂等对蛋白质、多糖类、油脂类等有机污垢及细菌有效；1%～2%的柠檬酸铵水溶液(pH=4)用于含钙结垢、金属氢氧化物、无机胶质等的清洗，可防止对醋酸纤维素膜的水解；过硼酸钠溶液、尿素、硼酸、醇等可清洗除去堵塞在膜孔内的胶体；水溶性乳化液对被油和氧化铁污染的膜的清洗有效；2%的 H_2O_2 溶液对被废水和有机物污染的膜具有良好的清洗效果。EDTA 较之柠檬酸对碱土金属具有更多的键合位置和更大的络合常数，有极强的螯合能力，可与钙、镁、铁和钡等形成可溶性的络合物，因此，1%～2%的 EDTA 溶液常被用于锅炉用水等的处理。

膜清洗效果常用纯水透水率恢复系数来表征，可按下式计算

$$r=\frac{J_Q}{J_0}\times 100\% \tag{10-22}$$

式中，J_Q 为清洗后膜的纯水透过通量；J_0 为膜的初始纯水透过通量。

(2) 膜的恢复

膜恢复的目的是通过对渗透膜的表面进行化学处理而使盐截留率提高。膜在使用期间，由于膜表面的缺陷、磨损、化学侵蚀或水解等使盐的截留率明显下降。20 世纪 70～80 年代，Dupont、UOP 等公司提出了膜的恢复技术，开发了不少膜恢复剂，用于膜表面的涂敷及孔洞填塞。常用的三种膜恢复剂为聚醋酸乙烯酯共聚物-氨溶液、聚乙烯基甲基醚酯及聚醋酸乙烯酯。当膜的物理损伤较轻，膜的恢复效果理想，通常能使盐截留率至少提高到 94%；当盐截留率低于 75%时，不可能获得满意的恢复；如果盐截留率低于 45%，则不能恢复。

(3) 膜的灭菌保存

灭菌目的在于膜存放或组件维护期间杀灭微生物或防止微生物在膜上生长，这是必不可少的过程。由于高分子膜只耐微量氯[<1 000 mg/(L·h)Cl_2]，甚至不耐氯，所以微生物活性几乎总是存在的。对于反渗透水处理过程，若当 RO 单元长时间停止运行(大于 2～5 天)时，便难以确保其系统无微生物，此时需对系统灭菌。通常用 0.25%～1.0%的甲醛溶液、0.2%～1.0%的亚硫酸氢钠或 0.2%～1.0%的亚硫酸氢钠 16%～20%的甘油溶液作为灭菌剂。

10.4.3 反渗透与纳滤的操作特性参数计算

1. 反渗透与纳滤通量计算

(1) 反渗透与纳滤的通量

实际制得的半透膜由于影响膜制备的因素较多，往往在膜面上存在如针孔等的缺陷，导致其对溶质不能达到 100%的截留，我们称其为非理想半透膜。反渗透是以高于溶液渗透压的压力差为推动力，使溶剂透过膜的分离过程。过程的溶剂与溶质通量可分别用以下方程计算

$$J_W=L_p(\Delta p-\pi) \tag{10-23}$$

$$J_S = B(c_f - c_p) \tag{10-24}$$

式中，J_W、J_S 分别为溶剂与溶质透过膜的通量，$kmol \cdot m^{-2} \cdot h^{-1}$；当溶质浓度很小时，溶液通量 J_V 近似等于溶剂通量 J_W；Δp 为所施加在膜两侧的压力差，MPa；c_f、c_p 分别为进料和透过液的溶质浓度，$kmol \cdot m^{-3}$；L_p 为水力渗透系数，$kmol \cdot m^{-2} \cdot h^{-1} \cdot MPa^{-1}$；$B$ 为溶质渗透系数，$m \cdot h^{-1}$。

(2) 反渗透与纳滤膜的截留率

在反渗透过程中，膜的分离性质一般用截留率表示，可由式(10-1)来计算，另外，在纳滤过程中，还常用脱盐率来表示

$$T = 1 - \frac{c_R}{c_0} \tag{10-25}$$

式中，c_R 为渗余液的浓度，$kmol/m^3$。

对于大多数反渗透膜，其对氯化钠的截留率大于98%，有些甚至高达99.5%。图10-18为目前常用的一种反渗透膜和五种纳滤膜对某些有机物的截留性能，图中的点按相对分子质量的大小从左到右，依次为甲醇、乙醇、正丁醇、乙二醇、三甘醇、葡萄糖、蔗糖、乳糖的截留率。从图中曲线可知，反渗透膜几乎可完全截留相对分子质量大于150的有机物，而纳滤膜只对相对分子质量大于200的蔗糖、乳糖才有较高的截留率。

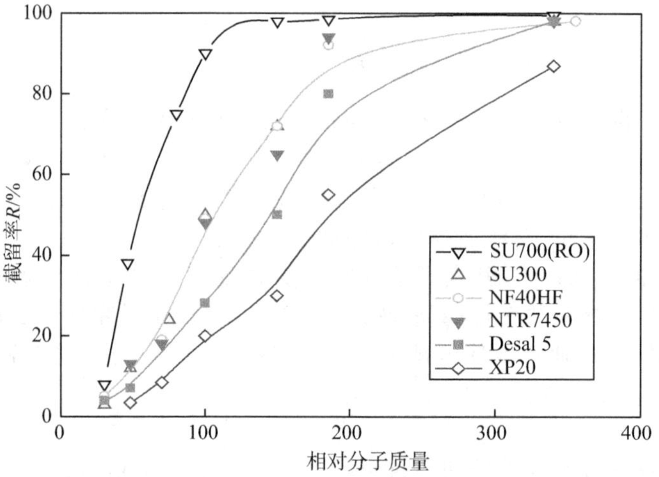

图 10-18　几种纳滤膜对有机物的截留率

例 10-3　在25℃下，采用反渗透组件处理NaCl浓度为10 000 mg/L的水溶液，若已知纯水流量为0.01 cm^3/s，透过液中NaCl含量为400 mg/L，操作压力为6.0 MPa，水力渗透系数为 $L_p = 1.94 \times 10^{-8}\ L/(cm^2 \cdot s \cdot atm)$。试计算所需的反渗透膜面积和盐的截留率。

解　由于NaCl完全电解，因此溶液的渗透压为

$$\pi = nRTc = 2 \times \frac{10\ 000}{58.5 \times 1\ 000} \times 0.082 \times 298 = 8.35\ atm$$

由于 $J_W = \frac{Q_W}{S} = L_p(\Delta p - \pi)$，可得

$$S = \frac{Q_W}{L_p(\Delta p - \pi)}$$

$$S=\frac{0.01}{1\ 000\times 1.94\times 10^{-8}\times(60-8.35)}=10\ \text{cm}^2$$

即所需膜面积为 10 cm^2；

由式(10－1)，可求得截留率为 90%。

(3) 纳滤过程脱盐率

对纳滤过程，由于一次脱盐率通常较低，一般需经多次脱除，因此还取决于过程的总脱盐率。在恒容脱盐过程中，假定料液体积 V_0 为常数，则料液中盐的浓度由 c_0 降到 c_t 时，透过液的总体积为 V_p，若过程中对盐的脱盐率 T 恒定不变，则有

$$V_0\text{d}c=-cT\text{d}V \qquad T_t=1-\frac{c_t}{c_0} \tag{10-26}$$

设过程总脱盐率为

$$T_t=1-\frac{c_t}{c_0} \tag{10-27}$$

则有

$$\frac{V_p}{V_0}=-\frac{1}{T}\ln(1-T_t) \tag{10-28}$$

可得到如图 10－19 所示的纳滤过程脱盐率与过程透过比的关系。反渗透的回收率与纳滤的透过比在定义上相同，在数值上回收率小于 1.0，而透过比通常大于 1.0。

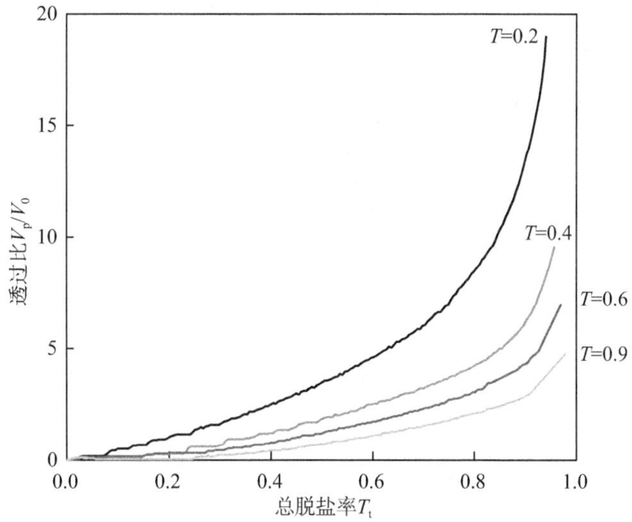

图 10－19　纳滤过程总脱盐率与透过比的关系

例 10－4　一种蛋白质水溶液含盐量高达 10%，需采用适当的方法将溶液中含盐量降低到 0.5%以下，今选用脱盐率为 90%及 40%的纳滤膜，采用恒容过程脱除蛋白质溶液中的盐，假定其中的盐为氯化钠，试估算采用以上两种膜时，各需多少清洗液量才能获得合格的蛋白质？

解　根据题意，要求将蛋白质溶液中的盐含量脱除到低于 0.5%时，总脱除率为

$$T_t=1-\frac{c_t}{c_0}=1-\frac{0.5}{10.0}=0.95$$

即过程对盐的总脱除率为 95%，若选用脱除率为 90%的纳滤膜，透过液量比可由式(10－28)计算

$$\frac{V_p}{V_0}=-\frac{1}{T}\ln(1-T_t)=-\frac{1}{0.9}\times\ln(1-0.95)=3.33$$

当选用脱除率为40%的纳滤膜时，透过液量比

$$\frac{V_p}{V_0}=-\frac{1}{T}\ln(1-T_t)=-\frac{1}{0.4}\times\ln(1-0.95)=7.49$$

由此可知，选用脱盐率为90%的纳滤膜，需要3.33倍的清洗液才能获得合格的产品；而选用脱盐率为40%的膜，则需7.49倍的清洗液。

10.4.4 反渗透与纳滤在医药工业中的应用

纳滤在生物医药领域的应用主要包括药物的浓缩、纯化，抗生素、多糖、多肽、氨基酸维生素等浓缩分离。氨基酸和多肽带有羧基和氨基，当体系pH值处于等电点时为中性，当高于或低于等电点时会带正电荷或负电荷，通常纳滤膜对处于等电点的氨基酸或多肽水溶液不具有截留效果，但当体系偏离等电点时，则表现出很高的截留效果。同时，通过调节体系的pH值，利用离子与膜之间的道南效应可以实现某些氨基酸或多肽混合体系的分离。

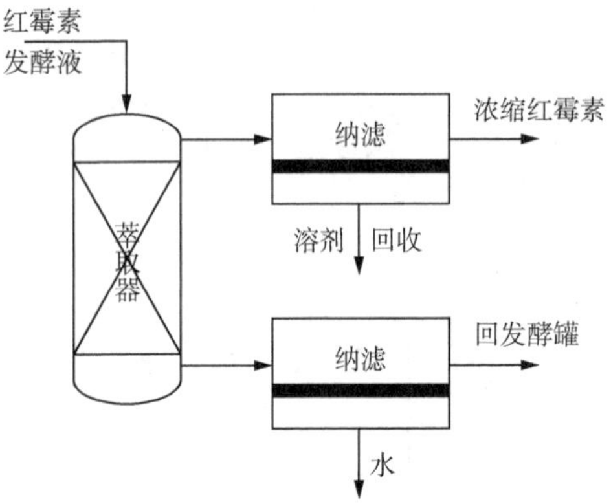

图10-20 纳滤浓缩红霉素发酵液工艺流程图

传统的抗生素生产工艺都是先通过过滤法除去生物残渣，再通过真空浓缩后采用结晶的方法来纯化产品，在此过程中往往会导致其抗菌活性的损失，且回收率低，损失大，而纳滤过程不会影响产物的生物活性，且其截留相对分子质量恰好与大部分的抗生素相符。因此，现在常被用于抗生素的浓缩纯化。图10-20就给出了纳滤浓缩红霉素的工艺流程。另外，对于一些相对分子质量介于纳滤截留范围的药物，也可以采用纳滤的工艺进行浓缩，例如加替沙星相对分子质量为500，传统工艺是多次萃取重结晶，过程成本高，采用纳滤对母液进行浓缩纯化则可大大降低成本。目前，反渗透在医药领域的主要应用对象是注射用水。

10.5 渗透汽化与蒸气渗透

10.5.1 渗透汽化及蒸气渗透过程

1. 过程原理

渗透汽化是指液体混合物在膜两侧压力差的作用下，利用膜对被分离混合物中某组分有优先选择性透过膜的特点，使料液一侧优先渗透组分渗透通过膜，在膜下游一侧汽化去除，从而达到混合物分离提纯的一种新型膜分离技术。随着新的聚合物膜材料的合成、膜制备技术的发展及降低能耗的实际要求，渗透汽化的应用领域不断拓宽，并将在有机水溶液中水的分离、水中微量有机物的脱除，以及有机-有机混合物的分离等方面得到更广泛的应用。

蒸气渗透过程与渗透汽化过程不同之处是：蒸气渗透为气相进料，相变过程通常发生在进装置前，在过程中蒸气相渗透通过膜，达到混合物的分离与纯化。

渗透汽化过程的传质推动力也为压力差，但与反渗透过程不同。渗透汽化是在膜下游一侧减压，以形成膜两侧混合物的分压差，使得优先渗透组分透过膜后汽化除去。料液渗透通过膜时发生相变，相变所需的能量来自料液的温度差。在渗透汽化中，只要膜选择得当，可使含量极少的溶质透过膜，与大量的溶剂透过过程相比较，少量溶剂透过的渗透汽化过程更节能。

渗透汽化膜分离过程的基本原理如图 10－21 所示，渗透汽化膜传递过程可用溶解扩散机理解释，传递过程可分为三步：首先液体混合物中被分离物质在膜上游表面有选择性地被吸附溶解；然后被分离物质在膜内扩散渗透通过膜；最后在膜下游表面被分离物质解吸并汽化。

2. 渗透汽化膜

渗透汽化膜的基本特征是具有各相异性形态能起分离作用的致密薄层。渗透汽化膜有各种不同的种类，按材料分有有机高分子膜和无机膜；按结构分有均质膜、非对称膜和复合膜。按功能分有亲水膜、亲有机物膜和有机物分离膜。

渗透汽化膜大多选用高分子材料制成，如醋酸纤维素酯、聚乙烯醇、聚砜、聚丙烯酸等。下面分别介绍目前常用的几种膜材料的选择原则。

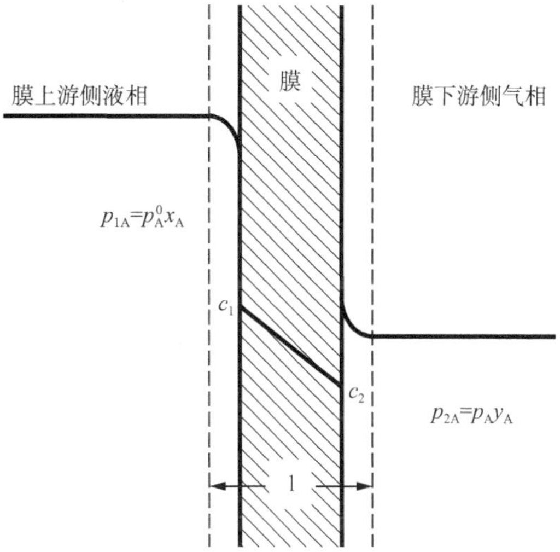

图 10－21　液体渗透汽化通过致密膜时的浓度与分压差分布

(1) 极性相似和溶剂化原则

极性相似和溶剂化原则即通常所说的极性聚合物与极性溶剂互溶，非极性聚合物与非极性溶剂互溶。极性聚合物和极性溶剂混合时，由于聚合物的极性基团和极性溶剂间产生相互作用而发生溶剂化作用，使聚合物链节松弛而被溶解。

在 PV 分离中，可按待分离混合液中各组分分子所带的基团，按上述原则选择适当的膜材料，如乙醇-苯体系，乙醇极性较强而苯无极性，为了分离乙醇可选择含极性基团的高分子材料如聚乙烯醇作膜。

(2) Flory-Huggins 相互作用参数 Ψ

Flory-Huggins 相互作用参数 Ψ 表征了一个分子的纯溶剂放入高分子纯溶液中所需的能量值。Ψ 值越大，溶剂与聚合物越不易互溶，通过实验可测出溶剂-聚合物之间的 Ψ 值，以判断该体系的互溶情况。

对 PV 过程，也可根据待分离混合液的各组分与膜材料之间的 Ψ 值来判断各组分溶解透过的情况。此法与极性相似和溶剂化原则相比，选择膜材料的准确性较高，但参数测定复杂，且混合液中各组分与高分子膜之间的相互作用随温度、混合液的浓度而变。

(3) 溶解度参数原则

溶解度参数 δ 由 Hildebrand 首先提出，定义为单位体积分子内聚能的平方根，它是表征简单液体相互作用强度特征的有用数据，也是选择渗透汽化膜材料的重要方法。物质的 δ 值可用其三个分量（色散分量 δ_d、极性分量 δ_p、氢键分量 δ_h）表示

$$\delta^2=\delta_d^2+\delta_p^2+\delta_h^2 \tag{10-29}$$

两种物质的溶解度参数越接近，则互溶性越好。对 i、j 混合物系和固膜 M 组成的三元体系，希望优先渗透的组分，在膜中应有较大的溶解性能，它和聚合物分子的溶解度参数应较为接近。

在 δ 的三个分量中，极性分量 δ_p 常是判断组分能否在膜中溶解的重要依据，如弱极性的聚苯乙烯能溶解弱极性的组分苯、甲苯等，而强极性的聚甲基丙烯酸甲酯，能溶解的组分如丙酮也是强极性物质。可见，以极性分量表示组分和膜极性的大小，使极性相似和溶剂化原则具有定量的概念。

应该指出，以溶解度参数原则推测高分子膜对组分的选择透过性有很多不完善的地方。例如，该原则仅考虑了组分在高分子中的溶解，未涉及扩散因素，仅考虑组分 i、j 与膜 M 的相互作用，未考虑 i－j－M 之间三元相互作用及伴生效应。但用溶解度参数原则估算聚合物和溶剂分子之间的

相互作用极为便捷，在某些情况下也很有效。

渗透汽化工业应用所采用的膜大多为复合膜，按照膜的形式通常通常可以分为两种：一种是平板式复合膜；另一种是中空纤维式复合膜，其结构如图 10－22 所示。

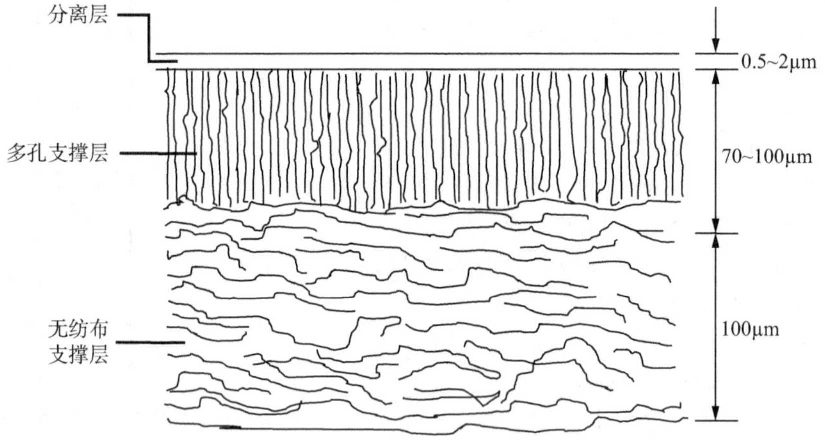

(a) 平板复合膜

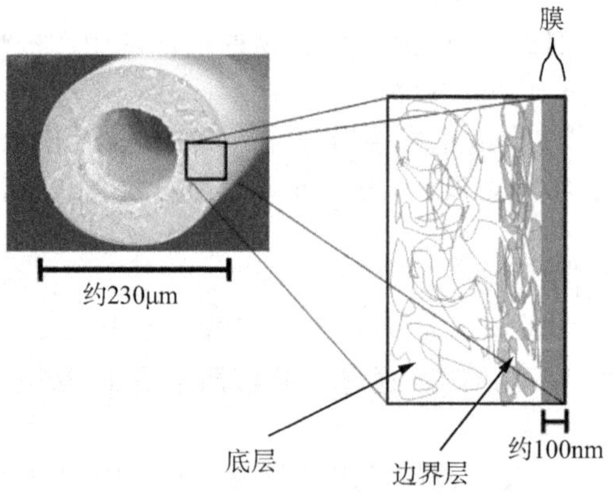

(b) 中空纤维复合膜

图 10－22　渗透汽化复合膜结构示意图

10.5.2　过程参数的计算

渗透汽化的主要作用元件是膜，评价渗透汽化膜的性能主要有两个指标，即渗透通量和分离因子。根据渗透汽化传递过程的基本原理，组分 A 通过膜的渗透速率可用下式表示

$$J_A=\frac{p_{M_A}}{l_m}(p_A^0 x_A \gamma_A - f_A p_2 y_A) \qquad (10-30)$$

式中，J_A为组分 A 的渗透通量，kmol/m^3；p_{M_A}为组分 A 的渗透率；p_A^0 为组分 A 的饱和蒸气压 MPa；p_2 为膜下游一侧气相总压，MPa；x_A、y_A 分别为组分 A 在膜上游一侧溶液和膜下游一侧气相的组成；γ_A、f_A 分别为组分 A 在膜上游一侧溶液的活度系数和膜下游一侧气相的逸度系数。如果溶液中含 A、B 两个组分，则对组分 B 同样可以得到

$$J_B=\frac{p_{M_B}}{l_m}[\gamma_B p_B^0(1-x_A)-f_A p_2(1-y_A)] \qquad (10-31)$$

其中，对双组分混合物，膜下游一侧气相中组分的摩尔分数可用下式计算

$$y_A=\frac{J_A}{J_A+J_B} \tag{10-32}$$

在通常情况下，膜下游的压力很低，趋近于零，因此式(10－30)、式(10－31)括号中的第二项可略，将式(10－30)除式(10－31)，并简化后可得

$$\frac{p_{M_A}\gamma_A p_A^0}{p_{M_B}\gamma_B p_B^0}=\frac{y_A(1-x_A)}{x_A(1-y_A)} \tag{10-33}$$

式中，等式右侧即为分离因子，可用 α 表示，表示双组分分离的难易程度。

类似于蒸馏的气液平衡，渗透汽化过程中定义膜上游溶液中组分 A 与膜下游气体混合物中组分 A 间满足拟相平衡关系，对于乙醇-水混合物的气液平衡和渗透汽化拟气液平衡关系如图 10－23 所示，聚乙烯醇膜优先渗透水；而苯乙烯-氟烷基丙烯酸酯共聚物复合膜，则优先渗透乙醇，由此可知，不同的膜具有不同的拟气液平衡关系。

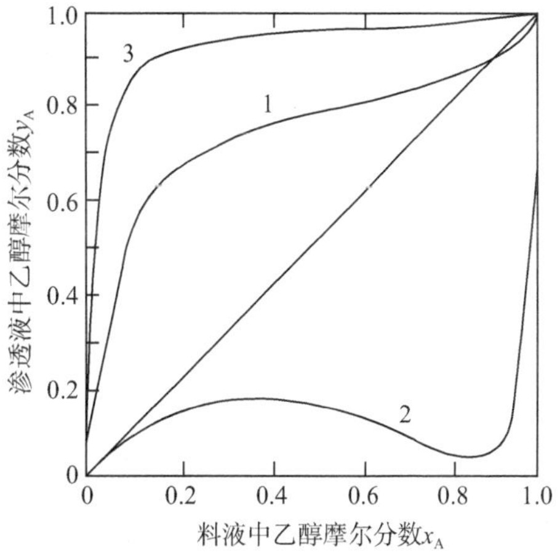

图 10－23　乙醇-水混合物渗透汽化拟气液平衡关系图

当 $\alpha=1$ 时，渗透组成等于被分离液体混合物的组成，没有分离效果，这种情况类似于精馏过程中的恒沸点，但两者在概念上是不同的，在渗透汽化过程中 $\alpha=1$ 的组成点可通过改变温度来转移。

渗透汽化膜的分离性能可由渗透通量和分离因子两个基本量来表征，前者反映生产能力的大小，后者则反映被分离混合物组分的分离程度。分离因子 α 越大，则表示该膜的分离程度越好。但对同一张膜，α 的增大，通常会使膜的渗透通量下降，因此在制备渗透汽化膜时，要综合考虑分离因子和渗透通量两个因素。对于一般的渗透汽化过程，当膜的渗透通量大于 0.5 kg/(m^2·h)、分离因子大于 1 000 时，被认为其性能比较好，可用于工业化生产。

例 10－5　使用聚乙烯醇-壳聚糖共混复合膜进行乙醇-水混合物渗透汽化脱水，在进料温度为 60℃，膜下游一侧压力 p_1 为 10.13 kPa 下，当进料乙醇浓度为 8.8%(质量分数)时，测得渗透物中的乙醇浓度为 10.0%，总渗透量为 2.48 kg/(m^2·h)；在下游一侧压力 p_2 为 1.013 kPa 下，当进料乙醇浓度为 95.0%时，测得渗透物中的乙醇浓度为 0.9%，总渗透量为 0.39 kg/(m^2·h)。试求膜在以上两个浓度时，水和乙醇的渗透系数、分离因子，并比较计算结果。

已知在 60℃时，乙醇和水的蒸气压分别为 47.855 kPa 和 19.862 kPa，液相活度系数可由 Van Laar 方程计算

$$\ln\gamma_e=1.627\,6\times\left(\frac{0.923\,2x_e}{1.627\,6x_e+0.923\,2x_w}\right)^2$$

$$\ln\gamma_w=0.923\,2\times\left(\frac{1.627\,6x_e}{1.627\,6x_e+0.923\,2x_w}\right)^2$$

其中，下标 e、w 分别表示乙醇与水，x 为摩尔分数。

解　已知乙醇和水的相对分子质量分别为 46.07 和 18.02，当料液一侧及透过液一侧乙醇的质量分数分别为 8.8%、10.0%时，乙醇和水的摩尔分数分别为

料液一侧：　$x_e=\dfrac{0.088/46.07}{\dfrac{0.088}{46.06}+\dfrac{1.0-0.088}{18.02}}=0.036\,4$　　$x_w=1.0-0.036\,4=0.963\,6$

透过液一侧：$y_e=\dfrac{\dfrac{0.10}{46.07}}{\dfrac{0.10}{46.07}+\dfrac{0.9}{18.02}}=0.0416$　　$y_w=1.0-0.0416=0.9584$

并算出相应的进料混合物的活度系数

$$\gamma_e=\exp\left\{1.6276\times\left(\frac{0.9232\times0.9636}{1.6276\times0.0364+0.9232\times0.9636}\right)^2\right\}=4.182$$

$$\gamma_w=\exp\left\{0.9232\times\left(\frac{1.6276\times0.0364}{1.6276\times0.0364+0.9232\times0.9636}\right)^2\right\}=1.004$$

从已知的总通量，求得乙醇和水的摩尔通量分别为

$$J_e=\frac{2.48\times0.10}{46.07}=0.00538\ \text{kmol/(m}^2\cdot\text{h)}$$

$$J_w=\frac{2.48\times0.90}{18.02}=0.1239\ \text{kmol/(m}^2\cdot\text{h)}$$

则乙醇和水的渗透率为

$$\bar{p}_{Me}=\frac{p_{Me}}{l_m}=\frac{0.00538}{4.182\times0.0364\times47.855-0.0416\times10.108}$$
$$=7.84\times10^{-4}\ \text{kmol/(m}^2\cdot\text{h}\cdot\text{kPa)}$$

$$\bar{p}_{M_w}=\frac{p_{M_w}}{l_m}=\frac{0.1239}{1.004\times(1.0-0.0364)\times19.862-(1.0-0.0416)\times10.108}$$
$$=41.36\times10^{-3}\ \text{kmol/(m}^2\cdot\text{h}\cdot\text{kPa)}$$

利用质量分数表达式，求出进料中乙醇浓度为8.8%时的分离因子

$$\alpha_{w/e}=\frac{(100-w_e)_p/(w_e)_p}{(100-w_e)_f/(w_e)_f}=\frac{(100-10)/10.0}{(100-8.8)/8.8}=0.868$$

类似以上的计算步骤，求出进料中乙醇浓度为95.0%时，膜下游一侧渗透压力为1.013 kPa下的分离因子为2092、膜对乙醇及水的渗透率分别为1.78×10^{-6} kmol/(m^2·h·kPa)和4.956×10^{-3} kmol/(m^2·h·kPa)。

比较两个浓度下，膜对水、乙醇的分离因子及渗透系数，可知该膜在高乙醇浓度下有很高的分离选择性，能有效脱除乙醇混合物中的水分，能用于生产无水酒精，但此膜不能将乙醇浓度为10%的混合物分离。

10.5.3 渗透汽化的应用

目前，渗透汽化最成功的应用范例是乙醇脱水制备无水乙醇，但对于水中微量有机物的分离和有机/有机混合体系的分离还处在探索阶段。虽然渗透汽化膜能否成功地对液体混合物实现分离，主要取决于膜对混合物中各组分的渗透选择性及渗透通量。然而，即使制备出分离性能优良的膜，应用于工业规模生产还必须综合考虑各种工程操作因素，因为工业规模生产的一个关键指标是新技术应比原技术具有更高的经济效益。根据这一原则，渗透汽化膜分离过程对被分离混合物的优先透过组分有一最佳浓度范围，大致为0.5%～20%。若优先透过组分大于20%，由于透过组分存在相变，能耗过大；对混合物中优先透过组分小于0.5%的分离体系，由于分离因子不可能无限大，在优先组分透过的同时，其他组分也会被夹带透过，致使产品收率下降。因此，对渗透汽化过程进行优化，或者采用渗透汽化与传统单元操作相结合的集成过程，来解决上述的难题。例如在碳酸二

甲酯(DMC)的生产工艺中,产物 DMC 与反应物甲醇形成恒沸混合物,需对产物进行分离提纯。若 DMC 进入精馏塔前连接一个渗透汽化单元破坏共沸点,此集成工艺的投资费用比传统高压精馏塔低 33%,由于没有传统工艺的高压要求,操作费用也可降低 60%。

另外,将渗透汽化集成于反应过程中,可及时移去反应过程中产生的某种产物,使反应继续进行,提高了转化率,克服产物抑制作用,缩短反应时间等优点,如酯化反应过程的脱水及生化反应中某些易挥发有机小分子或热敏产物的提取。通常渗透汽化单元与反应器结合有两种方式,如图10-24 所示。图 10-24(a)中反应的产物连续从反应器和渗透汽化单元间的循环流中移走;图 10-24(b)中反应的副产物连续从反应器和渗透汽化单元间的循环流中移走。

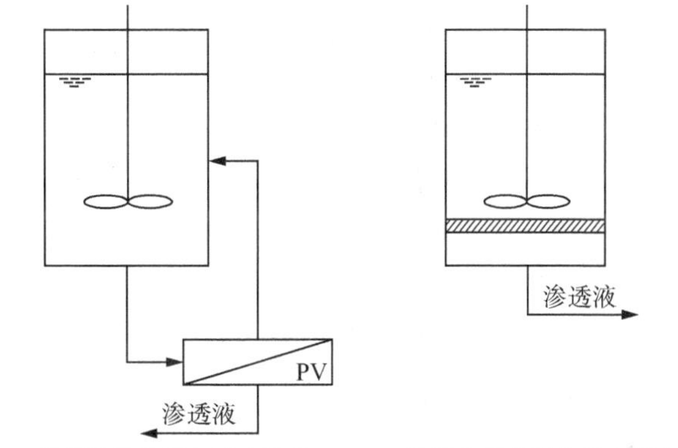

(a) 渗透汽化单元在反应器外　　(b) 渗透汽化单元在反应器内

图 10-24　渗透汽化-反应集成工艺

10.6　电　渗　析

10.6.1　电渗析过程原理

电渗析是利用离子交换膜在电位差推动力的作用下,从水溶液中脱除离子的一种分离技术。如图 10-25 所示,电渗析器一般由阳离子交换膜和阴离子交换膜交替叠合在阳极和阴极之间组成,由一张阳膜和一张阴膜组成一个膜对,可组装成一个隔室。当氯化钠水溶液流过两膜间的隔室时,在电场作用下,溶液中带正电荷的钠离子作定向连续迁移,渗透通过带负电荷的阳离子交换膜,被阴离子交换膜所阻挡;与此同时,溶液中带负电荷的氯离子连续渗透通过阴离子交换膜。这种反离子的定向迁移结果是,每隔一室溶液中的离子浓度增加,而与其相间的另一隔室内溶液中的离子浓度下降。一般称溶液离子浓度增加的隔室称为浓缩室,其溶液称为浓溶液或盐水;溶液离子浓度降低的隔室称为淡化室,其溶液称为稀溶液或淡水。

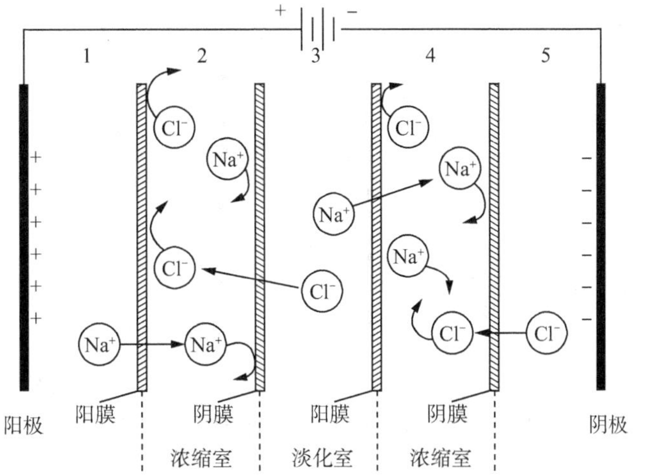

图 10-25　电渗析过程原理示意图

电渗析器中，阴、阳离子交换膜交替排列是最常用的一种形式。事实上，对一定的分离要求，电渗析器也可单独由阴离子交换膜或阳离子交换膜组成，如硬水软化可采用全由阳离子交换膜组成的电渗析器，将 Na^+ 连续地替代硬水中的 Ca^{2+}，使水软化；又如为降低柠檬汁中的酸含量，则可采用全由阴离子交换膜组成的电渗析器，用氢氧根离子（OH^-）替代柠檬汁中的柠檬酸根离子，实现柠檬汁增甜的目的。

电渗析器的组装及脱盐流程布置过程中，常用到“膜对”、“膜堆”、“级”等基本术语。由一张阳离子交换膜，一块浓（淡）水室隔板、一张阴离子交换膜、一块淡（浓）水室隔板所组成的一个淡水室和一个浓水室是电渗析器中最基本的脱盐单元，称为一对膜（膜对）；一系列这样的单元组装在一起，称为膜堆；一对电极之间的膜堆称为级，一台电渗析器内的电极对数就是它的级数。

10.6.2 膜的道南平衡

当将一张磺酸钠型阳离子交换膜浸入氯化钠溶液中时，溶液中的大量钠离子会渗入膜内，少量的钠离子则会从膜内解离出来，而溶液中的少量氯离子也会渗入膜内，最后达到离子间的动态交换平衡。离子交换膜-溶液达到平衡时，膜内外化学位相等，且满足电中性条件。

对阳离子交换膜，膜内的固定离子为阴离子，平衡时膜内阳离子浓度大于溶液中阳离子的浓度，而阴离子浓度则小于溶液中阴离子的浓度，也即阳离子交换膜对阳离子具有选择性。

在电渗析过程中，对溶液中的离子与膜内固定离子电荷相同时，一般称这些离子为同性离子，而称与膜内固定离子的电荷不同的离子为反离子。因此，可以认为，膜内的同名离子浓度越低，膜的选择透过越好，如果阳离子交换膜，膜内磺酸根基团的浓度远大于膜外溶液中负离子浓度时，则溶液中的同名离子（负离子）将很难渗入膜内。如果阳离子交换膜上的磺酸根基团浓度等于零，则膜对溶液中的离子没有选择性。

10.6.3 电渗析过程中的传递现象

在电渗析过程中，反离子迁移是主要传递过程。反离子是指与膜上固定活性基所带电荷相反的离子，在直流电场作用下，溶液中的反离子定向迁移透过膜，利用这种迁移达到溶液脱盐或浓缩的目的。但在实际运行过程中，电渗析的传递现象是非常复杂的，除了反离子定向迁移外，还同时存在其他的伴随过程。例如对 NaCl 水溶液进行电渗析时，具有如图 10－26 所示的几种传递现象发生。

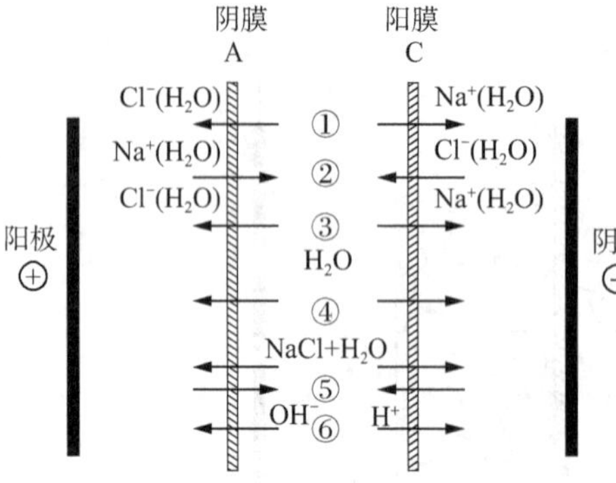

(a) 各种迁移及传递

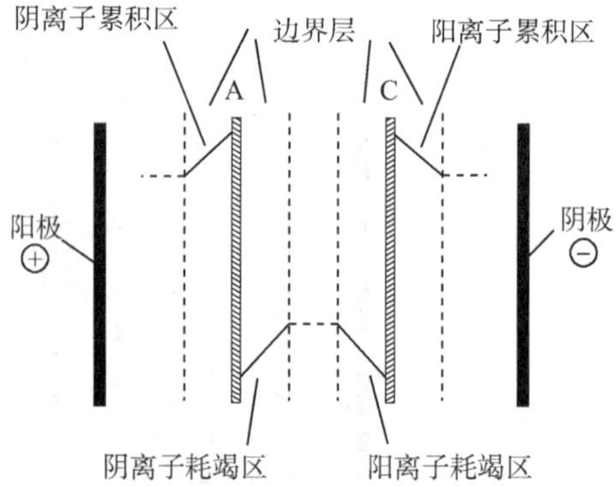

(b) 浓差极化

图 10－26　电渗析过程中的传递与浓差极化

（1）同名离子迁移　同名离子是指与膜上固定活性基所带电荷相同的离子，这种离子的迁移是由于离子交换膜的选择性不可能达到 100%，以及膜外溶液中同性离子浓度过高，使少量同名离子渗入膜内引起的。但与反离子迁移相比，同名离子的迁移数一般很小。同名离子的迁移方向与浓度梯度方向相反，因而降低了电渗析过程的效率。

(2) 电解质的浓差扩散　由于膜两侧浓水室与淡水室存在较高的浓度差，使得电解质由浓水室向淡水室扩散，其扩散速率随两室浓度差的提高而增大。

(3) 水的渗透　由于渗透压的作用，淡水室中的水会向浓水室渗透，渗透量大小取决于两室的浓差。水的渗透导致水的流失。

(4) 水的解离　当溶液中的离子迁移速度低于膜内离子迁移速度时，膜表面离子浓度趋向零，随着过程的进行，迫使中性水分子解离成 OH^- 和 H^+ 以维持膜内外离子迁移的平衡。

(5) 水的电渗透　由于离子的水合作用，在反离子和同名离子迁移的同时，还会携带一定量的水分子渗透。

(6) 压力差渗漏　当膜两侧存在压力差时，较高压力一侧的溶液会向较低压力一侧渗漏。

在以上的几种传递现象中，只有反离子迁移才具有脱盐或浓缩作用，其余几种传递现象，在电渗析过程中都应设法消除或降低，以提高电渗析效率。

在电渗析过程中，在直流电场的作用下，溶液中的阴、阳离子分别在膜间作定向迁移，各自传递一定量的电荷，当工作电流过大时，在膜-液界面上会形成离子耗竭层，在离子耗竭层中，溶液的电阻会变得相当大，当恒定的电流通过时，引起非常大的电压降，并迫使其溶液中的水分子解离而产生 H^+ 和 OH^- 来弥补及传递电流，这种现象称为浓差极化。阴、阳离子交换膜均存在浓差极化现象，只是阴离子在边界层中的迁移比同价态的阳离子略高，故阳离子交换膜的浓差极化比阴离子交换膜发生早，而水分子解离比阴离子交换膜发生晚。

10.6.4　电渗析器工艺参数计算

1. 水流线速度

电渗析的水流线速度与一个淡水隔室的流量有关，其意义为单位时间内通过电渗析器淡水隔室单位横截面上水的流量，表示为

$$u=\frac{10^6 Q}{3\,600 NWd} \tag{10-34}$$

式中，u 为淡水流线速度，cm/s；Q 为一段膜堆的水流量，m^3/s；N 为一段膜堆的组装膜对数；W 为淡水隔板宽度，cm；d 为淡水隔板厚度，cm。一般电渗析淡水隔室中水流线速度控制在 5～15 cm/s 内。

2. 极限电流与操作电流密度

极限电流是指电渗析发生极化时的临界电流，极限电流密度指通过单位面积离子交换膜的电流。通常极限电流密度可用修正的 Wilson 方程计算

$$I_{\text{lim}}=k_i \bar{c}^m V^n \tag{10-35}$$

式中，I_{lim} 为极限电流密度，mA/cm^2；k_i 为水力常数；m、n 为常数，其范围分别为 0.95～1、0.5～0.8；$\bar{c}$ 为电渗析淡水进出口对数平均浓度，mg/L，可用下式计算

$$\bar{c}=\frac{(c_{\text{di}}-c_{\text{do}})}{\ln\dfrac{c_{\text{di}}}{c_{\text{do}}}} \tag{10-36}$$

式中，c_{di}，c_{do} 分别为电渗析淡水进、出口浓度，mg/L。

膜对的极限电流密度可用电压-电流法测得，如图 10-27 所示，其极限电流密度为电压-电流曲线两切线的交点。在这一点以上，由于浓差极化的发生伴随水分子的解离，电压随电流的加大而

急剧上升。

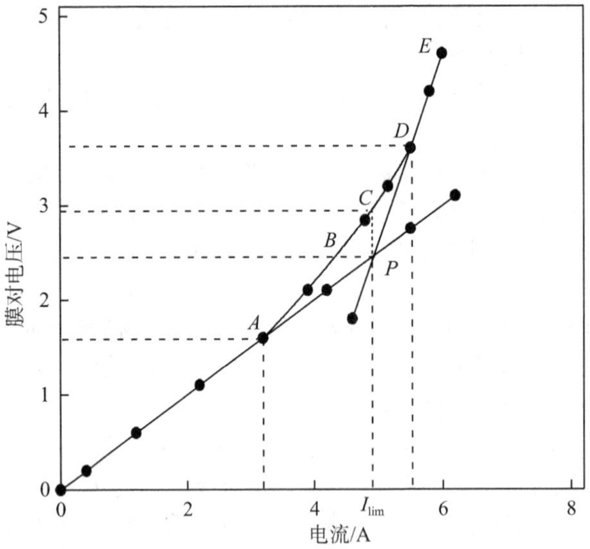

图 10－27　低盐度原水的电压-电流曲线

已知极限电流密度，则操作电流密度可用下式计算

$$I_D = \phi f_t f_s I_{\rm lim} \tag{10-37}$$

式中，ϕ 为水型系数或组成换算系数；f_s 为安全系数；f_t 为温度校正系数，对我国目前采用的异相膜电渗析器，温度校正系数可采用以下经验式计算

$$f_t = 0.987^{(t_0 - t)} \tag{10-38}$$

式中，t_0 为测定极限电流时的水温，℃；t 为实际操作水温，℃。

通常，电渗析器的极限电流密度以 NaCl 水溶液测定获得，因此式(10－38)中水型系数 ϕ 为 1.0，用于其他盐水溶液或溶液中存在多种离子时，ϕ 不等于 1.0，故需用加权平均计算出组成换算系数。国内有关专家已将我国的原水按不同组成分为四种水型，并提出相应的水型系数，如表 10－2所示。四种水型分别为以 Na^+、K^+ 和 Cl^- 组成的Ⅰ－Ⅰ价水型，以 Ca^+、Mg^+ 和 SO_4^- 组成的Ⅱ－Ⅱ 价水型，以 HCO_3^- 组成的碳酸氢盐水型，以及不同于以上三种水型的不均齐价水型。

表 10－2　常温下极限电流水型系数

水型	NaCl	Ⅰ－Ⅰ价型	Ⅱ－Ⅱ价型	不均齐价型	碳酸氢盐型
水型系数 ϕ	1.00	0.95	0.66	0.70	0.59

3. 电流效率

电流效率表示电渗析过程中电流的利用程度，为单位时间内实际脱盐率与理论脱盐率的百分比，是电渗析的主要技术指标。在工程应用中，电流效率的常用计算式为

$$\eta = \frac{Q(c_{\rm di} - c_{\rm do})F}{IN} \tag{10-39}$$

式中，Q 为淡水流率，m^3/h；$c_{\rm di}$、$c_{\rm do}$ 分别为淡水进、出口浓度，$kmol/m^3$；I 为电流，A；F 为法拉第

常数，C/mol。苦盐水脱盐，电流效率一般为 90%～95%，海水脱盐率为 70%～85%。

4. 脱盐率

电渗析器除掉的盐量与给水含盐量的百分比为脱盐率，脱盐率常以单台或单级为基础进行计算，计算公式如下

$$R_d = \frac{c_{di} - c_{do}}{c_{di}} \times 100\% \tag{10-40}$$

式中，R 为脱盐率。若极限电流下的进、出口浓度已知，则极限电流下的脱盐率可按下式计算

$$R_{dlim} = 1 - \exp\left[-\frac{k_i \eta L}{Fd\bar{c}^{(1-m)} U^{(1-n)}}\right] \tag{10-41}$$

式中，d、L 分别为电渗析隔室流道的高度与长度，m，当电渗析器确定后其为常数；处理水型确定后，k_i、n 和 η 也是常数，故脱盐率仅是流速及平均浓度的函数。

例 10-6 某乳清溶液含 1%NaCl，处理量为 20 m^3，利用电渗析脱除 90%的含盐量。电渗析器有效膜面积为 400 mm×900 mm，共 100 个腔室。若操作电流为 100 A，电流效率取 0.9，求所需脱盐时间。

解 已知 NaCl 浓度为 1%，考虑到溶液较稀，所以将其密度近似地等于水的密度 1 000 kg/m^3，将其转化为摩尔浓度：$c_1 = 170.9\ mol/m^3$。利用式(10-39)进行计算

$$Q = \frac{\eta IN}{(c_{di} - c_{do})F} = \frac{0.9 \times 100 \times 100}{0.9 \times 170.9 \times 96\ 500} = 6.06 \times 10^{-4}\ m^3/s$$

根据总处理和产水流率得所需脱盐时间 $t = \frac{20}{6.06 \times 10^{-4} \times 3\ 600} = 9.2\ h$

随着反渗透过程脱盐率和渗透通量的提高，电渗析技术由于其电耗高的原因，仅在低盐浓度的水处理尚有少量应用。需要指出的是，基于电渗析技术的以下三个方面，应用发展迅速。

(1) 填充离子交换树脂的电渗析(EDI)装置　是将颗粒和纤维状离子交换树脂装填在电渗析器的淡化室内，相对于离子交换脱盐过程，其优势在于可使产品种的离子浓度保持在 $10^{-12} \sim 10^{-9}$ 级别，无需对填充的离子交换树脂再生，通常用作反渗透水的后处理装置，所产纯水的电阻率可高达 15 MΩ·cm 左右，目前已被广泛应用于电子、医药、生物工业；

(2) 双极膜水解离技术　双极膜由一对离子交换膜叠合在一起制得，膜间流道很窄；在电场中，膜间流道的水分子被电离，在一侧产生 H^+，另一侧产生 OH^-。利用双极膜的这一解离功能，可将盐制成酸和碱，用于废酸、废碱的回收，以及从某些无机盐中制取酸与碱等。

(3) 等电点电渗析技术　不少氨基酸具有等电点，在等电点下的氨基酸不带电荷，因此，只要电渗析过程控制在等电点状态下操作，等电点状态下的氨基酸不会迁移，因而可将不在等电点下的氨基酸从混合氨基酸中分离出来。随着过程控制系统方面的进步，在氨基酸脱盐、混合氨基酸分离方面表现出良好的应用前景。

10.6.5 电渗析的应用

电渗析早在 20 世纪就在化工、食品、医药等领域的工业化方面得到了广泛应用，例如干酪乳清的纯化。正常的干酪乳清含 5.5%～6.5%溶解于水底固体。乳清中主要含乳糖、蛋白质、矿物质、脂肪和乳液。乳清是蛋白质、乳糖、维生素和矿物质的主要来源，但含盐量较高。如果能有效去除其中的盐，则可使之接近人奶，作为婴儿食品。采用电渗析法可有效进行乳清脱盐，用 35 000 m^2 膜面积的装置可每年生产 15 000 吨脱盐乳糖。另外，从酒中除去酒石酸可避免生成结晶酒石，采用电渗析可以将酒石酸的浓度降低到极限以下。

电渗析在制药工业中的应用主要是与其他方法组合进行脱盐、纯化、分离活性剂，如电渗析和溶剂萃取相结合。另外，对很多氨基酸和其他有机酸的分离比较有效。

思考题和习题

10－1 什么是膜和膜过程？

10－2 常用的膜分类方法有哪些？分别是如何分类的？

10－3 常见的膜过程有哪些？它们有什么特点？

10－4 简述超滤和微滤的异同。

10－5 简述纳滤和反渗透机理的区别。

10－6 渗透汽化的机理是什么？

10－7 哪些膜过程的浓差极化现象比较明显？

10－8 电渗析过程可根据分离目的不同，分别用于脱盐与浓缩，或同时脱盐和浓缩过程，试问影响过程的主要参数有哪些？如何合理选择这些参数？

10－9 水力渗透系数 L_p 为 2×10^{-8} L/(cm^2 · s · MPa)，溶质渗透系数 B 为 4×10^{-8} L/(cm^2 · s)的反渗透膜，在操作压力为 4.0 MPa、水温为 25℃条件下进行实验：(1) 试初步计算透过膜的水和溶质通量值；(2) 若进水浓度为 6 000 m/L，试计算制成水的溶质脱除率。

10－10 用间歇渗透汽化过程脱除发酵液中的丁醇。当发酵液中丁醇浓度从 6%降至 0.6%时，其体积减少了 13%，试计算渗透物中丁醇的浓度。

10－11 某工厂每天需处理 30 m^3 的氨基酸溶液，其中含盐量为 1%，拟采用 60 室的电渗析装置，在等电点下脱盐，若操作电流为 100 A，电流效率为 90%，试问需经多长时间可将含盐量降低至 0.1%？

参考文献

[1] 朱长乐. 膜科学与技术. 北京：高等教育出版社，2004.

[2] 陈欢林. 新型分离技术. 北京：化学工业出版社，2005.

[3] 杨座国. 膜科学技术过程与原理. 上海：华东理工大学出版社，2009.

[4] 任建新. 膜分离技术及其应用. 北京：化学工业出版社，2003.

[5] 刘茉娥. 膜分离技术应用手册. 北京：化学工业出版社，2001.

[6] Baker R B. Membrane Technology and Application. Chichester: John Wiley & Sons Ltd, 2004.

[7] Li N N, et al. Advanced Membrane Technology and Applications. Hoboken: John Wiley & Sons, Inc, 2008.

[8] Ho W S W, Sirkar K K. Membrane Handbook. New York: Kluwer Academic Publishers, 1992.

[9] Mulder M. Basic Principle Membrane Technology. 2nd. New York: Kluwer Academic Publishers, 1996.

11 吸附与离子交换

11.1 吸　　附

11.1.1 概述

当流体与多孔固体接触时，流体中某一组分或多个组分在固体表面处产生积蓄，此现象称为吸附。其中被吸附的流体称为吸附质，多孔固体称为吸附剂。吸附达到平衡时，流体的本体相主体称为吸余相，吸附剂内的流体称为吸附相。

实际上，人们很早就发现并利用了吸附现象，如生活中用木炭脱色和除臭等。随着新型吸附剂的开发及吸附分离工艺条件等方面的研究，吸附分离过程显示出节能、产品纯度高、可除去痕量物质、操作温度低等突出优点，使这一过程在化工、医药、食品、轻工、环保等行业得到了广泛的应用。随着吸附分离技术发展迅速，有的吸附剂可以反复使用，而20世纪60年代出现了变压吸附技术，使很多废气得到回收使用，不但过程中能耗较少，而且节能效果显著；同时吸附剂也得到了迅猛发展，品种增多，而且其配套技术装备也相应发展趋于完善。随着流化床吸附分离、移动床吸附分离及离子交换分离技术的发展，使得吸附分离技术具有良好的应用前景。

吸附与制药生物工程有着密切的关系，如吸附技术经常用在酶、蛋白质、核苷酸、抗生素、氨基酸等产物的分离、精制中，发酵行业中空气的净化和除菌也需要吸附技术。此外，在生化药物生产中，还常用各类吸附剂进行脱色、去热源、去组胺等。在中药制剂方面，吸附技术可提高中草药有效单体成分或复方中某一单体成分的含量。

吸附法一般具有如下特点：①常用于从稀溶液中将溶质分离出来，由于受固体吸附剂的限制，处理量较小；②操作条件温和，适合于热敏性物质的分离；③可直接从其他分离过程或者反应过程中耦合，改善过程的动力学和热力学关系；④溶质和吸附剂之间的相互作用及吸附平衡通常是非线性关系，故设计比较复杂，实验的工作量较大。

11.1.2 吸附分离技术的理论基础

固体表面分子或原子所处的状态不同于固体内部分子或原子所处的状态。固体内部分子或原子受到的作用力总和为零，分子处于平衡状态。而界面上的分子同时受到不相等的来自两相的分子的作用力，因此界面分子所受到的力是不对称的，作用力的合力方向指向固体内部，即处于表面层的固相分子始终受到指向固体内部的力的作用，能从外界吸附分子、原子或离子，并在其表面形成多分子层或单分子层。

1. 吸附类型分类

吸附是一种表面现象，吸附过程是指多孔固体吸附剂与流动相接触，流动相中一种或多种溶质向固体颗粒表面选择性传递，被吸附和积累于多孔固体吸附剂微孔表面的过程。相应的逆向操作被称为解吸过程，它可以使已吸附于表面的各类溶质有选择性地脱出。吸附过程大致可分为下列三种。

(1) 变温吸附　吸附通常在环境温度下进行，而解吸在直接或间接加热吸附剂的条件下完成，利用温度的变化实现吸附与解吸的再生循环操作。该类流程常用于从气体或液体中分离少量杂质。

(2) 变压吸附　在较高组分分压的条件下选择性吸附气体混合物中的某些组分，然后降低压力或抽真空使吸附剂解吸，利用压力的变化完成循环操作。变压操作一般用于混合物气体的分离。

(3) 变浓度吸附　液体混合物中的某些组分在环境条件下选择性地吸附，然后用少量的强吸附性液体解吸再生。该过程用于液体混合物的主体分离。

按照作用力的本质即按照吸附剂和吸附质的吸附作用的不同，吸附过程可分为三类，即物理吸附、化学吸附和交换吸附。

(1) 物理吸附　吸附剂和吸附质通过分子间范德瓦尔斯力产生的吸附作用称为物理吸附。物理吸附无选择特异性，不需要较高的活化能，在低温条件下也可以进行。吸附过程通常是可逆的。

(2) 化学吸附　固体表面原子的价态未完全被饱和，还有剩余的成键能力，导致吸附剂与吸附质之间发生化学反应而产生吸附作用，称为化学吸附。化学吸附的选择性较强，即一种吸附剂只对某一种或特定的几种物质有吸附作用。化学吸附需要一定的活化能。物理吸附和化学吸附的主要差别在于吸附作用力不同。两类吸附又难以截然分开，在一定条件下，两者可以同时发生。在不同温度下，主导吸附会发生变化。一般规律是：低温易发生物理吸附，高温易发生化学吸附。两种吸附的比较见表 11－1。

表 11－1　物理吸附和化学吸附特征的比较

性　质	物理吸附	化学吸附
作用力	范德瓦尔斯力	化学键力
吸附热	较小(一般不到蒸发潜热的 2～3 倍)	较大(大于蒸发潜热 2～3 倍，与化学反应热相当)
可逆性	快速、非活化、可逆	缓慢、活化、不可逆
吸附层厚度	单分子层或多分子层	单分子层
选择性	非选择性	高度选择性
吸附速度	较快，需要的活化能很小	慢，需要一定的活化能
电子转移	无电子转移，尽管有时被吸附分子会极化	电子发生转移，导致被吸附分子与吸附剂表面成键

(3) 交换吸附　吸附剂表面如果由极性分子或者离子组成，则会吸引溶液中带相反电荷的离子形成双电子，同时在吸附剂与溶液中发生离子交换，这种吸附称为交换吸附。交换吸附的能力由离子的电荷决定，离子所带电荷越多，它在吸附剂表面的相反电荷点上的吸附力就越强。静电力吸附特征包括：吸附区域为极性分子或离子；吸附为单层或多层；吸附过程可逆；吸附的选择性较好。

综上所述，物理吸附在分离过程中的应用最广，化学吸附的应用较少，而交换吸附在生物工程下游技术中得到了越来越广泛的应用。

2. 吸附平衡理论

溶质在吸附剂上的吸附平衡关系是指吸附达到平衡时，吸附剂的平衡吸附质浓度 q^* 与液相游离溶质浓度 c 之间的关系。一般 q^* 是浓度和温度的函数，即

$$q^* = f(c, T) \tag{11-1}$$

但一般吸附过程是在一定温度下进行，此时 q^* 只是 c 的函数，q^* 与 c 的关系曲线称为吸附等温线。当 q^* 与 c 之间呈线性函数关系时，

$$q^* = mc \tag{11-2}$$

称为亨利(Henry)型吸附平衡，其中 m 为分配系数。式(11－2)一般在低浓度范围内成立。当溶质浓度较高时，吸附平衡常呈非线性，式(11－2)不再成立，经常利用佛罗因德利希(Freundlich)经验方程描述吸附平衡行为，即

$$q^{*}=kc^{1/n} \tag{11-3}$$

此外，兰格缪尔(Langmuir)的单分子层吸附理论在很多情况下可解释溶质的吸附现象。该理论的要点是：吸附剂上具有许多活性点，每个活性点具有相同的能量，只能吸附一个分子，并且被吸附的分子间无相互作用。基于兰格缪尔单分子层吸附理论，可推导出兰格缪尔吸附平衡方程

$$q^{*}=q_{\mathrm{m}}c/(K_{\mathrm{d}}+c) \qquad [11-4(\mathrm{a})]$$

或

$$q^{*}=q_{\mathrm{m}}K_{\mathrm{b}}c/(1+K_{\mathrm{b}}c) \qquad [11-4(\mathrm{b})]$$

式中，q_{m} 是饱和吸附容量；K_{d} 是吸附平衡的解离常数；K_{b} 是结合常数，$K_{\mathrm{b}}=1/K_{\mathrm{d}}$。

3. 影响吸附的主要因素

在溶液中，固体吸附剂的吸附主要考虑三种作用力：界面层上固体与溶质之间的作用力；固体与溶剂之间的作用力；溶质与溶剂之间的作用力。所以固体在溶液中的吸附比较复杂，影响因素也较多，主要有吸附剂、吸附物、溶剂性质及吸附过程的具体操作条件等。了解这些影响因素，有助于根据吸附物的性质和分离目的选择合适的吸附剂及操作条件。

(1) 吸附剂的性质

吸附剂的比表面积(每克吸附剂所具有的表面积)、颗粒度、孔径、极性对吸附的影响很大。比表面积主要与吸附容量有关，比表面积越大，孔隙率越高，吸附容量越大。颗粒度和孔径分布则主要影响吸附速度，颗粒度越小，吸附速度就越快，孔径适当，有利于吸附物向孔隙中扩散，加快吸附速度。

(2) 吸附质的性质

能使表面张力降低的物质，易被表面所吸附，所以固体容易吸附对固体的表面张力较小的液体；溶质从较易溶解的溶剂中吸附时，吸附量较少。相反，采用溶解度较大的溶剂，洗脱就较容易；极性吸附剂易吸附极性物质，非极性吸附剂易吸附非极性物质；对于同系物物质，吸附量的变化是有规律的。

(3) 温度

吸附一般是放热过程，吸附热越大，则吸附过程受温度的影响也越大。例如，物理吸附的吸附热较小，温度变化影响小。但是，有些物质由于温度升高而溶解度增大，反而对吸附不利。

(4) 溶液 pH

溶液的 pH 往往会影响吸附剂或吸附物解离情况，进而影响吸附量。pH 对吸附的影响主要是因为影响了化合物的解离度。一般来说，有机酸在酸性下、胺类在碱性下较容易被非极性吸附剂吸附。但是，各种溶质吸附的最佳 pH 通常由实验测定。

(5) 溶液中其他溶质的影响

单溶剂与混合溶剂对吸附作用有不同的影响。当溶液中存在两种以上的溶质时，由于溶质性质的不同，可能对吸附产生相互促进、干扰或互不干扰等不同影响。

11.1.3 吸附分离介质

1. 常用吸附剂

吸附剂的主要特征是多孔结构和具有较大的比表面积。吸附剂的选用首先取决于它的吸附性能，根据吸附剂表面的选择性，可分为亲水性和憎水性两大类。一般来说，吸附剂的性能不仅取决

于其化学组成，而且与制造方法有关。目前在吸附分离过程中常用的吸附剂主要有活性炭、硅胶、活性氧化铝、聚合物吸附剂和沸石。

(1) 活性炭

活性炭具有吸附能力强，来源比较容易，价格便宜等优点，常用于生物产物的脱色和除臭，还应用于糖、氨基酸、多肽及脂肪酸的分离提取，是一种非极性吸附剂，故其在水中的吸附能力大于在有机溶剂中的吸附能力。针对不同类型的物质，具有一定的规律性：对极性基团多的化合物的吸附能力大于极性基团少的化合物的吸附能力；对芳香族化合物的吸附能力大于脂肪族化合物的吸附能力；对相对分子质量大的化合物的吸附能力大于相对分子质量小的化合物的吸附能力。

(2) 硅胶

硅胶是应用较广泛的一类极性吸附剂，层析用硅胶具有多孔性网状结构。它的主要优点是化学惰性，具有较大的吸附量，容易制备不同类型、孔径、表面积的多孔性硅胶。可用于萜类、固醇类、生物碱、酸性化合物、磷脂类、脂肪类、氨基酸类等的吸附分离。

(3) 氧化铝

氧化铝也是一种常用的亲水性吸附剂，它具有较高的吸附容量，分离效果好，特别适用于亲酯性成分的分离，广泛应用在醇、酚、生物碱、染料、苷类、氨基酸、蛋白质、维生素及抗生素等物质的分离。活性氧化铝价廉，再生容易，活性容易控制；但操作不便，程序繁琐，处理量有限，因此也限制了在工业生产上大规模应用。

(4) 聚合物吸附剂

在合成大孔网状聚合物吸附剂的过程中没有引入离子交换功能团，只有多孔的骨架，其性质与活性炭、硅胶的性质类似。例如，美国 Rohm&Haas 公司生产的 Amberlite XAD1～5(苯乙烯和二乙烯苯的共聚树脂)和 XAD6～8(聚酯)等均为大网格聚合物吸附剂。它是一种非离子型多聚物，机械强度高，使用寿命长，吸附选择性好，吸附质容易解吸，常用于微生物制药行业，如抗生素和维生素的分离浓缩。

(5) 沸石

沸石分子筛是结晶硅酸金属盐的多水化合物，沸石吸附作用有两个特点：表面上的路易斯酸中心极性很强；沸石中的笼(A 型、X 型、Y 型沸石)或通道(丝光沸石、ZSM5)的尺寸很小，为 0.5～1.3 nm，使得其中的引力场很大。因此沸石对外来分子的吸附力远远超过其他吸附剂，即使吸附质的分压(浓度)很低，吸附量仍然很大。

2. 吸附剂的物理性能要求

作为吸附剂，一般对于如下的主要性能有一定要求。

(1) 比表面积　物理吸附在分离过程中的应用较多，通常只发生在固体表面分子直径级的厚度区域内，单位面积固体表面的吸附量非常小，因此作为工业用的吸附剂，必须有足够大的比表面积。

(2) 孔径和孔径分布　孔径的大小及其分布对吸附剂的选择性影响很大。通常认为，孔径为 200～10 000 nm 的孔为大孔，10～200 nm 的孔为过滤孔，1～10 nm 的孔为微孔。孔径分布是各种大小的孔体积在总孔体积中所占的比例。如果吸附剂的孔径分布很窄(如沸石分子筛)，其选择吸附性能就强。通常的吸附剂，如活性炭、硅胶等，都具有较窄的孔径分布。

(3) 颗粒尺寸和分布　吸附剂颗粒的尺寸应尽可能小，以增大外扩散传质表面，缩短粒内扩散的路程。在操作固定床时，考虑到物料通过床层的流动阻力和动力消耗，所处理的液相物料尺寸以 1～2 nm 为宜，处理气相物料以 3～5 nm 为宜。在用流化床进行吸附操作时，既要保持颗粒悬浮又要不使之流失，因此物料尺寸以 0.5～2 nm 为宜。在采用槽式操作时，可用数十微米至数百微米的细粉，太细则不易于过滤。在任何情况下，都要求颗粒尺寸均一，这样可使所有颗粒的粒内扩散时间相同，以达到颗粒群体的最大吸收效能。常见的吸附剂的物理性质见表 11 - 2，另外还要求吸附剂具有一定的吸附分离能力和一定的商业规模及合理的价格。

表 11－2　常见吸附剂的物理性质

吸附剂		粒径范围/mm	孔隙率/%	干填充密度/(kg/L)	平均孔径直径/nm	比表面积/(km^2/kg)	吸附容量/(kg/kg)
氧化铝		1.00～7.00	30～60	0.70～0.90	4～14	0.20～0.40	0.20～0.33
分子筛		各种	30～40	0.60～0.70	0.3～0.1	0.7	0.10～0.36
硅胶		各种	38～48	0.70～0.82	2～5	0.6～0.8	0.35～0.50
硅藻土		各种		0.44～0.50		约 0.002	
活性炭		各种	60～85	0.25～0.70	1～4	0.7～1.8	0.3～0.7
树脂	聚苯乙烯	0.250～0.841	40～50	0.64	4～9	0.3～0.7	
	聚丙烯酯	0.250～0.841	50～55	0.65～0.70	10～25	0.15～0.4	
	酚树脂	0.297～1.17	45	0.42		0.08～0.12	0.45～0.55

11.1.4　吸附操作与计算

工业上利用固体的吸附特性进行吸附分离的操作方式主要包括：搅拌槽吸附、固定床吸附、移动床和流化床吸附。移动床和流化床吸附主要应用于处理量较大的过程，相比而言，搅拌槽吸附和固定床吸附在制药工业上的应用较为广泛。

1. 搅拌槽吸附

搅拌槽吸附通常是在带有搅拌器的釜式吸附槽中进行的。在此过程中，吸附剂颗粒悬浮于溶液中，搅拌使溶液呈湍动状态，其颗粒外表面的浓度是均一的。由于槽内溶液处于激烈的湍动状态，吸附剂颗粒表面的液膜阻力减小，有利于液膜扩散控制的传质。这种工艺所需设备简单，但是吸附剂不易再生，不利于自动化工业生产，并且吸附剂寿命较短。

搅拌槽吸附的操作方式有三种：一次吸附、多次吸附和多级逆流吸附（图 11－1）。如图 11－1 所示的搅拌槽，由物料衡算可得操作方程

$$G(Y_1 - Y_{n+1}) = V(c_0 - c_n) \tag{11-5}$$

式中，V 为物料加入量，kg；G 为吸附剂加入量，kg；Y 为溶质在吸附剂中的含量，kg/kg；c 为溶液的浓度，kg/kg。

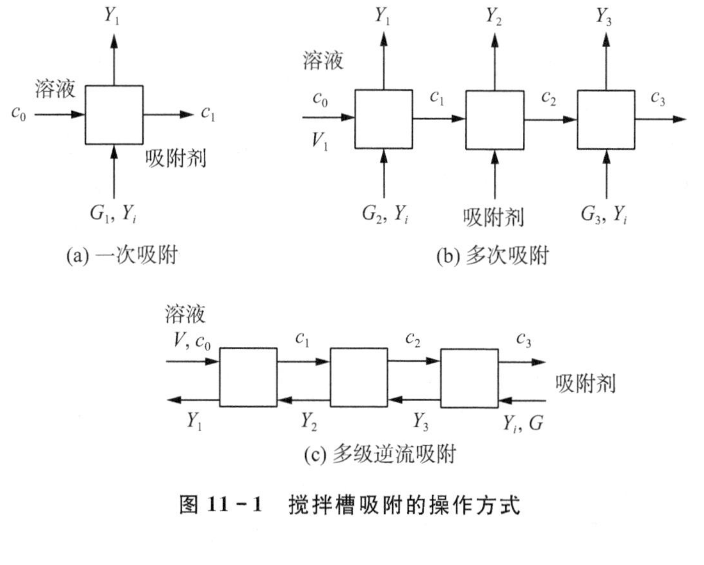

图 11－1　搅拌槽吸附的操作方式

吸附过程所需的接触时间则可通过操作线和吸附平衡等温线解积分求得

$$t=\frac{1}{K_{F}a_{p}}\left(\frac{V}{G}\right)\int\frac{dc}{c-c^{*}} \tag{11-6}$$

式中，K_F 为以流体浓度差为基准的总传质系数，m/h；a_p 为单位质量吸附剂颗粒表面积，m^2/kg。

2. 固定床循环操作

固定床吸附循环操作是目前应用最为广泛的一种吸附分离操作方式。固定床吸附操作的主要设备是装有颗粒状吸附剂的塔式设备。在吸附阶段，被处理的物料不断地流过吸附剂床层，被吸附的组分留在床层中，其余组分从塔中流出。当床层的吸附剂达到饱和时，吸附过程停止，进行解吸操作，用升温、减压或置换等方法将被吸附的组分脱附下来，使吸附剂床层完全再生，然后再进行下一循环的吸附操作。为了维持工艺过程的连续性，可以设置两个以上的吸附塔，至少有一个塔处于吸附阶段。固定床吸附的特点是设备简单，吸附操作和床层再生方便，吸附剂寿命较长。

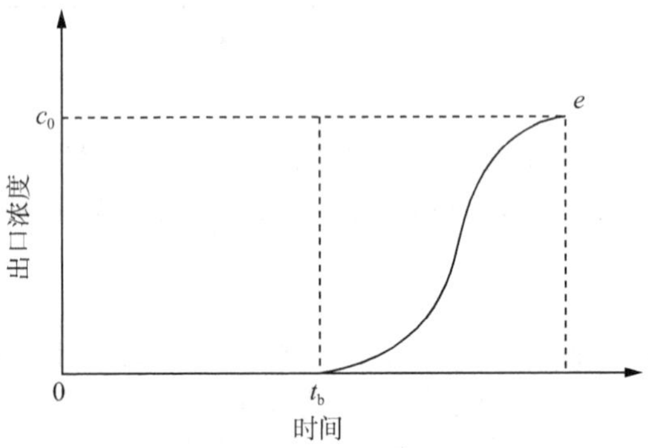

图 11-2　穿透曲线

在固定床吸附过程的初期，流出液中没有溶质。随着时间的推移，床层逐渐饱和。靠近进料端的床层首先达到饱和，而靠近出料端的床层最后达到饱和。图 11-2 是固定床层出口浓度随时间的变化曲线。若流出液中出现溶质所需时间为 t_b，则 t_b 称为穿透时间。从 t_b 开始，流出液中溶质的浓度逐渐升高，直至达到与进料浓度相等的点 e，这段曲线称为穿透曲线，点 e 称为干点。穿透曲线的预测是固定床吸附过程设计与操作的基础。

恒温固定床低浓度单组分溶液的穿透曲线可用如下的物料衡算方程描述

$$D_{L}\frac{\partial^{2}c}{\partial Z^{2}}=\frac{\partial(Vc)}{\partial Z}+\frac{\partial c}{\partial t}+\frac{1-\varepsilon}{\varepsilon}\frac{\partial q}{\partial t} \tag{11-7}$$

解此偏微分方程除了需要进料浓度、流速、孔隙率等初始条件和边界条件之外，还需要根据具体的吸附剂种类及特性机理，代入相关的相平衡方程、传质速率方程、热量衡算方程进行求解。

3. 吸附剂的再生

吸附剂的再生是指在吸附剂本身不发生变化或变化很小的情况下，采用适当的方法将吸附质从吸附剂中除去，以恢复吸附剂的吸附能力，从而达到重复使用的目的。

对于性能稳定的大孔聚合物吸附剂，一般用水、稀酸、稀碱或有机溶剂就可实现再生。大部分吸附剂可以通过加热进行再生，例如硅胶、活性炭、分子筛等。在采用加热法进行再生时，需要注意吸附剂的热稳定性，吸附剂晶体所能承受的温度可由差热分析（DTA）曲线的特征峰测出。吸附剂再生的条件还与吸附质有关。此外，还可以通过化学法、生物降解法将被吸附的吸附质转化或者分解，使得吸附剂再生。工业吸附装置的再生大多采用水蒸气（或者惰性气体）吹扫的方法。

11.1.5　吸附分离设备

1. 固定床

固定床吸附法是分离溶质最普遍、最重要的形式。所谓固定床就是一根简单的、充满吸附剂颗粒的竖直圆管，含目标产物的液体从管子的一端流入，流经吸附剂后，从管子的另一端流出。操作开始时，绝大部分溶质被吸附，故流出液中溶质的浓度较低，随着吸附过程的继续进行，流出液中溶质的浓度逐渐升高，开始缓慢，后来加速，在某一时刻浓度突然急剧增大，此时称为吸附过程的“穿透”，应立即停止操作；吸附质需先用不同 pH 值的水或不同的溶剂洗涤床层，然后洗脱下来。其中立式固定床吸附器如图 11－3 所示。

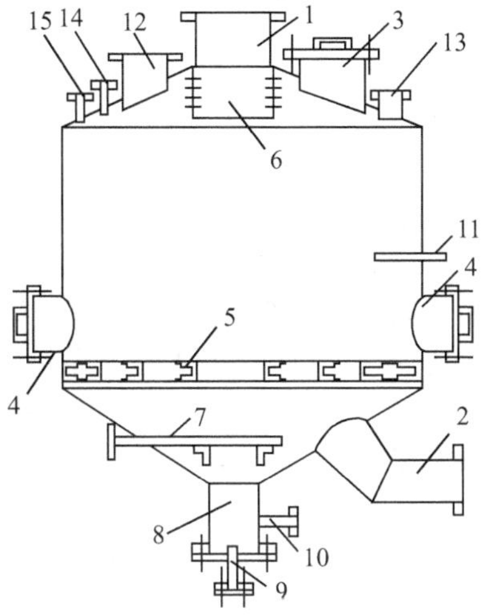

图 11－3　立式固定床吸附器

1—送蒸气、空气混合物入吸附器的接管；2—除去被吸蒸气后的空气排出管；3—加料孔；4—活性炭及砾石排出孔；5—框架；6—带有有孔侧壁的蒸气、空气混合物分配器；7—送直接蒸气入吸附器的鼓泡器；8—圆筒形凝液排出器；9—凝液排出管；10—进水管；11—温度计插套；12—解吸时的蒸气排出管；13—排气管；14—压力计连接管；15—安全阀连接管

有关固定床吸附的理论基础，固定床吸附设备虽然简单，但要进行该过程的动力学分析却很复杂。因为固定床吸附过程是不稳定的，非线性的，而且吸附剂粒子是不均匀的。一般固定床吸附操作多采用轴向扩散模型分析。轴向扩散模型是理想的平推流动中叠加一个轴向返混，返混程度用轴向扩散系数表示。该模型的建立基于如下假设：在与流体流动方向相垂直的每一个截面上径向浓度是均匀的；在每一个截面及流体流动的方向上，流体速率和轴向扩散系数均为恒定值；溶质浓度为流动距离的连续函数。

为了获得相同的结果，人们必须细心操作并按照比例将固定床进行放大。与固定床吸附放大过程有关的动力学方程主要包括四个，第一个是在溶液中溶质的质量平衡方程

$$\varepsilon\frac{\partial Y}{\partial t}=-v\frac{\partial Y}{\partial z}+E\frac{\partial^2 Y}{\partial z^2}-(1-\varepsilon)\frac{\partial q}{\partial t} \tag{11-8}$$

式中，ε 为床层空隙率；v 为液体在柱内的空柱速度（表观速度），$v=H/A$；E 为轴向弥散系数；z 为入口到微分元的距离，即流体流动方向的距离。式(11－8)中，等式左边代表液相内溶质的积累量；等式右边第一项相当于流入和流出微元体溶质的质量差，第二项是床层内的轴向弥散，最后一项是被吸附剂吸附的溶质的量。轴向弥散主要由湍流所引起的，其值比分子扩散系数要大很多，因此在多数情况下可以忽略。

第二个方程，即吸附质的吸附速率可以表示为

$$(1-\varepsilon)\frac{\partial q}{\partial t}=\gamma \tag{11-9}$$

与上述相同，吸附速率 γ 取决于吸附机理，可能是外扩散控制或内扩散和在吸附剂颗粒内的反应控制。不论是哪一种情况，假设吸附速率符合线性推动力公式

$$\gamma=K_a(Y-Y^*) \tag{11-10}$$

式中，γ 为单位床层体积内的吸附速率；K_a 为速率常数；Y^* 为与吸附剂上溶质浓度达到平衡时

溶液中的溶质浓度。

最后一个关键公式是吸附等温线公式，例如 Freundlich 公式

$$q=K(Y^*)^n \tag{11-11}$$

该式给出了吸附质在吸附剂和溶液中浓度的平衡关系。

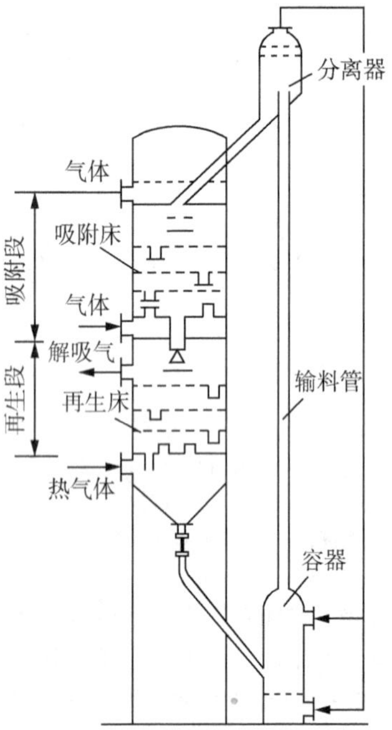

图 11-4　有再生段的流化床吸附器结构示意图

式(11-8)～式(11-11) 所表述的固定床吸附过程的动力学过程是非线性的，而且相互关联，所以只能用数值计算的方法求解，求解过程非常复杂，而且常常不能很好地拟合实验数据。这是因为固定床吸附过程中还存在着返混，吸附速率不仅受控于液体内传递速率，而且还受控于吸附剂内的扩散速率。因此常根据固定床操作特征用近似方法按比例放大，一般包括穿透曲线的数学模型法、两参数模型法、线性吸附模型法、微分接触模型法。

2. 流化床

流化床内吸附剂粒子呈流化状态，与液体在床层内混合程度高，但吸附效率低。吸附过程可以是间歇或者连续操作，其结构示意图见图 11-4。吸附操作时料液从床底以较高的流速循环输入，使固相产生流化，同时料液中的溶质在固相上发生吸附或者离子交换过程。连续操作中吸附剂粒子从床上方输入，从床底排出；料液在出口仅少量排出，大部分循环流回流化床，以提高吸附效率。

流化床的主要优点是压降小，可处理高黏度或含固体微粒的粗料液，如含菌体细胞或细胞碎片的粗料液。设备结构设计比较容易，操作简便。与后述的移动床相比，流化床中固相的连续输入和排出方便，即比较容易实现流化床的连续操作。流化床的缺点是床内固相和液相的返混剧烈，特别是高径比较小的流化床。所以，流化床吸附剂利用效率远低于固定床和膨胀床。流化床吸附器由于气流速度大，与移动床相比，具有更大的处理能力，但能耗更高，对吸附剂的机械强度要求也更高。

3. 膨胀床

膨胀床吸附是近年来首先由 Chase HA 等在研究流化床吸附的基础上发展起来的，能在床层膨松状态下实现平推流的扩张床吸附技术。膨胀床吸附与固定床吸附和流化床吸附不同。众所周知，固定床吸附的料液是从柱上部的液体分布器流经层析介质层，从柱的下部流出并分布收集，流体在介质层中基本上呈平推流，返混小，柱效率高，但固定床无法处理含颗粒的料液，因为它会堵塞床层，造成压力降增大而最终使操作无法进行，所以在固定床吸附前需先进行料液的预处理和固-液分离；流化床虽能直接吸附含颗粒的料液，但是存在严重的返混，使床层理论塔板数降低，导致分离效率的下降；膨胀床综合了固定床和流化床吸附的优点，它使介质颗粒按自身的物理性质相对稳定地处在床层中的一定层次上实现稳定分级，而流体保持以平推流的形式通过床层，同时介质颗粒间有较大的空隙，使料液中固体颗粒能顺利通过床层，见图 11-5。

由于膨胀床的床层结构特性和处理原料的特点(主要为微粒悬浮液)，其吸附操作方式与固定床不尽相同。处理细胞悬浮液或细胞匀浆液的一般操作流程见图 11-6。首先用缓冲液膨胀床层[图 11-6(a)]，以便于输入悬浮液，开始膨胀床吸附操作[图 11-6(b)]。当吸附接近饱和时，停止进料，转入清洗过程。在清洗过程初期，为除去床层内残留的微粒子，仍需要采用膨胀床操作[图 11-6(c)]。待微粒子清除干净后，则可恢复固定床操作，以降低清洗剂用量和清洗时间[图 11-6(d)]。清洗操作之后的目标产物洗脱过程亦采用固定床方式[图 11-6(e)]。

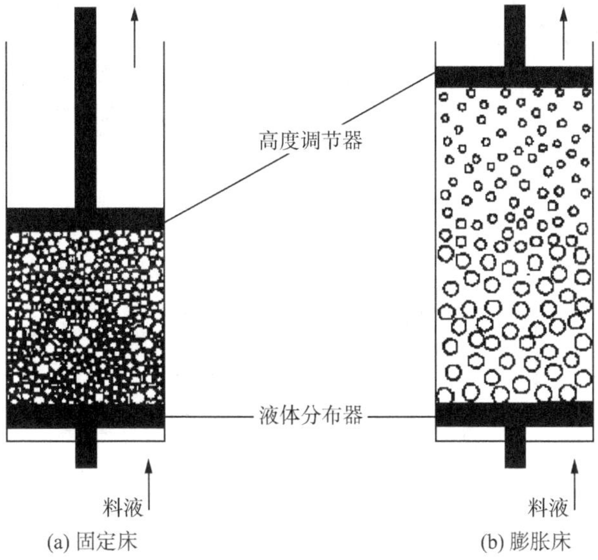

图 11-5　固定床与膨胀床操作状态比较

清洗操作[图 11-6(c)]可利用一般缓冲液或黏性溶液。利用黏性溶液清洗时流体流动更接近平推流，清洗效率高，清洗液用量少。目标产物的洗脱操作采用固定床方式不仅可节省操作时间，而且可以提高回收产物的浓度。洗脱液流动方向可与吸附过程相反[图 11-6(e)]，这样可以提高洗脱速率。另外，由于处理料液为悬浮液，吸附剂污染较严重，为循环利用吸附剂，洗脱操作后需要进行严格的吸附剂再生，恢复其吸附容量。

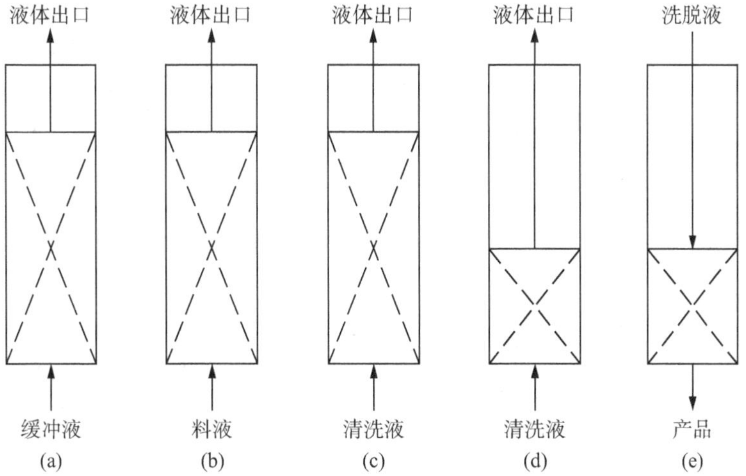

图 11-6　膨胀床吸附的操作过程

(a)缓冲液膨胀(膨胀床)；(b)进料(吸附)(膨胀床)；(c)清洗颗粒(膨胀床)；(d)清洗可溶性杂质(固定床)；(e)洗脱(固定床)

4. *移动床和模拟移动床*

如果吸附操作中固相可以连续地输入和排出吸附塔，与料液形成逆流接触流动，则可以实现吸附过程连续、稳态的操作，这种操作法称为移动床(moving bed)操作。图 11-7 为包括吸附剂再生过程在内的连续循环移动床操作示意图。因为在稳态操作条件下，溶质在液、固两相中的浓度分布不随时间的延长而发生改变，设备和过程的设计与气体吸收塔或液-液萃取塔基本相同。但在实际操作中,需要解决的问题是吸附剂的磨损和如何通畅地排出固体。为了防止固相出口的堵塞,可以采用床层振动或利用球形旋转阀等特殊的装置将固相排出。

这种移动床容易堵塞,使固相移动的操作有一定的难度。因此,使固相本身不移动,而改为移动、切换液相(包括料液和洗脱液)的入口和出口位置,就如同移动固相一样,会产生与移动床相同的效果,这就是模拟移动床(simulated moving bed,SMB)。

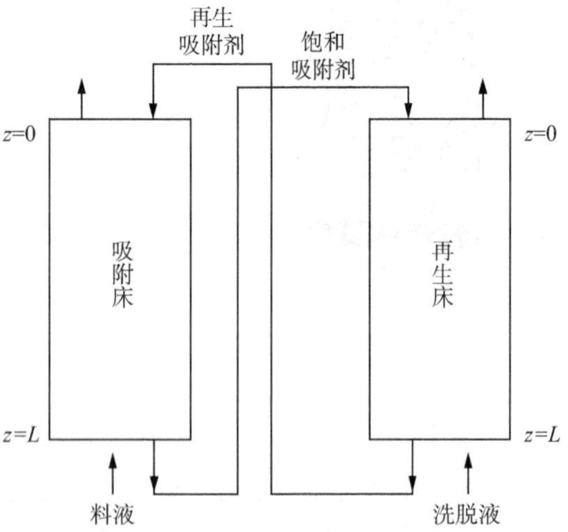

图 11-7 移动床吸附操作

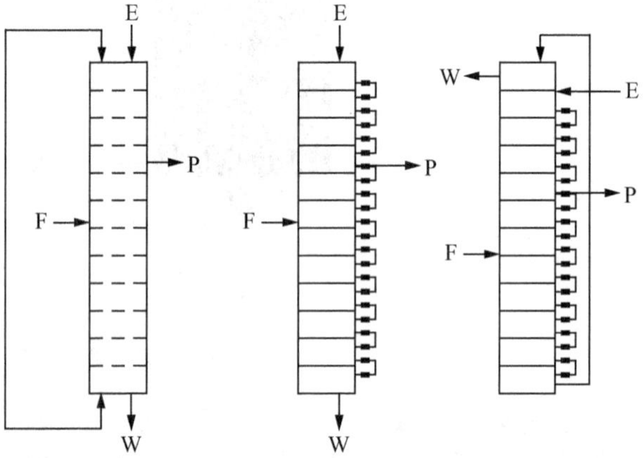

图 11-8 移动床和模拟移动床

F—料液;P—吸附剂;E—洗脱液;W—非吸附剂

图 11-8 为移动床和模拟移动床吸附操作示意图,真正的移动床操作时料液从床层中部连续输入,固相自下向上移动。被吸附(或吸附作用较强)的溶质和不被吸附或吸附作用较弱的溶质从不同的排出口连续排出。溶质的排出口以上部分为吸附剂洗脱回收和吸附剂再生段。模拟移动床操作时,液相的入口和出口分别向下移动了一个床位,相当于液相的进、出口不变,而固相向上移动了一个床位的距离,形成液、固相逆流接触操作。模拟移动床应用实例包括二甲苯混合物的分离和葡萄糖、果糖的连续分离等,图 11-9 为该分离过程示意图。

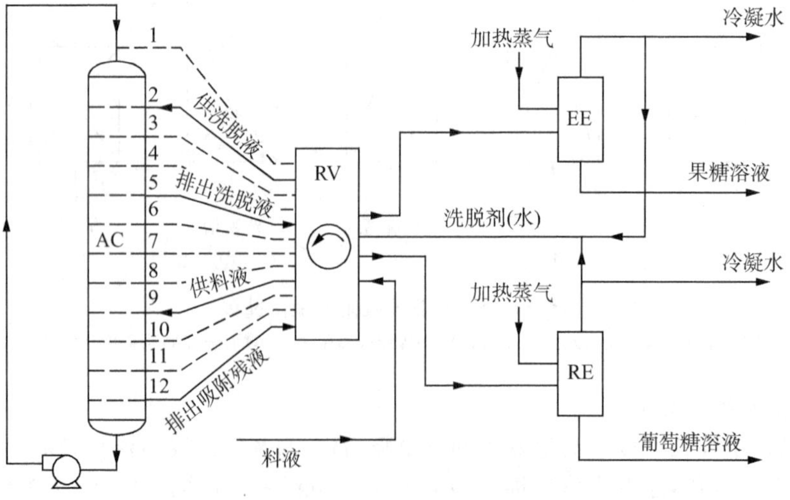

图 11-9 模拟移动床连续分离葡萄糖和果糖的流程

AC—模拟移动床;RV—旋转阀;EE—果糖浓缩液;RE—葡萄糖浓缩液

11.1.6 吸附分离技术的应用

1. 聚酰胺吸附色谱法

聚酰胺吸附属于氢键吸附，是一种用途非常广泛的分离方法，极性物质与非极性物质均可适用，但特别适合分离酚类、醌类、黄酮类化合物。

(1) 聚酰胺的吸附原理

通过分子中的酰胺羰基与酚类、黄酮类化合物的酚羟基，或酰胺键上的游离氨基和醌类、脂肪羧酸上的羰基形成氢键缔合而产生吸附。至于吸附强弱则取决于各种化合物与之形成氢键的能力。在含水溶剂中大致规律为：形成氢键的基团数目越多，则吸附能力越强。成键位置对吸附力也有影响，易形成分子内氢键者，其在聚酰胺上的吸附即相应减弱；分子中芳香化程度高者，则吸附性增强；反之，则减弱。

(2) 聚酰胺色谱的应用

聚酰胺对一般酚类、黄酮类化合物的吸附是可逆的（鞣质除外），分离效果好，而且吸附容量又大，故聚酰胺色谱特别适合于该类化合物的制备分离，也广泛应用于生物碱、萜类、甾类、糖类、氨基酸等极性和非极性化合物的分离。因为对鞣质的吸附能力很强，近乎不可逆，故用于植物粗提取物的脱鞣质处理。

2. 大孔吸附树脂

大孔吸附树脂是一种具有多孔立体结构人工合成的聚合物吸附剂，具有较好的吸附性能。它的吸附作用是通过表面吸附、表面电性或形成氢键。大孔树脂吸附分离技术是采用特殊的吸附剂，选择性地吸附其中的有效成分，除去无效成分的一种提取精制的新工艺。

(1) 大孔吸附树脂的性质

大孔吸附树脂多为白色的球状颗粒。粒度多为 20～60 目，通常分为非极性和极性两大类，根据极性大小还可分为弱极性、中等极性和强极性。常用的为苯乙烯型和丙烯腈型，在树脂合成时根据需要引入极性基团则成为极性树脂从而增强吸附能力。

(2) 大孔吸附树脂在中药生产中应用的优点

缩小剂量，提高制剂的内在质量：大孔吸附树脂处理可减少提取物中的杂质，提高有效成分的含量，使制剂剂量减少，有利于制成现代剂型的中药制剂，并便于质量控制。减少产品的吸湿性：传统提取方法所提取的中成药大部分具有较强的吸潮性，是中药生产及贮藏中长期存在的问题。而经大孔吸附树脂处理后可有效除去吸潮成分，增强产品的稳定性。有效除去重金属：既保证了患者的用药安全，同时也解决了中药重金属超标的难题，为中药进入国际市场创造了条件。

此外，大孔吸附树脂在中药生产中的应用包括活性成分的提取分离，例如皂苷（人参总皂苷、蒺藜总皂苷）、黄酮（葛根总黄酮、山楂总黄酮、淫羊藿总黄酮）、内酯、生物碱等，还可以用于质量标准的制定及除去干扰成分等。

11.2 离子交换

离子交换法是使用合成的离子交换树脂等离子交换剂作为吸附剂，将溶液中的物质，依靠静电引力吸附在树脂上，发生离子交换过程后，再用适当的洗脱剂将吸附物从树脂上置换下来，进行浓缩富集，从而达到分离的目的，是一种利用离子交换剂与溶液中离子之间所发生的交换反应进行固-液分离的方法。

离子交换法的特点是树脂无毒性，可反复再生使用数千次，过程中一般不用有机溶剂，因而具有设备简单、操作方便、劳动条件好等优点，适用于带电荷的离子之间的分离，还可用于带电荷和中性物质的分离制备等，特别适用于微量组分的富集和高纯物质的制备。但离子交换法有生产周期长，一次性投资大等缺点，一般只能用它解决某些比较复杂的分离问题。而且，在生产运行中，有些树脂会很快破碎或者衰退，导致工艺效果下降。

离子交换法已广泛应用于制药工业、水处理、化工、金属冶炼、环境保护、食品加工及分析化学等领域，主要应用于溶液中产物的提取、纯化、脱色、转盐、除盐及水净化等。它是一种重要的分离方法，有时其他方法不可替代。此外，生物制药产品分离中约有75%的产品生产过程采用了离子交换法，如氨基酸、蛋白质、多肽、核酸、抗生素等分离。

11.2.1 基本概念

用一种带有可交换的B离子的不溶载体RB，与含有A离子的溶液接触时，溶液中的A离子进入载体与R结合，而B离子脱离载体而进入溶液中，该反应过程可表示为

$$RB + A \rightleftharpoons RA + B \tag{11-12}$$

这种溶液和不溶物间交换离子的过程叫离子交换过程，能与溶液中离子进行交换的物质叫离子交换剂。上式中A、B为带同种电荷的离子，即同为带正电荷的阳离子或同为带负电荷的阴离子。阳离子交换反应和阴离子交换反应可分别表示为

$$R^- B^+ + A^+ \rightleftharpoons R^- A^+ + B^+ \tag{11-13}$$

$$R^+ B^- + A^- \rightleftharpoons R^+ B^- + A^- \tag{11-14}$$

离子交换反应是按离子等当量进行的。每当溶液中的离子被吸附到交换剂上，必然有等当量的同符号的离子从交换剂转入溶液。例如，链霉素（以Str表示）是三价阳离子，一个Str可取代三个钠离子

$$3RCOONa + Str^{3+} \rightleftharpoons (ROO)_3STr + 3Na^+ \tag{11-15}$$

离子交换反应是可逆的，在一定条件下被交换吸附的离子又可以被置换出来而得到分离；同时使离子交换剂又恢复到原来的离子形式而得到再生。离子交换剂通过交换和再生可以反复使用。离子交换剂是指在溶液中，能与溶液中阳离子或阴离子进行交换的不溶性物质的统称，即离子交换剂和周围溶液中的其他离子发生交换而不会使其本身结构发生物理变化。广义的离子交换剂呈固态和液态，一般常用的为固态。

离子交换剂母体上的离子是阳离子或阴离子。阳离子交换剂是由大分子或聚合物形式的负电荷阴离子和可移动的阳离子构成，阴离子交换剂的构成则相反。离子交换剂的母体可以是无机材料、复杂的天然有机材料或结构相对简单的合成高分子材料。天然无机离子交换剂的发现和应用最早，合成的离子交换剂应用最广。以天然多糖，如纤维素、葡聚糖、琼脂糖等天然有机大分子为骨架，通过对多糖上的羟基进行化学改性制得的离子交换剂，主要用于生化物质分离和酶的固定化。

11.2.2 离子交换剂

1. 离子交换剂的组成

有机高分子离子交换剂，包括合成离子交换剂和天然有机大分子离子交换剂，通常是典型的凝胶，一般统称为离子交换树脂。它是一类带有功能基的网状结构的有机高分子化合物，其结构由三部分组成：不溶性的三维空间网状骨架，固定在骨架上的不能自由移动的功能基团（活性基团）和功能基团所带的相反电荷的可交换离子（活性离子）。

从电化学的观点来看，离子交换树脂是一种水不溶性的多价电解质。惰性不溶的网络骨架与功能基团是连成一体的，不能自由移动，统称为母体。活性离子则可以在网络骨架和溶液间自由迁移。当树脂浸于水溶液中时，树脂上的活性离子可以与溶液中的同电性离子，按与树脂功能基的化学亲和力不同产生交换。

功能基团的性质是决定离子交换树脂性能的第一因素。阳离子交换树脂骨架上功能基团为磺酸（—SO_3H）、羧酸（—COOH）等酸性功能基。将树脂浸于水中时，交换基部分可如同普通酸一样发生电离。以 R 表示树脂的骨架部分，阳离子交换树脂 RSO_3H 在水中时的电离如下

$$RSO_3H \longrightarrow RSO_3^- + H^+ \tag{11-16}$$

RSO_3H 型的树脂易电离，具有相当于盐酸或硫酸的强酸性，称为强酸性阳离子交换树脂。而 RCOOH 型的树脂类似有机酸，较难电离，具有弱酸的性质，因此称为弱酸性阳离子交换树脂。

阴离子交换树脂骨架上结合含有伯胺基、仲胺基、叔胺基、季铵基等功能基团。其中，以季铵基上的羟基为交换基的树脂具有强碱性，称为强碱性阴离子交换树脂。用 R 表示树脂中的聚合物骨架时，强碱树脂在水中会发生如下的电离

$$RN^+(CH_3)_3OH^- \longrightarrow RN^+(CH_3)_3 + OH^- \tag{11-17}$$

具有伯胺、仲胺、叔胺基的阴离子交换树脂碱性较弱，称为弱碱性阴离子交换树脂。

2. 离子交换树脂的分类

离子交换树脂有多种分类方法。可按树脂骨架的主要成分进行分类，如聚苯乙烯型树脂、聚丙烯酸型树脂、环氧氯丙烷型多乙烯多胺型树脂、酚-醛型树脂等；按骨架的物理结构分类，可分为凝胶型树脂（亦称微孔树脂）、大网格树脂（亦称大孔树脂），以及均孔树脂（亦称等孔树脂）；按活性基团分类，分为含酸性基团的阳离子交换树脂和含碱性基团的阴离子交换树脂；由于活性基团的电离程度强弱不同，又可按功能基上酸或碱的强弱程度进一步细分为强酸（—SO_3H）、中强酸（—PO_3H_2）、弱酸（—COOH）阳离子交换树脂，强碱（—N^+R_3）、弱碱（—NH_2，—NRH，—NR_2）阴离子交换树脂。由于活性基团决定了树脂的主要交换特性，因而按活性基团分类最为常用。

3. 性能指标

1）树脂颜色

离子交换树脂因类型、生产工艺、使用条件及污染变质等情况不同，有白、黄、褐、棕、灰、红、黑等多种颜色。新购树脂时，观察树脂颜色可初步了解树脂纯正程度等一般情况。在树脂使用中，定期观察树脂颜色的变化可以辅助了解树脂性能变化情况。

2）粒度

树脂除因特殊用途而制成膜状、棒状、粉状、片状、纤维状外，大多被制成球形颗粒。干颗粒的直径为 0.04～1.2 mm。离子交换树脂颗粒大小的选择取决于使用的场合。粒度越小，离子交换速度快。但粒度越小，水流阻力越大，沉降速度越慢。在水处理中使用的树脂粒度一般为 0.3～1.2 mm，而用于吸附生物大分子的离子交换剂的粒径较小，一般为 0.02～0.3 mm。色谱用的树脂粒度更小，为 20～50 μm。

3）密度

树脂的密度有多种表示方法，常用的如下：

(1) 树脂骨架密度　树脂的骨架密度，也称真密度，是指树脂骨架本身的密度。一般阳树脂密度约为 1.2～1.4 g/mL，阴树脂密度约为 1.2 g/mL。其测定方法是用能与骨架相互浸润，能渗入树脂内部孔穴但又不与树脂发生溶胀作用的液体和比重瓶法。所用的液体一般为正庚烷、正己烷、环己烷，过去也有用甲苯的。

(2) 干树脂堆积密度　干树脂的堆积密度是指单位体积中树脂的质量，它包括树脂的颗粒间隙。其测量方法是将树脂干燥至恒重的树脂装入小量筒中，小心墩实至体积不变，读出体积数，求出堆积密度。

(3) 湿树脂的真密度　湿真密度是指湿态离子交换树脂单位真体积的质量。这里的真体积，是指离子交换树脂湿颗粒本身固有体积，它不包括颗粒间的空隙体积。湿态离子交换树脂是指吸收了平衡水分，并经离心法除去外部水分的树脂。对任何已知的树脂来说，其湿真密度随交换基团的离子

型式不同而变。一般阳离子交换树脂的湿真密变为 1.1～1.3 g/mL，阴离子交换树脂约为 1.1 g/mL。

(4) 湿树脂的堆积密度　湿堆密度是指单位堆体积湿态离子交换树脂的质量。堆积体积是指离子交换树脂以紧密的无规律排列方式在量器中占有的体积，它包括树脂颗粒固有体积及颗粒间的空隙体积。湿态树脂的堆积密度一般为 0.6～0.85 g/mL。对一定数量的湿态离子交换树脂来说，其堆体积受许多因素影响，例如，离子型式、粒度分布、树脂的堆积状态和量器直径。

4) 孔结构

树脂的孔结构，常用孔度、孔径等指标来表示，称为孔的结构参数。无机交换剂中，孔道均匀固定；有机树脂中，孔穴大小不均，方向不定。交换树脂的孔主要有两种结构：第一种是通过交联使大分子链间形成孔，这叫凝胶孔，一般小于 3 nm，在溶胀时由子分子链的伸张孔变大，许多交联高聚物、葡聚糖等树脂都具有这类孔，交联程度增加，孔径变小；第二种是大孔树脂除凝胶型的微孔外存在的毛细孔结构，这类孔在干态、湿态都存在，孔径为 0.1～50 μm。

5) 比表面积

比表面积是多孔树脂重要的性能参数之一，是指单位质量树脂所具有的内外总表面积，单位为 m^2/g。凝胶型树脂的比表面积一般在 0.1 m^2/g 左右，大孔树脂的比表面积为 1～1 000m^2/g。比表面积与孔结构密切相关。表面积测定方法有气体吸附法、压汞法、染料吸附法等。

6) 交联度

树脂交联度是离子交换树脂骨架结构的重要结构参数。它与树脂的交换容量、选择性、溶胀性、微孔尺寸、含水量、稳定性等密切有关。离子交换树脂的交联度一般是生产过程中所加入的交联剂的量，一般为 1%～20%，国内典型的商品为 7%，国外多为 8%。但是离子交换树脂的实际交联度可能比所示的交联度高，而且阳离子和阴离子交换树脂的交联度也有区别，这是因为在制造过程中会发生附加交联。

7) 交换容量

树脂交换容量的大小表明树脂所具有的交换能力。离子交换容量有质量交换量和体积交换量两种。其定义为一定质量或体积的离子交换树脂所具有的交换离子数量。质量交换容量又分干态和湿态两种。树脂的质量随被吸着离子而改变，应表明所处的离子型式，单位为 mmol/g。体积交换容量一般是对湿态离子交换树脂而言的，它表示单位堆积体积树脂的交换容量，单位为 mmol/mL。树脂的堆积体积也与树脂的离子型式有关，也应注明树脂的离子型式。

8) 滴定曲线

H^+ 型阳离子交换剂或 OH^- 型阴离子交换剂可以认为是不溶性的酸或碱。可溶于水的酸或碱的离解会使 H^+ 浓度发生变化，但把上述树脂浸入纯水中却不能使纯水中的 H^+ 浓度发生变化。但和可溶性的酸或碱一样，可以用碱或酸对它们进行滴定，得到 pH 滴定曲线。

9) 机械强度

离子交换树脂的机械强度是指树脂在各种机械力作用下抗破损的能力，包括树脂的耐磨性、抗渗透冲击性能及其物理稳定性等。

10) 化学稳定性

树脂的化学稳定性包括 pH 稳定范围、热稳定性、抗氧化性、耐还原性、耐有机溶剂、耐辐射，以及抗有机物污染和微生物侵袭等多方面。

11.2.3　离子交换平衡

目前已提出了许多关于离子交换平衡曲理论，如膜平衡理论、吸附平衡理论、质量作用定律、离子交换的渗透理论等。

1. 对离子的选择性

离子交换树脂的选择性是指树脂对不同离子所表现出来的不同交换系数和吸附性能。选择性

可用分离因数α_B^A来表征。例如交换反应

$$RB+A \rightleftharpoons RA+B \tag{11-18}$$

其分离因数为

$$\alpha_B^A=\frac{c_B c_{RA}}{c_A c_{RB}} \tag{11-19}$$

其中，α_B^A值与离子的价态无关。

离子交换树脂的选择性与树脂本身所带功能基、骨架结构、交联度有关。一般来说，反离子价越高，越易吸附；水合离子半径（或体积）越小，越易吸附；树脂交联度越大，选择性越高。

2. 小离子交换平衡

离子交换树脂的交换反应与溶液中的置换反应相似，是按化学当量关系进行的。在离子交换中，当溶液中两种离子的浓度差较大时，就产生一种交换的推动力使它们之间发生交换作用，浓度差越大，交换速度越快。利用这种浓度差的推动力关系使树脂上的可交换离子发生可逆交换反应，例如，当溶液中的钠离子浓度较大时，就可把磺酸树脂上的 H^+ 交换下来，成为钠型。然后，如果把溶液变为浓度较高的酸时，溶液中的 H^+ 又能把树脂上的 Na^+ 置换下来，这时树脂就再生为 H^+ 型。其他离子交换树脂的交换反应与此相类似。通过这种可逆交换作用原理，加上树脂上固载的功能基对不同离子具有不同的亲和性，使离子交换树脂能应用于离子的分离、置换、浓缩、杂质的去除等。

选择适当条件使一些溶质分子变成离子态，通过静电作用结合到离子交换剂上，而另一些物质不能被交换，则这两种物质即可被分离。带同种电荷的不同离子虽都可以结合到同一树脂上，但由于带电量不同，与树脂的结合力不同，改变洗脱条件可先后被洗脱而达到分离的目的。

树脂对不同离子的交换能力差异可用选择系数 K_B^A 来表示，其数值等于树脂相和溶液相中交换的 A 和 B 离子对的摩尔分数之比，一定量的离子交换树脂与含有已知浓度的 A、B 离子的溶液进行交换，达到交换平衡后，树脂对 A 离子的选择系数 K_B^A 为

$$K_B^A=\frac{c_B c_{RA}}{c_A c_{RB}} \tag{11-20}$$

式中，c_A、c_B 是溶液中 A、B 离子的平衡浓度；c_{RA}、c_{RB}是树脂相中 A、B 离子的平衡浓度。K_B^A 值的大小，反映了树脂对 A、B 两种离子的相对亲和力。

平衡过程也与溶液中离子价数有关，当 A、B 离子不等价时，如 A 为 2 价，B 为 1 价时

$$K_B^A=\frac{[RA]/[RB]^2}{[A]/[B]^2} \tag{11-21}$$

可见，树脂对某种离子的选择系数越高，对树脂的交换过程越有利；但对于树脂再生过程，选择系数越大，再生越困难。因此，在再生树脂时常采用改变再生溶液中离子浓度或改变 pH 值的方法以降低选择系数，使树脂再生完全。K_B^A 值与离子的价态有关，这一点在概念上与α_B^A不同。

3. 两性分子的离子交换

氨基酸、蛋白质等两性分子在离子交换剂表面的吸附是其自身所带电荷、交换剂表面的电荷和溶液中特定电荷相互作用的结果。即根据两性分子的等电点和溶液的 pH 相对大小，整个分子带净正电荷或净负电荷，并在阳离子或阴离子交换剂上吸附。在等电点 pI 时，净电荷为零。pH 距离 pI 越远，带电荷越多，因而在两性物质的离子交换过程存在着电离平衡和吸附平衡。

4. 大离子交换

对于生物大分子的离子交换过程要复杂很多，与离子交换树脂的作用亦并非是简单的点电荷作用。试验表明，达到平衡时，国产弱酸 101×4 树脂对链霉素的吸附量仅为 2.33 mg/g，远小于对无机离子的总交换量的 9.35 mg。因此可以认为树脂内部的活性中心，由于其空间排列的关系，并不是全都能吸附链霉素。树脂上的活性中心排列过密，其中一部分被链霉素离子遮住，而后来的链

霉素离子就不能达到这些活性中心，因此实际上只有一部分活性中心吸附链霉素。对于更大的离子，由于孔径的限制，也可能无法达到树脂内部的活性中心，同样使得吸附容量减小。

5. 平衡经验方程

在药物分子的离子交换分离过程中，离子交换平衡关系相当复杂，常以在树脂上的吸附量与溶液中浓度 c 的关系式表示。常见的交换平衡表达式有以下几种经验式。

(1) 线性平衡关系

$$q=mc \tag{11-22}$$

此式适用于低浓度范围。

(2) 双曲线型(Langmuir 型)

$$q=\frac{mc}{1+nc} \tag{11-23}$$

此式适用浓度范围较广。

(3) 幂函数型(Freundlich 型)

$$q=mc^{1/n} \tag{11-24}$$

式(11-22)～式(11-24)中，m、n 是受体系、pH 值、温度等影响而与交换离子浓度无关的常数，由实验来确定。

11.2.4 离子交换速度

离子交换反应速度不如溶液中的互换反应速度那样快。这是因为树脂与溶液接触进行的离子交换反应只有很少比例发生在树脂颗粒表面，更主要的是在颗粒内部进行。离子交换过程需经过五个步骤才能完成：①欲交换离子从溶液主体穿过树脂颗粒表面的液膜向颗粒表面扩散；②从颗粒表面向颗粒内部扩散，达到交换位置；③发生交换反应；④交换下来的离子从颗粒内部向颗粒表面扩散，至颗粒表面；⑤穿过颗粒表面的液膜，进入溶液。

在上述五个过程中，①、⑤为外扩散过程，②、④为内扩散过程，③为交换反应过程。一般情况下，交换反应速度较快，外扩散较慢，内扩散速度最慢，这就使得树脂交换反应比均相溶液中的离子互换反应缓慢。外扩散速度可以通过提高固-液之间的相对运动速度而得到提高。对于内扩散，尤其在树脂凝胶化密度高、离子体积大时，使离子的扩散更为缓慢，一般可通过减小颗粒粒度和增大内部孔径得到改善。

影响交换反应速度的因素除来自树脂因素(类型、交联度、粒度等)外，还与吸附物因素(电荷、体积、结构等)及操作条件(pH 值、浓度、搅拌、温度等)有关。例如，离子半径越大，扩散速度越慢。因此，在工艺中必须要选择有利于交换的最佳条件。

11.2.5 离子交换设备与操作方式

离子交换过程通常包括：①待分离料液与离子交换剂进行交换反应；②离子交换剂的再生；③再生后离子交换剂的清洗等步骤。在进行离子交换过程的设计和树脂的选择时，既要考虑交换反应过程，又要考虑再生、清洗等过程。

离子交换过程的本质与液-固相间的吸附过程类似，所以它所采用的操作方式、设备及设计过程等均与吸附过程相类似。离子交换设备按结构型式可分为罐式、塔式、槽式等；按操作方式可以分为间歇式、半连续式和连续式。

1. 搅拌槽间歇操作

搅拌槽是带有多孔支撑板的筒形容器，与离子交换树脂置于支撑板上间歇操作，过程如下。

(1) 交换：将溶液置于槽中，通气搅拌，使溶液与树脂充分混合，进行交换，过程接近平衡后，停止搅拌，排出溶液。

(2) 再生：放入再生液，通气搅拌，再生完全后，将再生废液排出。

(3) 清洗：通入清水，搅拌，洗去树脂中残存的再生液，然后进入下一个循环操作。

这种设备结构简单，操作方便，但是分离效果较差，只适用于规模小、分离要求不高的场合。根据两相间接触方式的不同，离子交换设备又可分为固定床、移动床、流化床等。

2. 固定床离子交换设备

固定床是应用较为广泛的一类离子交换设备，它的构造、操作特性、操作方式和设计等与固定床吸附相似。在一定量再生剂的条件下逆流再生获得较高的分离效果，并具有设备结构简单、操作方便、树脂磨损少等优点。在固定床中离子交换树脂的下部需要用多孔陶土板、石英砂等作为支撑体。通常被处理的料液从树脂的上方加入，经过分布管均匀分布在整个树脂的横截面上。如果是采用压力加料，则要求设备密封。料液与再生剂从树脂上方各自的管道和分布器分别进入交换器，树脂支撑下方的分布管便于水的逆流冲洗。离子交换柱通常用不锈钢等材料制成，管道、阀门等一般用塑料制成。通常有顺流和逆流两种再生方式，逆流再生效果较好，再生剂用量较少，但易造成树脂层的上浮。如果将阳、阴两种树脂混合起来，则可以制成混合离子交换设备。将混合床用于抗生素等产品的精制，可以避免采用单床时溶液变酸（通过阳离子柱时）及变碱（通过阴离子柱时）的问题，从而能够减少目标产物的破坏。单床及混合床固定式离子交换装置如图 11-10 所示。

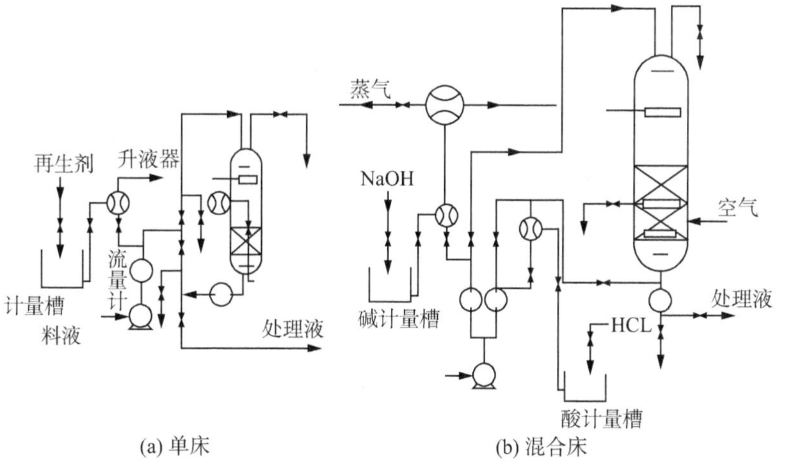

图 11-10　固定床离子交换装置的流程

有些离子交换器既可用于固定床的操作，也可用于流化床的操作。如图 11-11 所示，主要包括：一个正相计量泵；一个用玻璃制成的柱体，装有一个活塞以调节体积；三个贮槽，分别装有去离子水、HCl 和 NaCl；三个阀门，它们必须同时关闭或者只打开其中的一个；两个四通阀，如图 11-12 所示，决定了料液向上或向下及料液通过床层或留在贮槽中；两个 pH 电极，在床进口或出口的位置测量料液的 pH 值；当料液向下流过床层时，则为固定床操作，而当料液由下向上流过床层时，则为流化床操作。

固定床离子交换设备的主要缺点是树脂的利用率较低。因为一般固定床中有效的交换传质区域只占整个床高的一部分，在任一时刻床中饱和区与未用区中的树脂都处于闲置，导致再生剂与洗涤液用量较大。采用连续操作的移动床可以克服这些缺点，但是同时存在设备管线复杂、阀门多、树脂利用率相对较低等弊端，因此固定床日益面临新型设备的挑战。为适应现代化生产的需要，各国学者都将注意力集中在连续式设备的开发及应用研究上，先后研制出多种实用的离子交换设备，将离子交换技术不断向前推进。

3. 半连续移动床离子交换设备

移动床过程属于半连续式离子交换过程。在此设备中，离子交换、再生、清洗等步骤是连续进

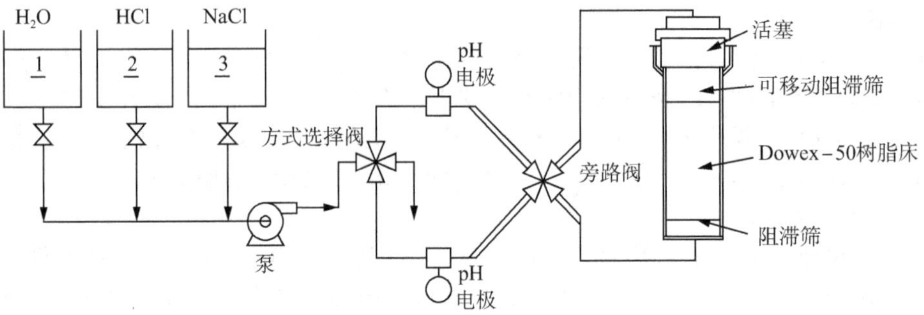

图 11-11　离子交换示意图

1～3—贮槽

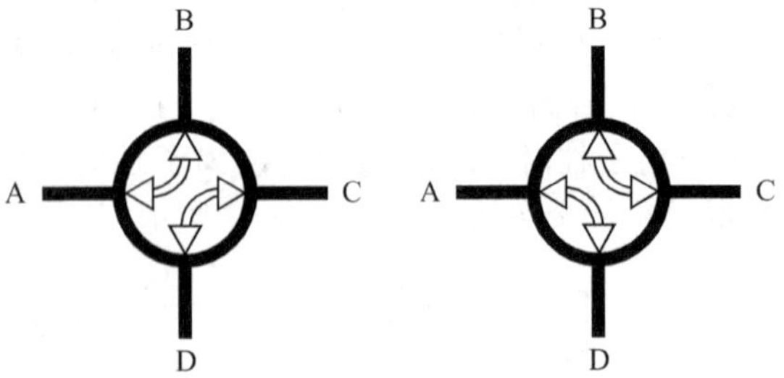

图 11-12　四通阀示意图

行的。但是树脂需要在规定的时间内流动一部分，而在树脂的移动期间没有产物流出，所以从整个过程来看是半连续的，既保留了固定床操作的高效率，简化了阀门与管线，又将吸附、冲洗与洗脱等步骤分开进行。

系统运行过程为：待处理液进入处理柱后，树脂随待处理液一起在柱内流动，同时进行交换反应。树脂悬浮液流到中间循环柱，进行固-液分离，处理水外排。当再生信号发出，水处理系统内部分树脂进入饱和树脂存贮柱，同时有再生好的树脂补充过来。然后，存贮柱内的树脂进入再生柱再生。该装置可实现水处理，饱和树脂再生及再生后树脂返回等过程同时进行，从而达到连续产水的目的。半连续式移动床离子交换系统的示意图如图 11-13 所示。

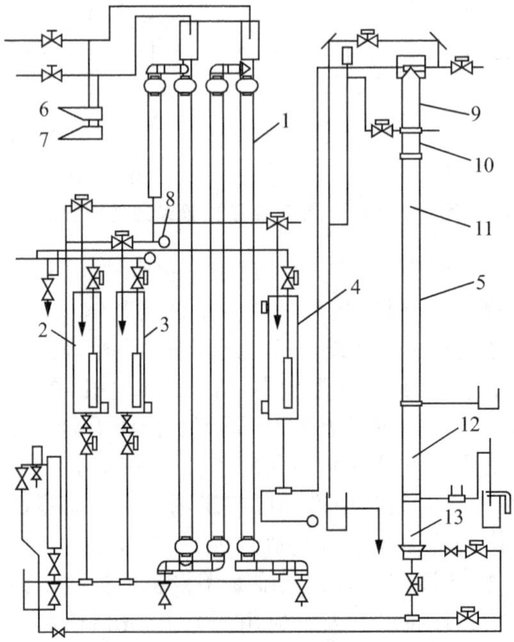

图 11-13　半连续式移动床离子交换系统

1—处理柱；2，3—中间循环柱；4—饱和树脂存贮柱；5—再生柱；6～8—传感器；9—树脂计量段；10—缓冲段；11—再生段；12—清洗段；13—快速清洗段

4. 连续式离子交换设备

(1) 一般连续式离子交换设备

固定床的离子交换操作中，只能在很短的交换带中进行交换，因此树脂利用率低，生产周期长。如图 11 - 14 和图 11 - 15 所示，采用连续逆流式操作则可解决这些问题，而且交换速度快，产品质量稳定，连续化生产更易于自动化控制。

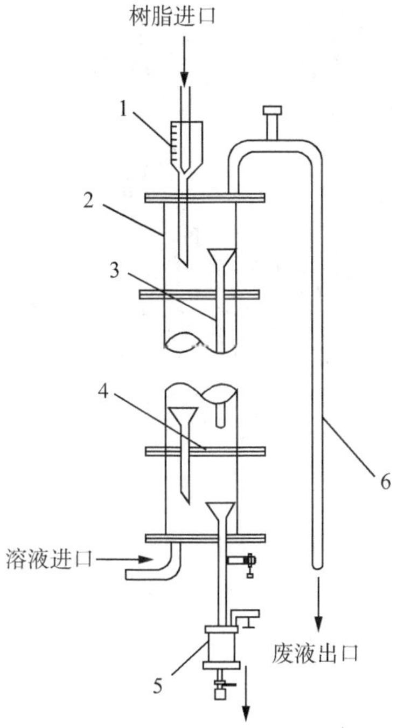

图 11 - 14 筛板式连续离子交换设备

1—树脂计量及加料口；2—塔身；3—漏斗形树脂加料口；4—筛板；5—饱和树脂接受器；6—虹吸器

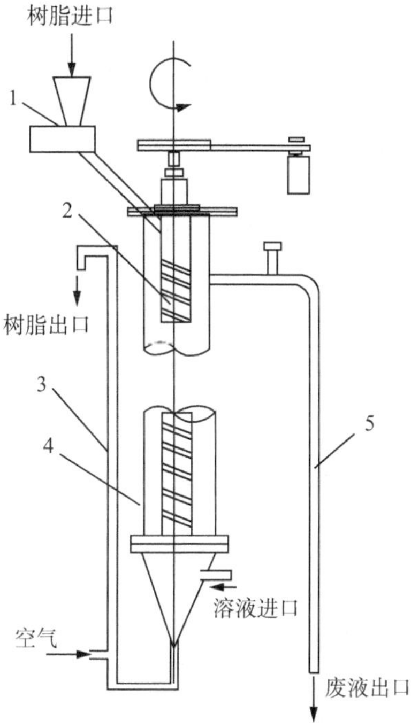

图 11 - 15 涡旋式连续交换设备

1—树脂加料口；2—具有螺旋带的转子；3—树脂提升器；4—塔身；5—虹吸器

连续式离子交换设备又分为重力和压力式。压力流动式设备包括再生洗涤塔和交换塔。交换塔为多室结构，其中的树脂和溶液为顺流流动，而对于全塔来说，树脂和溶液却为逆流。再生和洗涤共用一塔，水及再生液与树脂均为逆流。连续式装置的树脂在装置内不断流动，但是又形成固定的交换层，具有固定床离子交换器的特点；另一方面，树脂在装置中与溶液顺流呈沸腾状态，因此又具有沸腾床离子交换器的特点，其工作流程如图 11 - 16 所示。这种装置的主要优点是能够连续生产，而且效率高，树脂利用率高，再生液耗量少，操作方便；缺点是树脂磨损较大。而重力流动式又称双塔式，工作流程如图 11 - 17 所示，其主要特点是被处理的料液与树脂为逆流流动。

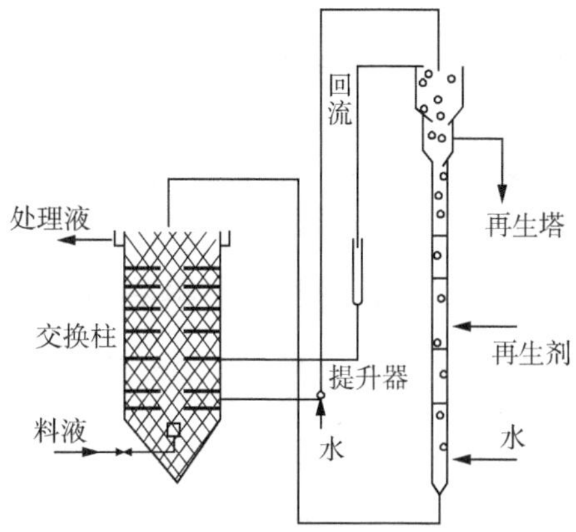

图 11 - 16 压力流动式离子交换装置流程

(2) ISEP 系统及工作原理

连续型离子分离系统(ionic separation，ISEP)是首次开发成功的一种真正连续的离子交换系统，如图 11 - 18 所示。它是由美国先进分离技术公司于 1986 年开发并不断完善的，目前已成功应用于多种领域中。

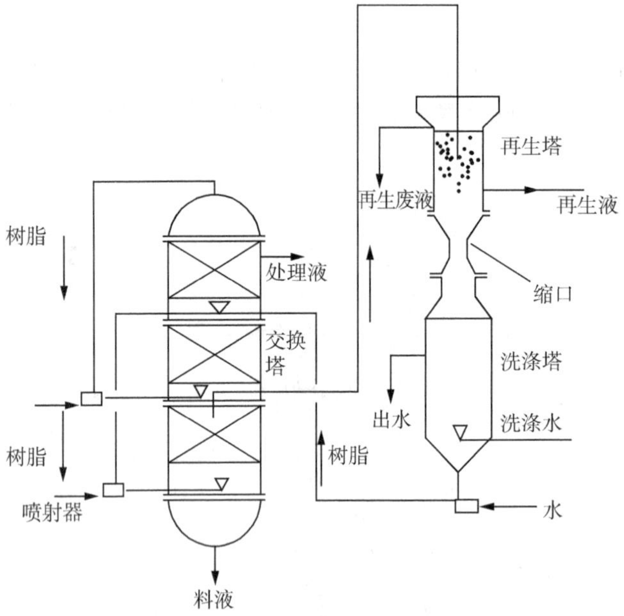

图 11－17　重力流动式离子交换装置流程

图 11－18　ISEP 实验室模型 L100 示意图

ISEP 系统是由一水平转盘和 30 个小固定床柱子所构成。固定床和转盘以规定的速度连续旋转，每个柱中都装有离子交换树脂等吸附剂，每个柱的上部和下部均有接管，与由小电机驱动的分配器旋转管嘴相接。分配器旋转端与含有 20 个均匀分布槽口的分配器固定端相匹配。转盘旋转 360°时，每个柱都经历一次吸附循环，即吸附、再生，以及一次或二次淋洗。当某一个柱从一个槽口下部移开时，液流暂时停止流动，直至床柱转移到与另一个槽口相通，这样能够保证树脂床柱在任何时候都只能接受来自一个槽口的液流。在吸附循环中，床柱内树脂的任何部位均无闲置，可大大减少树脂用量。小容积树脂床与液流的逆流流动，减少了再生和清洗树脂床所需要的再生剂。

ISEP 系统可用于分离、精制和回收各种工业用水及其他溶液中的特定有效物质及有害物质，此系统可使用传统的吸附剂，如离子交换树脂、活性炭及合成吸附剂等。由于系统是连续运行，ISEP 不需要设置备用设备，离子交换树脂再生时也不必中断正常的生产。由于多柱（20/30 交换柱）吸附及在稳定状态下连续运行，ISEP 系统可以处理杂质浓度较高的物料，保证产品具有稳定的成分和浓度。同时，因非活性树脂用量的减少及采用多通道逆向流动再生方式，离子交换树脂的用量及再生剂和洗涤水的消耗量可大大减少。因为 ISEP 能使多级分离步骤同时进行，所以越是复杂的分离过程，越能发挥其优越性。

11.2.6　离子交换在制药工业中的应用

1. 离子交换树脂在中药有效成分提取中的应用

（1）生物碱

生物碱是自然界中广泛存在的一大类碱性含氮化合物，是许多中草药的有效成分，它们在中性和酸性条件下以阳离子形式存在，可用阳离子交换树脂从提取液中富集分离出来。另外，生物碱在醇溶液中能较好地被吸附树脂所吸附。离子交换吸附总生物碱后，可根据各生物碱组分碱性的差异，采用分部洗脱的方法，将生物碱组分一一分离。

（2）皂苷

皂苷是一类结构复杂的螺甾烷、相似生源的甾体混合物的低聚糖苷及三萜类化合物的低聚糖苷，可溶于水。皂苷由皂苷元和糖组成，按苷元的结构可分为两类：一类为甾体苷元，结构中大多含有羟基，呈中性；另一类为三萜类皂苷，有羟基，呈酸性。这两类皂苷一般极性较大，离子交换树脂对其有较强的吸附作用。

(3) 糖类

糖类化合物中含有许多醇羟基，只有极弱的酸性，在中性水溶液中可与强碱性阴离子树脂发生离子交换作用而被吸附，易被10%的NaCl水溶液解吸，可惜许多糖类物质在强碱性条件下发生异构化和分解反应，因而限制了强碱阴离子交换树脂在糖类物质纯化中的应用。

2. 离子交换在抗生素工业中的应用

(1) 链霉素

链霉素为一种强碱性抗生素，在pH＝4～5时稳定，强酸树脂虽能吸附但很难洗脱，故选用弱酸树脂。链霉素在pH＞8和pH＜4时不稳定。氢型弱酸树脂在酸性溶液中不起交换作用，故采用钠型树脂吸附。吸附前用水稀释发酵液，目的是提高链霉素高价离子的交换选择性。其他低价杂质离子的吸附量饱和后用大量软水正、反洗涤树脂至流出水澄清，方可洗脱。羧酸树脂的H^+的亲和力强，用5%的硫酸即可洗脱完全，采用数罐串联洗脱和提高硫酸浓度的方法可以提高洗脱液浓度，减少杂质含量。

(2) 庆大霉素

庆大霉素是由小单孢菌产生的一族氨基糖苷类抗生素的总称，目前临床上用的庆大霉素是C_1、C_2、C_{1A}三个主要组成的复合物，它们为碱性抗生素。庆大霉素对广泛的pH值及热均稳定，因此采用1×12或1×7强酸树脂(H^+、Na^+、NH_4^+型均可)在pH＝7～7.5吸附，饱和树脂先用稀$HCl-NH_4Cl$溶液或0.02 mol/L氨水洗涤，除去组分杂质及色素，再用无盐水洗涤至无Cl^-(避免洗脱时生成NH_4Cl灰分含量不合格)，然后用1 mol/L氨水溶液洗脱，在碱性下庆大霉素从阴离子转化为游离碱，故容易洗脱完全。

(3) 青霉素

青霉素为弱酸性抗生素，在溶液中可阴离子化，曾用弱碱树脂吸附，洗脱率仅为65%～70%。此法周期长，易染菌，同时青霉素又是抗生素中较不稳定的化合物，对热、酸、碱及参与微生物代谢的醇都敏感，很易被破坏，所以至今工业上还没有用树脂法而是用溶剂萃取法提取。

3. 离子交换在水处理中的应用

制药工业需要质量很好的去离子水。与其他方法相比，离子交换技术无论在经济上还是在制备的纯水质量上都具有突出的优点，因此得到了普遍的应用。用离子交换树脂制备去离子水的工艺过程是使原水通过H^+型强酸性阳离子交换树脂和OH^-型阴离子交换树脂混合树脂床，同时除去水中的阳离子和阴离子。由此法制得的水纯度很高，可用于核反应及电子工业。

现在已有多种离子交换树脂和去离子水制备工艺用于实际生产，可根据原水水质和不同用途的需要进行选择，以下为其中的两种工艺。

(1) 复床式　复床式由强酸性阳离子交换树脂柱和强(或弱)碱性阴离子交换树脂柱组成，出水质量较差。

(2) 混床式　将强酸性阳离子交换树脂和强碱性阴离子交换树脂以一定比例混合，装入同一个交换柱中进行脱盐。

国内的制药系统一般采用强酸树脂，阴离子树脂则视水质要求不同而采用强碱树脂或弱碱树脂。弱碱树脂交换量高，再生剂耗量少，但不能除去磺酸、碳酸等离子，水质劣于用强碱树脂制得的水。实际应用时依照水质要求和原水质量可选用不同树脂或混合，如采用两个单床串联成的复床组合，可以是强酸-强碱组合，亦可以是强酸-弱碱组合；水质要求比较高时可采用强酸-弱碱-强酸-强碱或强酸-强碱-弱酸-弱碱的两次复床组合，效果较好的是采用复床-混合床组合。当原水中重碳酸盐、碳酸盐含量高时，可在强酸床或弱酸床后加除气塔，排除CO_2以减少后面强碱床的负担。强酸-强碱复床制得的无盐水，比电阻为$6\times10^5\ \Omega\cdot cm$。

反应混合床除盐具有 pH 值变化很少的优点，在链霉素生产中采用 1×14 磺酸树脂和密度差较大的弱碱树脂组成的混合床除盐，避免链霉素的酸、碱性破坏，效果很好。

思考题

11－1 常用的吸附剂有哪些？各有何特点？
11－2 吸附剂的哪些特征会影响吸附过程？
11－3 常见的吸附分离设备有哪些？
11－4 根据活性基团的不同，离子交换剂可分为几大类？
11－5 影响离子交换树脂的选择性的因素有哪些？
11－6 常见的离子交换分离设备有哪些？
11－7 吸附与离子交换技术在制药领域中有哪些主要的应用？

参考文献

[1] 李淑芬，姜忠义. 高等制药分离工程. 北京：化学工业出版社，2006.
[2] 李淑芬，白鹏. 制药分离工程. 北京：化学工业出版社，2009.
[3] 孙彦. 生物分离工程. 北京：化学工业出版社，2005.
[4] 田瑞华. 生物分离工程. 北京：科学出版社，2008.
[5] 严希康. 生化分离工程. 北京：化学工业出版社，2001.
[6] 刘小平，李湘南，徐海星. 中药分离工程. 北京：化学工业出版社，2005.
[7] 姜志新，谌竟清，宋正孝. 离子交换分离工程. 天津：天津大学出版社，1992.
[8] 顾觉奋. 分离纯化工艺原理. 北京：中国医药科技出版社，2000.
[9] 何炳林，黄文强. 离子交换与吸附树脂. 上海：上海科学教育出版社，1995.

12 色谱分离技术

12.1 概 述

从混合物中将各种化合物分离并提纯，是药物研究、药物制造及药物检验工作者的基本任务之一。自然界中的一些物质主要以混合物的形式存在，合成产品和许多化学反应的产物通常也不仅是单一物质。因此，从事药物领域及相关领域的工作者最经常进行的工作之一，就是要把复杂的混合物分离成各个单一的组分。

色谱(chromatography，又称为色层或层析)的起源与天然成分的研究工作密切相关。早在1903年，俄国植物学家Tswett研究植物色素的组成时，将植物色素的石油醚抽出液倾入碳酸钙吸附柱上，当以石油醚进行洗脱时，吸附柱上出现植物色素的不同颜色谱带，于是他首先提出了"色谱法"这一概念，但当时色谱法未受到重视。直到1931年Kuhn和Lederer在氧化铝和碳酸钙柱上制备分离了α,β-胡萝卜素后才引起了化学家的重视。1938年，Steiger介绍了液相色谱，使原来色谱法的应用范围扩展到无色物质。1941年，Martin和Synge利用硅胶进行液-液分配色谱分离，进一步扩大了色谱法的应用范围，从而使色谱法逐步发展成为一种重要的分离分析手段。在此基础上，又发展了纸色谱、薄层色谱及各种类型的色谱方法。20世纪50年代初，James Martin报道了气相色谱分析在分析化学方面的应用，其特点是分离速度快，高效能，并采用了各种高灵敏度检测器及自动记录等装置，使分析方法趋向自动化。因此，它的出现受到人们的重视，并在较短的时间内在理论、实验技术和应用上都有惊人的发展。但是气相色谱对难以汽化和热不稳定的物质有局限性，使得其应用范围受到了一定的限制。随着色谱动力学的研究，在原有的液相柱色谱基础上，引入了气相色谱理论，并加以改进和发展，于20世纪60年代末出现了高效液相色谱。它与经典的柱色谱主要不同之处在于应用了颗粒直径小的高效色谱柱填充剂，以及配用的高压输液泵、高灵敏度检测器和自动记录及自动收集装置，从而使它在分离速度上比起经典的液相柱色谱要快数百倍。

随着生物工程、精细化工及医药工业的发展，对物质的分离提纯提出了更高的要求，而经典的分离方法(精馏、吸收、萃取、结晶等)都难以实现分离要求，人们逐步发展了制备色谱。制备色谱的规模对不同应用者的含义不同，对生物化学家来说，制备色谱意味着分离几毫克试样，然后用适合的分光技术对结构进行分析；对有机化学家来说制备色谱意味着为了随后的合成工作分离5～50 g中间产品。由此可见，分离样品量并不是绝对的制备分级指标。从几毫克到几十毫克范围试样的负载，甚至对几百克物质进行一次分离，以满足不同研究需要和用途。

色谱是适应科技和生产需要发展起来的一种新型、高效、节能的分离技术，目前在工业生产中应用的色谱分离技术主要是中、高压液相色谱。由于新的高选择性能固定相的开发，新型色谱技术的出现，如DAC技术(动态轴向压缩技术)，以及色谱机制、色谱柱放大效应理论及相关数学模型研究的不断深入，色谱分离取得了长足的发展，同时新的概念如模拟移动床色谱(SMBC)、制备型超临界流体色谱(Pre-SFC)以及扩展性吸附色谱(EBAC)也被引入，大大扩展了色谱作为一种工业提纯工具的应用领域。

随着色谱柱技术和填料填充方法的改进，凝胶渗透色谱、离子交换色谱、正/反相硅胶色谱及手性色谱均能放大至直径 1 m 以上的大型色谱柱，而大直径色谱柱也可以取得和小直径色谱柱同样的分离效果。此外，一方面由于高选择性固定相的相继出现与采用，大大有利于提高色谱柱的分离效果；另一方面，各种高灵敏度检测器的出现，以及微机控制和数据处理、馏分收集器等外围设备的配置，使得色谱技术在批量制备、生产等方面成为分离效率高、使用方便、用途广泛的生产技术。

总之，色谱分离技术是迄今为止人类掌握的对复杂混合物分离效率最好的一种方法。在生物、化工生产过程中，为迎接产品成本和质量标准方面的商业竞争及环境保护压力的挑战，在医药、生物和精细化工工业中发展色谱技术，进行大规模物质分离提取的重要性日益增加。

与其他传统分离纯化方法相比，色谱分离过程具有如下特点。

(1) 应用范围广　从极性到非极性、离子型到非离子型、小分子到大分子、无机到有机及生物活性物质、热稳定到热不稳定的化合物都可以用色谱方法分离。尤其在生物大分子分离和制备方面，是其他方法无法替代的。

(2) 分离效率高　若用理论塔板数来表示色谱柱的效率，每米柱长可达几千至几十万的塔板数，特别适合于极复杂混合物的分离，且通常收率、产率和纯度都较高。

(3) 操作模式多样　在色谱分离中，可通过选择不同的操作模式，以适应各种不同样品的分离要求，如可选择吸附色谱、分配色谱和亲和色谱等不同的色谱分离方法；可选择不同的固定相和流动相状态及种类；可选择间歇式和连续式色谱。

(4) 高灵敏度在线检测　在分离与纯化过程中，可根据产品的性质，应用不同的物理与化学原理，采用不同的高灵敏度检测器进行连续的在线检测，从而保证了在达到要求的产品纯度下，获得最高的产率。

12.2 色谱法的类型及适用对象

12.2.1 色谱法的分类

色谱技术的应用范围已越来越广泛，各种新的色谱分离技术也不断出现，分类方法也有很多种，一般可按两相的状态、操作形式、分离机制和应用领域进行分类，这些分类相互交叉甚至部分重叠，如表 12－1 所示。

表 12－1　色谱法的分类、特点及应用

分类方式	类　型	类型的基本特点或分离的基本原理	典型的名称及应用
按流动相与固定相分类	气相色谱法(GC)	流动相的分子聚集状态分别为气体、液体和超临界流体	
	液相色谱法(LC)		
	超临界流体色谱法(SFC)		
	气-固色谱法(GSC)	固定相的分子聚集状态分别为固体、液体	
	气-液色谱法(GLC)		
	液-固色谱法(LSC)		
	液-液色谱法(LLC)		
按操作方式分类	柱色谱法	一般柱色谱法、毛细管柱色谱法：柱子粗细不同	气相色谱法、高效液相色谱法及超临界流体色谱法等
		填充柱色谱法、开口柱色谱：固定相填充状况不同	
	平面色谱法	纸色谱法(PC)、薄层色谱法(TLC)及薄膜色谱法(TFC)等	
	逆流分配法		

续 表

分类方式	类 型	类型的基本特点或分离的基本原理	典型的名称及应用
按色谱过程的分离机制分类	吸附色谱法	所用固定相为吸附剂，靠样品组分在吸附剂上吸附系数(吸附能力)的差别而分离	
	分配色谱法	利用样品组分在固定相与流动相中的溶解度不同所造成的分配系数差别而分离	LLC 和 GLC
	空间排阻色谱法(SEC)	靠高分子样品的分子尺寸与凝胶的孔径间的关系即渗透系数差别而分离	凝胶渗透色谱法(GPC)及凝胶过滤色谱法(GFC)
	离子交换色谱法(IEC)	靠样品离子与固定相的可交换基团交换能力(交换系数)的差别而分离的	氨基酸分析法(AA)及离子色谱法(IC)
	亲和色谱法	利用蛋白质或生物大分子与亲和色谱固定相表面上配位基的专属性亲和力进行分离	这种方法专用于分离与纯化蛋白质等生化样品
	化学键合相色谱法(BPC)	将固定相的官能团键合到载体表面，所形成的固定相称为化学键合相。用化学键合相的色谱法称为化学键合色谱法，简称键合色谱法	化学键合相可作为液-液分配色谱法、离子交换色谱法、手性化合物拆分色谱法及亲和色谱法等色谱法的固定相
	毛细管电色谱法(CEC)	靠色谱与电场两种作用力，依据样品组分的分配系数及电泳速度的差别而分离	填充毛细管电色谱法(CEC)、开口毛细管电色谱法(CEC)，它快速、经济、应用广，是最有前途的分析方法
	毛细管电泳法(CE)	靠色谱与电场两种作用力，依据样品组分的分配系数及电泳速度的差别而分离	毛细管区带电泳(CZE)、胶束电动毛细管色谱(MECC)、毛细管凝胶电泳(CGE)及毛细管等电聚焦(CIEF)电泳等
按使用目的分类	分析用色谱	各类样品的分析；实验室使用色谱仪器和现场或便携式色谱仪	液相色谱，液-液色谱，气相色谱，平板(薄层)色谱；实验室使用色谱仪器和现场便携式色谱仪
	制备用色谱	完成一般分离方法难以完成的纯物质制备任务	液相色谱，液-液色谱，气相色谱，平板(薄层)色谱
	流程用色谱	为在线连续使用的色谱仪	主要用于化肥、制药、石油炼制及冶金工业过程的工业气相色谱仪

12.2.2 几种常用色谱法的比较

薄层色谱、气相色谱、高效液相色谱及纸色谱是四类广泛应用的色谱技术，它们各有优缺点及适用范围。总的来说，目前薄层色谱及高效液相色谱在医药行业应用最为广泛。薄层色谱的优点是设备和操作比较简单，展开时间快，应用范围及分析对象很广，不论是无机、有机、生化、药物等都可应用薄层色谱；从化合物的性质来看，小分子或大分子化合物，水溶性或非水溶性物质等各种类型物质的分离、精制、鉴定和定量都可用薄层色谱。高效液相色谱在定量的精确性和稳定性等方面比薄层色谱更好，但设备和费用较高。

气相色谱定量准确性高，但只适用于在设备柱温条件下(一般为 200～300℃)能汽化的化合物，因此限制了其应用范围。在有机化合物中大约只有 20%～30%的产品适用，在制药及相关产品中所占比例较小，但气相色谱亦具有液相色谱不可取代的特点。

纸色谱是几种色谱中最廉价的一种，但是展开时间长，用来分离水溶性物质比较方便。表 12-2 就不同色谱在设备、适用对象等方面的差异进行了比较。

表 12-2 几种色谱方法的比较

项目	薄层色谱	气相色谱	高效液相色谱	纸色谱
设备	较简单	复杂	复杂	简单
分离对象	较广	能汽化的物质,高温下不分解	较广	水溶性物质
样品用量	n μg	0.01～1 μg	0.01～1 μg	n μg
检测灵敏度/g	10^{-7}	10^{-10}	10^{-8}～10^{-12}	10^{-5}
检测方法	以物质的化学特性或物理性质为基础的显色剂、扫描法	热导池氢火焰	紫外、可见荧光光谱、示差折光、电化学	以物质的化学特性或物理性质为基础的显色剂、扫描法
定量准确度	+	++	++	
定量重现性(体积分数)/%	2～5	1	1	
展开及洗脱时间/min	20～100	5～60	5～16	160～480

12.3 色谱法的基本原理

12.3.1 分离原理

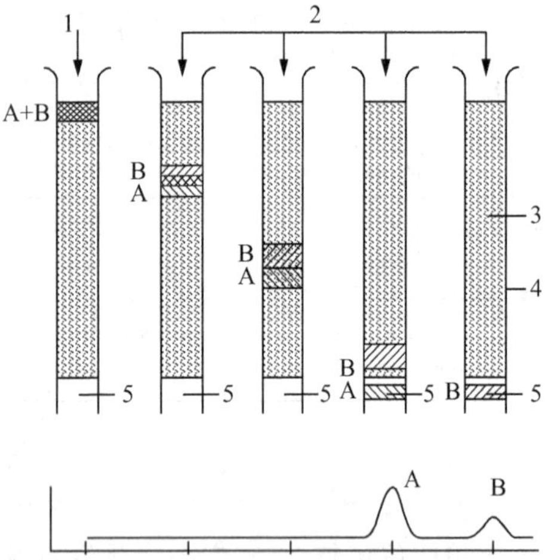

图 12-1 色谱分离过程示意图

1—试样;2—流动相;3—固定相;4—色谱柱;5—检测器

色谱分离过程的实质是溶质在不互溶的固定相和流动相之间进行的一种连续多次的交换过程,它通过溶质在两相间分配行为的差异而使不同的溶质分离。不同组分在色谱过程中分离情况首先取决于各组分在两相间的分配系数、吸附能力、亲和力等是否有差异。图 12-1 是对 A、B 两组分的色谱分离过程原理的简单图示。

含 A、B 组分的混合物随流动相一起进入色谱柱,在流动过程中,各溶质组分在固定相(色谱柱中填料)和流动相之间分配,分配系数小的组分 A 不易被固定相滞留,较早流出色谱柱而被检测器检测;分配系数大的组分 B 在固定相上滞留时间长,较晚流出色谱柱,即混合物中各组分按其在两相间的分配系数不同先后流出色谱柱而得到分离。

分配系数的定义是

$$K = c_s / c_m \qquad (12-1)$$

式中,c 为溶质浓度,mol/L;下标 s 和 m 分别为固定相和流动相。

12.3.2 固定相

色谱柱填料分为球形颗粒填料和不规则形状颗粒填料,前者具有较大的优势。其具有较高的机械强度,不易破碎,柱的装填重现性好,并可增加样品在柱中的渗透性,虽价格较高,但其使用寿命较长。选择合适的柱填料不仅应考虑其化学性质,还应考虑颗粒大小、色谱柱长度、操作压力等因素,才能得到较好的分离效果。

色谱分离过程中常用的柱填料有以下几种。

(1) 硅胶及其衍生的固定相　大孔硅胶是最重要的色谱固定相，也被用于制备型键合固定相。根据制备方法的不同，可得到不同孔径、表面积及颗粒形状的吸附剂。对于制备型液相色谱，固定相颗粒及大小已经由经典的无定形大颗粒(40～60 μm或更大)发展到目前的球形高效细颗粒(10～20 μm或更小)，已经与分析用的固定相非常接近。未经衍生的硅胶由于其具有价格低廉、可供选择的流动相种类多、分离后溶剂易于去除及流速快等优点，大多数制备型加压液相色谱分离中仍采用这种填料。键合相硅胶填料(尤其是反相)则由于其具有可减少破坏样品的危险、不可逆吸附较少、分离效率高等特点，虽价格高，但其应用仍日益普遍。

(2) 活性炭　活性炭属于非极性吸附剂，以物理吸附为主，不同原料烧制成的活性炭性能上有一些差异，主要可以吸附非极性和弱极性的有机气体和蒸气，其吸附容量大、吸附力强，但对水的吸附较少。因此，活性炭适合于采集有机气体和蒸气混合物，特别适合于在浓度低、湿度高的地点长时间采样。活性炭对于沸点高于0℃的各种蒸气，在常温下均能有效吸附；对于沸点低于－150℃的气体，如氢气、氮气、氧气和一氧化碳气体等，活性炭在常温下几乎无吸附能力。

(3) 离子交换树脂　离子交换树脂可分为强酸性阳离子交换树脂、弱酸性阳离子交换树脂、强碱性阴离子交换树脂和弱碱性阴离子交换树脂。离子交换树脂在湿法冶金中广泛采用，也用于葡萄糖和果糖的分离及蛋白质的分离与提纯。质子化的强离子交换树脂能用于分离高度氧化及脱水的二萜类化合物。

(4) 大孔吸附树脂　大孔吸附树脂是单体在聚合过程中，同时加入适当的发泡剂聚合而成的球形颗粒，按其极性分为极性、非极性和中间极性三种类型。它具有化学稳定性和机械强度性能较好，吸附容量大和再生容易的优点，其应用十分普遍。多孔聚合物、大孔吸附树脂 Diaion HP－20对于分离极性化合物十分有效。

(5) 凝胶　根据凝胶的材料不同，可分为有机凝胶和无机凝胶。有机凝胶一般是交联的高聚物，根据其交联度的大小可以溶胀，柱的效率高，但易老化，热稳定性和机械强度都较差。无机凝胶的柱分离效率较差，但性能稳定易于掌握。亲水性凝胶用于生化产品的分离，亲油性和两性凝胶适用于合成高分子材料的分离。

(6) 手性固定相　常用的手性固定相主要是以下两类：一类是纯的手性有机聚合物或以其覆盖的多孔担体，包括寡糖和多糖、聚丙烯酸酯和由蛋白质衍生的固定相；另一类是通过对担体(如硅胶)表面进行手性化学修饰所获得的物质，修饰剂包括氨基酸衍生物、冠醚、金鸡纳生物碱、碳水化合物、酒石酸衍生物、环糊精和双萘类化合物。下面介绍几种具有代表性的手性固定相。

① 纤维素衍生物　以纯聚合物的形式或以覆盖在惰性非手性担体的形式进行应用。三乙酰基纤维素以价廉、适用面广、载样量大的特点成为最广泛应用的纤维素衍生物固定相，但其不足之处是效率低、重现性差，以及需采用低的洗脱液流速。

② 环糊精　环糊精是形成稳定包合配合物的环状配合物的环状多糖，包合配合物高度疏水的孔穴中具有各种各样的分子。根据孔穴的大小可区别为α-、β-与γ-环糊精，同时疏水孔穴的大小及环糊精上的取代基决定其与某一分子结合的能力。将环糊精固定于硅胶上或用双乙二醇与环糊精交联都可应用于制备型分离。

③ 聚(甲基)丙烯酸铵　通过将丙烯酸单体在硅胶表面聚合，得到机械性能大为改善的嫁接聚合物。这种聚合物尤其适用于拆分具有轴向、平面或螺旋手性的化合物。

④ π-酸和π-碱固定相　最常用的π-酸担体是由苯基甘氨酸和亮氨酸通过共价或离子键合到3-氨基丙基硅胶上得到的。由(R)-N-3,5-二硝基苯甲酰基苯基甘氨酸离子键合到40 μm的氨基丙基硅胶构成的手性固定相可用于分离克数量级的消旋体，包括醇类、丙酯类、亚砜类、内酯胺类及己内酰脲类成分。π-碱担体可用于分离萘基丙氨酸和萘乙胺衍生物。

12.3.3 色谱柱及柱技术

色谱柱是色谱技术的核心，因为无论应用哪种色谱方法，样品都是在色谱柱中实现分离的。制备型色谱柱尺寸大，且负载样品量大，因此制备色谱柱成为制备色谱柱的技术关键。色谱柱的性能依赖于三个因素：色谱柱填充技术、柱设计和生产。

1. 色谱柱装填方法

色谱柱装填方法一般有五种：高压匀浆填充、干法填充、径向压缩法、轴向压缩法和环状压缩法。而对于中型和大型制备色谱柱的装填主要采用后三种方法。轴向压缩法又分为动态轴向压缩法(DAC)和普通轴向压缩法，两者的区别在于：在 DAC 中，色谱柱在使用过程中仍保持一定的压力，从而处于压缩状态。

动态轴向压缩法的基本原理是利用一个可移动的活塞将装入色谱柱的填料匀浆压实，在洗脱过程中，色谱柱柱床始终保持一个固定的压力，从而保证柱床维持稳定、均匀且没有空隙形成。DAC 技术解决了色谱放大过程中大直径色谱柱的装填问题，且能保证稳定的柱效能，最大的动态 DAC 色谱柱内径达到 1 600 mm。正是 DAC 技术的出现，使高品质柱可以大规模使用，且 DAC 技术为使用者提供了用任意一种填料自己装填柱子，并可方便快速地调整柱长度的可能性。DAC 技术是目前填充大直径制备色谱柱的最好方法。

2. 色谱柱设计

柱设计是影响色谱柱性能的关键因素。因为柱设计直接影响到能否在色谱柱中形成液体的平推流式分布。目前在工业规模的连续多柱制备色谱系统中，色谱柱多采用大直径、短柱式的“饼式”柱，柱头结构与分析柱完全不同，它的设计显得尤为重要。例如，在柱端口，当溶剂进入色谱柱后，溶剂流速通常要降到原来的 1/200，因此要保证柱端的优化设计，首先利用流体力学模型进行模拟计算，达到最优柱端设计，然后再进行放大，以使被分离物质以“面进样”而不是“点进样”的方法分布在柱头截面上，形成平整的活塞流，减少谱带扩张。

柱结构的设计上，传统的轴向流动柱是目前最常见的。目前出现的新型柱结构设计是由 Separagen 公司发明的 Superflo 柱，称为“径向流动色谱柱”。柱形状是一个同心圆筒，填料装在圆筒的夹层中，样品从圆筒的外周边引入，沿筒的径向流入中间细管中，然后进入检测器。它的特点是进样面大，柱子短(圆筒夹层厚度)使制备量提高且节省空间；被分离物在柱内滞留时间短；填料可使用软质材料，甚至卷式膜材料；流动相流速大；技术更加复杂。

12.3.4 色谱的主要检测器

检测器又称为鉴定器或检定器，是色谱仪器的重要组成部分。色谱检测器可以视为一个传感器，根据物质的物理或化学性质将从色谱柱内流动相流出的组分浓度或量的变化，转换成易于测量的电压、电流信号，信号的大小和组分的量成正比。

1. 气相色谱检测器

气相色谱检测器技术是气相色谱发展的主要动力。1952 年，最初的气相色谱检测技术采用自动酸碱滴定。热导检测器的出现使气相色谱技术迅速发展，时至今日已报道的气相色谱检测器已有很多种。具有实际使用价值的不多，常用的有氢火焰离子化检测器、热导检测器、火焰热离子检测器、火焰光度检测器和电子捕获检测器等，其各自特点见表 12－3。

表 12－3 气相色谱检测器

检测器种类	优 点	缺 点	应用对象
氢火焰离子化检测器	成本低廉；通用性差；响应快	对永久性气体不产生信号；灵敏度较低	电离势比氢低的有机物
热导检测器	操作方便；不破坏样品；结构简单	载气气流波动对稳定性影响大	无机气体样品和有机样品

续　表

检测器种类	优　点	缺　点	应用对象
电子捕获检测器	灵敏度高；选择高	设备昂贵	电负性物质，如含卤素、硫、磷、氧的化合物
火焰热离子检测器	对氮、磷化合物有高的选择性和灵敏度	多用于分析，分离方面很少用	适合于农药、药物残留分析

2. 液相色谱检测器

在现代液相色谱中，要想连续地监测色谱柱流出物，灵敏的检测器是必不可少的。现用的液相色谱的检测器分为两种：一是普通检测器，它是测定流动相加入溶质后的某种物理性质的变化；另一种是溶质性质或选择检测器，它只对溶质的某些性质是灵敏的。液相色谱的主要检测器有紫外检测器、示差折光检测器和蒸发散射检测器等。表 12－4 就不同检测器的特点进行了比较。

表 12－4　液相色谱检测器的主要功能

检测器种类	优　点	缺　点	应用对象
紫外检测器	操作方便；线性范围宽；灵敏度高	异构体干扰性大	有紫外吸收的有机物、蛋白质、核酸等
示差折光检测器	可靠，容易操作；不破坏样品	难以用于梯度洗脱；灵敏度低；对温度变化敏感	溶质的折光指数和流动相有显著差异的组分
放射性检测器	选择性高	响应范围窄	放射标记物质
蒸发散射检测器	灵敏度高；稳定性好；通用型		任何挥发性低于流动相的组分
荧光检测器	灵敏度高；选择性好	检测受非目标荧光物质的干扰	具有对称共轭和非强离子化的化合物（氨基酸、维生素、多肽等）
电化学检测器	灵敏度高	应用范围窄	还原电性的化合物

12.4　色谱分离过程的理论基础

12.4.1　色谱分离基本术语

图 12－2 为典型的单一组分色谱图，现根据该图说明色谱分离中相关术语。

(1) 基线　色谱柱出口处连接一个检测器，能够记录下流经出口的溶质的浓度变化，当没有样品随流动相流进检测器时，检测器输出的电压或电流稳定，是一条平行于时间横坐标的直线，如图 12－2 中 *CD* 线。

(2) 色谱峰高　组分从柱后洗出最大浓度时检测器输出的信号值，即色谱峰顶点向基线作垂线的距离，如图 12－2 中 *AB* 线所示。色谱峰高一般用毫伏(mV)、毫米(mm)或检测器输出的信号单位表示。

(3) 色谱峰区域宽度　色谱峰的区域宽度是色谱流出曲线的一个重要参数，通常有三种表示方式。

① 标准偏差 σ：色谱峰是一个对称的高斯曲线，

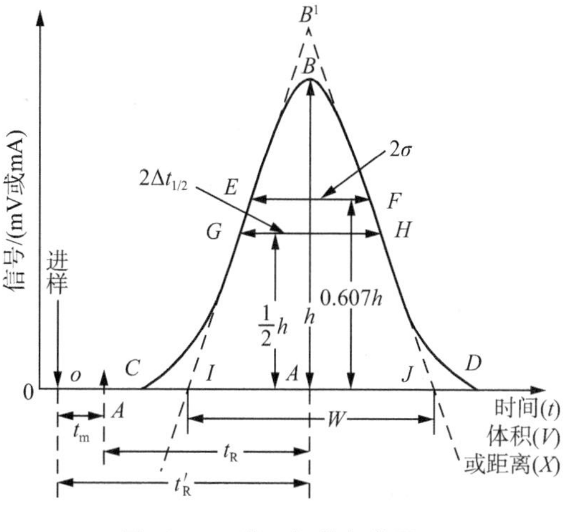

图 12－2　单一组分色谱图

在数理统计中用标准偏差 σ 来度量高斯曲线宽度。σ 是峰高 0.607 处峰宽度的一半，即图 12－2 中 EF 的一半。

② 半峰高宽度：色谱峰高一半的宽度，亦称为色谱峰半高宽度。从峰高 1/2 处作平行于基线的直线，与峰两边交点的距离，即图 12－2 中 GH。

③ 色谱峰底宽：由色谱峰的两边的拐点作切线，与基线交点间的距离，即图 12－2 中 IJ。

（4）色谱峰面积 A　色谱峰面积就是色谱曲线与基线间所包围的面积，即图中 CBD 内的面积。

（5）死时间 t_m 色谱柱中不保留成分流经色谱柱的平均时间定义为死时间，以 t_m 表示

$$t_m=\frac{L}{u} \tag{12-2}$$

式中，u 为流动相平均线速度；L 为色谱柱长。

（6）保留时间 t_R 与保留体积 V_R　它们是色谱柱淋洗曲线的两个基本参数，即自进样点至溶质峰最高点之间，流动相通过柱子的时间及相应的体积。

（7）分离因子 α　分离因子 α 用以表征两种不同的溶质在色谱柱中的分离过程，定义如下

$$\alpha=\frac{t_B-t_m}{t_A-t_m} \tag{12-3}$$

式中，t_m 为色谱柱的死时间；t_A 为组分 A 的保留时间；t_B 为组分 B 的保留时间。

（8）分离度 R　定义为两峰间距离的两倍与其底宽之和的商，如图 12－3 所示，以 R 表示

$$R=\frac{t_{R2}-t_{R1}}{\frac{1}{2}(W_{t2}+W_{t1})}=\frac{2(t_{R2}-t_{R1})}{W_{t2}+W_{t1}} \tag{12-4}$$

式中，t_{R1}、t_{R2} 为组分保留时间；W_{t2}、W_{t1} 为色谱峰底宽；R 是一个量纲为一的参数，两个溶质峰彼此离得越远分离就越好，且峰越尖锐、越窄分离也越好。

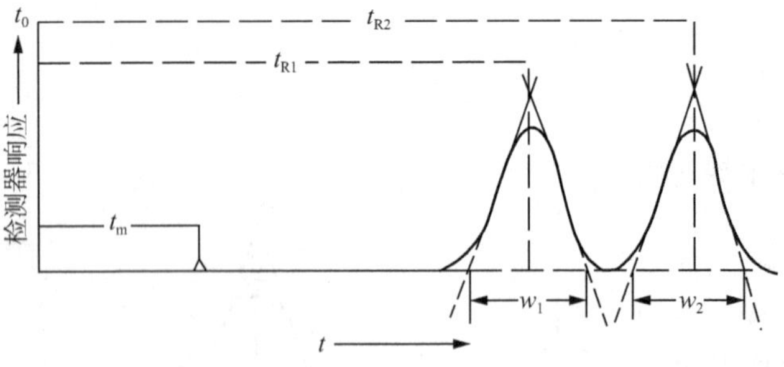

图 12－3　分离度 R

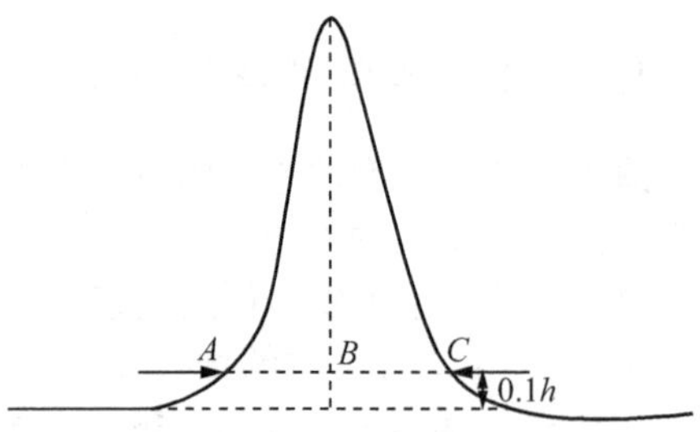

图 12－4　对称度（T_f）

（9）色谱峰对称度 T_f　对称度是用于描述色谱峰拖尾和前伸的程度。如图 12－4 所示，T_f 定义为 AB 与 BC 的比值

$$T_f=\frac{AB}{BC} \tag{12-5}$$

通常 $T_f=1.2\sim1.4$，若 $T_f>2$ 则峰不合格。造成色谱峰不对称的原因很多，如填料的热力学性质、色谱柱填充得不好、柱外死体积和进样量过大等。在使用以硅胶为基质的高效液相色谱柱特别是反相色谱柱时，会因游离的硅羟基而导致非特异性吸附。对一些极性较强的溶质（如碱性物质），色谱峰会严重拖尾，甚至会因强吸附而不能洗脱。如果填料质量良好，那么峰不对称的主要原因是

柱子填充得不均匀和柱外死体积过大。

12.4.2 色谱法基本理论

1. 分配系数和分配比

(1) 分配系数 K

分配色谱的分离过程经常用样品分子在两相间的分配来描述，而描述这种分配的参数称为分配系数 K。它是指在一定温度和压力下，组分在固定相和流动相之间分配达平衡时的浓度之比值，即

$$K=\text{溶质在固定相中的浓度}/\text{溶质在流动相中的浓度}=c_s/c_m \tag{12-6}$$

分配系数是由组分和固定相的热力学性质决定的，它是每一个溶质的特征值，它仅与固定相和温度这两个变量有关，而与两相体积、柱管的特性及所使用的仪器无关。

(2) 分配比 k

分配比又称容量因子，它是指在一定温度和压力下，组分在两相间分配达平衡时，分配在固定相和流动相中的质量比，即

$$k=\text{组分在固定相中的质量}/\text{组分在流动相中的质量}=m_s/m_m \tag{12-7}$$

k 值越大，说明组分在固定相中的量越多，相当于柱的容量越大，因此又称分配容量或容量因子。它是衡量色谱柱对被分离组分保留能力的重要参数。k 值也决定于组分及固定相热力学性质。

(3) 分配系数 K 与分配比 k 的关系为

$$K=k\beta \tag{12-8}$$

式中 β 称为相比率，它是反映各种色谱柱柱型特点的又一个参数。例如，对填充柱，其 β 值一般为 6～35；对毛细管柱，其 β 值为 60～600。

(4) 分配系数 K 及分配比 k 与分离因子 α 的关系

对 A、B 两组分的选择因子，用下式表示

$$\alpha=k_A/k_B=K_A/K_B \tag{12-9}$$

可见，若要使 A、B 组分完全分离，必须满足以下三点：两组分的分配系数必须有差异；区域扩宽的速率应小于区域分离的速度；在保证快速分离的前提下，提供足够长的色谱柱。前两点是完成分离的必要条件。

2. 塔板理论

塔板理论假设：在柱内一小段长度 H 内，组分可以在两相间迅速达到平衡，这一小段柱长称为理论塔板高度 H；以气相色谱为例，载气进入色谱柱不是连续进行的，而是脉动式，每次进气为一个塔板体积(ΔV_m)；所有组分开始时存在于第 0 号塔板上，而且试样沿轴(纵)向扩散可忽略；分配系数在所有塔板上是常数，与组分在某一塔板上的量无关。

简单地认为：在每一块塔板上，溶质在两相间很快达到分配平衡，然后随着流动相按一个一个塔板的方式向前移动。对于一根长为 L 的色谱柱，溶质平衡的次数应为

$$n=L/H \tag{12-10}$$

式中，n 称为理论塔板数。与精馏塔一样，色谱柱的柱效随 n 的增加而增加，随 H 的增大而减小。塔板理论指出：①当溶质在柱中的平衡次数，即理论塔板数 $n>50$ 时，可得到基本对称的峰形曲线，在色谱柱中，n 值一般很大，如气相色谱柱的 n 约为 103～106，因而这时的流出曲线可趋近于

正态分布曲线；②当样品进入色谱柱后，只要各组分在两相间的分配系数有微小差异，经过反复多次的分配平衡后，仍可获得良好的分离；③n 与半峰宽及峰底宽的关系式为

$$n=5.54\times(t_R/W_{1/2})^2=16(t_R/W)^2 \tag{12-11}$$

式中，t_R 与 $W_{1/2}$(或 W)应采用同一单位(时间或距离)。从公式可以看出，当 t_R 一定时，如果色谱峰很窄，则说明 n 越大，H 越小，柱效能越高。

塔板理论是一种半经验性理论。它用热力学的观点定量说明了溶质在色谱柱中移动的速率，解释了流出曲线的形状，并提出了计算和评价柱效高低的参数。但是，色谱过程不仅受热力学因素的影响，而且还与分子的扩散、传质等动力学因素有关，因此塔板理论只能定性地给出板高的概念，却不能解释板高受哪些因素影响；也不能说明为什么在不同的流速下，可以测得不同的理论塔板数，因而限制了它的应用。

3. 速率理论

1956 年荷兰学者范德姆特(van Deemter)等在研究气液色谱时，提出了色谱过程动力学理论——速率理论。他们借鉴了塔板理论中板高的概念，并充分考虑了组分在两相间的扩散和传质过程，从而在动力学基础上较好地解释了影响板高的各种因素。该理论模型对气相、液相色谱都适用。van Deemter 方程的数学简化式为

$$H=A+B/u+Cu \tag{12-12}$$

式中，u 为流动相的线速度；A、B、C 为常数，分别代表涡流扩散系数、分子扩散项系数和传质阻力项系数。

1) 涡流扩散项 A

在填充色谱柱中，当组分随流动相向柱出口迁移时，流动相由于受到固定相颗粒的阻碍，不断改变流动方向，使组分分子在前进中形成紊乱的类似涡流的流动，故称涡流扩散。

由于填充物颗粒大小的不同及填充物的不均匀性，使组分在色谱柱中路径长短不一，因而同时进入色谱柱的相同组分到达柱口的时间并不一致，引起了色谱峰的变宽。色谱峰变宽的程度由下式决定

$$A=2\lambda d_p \tag{12-13}$$

上式表明，A 与填充物的平均直径 d_p 和填充不规则因子 λ 有关，与流动相的性质、线速度和组分性质无关。为了减少涡流扩散，使用细而均匀的颗粒，并且填充均匀是十分必要的。

2) 分子扩散项 B/u(纵向扩散项)

纵向分子扩散是由组分浓度梯度造成的。当组分从柱入口进入后，其浓度分布的构型呈“活塞”状。它随着流动相向前推进，由于存在浓度梯度，“活塞”必然自发地向前和向后扩散，造成谱带展宽。分子扩散项系数为

$$B=2\gamma D_g \tag{12-14}$$

式中，γ 是填充柱内流动相扩散路径弯曲的因素，也称弯曲因子，它反映了固定相颗粒的几何形状对自由分子扩散的阻碍情况；D_g 为组分在流动相中扩散系数，分子扩散项与 D_g 成正比。

3) 传质阻力项 Cu

由于气相色谱以气体为流动相，液相色谱以液体为流动相，它们的传质过程不完全相同。

(1) 气液色谱

传质阻力系数(C)包括气相传质阻力系数(C_g)和液相传质阻力系数(C_l)两项，即

$$C=C_g+C_l \tag{12-15}$$

气相传质过程是指试样组分从气相移动到固定相表面的过程，这一过程中试样组分将在两相间进行质量交换，即进行浓度分配。有的分子还未进入两相界面，就被载气带走；有的则进入两相界面又来不及返回气相。这样使得试样在两相界面上不能瞬间达到分配平衡，引起滞后现象，从而使色谱峰变宽。

液相传质过程是指试样组分从固定相的气-液界面移动到液相内部，并发生质量交换，达到分配平衡，然后又返回气/液界面的传质过程。这个过程也需要一定的时间，此时，气相中组分的其他分子仍随载气不断向柱口运动，于是造成峰形扩张。

(2) 液-液分配色谱

传质阻力系数(C)包含流动相传质阻力系数(C_m)和固定相传质阻力系数(C_s)，即

$$C=C_m+C_s \tag{12-16}$$

其中 C_m 又包含流动的流动相中的传质阻力和滞留的流动相中的传质阻力，即

$$C_m=\omega_m d_p^2/D_m+\omega_s d_p^2/D_m \tag{12-17}$$

式中，右边第一项为流动的流动相中的传质阻力。当流动相流过色谱柱内的填充物时，靠近填充物颗粒的流动相流速比在流路中间的稍慢一些，故柱内流动相的流速是不均匀的。这种传质阻力对板高的影响与固定相粒度 d_p 的平方成正比，与试样分子在流动相中的扩散系数 D_m 成反比，ω_m 是由柱和填充的性质决定的因子。右边第二项为滞留的流动相中的传质阻力。这是由于固定相的多孔性，会造成某部分流动相滞留在一个局部，滞留在固定相微孔内的流动相一般是停滞不动的流动相中的试样分子要与固定相进行质量交换，必须首先扩散到滞留区。如果固定相的微孔既小又深，传质速率就慢，对峰的扩展影响就大。式中 ω_m 是一常数，它与颗粒微孔中被流动相所占据部分的分数及容量因子有关。显然，固定相的粒度越小，微孔孔径越大，传质速率就越快，柱效就高。对高效液相色谱固定相的设计就是基于这一点考虑。

液-液色谱中固定相传质阻力系数(C_s)可用下式表示

$$C_s=\omega_s d_f^2/D_s \tag{12-18}$$

式(12-18)说明试样分子从流动相进入固定液内进行质量交换的传质过程与液膜厚度 d_f 平方成正比，与试样分子在固定液的扩散系数 D_s 成反比。式中 ω_s 是与容量因子 k 有关的系数。

气相色谱速率方程和液相色谱速率方程的形式基本一致，主要区别在液-液色谱中纵向扩散项可忽略不计，影响柱效的主要因素是传质阻力项。

4) 流动相线速度对板高的影响

(1) LC 和 GC 的 $H-u$ 图

根据 van Deemter 公式作 LC 和 GC 的 $H-u$ 图，LC 和 GC 的 $H-u$ 图非常相似，对应某一流速都有一个板高的极小值，这个极小值就是柱效最高点；LC 板高极小值比 GC 的极小值小一个数量级以上，说明液相色谱的柱效比气相色谱高得多；LC 的板高最低点相应的流速比起 GC 的流速亦小一个数量级，说明对于 LC，为了取得良好的柱效，流速不一定要很高。

(2) 分子扩散项和传质阻力项对板高的贡献

在较低线速时，分子扩散项起主要作用；在较高线速时，传质阻力项起主要作用，其中流动相传质阻力项对板高的贡献几乎是一个定值；在高线速度时，固定相传质阻力项成为影响板高的主要因素，随着速度增大，板高值越来越大，柱效急剧下降。

5) 固定相粒度大小对板高的影响

粒度越细，板高越小，并且受线速度影响亦小，这就是在 HPLC 中采用细颗粒作固定相的根据。当然，固定相颗粒越细，柱流速越慢。只有采取高压技术，流动相流速才能符合实验要求。

12.4.3 高效液相色谱法

高效液相色谱(high performance liquid chromatography,HPLC)是20世纪60年代末发展起来的一种以液体为流动相的色谱技术。高效液相色谱柱通常装填的固定相颗粒较小,一般为5~10 μm,所以产生很高的柱压,需使用压力很高的高压泵(一般最高达到500 kgf/cm^2)才能使流动相在控制的流速下通过色谱柱。

高效液相色谱的特点如下。

(1) 高压 由于以液体为流动相,液体流经色谱柱时受到的阻力较大,为了迅速地通过色谱柱,必须对其施加高压,一般可达(150~350)×10^5 Pa。

(2) 高速 流动相在柱内的流速与经典色谱快得多,一般可达1~10 mL/min。

(3) 高效 近年来研究出许多新型固定相,使分离效率大大提高。

(4) 高灵敏度 已广泛采用高灵敏度的检测器,进一步提高了分析的灵敏度,如荧光检测器灵敏度可达10^{-11} g。同时分析时使用样品量小,一般仅几微升。

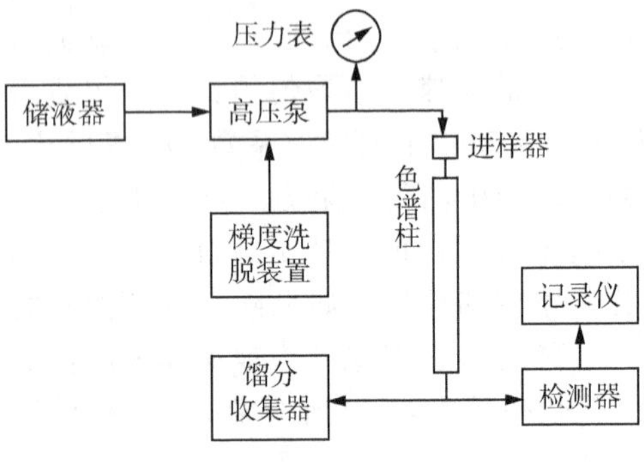

图12-5 高效液相色谱仪结构流程

高效液相色谱仪主要由高压输液系统、进样系统、色谱柱分离系统、检测器和数据处理系统组成,见图12-5。

液相色谱有正相和反相色谱之分,经典的液相色谱是正相色谱,其使用的流动相的极性比固定相的极性小,出峰顺序为极性小的溶质先出峰,极性大的溶质后出峰。反相色谱中流动相的极性比固定相强,极性大的溶质的保留比极性小的溶质弱。反相液相色谱常用的固定相为非极性或弱极性的物质,使用的流动相通常是含有有机改性剂的水溶液,常用的有机改性剂有甲醇、乙腈和四氢呋喃等溶液。

12.5 放大策略与注意事项

在将色谱过程从实验室规模放大到商业规模时,必须满足以下三点要求:

(1) 在小规模及中等规模研究时需对与设计有关的假设和数学模型进行验证;

(2) 考虑实际因素,给设计指标留下余量,即在某项指标达不到预期值时整个系统仍能完成预期的分离任务,这个余量通常称为安全因子;

(3) 建立一个该色谱系统的经验数据系统,以供供货者或工作人员参考。

无论读者是否有过色谱过程放大的经历,下面简要介绍的几种方法对于读者着手色谱放大都是有益的。

色谱放大中的三个重要问题是色谱柱体积、体积通量(流速)与分离精度。大型色谱柱操作中的一个关键因素是介质颗粒尺寸。通常改进的Ergun方程可以预测装填尺寸均一的刚性颗粒的色谱柱压力降

$$\frac{\Delta p}{L}=\frac{150u(1-\varepsilon)^2\eta}{d_p^2\varepsilon}+\frac{1.75\rho u(1-\varepsilon)}{d_p\varepsilon^3} \qquad (12-19)$$

式中,Δp为压力降;L为柱长;u为色谱柱表观速度;ε为填料空隙率;ρ为填料密度;d_p为颗粒尺寸。此方程并不适用于压缩性强的固定相,然而它给我们提供了讨论问题的起点。

用于制药分离的颗粒通常可以承受3～5 MPa的水力学压力，相反，凝胶色谱中应用的多数凝胶强度较差，能承受的最大压力仅为1.7 MPa，这限制了色谱柱操作时进行液体输送所施加的压力，同时也导致放大中必须考虑的一个重要问题，即如果为达到预期流速所施加的压力会导致固定相破碎，那么就需要增大固定相颗粒的尺寸。出于实际的考虑通常期望将商业应用色谱柱的压力降保持在10.7 kPa之下，若系统压力超过此值，则需使用满足美国机械工程学会（ASME）要求的缓冲液贮罐。

一个简单的估算就可以说明颗粒粒径是如何影响色谱柱长度的。对固定相颗粒直径为200 μm、线速度约为2.5 cm/min（典型的蛋白质离子交换色谱流动线速度）的色谱柱应用式，可以计算得到每米色谱柱的压力降约为28 kPa。因此，在这些条件下，如果要求压力降到10.7 kPa以下，则色谱柱长度应该小于380 cm。

对于蛋白质分离，从实验室放大到商业规模的放大倍数有时可能并不大，此时或许通过调整色谱柱尺寸与操作条件就可以完成。放大过程必须考虑的四个色谱参数是柱体积、柱直径、表观速率或流量、采用梯度法时的梯度体积。这些参数的选择与放大后的上样量有关，具体内容参见表12-5。

表12-5　放大方法

参数	方法①：颗粒尺寸不变	方法②：颗粒尺寸改变	方法③：多种因素平衡
柱体积	与上样体积成正比	与上样体积成正比；大规模分离所需的容量因子可能高于分析规模，从而导致分离精度下降	与上样体积成正比
柱长度	保持柱长将不增大峰宽；由DLRM模型可知，$Pe \ll 1$时，基线峰宽正比于柱长的3/2次幂，因此增大柱长会使产品稀释	由DLRM模型可知，此时若保证同样的分离精度则需要增大柱长度，增大值为$(d_{p2}/d_{p1})^n$，n在1.415～2之间	根据直径的增大相应增大长度以保持L/D不变
表观速率	保持不变或略有降低（例外的情形是：当Δp超过固定相推荐值时，表观速率需至少降低10%）	保持不变或略有降低（例外的情形是：当Δp超过固定相推荐值时，表观速率需至少降低10%）	保持$Du\pi/\eta$
梯度体积	与上样体积成正比	与上样体积成正比	与上样体积成正比

12.5.1　放大方法1：固定相颗粒尺寸不变

保持柱长不变而增大柱直径与流速，从而保持恒定的表观速率是一种放大策略。在此情形下色谱柱压力降与色谱峰宽不会增大。许多商业化的色谱柱在其入口处采用了性能良好的液体流动分布器，使短粗色谱柱也具有良好的分离性能。值得指出的是，使用短色谱柱意味着缩短了保留时间，这也提高了分离产率。

使用多个色谱柱，并使每个色谱柱的操作状态错开，就可以形成连续循环处理。低固定相用量与快速循环的组合将会提高单位体积固定相的分离产量，满足成本与产品稳定性要求（固定相价格是比较昂贵的，而某些生物产品的活性在分离过程会持续降低。）。

通常推荐采用逐级放大的方法来进行色谱柱的放大。例如在蛋白质色谱中，建议每次提高上样量500 μg左右。作为一种经验法则，色谱柱的尺寸在放大过程只增大一个数量级。这种逐级放大可能费用昂贵，而且如果该公司要加快产品上市速度以保持竞争力时，采用此方法有可能难以达到要求。为确定一次放大两个数量级是否可行，设计者应该在小规模水平上进行深入的研究。

12.5.2　放大方法2：增大固定相颗粒尺寸

这里仅介绍一种描述色谱柱性能是如何随其规模变化的方法。增大颗粒尺寸将会使单位体积固定相的表面积减小，而固定相内扩散路径长度也随颗粒直径的增大而延长。因此，柱长度必须随颗粒尺寸的增大而延长(或者必须降低液相表观速率)。

当 $Pe \ll 1$ 时(溶质为大分子时的典型情况)应用 DLRM 模型,可以假定峰的分离度正比于 Peclet 准数的平方根,即

$$R \propto Pe^{1/2} \propto \left(\frac{L}{u}\right)^{0.5} \frac{1}{d_p} \tag{12-20}$$

为在相同的表观速率下保持相同的分离度,柱长必须延长,其变化的方程如下

$$L_2 = L_1 \left(\frac{d_{p2}}{d_{p1}}\right)^2 \tag{12-21}$$

当 Pe 很大时,分离度取决于速率参数 b,于是

$$R \propto \left(\frac{L}{u}\right)^{0.5} \frac{1}{b^{0.5}} \tag{12-22}$$

对液膜阻力控制有

$$L_2 = L_1 \left(\frac{d_{p2}}{d_{p1}}\right)^{1.415} \tag{12-23}$$

对孔内扩散控制有

$$L_2 = L_1 \left(\frac{d_{p2}}{d_{p1}}\right)^2 \tag{12-24}$$

在液膜阻力或孔内扩散控制中,除色谱柱长度和颗粒尺寸外其他参数均保持恒定。上述分析和其他经验性分析均指出,柱长随颗粒的增大而呈指数增长,指数在 1.415~2 之间。显然在任何情况下,柱长必须随柱体积的增大而增长。

12.5.3 放大方法 3:凝胶渗透与开关循环方法

在凝胶渗透色谱中,有两个比率必须保持恒定,以确保洗脱模式不变。这种守恒方法中应该使动态参数不变。同样的策略可以应用于洗脱-吸附循环系统,使比值 $L/D, Du\pi/\eta$ 保持恒定。不过,此方法没有考虑颗粒尺寸的增大问题。如果我们假定 Peclet 准数也保持恒定,颗粒尺寸就受到限制,因为 Pe 由下式给出

$$Pe = \frac{192 L D_{\text{mobile}}}{u d_p^2} \tag{12-25}$$

如果 u/d_p 保持不变,颗粒尺寸必须随着表观速率的增大而增大。

这种方法对凝胶渗透色谱而言仅是一种建议,而且必须进行实验验证以保证它的有效性。当固定相吸附溶质的速率控制步骤是溶质到颗粒表面的传质而非固定相孔内的扩散时,此方法可以用于色谱技术。

12.6 常用制备色谱工艺及应用

12.6.1 常压液相色谱

1. 概述

常压制备液相色谱主要是采用经典的柱色谱技术,经典柱色谱沿于色谱创始人茨维特于 1903

年的工作，但经过100多年的发展，出现了许多新的分离材料，一些新的分离模式和分离原理。总的来说，直到今日，应用该技术的研究者很多，但不断研究该领域的学者却较少，因为除新的分离材料的合成外，该领域的大多数技术已经趋于成熟。从国内外学术期刊上发表的文章不难发现，经典柱色谱是在药物合成和天然药物化学等一般的常规分离制备中应用最为广泛的技术，其操作过程如图12－6所示。

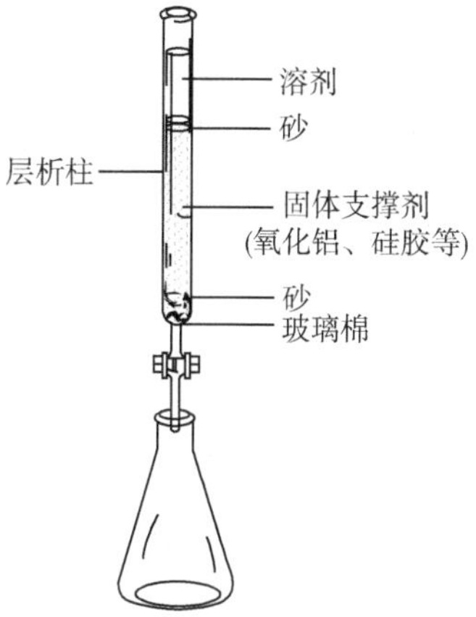

图12－6　经典柱色谱操作示意图

2. 应用实例

经典的柱色谱法主要应用在天然产物的分离制备领域。人参中的人参皂苷 Rh_2 具有抑制癌细胞增殖的作用和抗肿瘤作用，是具有极高医用价值和应用前景的一种非常珍贵的组分，但其在人参中的含量仅为1/100 000，从人参中直接提取显然不合实际。高峰等采用柱层析法对人参总皂苷进行分离，从精制提纯后的98.1 g人参粗总皂苷中，一共分离出人参二醇皂苷36.6 g，收率为37.3%；人参三醇皂苷质量为50.8g，收率为51.8%；损失皂苷量为10.7g，损失率为10.9%。

12.6.2　加压液相色谱(含高压液相色谱)

制备型加压液相色谱(pre-PLC)，区别于靠重力驱动的柱色谱。它是目前技术手段最成熟，应用最为广泛的一种制备分离技术。它有多种可供选择的分离模式(反相、正相、离子交换、体积排斥、疏水作用、亲和色谱等)。而且近年来由于压缩柱技术的出现，特别是动态轴向压缩技术，使其可以完成大规模的分离工作。因此，制备型加压液相色谱技术在生物化工和制药工业中具有重要的地位。

1. 基本操作原理

制备型加压液相色谱一般为间歇式操作，上样是间歇的，即样品进入色谱系统后，必须完全流出色谱柱后才能进行下一次的分离纯化过程。它的系统装置组成如图12－7所示。

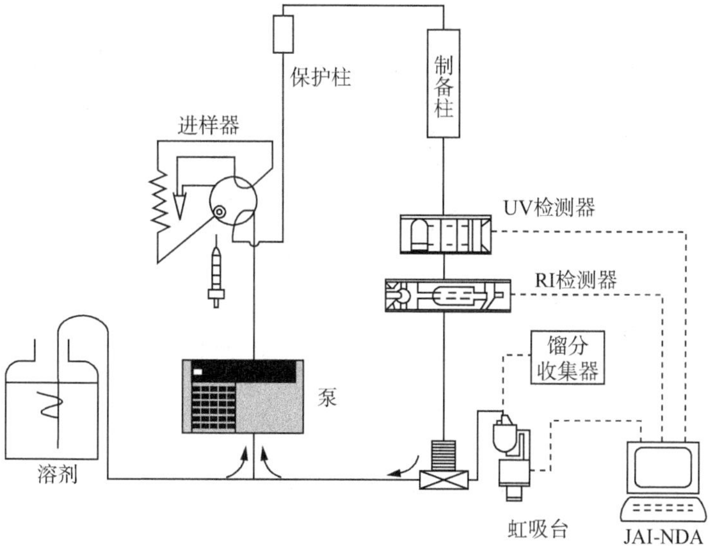

图12－7　制备型加压液相色谱系统装置组成

样品溶液由柱顶端加入色谱柱中，用泵连续输入流动相，样品溶液中溶质在流动相和固定相之间进行扩散传质，由于溶质各组分在两相间的分配情况不同，造成各组分在柱中移动速度不同而得到分离。柱出口流出液经检测器检测，通过色谱工作站将流出液的浓度变化以色谱峰的形式描述，形成制备色谱峰图形，根据依次流出色谱柱的色谱峰对流出液中各组分进行收集。

2. 动态轴向压缩色谱

动态轴向压缩(dynamic axial compression，DAC)色谱是制备型加压液相色谱大规模应用的一种类型。

(1) 动态轴向压缩色谱柱

DAC 装填色谱柱法源于 Godbille 等的研究工作，所采用的设备是一套不同于传统匀浆法的新型色谱设备(图 12-8)。其基本原理是：移动活塞 4 至柱 1 的最底端，把上端的盖子(由图 12-8 中 2、3 组成)移开，将填料匀浆倒入空腔 29 中，再将盖子移回图中所示位置并固定到法兰 18 上，利用千斤顶施加压力给传动轴，压缩活塞向柱顶移动。由于柱两端分别有多孔板 6 和 8，可使管内气体或液体透过而阻止填料微粒通过，当床层内的匀浆受到一定压力时，微粒就会在空腔 29 中堆实，而调浆溶剂从多孔板通过，由导管 15 输出柱外。由于填料微粒被均匀、连续地堆实，因而获得好的柱性能。在整个色谱柱使用过程中，柱内始终保持一定压力，从而保持床层稳定(微粒不移动位置)、均匀且没有空隙形成。将盖子移开，用活塞 4 压挤固体床层，使填料微粒移出柱体，以更换新的填料。

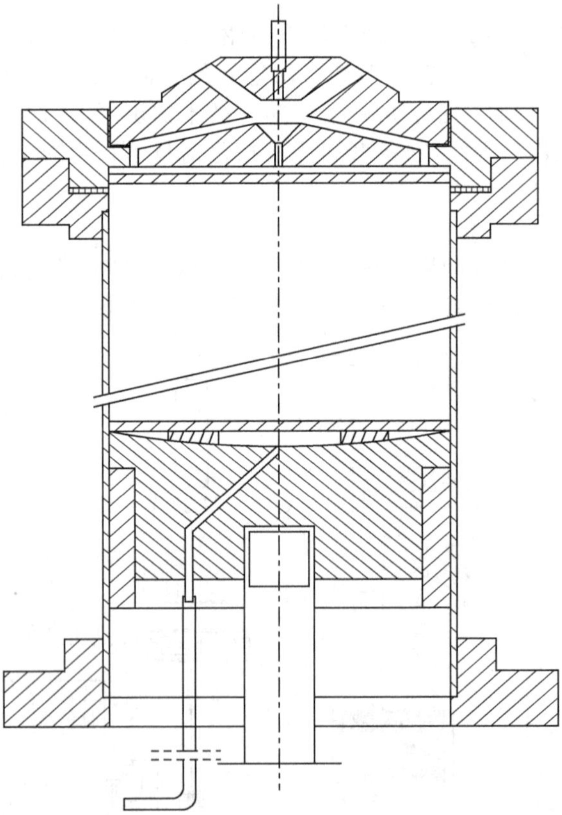

图 12-8　动态轴向压缩色谱柱剖面图

(2) 动态轴向压缩色谱柱的优点

与传统的匀浆装填法及其他装填方法相比，DAC 法装填的色谱柱有以下显著优点。

首先，DAC 柱柱效高，重复性好，装填所用的时间短，可以采用粒径更小的填料，减小柱长，增加柱径，从而减小管壁效应，得到几乎接近分析柱的柱效。装填过程简单易学，即使没有接触过的人，也能很快学会。色谱柱一旦被污染后，能方便地卸料，进行清洗，再重新装填。

其次，在其他装填方法中，色谱柱的入口端比较松动，装好的柱床不稳定，经过一段时间的使用，在入口端易形成大大小小的洞穴，液体在洞穴内会发生强烈的局部对流，导致柱效的很大损失。而在 DAC 方法中，活塞在装填过程中施加给床层一定的压力，柱头和活塞端都与床层紧密接触，柱两端不会发生松动而形成空穴。在柱使用过程中，仍有一定的压力作用于活塞，从而作用于整个床层，即使经过长时间的使用，柱顶也不会产生空穴，因此 DAC 柱不会因空穴的形成而引起流体的紊乱，柱性能可长时间保持稳定。而且在未使用期间，柱内形成的空隙或裂缝经恢复之后，仍能得到初始的柱效。

最后，DAC 技术基本上解决了制备色谱技术的放大问题。对于 5 μm 填料的制备柱，其有效理论板数为 80 000 块/m 以上，折合板高（实际板高与填料颗粒直径的比值）为 2.1，峰的对称性值为 0.9～1.3，柱效和分析柱的柱效一样高，可以进行直接放大，节省时间和成本。目前世界上最大的 DAC 柱直径已达 1.6m，实现了装填出稳定、高效的大直径柱用于大规模生产的梦想。

3. 应用实例

朱靖博等通过 HPLC 优选提取溶剂，并结合 TLC 实验筛选得到合适的展开剂及柱色谱分离条件，将结果直接放大到动态轴向压缩工业色谱柱制备分离中，建立了应用动态轴向压缩工业色谱柱分离高纯度丹参脂溶性单体化合物的分离工艺。结果表明，应用动态轴向压缩工业色谱柱分离丹参脂溶性单体化合物，分离操作工艺简单、易实施、分离周期短、效率高，对于天然活性成分单体的制备具有重要意义。结果表明，二氯甲烷对丹参脂溶性化合物的提取率最高，优选的分离流动相为石油醚-二氯甲烷体系。最终制备得到四种丹参酮类化合物，其中 BC－2、BC－4、D－2 分别鉴定为纯度达 98.5％的丹参酮ⅡA、96.2％的丹参酮Ⅰ及 97.8％的隐丹参酮，化合物的 BC－3 纯度为 95.4％。其中一级柱层析流分的四段色谱图如图 12－9 所示。

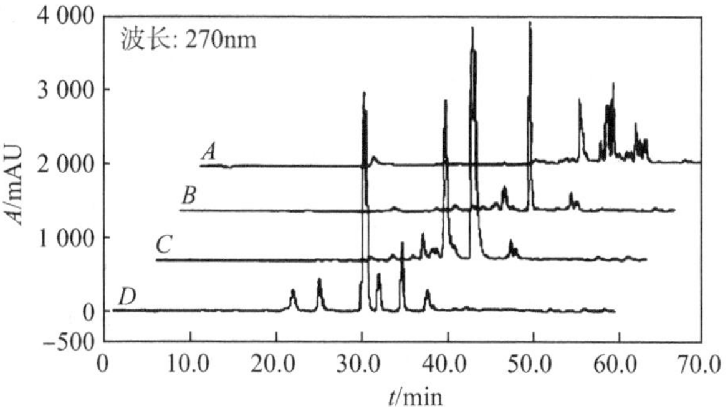

图 12－9　一级柱层析 *A*、*B*、*C*、*D*4 段流分的 HPLC 谱图

12.6.3　扩展床吸附色谱

扩展床吸附色谱（expanded bed adsorption，EBA）是适应基因工程、单克隆细胞工程等生物工程的下游纯化工作需要而发展起来的一项色谱技术。近来，随着基因工程技术的发展和广泛使用，EBA 色谱技术逐渐成熟起来，而且应用越来越广泛。

1. 扩展床吸附色谱的基本原理和特点

1）扩展床吸附色谱的工作原理

与一般的吸附色谱相同，扩展床吸附色谱通过装填的凝胶颗粒上结合的功能基团与目标生物分子进行亲和吸附、静电吸附、疏水作用、金属螯合作用等产生吸附力，从而达到分离纯化目标生物分子的目的。但 EBA 色谱的工作过程与一般吸附色谱不同，在 EBA 色谱分离过程中，凝胶颗粒随着液相的上向流动而缓慢上升，凝胶颗粒间的间隙逐渐扩大，凝胶柱床逐渐扩展，由于凝胶颗粒间的间隙扩大，使样品中的细胞、细胞碎片、颗粒等有形物质能够流穿而不会堆积在凝胶柱床上造成堵塞。可见 EBA 色谱与固定柱吸附色谱相比具有相对的流动性，而与传统意义的流化床又有区别。EBA 色谱分离过程是柱床扩展过程，因此，这种色谱分离过程就称为 EBA 色谱，又称为流动柱吸附色谱(fluidized bed adsorption，FBA)。

EBA 色谱的分离过程为：凝胶颗粒柱在上向流动液体作用下向上扩展，当上向液相流速与凝胶颗粒的沉降速度达到平衡时，凝胶颗粒处于平衡悬浮状态，这时形成稳态流动柱床。柱塞的位置处于柱床的顶部。接着将未经离心、澄清过滤等处理的样品液上向流动而得到冲洗，未被吸附的物质都流出床层，这时停止上向流动液体，凝胶颗粒沉降下来，柱塞也逐渐下降至沉降床层表面。然后以洗脱液下向流动进行洗脱，得到目标蛋白质的浓缩液，以便进行进一步纯化工作。洗脱完成后，用适当的缓冲液对柱床进行再生。

2) EBA 色谱特点

EBA 色谱具有如下特点。

(1) EBA 色谱过程中，有形生物体可通过床层。因此应用 EBA 色谱，可将生物工程下游纯化技术中的离心、澄清过滤等多步骤提取过程简化为简单的一步色谱分离过程，大大简化了工艺，缩短了提取时间，节约了生物工程中下游纯化的资金投入。

(2) EBA 色谱是兼具批量吸附技术和填装吸附色谱(packed bed adsorption，PBA)优点的实用技术，具有对原材料依赖性低，吸附效率高的特点。因此，EBA 色谱可在短时间内对目标生物分子起到浓缩作用，且分离过程中凝胶无损失，可重复使用，易于控制，易于规模化等。

2. *影响扩展床吸附色谱的参数和凝胶的选择*

影响 EBA 色谱的主要因素由三方面组成：凝胶自身特性、原材料的特性及综合因素。

1) 凝胶自身特性

凝胶自身的许多特性直接影响到 EBA 色谱行为，其中包括凝胶颗粒的密度、凝胶颗粒的平均直径、凝胶颗粒直径的分布范围，以及凝胶的吸附能力、稳定性、孔径分布等影响凝胶色谱效率的因素。

凝胶颗粒的密度与色谱过程中原材料所含生物体与凝胶颗粒间沉积的临界流速直接相关，同时凝胶颗粒的密度亦影响到柱床的稳定扩展，因而凝胶颗粒的密度直接关系到 EBA 色谱分离过程对原材料中生物体的清除彻底与否。凝胶颗粒的大小和分布范围对 EBA 色谱分离过程将产生很大的影响：凝胶颗粒大小的分布范围越小，凝胶颗粒在液相中的分散越好；平均直径相对较小的凝胶颗粒，吸附能力越好；但在小颗粒凝胶的色谱中，膜类物质的转移对凝胶吸附效率的影响比大颗粒凝胶大。

2) 原材料的特性

影响 EBA 色谱行为的原材料方面的因素主要有材料的种类、生物体含量、液体黏度等。原材料生物体含量对 EBA 色谱行为的影响主要是由于细胞、细胞膜碎片、颗粒等有形物质对凝胶孔径的封闭、包裹等作用影响了凝胶的吸附效率；液体的黏度大小将通过对柱床扩展过程中液-固相的轴向混合(axial-mixing)而影响 EBA 扩展的稳定性和柱床的吸附效率。

3) 综合因素

综合因素是一些与凝胶特性、原材料特性相关且由两者决定的控制参数因素以及一部分与以上因素不相关的控制参数，如扩展流速、吸附温度等。温度则通过对目标生物分子构象的影响，以及对凝胶功能基团的活度的影响从而对不同吸附性质的 EBA 色谱产生影响。

Chase 及其同事曾系统地阐述了凝胶能满足 EBA 色谱的原则。Karau 等人及其后来的 EBA 技术研究者们在其研究中亦确认了这一原则。在设计 EBA 色谱过程中，对凝胶的选择应具备以下几个条件:凝胶介质的颗粒大小和密度能使原材料的生物体和吸附剂颗粒间的临界沉积流速产生明显的区别;凝胶介质的颗粒大小和密度分布应该考虑到经典的 EBA 发展过程中尽量小的固-液相的轴向混合;吸附剂能耐受肉汤培养基中的生物体、核酸、脂类物质等的污染;连接到吸附剂上的配基应足够稳定;吸附剂的物质转移能力在 EBA 应用中应足够有效。

对于设计用作 EBA 色谱的吸附剂,最重要的参数之一是吸附剂的直径和密度、孔径的分布、膜物质的转移,以及扩散都将受这个参数的影响。对于 EBA 色谱的控制参数的设计,低轴向混合和有效的物质转移是需要考虑的关键性参数。

根据以上的 EBA 色谱用凝胶的选择原则,Chase 和 Draeger 在 EBA 亲和色谱的研究中曾选用了 Pharmacia Biotech 公司生产的 Fast Flow 型作为 EBA 色谱用凝胶的选型。其中包括采用填装 Q-Sepharose FF 的 EBA 柱吸附牛血清白蛋白、填装 Protein A-Sepharose FF 的 EBA 柱吸附 IgG、填装 Cibacron Blue-Sepharose FF 的 EBA 柱吸附磷酸果糖激酶。随着 Amersham Pharmacia Biotech 公司设计的 EBA 色谱专用凝胶- Streamline 凝胶和 EBA 专用色谱柱- Streamline Column 上市,EBA 色谱技术已经真正走向成熟。

3. 扩展床吸附色谱的应用

(1) EBA 的早期研究

Chase 和 Draeger 在进行 EBA 色谱的研究中,人为地在蛋白溶液中加入酵母细胞作为细胞悬浮液的模拟,选用 Pharmacia Biotech 公司出品的 FF 型凝胶进行 EBA 色谱分离。他们选用 Protein A-Sepharose FF 凝胶亲和吸附人 Ig G,Cibacron Blue-Sepharose FF 凝胶吸附果糖激酶、Q-Sepharose FF 吸附牛血清白蛋白进行 EBA 研究,实验证明了 EBA 在含细胞悬浮物的蛋白溶液中提取目标生物分子的实际应用价值。

(2) 单克隆抗体的纯化

单克隆抗体是一种应用极其普遍的诊断和治疗试剂。Thommes 及其同事在提取鼠-鼠杂交瘤细胞株 425 分泌的单克隆抗体 IgGa2 的研究中应用 Streamline SP 或 Bioran SP 凝胶离子交换吸附的 EBA 色谱从含细胞悬浮物的培养液中提取获得了无细胞 IgGa2 浓缩液,IgG 浓度由 20mg/L 提高到 80mg/L,IgG 收率达 80%,同时纯度亦提高了 8 倍。Thommes 等于 1996 年再次发表文章,在 EBA 色谱技术纯化单克隆抗体的过程中,选用 Streamline r-protein A 亲和吸附的 EBA 色谱凝胶纯化抗体,经一步 EBA 亲和色谱过程即获得了纯度与其他亲和色谱过程获得的相同质量指标的单克隆抗体。

(3) Annexin V 的纯化

Annexin V 是一种富含于胎盘组织中的抗凝血活性因子。Frej 等在 E. Coli 菌株中成功表达重组人 Annexin V 后,采用 EBA 技术直接从细胞破碎后的混悬液提取 Annexin V。经一步 Streamline DEAE 吸附色谱后,获得无细胞碎片的 Annexin V 澄清液。Annexin V 的纯度由总蛋白的 9%提高到 20%,Annexin V 活性回收率达 95%。

(4) 重组人白介素- 8 的提取

Frej 等在 E. coli 菌株中表达重组人白介素- 8(rh IL8),破碎细胞后,采用 EBA 色谱直接从包涵体中提取获得无细胞碎片 rh IL8 溶液,经一步 Streamline TM SP 吸附后,rh IL8 的活性回收率几乎达到 100%,纯化倍数达到 4。

12.6.4 液-液高速色谱

1. 液-液高速色谱的基本原理和特点

液-液高速色谱也叫高速逆流色谱法(high-speed counter current chromatography,HSCCC),又称反流色谱法或逆流分配法。一种连续操作的多次液-液提取的分离技术,可得到类似于色谱法的分离,也可视为不使用固体支持介质的液-液分配色谱法。它不使用固体支撑介质,柱材料为空的聚四氟乙烯管或玻璃管。选用不相混溶的两相溶剂系统，其中一相作为固定相并依靠重力或离心力保留在柱中，另一相作为流动相。

作为一种色谱分离方法，HSCCC 与 HPLC 最大的不同在于其柱分离系统。如果将一套大家所熟知的制备 HPLC 系统的色谱柱部分用一台 HSCCC 的螺旋管式离心分离仪代替，即可构成一套 HSCCC 色谱分离系统，如图 12－10 所示。它包括贮液罐、泵、色谱柱、检测器、色谱工作站或数据采集软件或记录器及收集器等组成部分。

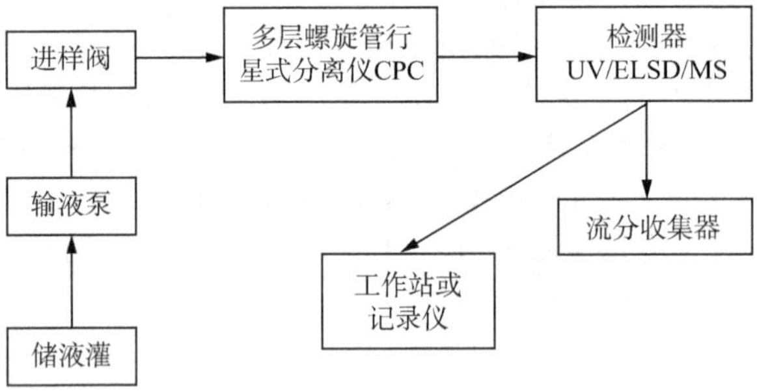

图 12－10　HSCCC 色谱分离系统的构成

HSCCC 所有的优点都源于其不用固体固定相，有广泛的溶剂体系可供选择。概括起来 HSCCC 的优点有以下几点。

（1）由于不用固体支撑体，避免了样品在分离过程的不可逆吸附、分解等可能的样品变性问题；且滞留在柱中的样品可以通过多种洗脱方式予以完全回收；粗样品可以直接上样而不会对柱子造成任何损害；柱子可以用合适的溶剂（如甲醇）很容易地清洗，然后注入新的溶剂后构成新的柱体，重复使用。

（2）几乎任何互不相溶的两相溶剂系统都可以使用，只是有的溶剂体系可能在一些特殊型号的 HSCCC 仪器上可以取得更好的分离效果。因此，可以通过改变溶剂体系的极性，实现对不同极性物质的分离。

（3）洗脱方式灵活多样，可以进行正相或反相洗脱，也就是说流动相可以是上相或下相、有机相或水相，甚至可以使两相溶剂同时双向流动，实现真正连续的逆流色谱过程。还可以实现多种形式的梯度洗脱过程，如 pH 梯度、极性梯度等。

（4）由于两相溶剂在高速旋转的螺旋管内，可以进行充分、快速、高效的混合和分配，使得 HSCCC 的制备量可以比 HPLC 大得多，而且费用低，因为其不需要昂贵的色谱柱。

（5）此外，可以在液态固定相和流动相中添加合适的离子对试剂或手性选择试剂等，以实现一些异构体的手性分离和酸碱性物质的大量制备。

按照不同仪器构造和流体动力学机制逆流色谱可分为液滴逆流色谱（DCCC）、回转腔式逆流色谱仪（RLCCC）、旋转腔式逆流色谱（GLCCC）、高速逆流色谱（HSCCC）及 pH 区带精制逆流色谱（pH-zone refining CCC）。

2. 液-液高速色谱在药物工业化制备方面的应用和发展

HSCCC 从根本上说是一种制备型色谱分离技术。大多数有关 HSCCC 的应用文献报道的都是采用 HSCCC 分离制备一定量的目标成分，以进行进一步的活性试验、结构鉴定或作为质量控制用标准样品。现有的实验室规模的 HSCCC 仪器可以进行 10^{-3}～10 g 量级的分离，流动相流速可以在 1～10 mL/min 内变化。而这个范围的制备量需要分析型（1～5 mg）、实验室制备型（5～100 mg）和中试制备型（0.1～10 g）三种不同制备规模的 HPLC 才能完成。可见 HSCCC 实验室的制备能力已经达到中试 HPLC 的制备规模。HSCCC 与 HPLC 的放大过程相比，其分离过程简单，所用溶剂量比 HPLC 要少 75%，且所得目标成分在分离级分中的浓度较高，易于回收或做进一步的处理。

例如中药厚朴，为木兰科木兰属乔木的根皮及树皮，具有抗病毒、抗龋齿、抗菌及抗溃疡等作用。和厚朴酚与厚朴酚为其主要活性成分，两者为同分异构体。Chen 等利用英国 MAXI-Dynamic Extract 公司的制备型逆流色谱，对厚朴粗提物中和厚朴酚的分离进行了研究。通过在分配型 MINI-CCC 上优化好的溶剂系统，上样量及流速 1 000 倍线性放大到 MAXI-Dynamic Extraction 制备型逆流色谱，成功分离了 43 g 厚朴粗提物，在不到 1 h 的制备过程中得到了 16.9 g 纯度为 98.6%的和厚朴酚和 19.4 g 纯度为 99.9%厚朴酚。

HSCCC 的放大过程不会改变其分离原理。分离过程可以采用典型的色谱理论很好地进行描述和模型化。这种分离过程的可预测性、分离物质的高回收率及不用固体支撑体等优点，使得 HSCCC 成为一种可用于工业化分离的很有前途和吸引力的分离制备方法。但是，到目前为止，还没有稳定可靠的商业化仪器，限制了 HSCCC 在工业化方面的应用。

逆流色谱的真正工业化应用还有很多的问题需要研究解决：

(1) 需要对现有的螺旋管逆流色谱的真正分离机制有更加深入的理解，对放大过程中影响流体动力学平衡和色谱分离行为的关键参数有更好的研究和了解；

(2) 需要对现有的逆流色谱仪设计进行改进，提高其稳定性和可靠性；

(3) 需要研究和设计可以达到千克级制备量的工业化逆流色谱仪。

英国 Brunel 大学 Sutherland 教授的研究小组及其合作者在有关影响逆流色谱放大过程的各种参数的研究做过一系列的工作。他们将实验研究方法和模型计算方法结合起来，得出了一些很有价值的研究结果，对现有螺旋管逆流色谱的放大有一定的指导意义。

12.6.5 气相色谱及其应用

1. 气相色谱的基本原理和特点

气相色谱仪是以惰性气体（又称载气）作为流动相，以固定液或固体填充剂作为固定相的色谱设备。气相色谱法分析的对象主要是低相对分子质量化合物及易挥发的化合物，与其他分离分析方法相比，气相色谱法的优点是：分离效率高、分析速度快、分析成本低，可采用多种高灵敏度、高选择性检测器，易与质谱仪联用，可实现在一次进样中多种组分的定性和定量。气相色谱仪不适于高分子化合物和热敏性化合物的分离和分析，但随着耐高温色谱柱和程序升温进样器的出现，样品分析的范围也逐渐扩大，目前已可分析 C_{100} 以上的样品。目前国内外气相色谱仪的型号和种类很多，但它们均由五个系统组成：气路系统、进样系统、分离系统、检测系统和数据处理系统，如图 12-11 所示。

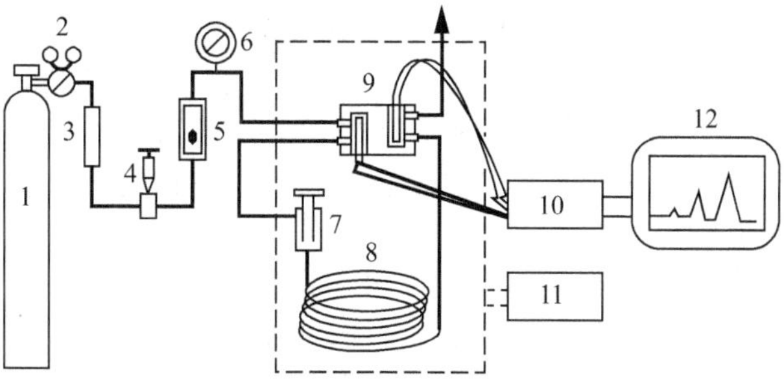

图 12-11　气相色谱结构流程

1—载气钢瓶；2—减压阀；3—净化干燥管；4—针形阀；5—流量计；6—压力表；4—针形阀；5—流量计；6—压力表；9—热导检测器；10—放大器；11—温度控制器；12—记录仪

2. 制备气相色谱仪的应用

李寿桐等对上海分析仪器厂 102 型气相色谱仪配置了制备气相色谱收集器，并改进了汽化器，见图 12-12。以内填涂有 25%聚二乙二醇琥珀酸(DEGS)和 Chfomosorb W(40～60 目)载体的玻璃螺旋管(6.5 m×6.5 mm)为制备色谱柱，柱容量可达20～150 μL。采用柱后分流装置，分流器用不同内径的不锈钢导管组焊接而成，见图12-13。经色谱柱分离后的组分流入A，经过D，再由B、C分别导入E、F。A和B均为1.4 mm×0.2 mm×200 mm的不锈钢管，当选用0.5 mm×0.1 mm×230 mm的不锈钢毛细管C时，分流比可稳定在11∶1。此时，进入检测室的载气流量为48 mL/min，该分流器能使检测和收集保持同步，用氢火焰离子化检测器提高了检测灵敏度，保证了在较大进样量情况下，制备物的纯度仍较高，在分离度为最大时柱前压为3.8 kgf/cm^2，实际体积流速为579 mL/min的条件下，将C_{12}、C_{14}、C_{15}、C_{16}标准正烷烃的混合样一次进样，收集四个组分。制备物的纯度分别为99.9%、99.7%、98.5%、98.7%。将含十六烷酸甲酯15.28 mg、十八烷酸甲酯23.25 mg的乙醚溶液每次进样70 μL，共进样25次。制备物的纯度大于99%，回收率分别为83.47%和95.57%左右(包括耗去部分)。以十七烷酸甲酯为例，在2个工作日内就能制备得到纯度为96.8%的样品0.97 g。脂肪酸甲酯的纯度分别为99.5%、99.4%、96.2%、96.8%。

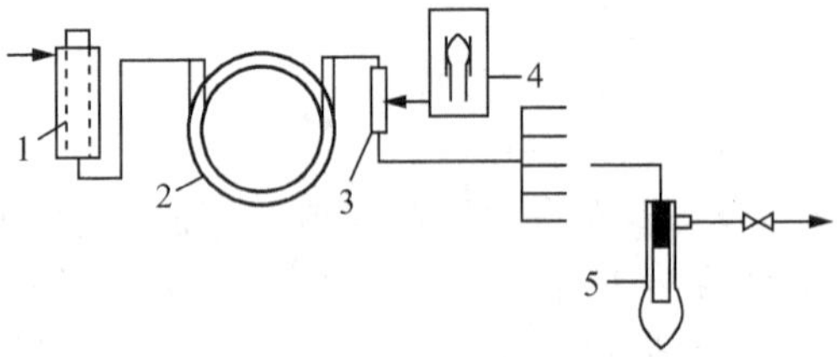

图12-12　改进后的制备气相色谱仪结构图

1—汽化器；2—色谱柱；3—分流器；4—检测器；
5—收集器

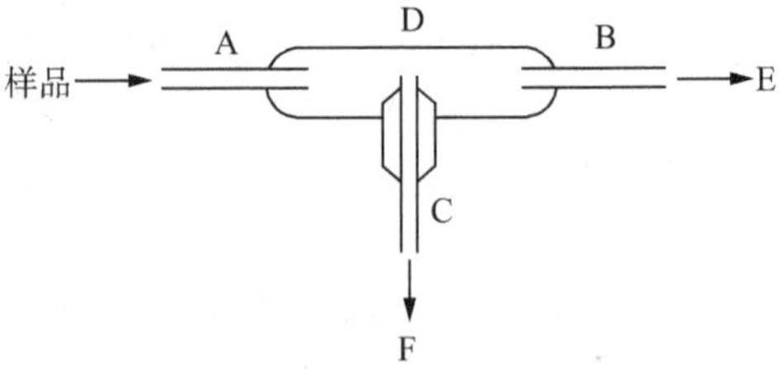

图12-13　分流器

A、B—不锈钢管；C—不锈钢毛细管；D—连接管；
E—收集器；F—检测器

12.7　制备色谱技术新进展

12.7.1　模拟移动床色谱

模拟移动床色谱(simulated moving bed，SMB)是连续色谱的一种主要形式，是现代化工分离技术中的一种新技术。早在20世纪60年代就由美国工程公司UDP把逆流色谱的概念引入Sorbex家族的SMB工艺并使之商业化，从而作为一种工业制备工艺取得了长足的发展。在20世纪70～80年代SMB色谱主要用于石油及食品的分离。20世纪90年代以来，SMB色谱技术作为分离提纯手性药物及生物制药、制备高纯度标准品的理想工具，在医药工业、精细化工中得到了广泛的应用。目前，SMB色谱已被公认为实现制备色谱技术规模化应用最重要的技术。

1. 模拟移动床色谱的原理

模拟移动床色谱是连续操作的色谱系统。它由多根色谱柱(大多为5～12根)组成。每根柱子之间用多位阀和管子连接在一起，每根柱子均设有样品的进出口，并通过多位阀沿着流动相的流动方向，周期性地改变样品进出口位置，以此来模拟固定相与流动相之间的逆流移动，实现组分的连续分离。图12-14为SMB色谱原理示意图。

在实际应用中，SMB色谱根据色谱系统的结构特点可分为三带SMB色谱和四带SMB色谱。在三带SMB色谱中，各个色谱柱连成一个环路，在操作过程中，不但进样口位置不断向前更换，出样口位置也不断向前更换，既模拟了逆流，又实现了连续。但始终有一根柱子处于被清洗状态，不能实现溶剂循环。而四带SMB色谱同时具有逆流和回流的机制，实现了溶剂循环和组分回流，分离能力更强，效率也更高。其中四带SMB色谱的工作原理如图12-15所示。

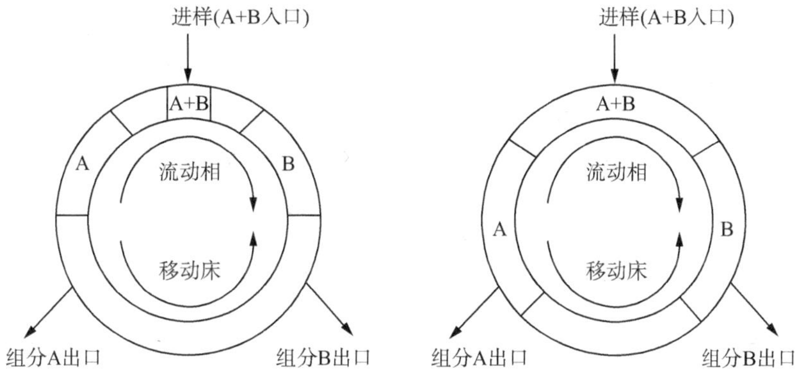

图 12-14　SMB 色谱原理示意图

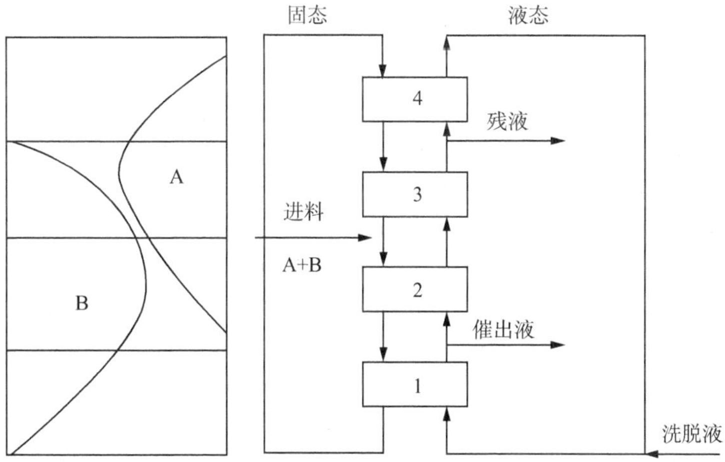

图 12-15　四带 SMB 色谱的工作原理

2. 模拟移动床色谱的理论模型

近年来很多人利用理论模型来模拟 SMB 的分离过程，为此人们根据不同的假设提出了不同的模型。常见的有以下几种。

(1) 平衡理论模型　它是适于非线性色谱的最简单模型，是 Wilson 在 20 世纪 40 年代提出的。此理论不考虑传质阻力和轴向扩散的影响，假设传质能在瞬间达到平衡。

(2) 塔板理论模型　它是由马丁(Martin)于 1941 年在其著名论文中提出的塔板理论。它将色谱分离与精馏过程类比，把色谱柱看成是由一系列小的"理论板"组成。该理论也没有考虑轴向扩散和传质速率有限性的影响。

(3) 柱塞流模型　它是一种属于动力学理论的模型，它既考虑了轴向扩散和传质阻力，又考虑了非线性吸附的影响，是一种极为严格的，与 SMB 实际过程符合最好的模型。

3. 建立模拟移动床色谱分离工艺的步骤

以 1,1′-联萘基-2,2′-乙二醇的手性分离为例，说明建立 SMB 色谱分离工艺的步骤。

(1) 设置工艺要求　正确设置工艺要求是最重要的，有时也是最困难的一步。在建立分离方法之前，必须明确分离要达到的纯度、目标异构体的产量及目标异构体是否还要进行下一步处理。

(2) 确定溶解度　只有外消旋物在流动相中的溶解度足够高，才能够实现经济有效的手性分离工艺。最小的溶解度应当为每升流动相中约溶解 10 g 外消旋物。对于 1,1′-联萘基-2,2′-乙二醇，其在烷烃及多数醇类溶剂中的溶解度低于 10 g/L，而在四氢呋喃、乙酸乙酯、丙酮中的溶解度较高，但这几种溶剂不能用于某些手性固定相，尤其是纤维素衍生物类或淀粉纤维素衍生物类固定相。因此，大规模分离这种外消旋物是困难的。

(3) 选择固定相　在筛选固定相过程中，仅选择对外消旋物溶解度高的溶剂作为流动相。

(4) 优化分离条件　筛选出固定相之后，在分析色谱中，以保留时间(容量因子 $k=2\sim6$)、外消旋物在流动相中的溶解度(>10 g/L)和选择性($\alpha>1.3$)为条件进行优化。主要结果是确定出适宜的流动相组成。在这个例子中，确定了七组固定相与适宜的流动相组合。

(5) 工艺参数模拟　SMB 色谱的操作过程受很多工艺参数的影响，如柱直径、柱长度、柱子的数目，以及洗脱剂、进料、残液、萃取剂、循环液体的流速和切换时间间隔等。要正确选择出适宜的工艺参数，必须借助于计算机模拟，完全的经验方法不但浪费时间、成本，而且在多数情况下是不可行的。

(6) 中试研究　选择一组最佳的固定相/流动相组合作为中试研究的条件，然后根据最终的放大规模程序，决定中试研究在多大尺寸的色谱柱上进行。在模拟计算所得到的工艺参数条件下运行 SMB 系统。根据取出的样品绘制浓度分布图，然后通过调整流速得到目标纯度的产品。

根据中试研究的结果来设计最终的工艺过程。按照放大的基本方案来设计大规模色谱分离系统，使放大工作准确度更高，可靠性更高。

4. 模拟移动床色谱的应用

20 世纪 90 年代以来，SMB 色谱技术开始用于药物尤其是手性药物的分离，到现在 SMB 已发展到吨级工艺。UDP 公司的大型 SMB 装置每年可以通过外消旋生产用于制备抗抑郁药氟西丁单一异构体的中间体(*R*)-3-氯-1-苯丙醇 10 000 kg。比利时的 UCB-Pharma 公司建立的年产数吨手性药物 SMB 装置，由 6 根内径 450 mm 的柱子组成，比 Novasep 公司的 Licosep8/200(0.5～25kg/天)系统扩大了 5 倍。1999 年 Novasep 公司在美国加州 Sacramento 的 Aerojet 公司建立了柱内径达 800 mm 的模拟移动床系统，用于手性药物的分离与纯化生产。

此外，SMB 可以节省 90%的流动相并得到更高的产率。在批次处理色谱中被分离组分在流动相的驱动力下移动，固定相只有一小部分起作用。在移动床色谱中，不仅流动相发生移动，固定相也向相反方向移动，易洗脱的化合物(萃余液)随流动相移动，难洗脱的化合物(萃取液)随固定相移动。整个固定相的分离能力被持续利用，明显地提高了系统产率。但就技术而言很难移动固定相，故采用模拟方式，SMB 的装置是由许多根色谱柱串联，由一循环泵将最后一根柱子中的溶液泵回到第一根形成环路。将外消旋混合物在两根柱子之间加入，经一段时间后，保留时间短的组分在前面，保留时间长的组分在后面，在预定的时间和位置，分别将其取出小部分。因为流动相的运动和固定相是相对反向的，因此这种逆流色谱性质使得传质驱动力达到最大，这样就减小了洗脱剂的消耗量。其色谱分离过程示意图如图 12-16 所示，第一个区域是流动相入口与抽提物出口之间的范围，在这个区间，流动相对吸附剂进行脱吸附而使分离材料得到再生；第二个区域使抽提液出口与样品液入口之间，第三个区域是样品液与剩余液出口之间，这两个区间主要完成混合物的分离，容易被吸附的组分在柱中移动速度较慢，慢慢地积累于第二个区域，而吸附能力弱的另一组分在色谱柱中有较快的移动速度，因此慢慢地集中在第三个区域，这两个区域对混合物的分离起着非常重要的作用；第四个区域是剩余液出口与流动相入口之间，其作用是使流动相得到再生。在整个过程中，始终保持在第二个和第三个区域的交叉处进样，始终可以在第一个区域和第二个区域得到所需要的产品。

应用于 SMB 的 CSP 约有 70%是多糖类 CSP。如 Nagamatsu 等用 SMB 方法替代以前的非对映体结晶的方法，用稍作改性的 Chiralcel OF(cellulose 4-chlorophenyl carbamate)分离一种制药工业的中间体喹啉甲瓦龙酸酯。针对不同的手性化合物，模拟移动床色谱分离的规模有着很大的差别。如 Pedeferri 等采用模拟移动床色谱分离了克级的 Troger 碱，Nagamatsu 等用中等规模的

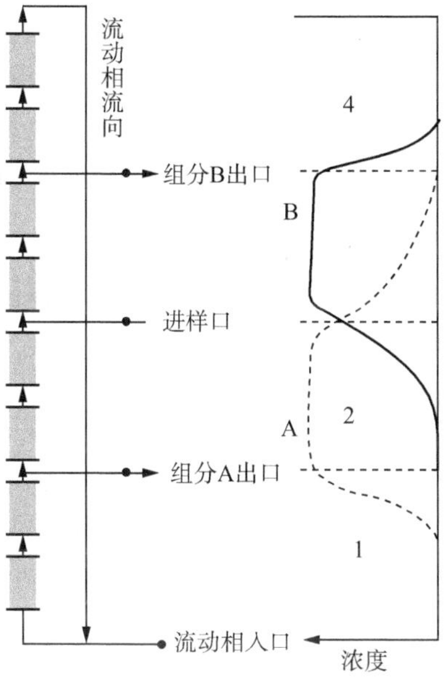

(a) SMB色谱过程示意图

(b) 实际工业化装置

图 12-16　SMB 色谱过程及实际工业化装置

SMB 成功地拆分了千克级的奎尼丁甲羟戊酸酯(DOLE，一种用于生产降胆固醇药物的中间体)，所采用的同样是多糖类 Chiralcel OF 分离柱，流动相为 V(正己烷)∶V(丙醇)=8∶2，流速为 1.0 mL/min。试验还通过计算机软件寻求最佳的操作条件，结果表明，较高的流速和较短的间歇时间可以提高对映体的拆分，其无论是从产率和溶剂消耗量上都优于液相色谱法。Peper 等利用超临界模拟移动床色谱分离了布洛芬异构体。还有一些学者采用模拟移动床色谱分离了 Tramadol、Guaifenesin、EMD 53986、1,1′-bi-2-naphthol 等。制药工业已成功应用 6 根内径为 450 mm 的多聚糖类 CSP 组成的模拟移动床色谱，年处理 12 吨的消旋体药物，以 90%的回收率得到光学纯度为 98.5%的单一对映体。另一个拥有上百吨年产量的手性药物生产系统位于美国加利福尼亚州的 Aerojet 精细化学品公司。如何在保持较高效率的前提下提高手性药物的分离量，是 SMB 在手性药物拆分领域所面临的主要问题。

模拟移动床色谱可以用较短的色谱柱大量分离较难拆分的对象，也可以节约大量的流动相和昂贵的手性色谱柱，但是其一次性投资过大，有时难以适应小规模制备的需要。近年来有人又利用模拟移动床和循环色谱相结合的原理提出了双柱切换色谱分离系统并将其成功应用于 *R*,*S*-华法林等手性物的拆分，其采用峰切割的方法使得未得到有效分离的部分在系统中循环分离，可以有效提高手性固定相的利用率和对映体产率。

5. 模拟移动床色谱技术的优势

(1) SMB 色谱是一个连续色谱分离过程　这个特点使得制备色谱分离过程实现自动化操作和稳定的产品质量控制。如前所述，在 SMB 色谱分离过程中，通过调节工艺参数和合理设计就能得到所希望的产品纯度和异构体剩余量；而且与传统间歇制备色谱相比，SMB 色谱在提高生产能力和降低溶剂消耗量方面都有不同程度改善；在 DOLE 的拆分例子中，生产能力提高 20 倍；在异构体 guaifenesin 和 formoterol 的分离中，生产能力分别提高 110%和 530%；此外，很多研究也表明溶剂消耗量节省 84%～95%。

(2) SMB 色谱技术比其他制备色谱的分离效率高　一方面，生产同样纯度的产品，SMB 色谱的理论板数低得多；另一方面，有研究表明柱效率降低 20%，SMB 色谱生产能力仅降低 10%，而制备色谱生产能力降低 50%。

(3) SMB 色谱技术可以实现旋光异构体分离过程从分析型色谱条件快速、可靠地放大至生产规模　通过应用分析型色谱，对流动相溶解能力、保留时间、选择性进行研究，很方便地评价出大规模 SMB 色谱分离的可行性。使用现有的设计和模拟软件，利用分析研究的数据，可以较快地实现 SMB 色谱分离工艺，这种开发过程所需要的时间比起化学合成路线手性合成所需的时间要短得多。

(4) SMB 色谱装置可以适合不同规模的色谱分离过程　因为从实验室研究中试到生产，不同规模尺寸的 SMB 装置是基于相同的设计和工艺，它们的不同仅仅在于柱子的尺寸及辅助设备规格。

12.7.2 制备型超临界流体色谱

制备型超临界流体色谱(preparative supercritical fluid chromatography，Pre-SFC)已应用于许多化学工业中的提取过程，最常见的是采用 Pre-SFC 提取香料或咖啡因等。目前，SFC-CO_2 在缓释药物合成及生物分子的稳定和转移等方面的应用，使 Pre-SFC 已引起了制药工业的广泛关注。

1. 超临界流体色谱的原理及特点

所谓超临界流体，是指在高于临界压力和临界温度时的一种物质的状态，它兼有气体和液体的某些性质，即兼有气体的低黏度、液体的高密度，以及介于气、液两相之间较高的扩散系数等特征。CO_2 作为一直被广泛采用的超临界流体是由它自身的特点决定的：临界点性质温和(T_c = 31.05℃)、成本低、安全，且工业易得高纯度。

在超临界流体色谱分离过程中，CO_2 是循环使用的。液体通过 CO_2 泵注入加热装置受热变为超临界状态 CO_2。在超临界条件下，分离过程在色谱柱中完成。色谱柱中出口压力降低，CO_2 又成为气体状态，在气相中收集各流分。气体 CO_2 通过适当的设备得到净化、冷却后变成 CO_2 液体，流入贮罐中，继续循环使用。图 12-17 为 SFC 的流程示意图。

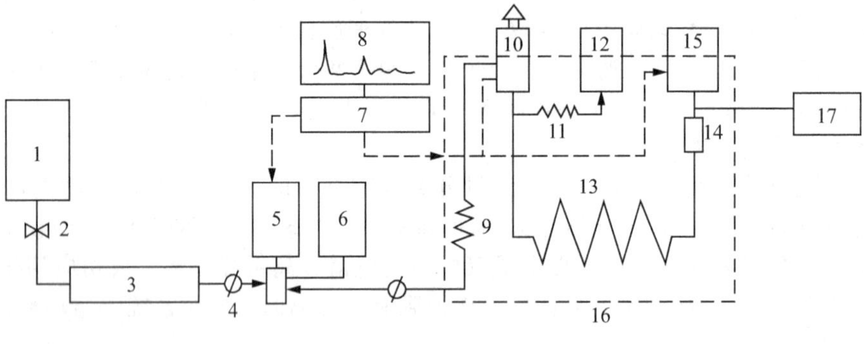

图 12-17　SFC 仪器流程示意图

1—流动相贮罐；2—调节阀；3—干净净化管；4—截止阀；5—高压泵；6—泵头冷却装置；7—微处理器；8—显示打印装置；9—热交换器；10—进样阀；11—分流阻力管；12—分流加热出口；13—色谱柱；14—限流器；15—检测器；16—恒温箱；17—尾吹气

由于 CO_2 对极性化合物的溶解能力较低，人们在以选择二氧化碳为主要流体的基础之上，提出了很多的强化 SFC 分离的技术手段。在需要提高密度以提高超临界流体溶解性的情况下，极性化合物改性剂(modifier)可有效地提高原流体的溶解能力。甲醇、乙醇、乙腈、水等是较常用的改性剂。Cantrell 等对各种改性剂在填充柱 SFC 中的作用进行了考察，发现可以把改性剂调整到合理的模式以加强或掩盖分子间作用。Roth 则考察了改性剂在 SFC 中的热动力学性质。改性剂通过引入一种低浓度强极性的化合物可进一步改善，这种化合物可称为添加剂。Blackwell 等研究了添加剂作用，认为色谱选择性与添加剂及流动相状态有关。

超临界流体具有许多获得好的色谱分离的必要特性，更重要的是，通过改变流动相温度或压力即可改变其密度，色谱分离的特性就会改变。因此一种单一的流动相就可以用于多种用途的分离，而无需为柱平衡浪费时间，这在 HPLC 靠改变其流动相组成是难以做到的。另外，也容易除去所收集的馏分中的流动相，简单地降压足以将超临界流体 CO_2 汽化。流动相的回收也十分简便，只需收集气相 CO_2，净化后可使其重返超临界流体状态。CO_2 易于回收，成本低廉，使 Pre-SFC 对工业极具吸引力，尤其是对比 PHPLC 在生产成本中流动相占最大比例（甚至在回收利用情况下）。然而，Pre-SFC 也有缺点，技术相当昂贵（设备必须承受上百 Bar 的压力），操作超临界流体不像液体那样简单，以及 CO_2 的溶解性能不允许溶解所有物质，通常加入改性剂有所帮助，但同时也部分抵消了上面所提到的优势。所以时至今日，虽然超临界流体的独特物化性质使得 CO_2 极具竞争性，甚至在模拟移动床和逆流色谱中也有应用，但超临界流体技术在实验室中的应用远远大过它在工业化生产中的应用。1997 年在法国 Strasbourg 召开的第三届国际超临界流体会议上，会议主席 Krtukonis、Brunner 和 Perrut 在大会特邀报告中指出，丙烷是一种更为实用的工业化超临界溶剂，且已用于一些食品加工过程中。王仁安等比较了丙烷与 CO_2 这两种超临界溶剂的溶解性能和传质性能，并结合文献超临界流体萃取的实例说明，在设计工业化超临界流体萃取装置时，丙烷是一种很有竞争力的溶剂。

2. Pre-SFC 操作的特殊点

（1）上样

在 Pre-SFC 应用中，上样量主要受样品在超临界流体中溶解度的影响，而不是色谱柱的负载量。一般地，固体样品要先溶解在一定的溶剂中形成样品溶液进行上样，但由于溶解样品的溶剂可能在色谱柱中扩散，导致色带变宽，因此直接进样的体积必须加以限制。若能除去溶解样品的溶剂，则可克服这一缺点。

第一种方法是使用前置柱上样。即先通过进样管将样品加入前置柱，然后通入加热的氦气在线排除溶剂，接着引入 SF-CO_2 流动相将吸附于前置柱上的样品溶解，最后引入制备色谱柱。为了增加进样量，可连续将样品加到前置柱上，但要保证前置柱不超载。

另一种方法是第一种方法的改进。用一个由 50 mm×10 mm I. D. 收集柱构成的大容量进样系统与分离柱连接；将样品溶液进样，先用液态 CO_2 稀释样品溶液，然后除去溶剂，样品被收集在收集柱上；最后再将收集柱上的样品溶解引入分离柱上。

（2）流分的收集

在完成超临界色谱分离后，收集被分离物质的方法有以下几种：解除超临界流体的压力；在高压容器中收集，然后缓慢降压；冷却收集容器，使 CO_2 固化；吸附于一种固体上，然后用溶剂进行洗脱；溶解在一种收集溶剂中。

3. Pre-SFC 的应用

赵锁奇等采用全多孔空白硅胶为固定相，二氧化碳加极性携带剂及酸碱性改良剂为三元流动相，在自建的一套克级 Pre-SFC 装置上，成功地对黄酮类物质和生物碱混合物进行了分离，图 12-18 为自建的克级 Pre-SFC 装置示意图。该装置采用两台注射泵，由单向阀组成的套件提供连续输送流动相，泵头上装循环低温套件及保温夹套。携带剂由另一台注射泵输送。色谱柱为动态轴向压缩柱，尺寸为 ϕ25 mm×500 mm，UV 检测器配置 50 mL/min 大容量流通池，进行不分流检测。

对黄酮类化合物的制备分离，每次循环时间为 15 min。操作压力为 25 MPa，温度为 45℃，流动相中携带剂加入量为 10%（其中携带剂中含 H_3PO_4 0.5%），流速为 20 mL/min，可得纯度达 96%的黄酮，总回收率达 80%。用 Pre-SFC 制备分离两种生物碱混合体系：一种为异构体蝙蝠葛

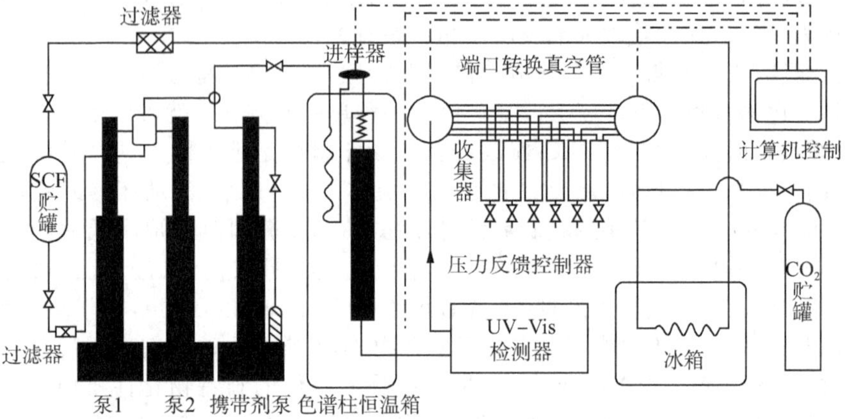

图 12-18　克级制备型超临界流体色谱示意图

诺林碱和蝙蝠葛新诺林碱的混合物；另一种为青川椒果皮萃取物，主要含香柑内酯和青川椒碱。这两种混合体系均在该装置中获得成功分离。

大规模 Pre-SFC 的应用，国外已经开展了许多工作，但公开的技术报道并不多，而国内在这一领域尚属空白。由于 Pre-SFC 在制备分离方面的许多优势使其极具发展潜力，如何充分发挥 Pre-SFC 的优势，实现规模化应用仍是今后的研究热点。

思考题

12-1 色谱法有哪些分类方法？各种色谱法有何特点？

12-2 色谱柱的固定相主要有哪些？

12-3 常见的检测器有哪些？

12-4 简述色谱分离过程中的放大策略。

12-5 比较气相色谱和液相色谱各自的特点及其适用对象。

12-6 典型的制备色谱有哪些？各有何优点？

12-7 简述色谱分离技术的展望。

参考文献

[1] 李淑芬，姜忠义. 高等制药分离工程. 北京：化学工业出版社，2006.

[2] 李淑芬，白鹏. 制药分离工程. 北京：化学工业出版社，2009.

[3] 孙彦. 生物分离工程. 北京：化学工业出版社，2005.

[4] 田瑞华. 生物分离工程. 北京：科学出版社，2008.

[5] 严希康. 生化分离工程. 北京：化学工业出版社，2001.

[6] 刘小平，李湘南，徐海星. 中药分离工程. 北京：化学工业出版社，2005.

[7] 宋航. 药学色谱技术. 北京：化学工业出版社，2007.

[8] 刘铮，詹劲. 生物分离过程科学. 北京：清华大学出版社，2004.

[9] 韩金玉，等. 动态轴向压缩柱色谱技术装备及其应用. 色谱，2004，22(4)：403-407.

[10] 陈青,刘志敏.超临界流体色谱的研究进展.分析化学,2004,32(8):1104-1109.
[11] 朱靖博,等.动态轴向压缩工业制备色谱分离丹参脂溶性单体化合物.大连工业大学学报,2010,29(1):51-54.
[12] 闫海全,李崇瑛.工业制备色谱在中药分离制备中的应用.广东微量元素科学,2009,16(2):14-18.

13　电泳技术

13.1　概　　述

近年来,关于电泳(electrophoresis,EP)技术的应用发展特别快,涵盖了从最大的蛋白质分子到氨基酸、糖、嘌呤、嘧啶、其他有机化合物甚至无机离子等领域。把电泳作为一种分离分析技术应追溯至 1907 年,Field 和 Teagua 用电泳理论作指导,研究设计出填充有琼脂糖凝胶的桥管,成功分离了白喉毒素和它的抗体。1937 年瑞典物理化学家 Tiselius 建立了移界电泳法(moving boundary EP),成功地将血清蛋白分成五个主要成分,即清蛋白、α_1-、α_2-、β-、γ-球蛋白,才使电泳作为分离分析技术有了突破性进展。1946 年 Tiselius 的第一套商品化电泳仪问世,其后随着电泳技术原理的不断扩展,电泳仪器和检测手段不断完善。虽然各种电泳仪器设备的发展落后于色谱仪器设备,但在实验室内用于分析的各种电泳技术的可靠性、分辨率、使用的难易度和成本均可与 HPLC 相竞争,尤其是 1981 年 Jorgenson 和 Luckas 开创的高效毛细管电泳(high performance capillary electrophoresis,HPCE)技术,其分离效率、分析速度及操作成本均远优于 HPLC;而目前在大规模应用上,电泳在分辨率和容量等方面还难以和制备型 HPLC 竞争。从电泳技术发展趋势看,在未来几年内有可能达到制备型 HPLC 的水平。将电泳原理与其他技术原理相结合,又发展了许多新的电泳技术,如免疫电泳、毛细管电色谱(capillary electrochromatography,CEC)等,尤其是毛细管电色谱,将毛细管电泳与液相色谱融合,柱效几乎比 HPLC 高一个数量级,能达到接近于毛细管电泳的高理论塔板数。这些进步都为电泳技术在分离领域赢得了不可或缺的一席之地。

13.2　电泳的理论基础

13.2.1　自由溶液中的电泳过程

当一个球形带电颗粒在黏性介质中受到电场的作用而迁移时,所受电场力为:$F=qE$,其中,F 是电场力;q 是颗粒的有效电荷;E 是电场强度。与此同时颗粒还受到一个摩擦阻力 $f=F=qE$。在自由溶液中,摩擦阻力 f 服从 Stocks 定律,即 $f=6\pi rv\eta$,其中,r 是带电颗粒半径;v 是颗粒在电场中迁移速度;η 是介质黏度。

当电场力与摩擦阻力达到平衡时,颗粒做恒速迁移,则有

$$v=\frac{qE}{6\pi r\eta}\quad 或\quad v=\frac{eZE}{6\pi r\eta}\qquad (13-1)$$

从上述公式可知,颗粒电泳迁移速度 v 与电场强度 E 和带电颗粒的净电荷量 q 成正比,而与颗粒半径 r 和介质黏度 η 成反比。不同物质在同一电场中,由于它们的有效电荷、形状、大小的差异,它们的电泳迁移速度不同,所以可能分离。也就是说,带电颗粒在电场中迁移速度的不同是电泳分

离的基础。

颗粒的电泳淌度(electrophoretic mobility)u 被定义为在单位电位梯度 E 的作用下,颗粒的迁移速度

$$u=\frac{v}{E} \quad 或 \quad u=\frac{q}{6\pi r\eta}=\frac{eZ}{6\pi r\eta} \tag{13-2}$$

在确定的条件下,物质的电泳淌度为常数,是该物质的物化特性参数。

实际上,根据 Gouy-Chapman 的分散双电层理论,在带电颗粒的表面附近存在距离表面由高到低的反离子浓度分布,形成分散双电层结构。在双电层区域颗粒表面附近的电位分布如图 13-1 所示。

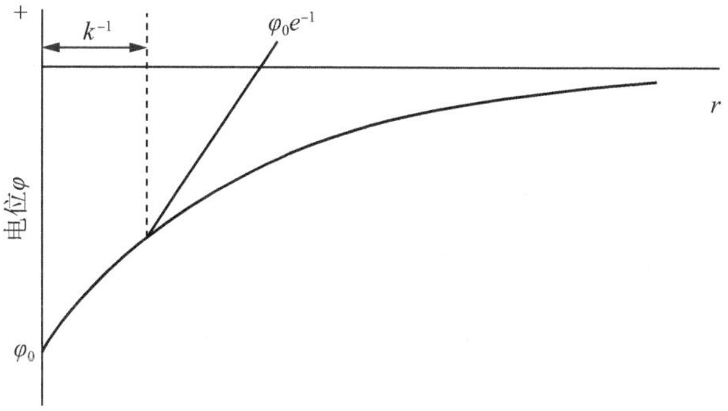

图 13-1　双电层中的电位分布

若表面电位 φ_0 很小,电位沿表面附近半径方向的变化可用指数函数 $\varphi=\varphi_0 e^{-\kappa r}$ 表示,则 $\varphi=\varphi_0 e^{-1}$ 处距表面的距离成为双电层厚度,为 κ^{-1}。双电层厚度 κ^{-1} 的推算常用下式

$$\kappa^{-1}=\left(\frac{\varepsilon k_B T}{2\times 10^3 e^2 NI}\right)^{\frac{1}{2}} \tag{13-3}$$

式中,ε 是溶液的介电常数(20℃时水的介电常数为 7.08×10^{-10} F/m);N 是阿伏加德罗常数(6.022×10^{23} mol^{-1});I 是离子强度;k_B 是玻尔兹曼常数(1.38×10^{-23} J/K)。

因此,考虑到双电层中电位分布情况,带电颗粒的电泳淌度为

$$u=\frac{eZf(\kappa r)}{6\pi r\eta(1+\kappa)} \tag{13-4}$$

式中,κr 是颗粒半径与双电层厚度比值;$f(\kappa r)$是 Henry 形状校正因子。

当颗粒半径远小于双电层厚度时,$\kappa r=0$,$f(\kappa r)=1$,电泳淌度可用式(13-4)表示,当颗粒半径很大时,双电层厚度可以忽略不计,$f(\kappa r)=1.5$,则式(13-4)可改写为

$$u=\frac{q}{4\pi r\eta}=\frac{eZ}{4\pi r\eta} \tag{13-5}$$

上述讨论是针对仅存在单一电解质组分的情况。当溶液中存在多种组分时,组分之间相互作用,影响电泳速度。但目前多组分之间相互作用的情况尚不清楚,上述各基本方程式广泛应用于电泳速度的推算和电泳分离过程的分析。

13.2.2　凝胶中的电泳过程

凝胶电泳是常用的分析手段,也适用于蛋白质等生物物质的制备分离。凝胶电泳的优点是可避免或减小因对流或热扩散引起的分离度降低,并且凝胶本身具有分子筛的作用,有利于提高电泳分离度。常用的凝胶支持物主要是聚丙烯酰胺凝胶,此外还有琼脂糖和淀粉等。聚丙烯酰胺凝胶由丙烯酰胺单体和交联剂 N,N'-甲叉双丙烯酰胺在催化剂和引发剂的作用下共聚调制,凝胶的浓度一般用下式表示

$$T_g=\frac{a+b}{m}\times100\%,\ c_g=\frac{b}{a+b}\times100\% \tag{13-6}$$

式中,a 是丙烯酰胺单体质量,g;b 是交联剂单体质量,g;m 是缓冲液体积,cm^3。

Morris 的研究表明，当交联剂 c_g 一定时，聚丙烯酰胺凝胶电泳淌度 u 的对数与 T_g(%)之间呈直线关系，即

$$\lg u=\lg u_0-K_r T_g \tag{13-7}$$

式中，u_0 是外插到 $T_g=0$ 时的电泳淌度，为所用缓冲溶液中的自由电泳淌度；K_r 是与交联剂浓度 c_g 有关的凝胶延迟系数。外插值与用其他方法得到的测量值很接近。利用式(13-13)可预测根据蛋白质的荷电性质、分子大小，以及形状等产生的凝胶分子筛效应进行电泳分离的特性。

13.3 电泳技术分类

13.3.1 常用电泳分类

虽然各种电泳技术的基本原理都相同，但在实际应用中，由于研究对象及目的等不同，电泳又可分为许多种类，较常见的分类方法如表 13-1 所示。

表 13-1 常用电泳技术分类

分类依据	名 称	应 用
分离对象	蛋白质电泳 核酸电泳	研究蛋白质的理化性质及免疫学特征 分离、鉴定及制备纯化核酸
支持物	自由溶液电泳(无支持物电泳) 琼脂糖凝胶电泳 聚丙烯酰胺凝胶电泳 醋酸纤维膜电泳 滤纸电泳	分离、鉴定蛋白质及核酸 分离、鉴定蛋白质及核酸 分离、鉴定蛋白质及核酸 分离、鉴定蛋白质 分离、鉴定蛋白质
展开方式	移界电泳 区带电泳 等速电泳 等电聚焦	测定某些物质电泳淌度，现几乎不用 分离、鉴定及制备纯化蛋白质与核酸 分析、鉴定生物样品中的各种离子组分 分离、鉴定蛋白质、测定蛋白质等电点
操作电压	低压电泳(2～10 V/cm) 高压电泳(50～200 V/cm) 超高压电泳(100～1 500 V/cm)	应用广泛 分析、分离低分子物质 主要用于毛细管电泳
操作方式	一维电泳、二维电泳、交叉电泳、不连续电泳、连续电泳	
泳动槽形状	移界电泳(U 形管) 毛细管电泳(毛细管) 连续自由流动幕电泳(薄层)	分离鉴定蛋白质、多肽、核苷酸、核酸及小分子化合物 分离制备带电分子，不同类型的细胞、细胞膜和细胞器

下面按照不同的展开方式分别简要介绍以下四种电泳方法。

1. *移界电泳法*

在移界电泳中，需要分离的带电物质是在溶剂中。将一条含有三种不同蛋白质 A、B、C 的带状样品，放置在 U 形电泳管的缓冲溶液中，然后外加电场，使其移动。由于三种蛋白质的电量、尺寸和形状不同，因而其电泳淌度也有所差异，若 $u_A>u_B>u_C$，则电流的通过使蛋白质部分分开。然而，这种情况只有当因对流作用而引起的散开部分在混合被避免的时候才能达到。一段时间后，在整个管子中出现了不同的分隔界面，在每一界面处，较轻的溶液都是在较重的溶液上面。这种相对于重力的界面系统的稳定作用是移界电泳法的特性。在一系列的分界范围中，是以组分的浓度变

化参差而排列的。这样一个浓度梯度在电泳管内建立了一个折射率梯度，因此可用一个适宜的光学系统进行测量。移界电泳法的一个特性就是完全的分离是不可能的。因为当通电流直到下降最快的界面移动到U形管横隔部分时，由重力所引起的再混合作用就会破坏电泳的分离效果。

2. 区带电泳法

不同的离子成分在均一的缓冲液系统中分离成独立的区带，可以用染色等方法显示出来，用光密度计扫描还能得到相互分离的峰，与色谱的洗脱峰相似。电泳的区带随时间延长和距离加大而扩散严重，影响分辨率。加入不同的介质可以减少扩散，特别是在凝胶系统中进行，还兼具分子筛的作用，分辨率大大提高，是应用最广泛的电泳技术。

1）自由溶液中的区带电泳

自由溶液中的区带电泳有微量电泳、自由流动电泳、密度梯度区带电泳和葡聚糖凝胶柱上的区带电泳，由于应用的局限性，仅作简单介绍。

（1）微量电泳　这是一种基于单个颗粒受到电场作用时会移动非常小的距离的事实来测量带电颗粒淌度的高度专业化方法，可用于高、低相对分子质量样品，以及病毒、细菌、红细胞和其他细胞的分离。其装置元件的主要部分如图13-2所示，操作时必须放置在恒温槽中，保持温度恒定，否则颗粒的迁移会受温度变化的影响。电泳淌度可通过测量一个颗粒走过一段距离所需的时间来计算，所走的距离可通过显微镜目镜的分度尺读出。测量时间可通过条件元件两端的电位控制在10 s左右。大量颗粒的观测可采用统计学的方法评价结果。

（2）自由流动电泳　这是一种较大规模的分离带电颗粒的方法，虽然它能用在分析上，分离时间能够短至30 s，但与其他电泳方法相比，可溶物质的分辨率非常差。它在细胞分离操作上的主要优点是能很好地保持细胞的存活力。这类电泳仪有一个分离槽，一般长约500 mm，宽100 mm和厚0.5～1.0 mm，分离的样品被缓冲溶液围着，而在缓冲溶液流动的垂直方向上施加一个100～150 V/cm的电场，在槽的顶端一小口中注入样品，随着样品的移动，不同的成分分离成单个区带按不同的偏斜方向经过分离槽，如图13-3所示。

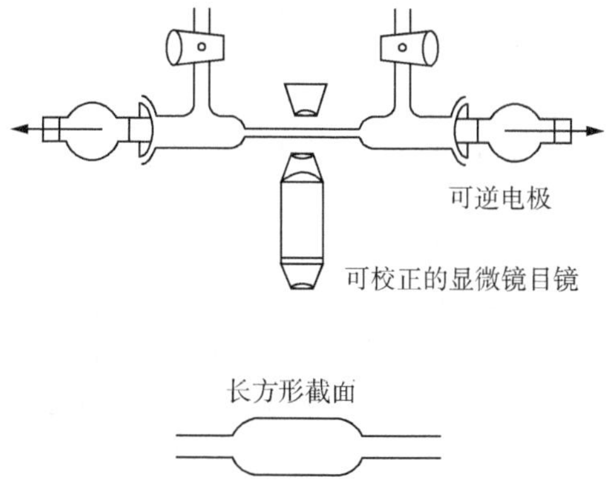

图13-2　微量电泳仪

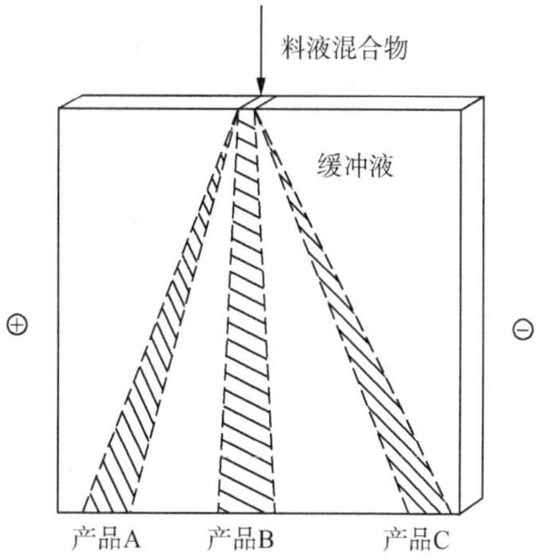

图13-3　连续自由流动电泳原理

（3）密度梯度区带电泳

密度梯度区带电泳已用于许多低相对分子质量可溶物质的分离和分析工作中。使用密度梯度电泳时，被分离区带的扩散和沉降因素产生的影响会大大降低。扩散取决于黏度，用加入惰性不导电的分子配制梯度的方法同样能简便地增加黏度，得到最有利的条件。蔗糖是最常用来产生密度梯度的物质，此外也可采用甘油、甘露醇等物质。密度梯度不需要精确的线性，只要它足以防止对流即可。在制备工作中，此项技术的主要优点是被分离区带的收集非常简单（例如用一个注射器、泵或流入分部收集器)，回收几乎是定量的，并且可利用透析、稀释、离心或沉淀等方法，从包含的支持介质蔗糖中，十分容易地分离样品组分。

(4) 葡聚糖凝胶柱上的区带电泳

在大多数情况下，样品组分被完全排斥在葡聚糖凝胶(Sephadex G-25或G-15)珠体外，因此按大小分级分离的分子筛效应没有发生，样品实质上在珠体外的溶剂相中进行自由溶液电泳。结果是所有样品的组分都被阻止进入珠体中，并且分离是完全按照电荷来进行。这个方法专门用于制备工作，由于扩散、吸附效应、电渗及过滤操作，引起谱带扩展，导致较低的分辨率。这个分辨率与用凝胶过滤得到的结果十分不一样，但是它的分离基础是颗粒电荷而不是颗粒尺寸大小，因此，这个方法具有一定的价值。本法使用的仪器与在自由溶液中区带电泳使用的仪器类同，这是因为两个操作步骤之间的实际差别，仅是在后者用蔗糖梯度来阻止对流以减少扩散，而前者是用葡聚糖凝胶来阻止对流(由于缓冲液强度不增加，所以不会去减少扩散)。

2) 在不同支持物上的区带电泳

(1) 滤纸电泳　以滤纸作为带电颗粒溶液的支持物来进行的电泳成为滤纸电泳。在化学成分分离鉴定中，滤纸电泳常常与其他层析方法配合使用以达到预期的效果。它除了用作常规分析方法外，还常用于对物质的带电特性作试探性摸索。滤纸电泳按照所施加电压的高低可分为低压电泳和高压电泳。

(2) 醋酸纤维素电泳　用醋酸纤维素条带或塑料薄膜作支持物来进行的电泳。其特点是分离快速，在低电压下，仅0.5～2 h，分离出来的区带非常清晰鲜明，背景完全无色，操作方便，加上不会像滤纸电泳那样造成蛋白质的变形，以及膜的均一和少量的吸附剂特性，所以醋酸纤维素已在多种用途上完全取代滤纸电泳，而得到比滤纸电泳更理想的结果。由于设备简单，操作方便，重复性也好，醋酸纤维素薄膜电泳过去在生化研究特别是临床检验方面起过重要作用。但其分辨率不及凝胶电泳高，所以逐渐被后者所代替。利用微晶纤维素薄层作肽的双向“指纹图谱”仍是很有用的技术。

(3) 聚丙烯酰胺凝胶电泳(polyacrylamide gel electrophoresis，PAGE)　PAGE是以聚丙烯酰胺凝胶作为支持物的一种方法。它是在淀粉凝胶电泳基础上发展起来的。1959年Raymond和Weintraub首先使用PAG作为电泳支持物，与淀粉凝胶电泳和琼脂糖凝胶电冰相比优点较多，其孔径大小可以调节，对所有蛋白质、肽都有筛分效应。另外，该凝胶机械强度好、弹性大、电渗力低、分辨率高、易于重复，因此，目前以它作支持物的区带电泳应用广泛。此外还有SDS(十二烷基磺酸钠)-聚丙烯酰胺复合物亦被用作电泳支持物，在该电泳系统中，当蛋白质的相对分子质量在15 000～200 000之间时，电泳淌度与相对分子质量的对数呈线性关系，这在分离、鉴定蛋白质，以及确定蛋白质相对分子质量上是很有意义的。

(4) 琼脂糖凝胶和半干式聚丙烯酰胺凝胶电泳　通常情况下，核酸类物质的分离鉴定是采用琼脂糖凝胶电泳法进行的。但有时也可采用琼脂糖-聚丙烯酰胺凝胶进行，特别是当分离核酸和测定其相对分子质量时。用琼脂糖-聚丙烯酰胺凝胶电泳法分离线性DNA(L-DNA)时，其淌度与该物质相对分子质量关系密切，而与结构和碱基组成无关。这也是采用凝胶电泳法测定核酸相对分子质量的依据所在。此法除了分离L-DNA外，还可分离分析细菌质粒的闭环DNA(CC-DNA)和开环DNA(OC-DNA)，以及相对分子质量不等的RNA片段。若用琼脂糖和聚丙烯酰胺凝胶分离核蛋白时，应在低浓度聚丙烯酰胺凝胶中掺入适量的琼脂糖，这样既能增大凝胶的强度，又可提高分辨率。

3. 等速电泳

等速电泳是一种不连续介质电泳技术。20世纪70年代，Everaerts考虑到此技术的特点，即在电泳稳态时各组分区带具有相同的泳动速度，将其取名为“isotachophoresis”，中文即等速电泳，简称ITP。和其他电泳技术一样，等速电泳也根据样品的有效淌度$\bar{u}$的差别进行分离。此外还要有两个特殊的条件。

(1) 特殊的电解质系统，即具有一定pH缓冲能力的前导电解质LE和终末电解质TE。其中与样品同号的前导电解质离子称前导离子 L，终末电解质离子称终末离子 T，与样品反号的离子叫对离子 P。要求 $\bar{u}_L > \bar{u}_样 > \bar{u}_T$，且 P 要具有 pH 调控能力。LE 和 TE 构成不连续的电泳介质环境，是等速电泳的首要条件。

(2) 背景电流要小到足以克服区带电泳效应。等速电泳可以进行多种离子的同时分析，样品预处理简单或不需要，操作条件容易根据需要改变，所以等速电泳特别适用于生化分析工作，但等速电泳只能分析离子型样品，设备也不太简易，这是它的局限性。

4. 等电聚焦

对于普通电泳，在直流电场中，pH 值是均一的、相对稳定的，多种带电分子依其电荷符号的不同和数量多少的不同，而向不同方向以不同速度移动。随着电泳时间和所走距离的加长，由于分散作用，区带越来越宽。而等电聚焦(isoelectric focusing)的主要特点是在电泳槽中形成一个从正极到负极 pH 逐渐增加的 pH 梯度。当蛋白质分子靠近正极时，处于低于其等电点的环境中，则带正电荷，向负极移动；反之，则向正极移动。最后都聚集在相当其等电点 pH 的位置上，从而就可以依等电点的不同将两性大分子彼此分离，从而可以高分辨率地用于分析和制备。等电聚焦电泳的支持物有聚丙烯酰胺凝胶、琼脂糖凝胶及蔗糖溶液等，分离过程要求有稳定的 pH 梯度，另外温度也影响等电聚焦的效果，温度改变，pH 就改变，且高温会把凝胶烧糊，所以一般控制聚焦温度在4～10℃。

13.3.2 影响电泳迁移率的因素

1. 电场强度和焦耳热效应

一般是电场强度越强，带电颗粒迁移速度越快。常压电泳控制的电场强度为 2～10 V/cm。电泳过程中由于使用的电流强度 I 会产生热量 $Q=VIt$，使温度增加，从而使电泳流动性增加；使支持介质中缓冲液的溶剂蒸发，从而促进或延缓电泳迁移；因溶剂的损失会引起电解质浓度、离子强度和支持介质电导率增加。电解质浓度增加，通常导致电泳流动性降低。电导率增加，电阻减小，若电压 V 恒定，则 $I=V/R$ 增加，过程中产生的热量也有所增加，相应的蒸发量变大。因此，在电导率增加时，优先选用恒定的直流电流 I，在这种情况下，将导致电压 V 的下降，产生的热量下降，蒸发也会减少，所以采用恒定的 I，就有可能得到一个更为均一的电泳淌度。即便如此，蒸发也不可能完全消除。除此之外，在低压电泳时，还可以通过封闭设备系统控制蒸发，而在高压电泳时，可用冷冻介质的方法来控制。

2. 电渗

当固体与液体相接触时，如果固体表面因某种原因带一种电荷，则因静电引力使其周围液体带另一种电荷，在固-液界面形成双电层，两者之间有电势差。当液体两端施加电压时，就会发生液体相对于固体表面的移动。把这种液体相对于固体表面移动的现象叫做电渗。

区带电泳中，如果支持物质带有羧基、磺酸基、羟基等功能团时，在一定的 pH 值溶液中，它们会电离，使支持物带负电荷，与支持物相接触的溶液带正电荷。在电场作用下，此溶液层会向负极移动。反之，若支持物带正电荷，与支持物相接触的溶液就带负电荷，溶液层会向正极移动。因此，电渗会对样品电泳淌度产生影响。如果电渗方向与样品的电泳迁移方向一致，样品的表观淌度就加快，如果两者的方向不一致，样品的表观淌度就降低。为了测定离子的电泳淌度，需对电渗现象加以校正。单位电场强度下的电渗速度称为电渗淌度。常用中性物质如葡萄糖、淀粉等来测定电渗淌度。因此，对阳离子要将所得的表观淌度减去电渗淌度，而对于阴离子要加上电渗淌度。

3. 吸附

支持物吸附溶质，会延缓电泳分离。在某些情况下，如果它们能选择性地吸附低电泳淌度的组分，则可提高分离效果。就此而言，采用醋酸纤维得到的分离效果要比滤纸好，这是因为滤纸的吸附能力低。

4. 分子筛分离

当采用凝胶作支持物，在伸展的凝胶中，其空间属于大分子尺寸，这样就表现出分子筛效应。如同凝胶色谱一样，最小的分子进入凝胶的孔状结构中，移动路程最长，所以迁移被延缓。因此，在样品组分分离时，调整诸如凝胶的聚合程度和浓度，孔径大小等因素，就能得到一个高的分辨率。

5. 颗粒的性质和扩散

一般是所带净电荷越大，直径越小或其形状越接近于球形，在电场中淌度就越大。扩散也会影响分离的分辨率，这是因为扩散可使几个分离的区带相互重叠。扩散速度在相当大的程度上取决于离子的大小。大分子的离子扩散相当缓慢。因此，在分离大分子时，扩散的影响非常小；然而，在小分子的分离时，则必须考虑。

6. 溶液的性质

主要是指电极室缓冲溶液和目标产物样品溶液的 pH 值、离子强度和黏度等。

(1) 溶液的 pH 值　溶液的 pH 值主要决定电解质的离解程度和其所带净电荷的量。对于氨基酸或蛋白质，溶液的 pH 值应远离其等电点，使其净电荷量较大，迁移速度更快。

(2) 离子强度　组分的分离取决于缓冲液的离子强度，如果离子强度高，可获得良好的分离效果，但电泳淌度会降低，所以溶液的离子强度一般维持在 0.05～0.1 mol/L 内。

(3) 溶液的黏度　因为电泳淌度与溶液的黏度成反比，所以黏度不能过大或过小。

电泳淌度的大小并不完全取决于电荷的性质和大小、颗粒性质和分子的特性。净电荷相同，相对分子质量相差一倍的两种物质，其电泳淌度并不成倍增加，因为还受其他因素的影响，如分离效果有时取决于所用缓冲液的性质。

从上述可知，影响电泳分离的因素众多，除了实际操作中采用恒电流或恒电压的功能装置，使用夹套或与冷室相连的方法来调节电泳槽的温度，保持得到的淌度有很好的重现性外，关键还在于用实验方法确定最佳条件。具体结果用在规定的操作电压和时间条件下，离子移动距离的大小来评价，或用标准样品同时实验，进行直接比较。

13.4　常用的电泳方法

13.4.1　化学药品与中药分离纯化上应用的电泳技术

电泳技术在化学药品与中药研究中多应用于定性定量分析领域，而较少用于大规模分离纯化。现在最常用的就是高效毛细管电泳技术(high performance capillary electrophoresis, HPCE)，其定义为：溶质以电场为推动力，在毛细管中按淌度差别而实现的高效、快速分离的新型电泳技术。1981 年 Jorgenson 等发表了划时代的研究工作，用 75 μm 内径石英毛细管进行电泳，快速地分离了丹酰化氨基酸并达到了 40 万块/m 理论板的高效率。与传统电泳技术及色谱法相比，HPCE 的突出特点有以下几个方面。

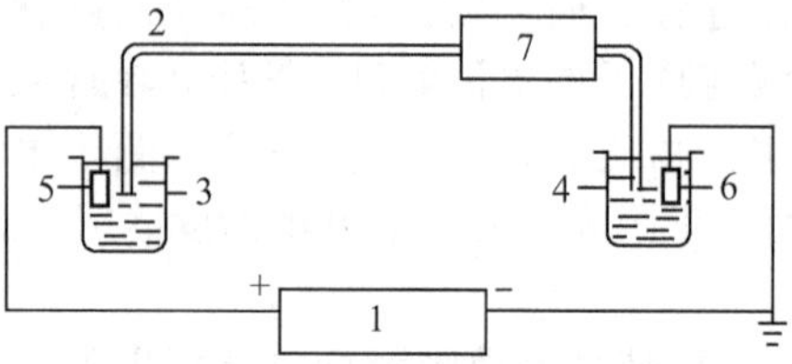

图 13-4　毛细管电泳仪

1—高压电源；2—毛细管；3、4—缓冲溶液瓶；5、6—铂电极；7—检测器

(1) 仪器简单，操作方便，容易实现自动化。简易的高效毛细管电泳仪器组成极其简单(图 13-4)，只要有一个高压电源、一根毛细管、一个检测器和两个缓冲液瓶，就能进行高效毛细管电泳。

(2) 分离效率高，分析速度快。由于毛细管能抑制溶液对流，并且具有良好的散热性，允许在很高的电场下(可达 400 V/cm 以上)进行电泳，因此可在很短时间内完成高效分离。分离效率一般可达 10^5～10^7 块/m。

(3) 操作模式多,分析方法开发容易。只要更换毛细管内填充溶液的种类、浓度、酸度或添加剂等,就可用同一台仪器实现多种分离模式。

(4) 实验成本低,消耗少。因为进样为 nl 级或 ng 级;分离在水介质中进行,消耗的大多是价格较低的无机盐类;毛细管长度仅 50~70 cm,内径 20~75 μm,容积仅几微升。

(5) 应用范围极广。由于 HPCE 具有高效、快速、样品用量少等特点,所以广泛应用于分子生物学、医学、材料学,以及与化学有关的化工、环保、食品等各个领域,从无机小分子到生物大分子、从带电物质到中性物质都可以用 HPCE 进行分离分析。

目前,毛细管电泳的主要操作模式有:毛细管区带电泳(capillary zone electrophoresis,CZE)、胶束电动色谱(micelle electrokinetic chromatography,MECC 或 MEKC)、毛细管凝胶电泳(gel capillary electrophoresis,GCE)、毛细管等电聚焦(capillary isoelectric focusing,CIEF)、毛细管等速电泳(capillary isotachophoresis,CITP)、毛细管电色谱(capillary electrochromatography,CEC)等。

13.4.2 生物产品分离纯化上应用的电泳技术

1. 连续自由流电泳

不用支持物的连续电泳称为连续自由流电泳。在相距很近的两块平板组成的薄室中进行电泳分离,已推出商品化的制备电泳仪,最早是由英国 Harwall 的 UKAEA 实验室生化室研制而成的,其生产能力已达 1 g 蛋白质/min 的水平。该技术首创了以层流流场稳定组分区带的方法,但由于其间存在着自然对流、热扩散及"弯月"现象,使其分辨率及处理量都较低。为克服"弯月"现象,研究者们提出了几种不同电泳分离操作模式:①应力稳定自由流动电泳;②循环连续流动电泳;③交变电场下的变流连续自由流动电泳;④二维交变电场自由流动电泳;⑤动态错流电泳等。

2. 使用支持物的连续电泳

如图 13-5 所示,它是低压纸电泳的一种形式。溶解或悬浮在一种适当缓冲液中的样品,连续加到一个垂直纸片的顶部,样品由于重力作用通过缓冲液垂直向下移动。其速度与物质在流动相和支持物间的吸附力等有关,同时样品中各物质受电场的作用,带电成分向水平方向移动,其速度与物质的电荷和质量比有关。在两种因素的共同作用(又称二元式)下,各物质在滤纸上按其各自的理化特性呈辐射状特定方向沿下端的小三角流入分别收集的试管中,得到分离。本法除了用于分离制备带电分子外,也能用于分离不同类型的细胞、细胞膜和细胞器。

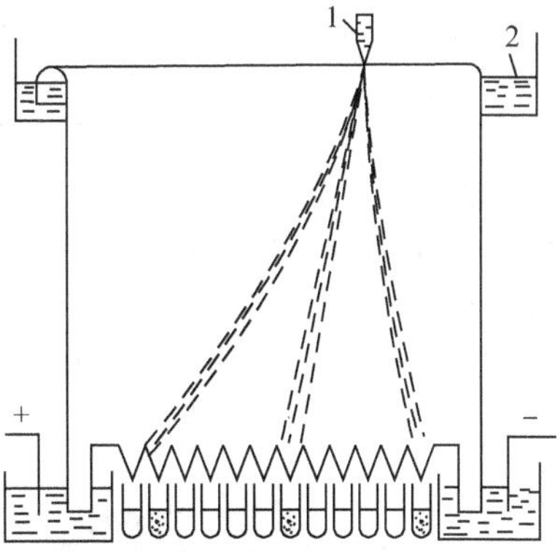

图 13-5 使用支持物的连续电泳分离

1—物料加样器;2—恒定水平的缓冲液槽

3. 制备凝胶电泳

以最常见的制备性聚丙烯酰胺电泳槽为例,通过连续洗脱技术,它能快速有效地分离生物分子。只需 5 h 就能提供纯化的蛋白、核酸及其他生物分子。样品上样于凝胶上部表面后,分子通过圆柱形凝胶基质电泳而分离成环状条带。条带迁移出凝胶底部,进入洗脱槽内一个很薄的洗脱滤板中。上面的透析膜可捕获洗脱滤板中的蛋白。洗脱缓冲液环绕着洗脱滤板周边流入洗脱槽。当条带移出凝胶,它们被拉向洗脱滤板中心,并从收集管进入蠕动泵。泵把分离的分子推向收集仪。收集不同的组分以用于测试和定性。保持凝胶中不同部分的温度是条带分离中获得最佳分辨率的关键。

4. 与其他分离过程耦合的制备电泳技术

(1) 反向作用色谱电泳

将体积排阻色谱原理与电泳原理相结合,直立的电泳主内分层填装不同孔径的凝胶。分离中选择适宜的电场强度，使目标蛋白质向上的电泳淌度与其随载流下移的速率相同，从而在两层凝胶的接界处聚焦，而其余组分则因为电泳淌度与其下移速率相异而被柱上端或下端移出。反向作用色谱电泳实现了目标蛋白质的选择性堆积，克服了体积排阻色谱和区带电泳过程中共同存在的组分区带在分离过程中被加宽的缺点，但其分离规模小，难以用于多组分分离。

(2) 双水相电泳

利用电场来强化待分离组分在两相间的分配选择性。Marando 等以 PEG/Dextran 体系为例，研究了 pH、上下相的电极性及电场强度对分离牛血清蛋白-牛血红蛋白混合物的影响。表明在适宜的操作条件下，两种蛋白质的相分配系数均可接近 100，分离因子大于 4 000，但分离规模受其装置换热能力的控制。此外双水相体系的成本昂贵也是限制这一技术用于大规模分离的一个重要因素。

(3) 加入有机组分的制备电泳

加入有机组分有利于增大目标与杂质组分间电泳淌度的差异，从而提高电泳分离程度。罗坚等发现卵清白蛋白组分 I 和组分 II 在乙醇水溶液中可以得到更好的电泳分离；在多通道流动电泳分离过程中，加入有机组分能减小蛋白质的过膜阻力从而增大膜通量，提高设备的处理能力。对于蛋白质组在有机-水介质中对结构特性的考察有助于优化电泳分离。

13.5 主要装置与设备

13.5.1 制备凝胶电泳槽

常用的 491 型制备电泳槽(图 13-6)运用一个缓冲液循环泵，下层电泳缓冲液不断流经冷却芯而被抽吸到凝胶中心，使整个凝胶的温度保持一致。由于小型制备电泳槽(图 13-7)使用的凝胶体积小，无需这项操作即可获得同样高的分辨率。这两种电泳槽都能分离相对分子质量差别仅为 2% 的蛋白，因此应用极为广泛。王永杰将人外周血或兔人工无菌性腹水中分离中性粒细胞，用 5% 冰醋酸直接提取。经连续酸-尿素-聚丙烯酰胺凝胶电泳(CAU-PAGE)洗脱，获取纯化的 HNP-1～3 或 RNP-1～5 组分，以聚丙烯酰胺凝胶过滤作为一种参比方法发现，采用 491 型制备电泳槽的 CAU-PAGE 是一种较简便、快速、经济的分离纯化防御素组分的方法。

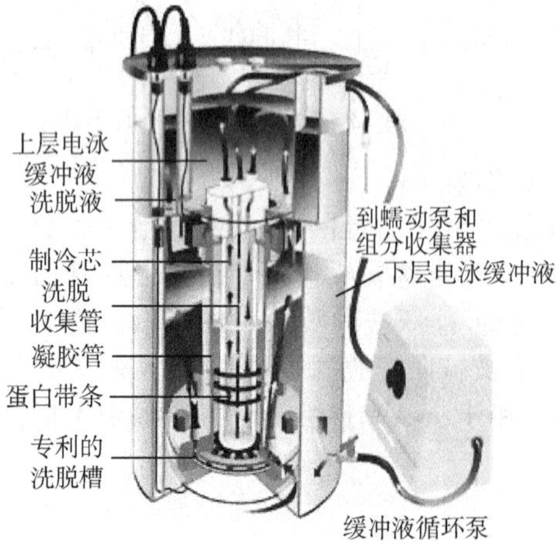

图 13-6　491 型制备电泳槽

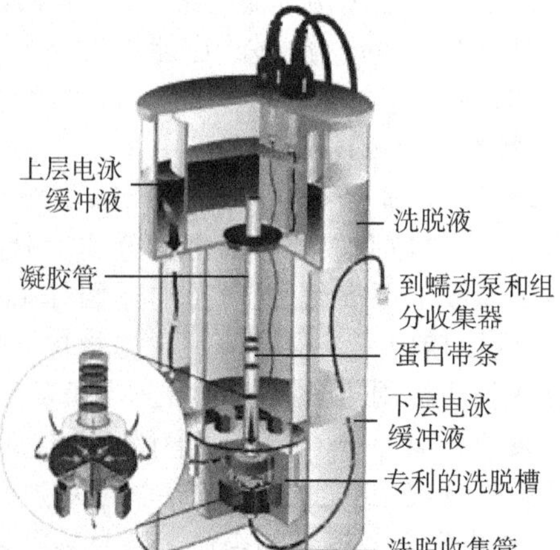

图 13-7　小型制备电泳槽

13.5.2 制备型电洗脱槽

从凝胶上洗脱蛋白质样品是非常麻烦与费时的，且回收率很低。利用带负电的生物大生子向阳极移动，可在阳极用透析膜收集样品。洗脱时间从几十分钟到几个小时视样品而异，样品体积可从一百到几百微升。Bio-Rad 公司的全凝胶洗脱仪（图 13－8）能同时从整块的制备凝胶中洗脱和收集多个生物分子带（图 13－9）。这些仪器能快速有效而且简便地将所有生物分子从凝胶洗脱到溶液中，避免了繁琐的切胶洗脱过程，适合于筛选天然蛋白混合体以鉴定免疫相关抗原和纯化多个核酸或蛋白条带等应用。

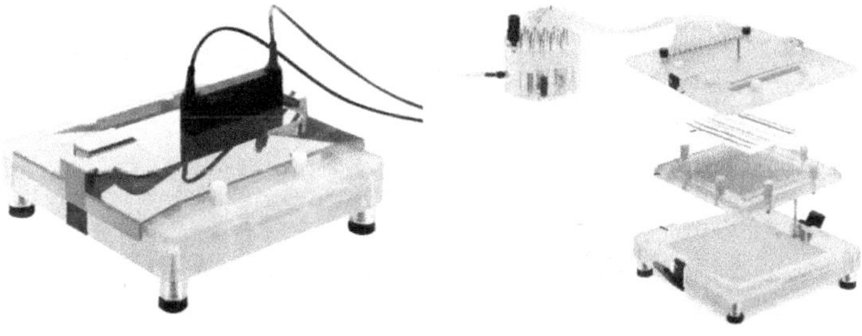

图 13－8　全凝胶洗脱仪

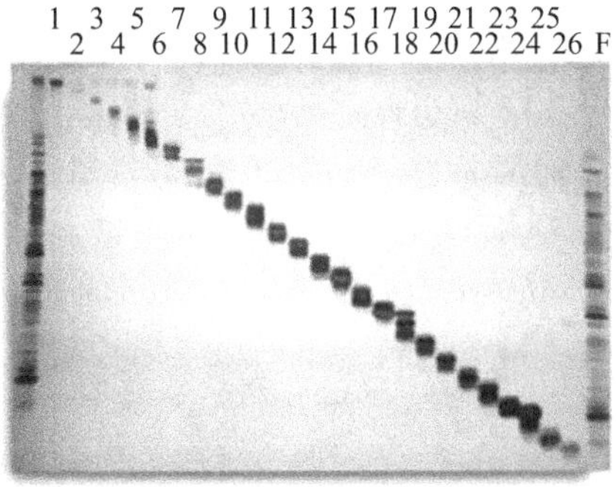

图 13－9　粗蛋白在全凝胶洗脱仪上的典型洗脱图

13.5.3 多腔式等电聚焦电泳槽

Ilbe 提出的多腔式等电聚焦技术有效解决了 pH 梯度的稳定和抑制对流等问题。在此基础上使电泳槽在水平方向上进行了转动化热，使换热效率大为提高，从而增大了聚焦的处理量，缩短了操作时间，这一设计已有 BioRad 公司改进并实现了商品化，即 Rotofor™。其上样量可从毫克级到克级的水平，运行一次 Rotofor 系统就可使样品最多浓缩 20 倍。若将初始运行而获得的组分汇集并再分离，可以产生最多 1 000 倍的纯化效果。只需要 10 min 的设置，在 3 h 内即可完成每个聚焦步骤。用 Rorofor 分离天然有色蛋白混合物——藻青蛋白（蓝色异构体，pI 4.5～5.0）、血红素（红色异构体，pI 7.2 和 7.6）和细胞色素 C（橙色异构体，pI 9.5～10.0）的过程（图 13－10）如下：混合物与 pH 跨度 3～10 的 Bio-Lyte 两性电解质混合，样品注射到标准（60 ml）聚焦槽（A）进行蛋白质聚焦（B），聚焦 1 h 后，蛋白被分离（C），运用 Rotofor 系统的真空辅助收集系统，则分别同时被抽吸到 20 个单独试管（D）。收集可在数秒内完成，避免了蛋白扩散和再混合。

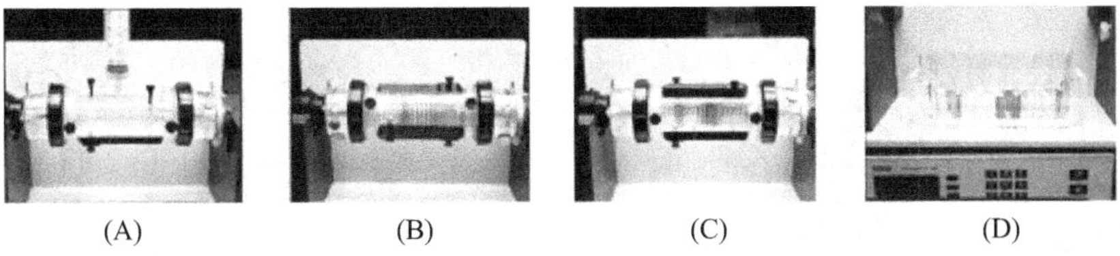

图 13－10　Rotofor 电泳槽用于蛋白质分离

13.5.4 制备等电聚焦电泳仪

以常见固相介质制备等电聚焦为例，固相介质制备等电聚焦技术中的密度梯度等电聚焦、凝胶板制备等电聚焦等商品化较早，如 LKB 柱，如图 13－11 所示。研究发现，利用 LKB 2117 等电聚焦系统治被组分复杂的纤维素酶(多酶体系,包括三类分子与等电点差别微小、组成和性质近似的水解酶)可以取得比较满意的结果。在用 LKB 柱进行等电聚焦电泳时,为了保持形成的 pH 梯度,防止对流和分离的区带混合,在电泳柱内要制备密度梯度,通常使用蔗糖、甘油、聚乙二醇、甘露醇、右旋糖酐和聚蔗糖等作材料。由两性电解质、样品和蔗糖等制备的重液与不含蔗糖的两性电解质和样品组成的轻液,通过梯度混合器加入电泳柱内,形成下重上轻的密度梯度。pH 梯度范围可根据需要,选择两性电解质,电泳时需冷却。电泳过程中电流逐渐下降,达到稳定时,电泳结束。关掉电源,从柱下端小心、缓慢地放出电泳液,根据需要收集流出液,每管收集量应适当,过大时分辨率降低。通过测定每个收集的部分,可以将不同组分分离,也可在放出过程中用紫外检测。由于 LKB 柱操作较为繁琐,电泳液排出时的流速、收集部分的体积、检测方法及其意外因素均会影响其分辨率,因此出现了螺旋管等电聚焦电泳和水平旋转等电聚焦电泳等改进型,分别如图 13-12 和图 13-13 所示。

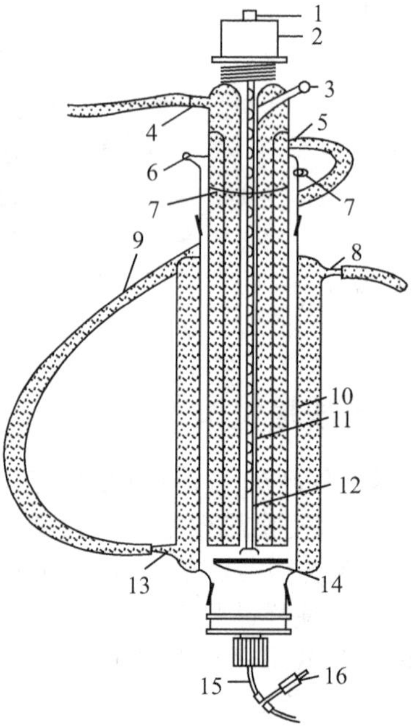

图 13-11　LKB 电聚焦柱示意图

1—中心管电极;2—中心管电极外套;3—中心电极管溶液入口;4—内层冷却水入口;5—内层冷却水出口;6—加样口;7—上部电极;8—外层冷却水出口;9—内外层冷却水连通口;10—样品层;11—中心电极管;12—中心管电极;13—外层冷却水入口;14—中心管电极活塞;15—样品排出口;16—样品排出口螺旋夹

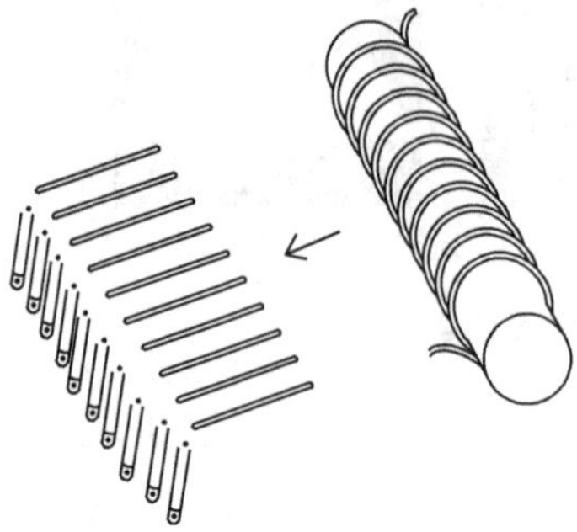

图 13-12　螺旋管等电聚焦电泳

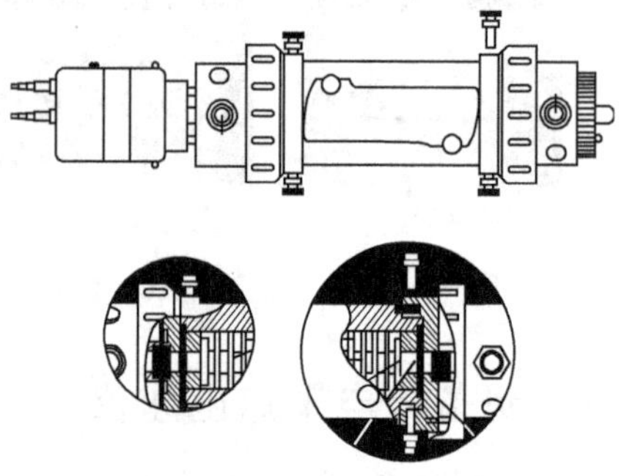

图 13-13　水平旋转等电聚焦电泳

思考题

13-1 什么叫电泳淌度？它和哪些影响因素有关？
13-2 自由溶液的电泳过程中颗粒迁移速度与哪些因素相关？
13-3 常用电泳技术按照展开方式不同及支持物不同分别可分为哪几类？
13-4 高效毛细管电泳技术的突出优点有哪些？
13-5 常见的制备电泳设备有哪些？

参考文献

[1] 严希康.生化分离工程.北京：化学工业出版社，2001.
[2] 储炬，李有荣.现代生物工艺学.上海：华东理工大学出版社，2007.
[3] 傅若农.色谱分析概论.北京：化学工业出版社，2000.
[4] 比尔 M.电泳：理论、方法和应用.姚侃，等译.北京：科学出版社，1966.
[5] 赵永芳.生物化学技术原理及应用.北京：科学出版社，2002.
[6] 郭尧君.蛋白质凝胶电泳仪器的发展.现代科学仪器，1996(3)：10-12.
[7] 刘铮，等.植被电泳技术现状及其发展的“场”、“流”分析.化工进展，1996(6)：1-5.

14 结晶分离

结晶是从液态(溶液或熔融物)或气态原料中析出晶体物质的过程,属于动量、热量、质量传递的单元操作。从熔融体析出晶体的过程多用于单晶制备,从气体析出晶体的过程用于真空镀膜、超细粉体的制备,而化工、制药工业中常遇到的多是从溶液中析出晶体。

化学、生物药物多是以固体形状存在,从形态上看,分为晶形和无定形两种,从微观上看,形成晶形固体的微粒即分子、原子或离子按不同的表面化学键力作三维有序的规则排列,具有一定的熔化温度(即熔点)和固定的几何形状,在物理性质方面又往往具有各向异性的现象,而形成无定形固体不具备这些特征。按照惯例,将得到晶形物质的操作过程常称为结晶,得到无定形物质的操作过程称为沉淀。通常只有同类分子或离子才能排列成晶体,因此,晶体的形成和生长过程具有高度的选择性,与沉淀相比,晶体往往具有较高的纯度。

结晶是制药工业下游生产的重要单元操作,对提高药物晶体质量及药物疗效或生物利用度起到非常重要的作用。早在五千多年前,人们已开始利用太阳能蒸发海水制取食盐。随着结晶技术及现代分析测试技术的不断发展,结晶已发展成为从溶液里制取纯净固体药物产品的有效操作,得到的晶体产品不仅纯度更高,而且外形美观,便于包装、运输、贮存和应用。

14.1 概　　述

14.1.1 结晶的基本概念及原理

溶质从溶液中析出晶体的过程涉及溶液相平衡、结晶热力学和动力学,为了更好地探讨结晶分离的知识内容,首先将与结晶过程有关的基本概念及原理作一简述。

1. 过饱和溶液及溶液状态图

在某一温度下,当溶液中溶质浓度等于该溶质在同等条件下的溶解度时,该溶液称为饱和溶液;超过溶解度时的溶液,称为过饱和溶液。过饱和溶液是实现结晶操作的必要条件,其过饱和程度的大小对晶体的晶形及结晶操作起着至关重要的作用。过饱和程度的大小根据结晶过程的计算或结晶器的设计过程中应用时的方便考虑,一般用绝对过饱和度 Δc、相对过饱和度 α 和过饱和系数(比)S 三种方式,其表达式分别为

$$\text{绝对过饱和度}\ \Delta c = c - c_s \tag{14-1}$$

$$\text{相对过饱和度}\ \alpha = \frac{c - c_s}{c} \tag{14-2}$$

$$\text{过饱和系数(比)}\ S = \frac{c}{c_s} \tag{14-3}$$

其中,c、c_s 分别表示过饱和溶液的浓度及此条件时溶液的溶解度。溶液的过饱和度是结晶传质过程进行的主要推动力。

物质溶解度随温度变化的关系曲线称为饱和度曲线,对于溶剂相同的溶液体系,一种物质仅有

一条恒定的饱和度曲线，受相平衡控制；而描述过饱和溶液中溶质的浓度随温度变化的关系曲线称为过饱和度曲线。过饱和度曲线在工程上受到很多因素如有无搅拌、搅拌强度的大小、有无晶种、晶种的大小与多少，以及其他过程条件的影响而变动。过饱和度曲线为一簇曲线，受动力学控制。

如图 14－1 所示的描述溶液的浓度随温度变化的关系图称为溶液状态图，$S-S$ 饱和曲线和 $SS-SS$ 过饱和曲线将溶液状态图分割为三个区域，即稳定区、介稳区和不稳定区，其特点如下。

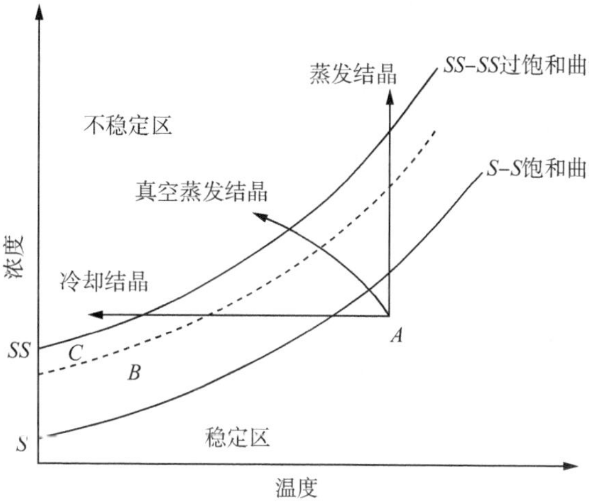

图 14－1　溶液状态图

(1) 稳定区，即 $S-S$ 饱和曲线以下的区域，此区域溶液处于不饱和状态，不会有晶体析出。

(2) 介稳区，即 $S-S$ 饱和曲线和 $SS-SS$ 过饱和曲线之间的区域，在介稳区内，若不采取措施，溶液也可以长时间保持稳定，但介稳区中各区域的稳定性并不一样，接近 $S-S$ 饱和曲线的 B 区域即养晶区（有时也称为第一介稳区）较稳定，不可能发生均相成核，而接近 $SS-SS$ 过饱和曲线的区域 C 即刺激结晶区（有时也称为第二介稳区）极易受刺激而结晶，如加入晶体，则能诱导结晶进行，这时主要是二次成核。这种加入的晶体称为晶种，晶种可以是同种物质或相同晶型的物质，有时惰性的无定形物质也可以作为结晶中心，例如有时尘埃也能诱导结晶。总的来说，在介稳区，结晶过程不会自发进行。

(3) 不稳定区，即 $SS-SS$ 过饱和曲线以上的区域，该区域溶液不稳定，结晶马上开始，均相成核，形成大量细小晶体，不利于晶体的长大，在工业结晶中不会在此区域操作。工业上通常需要加入晶种并将溶液控制在介稳区的养晶区，让晶体缓慢长大，因为养晶区自发产生晶核的可能性很小。

从图 14－1 可以知道实现结晶操作的基本原理，图中点 A 表示未饱和溶液，如果将点 A 所代表的溶液冷却到不稳定区而溶剂量保持不变时则结晶能自动进行，此操作称为冷却结晶；另一方面如果将溶液在等温下蒸发达到不稳定区域时的结晶称为蒸发结晶。制药工业中，为了提高溶剂蒸发速度降低蒸发温度，往往采用真空条件下蒸发-冷却联合操作，称为真空蒸发结晶。

2. 介稳区宽度及测定

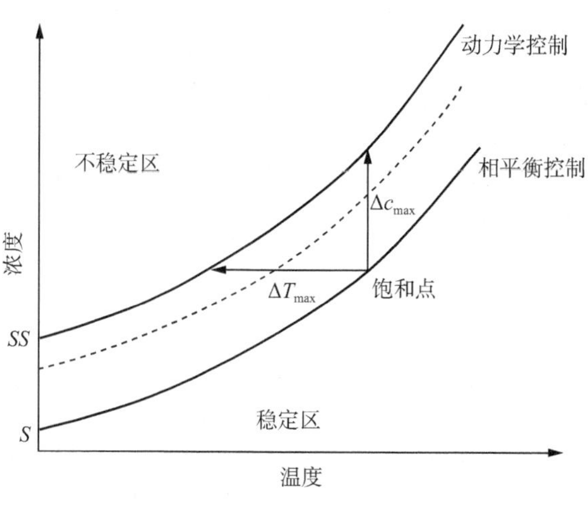

图 14－2　介稳区宽度

所谓介稳区宽度，是指物系的过饱和度曲线与溶解度曲线之间的距离，如图 14－2 所示。其垂直距离代表最大过饱和度 $\Delta c_{\max}$，水平距离代表最大过冷却度 $\Delta T_{\max}$，两者之间的关系为

$$\Delta c_{\max}=\left(\frac{\mathrm{d}c^*}{\mathrm{d}T}\right)\Delta T_{\max} \tag{14-4}$$

式中，c^* 表示溶液的平衡浓度；$\mathrm{d}c^*/\mathrm{d}T$ 即溶解度曲线的斜率。

介稳区宽度作为结晶器设计中选择适宜过饱和度的依据，同时它也作为结晶操作的界限，因此介稳区宽度的确定对结晶操作及产品质量有重要影响。对于不同的结晶体系及操作条件，结晶过程的介稳区宽度是不同的，例如，工业结晶实际过程，溶液中总有晶体悬浮，且都带有温和的搅拌，其所产生的介稳区宽度同无晶种无搅拌的介稳区宽度相比要窄些，因此，在确定过饱和度曲线较为确切的位置或介稳区宽度时，对各种影响其位置的因素要有明确的规定，只有这样测得的数据，在实际工业结晶过程中才具有实用意义。

测定介稳区宽度就是要通过实验测定较为确切的 $\Delta c_{\max}$ 或 $\Delta T_{\max}$ 值，根据实验测定手段的不同介稳区宽度的测定方法主要有间接法和直接法。间接法是根据结晶物系与浓度相关的物理化学性质如折射率、浊度、电导率或相变时的热效应等性质的突变来判断过饱和溶液的相变点而确定介稳区的大小；直接法是利用目测、Coulter 计数仪或激光仪直接检测相变化时细小晶体的出现而确定介稳区。严格意义上讲介稳区的测定应以第一个晶核的出现时所对应的浓度或温度来界定介稳区的大小，因此检测仪器的精度直接影响介稳区的准确度，到目前为止激光法具有较高的准确性且具有方便、快捷、灵敏等优点。

3. 溶解度和微粒尺寸的关系

实验证明，一个物质的溶解度与它的颗粒的大小有关系。微小颗粒的溶解度往往要比正常粒度的平衡溶解度大。用热力学方法可以得到关系式

$$\ln\frac{c_1}{c_2}=\frac{2M\sigma}{RT\rho}\left(\frac{1}{r_1}-\frac{1}{r_2}\right) \tag{14-5}$$

式中，c_1 和 c_2 分别等于曲率半径为 r_1 和 r_2 的溶质的溶解度；R 和 T 分别表示气体常数和绝对温度；ρ 和 M 分别表示固体颗粒的密度和溶质的摩尔质量；σ 为固体颗粒和溶液间的界面张力。

(1)若 $r_2>r_1$ 则 $\ln\frac{c_1}{c_2}>0$，$\frac{c_1}{c_2}>1$，所以 $c_1>c_2$，即颗粒半径小，溶解度大。

(2)若 $r_2\to\infty$，相当于具有平表面的正常大颗粒，如果它的溶解度 c_2 定义为 c^*(溶质的正常溶解度)，于是半径为 r 的粒子的溶解度 c 可表示为

$$\ln\frac{c}{c^*}=\frac{2M\sigma}{RT\rho r}=\ln S \tag{14-6}$$

即颗粒大小与过饱和度 S 的关系，此式就是著名的 Kelvin 公式。

4. 晶体粒度及粒度分布

晶体粒度是指结晶颗粒的大小，可以选择某一尺寸为其特定尺寸，不同尺寸颗粒粒度的集合称为晶体粒度分布，用数学模型表示的粒度分布称为粒度密度函数，粒度密度函数可以通过筛分法、显微镜方法或激光粒度仪法进行测定。根据粒度密度函数可以计算结晶微粒的平均粒度、粒度大小、体积及质量分布函数(后面章节有详细介绍)，这些数学模型直接与晶体的成核速率和生长速率，以及晶体在结晶器内的停留时间长短有关，间接地则几乎与结晶器所有的重要操作参数有关：结晶温度、溶液的过饱和度、悬浮液的循环速率、搅拌强度、晶体磨损、晶习改变与否等。因此，研究晶体的粒度及粒度分布对工业结晶过程具有特别重要的意义。

14.1.2 制药工业常用的结晶方法及晶型分析

1. 制药工业常用的结晶方法

制药工业中广泛应用的是溶液结晶。与其他单元操作相比，结晶操作能从杂质含量较多的混合液中分离出高纯度的晶体；有利于高熔点混合物、相对挥发度小的物系、共沸物、热敏性物质等的分离；同蒸馏操作相比，过程的能耗较低，结晶热一般约为汽化热的1/4。按照产生过饱和溶液的方式不同，溶液结晶分为冷却结晶、蒸发结晶、溶析结晶、反应结晶、共沸结晶及其他结晶方式。各种结晶方式的情况见表14-1。

表 14-1　各种结晶方式比较

结晶方式	适用物系	产生过饱和度方式	特　点	典型设备
冷却结晶	溶解度随温度降低而显著降低	冷却	能耗低，应用广	桶管式结晶器
蒸发结晶	溶解度随温度降低无显著变化或随温度升高溶解度降低	蒸发溶剂	能耗高，加热面易结垢，应用少	DTB 型蒸发式结晶器
真空结晶	热敏性物质	冷却兼蒸发溶剂	设备简单，操作稳定，无晶垢，应用广	Krystal 真空结晶器
溶析结晶	热敏性生化药物	加稀释剂或沉淀剂	能耗低，低温操作，但溶析剂需回收	
反应结晶	特殊物系抗生素类药物转变成盐	加反应剂	能耗低，有利于反应的进行	
共沸结晶	易于形成共沸物	加共沸剂	低温操作	

需要注意的是，在实际生产中，某一种物质的结晶过程往往是几种操作方式的综合应用，并不是靠某一种操作单独进行的，如冷却-盐析、蒸发-冷却等。

2. 晶型分析

同一种药物不同晶型在其外观、熔点、密度、硬度、溶解度、溶出速率，以及生物有效性等方面有显著的差异，从而影响药物的稳定性、生物利用度等药学特性，因此药物晶型的分析显得尤为重要。不同药物的多晶型之间的理化性质差异各有不同，而不同的分析测试方法又各有其特点和局限性，所以常采用多种分析手段联用的策略对多晶型进行研究，以确保研究结果的可靠性。现将几种常用且特征性强、区分度高的方法介绍如下。

(1) 显微镜法

包括光学显微镜、原子力显微镜、扫描电子显微镜、透射电子显微镜。目前广泛用于晶型研究的主要是扫描电子显微镜(scanning electronic microscope，SEM)，放大倍数有时高达 100 万倍，能观察晶体的形状、晶面夹角等，有时还可以看到晶体长大时的螺旋生长曲线。扫描隧道显微镜(scanning tunneling microscope，STM)可使人能够直接观察到物质表面上的单个原子及其排列状态，并能够研究其相应的物理和化学特性，可以直接观测晶体的晶格和原子结构、晶面分子原子排列、晶面缺陷等。因此 STM 用于药物多晶型的研究具有广阔的应用前景。

(2) 热分析法

在热的作用下，晶体物质会发生晶型的转变、熔化、分解、表面吸附溶剂的挥发等现象，同时伴随能量的释放或吸收。热分析法就是在程序控温下，通过测量物质的物理化学性质与温度的关系，对晶型进行鉴定，评价晶体的纯度。热分析法主要包括差热分析法(differential thermal analysis，DTA)、差示扫描量热法(differential scanning calorimeter，DSC)和热重分析法(thermo gravimetric analysis，TGA)。DTA 是通过同步测量样品与惰性参比物(常用 Al_2O_3)之间的温度差随温度变化的一种技术，多用于样品的定性；DSC 是通过不断加热或降温，测量样品与惰性参比物之间的能量差随温度变化的一种技术，多用于分析样品的熔融分解情况，以及是否有转晶或混晶现象，DSC 法比 DTA 法更优；TGA 是通过测定物质的质量随温度变化的一种技术，适用于检查晶体中含结晶水或结晶溶剂的情况，从而可快速区分无水晶型与假多晶型。

(3) X 射线衍射法

X 射线衍射是研究药物晶型的主要手段，该方法可用于区别晶态和非晶态，鉴别晶体的品种，区别混合物和化合物，测定药物晶型结构，测定晶胞参数(如原子间的距离、环平面的距离、双面夹角等)，还可用于不同晶型的比较。X 射线衍射法又分为粉末衍射和单晶衍射两种，前者主要用于结晶物质的鉴别及纯度检查，后者主要用于相对分子质量和晶体结构的测定。

以上三种是用于表征晶体形貌及晶型的常规方法，除此之外还可采用红外光谱法或计算机辅助预测相结合来全面认识晶体的各种特征。

14.1.3 药物晶型对其生物利用度及药效的影响

药物晶型按稳定性主要分为稳定型、亚稳型和不稳定型。稳定型熵值小，熔点高，化学稳定性好，但溶解度和溶出速率低，生物利用度一般较差；不稳定型则相反；而亚稳型介于两者之间，贮存过久会向稳定型转变。当固体药物的晶型不同时，其样品的理化性质会有显著变化，如熔点、密度、硬度、晶体外形、制剂的稳定性等。而固体药物由于多晶型自由能之间差异和分子间的作用力不同，往往导致样品溶解度间存在差异，可造成药物溶出度和生物利用度的不同，从而影响药物在体内的吸收过程，继而使药物疗效产生差异。如吲哚美辛有 α、β、γ 三种晶型，β 晶型不稳定，易转变为 α、γ 晶型，而 α、γ 晶型的溶解度、溶出速率均不同，γ 晶型溶解度小，体内释放缓慢，有利于吸收，且 α 晶型毒性大于 γ 晶型，故选择 γ 晶型作为药用晶型。利福定用不同溶剂结晶可得四种晶型，其中Ⅳ型为有效型。动物试验表明，市售利福定Ⅳ型的血药浓度高峰是市售利福定Ⅱ型的 10 倍，类似的还有无味氯霉素、西咪替丁等。但也不是所有多晶型固体药物的生物利用度都一定具有显著差异。在已研究过的众多多晶型固体药物中，一般难溶性药物晶型比易溶药物晶型对生物利用度的影响大；固体或半固体制剂中多晶型药物对生物利用度的影响显著有别于液体制剂。

14.2 结晶过程的理论基础

14.2.1 晶体成核过程热力学

1. *初级成核*

微观上，溶液中的溶质微粒进行着快速无规则运动，由于碰撞作用运动微粒会结合在一起，当结合的溶质足够多时，能够形成一个有明确边界的新物相粒子时，晶胚就出现了。根据溶液过饱和度的不同，当晶胚大小达到临界半径 r_c 时，新晶核就形成了。换句话说，在没有任何晶体存在的条件下，自发产生晶核的过程，称为初级成核。

晶核的形成是一个新相产生的过程，需要消耗一定的能量才能形成固-液界面。结晶过程中，体系总的自由能变化分为两部分，即表面过剩吉布斯自由能 ΔG_s 和体积过剩吉布斯自由能 ΔG_v，前者用于形成表面，后者用于构筑晶体。

设晶体是半径为 r 的球形，则晶体表面过剩吉布斯自由能 ΔG_s 为 $4\pi r^2\sigma$；设单位体积晶体中的溶质与溶液中的溶质自由能的差为 ΔG_v^0，则晶体体积过剩吉布斯自由能 ΔG_v 为 $\frac{4}{3}\pi r^3\Delta G_v^0$。此时，晶核形成时总的吉布斯自由能变化 ΔG 必须满足

$$\Delta G=4\pi r^2\sigma+\frac{4}{3}\pi r^3\Delta G_v^0<0 \tag{14-7}$$

式中，σ 代表液固界面张力。

当 $r<r_c$ 时，ΔG_s 占优势，由于 ΔG_s 为正值，故 $\Delta G>0$，晶核不能自动形成，即使形成也将自发溶解而消失；当 $r>r_c$ 时，ΔG_v 占优势，由于 ΔG_v 为负值，所以 ΔG 从最高值开始下降。ΔG 最大值即 ΔG_{max} 时对应的晶核半径 r_c 称为临界半径，此时的 ΔG_{max} 为临界吉布斯自由能变化。当 $\Delta G=0$

时的晶核半径为 r_0。对于确定的过饱和溶液，由于存在临界半径 r_c，当晶粒半径尺寸大于或小于 r_c 时，晶体将趋于生长或溶解，向 ΔG 降低的方向转化。晶体半径为 r_c 的晶体具有最大 ΔG。

$$\Delta G=4\pi r^2\sigma\left(1-\frac{2r}{3r_c}\right) \tag{14-8}$$

式(14－8)为结晶过程中 ΔG 与晶体半径 r_c 之间的关系，当 $r=r_c$ 时，ΔG 达到最大值。

$$\Delta G_{max}=\frac{4\pi r_c^2\sigma}{3}=\frac{1}{3}\Delta G_s \tag{14-9}$$

在操作温度和压力不变时，晶核此时处于热力学平衡状态，临界晶核形成所需的可逆功 W_{min}^* 等于 ΔG_{max}，相当于形成临界晶核时外界需消耗的功，称为临界成核功。式(14－11)表明，成核功等于形成临界半径晶核时表面吉布斯自由能的 1/3，此功必须依靠外界做功来克服。

由式(14－6)可得

$$r_c=\frac{2\sigma M}{RT\rho\ln S} \tag{14-10}$$

将式(14－10)代入式(14－9)得到

$$\Delta G_{max}=W_{min}^*=\frac{16\pi\sigma^3M^2}{3(RT\rho\ln S)^2} \tag{14-11}$$

式(14－11)得到的最大吉布斯自由能就是双组分溶液中球形晶体均相成核过程所需的最小功，也可认为是均相成核时所需的活化能 ΔE。据 Arrhenius 方程，可得初级成核速率方程为

$$B=Z\exp\left(-\frac{\Delta E}{RT}\right) \tag{14-12}$$

式中，Z 是频率因子，代表单位时间内粒子碰撞晶体表面的次数；B 是均相成核速率。

由于真实料液中总是包含有固体微粒如添加的晶种，存在很大的非均相界面，所以通常的初级成核多为非均相成核。对于半径为 r' 的球形微粒，在其表面诱导成核时所需的活化能为

$$\Delta E'=\frac{16\pi\sigma_{12}^3M^2}{3(RT\rho\ln S)^2}+4\pi(r')^2(\sigma_{23}-\sigma_{13})-\frac{4\pi RT\rho\ln S(r')^3}{3M} \tag{14-13}$$

其中，σ_{12}、σ_{23} 和 σ_{13} 分别为溶液与结晶、结晶与球形微粒、溶液与球形微粒的相界面张力。与式(14－12)相似，可得非均相成核速率为

$$B'=Z'\exp\left(-\frac{\Delta E'}{RT}\right) \tag{14-14}$$

在结晶过程中，这些非均相界面对晶核的形成起到了诱导作用，在一定程度上降低了成核的能量壁垒，即非均相成核速率 B' 大于均相成核速率 B。从结晶过程计算和结晶器的设计方面考虑，由于非均相微粒尺寸的不确定性及界面性质的复杂性，使用热力学理论推导出来的初级成核速率方程并不方便。通常在应用中常使用简单的经验公式

$$B=k\Delta c^p \tag{14-15}$$

式中，k，p 为常数；Δc 为料液中溶质的实际浓度与其饱和溶解度的差值。上式表明，晶体的成核速度正比于过饱和度 Δc 的 p 次幂。

2. 二次成核

二次成核是指在有待分离提纯物质的晶体存在下的成核，二次成核是大多数工业结晶过程中

的主要成核机理，是影响结晶产品的粒度分布和粒度大小的关键因素之一。二次成核速率不仅受过饱和度的影响，也受能量输入悬浮密度、温度和杂质等因素的影响，甚至还会受晶体粒度的影响。二次成核速率可以采用经验关联式表示

$$B_{\sec}=k_{\sec}\varepsilon^{a}\sigma^{b}M_{T}^{j}L^{l} \tag{14-16}$$

其中，$k_{\sec}$为二次成核速率常数；a，b，j 和 l 为常数，是操作条件的函数。在工业生产中人们通常采用搅拌速率、悬浮密度和过饱和度的指数函数形式来关联二次成核速率

$$B_{\sec}=k_{\sec}\Delta c^{b}M_{T}^{j} \tag{14-17}$$

二次成核的过饱和度指数 b 的数值通常在 0.5～2.5 之间，悬浮密度指数 j 接近 1 时，表明二次成核主要由晶体与搅拌桨和器壁间的碰撞所产生的。几十年来，人们虽然对二次成核机理和影响因素进行了大量的研究工作，但二次成核机理仍处于不确定半经验半理论状态，这里不再赘述。

14.2.3 制药工业结晶过程晶体生长动力学

1. 生长速率

一旦晶核在溶液中生成，溶质分子或离子会继续一层层排列上去而形成晶粒，这就是结晶成长。按照最普遍使用的扩散理论，晶体的成长大致分成两个阶段：首先是待结晶的溶质分子从溶液主体向靠近晶体表面的静止液层扩散，此过程为分子扩散过程，扩散过程的速度取决于液相主体浓度 c 与晶体表面浓度 c_i 之差。

$$\frac{\mathrm{d}m}{\mathrm{d}t}=k_{\mathrm{d}}A(c-c_{\mathrm{i}}) \tag{14-18}$$

式中，m 是结晶质量，kg；t 是时间，s；k_{d} 是扩散传质系数；A 是晶体比表面积，m^{-1}；c 是液相主体浓度，$\mathrm{kg/m^3}$；c_{i} 是晶体表面浓度，$\mathrm{kg/m^3}$。

接着溶质穿过静止液层后到达晶体表面，然后到达晶体表面的溶质嵌入晶面、晶体按晶格排列增长使晶体长大，并产生结晶热。这是一个表面反应过程，其速度取决于晶体表面浓度 c_{i} 与饱和浓度 c_{s} 之差

$$\frac{\mathrm{d}m}{\mathrm{d}t}=k_{\gamma}A(c_{\mathrm{i}}-c_{\mathrm{s}}) \tag{14-19}$$

式中，k_{γ} 为表面反应速率常数；c_{s} 为饱和溶液浓度，$\mathrm{kg/m^3}$。

在稳态条件下，式(14-18)和式(14-19)左端相等，联立两式得

$$\frac{\mathrm{d}m}{\mathrm{d}t}=\frac{A(c-c_{\mathrm{s}})}{\dfrac{1}{k_{\mathrm{d}}}+\dfrac{1}{k_{\gamma}}} \tag{14-20}$$

其中，$c-c_{\mathrm{s}}$ 为总的传质推动力，即过饱和度；$\dfrac{1}{k}=\dfrac{1}{k_{\mathrm{d}}}+\dfrac{1}{k_{\gamma}}$为总传质系数，则有

$$\frac{\mathrm{d}m}{\mathrm{d}t}=kA(c-c_{\mathrm{s}}) \tag{14-21}$$

扩散速率常数 k_{d} 是结晶溶液流动速率 u 的函数，在不同的流速下测定 k 值，然后外插到流速 u 无限大，扩散影响可忽略不计，结晶生长为表面反应速率控制，$k=k_{\gamma}$。这样求得 k_{γ}，此值对工业结晶过程的设计是有效的。表面结晶速率是温度的函数，温度越高，k_{γ} 值越大。通过不同操作温度下的动力学实验可测定并回归 k_{γ} 与温度的经验关系式，用于结晶过程的设计。

另外，在工业结晶器中、结晶的成核与成长并不是相互独立的，晶体的成长与晶核的形成在速

度上存在着相互的竞争。当推动力(即过饱和程度)变得较大时,晶体成核占主导,析出的晶体粒度较细。晶体逐渐析出后过饱和度最终下降为零,随着时间的延长晶核的数量会逐渐减少而晶体会逐渐增大,此时,各种晶体都有同等的成长和被溶解的机会。但是小粒度晶体的比表面积大于大粒度的晶体,这使得细微晶粒被溶解掉的可能性增大而晶体也易增大。因此结晶时间的延长有利于晶体的成长。

2. ΔL 定律

结晶生长速率方程式(14-18)~式(14-21)中的晶体表面积 A 在结晶生长过程中不断改变,因此其在实际应用中非常不方便。如果假定晶体生长过程中几何形状保持不变,即晶体在各个方向上的生长速率相同,保持几何相似性,则对于任何形状的晶体,其质量和表面积与特性长度 L 之间的关系为

$$w_c = \rho_c \varphi_V L^3 \tag{14-22}$$

$$A_c = 6\varphi_A L^2 \tag{14-23}$$

其中,φ_V 和 φ_A 分别为晶体的体积和表面积形状因子。对于正方体,其值取 1。

将式(14-22)、式(14-23)代入式(14-21)得

$$\frac{\mathrm{d}(\rho_c \varphi_V L^3)}{\mathrm{d}t} = 6\varphi_A L^2 k(c - c_s) \tag{14-24}$$

则有

$$\frac{\mathrm{d}L}{\mathrm{d}t} = G = k_G(c - c_s) \tag{14-25}$$

其中,$k_G = \dfrac{2\varphi_A}{\rho_c \varphi_V}k$,$G$ 为结晶的线性生长速率,k_G 为线性速率常数。此式表明,在同一溶液中,对于几何形状相似的晶体,其线性生长速率与晶体粒径无关,这就是 ΔL 定律。此定律广泛应用于结晶生长速率的测定和结晶器的设计。

14.2.4 制药工业结晶过程设计理论

结晶器的大型化要求设计方法有更高的可靠性,设计工作建立在更坚实的理论之上,迄今已提出的设计模型颇多,但往往是大同小异。在介绍结晶过程设计理论之前,需要强调的是,结晶器设计结果的可靠性,与其说取决于设计方法,不如说取决于试验工作的质量。即在设计工作开始之前应首先用所处理的工业原料液在适当规模的结晶装置中完成结晶动力学参数的测量及操作参数的选择,然后才能进行结晶器的设计。否则无论采用哪种设计模型也无法取得满意的结果。

晶体粒度分布问题直接与晶体的成核速率和生长速率,以及晶体在结晶器内的停留时间长短有关,间接地则几乎与结晶器所有的重要操作参数如结晶温度、溶液的过饱和度、悬浮液的循环速率、搅拌强度、晶体磨损、晶习改变与否等有关,因此,相互关系错综复杂。Randolph 及 Larson 将粒数衡算方法及粒数密度的概念应用于工业结晶过程,得以将产品的粒度分布与结晶器的结构参数及操作参数联系起来,成为工业结晶理论发展的一个里程碑。下面重点介绍最常用且设计方法较为可靠的晶体的粒数衡算模型及其在间歇或连续结晶器的设计中的应用。

1. 粒数密度

为了进行晶体的粒数衡算,首先要了解粒数密度的含义。令 ΔN 为单位体积晶浆中在粒度范围 ΔL(从 L_1 至 L_2)内的晶体个数,则晶体的粒数密度可表达如下

$$\lim_{\Delta L \to 0} \frac{\Delta N}{\Delta L} = \frac{\mathrm{d}N}{\mathrm{d}L} = n \tag{14-26}$$

式中,n 为粒数密度,单位为粒数/(晶浆体积·长度)。n 值决定于所取 $\mathrm{d}L$ 间隔处的 L 值,即 n

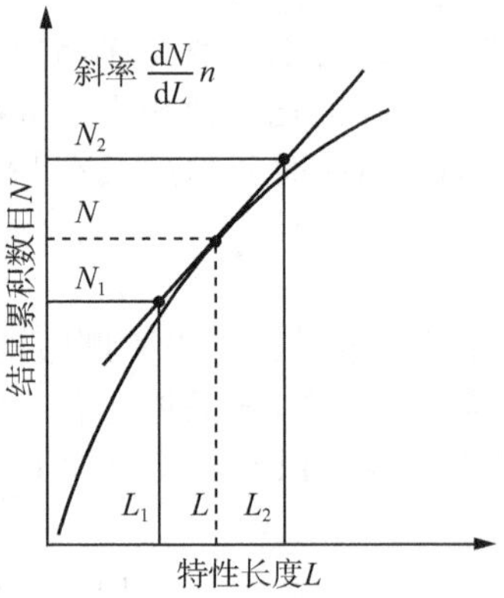

图 14-3　结晶累计数目 N 与特性长度 L 间的关系

是 L 的函数(图 14-3),根据图 14-3,以 L_2-L_1 的距离去除以 ΔN 就可得到 n。它的单位是:单位体积晶浆中单位粒度的晶体个数,在 $L_1\sim L_2$ 的粒度范围内的晶体粒数为

$$\Delta N=\int_{L_1}^{L_2} n\mathrm{d}L \tag{14-27}$$

利用粒数密度 n 的 k 阶矩可以描述特征尺寸为 $0\sim L$ 的粒子的分布,其定义为

$$\mu=\int_0^L L^k n\,\mathrm{d}L \tag{14-28}$$

其中,当 $k=0$ 时,μ_0 表示单位体积晶浆中粒子特征尺寸为 $0\sim L$ 的晶体数;当 $k=1$ 时,μ_1 表示单位体积晶浆中粒子特征尺寸为 $0\sim L$ 的晶体的总长度;当 $k=2$ 时,μ_2 表示单位体积晶浆中粒子特征尺寸为 $0\sim L$ 的晶体的总面积;当 $k=3$ 时,μ_3 表示单位体积晶浆中粒子特征尺寸为 $0\sim L$ 的晶体的总体积。

当 $L\rightarrow\infty$ 时,μ_0、μ_1、μ_2 及 μ_3 分别为单位体积晶浆中晶体总数、晶体总长度、晶体总表面积和晶体总体积。

2. 粒数衡算方程

对于理想化的结晶器(MSMPR 结晶器),设其有效体积为 V,如图 14-4 所示,并假定:

(1) 晶浆是充分混合的,且容积是恒定的;

(2) 在一定容积的小单元中粒子小且足够多,分布式连续的;

(3) 如发生颗粒的破碎,形成的小颗粒是晶核或者是几乎不变的产品颗粒,则对于粒度为 L,粒数密度为 n 的晶体满足以下平衡

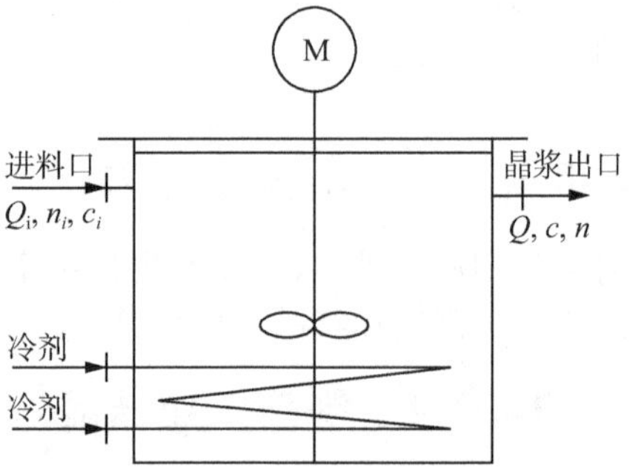

图 14-4　有进出物流的混浆结晶器简图

累积－输入＋输出＝0

$$V\frac{\partial n}{\partial t}+V\frac{\partial(Gn)}{\partial L}-n_iQ_i+nQ=0 \tag{14-29}$$

式中,t 是时间,s;V 是结晶器中的晶浆体积,m^3;Q_i 是进料流率,m^3/s;Q 是出料流率,m^3/s;n 是进料中粒度为 L 的晶体的粒数密度,个/($m^3\cdot m$);n_i 是结晶器中粒度为 L 的晶体的粒度密度,个/($m^3\cdot m$);G 是结晶线性生长速率,m/s。此方程即为全混槽型结晶器中的粒数衡算方程。

对于连续稳态的结晶过程,进料和出料流量相等,如果料液为无晶体存在的过饱和溶液,则 $n_i=0$。设 ΔL 定律成立,则 G 为常数。所以式(14-29)可简化为

$$\frac{\mathrm{d}n}{\mathrm{d}L}+\frac{nQ}{GV}=0 \tag{14-30}$$

若 n^0 是粒度为 0 时的晶体粒数密度,积分上式得

$$\int_{n^0}^{n}\frac{\mathrm{d}n}{n}=\int_0^L-\frac{Q}{GV}\mathrm{d}L \tag{14-31}$$

则

$$\ln n=-\frac{QL}{GV}+\ln n^0 \tag{14-32}$$

以晶体粒数密度的自然对数 $\ln n$ 与对应粒度长度 L 作图，就可以得到一条直线，直线斜率为 $-\dfrac{Q}{GV}$，截距为 $\ln n^0$，从而可其求出晶核形成速率及生长速率。同样，已知晶体粒度密度，根据式(14－28)进而可获得描述晶体粒度的各个物性参数，如晶体粒数、长度、面积、体积及质量等。

对于结晶工业而言，尤其在保持一定洁净度的车间进行重结晶的操作，往往都是小批量的间歇操作过程。假设间歇操作过程中晶浆体积不变，ΔL 定律成立，则式(14－29)简化为

$$\frac{\partial n}{\partial t}+G\frac{\partial n}{\partial L}=0 \tag{14-33}$$

取边界条件：$n=n^0(t)$，$L=0$

因为制药工业过程中，药物结晶过程多考虑等温蒸发和冷却间歇结晶操作，操作之初主要采用添加晶种的方法，所以式(14－38)的初始条件为 $t=0$，$n=n_0(L)$，其中，$n_0(L)$ 为粒度为 L_0 的晶种的粒数密度。

根据式(14－33)的求解结果及结晶过程的粒度分布，可确定结晶动力学参数。

恒温间歇操作过程中由于结晶不断生长，溶质浓度不断下降。因此，必须采用冷却降温或蒸发浓缩的方法，维持一定的溶液过饱和度。工业结晶操作通常在有晶种存在的第一介稳区内进行，无成核现象。当溶解度曲线和介稳区的养晶区确定以后，冷却或蒸发速度必须与结晶的生长速率协调，使操作过程中过饱和浓度差 Δc 保持不变，或至少应使过饱和浓度维持在介稳区的养晶区内。如果结晶生长速率已知，并且 ΔL 定律成立，则操作时间与结晶粒度的关系为

$$t=\frac{L-L_0}{G} \tag{14-34}$$

其中，L_0 为晶种粒度，L 为产品结晶粒度。

以冷却式结晶操作为例，间歇冷却结晶的物料衡算式为

$$-\frac{\mathrm{d}c}{\mathrm{d}t}=\frac{\mathrm{d}m}{\mathrm{d}t} \tag{14-35}$$

初始条件为：$c=c_0$，$m=m_0=\varphi_V\rho_c NL_0$，$t=0$，$L=L_0$。其中，$m_0$ 为晶种浓度，ρ_c 为晶体密度，φ_V 为晶体的体积形状因子。

假定操作过程中过饱和浓度差 Δc 保持不变，饱和溶液浓度 c_s 与温度 T 的函数关系可近似地用线性关系表示为

$$c_s=a+bT \tag{14-36}$$

式中，a，b 为常数。

由物料衡算式(14－35)、式(14－36)及晶体的三阶矩组成的偏微分方程及相应的边界条件，解此微分方程，便可得到结晶温度随时间变化的关系方程式

$$T=T_0-\frac{m_0}{\mathrm{d}c_s/\mathrm{d}T}\frac{3Gt}{L_0}\left[1+\frac{Gt}{L_0}+\frac{1}{3}\left(\frac{Gt}{L_0}\right)^2\right] \tag{14-37}$$

其中，T_0 为初始操作温度。式(14－37)即为温度操作线方程。

如果希望最终产品的粒度为 L_p，则所需操作时间 t_p 为

$$t_p=\frac{L_p-L_0}{G} \tag{14-38}$$

上式的操作线方程仅在无晶核产生的较小过饱和度范围内成立。如在结晶操作中伴有二次成核现象发生，则需事先利用小规模结晶器确定操作温度曲线，然后逐级放大，最终确定生产规模的

操作温度曲线。

对于恒温蒸发式结晶操作时，蒸发速率是控制过饱和度的操作变量，如无料液添加，操作过程中料液体积不断减少，蒸发速率 Q 为

$$Q=\frac{3NG}{c_0}\left[\rho_c-\frac{(c-c_0)\rho_l}{\rho_s+c}\right]\left[L_0^2+2L_0Gt+(Gt)^2\right] \tag{14-39}$$

式中，ρ_s 为溶剂密度；ρ_l 为溶液密度。

例 14-1 在乙醇溶液中间歇结晶四环素，初始温度为 20℃，在 20℃附近四环素溶解度随温度的变化率为 1.14×10^{-3} g/cm³ · ℃⁻¹，结晶可近似认为是正立方体，晶种长度为 0.01 cm，密度为 1.06 g/cm³，添加浓度为 35 μg/cm³。希望结晶粒度为 0.088 cm，过饱和浓度差控制在 0.077 g/cm³。设结晶生长为扩散速率控制，传质系数为 6.5×10^{-5} cm/s。试确定温度操作线方程。

解 因结晶生长为扩散速度控制，$k=k_d$，生长速率可用式(14-25)得

$$G=2k_d\left(\frac{\varphi_A}{\varphi_V\rho_c}\right)\Delta c$$

因为 $\varphi_A=\varphi_V=1$，$\Delta c=0.077$ g/cm³，$\rho_c=1.06$ g/cm³，
所以

$$\begin{aligned}G&=2\times6.5\times10^{-5}\times\left(\frac{1}{1.06}\right)\times0.077\\&=9.44\times10^{-6}\text{ cm/s}\end{aligned}$$

又有 $L_0=0.01$ cm，$L_p=0.088$ cm，所以操作时间 t_p 为

$$t_p=\frac{L_p-L_0}{G}=\frac{0.088-0.01}{9.44\times10^{-6}}=8.25\times10^3\text{ s}=2.3\text{ h}$$

另外 $T_0=20$℃，则

$$\begin{aligned}dc_s/dT&=1.14\times10^{-3}\text{ g/(cm}^3\cdot\text{℃)}\\m_0&=35\ \mu\text{g/cm}^3=3.5\times10^{-5}\text{ g/cm}^3\end{aligned}$$

将上述各参数代入温度操作线方程得

$$T=20-0.313t(1+3.4t+3.85t^2)$$

其中，t 的单位为 h，T 的单位为℃。

14.3 结晶过程对药物粒度及分布的控制

结晶过程影响结晶药物的粒度及粒度分布的因素主要包括过饱和度、温度、搅拌速度、晶种的加入量等。一般情况下，溶液过饱和度增加，所得晶体粒度变小；操作温度的影响相对较复杂，当溶液快速冷却时，达到的过饱和程度较高，所得晶体也比较细且常形成针状结晶，缓慢冷却常得到较粗大的颗粒；搅拌能促使成核和加速扩散，提高晶核长大速度，但超过一定范围后，效果就不显著，相反搅拌越强烈，晶体越细。若要获得比较粗大和均匀的晶体，一般温度不宜太低，搅拌不宜太快，并要控制好晶核生成速度大大小于晶体成长速度，最好在较低的饱和度下即将溶液控制在介稳区结晶，在较长的时间里可以只有一定量的晶核生成，而使原有的晶核不断成长为晶体。加入晶种，能控制晶体的形状、大小和均匀度，前提是添加的晶种自身应有一定的形状、大小和比较均匀，不

仅如此，加入晶种还可以使晶核的生成提前，即所需的过饱和度可以比不加晶种的低很多。所以，在工业生产当中如遇到结晶液浓度太低而结晶发生困难时，可适当加入些晶种，能使结晶顺利进行。下面针对溶析结晶、蒸发结晶及冷却结晶过程中影响晶体粒度及粒度分布的特别因素作简要分析。

14.3.1　溶析结晶过程

溶析结晶法的优点是可将结晶温度保持在较低水平，对热敏性物质的结晶有利，一般杂质在溶剂与盐析的混合物中有较高的溶解度，有利于提高产品的纯度，适于药物结晶；另一个优点是可与冷却法结合，进一步提高结晶收率。其缺点是常需要回收设备来处理结晶母液，以回收溶析剂和盐析剂。

晶种的加入量对产品粒度和粒度分布的影响很大。如头孢曲松钠，15℃时不同晶种加入量（c_s＝晶种质量/溶解的粗品质量）对产品结晶过程 CSD (crystal size distribution)的影响如图 14－5 所示。

当加入晶种量太小（c_s＝0.1％）时，晶种提供的生长面不够，消耗体系过饱和度的速率小于体系由于溶析剂的加入而新产生过饱和度的速率，当体系累计的过饱和度超出介稳区后体系就会产生大量细晶来抵消体系的高过饱和度，产品 CSD 也易呈双峰分布；而加入的晶种量太大（c_s＝5％）时，结晶体系中生长单元相对于生长点少，从而导致了晶体粒度小，CSD 分布宽，而且晶种加入量大对于高附加值的产品工业来说是非常不经济的。图 14－5 表明晶种的加入量对产品粒度和 CSD 的影响存在一个最佳值。另外溶析剂浓度及其流加速率是溶析结晶过程中产生过饱和度的两个重要可控参数，其对头孢曲松钠结晶产品 CSD 的影响如图 14－6 所示。

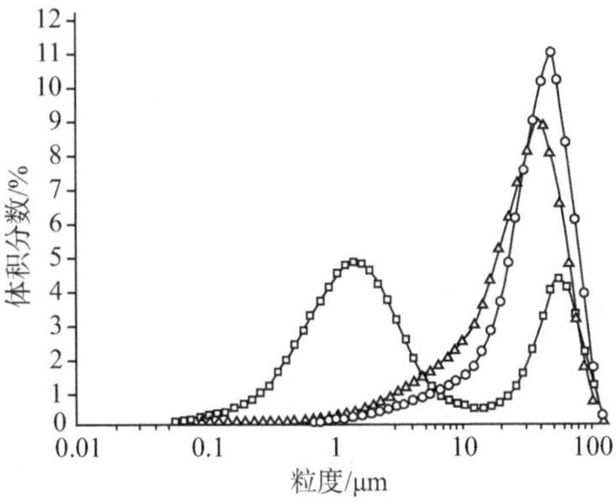

图 14－5　晶种加入量对产品粒度的影响

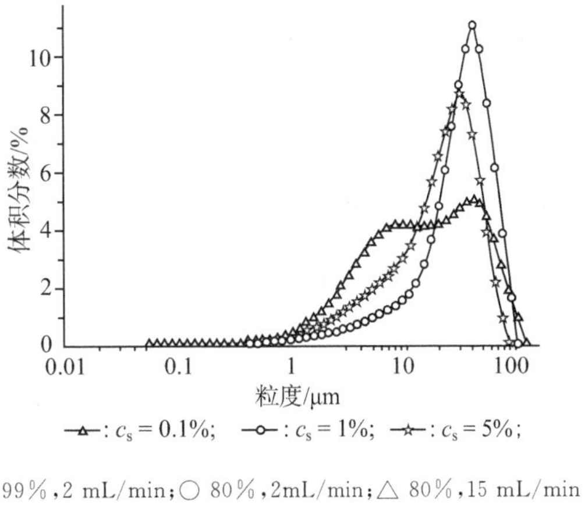

图 14－6　溶析剂浓度和流加速率对晶体粒度分布的影响

流加速率一定时，溶析剂浓度越高，则体系的过饱和度产生得就越快；反之则越慢。一方面低浓度的溶析剂使得体系中过饱和度产生得慢，溶析剂加入点处的过饱和度也相应下降，从而降低了该处新核产生的概率，而溶析剂加入点处是溶析结晶过程中新晶核的主要来源之一；另一方面低浓度的溶析剂使得结晶体系中溶剂的绝对量随时间增大，体系产生的细晶会由于 Gibbs-Thomson 效应溶解，导致体系中大晶体长大，结晶产品粒度分布也因此变得更均匀。即使在相同流加速率下，高浓度的溶析剂使体系产生的过饱和度速率也较大，当所加入的晶种由于生长而消耗过饱和度的速率小于体系增长速率时，体系过饱和度就会累积，当超出介稳区后，还是会急剧产生大量晶核来释放其高的过饱和度。溶析剂浓度一定（丙酮体积分数为 80％）时，流加速率大则体系过饱和度产生速率快。同时，低的流加速率有利于获得平均粒度大的产品。

14.3.2 蒸发结晶过程

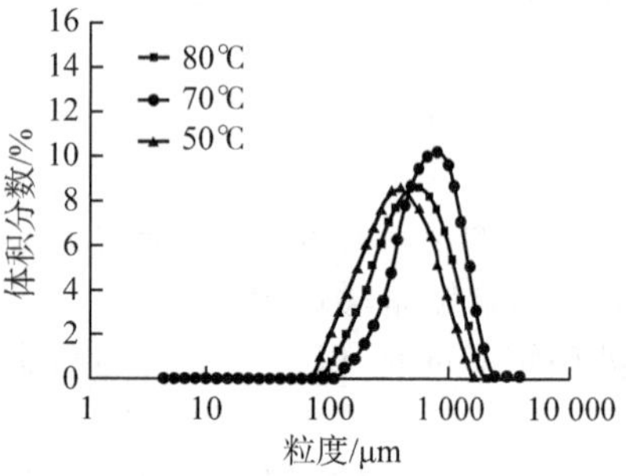

图 14-7 不同蒸发温度时晶体的粒度分布

对于蒸发结晶，温度是影响结晶粒度及其分布的最主要因素。例如硫酸铵蒸发，分别对三个不同蒸发温度下的结晶过程进行了研究。实验中，蒸发温度通过真空度来控制。结晶器中的母液先用水浴预热到接近所要的蒸发温度后，再开启真空泵，这样可以避免在升温过程中的蒸发现象，使得蒸发速率产生变化。图 14-7 为不同蒸发温度下晶体粒度的分布。

不同蒸发温度下的产品 *MS*(平均粒度)值和 *CV*(变异系数)值见表 14-2。从结果对比可以看出，蒸发温度过高或过低，产品的 *MS* 值都会有所减小，当温度为 50℃时，粒度相对更小。蒸发温度过低，表明系统内真空度过高，这使得母液中的过饱和度增加，成核速率增加，使得晶体产品的主粒度较小，并且粒度分布也不太均匀。而当蒸发温度过高时，晶体在溶液中与搅拌桨和结晶器壁之间的碰撞增加，形成的细小晶体数量增多，也使得粒度分布不均匀。

表 14-2 不同蒸发温度的产品 *MS* 和 *CV* 值

蒸发温度/℃	*MS*/μm	*CV*
50	351.46	64.96
70	754.23	44.56
80	535.61	61.06

由此可以看出，蒸发温度对于结晶产品的粒度分布有一定的影响。因此在工业生产中，在考虑节省能源的同时，选择一个合适的蒸发温度，也便于对系统蒸发过程的控制。

14.3.3 冷却结晶过程

对于冷却结晶过程，影响结晶药物的粒度和粒度分布的主要影响因素为是否加晶种及冷却曲线。对于不加晶种的迅速冷却结晶，溶液易于自发成核，释放的结晶潜热又使溶液温度略有上升，冷却后又产生更多的核，以致难以控制结晶成核及成长的过程。而在加入晶种并缓慢冷却的结晶过程中，结晶是在介稳区内进行的，避免了自发成核，晶种的成长速率也得以控制。

为了控制产品粒度，还需要控制结晶过程中的冷却曲线。不加以控制的自然冷却过程的前期会出现过饱和度峰值，不可避免会发生自发成核，造成产品结晶粒度分布的恶化。要维持在介稳区内结晶成长，需要按照最佳冷却曲线进行结晶操作。

14.4 制药工业常用结晶设备操作原理及其验证

结晶设备在制药工业或化学工业中早就为人们所使用，第一代的结晶设备多属于间歇式结晶器，不控制过饱和度，此类设备结疤沉积严重，能力小，劳动力消耗大。随着结晶设备广泛地使用和大型化，现代结晶设备的特点除规模大，操作自动化外，大都是连续式的，而且无一例外地要精确控制过饱和度的影响。常用结晶器基本上分为五种类型：①冷却结晶器；②蒸发结晶器；③真空结晶器;④盐析结晶器;⑤其他类型,如喷雾结晶器,附有反应的结晶器,非混相的两相直接接触制冷结晶器等,前三种使用最为普遍。这五类结晶器,按操作方式的不同,按结晶物质和产物的不同,按其结构的不同等,又可分为若干种结晶器。

14.4.1 冷却结晶器

1. 桶管式结晶器

按照过程操作条件的需要,此类结晶器可以是连续的,也可以是间歇操作的,夹套式或者内设冷却管。该类结晶器结构简单,设备造价低,但生产能力比较小,过饱和度无法控制,器壁上容易形成晶垢,影响传热效率,为了减少清洗损失,有些结晶器在夹套冷却的内壁装有毛刷,既起到搅拌作用,又减缓结垢速度,延长使用时间。但是过饱和度没有得到控制,结垢未根本解决,机械除垢不会达到理想的效果。此外,还有双循环结晶器,即圆锥形遮流管分成两个空腔的壳体,由同心装置的中心管形成两个内循环回路。由螺旋搅拌桨形成一个回路,由另一个空腔形成第二个回路,产生双循环,以提高换热强度,增加结晶生产能力和消除传热表面结垢,如图 14-8 所示,还有强循环冷却结晶器,如图 14-9 所示,它属于外循环。

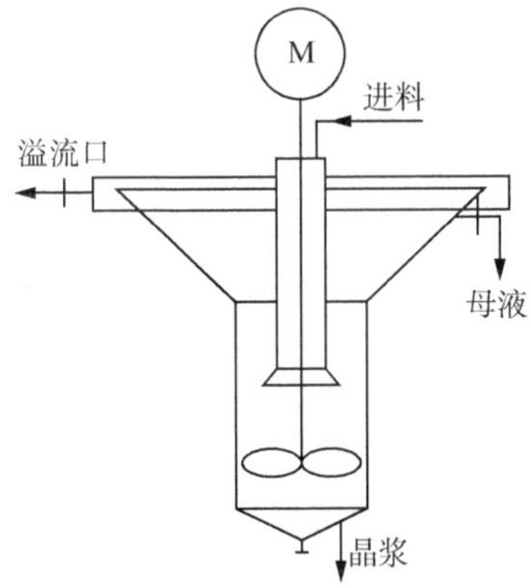

图 14-8 强制内循环冷却结晶槽

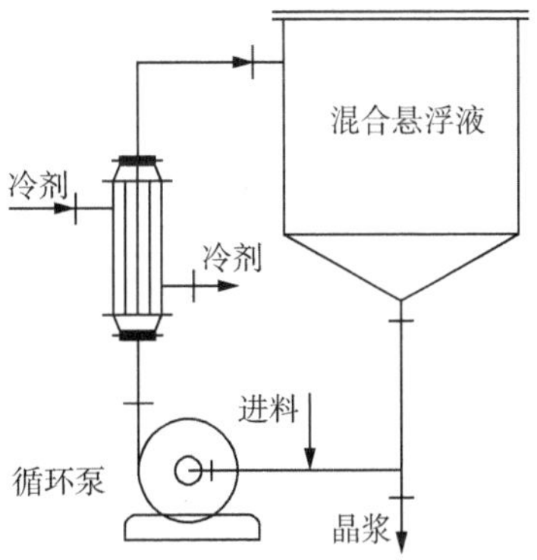

图 14-9 强制外循环冷却结晶槽

2. Krystal-Oslo 分级结晶器

Krystal-Oslo 分级结晶器是 20 世纪 20 年代由挪威 Issachsen 及 Jeremiassen 等开发的一种制造大粒结晶、连续操作的结晶器,至今仍广泛使用。这类结晶器过饱和溶液通过晶浆的底部,然后上升,从而消失过饱和度,如图 14-10 所示。接近饱和的溶液由结晶段的上部溢流而出,再经过循环泵进行下一次循环;强烈循环产生在由溢流口径循环泵通过过饱和发生器再至晶床的底部,回到溢流口。设计与操作控制在过饱和发生器中不超过介稳区的限度;在溢流口上面的一段,拖过的流量在不取出成品晶浆时等于在溢流管处注入的加料流率,因此上升速度很低,细小结晶就在这一段积累,另由一个外设的细晶捕集器间歇或连续取出,经过沉降后,或者过滤,或者用新鲜加料液溶解,也可以辅之以加热助溶的办法,消除过剩的细小结晶,溶化后的溶液供给结晶器作为原料液,这样可以保证结晶颗粒稳步长大。

冷却式 Krystal 分级结晶器的过饱和产生设备是一个冷却换热器,见图 14-11,一般是溶液通过换热器的管程,而且管程以单程式的最普遍,冷却介质通过壳程。需指出的是壳程冷却介质的循环方式,在管程通过的溶液过饱和度设计限是靠主循环泵的流量所控制,但是冷却介质一侧也同样会发生过饱和度超过设计限的问题。因为新鲜的冷却介质冲入换热器壳程时,与溶液温度差很大,而过饱和度的介稳区是很狭窄的一个区域,为了防止这一现象发生,不致使冷却介质在入口处迅速结垢,必须另外再加上一套辅助循环泵,专为消除这一现象。

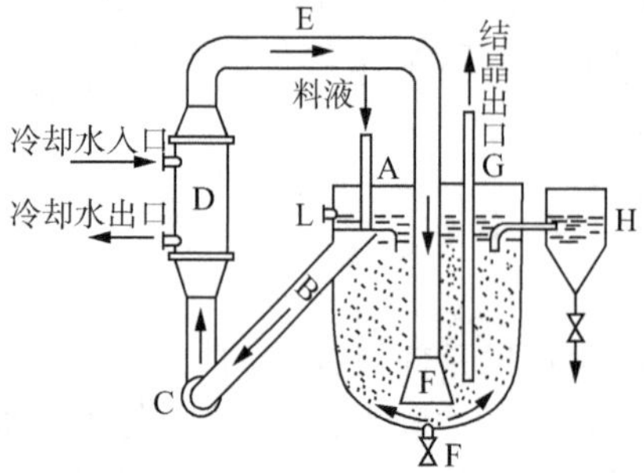

图 14－10　Krystal 式冷却结晶器

A—结晶器进液管；B—循环管入口；C—主循环泵；
D—冷却器；E—过饱和吸入管；F—防空管；
G—晶浆取出管；H—细晶捕集器

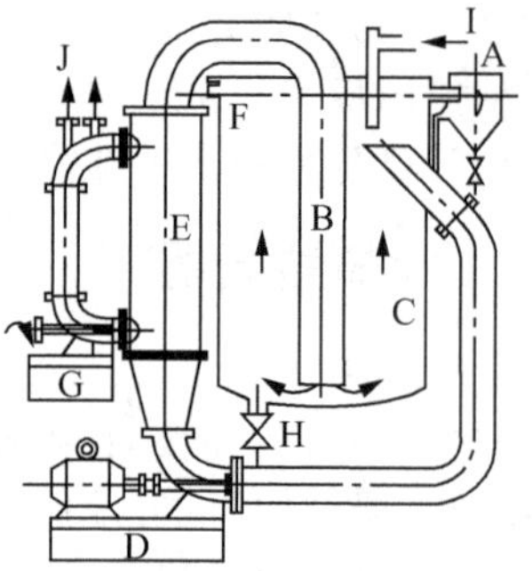

图 14－11　冷却式连续分级结晶器

A—结晶捕集器；B—中心降液管；C—分级段；
D—主循环泵；E—冷却器；F—溢流管；G—辅助循环泵；
H—取出口；I—加液口；J—冷剂出口

14.4.2　蒸发结晶器

现代的蒸发结晶器，以蒸发为主，又有盐类析出的装置，如隔膜电解液的蒸发，有大量食盐从液相中析出，通过采盐流程中的分离、洗涤等操作加以回收，它是在蒸发装置的基础上发展起来，又在结晶原理方面前进了一步。

1. 蒸发式 Krystal-Oslo 生长型结晶器

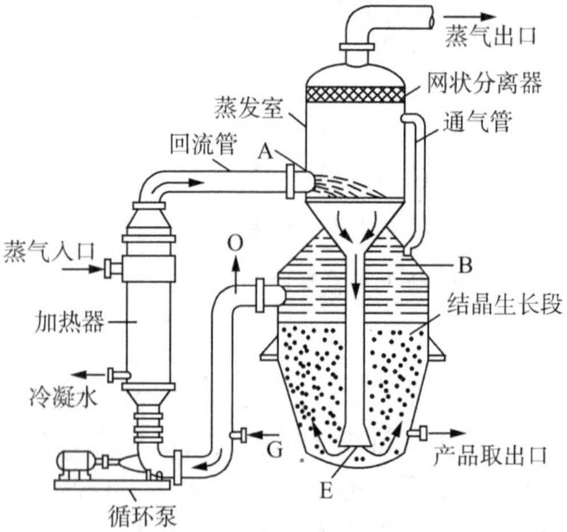

图 14－12　蒸发式 Krystal-Oslo 生长型结晶器图

图 14－12 是典型蒸发式 Krystal-Oslo 生长型结晶器。加料溶液由 G 进入，经循环泵计入加热器，蒸气在管间通入，过饱和于是产生，控制在介稳区以内。溶液在蒸发室内排除蒸气（A 点）由顶部导出。如果是单机生产，分离的蒸气直接去大气冷凝器，然后有必要时通过真空发生装置，如果是多效的蒸发流程，排出蒸气则通入下一级加热器，或者末级的排气进入冷凝装置。

溶液在蒸发室分离蒸气之后，由中央下行管直送到结晶生长段的底部（E 点），然后再向上方流经晶体流化床层，过饱和得以消失，晶床中的晶粒得以生长。当粒子生长到要求的大小后，从产品取出口排出，排出晶浆经稠厚器、离心分离，母液送回结晶器。固体直接作为商品，或者干燥后出售。

Krystal-Oslo 蒸发结晶器大多数是采用分级的流化床，粒子长大后沉降速度超过悬浮速度而下沉。因此底部聚积着大粒的结晶，晶浆的浓度也比上面的高。空隙率减少，实际悬浮速度也必然增加，因此正适合分级粒度的需要。这也正好是新鲜的过饱和溶液先接触的所在，在密集的晶群中迅速消失过饱和度，流经上部由 O 点排出，作为母液排出系统，或者在多效蒸发系统中，进入下一级蒸发。

2. DTB 型蒸发式结晶器

DTB 是 Draft Tube Babbled 的缩写，即遮挡板与导流管的意思，简称遮导式结晶器，装置简图见图 14－13。液体循环方向是经过导流管快速上升至蒸发液面，然后使过饱和溶液沿环形面积流向下部，属于快升慢降型循环，在强烈循环区内晶浆的浓度是一致的，所以过饱和度的控制比较容易，而且过饱和溶液始终与加料溶液并流。由于搅拌桨的水力阻力小，循环量较大，所以这是一种过饱和度最低的结晶器。

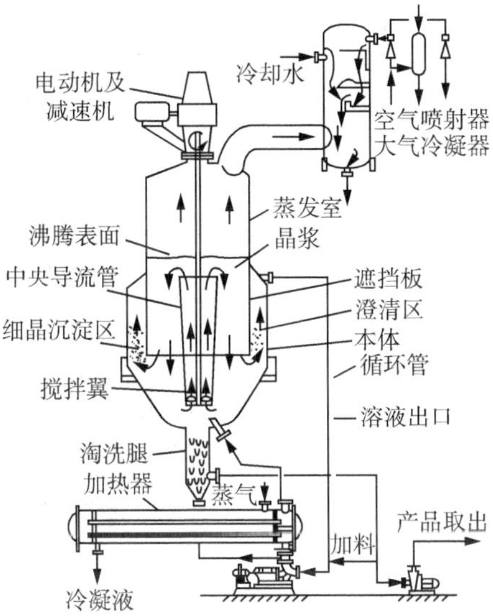

图 14－13　DTB 型蒸发式结晶器装置简图

此类蒸发器可以与蒸发加热器联用，也可以把加热器分开，结晶器作为真空闪蒸制冷型结晶器使用，这种结晶器是目前采用最多的类型。它的特点是结晶循环泵设在内部，阻力小，省驱动功率。为了提高循环螺旋桨的效率，需要有一个导液管。遮挡板的钟罩形构造是为了把强烈循环的结晶生长区与溢流液穿过细晶沉淀区隔开，互不干扰。

14.4.3　真空式结晶器

真空式结晶器与蒸发式结晶器的区别是前者的真空度更高，操作温度一般都低于大气温度。真空式结晶器的原料溶液多半是靠装置外部的加热器预热，然后注入结晶器。当进入真空蒸发器后，立即发生闪蒸效应，瞬间即可把蒸气抽走，随后就开始继续降温过程，当达到稳定状态后，溶液的温度与饱和蒸气压力相平衡。因此真空结晶器既有蒸发效应又有制冷效应，也就是同时起到移去溶剂与冷却溶液的作用。溶液变化沿着溶液浓缩与冷却的两个方向前进，迅速接近介稳区。

Krystal-Oslo 真空结晶器如图 14－14(a)所示是分级式，也就是控制循环泵抽吸的是基本不含晶体的清溶液，然后输送到蒸发室去进行闪蒸，在一定真空度下与溶液达到气液相平衡而得到降温制冷的效应。下部的结晶生长器主要是使过饱和溶液经中央降液管直伸入生长器的底部，再徐徐穿过流态化的晶床层，从而消失过饱和现象，晶体也就逐渐长大。按照粒度的大小自动地从下至上分级排列，而晶浆浓度也是从下向上逐步下降，上升到循环泵入口附近已变成清液。分级的操作法使底部的晶粒与上部未生长到产品粒度的互相分开，取出管是插在底部，因此产品取出来的都是均匀的球状大粒结晶，这是它的最大优点。然而要达到分级的目的，受到流态化的终端速度和晶浆浓度(也就是空隙率的大小)的限制，循环泵的输送量是受到限制的。这就必然带来两个缺点：一个是过饱和度较大，安全的过饱和介稳区一般都很狭窄的，生产能力的弹性很小；另一个是由于上述现象的存在，造成同一直径的设备比晶浆循环操作的生产能力要低几倍。

为了改变上述缺点，采用图 14－14(b)所示的晶浆循环操作法。从装置的外观上看不出有什么区别，但在本质上截然不同。实际上是加大了晶浆循外液量，由生长段经过循环管到蒸发室再回到晶床之中是同一个晶浆浓度。有晶核存在时，过饱和的介稳区虽然压得更窄，但晶核的发生速率也会大为减小，因此设备各部位的结晶疤垢生长也就比较缓慢。又由于加大循环泵输液量，远远能弥补过饱和度值较小的因素，实际产量在相同的晶床截面条件下，可比分级操作法高若干倍。这种晶浆循环法所取出的产品结晶是大小晶粒相混合的，如果要得到均匀的颗粒，就必须增加外部的分级设备，把大粒的淘选出来过滤分离，把不合格的晶粒随同溶液返回结晶系统。

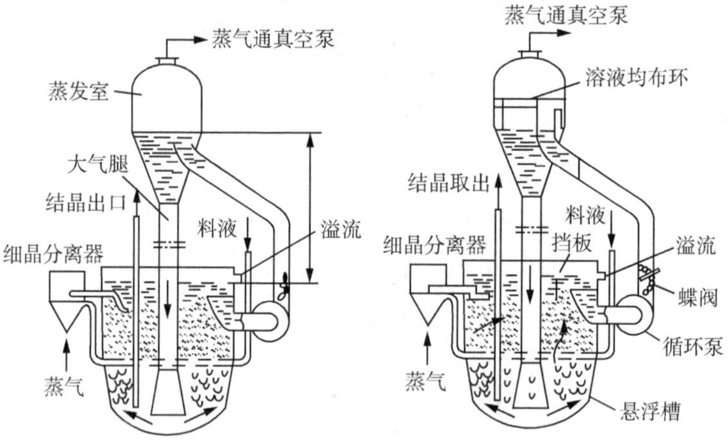

(a) 分极式(清液循环)　　(b) 混浆型(晶浆循环)

图 14-14　Krystal 式真空结晶器

14.4.4　结晶设备验证

制药工业中的“精烘包”工序中的结晶过程多采用间歇操作，这样便于批间对设备进行清理并可防止批间污染，从而保证药品的高质量。此外，间歇半连续结晶过程兼具了间歇与连续操作的优点，已被工业界广泛采纳。

为了保证结晶罐的安装、运行及性能满足生产工艺的要求，就要对设备进行验证，以无菌或非无菌结晶罐为例，其基本过程包括以下几个方面。

(1) 无菌或非无菌结晶罐可在位清洗(CIP)和原位灭菌(SIP)。要求配备蒸气进出管道，蒸气进入结晶设备以前要经洁净过滤，以防铁锈等杂物进入。其过滤介质应能耐受灭菌蒸气的温度。设备底部排料口与底部阀门指尖不能有空间，以防在此区域因搅拌不充分而形成不规则晶体，甚至出现堵塞现象，因此应采用向上开启的底阀。

(2) 结晶罐的搅拌应配置合适的轴封，轴封的磨损端面可能磨脱的颗粒应利用结晶罐的正压操作及磨损物承接槽(此槽应加设排泄通道，可在清洗及灭菌时加以处理)加以控制，不使此类磨脱颗粒混入成品。

(3) 在减压结晶流程中，要对增设的冷凝器、凝液收集罐等同样配备在位清洗及在位灭菌设备。

(4) 安装确认：包括设备概况，设备安装情况(公用介质的连接、减速机、搅拌器、管道连接、安装场所及位置等)。

(5) 设备确认：设备情况检查(包括容积，设备外观，夹套厚度，设备内表面是否光滑，清洗、消毒是否为在位清洗和消毒)，压力试验，气密性试验，设备附带仪表检查。

(6) 运行确认：功能试验(空载试运转、负载试运转)。

(7) 性能确认：模拟试验、生产试验。

(8) 结果分析与评价：验证结束，将所得的验证数据及记录进行整理，写出验证报告，再由验证工作组成员对验证内容和结果进行分析、评价，最后写出验证结论。

(9) 设备的再验证：对已验证过的设备，若需进行重大结构改装、主要零部件进行检修或更换、设备用途或工艺条件发生改变时，必须进行再验证。再验证的项目包括性能确认和结果分析及评价。

14.5 药物结晶技术及设备的发展

在制药工艺中，大部分药物不仅需要特定的晶型，而且晶体尺寸一般控制在0.1～10 μm之间，因此控制颗粒形状、尺寸、表面性质和热力学性质是非常重要的。传统结晶方法的结晶条件不易控制、稳定性差，不同批次的结晶产品在物性上可能存在差异，而且额外的干燥或微粉化操作会影响药物颗粒的稳定性和流动性，因此设计先进的结晶方法，克服传统方法的不足是更好控制晶体特征所必须的。结晶分离技术近年来发展很快，如等电点结晶、加压结晶、萃取结晶等也都在工业上得以应用或正在推广。随着国际市场的竞争日趋激烈，要求产品的质量不断提高而成本则不断降低。因此，人们研究开发新的结晶技术过程中更加重视结晶方法的选择及新型结晶器的开发及结晶工艺设计。

14.5.1 新型结晶技术

1. 超临界流体结晶

超临界流体(SCF)结晶是超临界流体溶液通过快速膨胀过程(RESS)或气体抗溶剂过程(GAS)快速增加过饱和度实现结晶。由于许多药物在超临界流体中溶解度小，所以快速膨胀实际应用的可能性很小，气体抗溶剂过程具有液体溶剂易于选择、操作压力低、应用范围广的优点，更适合于药物结晶。超临界流体作为结晶溶剂与其他溶剂相比有很大优势：①其物理性质，如密度、溶解度根据操作条件有很大的调节范围，通过改变压力和温度来实现，适于选择性结晶、杂质分离和晶型控制；②其快速的质量传递性(如高扩散度和低黏度)，有利于生产微细和均匀的晶体粉末；③超临界流体与有机混合溶剂和固体产品易于分离，是一种清洁、可再循环、环境友好的技术；④超临界流体结晶设备是不锈钢构造，各部件都是固定的，实现了全封闭操作。CO_2 是最重要的超临界流体，其临界温度和临界压力低、毒性小、成本低。

由于超临界流体结晶设备昂贵、处理量小，这种结晶技术尚未应用于工业生产规模，但对于高质量药物产品的需求已使其受到越来越多的重视，特别是在超细颗粒的制备中前景广阔。

2. 准乳化结晶

乳化结晶是把熔融液分散成连续的小液滴，使非均相成核孤立在这些小液滴内，在其余液滴内发生均相成核，但这种结晶方法以往很少用于制药。Espilasic以该结晶机理为依据，采用准乳化法生产消炎镇痛药酮丙酸(ketoprofen)颗粒。其结晶过程与乳化结晶很相似，分为三步：①乳相的形成，小液滴是含有药物的溶剂；②通过质量和热量传递形成过饱和；③在小液滴内药物成核、生长、积聚，得到的酮丙酸球型颗粒可直接用于压片。该方法不需要特殊的设备和溶剂，与精馏相比，其需要的能量低；与重结晶相比，其需要的溶剂少，可实现低成本、低操作费的纯化。它的应用也说明新的药物结晶方法可以从传统的方法开辟新思路。目前酮丙酸已实现了实验室规模的间歇操作，由于其设备结构简单，操作简便，只需改变操作参数和溶液的配比，所以有可能实现工业化生产。

3. 微重结晶法

随着航天事业的不断发展，在太空中获得的重大发现不断应用于各领域。美国航空署(NASA)对于分子晶体生长的研究表明：在太空中形成的晶体比在地球上形成的晶体尺寸大，质量好。原因是：①太空潜在有害的浮力对流少，晶体通过扩散传递增长，有利于高质量晶体的形成；②太空环境安静，液体不受容器的限制，减少了潜在的成核位，有利于大晶体的形成；③地球上由于浮力对流，晶体各面传递不均，造成晶体的不均匀生长，而太空对流少，生长速率均匀，晶体沉积少，均质生长，晶格缺陷少。X射线衍射检测的结果表明，在微重环境下的蛋白质晶体较常规晶体结构上有重大改善，充分说明了微重结晶的优势。但是由于该研究是在太空舱内进行的，在地球上还无法创造出这样的环境，所以尚不能实现工业化生产。该项研究的重大意义在于对结晶机理的深入理解，为药物结晶充实了理论。

14.5.2 结晶分离装置及工艺

结晶器是结晶分离的关键设备，合理设计结晶器及结晶工艺是实现结晶分离工业化的可靠保证。多年来结晶分离技术的研究重点集中在结晶器的结构设计及结晶工艺流程的设计上。

目前工业结晶装置种类繁多，溶液结晶装置有MSMPR型结晶器、DTB型结晶器、Messo湍动结晶器和带有机械搅拌的蒸发结晶器等；工业熔融结晶装置则主要有Brodie提纯器、KCP结晶装置、Phillips结晶装置、MWB结晶装置及CCCC结晶系统。随着结晶分离技术研究的不断深入，一些新型结晶设备正处在研究开发中。

1. Bremband结晶工艺

1997年Bulau等报道了他们研究开发的实验室规模的Bremband结晶工艺。该工艺的主要设备为一倾斜向上运动的受冷却滚动钢带。待处理物料由钢带上方喷撒分布于钢带上表面。在钢带下方设置了多个温度水平不同的控温区域对钢带进行冷却，使钢带自上而下在不同位置处具有高低不同的温度。随着钢带不断移动，物料在钢带的不同位置处发生结晶而获得不同纯度的晶体，未结晶母液则沿钢带自上而下流动进入钢带下方的母液收集器。钢带上得到的晶层可由刮刀刮除，得到晶体产品。该分离提纯流程安排类似于多级精馏，它的一个分离级比传统的结晶釜的提纯效果要好。

2. 热泵降膜结晶装置及工艺

Fischer等提出了一种新型结晶装置，该装置是将热泵技术与MWB(降膜结晶)装置相结合实现了混合二甲苯制取纯对二甲苯的分离工艺的研究。该结晶分离装置的特点是：①降低能耗；②降低设备投资；③合理地利用结晶潜热；④降低了冷却剂费用。

3. 板式结晶器

Kikuchi、Kazao研制了一种板式结晶器。结晶过程中，待提纯物料均匀分布在结晶板一侧并沿结晶板向下流动，另一侧板壁上通入冷却剂，物料与冷却剂通过间壁换热进行结晶。设备构造上每两块结晶板成对设置，装置特点是结构简单，便于形成规模化生产且加工方便。

思考题和习题

14-1 简述工业结晶过程如何从饱和溶液实现过饱和溶液。

14-2 简述溶液的稳定区、介稳区和不稳定区。各有何特点？实际的工业结晶过程需控制在哪个区域内进行？

14-3 何为结晶过程初级成核和二次成核？简述工业结晶过程采用二次成核的实际意义。

14-4 如何描述晶粒的平均粒径及粒径分布？

14-5 设计一搅拌式分批蒸发结晶器，要求每日的生产能力为8 000 kg晶体，产品粒度为10^{-3} m。在结晶温度下的溶解度为400 kg/m^3溶剂，溶液密度为1 200 kg/m^3，溶剂密度为1 000 kg/m^3。操作的最大悬浮密度为200 kg/m^3溶剂，加入晶种的粒度为10^{-4} m，每批操作的辅助时间为0.5 h。已测得允许采用的生长速率为10^{-7} m/s。求结晶器的有效体积。

14-6 通过查阅文献，了解结晶新技术、新设备的进展及在制药工业中的应用。

参考文献

[1] 陈建新. 氢化可的松结晶过程研究. 天津大学博士毕业论文,2005.

[2] 陈敏恒,等. 化工原理. 北京:化学工业出版社,2000.

[3] 宁黎丽. 药品评价,2007,4(4):304-305.

[4] 殷萌,杨峰,张欣荣. 药物多晶型的研究现状. 药学实践杂志,2008,26(3):163-165.

[5] 黎常宏,万真. 结晶分离技术新进展. 江西化工,2006,(1):37-39.

[6] 张海德,李琳,郭祀远. 结晶分离技术新进展. 现代化工,2001,21(5):13-16.

[7] 哈姆斯基 E B. 化学工业中的结晶. 北京:化学工业出版社,1984.

[8] 孙彦. 生物分离工程. 北京:化学工业出版社,1998.

[9] 叶铁林. 化工结晶过程原理及应用. 北京:化学工业出版社,2006.

[10] 丁绪淮,谈遒. 工业结晶. 北京:化学工业出版社,1985.

[11] Belter P A, Cussler E L, Hu W S. Bioseparations: downstream processing for biotechnology. New York: John Wiley and Sons, 1988.

[12] 张春桃. 头孢曲松钠溶析结晶过程研究. 天津大学博士毕业论文,2007.

[13] 韩金玉,等. 新型药物结晶技术. 化工进展,2002,21(12):945-948.

15 干　燥

15.1 概　述

干燥技术是利用热能除去物料中的水分（或溶剂），并利用气流或真空等带走汽化的水分（或溶剂），从而获得干燥物品的工艺操作技术。干燥通常是药物成品化前的最后一个工序。因此，干燥的质量直接影响产品的质量和价值。

干燥技术的分类方法有多种，根据加热方式的原理不同，可以大致分为常压干燥、减压（真空）干燥、喷雾干燥、流化干燥、冷冻干燥、微波干燥及远红外干燥等。干燥技术的覆盖面较广，既涉及复杂的热质传递机理，又与物系的特性处理规模等密切相关，最后体现在各种不同的设备结构及工艺上。一台合格的制药干燥设备，不仅需满足干燥操作要求，还应满足"药品质量管理规范"（Good Manufacturing Practice，GMP）要求；满足设备强度、精度、表面粗糙度及运转可靠性等要求；考虑结构可拆卸、易清洗、无死角，避免污染物渗入。设计时要消除难以清洗和检查的部位，采用可靠的密封。制造时设备内壁光洁度要高，所有转角要圆滑过渡。

药品生产质量管理规范中规定了对制药干燥过程及干燥装置的要求，以保证药品的质量和均一性。

15.2 药品生产质量管理规范对干燥过程及干燥装置的要求

药品生产大致可分为原料药和成品药的生产。在绝大多数原料药的生产中，起始物料或其衍生物都经过明显的化学变化。因此，药品中会含有杂质、污染物、载体、基质、无效物、稀释剂，以及不要的晶型或分子，这些都可能存在于粗药品中，需要有相应的措施以保证药品的纯净。

在药品生产中的干燥工艺，需考虑的是干燥时温度的升高会不会引起药品的降解或发生氧化等反应，以及在干燥过程中保证异物不得进入药品中。如热空气干燥时，热空气中可能挟带的灰尘与微生物等；再则是干燥设备中不能积存物料或其他杂质，因此原位清洗（CIP-Clean in Place）、原位灭菌（SIP-Sterilizing in Place）设施是药品干燥设备所必需的。原位清洗是指装置不必拆卸，利用所配置的管道阀门等将洁净水引入，将装置清洗干净的设施和方法。原位灭菌是使该装置可以利用所配置的管道、阀门或加热器等，将灭菌用的饱和蒸气或高温热空气引入装置。在规定的温度、压力下维持规定的时间，以利于被处理的装置内可能残留杂菌的杀灭。而灭菌的操作条件要经过规定的方法验证，证明其有效性。

15.2.1 药品生产质量管理规范中涉及设备的有关内容

药品生产质量管理规范中除了对操作、记录、标签等工艺方面有严格规定以外，也对设备、环境等作了明确的要求，现将药品生产质量管理规范中涉及设备的有关内容摘录如下。

(1) 设备的设计、造型、安装应符合生产要求,易于清洗、消毒或灭菌,便于生产操作和维修,并能防止物料混淆。

(2) 凡与药品直接接触的设备表面都应光洁、平整、易于清洗或消毒、耐腐蚀,不得与药品发生化学变化或在设备表面上吸附所生产的药品。

(3) 设备所用的润滑剂、冷却剂不得对药品或容器造成污染。

(4) 在规定限度内在同一连续生产周期中生产出来的具有同一性质和质量及一定数量的药品为一批,每批药品均应规定生产批号,并按下述原则确定:原料药经最后混合具有均一性的成品为一个批号。

(5) 生产开车前应检查设备、器械和容器是否洁净或灭菌,并确认无前次生产的遗留物。

(6) 设计或选用的设备应设有清洗口,设备表面应光洁、易清洗。设备内壁应光滑、平整,免死角、砂眼,易清洗,耐腐蚀。

(7) 使用润滑油、密封套的部件,要有防止因泄漏而污染原料、半成品、成品或包装容器的措施。

(8) 无菌室内的设备,除符合以上要求以外,还应满足灭菌要求。

(9) 对生产中产生粉尘量大的设备,如粉碎、过筛、混合、制粒、干燥、压片、包衣等设备,宜局部加设防尘围帘和捕尘吸粉装置。

(10) 与药物接触的压缩空气及洗瓶、分装、过滤用的压缩空气应经除油、除水和净化处理。灌装中填充的惰性气体应净化。流态化制粒、干燥及气流输送所用的空气应净化,尾气应除尘后排空。

(11) 设备设计或选用应能满足产品验证的有关要求,合理安置有关参数的测试点。

(12) 用于制剂生产的配料罐、混合槽、灭菌设备及其他机械和用于原料药精制、干燥、包装的设备,其容量尽可能与批量相适应。

(13) 设备管道的保温层表面必须平整光滑,不得有颗粒性物质脱落,不宜用石棉、水泥抹面,最好采用金属外壳保护。

(14) 当设备安装在跨越不同洁净等级的房间或墙面时,除考虑固定外,还应采取密封的隔断装置以保证达到不同等级的洁净程度。

(15) 对传动机械的安装增加隔震、消音装置、改善操作环境,动态测试时,洁净室的噪声级不得超过 70 dB。

(16) 生产、加工、包装青霉素等强致敏性药物,某些甾体药物,高活性及有害药物的生产设备必须分开专用。

(17) 批号定义 在一定生产周期经过一系列加工过程所制得的质量均一的一组药品定为一个批量。一个批量的药品,编为一个批号,批号的划分一定要具有质量的代表性,并可根据批号查明该批的生产日期和生产记录,进行质量追踪。

① 可灭菌的小容量及大容量注射剂,以一个配液锅所配制的物质的药液作为一个批量,使用多个过滤设备,多台灌装设备,则应验证确有同一性能者;使用多台灭菌器,则应验证确有同一灭菌条件者,用多台灭菌器灭菌,按每次灭菌数可作为一小批。

② 无菌分装注射剂以同一批原料药粉的分装量作为一个批量。使用多台灌装机,则应验证确有同一性能者。

③ 冻干无菌分装注射剂的冻干前同一批药液的冻干量作为一个批量,使用多台冻干机,则应验证确有同一性能者。

④ 片剂以压片前为一个总混合器的颗粒混合量作为一个批量,使用多台压片,则应验证确有同一性能者。

⑤ 构成一个批号的原料药,在包装前应经过最后混合,以保证具有均一性。

⑥ 原料药生产的中间体参照以上原则另行编制生产批号。

(18) 清场要求。

① 设备内外无前次生产遗留的药品，无油垢。

② 非专用设备、管道、容器、工具应按规定拆洗或灭菌。

③ 凡直接接触药品的机器、设备、管道、工具容器应每天或每批清洗或清理。

(19) 过滤灭菌用于热不稳定的液体，采用过滤灭菌的设备。

(20) 胶塞可用 125℃(温度均一的箱内)干热灭菌 2.5 h，或热压蒸气灭菌 120℃烘干。

(21) 冻干产品的无菌过滤和灌装设备的主要部件应每天拆洗和热压灭菌。

(22) 采用流化床干燥时所用的空气应净化除尘，排出的气体要防止交叉污染，操作中随时注意流化温度、颗粒流动情况。应不断检查有无结料现象，更换品种必须洗净或更换滤袋。

(23) 使用有机溶剂或在生产过程中产生大量有害气体的原料药精制、干燥工序，在确保净化的同时要考虑防火、防毒的有效措施，这种情况下净化空气不宜循环使用，防止空调系统中有机溶剂或有害气体的浓度增高。

① 尽可能采用干燥、混粉一次完成的设备。

② 干燥时所使用的空气应经净化处理，操作时应不断检查有无结料现象，尾气需经捕集、除尘后再排空。

以上所摘是各药品生产质量管理规范对制药设备的要求。其目的是保证药品的质量和均一性。

15.2.2 制药行业干燥装置的主要结构特点

制药行业的干燥装置和其他制药设备一样，需具有原位清洗及原位灭菌的设施。

对于进入干燥系统的热空气在进入干燥装置之前要经过严格的过滤，对于无菌药品其洁净程度要求达到 100 级。100 级的指标是每立方米空气中 $\geqslant 5\ \mu m$ 的尘埃粒子为 0 个，$\geqslant 0.5\ \mu m$ 的尘埃粒子数 $\leqslant$ 3 500 个；活微生物数 $<$ 1 个。雾化用的空气和其他进入装置的空气，也都必须按此标准要求。根据药品质量管理规范，这种检测要求定期进行，并做完整的记录。空气的采样口应设在进入干燥装置前，以保证进入干燥装置空气的质量。不允许经过滤后再加热，因为加热器表面会积有灰尘或产生的氧化物会脱落，因此终端过滤器必须能耐受灭菌温度。

由于药物生产对批号及整批均一性的要求，对连续操作或分盘干燥的一整批物料，就需要整机混合使这批物料质量均一，所以在可能的情况下优先考虑采用分批干燥的方式。为了在干燥器中不积存物料，除了内壁光洁以外在结构上要防止锐角，避免丝网或多孔结构，以利于清洗彻底。

为了保证质量，药品生产质量规范强调批号和每一批号质量的均一性，因此干燥装置，特别是成品干燥装置，应该满足一整批物料的干燥，以免多次、多盘或连续干燥所得产品在干燥结束后，再进行一次混合。而且药品经多次转移也容易增加被污染的机会，所增设的混合器也照样被要求设置原位清洗、原位灭菌等设施，无疑会增加设备及操作成本。因此比较可行的方法是将干燥装置设计成能足够容纳一个批号的量，分批干燥，并配有原位清洗、原位灭菌的设施。

15.3 料液的干燥

不少原料药在制成干品以前是水溶液，这些药液的干燥一般都采用喷雾干燥。虽然喷雾干燥的热效率较低，但解决了药物的无菌要求，因此迄今已有若干品种药物采用喷雾干燥，如链霉素、庆大霉素等，中药注射用粉剂“双黄连”等均采用喷雾干燥。其他如真空滚筒干燥等虽也有试验性报告或介绍，但未见用于工业规模生产。冷冻干燥是干燥温度在 0℃以下的干燥方法，适用于热敏性药物、生物制剂和血液制品，但由于冷冻干燥系统需要在高真空下凝集所升华的蒸气，动力费用高，且操作周期长，因此单位质量产品的投资高。药液的干燥方法是选定该药物能耐受的温度为前提。经过实验验证，在可以耐受喷雾干燥的温度和受热时间的条件下，可以不选冷冻干燥，因为该法投资及操作费用均较大。

15.3.1 喷雾干燥

喷雾干燥是一种悬浮粒子加工(SPP)技术。液体雾化成微滴，当微滴在热的气态干燥介质(通常是空气)中运动的过程中，被干燥成单个的颗粒。在喷雾干燥机中，液态原料如溶液、悬浮液或乳浊液，能通过一步操作转变成粉状、粒状和块状的产品。典型喷雾干燥机的基本流程如图 15－1 所示。药液的喷雾干燥除了考虑该药物耐受温度及受热时间以外，它与其他物料喷雾干燥的差别在于能否保证过程中及最终成品保持无菌，以及喷雾干燥过程中是否有影响药物质的异物、润滑油等进入系统。

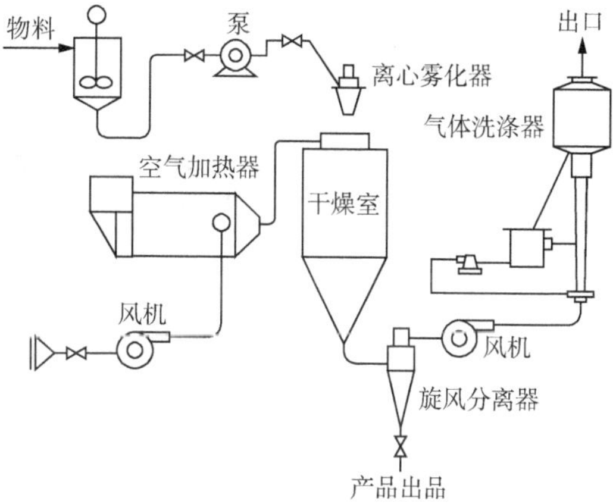

图 15－1　典型喷雾干燥机的基本流程

喷雾干燥技术大致分为气流式，压力式和离心式三种。在这三种雾化方式中，由于离心式雾化器，其离心盘的传动轴分处干燥室内外，它的密封及防止轴封之细粒脱落比较困难；而压力式雾化系统中料液要经过高压泵压送，运作时活塞与缸体的摩擦及连杆的密封，都会影响料液的洁净度。比较之下，气流雾化因雾化用的空气及料液在进塔之前均可先经洁净过滤，滤除所携带之颗粒(包括细菌)，故而比较适于药品干燥。在采用气流式雾化器雾化时除了药液需经无菌过滤以外，雾化用压缩空气也需采用无菌过滤以达到无菌要求。

Niro 公司采用气流雾化来喷干药品，其气流雾化流程见图 15－2。流程中雾化用空气先经预过滤器，升压后通过过滤器及加热器，再经高效过滤器(HEPA)后进雾化器。干燥用空气是先经 HEPA 再加热然后进喷干塔。药液则是由送料泵经灭菌过滤后至雾化器。其旋风分离器紧靠干燥器，可使管道积料减至最少。

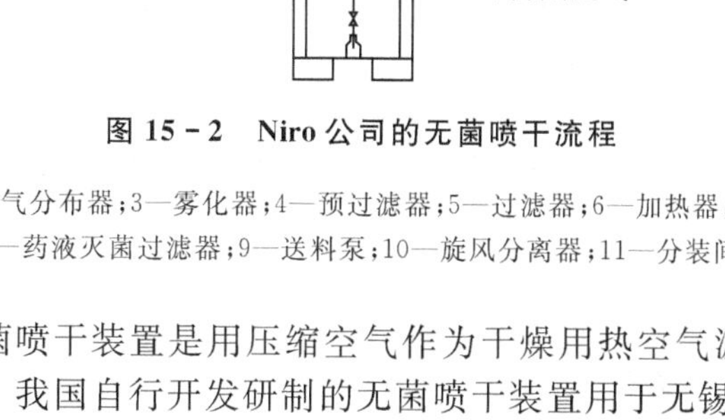

图 15－2　Niro 公司的无菌喷干流程

1—干燥器；2—空气分布器；3—雾化器；4—预过滤器；5—过滤器；6—加热器；7—高效过滤器；8—药液灭菌过滤器；9—送料泵；10—旋风分离器；11—分装间

我国引进的链霉素无菌喷干装置是用压缩空气作为干燥用热空气源，用厚层棉花作为此干燥用热空气的灭菌过滤装置。我国自行开发研制的无菌喷干装置用于无锡第二制药厂庆大霉素的喷干。其流程见图 15-3，其中干燥用热空气是由预过滤、风机、蒸气加热器、电加热器、中效过滤器(X2)和高效过滤器(HEPA，X2)组成，空气的净化程度可以达到 100 级。中、高效两种过滤器都能耐受喷干用的热空气温度。空气的净化程度远高于经厚层棉花的压缩空气。流程中增设了脉冲袋滤器可以用来捕集旋风分离器未能收集到的部分细粉。这部分细粉不能作为成品，但可重新精制后得到利用。无菌喷干系统的热空气、雾化用空气、药液无菌过滤器都要定期检查过滤效果及按规程更换过滤介质或过滤元件。

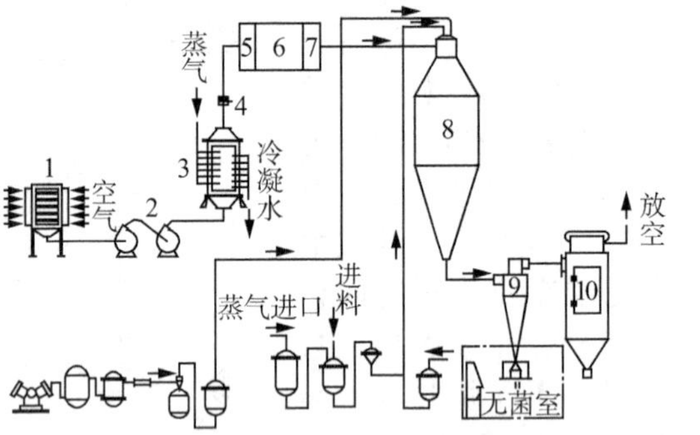

图 15-3　无菌喷雾干燥流程

1—预过滤器；2—风机；3—蒸气加热器；4—电加热器；5，6，7—过滤器；8—干燥器；
9—旋风分离器；10—脉冲袋滤器

喷雾干燥工艺的优点：操作稳定，易实现连续化和自动化。干燥速度较快，干燥时间(5～30 s)较短。可由液体物料直接获得固体产品，从而省去蒸发、结晶、分离等操作。产品常为松脆空心颗粒，具有速溶性。

然而，喷雾干燥也存在一些缺点，如：①设备费用很高；②除非很好地设计和操作，否则热效率不高；③产品在干燥室内的沉积能导致产品质量下降，有起火或爆炸的危险。

喷雾干燥技术的应用广泛，如：青霉素、血液制品、酶类、疫苗等药品，优势明显，但节能降耗问题比较突出。亚高温喷雾干燥(进风温度 60～150℃)、常温喷雾干燥(进风温度 60℃以下)、降低能耗与多级干燥都将是今后的研究重点。

15.3.2　冷冻干燥

在 0℃以下的严寒，将洗洁的衣服晾在室外，很快就被冻结了，但经过一段时间，衣服也会变干，这是因为衣服中已结冰的水升华到空气中去了。空气越干燥，空气中水蒸气的分压越低，升华就越快。很久以前，我国和国外都有在冬天将冻肉晾在室外干燥的报道，这些现象可叫做“冷冻干燥”。“冷冻干燥”技术在英文里被称为 freeze drying，也被称为 lyophilization，其含义是“亲液(溶剂)的物质”，说明冻干后的物质具有极强的复水能力。若干热敏性药物及生物制品、血液制品，当要求更低的干燥温度时，冷冻干燥是首选的干燥方法。

1. 冷冻干燥的特点

冷冻干燥方法与其他干燥方法相比有许多优点。

(1) 物料在低压下干燥，使物料中的易氧化成分不致氧化变质，同时因低压缺氧，能灭菌或抑制某些细菌的活力。

(2) 物料在低温下干燥，使物料中的热敏成分能保留下来，营养成分和风味损失很少，可以最大限度地保留食品原有成分、味道、色泽和芳香。

(3) 干燥过程中物料的状态变化如图 15-4 所示。由于物料在升华脱水以前先经冻结，形成稳定的固体骨架，所以水分升华以后，固体骨架基本保持不变，干制品不失原有的固体结构，保持着原有形状。多孔结构的制品具有很理想的速溶性和快速复水性。

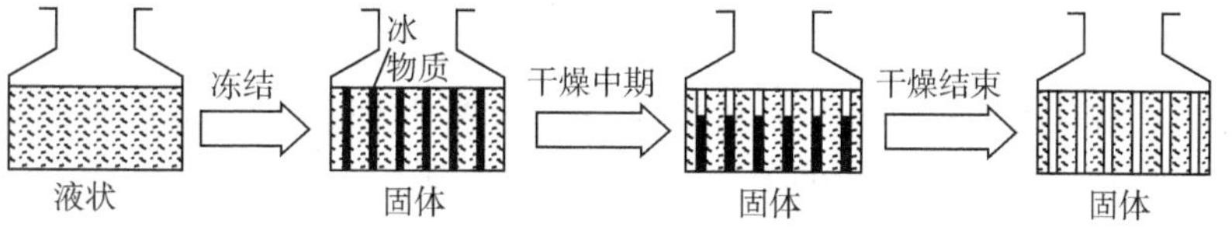

图 15-4　真空冷冻干燥过程物料状态变化

(4) 由于物料中水分在预冻以后以冰晶的形态存在，原来溶于水中的无机盐之类的溶解物质被均匀分配在物料之中。升华时溶于水中的溶解物质就地析出，避免了一般干燥方法中因物料内部水分向表面迁移所携带的无机盐在表面析出而造成表面硬化的现象。

(5) 脱水彻底，质量轻，适合长途运输和长期保存，在常温下，采用真空包装，保质期可达 3～5 年。

冷冻干燥的主要缺点是设备的投资和运转费用高，冻干过程时间长，产品成本高。但也有其优点，如冻干后产品质量减轻了，运输费用减少了；能长期贮存，减少了物料变质损失；对某主、副产品深加工后，减少了资源的浪费，提高了自身的价值。

2. 冷冻干燥原理

冷冻干燥是先将湿物料冻结到其晶点温度以下，使水分变成固态的冰，然后在适当的真空度下，使冰直接升华为水蒸气，再用真空系统中的水汽凝结器（捕水器）将水蒸气冷凝，从而获得干燥制品的技术。干燥过程是水的物态变化和移动的过程。这种变化和移动发生在低温低压下。因此，冷冻干燥的基本原理就是在低温低压下传热传质的机理。

3. 纯水的相图与物料中的水分

图 15-5 为纯水的相平衡图。图中以压力为纵坐标，曲线 AB、AC、AD 把平面划分为三个区域，对应于水的三种不同的集聚态。曲线 AC 称为熔解曲线，线上冰水共存，是冰水两相的平衡状态。它不能无限向上延伸，只能到 2×10^8 Pa 和 -20℃左右的状态。再升高压力会产生不同结构的冰，相图复杂。曲线 AD 称为蒸发（汽化）曲线或冷凝曲线。线上水气共存，是水气两相的平衡状态。AD 线上的 D 点是临界点，该点为 2.18×10^7 Pa，温度 374℃，在此点上液态水不存在。曲线 AB 为升华或凝聚曲线。线上冰气共存，是冰气两相的平衡状态。从理论上讲，AB 线可以延伸到绝对零度。真空冷冻干燥最基本的原理就在 AB 线上，故又称冷却升华干燥。AB 线也是固态冰的蒸气压曲线，它表明不同温度下冰的蒸气压。由曲线可知，冰的蒸气压随温度降低而降低，具体数据见表 15-1。

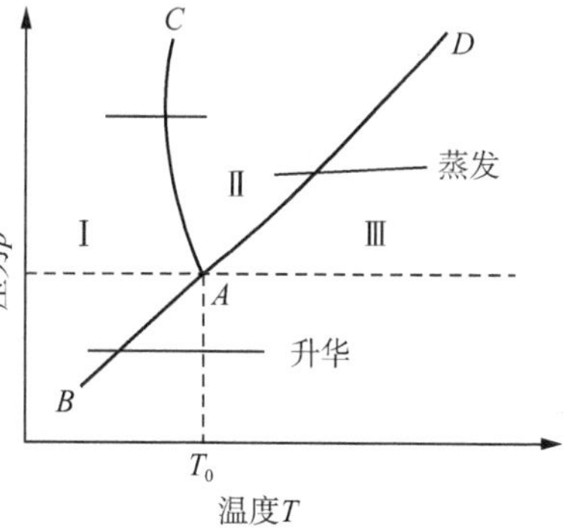

图 15-5　纯水的相平衡图

表 15-1　不同温度下冰的饱和蒸气压

温度/℃	−70	−60	−50	−40	−30	−20	−10	0.01
压力/Pa	0.262	1.08	3.94	12.9	38.0	103.3	259.9	610.62

4. 冷冻干燥组成阶段

1) 预冻阶段

真空冷冻干燥的第一步就是预冻。预冻是将溶液中的自由水固化，使干燥后产品与干燥前有相同的形态，防止抽空干燥时起泡、浓缩、收缩和溶质移动等不可逆变化产生，减少因温度下降引起的物质可溶性降低和生命特性的变化。

(1) 预冻温度　预冻温度必须低于产品的共晶点温度，各种产品的共晶点温度是不一样的，必须认真测得。实际制定工艺曲线时，一般预冻温度要比共晶点温度低 5～10℃。

(2) 预冻时间　物料的冻结过程是放热过程，需要一定时间。达到规定的预冻温度以后，还需要保持一定时间。为使整箱全部产品冻结，一般在产品达到规定的预冻温度后，需要保持 2 h 左右的时间，这是个经验值。根据冻干机不同，总装量不同，物品与搁板之间接触不同，具体时间由实验确定。

(3) 预冻速率　缓慢冷冻产生的冰晶较大，快速冷冻产生的冰晶较小。对于生物细胞，缓冷对生命体影响大，速冷影响小。从冰点到物质的共融点温度之间需要快冷，否则容易使蛋白质变性，生命体死亡，这一现象称溶质效应。为防止溶质效应发生，在这一温度范围内，应快速冷却。

冷冻时形成的冰晶大小会影响干燥速率和干燥后产品的溶解度。大冰晶利于升华，但干燥后溶解慢，小冰晶升华慢，干燥后溶解快，能反映出产品原来结构。

综上所述，需要试验一个合适的冷却速率，以得到较高的存活率，较好的物理性状和溶解度，且利于干燥过程中的升华。

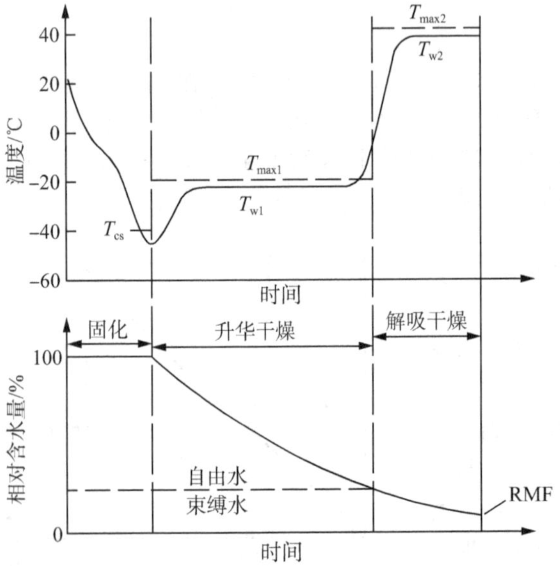

图 15-6　冻结和干燥过程中物料的温度和含水量变化的示意图

2) 升华干燥(一次干燥)过程

物料中的水分，对冷冻干燥过程的分析而言，可以划分为两类：一类是在低温下可被冻结成冰的，这部分的水可以称为“自由水”(free water)或“物理截留水”；另一类是在低温下不可被冻结的水分，这部分的水可以被看作是被“束缚”的，称为“结合水”或“束缚水”(bound water)。对于含水量高的物料，其中“自由水”的含量约占总水分的 90%以上。图 15-6 是某一物料在冻结和干燥过程中物料的温度变化和含水量变化的示意图。图 15-6 的横坐标为时间，在图的上半部分，纵坐标为温度；在图的下半部分，纵坐标为物料中的相对含水量(%)。相对含水量最初为 100%，最终为 RMF，即最终要求的剩余含水量(requested residual moisture final)。

升华干燥，又称一次干燥，是指在低温下对物料加热，使其中被冻结成冰的“自由水”直接升华成水蒸气。一次干燥的物料温度 T_{w1} 必须低于物料的最高允许温度 T_{max1}，T_{max1} 为物料的玻璃化转变温度 T_g，或共晶温度 T_e。如果物料温度过高，会出现软化、塌陷等现象。

在一次干燥过程中，所需要的热量为冰的升华热。加热的方式可以是搁板导热加热或辐射加热。要维持升华干燥的顺利进行，必须满足两个基本条件：一是升华产生的水蒸气必须不断地从升华表面被移走；二是必须不断地给物料提供升华所需要的热量。如控制不好，会出现软化、溶化、隆起、塌陷等现象。因此，升华干燥过程实际上是传热、传质同时进行的过程。只有当传递给升华界面的热量等于从升华界面逸出的水蒸气所需的热量时，升华干燥才能顺利进行。由于物料中的传热、传质过程受到多方面的限制，所以升华干燥是很费时的过程。

3) 解吸干燥(二次干燥)阶段

在第一阶段干燥结束后，在干燥物料的多孔结构表面和极性基团上还吸附着未被冻结的结合水。由于吸附的能量很大，因此必须提供较高的温度和足够的热量，才能实现结合水的解吸过程。

但温度又不能过高，否则会造成药品过热而变性。解吸干燥，又称二次干燥，是在较高温度下加热，使物料中被吸附的部分“束缚水”解吸，变成“自由”的液态水，再吸热蒸发成水蒸气。在解吸干燥过程中，物料的温度 T_{w2} 必须低于物料的最高允许温度 T_{max2}。最高允许温度 T_{max1} 由物料的性质所决定，如对蛋白质药物，最高允许温度一般应低于 40℃；对果蔬等食品，最高允许温度可以到 60～70℃。在二次干燥过程中，所需要的热量为解吸附热与蒸发热之和，一般简单称之为“解吸热”。

在二次干燥过程结束时，物料中的含水量应当达到最终要求的剩余含水量。冻干后物料中的剩余水分含量过高或过低都是不利的，剩余含水量过高不利于长期贮存，过低也会损伤物料的活性。经二次干燥后，冻干后物料中的剩余水分含量一般应低于 5%。

4）封装和贮存

经二次干燥后，要进行封装（conditioning-packing）和贮存（storage）。在干燥状态下，如果不与空气中的氧气和水蒸气相接触，冻干药品可以长时间贮存。待需要使用时，再将其复水（rehydration）。封装仍须在真空条件或在充惰性气体（氮气或氩气）的条件下进行。对于瓶袋的物料，可在干燥室内，用压瓶塞器直接将橡胶瓶塞压下，堵住蒸气通道，并保证密封，如图 15－7 所示。对于安瓿装的物料或较大块的物料，可由干燥室通过真空通道引出，送至真空室，或充入惰性气体室，用机械手封装。

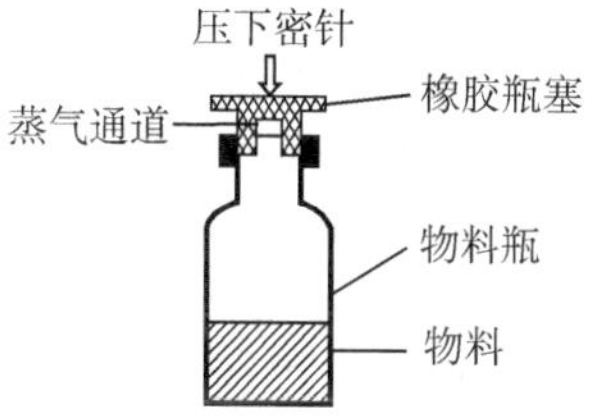

图 15－7　瓶装的物料干燥时的蒸气通道和封装用的橡胶瓶塞

冻干物料的贮藏温度一般是室温。对于某些药品，要求贮藏温度为 4℃；特殊的要求为－18℃。这些都是一般冰箱所能满足的。

5. 冷冻干燥系统的主要组成

冷冻干燥系统主要由干燥室（或称冻干箱）、冷阱、制冷系统、真空系统、加热系统和控制系统等组成，如图 15－8 所示。

用于药物的冷冻干燥，按照药品生产管理规范是要求整批产品具有均一性。如一台冷冻干燥机在不足以处理一整批物料而需要配备多台干燥机时，应该验证各台机组的干燥性能，如操作温度、时间、成品含水量等，对于若干药品需要在瓶中冲注氮气的，冷冻干燥机应有经灭菌过滤的氮气引入口，干燥室内应有分层自动压紧胶塞的装置。此种胶塞是专门设计的，在瓶中注入药液以后，胶塞先插入瓶口一半，在升华时蒸气利用胶塞前半部的沟槽排出。干燥结束时利用机械装置将整盘药瓶上的半插胶塞压紧到位，与外界空气隔离，其示意图见图 15－9。处理无菌药物的冷冻干燥机也应配置原位清洗及原位灭菌的设施。

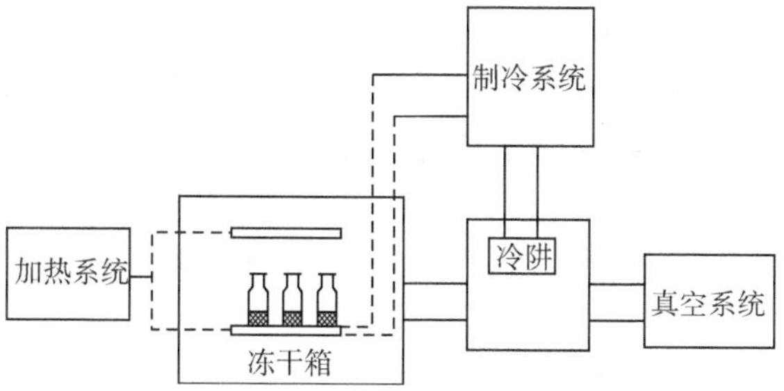

图 15－8　冷冻干燥系统的主要组成

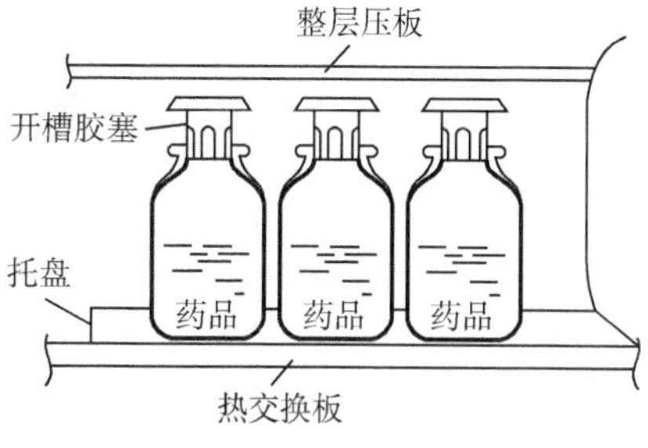

图 15－9　冲注氮气的药瓶示意图

6. 冷冻干燥设备的消毒灭菌

真空冷冻干燥设备的消毒越来越严格。大部分细菌能够进入孢子状态，在这种状态下它们会停止繁殖，并且还能抵制不利条件。因此，消毒方法必须能够消灭大部分孢子。最理想的是将孢子全部消灭，但实际上很难做到，通常都有大量残存的孢子。目前，常用的消毒方法有以下几种。

1）加热灭菌法

（1）干加热　干加热法是在特别设计的灭菌器中进行灭菌的方法，通过气体或电加热，温度可控，如烘干隧道、干燥烘箱等。干热灭菌的温度通常为 160～170℃或更高，时间不少于 2 h。焚化或氧化使微生物脱水死亡，从而达到灭菌的目的。干加热是利用氧化杀死细菌，实际上大部分是被焚化的。因此，直热式冻干机采用这种方法是方便的，只要加热功率加大，冻干箱上的元件能耐 150℃的高温就可以了。

（2）直接蒸气加热　采用专用的低压蒸气消毒蒸锅，要求蒸气在 120℃左右，至少加热 30 min。为防止出现蒸气加热不到的死角，可在通入蒸气前将消毒容器抽真空至 100 Pa 左右。这种方法要求冻干箱有蒸气入口和出口，要备有蒸气消毒蒸锅。

（3）负压蒸气加杀菌剂 将冻干箱和整个系统抽至 10 Pa 以下，通入 70～90℃的蒸气加福尔马林溶剂，使容器保持在热状态下 2 h。这种方法最好能将冻干箱做成双层壁，以利于蒸气通入加热保温。

2）气体杀菌消毒法

气体消毒是利用气态的或汽化的化学物质处理设备或材料的方法。这种方法的优点是：消毒在低温下进行，避免热敏和怕潮湿材料的损坏。能对包装内的物品进行消毒处理，气体消毒剂通过包装物进到液体不能达到的地方。这种方法的缺点是：大部分消毒气体有毒，还有些易燃性气体需要特殊的设备，气体消毒灭菌的费用大大高于加热灭菌法，气体消毒需要严格监督和控制以确保有效。

常用作消毒剂的物质有：环氧乙烷、环氧丙烷、甲醛、溴代甲烷、β-丙醇酸内脂。

3）辐射灭菌法

（1）紫外线辐射　采用低压汞放电灯作为辐射源，产生波长为 2.537×10^{-3} m 的紫外线辐射杀菌。

（2）X 射线　高压下产生的 X 射线具有很强的渗透力，可用来消毒食品和药品。它对各种微生物都有杀伤作用（包括某些耐热孢子），但为杀死全部细菌需要相当长的辐射时间。

（3）阴极射线　阴极射线具有快速杀菌作用，可在不加热情况下对食品进行有效消毒，其渗透能力可达几厘米。因为电子的质量较小（9.1×10^{-28} g），如果以接近光速的速度运动，可以穿透金属、纸、硬纸板、玻璃和塑料等容器进行消毒。

辐射灭菌法设备昂贵，对操作者需要安全保护措施，目前国内还很少用。

以上的灭菌方法，应用和研究最广泛的就是干热和湿热灭菌。无论采用哪种方法，产品必须要经过无菌检查以证明所采用方法的效果，同时还要对灭菌方法进行验证。

7. 冷冻干燥技术的应用

1）药品冷冻干燥

现代药品大多是热敏性药品，即对温度（主要是高温）比较敏感的药品，如脂质体（liposome）、干扰素（interferon）、生长激素（human growth hormone）等，还有我国的中草药。在生产热敏性药品时，为防止温度过高使药品变性而影响产品的质量，目前广泛应用的技术是真空冷冻干燥技术。用这种方法制造的药品的特征是：结构稳定，生物活性基本不变；药物中的易挥发性成分和受热易变性成分损失很少；呈多孔状，药效好；排除了 95%～99%的水分，能在室温或冰箱内长期保存。

对于大多数生物药品来说，冷冻干燥都是其生产过程的一项极为重要的制剂手段。据文献报道，约有 14%的抗生素类药品、92%的生物大分子类药品、52%的其他生物制剂都需要冻干。实际上，近年来开发出的生物药品都是用冷冻干燥制成药剂的，而且冷冻干燥处于制药流程的最后阶段，它的优劣对药品的品质起着关键的影响作用。

2）注射剂方面的应用

如注射用辅酶 A

处方	(1)	(2)	处方	(1)	(2)
辅酶 A	56.1 U	112 U	葡萄糖酸钙	1 mg	2 mg
水解明胶	5 mg	5 mg	半胱氨酸	0.5 mg	1.0 mg
甘露醇	10 mg	10 mg			

制法:将上述各成分用适量注射用水溶解,无菌过滤,分装在安瓿中,每只 0.5 mL,冷冻干燥,熔封,半成品质检、包装。

3) 中药材保存加工方面的应用

以人参的冷冻干燥法研究为例,人参在加工过程中经过长时间的日晒、水蒸气蒸、高温干燥等大大降低其有效成分含量,并影响其外观色泽及成品率等。为了改变这种情况,提高人参的加工质量,国内研究了用真空冷冻干燥法加工人参(即用机械在低温下将鲜参进行快速干燥)的方法,为商品人参提供了一个新的加工工艺和新品种。

(1) 材料、设备、仪器　试验用人参均采用黑龙江省 6 年生鲜园参。冷冻加工设备为 NY-1 型真空冷冻干燥机、紫外分析仪、显微镜、紫外扫描仪、721 型分光光度计等。

(2) 加工工艺　刷洗整形:将起收后的鲜园参用冷水迅速刷洗干净,分个、整形、称重;冷冻贮存:将称重后的人参置于−5～−3℃的条件下贮存;降温冷冻:将贮存的人参置于真空冷冻干燥机中,进行降温冷冻,从 20℃降至−20℃;真空干燥:减压至一定真空度并以 2℃/h 的速度升温。每隔 1 h 记录一次板温和样品温度,并分别绘制板温和样品温度曲线,在同一坐标上,当两条曲线重叠时再保持 3～5 h(温度在 45～50℃)取出即为冻干参。将冻干参称重,用蒸馏水将其打潮后包装。

15.4　结晶状或粉状原料药的干燥

药品生产中有不少品种是经过提纯结晶或在溶液中析出粉状固体,再经过过滤或离心分离得到湿的晶状或粉状药物。这些药物要除去可挥发成分,得到干品,如青霉素、金霉素、磺胺、咖啡因、阿斯匹林、洁霉素等原料药物都属这种类型。结晶状或粉状原料药的干燥通常采用以下几种方法。

15.4.1　双锥回转真空干燥

随着药品产量的增加,药品质量管理规范的实施,以前采用烘箱或真空烘箱进行干燥的药物,现都已改为双锥回转真空干燥机干燥。

1. 双锥回转真空干燥机的结构原理与工艺流程

1) 结构

双锥回转真空干燥机系统由主机、冷凝器、缓冲罐、真空抽气系统、加热系统与控制系统等组成。主机由回转筒体、真空抽气管路、左右回转轴、传动装置与机架等组成。

2) 工作原理

在回转筒体的密闭夹套中通入热能源(如热水,低压蒸汽或导热油),热量经筒体内壁传给被干燥物料。同时,在动力驱动下,回转筒体作缓慢旋转,筒体内物料不断地混合,从而达到强化干燥的目的。工作时,物料处于真空状态,通过蒸气压的下降作用使物料表面的水分(或溶剂)达到饱和状态而蒸发,并由真空泵抽气及时排出回收。在干燥过程中,物料内部的水分(或溶剂)不断地向表面渗透、蒸发与排出,这三个过程是不断进行的,物料能在很短时间内达到干燥目的。符合药品管理规范 GMP 的要求。

3) 工艺流程

在实际应用过程中,由于各厂家生产原料药特性不同,就导致了其工艺流程也有所不同。目前，根据其加热方式及溶剂回收状况的不同，有两种典型的工艺流程：①蒸汽加热，不需要回收溶剂工艺流程，如图 15－10 所示；②热水加热、溶剂回收工艺流程，如图 15－11 所示。

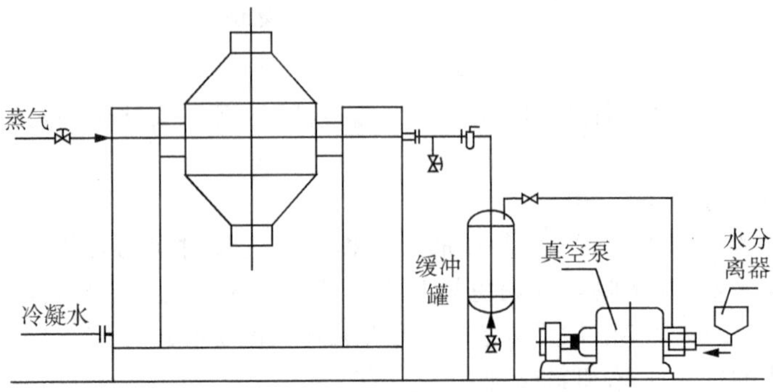

图 15－10　蒸汽加热不需要回收溶剂工艺流程

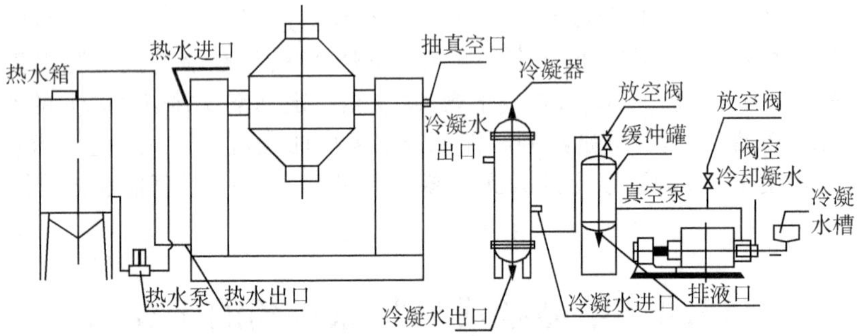

图 15－11　热水加热、溶剂回收工艺流程

2. 双锥回转真空干燥机的特点

(1) 由于是在真空下干燥，在较低温度下有较高速率，比一般干燥设备速度提高 2 倍，节约能源，热利用率高，特别适合热敏性物料和易氧化物料的干燥。

(2) 间接加热，物料不会被污染，符合 GMP 要求。

(3) 设备维修操作简便，易清洗。

(4) 封闭干燥，产品无漏损，不污染，适合强烈刺激，有毒害性物料的干燥。

(5) 物料在转动中混合干燥，可以将物料干燥至很低的含水量（≤0.5%），且均匀性好，适合不同物料要求。

(6) 设备结构紧凑，占地面积小，操作简便，减轻劳动强度，节省劳力。

3. 双锥回转真空干燥机的应用

双锥回转真空干燥机适用于制药、食品等行业生产中含粉状、粒状及纤维的浓缩或混合物料的干燥，特别是需低温干燥的物料（如原料药、生化制品等），更适用于易氧化、易挥发、热敏性、强烈刺激、有毒性物料和不允许破坏结晶体物料的干燥。化学原料药（如青霉素、维生素系列、碘胺系列），以及一些药物中间体绝大部分都是用双锥回转真空干燥机进行干燥的。

15.4.2　流化干燥

流化干燥(fluidzing drying)又称沸腾干燥，是一种运用流态化技术对颗粒状固体物料进行干燥的方法。在流化床中，颗粒分散在热气流中，上下翻动，互相混合和碰撞，气流和颗粒间又具有大的接触面积，因此流化干燥器具有较高的体积传热系数，热容量系数可达 8 000～25 000 kJ/(m^3·h·℃)，又由于物料剧烈搅动，大大地减少了气膜阻力，因而热效率较高，可达60%～80%。流化床干燥装置密封性能好，传动机械又不接触物料，因此不会有杂质混入，这对要求纯洁度高的制药工业来说是十分重要的。

1. 流化干燥分类

按照被干燥物料，流化干燥可分为适用于粒状物料、适用于膏状物料、适用于悬浮液和溶液等具有流动性的物料；按操作条件不同，可分为连续式和间歇式两类，按结构状态，可分为一般流化型、搅拌流化型、振动流化型、脉冲流化型、碰撞流化型。

2. 工作原理

散粒状固体物料由加料器加入流化床干燥器中，过滤后的洁净空气加热后由鼓风机送入流化床底部经分布板与固体物料接触，形成流化态达到气固的热质交换。物料干燥后由排料口排出，废气由沸腾床顶部排出经旋风除尘器组和布袋除尘器回收固体粉料后排空。

目前，国内流化床干燥装置，从其类型看主要分为立式、卧式和喷雾流化床、振动流化床等。立式三级流化床干燥器见图15-12。

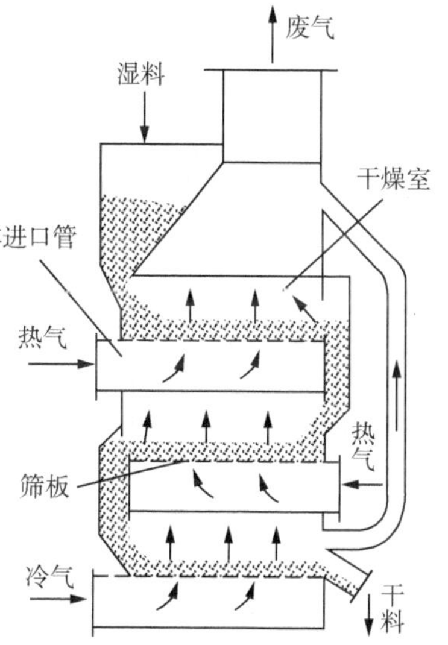

图15-12　立式三级流化床干燥器

从被干燥的物料来看，大多数的产品为粉状如氨基匹林、乌洛托品，颗粒状（如各种片剂、谷物等），晶状（如氯化铵、涤纶、硫氨等）。被干燥物料的湿含量一般为10%～30%，物料颗粒度在120目以内。

3. 流化干燥的特点

流化干燥器结构简单，维修费用低，热效率较高（非结合水分的干燥热效率可达60%～80%），体积传热系数与气流干燥相当。此外，物料在床层内的停留时间，可根据对最终产品含湿量的要求随意调节，有较大适应性。由于流化干燥器具有这些优点，所以在药品生产中的应用比较广泛。可实行自动化生产，是连续式干燥设备。

4. 流化干燥应用

流化干燥适用于散粒状物料的干燥，如医药药品中的原料药、压片颗粒料、中药的干燥除湿，还用于食品饮料，粮食加工，玉米胚芽、饲料等的干燥，以及矿粉、金属粉等物料。物料的粒径最大可达6 mm，最佳为0.5～3 mm。

15.4.3　三合一干燥

随着GMP的实施，近年来已推出集结晶-过滤-干燥为一体的联合机，简称“三合一”。另外，还有一种将药物在结晶设备中结晶以后，连同母液，一并送入“过滤-洗涤-干燥”联合机中处理，简称也是“三合一”机。“三合一”设备是结晶类原料药生产设备的进步，其能免除原过滤干燥两个不同设备间的滤饼输送，减少了产品交叉污染，提高了生产率。

1. 结晶-过滤-干燥三合一机

此种三合一机可将母液送入器内完成结晶过程，结晶后再进行过滤及干燥。为了防止结晶在过滤网下方析出，故设计成器身可180°转动。在结晶阶段可将器身转至滤网在上；结晶完成后转180°。使滤网在下，开始过滤。中间有可伸降之搅拌器，分别用于结晶过程以及过滤阶段的压平滤层和干燥阶段的翻动滤饼层。桨叶中也设有加热介质通道，以提高干燥速度。

2. 过滤-洗涤-干燥三合一机

此种三合一机是将结晶过程在结晶罐中进行，结晶完成后再输入此机开始进行过滤，过滤后再注入洗涤液,并利用搅拌装置进行充分洗涤,然后再过滤,最后进行脱水干燥。由于物料是在结晶以后送入器中,设在下部的滤网可以截留晶体,因此器身可以不作180°转动,简化了结构。干燥结束后,产品由设在滤网以上的器壁开孔处排出,搅拌器桨叶对物料的排出可起助推作用。现有的几种品牌,在开孔阀门处虽然也用蒸气灭菌,但所用蒸气在阀腔内未能达到灭菌所需的压力和温度。

这两种三合一机都能免除过滤-干燥两个环节因不同设备而造成的滤饼层的输送,减少了产品污染的机会。

15.5 制剂过程中的干燥

制剂也是成品药,是由原料药按处方配制而成。注射剂包括药液或药粉注射剂、片剂及口服液剂和外用药物。其中干燥作业主要在片剂的制造过程,注射用药粉一般都是经无菌喷雾干燥或冷冻干燥制得,也有不少是由无菌干燥的结晶分装,如青霉素钾盐等。

片剂的制造根据不同的药片有不同的配方,由一种或多种原料药加辅料(如黏结剂、崩解剂等),经均匀混合,再制成颗粒。制粒或造粒时需要加少量的水,成粒后再干燥去水,所以制剂过程中的干燥就是片剂造粒操作中的干燥。造粒过程使用较早的操作是混粉、捏合、造粒和干燥。其干燥是将制得的颗粒盛盘于箱式干燥器中。现已改用沸腾造粒或造粒联合机处理,其制粒是将物料的混合、黏结成粒、干燥等过程在同一设备内一次完成。显然,这种方法的生产效率较高,既简化了工序和设备,又节省了厂房和人力,同时制得的颗粒大小均匀、外观圆整、流动性好,压成的片剂质量也很好。因此,国内已有不少药厂采用了这种较为先进的制粒方法。

制剂药物除了本身的干燥以外,有些包装材料,特别是包装无菌制剂的瓶及胶塞等,均须在清洗洁净后进行灭菌及干燥,以保证药物的质量。

15.5.1 制剂过程的制粒干燥

由原料药按处方制成片剂,需要先将药粉制成颗粒,以避免药粉压片时流动性不佳而装量不准,以及过程的药粉会因冲模这一动作而飞扬。片剂药物中除主要药物一种或多种按处方配比计量以外还要加入粉状黏结剂、崩解剂等辅助材料。各种物料先一起混合均匀,再加洁净水用捏和机使之成为膏团状物料,膏团状物料可用摇摆颗粒机制成湿颗粒。摇摆颗粒机是由正反向转动的刮板往复120°左右将膏团状物料挤过半圆筒状的筛孔,使之成为湿颗粒。湿颗粒需经干燥后送至压片机,压制药片。其流程如图15-13所示。

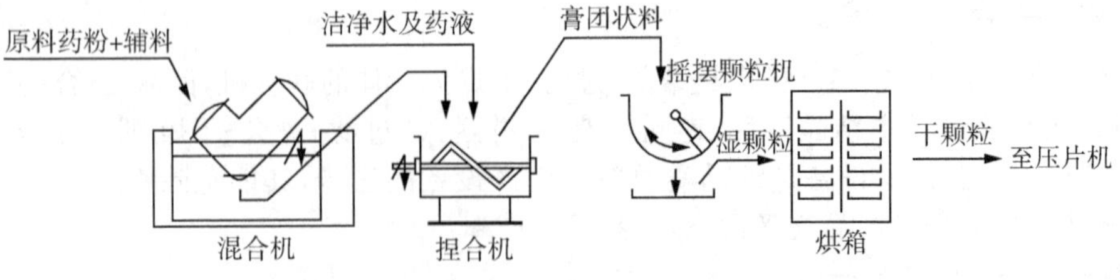

图15-13 传统制粒流程示意图

在制药领域,制粒有着广泛的应用,固体制剂的制备工艺中,如片剂、颗粒剂、丸剂等,几乎全部包括制粒过程。制粒干燥方法很多,这里介绍几种常用的制粒干燥技术。

1. 流化床制粒干燥

流化床制粒是在自下而上通过的热空气的作用下,使物料粉末保持流态化状态的同时,喷入含有黏合剂的溶液，使粉末结聚成颗粒的方法。由于粉末粒子呈流态化而上下翻滚，如同液体的沸腾状态，故也有沸腾制粒之称；又因为混合、制粒干燥的全过程都可在一个设备内完成，故又称为一步制粒法。流化床制粒机目前已成为制药工业中的主要制粒设备之一。有利于 GMP 的实施，目前认为是比较理想的制粒设备。

（1）流化床制粒设备的结构与操作

流化床制粒设备的结构示意见图 15－14，主要由容器、气体分布装置（如筛板等）、喷嘴、气固分离装置（如图中袋滤器）、空气进出口、物料排出口等组成。制粒时，把药物粉末与各种辅料装入容器中，从床层下部通过筛板吹入适宜温度的气流，先使药物和辅料在床内保持适宜的流化状态，使均匀混合，然后开始均匀喷入黏合剂溶液，液滴喷入床层之后，粉末开始结集成粒。经反复的喷雾和干燥过程，当颗粒的大小适宜后，停止喷雾，形成的颗粒继续在床层内因热风的作用使水分汽化而干燥。在整个制粒过程中，袋滤器定时地振动，将收集的细粉振落到流化床内继续与液滴和颗粒接触成粒。干颗粒靠本身重力流出，或在气流吹动下排出或直接输送到下一步工序。

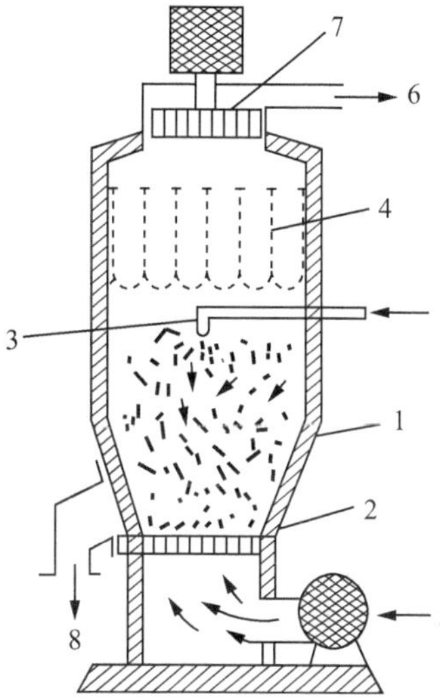

图 15－14　流化床制粒设备的结构

1—容器；2—筛板；3—喷嘴；4—袋滤器；5—空气进口；6—空气出口；7—排风机；8—产品出口

流化制粒的特点包括：①在一台设备内可以进行混合、制粒、干燥、包衣等操作，简化工艺，节约时间；②操作简单，劳动强度低；③因为在密闭容器内操作，所以不仅异物不会混入，而且粉尘不会外溢，既保证质量又避免环境污染；④颗粒粒度均匀，含量均匀，压缩成型性好，制得的片剂崩解迅速，溶出度好，确保片剂质量；⑤设备占地面积小。

（2）制粒机理

流化床制粒的机理主要是黏合剂的架桥作用使粉末互相结集成粒。在悬浮松散的粉末中均匀喷入液滴，靠喷入的液滴使粉末润湿、结聚成粒子核的同时，再由继续喷入的液滴润湿粒子核，在粒子核的润湿表面的黏合架桥作用下相互间结合在一起，形成较大粒子，干燥后，粉粒间的液体架桥变成固体桥，形成多孔性、表面积较大的柔软颗粒。流化床制粒得到的颗粒密度小、粒子强度小，但颗粒的溶解性、流动性、压缩成型性较好。

为了发挥流化床制粒的优势，出现了一系列以流化床为母体的多功能新型制粒设备，如流化床搅拌制粒机，与普通的流化床制粒机相比，这种新设备制成的颗粒密度大、粒子强度大；又如流化制粒喷雾干燥器，在一个设备内喷雾干燥流化制粒同时进行，由液体原料直接制成颗粒，具有结构紧凑、省工序、节能等优点；还有多功能复合型制粒机，内配有流化床、搅拌混合机构、转动的球形拉机等，在一个设备内进行混合、制粒、一次干燥、包衣、二次干燥、冷却等操作。

目前对制粒过程的要求已逐步提高，除要求制成的颗粒具有理想的形态、大、堆密度、强度等基本性质外，还对粒子的溶解性、崩解性、孔隙孔径分布、显性、药物的释放性等提出特别要求，即制成功能性颗粒。

2. 喷雾制粒干燥

喷雾制粒是将药物溶液或悬浮液、浆状液用雾化器喷成液滴，并散布于热气流中，使水分迅速蒸发以直接获得球状干品的制粒方法。该制粒法直接把液态原料在数秒内干燥成粉状颗粒，因此也叫喷雾干燥制粒法。本法近年来在制药工业中得到了广泛的应用与发展，如抗生素粉针的生产、微型胶囊的制备、固体分散体的研究等都利用了喷雾干燥技术。

喷雾制粒过程分为四个过程：①药液（混悬液）雾化成微小粒子（液滴）；②热风与液滴接触；③水分蒸发；④干品与热风的分离及干品的回收。

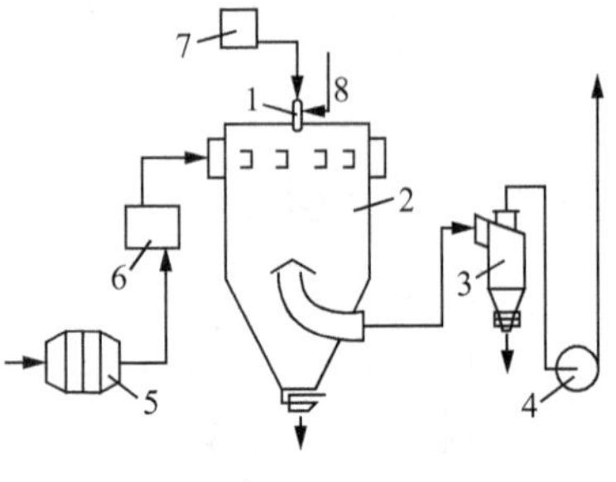

图 15－15　喷雾制粒流程图

1—雾化器；2—干燥器；3—旋风分离器；4—风机；5—蒸汽加热器；6—电加热器；7—料液贮槽；8—压缩空气

图 15－15 为喷雾制粒流程。料液由贮槽 7 进入雾化器 1 喷成液滴分散于气流中，空气经蒸汽加热器 5 和电加热器 6 加热后，沿切线方向进入干燥器 2 与液滴接触，液滴中的水分蒸发，液滴经干燥后成固体细粉落于器底。可连续出料或间歇出料，废气由干燥器下方的出口流入旋风分离器 3，进一步分离固体粉粒，然后经风机 4 过滤放空。

喷雾干燥制粒有以下特征：①由液体原料直接得到粉状固体颗粒；②由于是液滴的干燥，单位质量原料的比表面积大，在数十秒的短时间内完成干燥；③物料与热风的接触时间短，适合于热敏性物料；④颗粒的粒度范围约 30 μm 至数百微米，堆密度约 200～600 kg/m^3，中空球状粒子较多，具有良好的溶解性、流动性和分散性；⑤适合于连续化的大量生产。但其设备庞大，要汽化大量液体，能量消耗大，黏性较大物料易粘壁，也使其应用受到限制。

3．其他干燥造粒方法

（1）厢式干燥器

厢式干燥器是目前制药工业上常用的一种干燥方法，是将物料放在干燥盘内，置于干燥室内的固定支架或小车支架上，热风进入干燥器以水平方向通过物料的表面将物料进行干燥。该种干燥器的优点是构造简单、适应性大，适合干燥颗粒状、片状物料和较贵重物料及干燥程度要求高，不允许有破碎的易碎脆性物料。缺点是干燥不均匀，干燥时间长，装卸物料劳动强度大，操作条件差。

（2）冷冻干燥

冷冻干燥是指被干燥的物料冷冻成固体，在低温减压的条件下，利用冰的升华特性，使水直接升华变成气体被除去，达到干燥的目的。制品的冷冻干燥过程，包括预冷冻、升华、再干燥三个阶段。

（3）远红外干燥

远红外线是指波长大于 5.6 μm 的红外线。远红外干燥系指利用远红外辐射元件发射远红外线被加热的物质吸收，使其分子、原子产生振动，物体的温度迅速升高，水分蒸发达到干燥的目的。据研究，有些物质如氢、氧等双原子组成的分子不吸收红外线。有些物质如氯化氢、二氧化碳、水以多原子组成的分子则能有效地吸收红外线，特别是水、有机物、高分子物质，在远红外区有很宽的吸收带，具有强烈的吸收远红外线的能力，产生激烈的分子共振现象。因此远红外干燥在制药工业中得到广泛的应用。

远红外线干燥时，由于物料表面和内部的物料分子同时吸收远红外线，故受热均匀、干燥快、热量损失小、质量好。缺点是电能消耗大。

（4）微波干燥

微波干燥属于介电加热干燥器，它是把物料置于高频交变电场内，从物料内部均匀加热，由微波能转变为热能使物料干燥的方法。目前用于微波加热干燥的频率主要为 915 MHz 与 2 450 MHz 两个频率。微波加热器是由微波加热管产生微波后，通过波导输送到微波加热器中，微波能转变为热能，被产品中的水分吸收，使水汽化蒸发。微波干燥的速度快、热效率高、干燥均匀，对含水物料的干燥特别有利，在较短的时间内可以使物料达到所需的温度，可以自动调节加热过程，不会产生过热现象，而且干燥的同时还兼有杀虫、灭菌作用，常用于片剂颗粒、丸剂颗粒及中药材的干燥。缺点是成本高，对有些物料的稳定性有影响。因此常用于避免物料表面湿度过高或防止主药在干燥过程中迁移等情况中。

另外还有很多类型的干燥造粒装置，可参阅有关资料。

15.5.2 包装材料的干燥

制剂药物包装材料的干燥主要是无菌药粉或药液注射剂所用的洁净、干燥的安瓿瓶、粉针瓶和粉针瓶用的胶塞。这些瓶和胶塞都要经过充分洗净，再用洁净水漂洗干净以防残留毛点或蒸发遗留物。安瓿瓶、粉针瓶的干燥都是在经洗瓶机洗净后，传送进入烘瓶段烘干，经冷却再传送到分装机。胶塞的处理早期是用小筐将洗净之胶塞装入，先送至压力锅中蒸汽灭菌，再转移到烘箱中烘干残留水分，为防止外界异物污染胶塞，各小筐外均用透气性材料包覆，稍后改用绞龙洗塞机清洗并烘干，再将干胶塞装入不锈钢扁盒在电热箱中 125℃ 下烘烤 2.5 h 以灭除杂菌。近年来，日本、荷兰、德国都开发研制了若干种清洗或清洗-灭菌-干燥联合机，以适应严格的制药质量规范要求。

1. 药瓶的干燥

无菌药物所用的药瓶要求干燥、无杂物、无菌，药瓶经清洗只能除去稍大的菌体、尘埃及杂质粒子，还需通过干燥灭菌除去生物粒子的活性。常规工艺是将清洗达标后的药瓶，由传送结构通过连续烘干机将药瓶烘干，此连续烘干机主要特点是干燥用热空气都经过洁净过滤，用不产生尘粒或脱落氧化物的红外线灯泡作为热源，既能达到杀灭细菌和热源的目的，也可使药瓶进行干燥。其示意图见图 15-16。

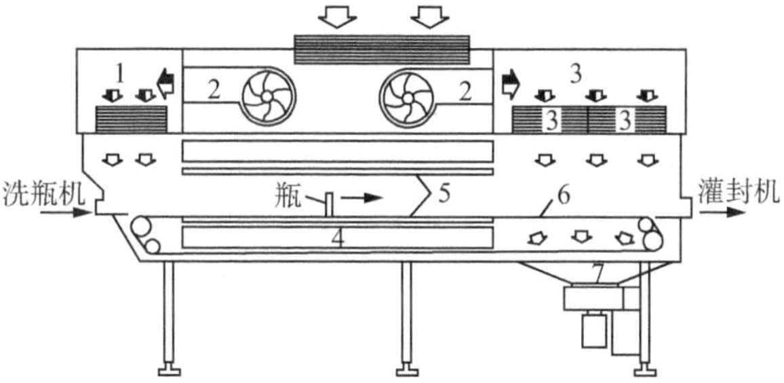

图 15-16 无菌药瓶干燥示意图

1—中效过滤器；2—风机；3—高效过滤器；4—隔热层；5—电热管；6—水平网带；7—排风

2. 胶塞的清洗-灭菌-干燥机

用来封闭无菌药瓶的胶塞虽然不是药物，但与药物密切接触，且要承受注射针头的穿过，因此有严格的质量要求。如干燥后的含水量根据不同药物要求在 0.05%～0.1%以下，而且处理胶塞的批量要和被分装药物的批量相应，保证均一性。通常胶塞先用 0.3%的盐酸煮沸 5～15 min 后，用过滤的自来水连续冲洗 1～2 h，并不断用空气搅拌，再用蒸馏水冲洗两次，最后经硅化处理后置于 125℃胶塞灭菌烘箱内干燥、灭菌。

由于对整批一致性的要求，以及灭菌的可靠性的保证，推动着向清洗-灭菌-干燥联合多功能机的发展。在单一容器中处理药物可免转移时接触外界，有利于热压灭菌。德国 Huber 及意大利 Nicomac 推出了大致相同的多室水平转筒式处理机，可以整批清洗-灭菌-干燥胶塞。如图 15-17 所示，胶塞是通过进料口分别加到圆筒的各室之中，以防止转动时不平衡引起振动，卸料时也逐个卸出。器身内设有清洗水、洁净水，以及灭菌用蒸汽和干燥用空气进出口。在装好胶塞以后先引入

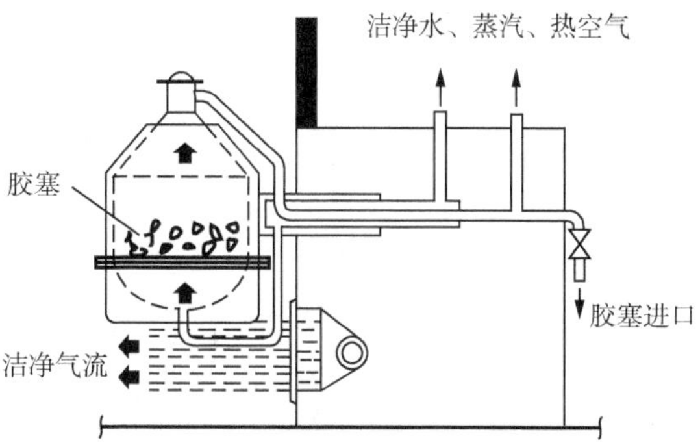

图 15-17 多室水平转筒式胶塞清洗

清洗水，必要时加清洁剂，洗净后再用洁净水漂净。然后用经过滤的蒸气按规定温度、压力、时间进行灭菌。灭菌后用洁净压缩空气加热干燥至规定含水量，经处理后胶塞逐室卸出。这类结构对于灭菌条件的保证、胶塞洗净程度及整批均一性都有改善。但此类机型由于内筒因平衡需要而必须分室，造成进出料需逐间进行，比较繁琐。对水平轴两端需良好密封并保持运转时洁净。

德国 SMEJA 公司则与 CIBA-GEIGY 制药厂合作开发研制了 PRARMA-CLEAN 型胶塞清洗-灭菌-干燥机。该机主要结构是用单轴支承的具锥底的圆筒，另一端是用法兰连接的椭圆形盖，法兰之间设有流体分布板，用以分布清洗用水、灭菌蒸气以及干燥用空气。在清洗-灭菌-干燥时锥底向上，胶塞通过管道吸入器内，清洗时所用水从椭圆形盖经分布板向上；灭菌、干燥时亦然。卸料时将器身转 180°使锥底向下通过控制阀逐桶卸出。在清洗、干燥过程中可使器身左右转动各 45°，以使操作均匀。

在对比分析几种国外机型的基础上，上海医药工业研究院开发研制了 JS 型胶塞清洗-灭菌-干燥机。采用单轴支承锥底圆筒型式，将国外两软管连接进出气、液及吸入胶塞的结构改进为多套管多轴封的结构，使进出管道可用固定的不锈钢管连接，从而使干燥温度可以提高，满足了胶塞最终含水量控制在 0.05%的要求。同时也根据胶塞歇止角大的特点将左右转动角度提高到各 90°，有助于清洗彻底及干燥均匀。现该机已在江西东风、鲁抗、华北制药厂等投运。其结构如图 15-18 所示。此机所用清洗用水、蒸汽、干燥用空气均需经洁净过滤，其流程见图 15-19。

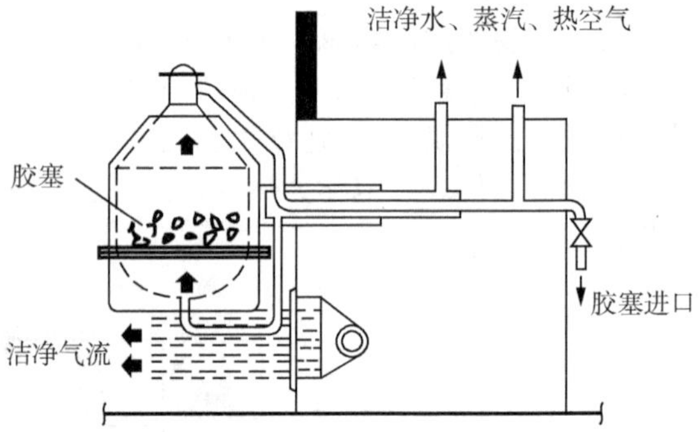

图 15-18　JS 型胶塞清洗-灭菌-干燥机

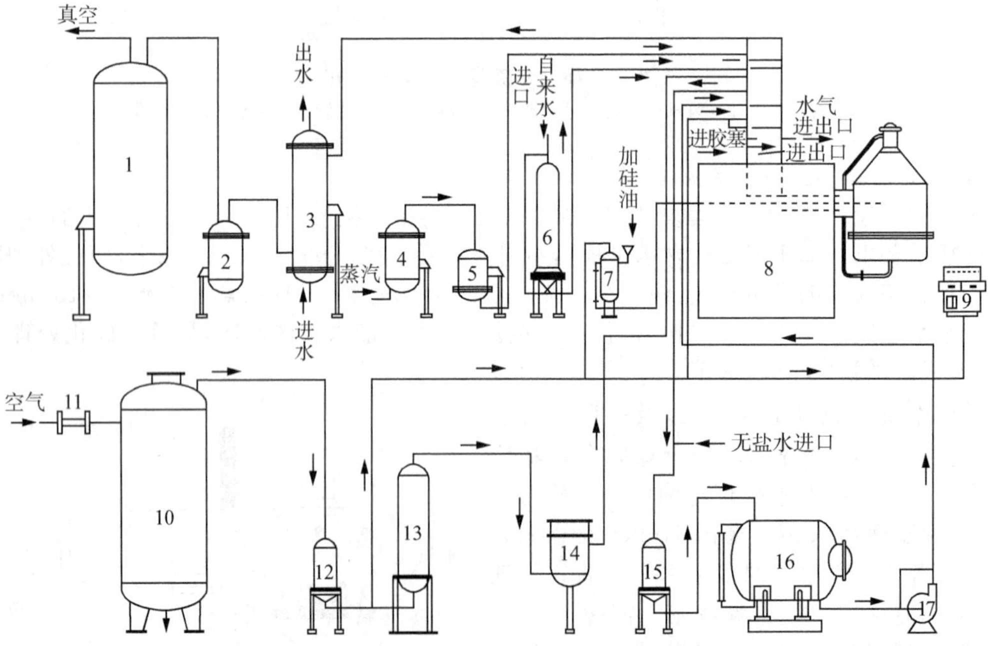

图 15-19　胶塞清洗灭菌干燥机流程图

1—真空贮罐；2—真空过滤器；3—冷凝器；4—蒸汽过滤器；5—蒸汽砂芯过滤器；6—自来水过滤器；7—加料器；8—胶塞清洗灭菌干燥器；9—仪表箱；10—空气贮罐；11—集雾器；12—空气过滤器；13—翅片加热器；14—电加热器；15—无盐水过滤器；16—无盐水贮罐；17—F 型耐腐蚀泵

15.6　干燥技术的发展

干燥设备是制药行业中的重要生产装置。干燥技术的发展将沿着实现有效利用能源、提高产品质量及产量、减少环境影响、安全操作、易于控制、一机多用等方向发展。具体讲，干燥技术的发展方向将着重于以下几个方面。

(1) 干燥设备研制向专业化方向发展　干燥设备应用极广，而且需要量也很大，因此为干燥设备向专业化方向发展，今后可能出现更多的专业干燥设备。

(2) 干燥设备的大型化、系列化和自动化　从干燥技术经济的观点来看，大型化的装置，具有原材料消耗低(与相同产量相比)、能量消耗少、自动化水平高、生产成本低的特点。设备系列化，可对不同生产规模的工厂及时提供成套设备和部件，具有投产快和维修容易的特点。例如，喷雾干燥装置，最大生产能力为 200 t/h；流化床干燥器干燥煤的生产能力可达到 350 t/h，

(3) 改进干燥设备，强化干燥过程　近年来，常用的干燥设备(喷雾、流态化、气流干燥等)，仍在原有的基础上改进和发展。

① 改善设备内物料的流动状况(或干燥介质的流体力学状况)，强化和改善干燥过程。如气流干燥器，从直管气流干燥，改成脉冲气流干燥，使被干燥粒子在脉冲气流的作用下多次加速，强化传热传质过程。又如改进喷雾干燥器的进风装置，达到控制雾滴的运动状况等目的。

② 增添附属装置，改善干燥器的操作，扩大干燥设备的使用范围。在气流干燥器的装置中增添分散器，使气流干燥器用于分散性差的湿物料的干燥；增添破碎机，使气流干燥器用于块状物料的干燥；增添混合器，使气流干燥器用于含水率很高的物料；增添分级机，解决产品粒度的均匀化等。

在喷雾干燥方面，研制了高黏度物料的雾化器；研制各种喷雾干燥器的进气分布装置，使干燥塔中心与塔壁的气速基本一致，减少物料粘壁的机会；安装电磁自动振动装置，防止物料粘壁等。

在流化床干燥器中，增添附属装置，改善其操作性能。例如在单层圆筒形流化床中，添加旋转分隔板，分隔板从流化床中部开始旋转分隔直至出料口。湿物料从流化床中部加入，在旋转隔板的控制下，物料从进口至出口一边流化一边运动，不会“短路”，因此，物料在流化床中的停留时间均匀。在双层流化床中的上层，增添摆动的物料松动器，当流化床操作时，松动器不停摆动，松动物料，避免形成死床层，以改善流化床的特性。在卧式多室流化床中的第一室，增添搅拌装置，使凝聚的湿物料分散，同时排除不能流化的大颗粒。此外，在卧式多室流化床中，把固定隔板改成悬挂在回转链上的运动隔板，在运动隔板的作用下，物料从加料端均匀地移到出料端，实现了物料的“活塞流”，可使被干燥物料停留时间均匀，产品含水率也均匀。

(4) 采用新的干燥方法及组合干燥方法　近年来高频干燥、微波干燥、红外线干燥及组合干燥发展较快。另外，如利用弹性振动能强化固体物料的干燥。弹性振动能-声波对固体物料表面作用，可使湿固体表面流体边界层破坏，减小传热和传质的阻力，故能强化干燥，但声强不能低于 143～145 dB，这也是技术难题。

(5) 降低干燥过程中能量的消耗　干燥是消耗热量很大的化工单元装置。在干燥过程中，热效率变化很大，如药片包衣干燥时，热效率为 7%；食品添加剂的流态化干燥，热效率为 20%左右；一般化学工业中干燥热效率为 20%～50%。提高干燥过程热效率的主要措施如下。

① 对现有干燥设备，加强热管理。如防止干燥介质的泄漏，使燃烧炉中的完全燃烧，对带有热空气循环的干燥设备，尽可能保持最大的循环风量等。

② 改善设备的保温。一般干燥器损失热量为 3%～30%。在对干燥器散热量进行测定的基础上，采取措施，改善设备的保温，减少热损失。

③ 防止产品的过度干燥。干燥过程中，应严格地把产品控制在要求的含水率范围内，避免造成产品的过度干燥而增加能量消耗。

④ 减少被干燥物料的初水分含量。如果被干燥的物料是溶液，可用薄膜蒸发器浓缩后，再进行喷雾干燥或其他方法干燥；如果被干燥的物料是悬浮液，可用过滤器除去大部分水分后，再进行干燥，这样可以降低单位产品的热能消耗。

⑤ 回收尾气带走的热量。对流干燥器在进口温度不太高的情况下，尾气带走的热量与总热量之比值是很大的，有的可占总热量的40%。采用热交换器回收尾气带走的热，已在工业上实施。例如，用10℃的空气，通过废热回收换热器加热到84℃，尾气可从150℃降到70℃，回收了尾气中热量的25%，节约燃料23%，在两年内即可收回废热回收换热器所用的投资。用“热管”回收尾气中的热量也是很有前途的方法。

⑥ 提高干燥器的空气进口温度。被干燥的物料若是非热敏性的，进入干燥器的空气温度，可以提高到650℃以上；对于热敏性的物料，也可在保证产品质量的前提下，尽可能地采用较高的气体进口温度。因为，使用的气体温度越高，干燥器的热效率越高。例如，把20℃绝对湿含量为0.01的空气加热到500℃用于干燥，在干燥器中空气放热而降温的极限是使之绝热饱和到这种状态，空气的湿球温度65.8℃，其理论热效率可达到90.5%。如果，这种空气只加热到120℃，用同样的方法计算，其理论热效率为82%。可见，提高干燥器的进口空气温度，可以提高干燥器的理论热效率，实际热效率亦是如此。

⑦ 采用过热蒸汽干燥。用过热蒸汽作干燥介质，利用蒸汽显热下降的干燥方法，叫做过热蒸汽干燥。干燥用的蒸汽，可以循环使用，以减少热损失，提高干燥过程的热效率。此外，蒸汽的定压比热容比空气约大一倍，在相同的干燥热负荷下，蒸汽的用量，仅为空气用量的一半，因此，提高了干燥装置的生产能力。它适于干燥发臭的物料、有爆炸危险的物料、含有机溶剂的物料，以及放射性废物等。

随着相关产业的发展，对干燥产品质量要求的提高，能量单耗的降低及操作可靠程度的提高都会对干燥技术和设备提出更高的要求。但干燥过程中降低能耗将是一个长远永久的研究课题。

思考题

15-1 结合药品干燥实例，说明药品生产质量管理规范对干燥过程及干燥装置的要求。

15-2 试说明冷冻干燥、喷雾干燥和双锥回转真空干燥的基本原理和特点。

15-3 制药行业常用的干燥设备有哪些？干燥是高能耗技术，如何降低干燥过程中能量的消耗？

15-4 药品物料有哪些特点？进行干燥时根据物料的特点如何选择干燥方法和干燥设备？

15-5 为什么制药行业的干燥装置需要原位清洗及原位灭菌的设施？

15-6 分析某一具体热敏性药品的冷冻干燥系统，探讨它的优缺点。

参考文献

[1] Mujumdar Arun S. 工业化干燥原理与设备. 张慜，范柳萍，等译. 北京：中国轻工业出版社，2007.

[2] 潘永康. 现代干燥技术. 北京：化学工业出版社，2002.

[3] Zdzislaw Pakowski, Mujumdar A S. Handbook of Industry Drying. New York: Marvel Dekker Inc, 1995.

[4] 钱应璞. 冷冻干燥制药工程与技术. 北京:化学工业出版社, 2008.

[5] 华泽钊, 刘宝林, 左建国, 药品和食品的冷冻干燥. 北京:科学出版社, 2006.

[6] 陈建明, 张仰眉, 高申. 维生素 A 前体脂质体的研制及其特性考察. 第二军医大学学报, 2003, 24(2): 207 - 209.

[7] 邓树海. 现代药物制剂技术. 北京:化学工业出版社, 2007.

[8] 查国才. 双锥回转真空干燥机在原料药中的应用及常见问题. 机电信息, 2007, 7(17): 41 -43.

[9] 查国才, 查文龙. 常用真空干燥设备的特点、应用与选择. 机电信息, 2007, 7(11): 33 - 38.

[10] 李凤生, 等. 药物粉体技术. 北京:化学工业出版社, 2007.

[11] 李淑芬, 姜忠义. 高等制药分离工程. 北京:化学工业出版社, 2004.

[12] 彭瑞洪, 李祯. 胶塞灭菌干燥联合机的研制. 中国医药工业杂志, 1992, 23(8): 378 - 380.

16　其他新型分离技术

16.1　手性分离

16.1.1　概况

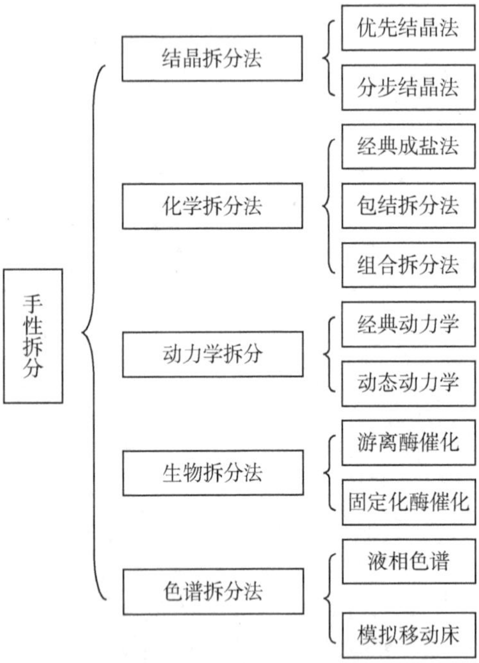

图 16-1 手性拆分技术的分类

近年来，由于药物手性的临床意义已越来越多地引起人们的关注，手性药物的研究开发已成为热点。众多制药公司已开始采用成熟的手性技术大规模生产手性药物，以满足不断增长的市场需求。手性化合物的生产一般通过手性合成和手性拆分两大途径。虽然手性合成可以直接得到纯度较高的光学纯物质，但其产率普遍较低。相反，若采用恰当的手性拆分技术，就可以得到较高产量的对映异构体。手性拆分技术主要分为五类，包括结晶拆分法、化学拆分法、动力学拆分法、生物拆分法和色谱拆分法，目前又出现了一些新型的拆分方法，如复合拆分和包合拆分法、萃取拆分法、手性膜拆分法等。

常用的非色谱分离法耗时较长，重现性差，过程繁琐，而且也不能制备较纯的对映体，因此，难以被现代化工业所普遍接受。20 世纪 80 年代初，HPLC 迅速成为药物对映体分离和测定最为广泛应用的技术，以其为代表的色谱法手性拆分是目前最为经济且富有生命力的方法，正在起着越来越大的作用。1988 年 6 月在法国巴黎召开的第一届国际手性分子分离会议上，90%的文章涉及色谱。色谱已成为对映体分离中的一个主要工具，包括气相色谱、液相色谱、薄层色谱、超临界色谱和电泳在内的几乎所有色谱和准色谱手段都已涉足对映体分离这一领域，相关的色谱方法建立策略和专家辅助系统也得到了充分的发展。

随着新技术，特别是模拟移动床、双柱切换色谱等技术的介入，制备级别的色谱技术能比较容易地实现几克到上百克/次的高纯度手性物的制取，已经成为制备生物活性物质和其他手性化合物的有力工具。

16.1.2　手性药物的制备方法

拆分(resolution)是将外消旋体中的两个对映异构体分开，以得到光学活性产物的方法，这也是制备光学纯对映异构体的重要途径。2000～2006 年新上市的手性药物中超过 40%是通过拆分获得的，因此目前在工业化生产手性药物的实际过程中仍然主要采用拆分的方法。

1. 结晶拆分法

(1) 直接结晶拆分法

本方法采用合适条件使两种对映体同时在溶液中结晶，而母液仍是外消旋的。在 α-甲基-L-多巴的工业生产中就是用这种方法拆分其中间体，即把外消旋物的过饱和溶液通过含有各个对映体晶种的两个结晶槽而达到拆分的目的。局部结晶是与上述方法类似，即在同一溶液的不同区域内分别加入构型相反的对映体晶种，这时多个对映体就从过饱和溶液中结晶析出，从外消旋美沙酮(mothadono)分离(*R*)-和(*S*)-异构体就是采用这种方法。苏氨酸、天冬酰胺和谷氨酸也可用此法拆分，即使没有相应氨基酸的晶种时，只要加入其他旋光纯的氨基酸（如苯丙氨酸）的晶种也能拆分上述三种氨基酸的外消旋物。

(2) 接种晶体析解法

这是一种改良后的方法，也叫做选择结晶法(preferential crystallization)或诱导结晶法，其工艺流程如图 16-2 所示。此法一般在一个外消旋混合物的热饱和溶液中加入纯对映体之一的晶种，然后冷却，则同种对映体将附在晶体上析出，滤去晶体后，母液重新加热，并补加外消旋混合物使之饱和，然后加入另一种对映体的晶种，冷却使另一种对映体析出。这样交替进行，可方便地获得大量纯对映体结晶。这种方法虽然应用有限，但因其工艺简单，成本低、效果好，在用得上的地方，是比较理想的大规模拆分方法。据称，采用此诱导结晶法可能是对工业化生产左旋对羟基苯甘氨酸的一种最经济的方法，国内有关企业将此法用于中试生产并筛选经济实用的催化剂从而降低成本。目前该法已经应用在大规模生产氯霉素、(−)-薄荷醇及抗高血压药甲基多巴等手性药物上。但是在生产过程中为了使外消旋混合物饱和，必须采用间断式结晶，这无疑延长了生产周期，增加了生产成本。

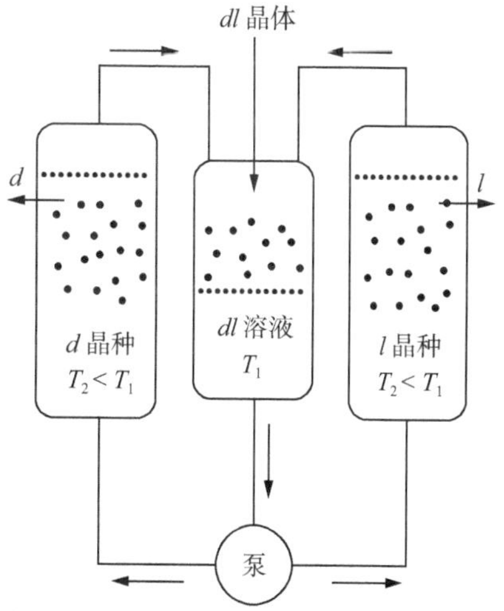

图 16-2　接种晶体析解法的工艺流程示意图

(3) 手性溶剂结晶拆分法

在适宜的条件下，成核与晶体的生长并不一定需要特定对映异构体的接种。用直接结晶法拆分外消旋对映体的另一条途径就是用化学惰性的手性试剂作溶剂进行结晶，这种方法是利用外消旋体的两个对映体与化学惰性的手性溶剂的溶剂化作用力的差异。许多实验证明，用离子型的金属有机络合物在含羟基的光活性溶剂中进行结晶时，能观察到溶解度的差别。但这种方法需要寻找特殊的手性溶剂，且适合于拆分的外消旋混合物的范围相当狭窄，故实际工业生产的意义不大。

2. 化学拆分法

(1) 经典成盐拆分法

该方法是将外消旋的酸（或碱）与光学纯的碱（或酸）反应，形成两种溶解性差异较大的非对映异构体盐的混合物。Yamada 等用溴化樟脑磺酸作为拆分剂对 DL-p-HPG 进行拆分，多次循环，D-HPG 的最终收率可达 92%。通常拆分碱性物质用酸性拆分剂，拆分酸性物质用碱性拆分剂。常用的拆分剂有溴化樟脑磺酸，α-苯基乙胺、酒石酸、脱氢枞胺等。虽然这种方法一直被作为重要的拆分方法，但其局限性也很明显，例如拆分剂和溶剂的选择较为盲目；拆分的产率和产品的旋光纯度不高；对拆分剂的光学纯度要求高；适用于手性拆分的化合物的类型不多。其基本原理如图

16 - 3 所示。

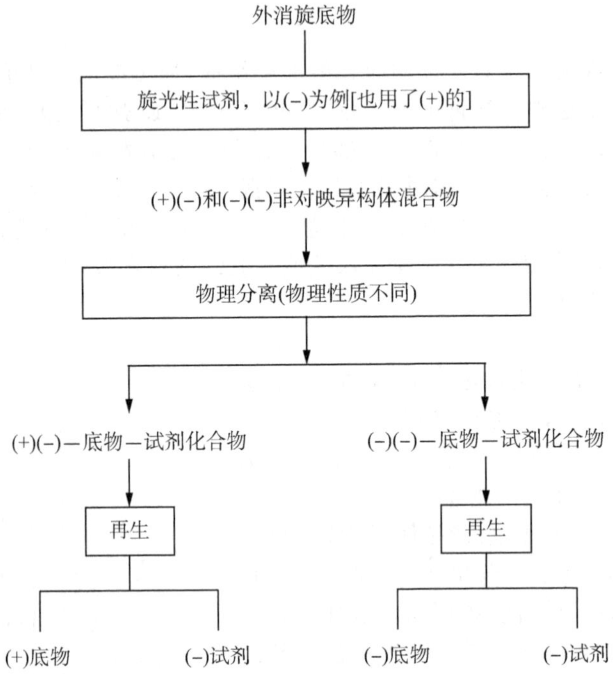

图 16 - 3　经典成盐法的基本原理

(2) 包结拆分

20 世纪 80 年代由日本化学家 Toda 教授研究发现。手性主体化合物通过氢键及分子间的次级作用，如 π - π 作用，选择地与客体分子中的一个对映异构体形成稳定的超分子(supra-molecule)化合物，即包结络合物(inclusion complex)析出来，从而实现对映体的分离；同时，包结络合物的形成要求主-客体分子之间存在强的分子识别作用。与经典成盐拆分相比，其所拆分的化合物不再局限于有机酸或者有机碱，在一定程度上解决了经典成盐拆分方法的不足，包结拆分操作简单、成本低廉、易于规模生产、具有很高的生产价值。这种方法极易放大，具有良好的工业应用前景。

(3) 组合拆分

人们开始将组合方法引入手性拆分剂的设计和筛选之中。这些拆分剂家族往往是以常用的手性拆分剂为原料，通过结构修饰后得到的衍生物。也可以是含有不同取代基的某一类结构类型的化合物。研究表明这类拆分剂的组合几乎能以高的收率和近于 100% ee 的光学收率与所有的实验消旋体迅速地形成非对映体的结晶，这在拆分方法学上是一个重大的突破。

3. *动力学拆分法*

通过经典动力学得到的光学纯产物的最大产量为 50%，且在许多情况下有一个异构体几乎没用。为了克服以上缺点，人们开始采用动态动力学拆分方法，就是在拆分过程中伴随着底物的现场消旋化，从而使消旋的起始原料更多地转化为单一对映体。如果立体异构化速度相对于反应速度足够快时，从起始消旋原料得到纯对映体产物的产率可大于 50%，理论上可以达到 100%。根据所使用的手性试剂或催化剂的不同，可将反应分为酶法和化学法。

酶法动力学拆分的相当部分其实是生物拆分法中酶拆分法；而化学动力学拆分方法可采用等当量的手性助剂加反应试剂的方法，也可直接使用手性催化剂。由于催化剂用量少、方法简单、经济，适合于大规模生产。

4. 生物拆分法

生物拆分法中应用最广泛的是酶拆分法。某些生物和霉菌在外消旋体的稀溶液中生长时，破坏其中一种对映体的速度比另一种快。例如酵母在DL-氨基酸中，易与L-对映体反应而剩下D-对映体，从而达到拆分的目的。生物化学拆分法可用完整的微生物细胞或从微生物中提取酶作为生物催化剂。意大利的Battistel等用固定于载体Amberlite XAD-7上的脂肪酶(CCL)对萘普生的乙氧基乙酯进行酶法水解拆分，对温度、底物浓度和产物抑制等进行了研究，最后使用500 mL的柱式反应器，在连续进行了1 200 h的反应后，得到了18 kg的光学纯(*S*)-萘普生，且酶活几乎无甚损失。Yokozeki等以醛为原料，经Bucherer反应合成DL-5-对羟基苯乙内酰脲，然后用恶臭假单胞菌的二氢嘧啶酶催化选择性水解为*N*-氨甲酰-D-HPG，再经化学或酶法脱氨甲酰基得D-HPG，收率达92%。

酶法拆分外消旋体在实验室制备或工业生产手性化合物中都已取得长足的进步，与化学法相比，它有诸多优势：①有高度立体专一性，产物旋光纯度很高；②副反应少，产率高，产物分离提纯简单；③大多在温和条件下进行，pH值也多近中性，对设备腐蚀性小；④酶无毒，易被环境降解。但是仍然存在不少局限，比如可利用的酶制剂品种有限，酶的保存条件比较苛刻，价钱也比较昂贵，易被破坏、容易失活等。但随着生物技术的迅猛发展，尤其是基因工程、蛋白质工程的发展，已为新酶开发、酶产量和酶活性的提高开辟了新的途径。

16.1.3 手性药物的色谱分离法

目前用于手性分离的方法主要有：液相色谱法、毛细管电泳法、薄层色谱法、气相色谱法和亚临界及超临界流体色谱法等。从20世纪60年代气相色谱首次被应用于手性化合物的分析，到80年代初液相色谱法迅速成为手性对映体分离和测定最为广泛应用的方法，色谱技术在手性研究领域已经占据了相当重要的地位。特别是高效液相色谱，适用于极性强、热稳定性差的手性化合物的分析。色谱法效率很高，能分离性质只有微小差别的组分。近年来随着相关技术的发展，更是取得了令人瞩目的进展，已成为对映体拆分强有力的手段之一。

1. 手性色谱拆分法分类

在对手性药物的对映体之间，除了偏振光的偏转方向不同以外，其他理化性质如蒸气压、溶解度等，在非手性环境中几乎完全相同，因此，不能用简单的以蒸馏、结晶等方法进行分离，也就是说不能用一般的色谱法对其进行分离。对映体拆分一直是色谱分析中的难题，吸引着众多研究者的兴趣。要在色谱仪上进行对映体分离，必须引入一定的手性环境。目前，从对被分离物、固定相和流动相三要素的作用角度来看，常见色谱法分离手性化合物的方法可分为两大类，即间接法（手性衍生化试剂法，CDR法）和直接法。

1) 间接法

间接法采用手性衍生化试剂与手性胺类、醇类、羧酸类等反应形成非对映体衍生物。非对映体对在常规色谱系统中，根据非对映体分子的手性结构、手性中心所连接的基团、色谱系统的分离效率（包括溶质分子与固定相和溶剂之间的结合力，如氢键、偶极-偶极、电荷转移和疏水性等）的不同而差速迁移获得分离。反应产物间的构型差异越大，分离就越容易。

与直接法相比，手性衍生化试剂法的优点是：

(1) 使用普通的色谱柱方法成本低，分离方法灵活（可以选择正相、反相及梯度淋洗等技术），且易于优化；

(2) 由于手性衍生化试剂(CDR)分子中一般含有紫外、荧光等可检测基团，故方法灵敏度较高；

(3) 有种类较多的可供选择的CDR（其中有些已经商品化），适用面较广。选用不同光学异构体的CDR，可改变对映体（衍生产物）的柱后流出序。因此，常能在大量的一种对映体存在下分离和测定微量的另一种对映体。

然而 CDR 法也存在一些缺点，如往往会出现消旋化问题；需进行衍生化操作步骤，较费时；要求 CDR100%的纯度或须知其准确纯度；对映体的衍生化反应速率不一。

近年来，CDR 法得到了长足的进展，表现有以下趋势：

(1) 利用衍生反应中衍生剂和分析质两者的互易性研制新的 CDR；

(2) 荧光 CDR 已成为 CDR 研究的热点，这是由于医学或生物流体中需要分析低浓度药物对映体，而荧光 CDR 既是分离的手性选择子，又可提高检测方法的灵敏度；

(3) 将 CDR 手性分离与其分子结构的研究成果应用于新的 CDR 分子设计。

近几年来，一批新的性能较好 CDR 的出现及其应用，使人们看到间接法拆分对映体某些缺点在新的 CDR 上正在逐渐被克服，例如(S,S)- PDITC 化学稳定性好，衍生反应条件温和，使用时未观察到有消旋化现象。

2) 直接法

直接法可以分为两类：手性流动相添加剂法(CMPA)和手性固定相法(CSP)。高效液相色谱法是拆分对映体的有效手段，手性固定相法是将手性选择器以共价键形式结合到基质上，制成手性固定相，直接用于对映体的拆分。而手性流动相添加剂法分离机理包括手性包含复合，经常采用的添加剂是环糊精和手性冠醚；手性配合交换，常用的手性配合试剂多为氨基酸及其衍生物；手性离子对，常用的手性反离子有奎宁、奎尼丁、10 -樟脑磺酸、*N* -苯甲酰氧基羰基-甘氨酰- L -脯氨酸(L - ZGP)等。另外还有动态手性固定相、手性氢键、蛋白质复合等机理。采用 CSP 法将手性试剂化学键合到固定相上与药物对映体反应形成非对映体对复合物，根据其稳定常数不同而获得分离。分离的效率和洗脱顺序取决于复合物的相对强度。

与 CDR 法相比，CMPA 法的优点是不必做柱前手性衍生化；对固定相也无特殊要求；样品的非对映异构化络合具有可逆性而且利于制备。主要缺点是可拆分的化合物范围有限；某些添加剂不够稳定而且往往会干扰检测。CSP 法的优点较多，能广泛适用于各类化合物，适于常规及生物样品的分析测定，制备分离方便，定量分析的可靠性较高，采用此法研究考察的化合物已达数千种之多。缺点是样品有时也须做柱前衍生(但不一定是手性衍生化试剂)，对样品结构有一定限制，其适用性尚不及普通 HPLC 固定相(包括正相和反相)那样广泛。

2. 常用手性制备色谱

1) 模拟移动床色谱(SMB)

SMB 技术的兴起是液相色谱制备分离的一次革新，它是 20 世纪 60 年代发展起来的一种现代化分离技术，具有分离能力强，设备体积小，便于实现自动控制并特别有利于分离热敏性及难以分离的物系等优点，在制备色谱技术中最适用于进行连续性大规模工业化生产。有关该技术的基本原理和工艺过程及设备等，详见本书第 12 章有关部分。

运用模拟移动床技术在较大生产规模上生产产品最先是在精细石油化工行业正己烷和环己烷分离，后来被 UOP(Universal Oil Products)用于间二甲苯和对二甲苯的大规模制备。1992 年 Negawa 等人把它用于手性物质的拆分。模拟流动床色谱手性拆分系统在运行过程中，旋转阀间歇性地开关，控制在不同时间外消旋体的进样、新溶剂的注入和两个旋光异构体的提取位置。在引入模拟流动床技术后，由于规模放大不再有技术问题，对于生产规模和产品的选择，以及何时何地选择什么样的方法主要权衡各个过程的成本。任何情况下都要具体情况具体分析。成本核算中，需考虑许多因素，如设备、包装、运行费用(溶剂，能源)、再循环费用、人力及环境影响等。很明显，流动相再循环和将拆分后不需要的另一种对映体消旋化再利用，可以节约成本。由于技术上放大可行性好和运行成本大幅度降低，目前模拟移动床色谱已开始成为制药工业中一种大规模分离手性对映异构体的新技术，SMB 也逐步在制药行业得以应用。但大规模制备需要大量 CSP，CSP 价格昂贵，而且产品浓度低，洗脱液消耗量大，需要大规模的有效回收。

应用于 SMB 的 CSP 约有 70%是多糖类 CSP。如 Nagamatsu 等用 SMB 方法替代以前的非对映体结晶的方法，用稍做改性的 Chiralcel OF(cellulose 4-chlorophenyl carbamate)分离一种制药工业的中间体喹啉甲瓦龙酸酯。针对不同的手性化合物，模拟移动床色谱分离的规模有着很大的差别。如 Pedeferri 等采用模拟移动床色谱分离了 g 级的 Troger 碱，Nagamatsu 等用中等规模的 SMB 成功地拆分了 kg 级的奎尼丁甲羟戊酸酯(DOLE，一种用于生产降胆固醇药物的中间体)，所采用的同样是多糖类 Chiralcel OF 分离柱，流动相为 V(正己烷) ∶ V(丙醇) = 8 ∶ 2，流速为 1.0 mL/min。试验还通过计算机软件寻求最佳的操作条件，结果表明，较高的流速和较短的间歇时间可以提高对映体的拆分，其无论是从产率和溶剂消耗量上都优于液相色谱法。Peper 等利用超临界模拟移动床色谱分离了布洛芬异构体。还有一些学者采用模拟移动床色谱分离了反胺苯环醇、愈创甘油醚、EMD 53986、1,1′-双-2-萘酚等。制药工业已成功应用 6 根内径为 450 mm 的多聚糖类 CSP 组成的模拟移动床色谱，年处理 12 t 的消旋体药物，以 90% 的回收率得到光学纯度为 98.5% 的单一对映体。另一个拥有上百吨年产量的手性药物生产系统位于美国加州的 Aerojet 精细化学品公司。如何在保持较高效率的前提下提高手性药物的分离量，是 SMB 在手性药物拆分领域所面临的主要问题。

模拟移动床色谱可以用较短的色谱柱大量分离较难拆分的对象，可节约大量的流动相和昂贵的手性色谱柱，但是其一次性投资过大，有时难以适应小规模制备的需要。近年来有人又利用模拟移动床和循环色谱相结合的原理提出了双柱切换色谱分离系统并将其成功应用于 R,S-华法林等手性物的分离制备，进样浓度为 10.6 g/L，每次进样量为 1 mL，进样位置在循环部分的后部。其色谱条件为：OC 手性制备柱，V(正己烷) ∶ V(正丙醇) ∶ V(乙腈) = 82 ∶ 15 ∶ 3，溶剂流量为 5 mL/min，紫外检测波长 214 nm。首先利用控制软件在上述条件下对样品进行 3 次循环分离，确定操作参数。在此操作条件下，进行 40 次循环分离。R-华法林的纯度都在 99% 以上，S-华法林的纯度基本上接近 98%。本方法可以有效提高手性固定相的利用率和对映体产率。双柱切换色谱与模拟移动床色谱相比较，具有设备成本低、操作简单和操作模式灵活等优点，同时考虑了溶剂回收的问题。因此，在节省溶剂方面双柱系统比较接近多柱的模拟移动床而优于通常的制备色谱。与循环色谱相比，双柱系统样品不经过泵，因此柱外扩散要小得多。

2) 超临界流体色谱(SFC)

这是采用接近或超过临界温度和临界压力的高压流体(详见第 8 章)作为流动相的一种新颖的色谱技术。SFC 在手性药物分离中的优越性如下。

(1) 超临界流体的黏度比液体低得多，可减少过程阻力，采用细长色谱柱可以增加柱效。

(2) 超临界流体的密度与液体相似，因此它有强的溶解能力，适于分离难挥发和热稳定性差的物质，这是 GC 所不及的。

(3) SFC 系统既可使用 HPLC 检测器，也可使用 GC 检测器，如质谱、氢火焰离子化检测器，这有利于手性药物中痕量组分的检测和定性分析。

(4) 可作流动相的超临界流体物质较多、易得，与 HPLC 相比，对环境的污染及操作人员的毒害较少。SFC 的流动相易于去除，使得 SFC 成为制备光学纯化学品的有潜力的技术。

SFC 主要通过手性固定相对手性物质进行分离，主要的 CSPs 可以分为三类，即环糊精类、多糖类和氨基酸及酰胺类。

(1) 环糊精类手性固定相

该类固定相曾广泛地用于 HPLC，现在用于 SFC 可分析含不同官能团的化合物，如醇、酮、内酯、胺、羧酸、丙二醇、激素等。例如将合成的两个该类固定相用于旋光性的 2-苯基环己醇、2-(4-异丁基苯基)丙酸及二乙基酒石酸的分离，以二氧化碳作流动相即可完全分开。Yi 等先后合成了 60 多个取代基不同的环糊精类固定相用于旋光性物质的分离。如反式 1,2-环己二醇、2-苯基环己醇、2,4-戊二醇、二乙基酒石酸等，以 CO_2 作流动相，程序升压，在毛细管柱上得到了良好的分离。实验表明，用 SFC 进行手性分离和测定旋光纯度是最方便可靠的方法之一。

环糊精上连有不同取代基、不同空间结构及在毛细管柱上液膜涂渍的厚度不同，对分离有不同的影响。当环糊精上连结不同取代基时，构成分离效能不同的固定相，使其应用范围大大拓宽，并可用于直接分离极性大的手性物质如酮、甾体化合物、有机酸及胺等。

(2) 多糖类手性固定相

这是一类在手性 SFC 分析中应用最成功、最广泛的一类固定相，当前的工作主要集中研究具有广泛应用价值的纤维素类固定相。当在纤维素上连结不同的取代基时测得到分离效能不同的固定相，其中最有代表性的是 Chiral OD、OB 和 OJ 等。这类固定相性能稳定加之 SFC 的分析条件温和，一般柱温为 40℃左右，曾在手性 OD 柱上用高于厂家推荐的流速 4 倍进行分析，工作 690 h 后，柱子仍有很好的重现性，说明这类柱子寿命长，固定相流失小，分析重现性好。

(3) 氨基酸及酰胺类固定相

氨基酸类固定相的手性识别主要通过形成氢键，它们的分离效能常常随着流动相中添加剂的分子增大或添加剂的极性减小而降低，而选择性则相反。当用异丙醇替代甲醇作为流动相的极性添加物时，分离得到改善，但柱效降低。该种 CSPs 用于 HPLC 和 SFC 分析时，柱子不受流动相中酸或者胺类物质的影响，对旋光性物质分析时，SFC 表现出比 HPLC 高的分离效能和短的分析时间，并且它们还特别适合于旋光性的未衍生化的二醇类物质分离。

(4) 其他固定相

除了上述三类主要的 CSPs 外，还有一些用于 SFC 分析的其他的手性固定相，例如，以金属复合物为基础的 CSPs，以多孔石墨炭为基础的 CSPs，其主要特点是，在 pH＝0～14 内使用都稳定，可用于有机酸的直接分析。

在 SFC 的操作条件中，流动相对分离效果也具有很大的影响，最常用的流动相是超临界 CO_2，其具有无毒、价廉、不可燃，在紫外区无吸收，分离完成后不存在溶剂残留的问题，分离物纯度高，不污染环境等特点。对于不含官能团或者只含一个官能团的弱极性样品的分析，可以使用单一的 CO_2 作流动相，但是当样品含有多个官能团、极性增大时，用单纯的 CO_2 溶解性不好，此时可以在流动相中加入一定比例的极性溶剂，从而构成二元或者三元流动相。

(1) 二元流动相

这是应用最广泛的一类流动相，当在 CO_2 中加入极性添加物时，一般是加入 5%～15%的低级醇，如甲醇、乙醇、异丙醇等，也可以加入乙腈等其他极性有机物质。在 CO_2 中添加甲醇、乙腈或乙醚，快速分析手性氨基酸衍生物时，其旋光选择性在很大程度上依赖于所用添加剂的极性大小。

(2) 三元流动相

在分析旋光性的酸或碱时，往往需要在二元流动相中加入少量的有机酸或碱构成三元流动相以提高分离效能。在 Chiralpak AD 柱上分析外消旋的碱性 β-阻断剂时，以 $V(CO_2):V(CH_3OH)=70:30$ 为流动相，只得到一个严重拖尾的峰；但加入 0.5%的二乙胺后，则得到两个对称的尖峰。而在分析酸时，只用 CO_2/CH_3OH 则分离不完全，加 0.5%的三氟醋酸后，则完全分离。说明流动相的组成对外消旋体的分离影响很大。研究表明，在分离酸或碱性对映体时，加入少量酸或碱的影响比加入醇的种类、数量的影响大。

此外柱温及压力等分离条件，对手性物质的 SFC 分析的选择性、分离度及保留时间都有影响。压力的影响较小，且变化不大。但温度是一个重要因素，一般随温度降低，选择性会线性增大，分离度得以提高，但会损失柱效，不过柱效的损失可由高的选择性得到补偿，保留时间则稍增长。对不同柱子、不同流动相、不同的分析应采用不同的分析温度。

3) 逆流色谱(CCC)

逆流色谱法又称反流色谱法，逆流分配法。一种连续操作的多次液-液提取的分离技术，可得到类似于色谱法的分离。也可视为不使用固体支持介质的液-液分配色谱法。它不使用固体支撑介质，柱材料为空的聚四氟乙烯管或玻璃管。选用不相混溶的两相溶剂系统，其中一相作为固定相并依靠重力或离心力保留在柱中，另一相作为流动相。与常用的高压手性液相色谱技术相比，基于液-液分配机制的逆流色谱用于各种对映异构体的分离具有独特的优势。它可以免除制备手性固定相昂贵的固定化工艺。对于合适的手性选择物，仅需将其溶解于液体固定相中，或者以一定浓度添加到液体流动相中，就可重复地用于相应手性对映体的分离。可选择用于对映体分离的手性选择物的范围比固定相色谱法更广，使用更简便，设备要求低，尤其是用于制备性分离具有很好的应用前景。按照不同仪器构造和流体动力学机制逆流色谱可分为液滴逆流色谱(DCCC)、回转腔式逆流色谱(RLCCC)、旋转腔式逆流色谱(GLCCC)、高速逆流色谱(HSCCC)以及 pH 区带精制逆流色谱(pH-zone refining CCC)，以上色谱均有应用于手性对映体制备性分离的应用，已有研究报道用 pH 区带精制逆流色谱，含三氟乙酸(10 mmol/L)和 QN-Selector 1 的甲基异丁基酮(MIBK)溶液作固定相，含 20 mmol/L 的氨水作移动相，转速 1 200 r/min，流速 3 mL/min，一次可分离1.2 g 的 DNB -亮氨酸。

16.1.4 手性药物的膜技术拆分

自 1974 年膜拆分对映体问世，膜法拆分已由缺乏稳定性和载体耗量大的手性液膜发展到选择性和选择稳定性均较高的聚合物膜拆分，后者是目前研究的重点和热点。手性拆分膜系统包括非专一性和专一性底物催化两大类和手性液膜、协助手性拆分的非手性固体膜和直接拆分的手性固体膜三体系。膜分离方式包括通过手性添加剂衍生的间接拆分和膜本身所含特定功能基进行识别的直接拆分。膜法手性拆分具有低成本、低能耗、连续不断运转模式和易于规模化等优点，因此，其发展具有深刻的社会意义和经济前景。

1. 手性拆分液膜

液膜拆分技术的机理是将具有手性识别功能的物质(或称手性载体)溶解在一定溶剂中制成有机相液膜，再利用膜两侧高浓度相至低浓度相的浓度差为动力，外消旋体有选择地从高浓度相至低浓度相迁移。在这种液膜体系中，手性分子(主体)与外消旋(客体)结合，通过溶剂载其从一水溶液至另一水溶液再释放出来。由于液膜选择性差异造成两种对映异构体的迁移速率不一致，即迁移较快的一种对映构体在低浓相中相对于迁移较慢的异构体得到富集，从而达到手性分离的目的。根据性质和制备工艺可分为以下三种。

(1) 支撑液膜

支撑液膜将多孔惰性基膜(支撑体)浸在溶解有载体的膜溶剂中，在表面张力的作用下，膜溶剂即充满微孔而形成支撑液膜。其液膜相(包括载体和膜溶剂)存在于支撑体的微孔，可以承受较大的压力，而且由于载体的存在，此类液膜具有很高的选择性，支撑液膜的其他优点是通量大、手性选择剂的需求量低；主要缺点是使用寿命短、稳定性差，如何提高液膜稳定性成为今后研究的方向。Jason D. Clark 等利用支撑液膜实现了对苯丙氨酸手性对映体和蛋氨酸手性对映体的手性分离，Maximini 等利用奎宁/奎纳啶作为载体制备了能拆分 *N* -保护氨基酸衍生物外消旋体的可持续性支撑液膜。

(2) 乳化液膜

乳化液膜可分为油膜和水膜，当处理水溶液时用油膜，当处理有机溶液时用水膜。油膜是由有机碳氢化合物、表面活性剂、添加剂等构成与水不相混溶的液相，充分乳化后制成油包水型 W/O 乳液，再将其分散于水溶液中，形成水包油包水型 O/W/O 多相乳液。水膜是由水、表面活性剂、添加剂等构成与油不相混的液相，充分乳化后制成水包油型 O/W 乳液，再将其分散于需处理的有机溶液中，形成油包水包油型 W/O/W 多相乳液。这种体系包括三部分：膜相、内包相和连续相。通常内包相和连续相是互溶的，膜相则以膜溶剂为基本成分。手性冠醚通过液体膜可作为氨基酸及胺类对映体选择性的中间媒介，几乎所有的氨基酸都可通过它们的对映体形式分离，其中大空间位阻基团的氨基酸会有较高的光学拆分率。Shibo 等使用手性冠醚、Pickering 等利用 N-癸基-L-羟基脯氨酸铜为手性载体制备了手性乳化液膜。该膜能较好地实现对 D-苯丙氨酸的手性分离，随着时间的推移，浓度效应会使膜的选择分离性降低。乳化液膜的优点在于传质速度相对较快，对极性溶剂容量大，并且由于表面活性剂的稳定效应，传质过程也比较稳定；缺点是体系太复杂，适用范围小。

(3) 厚体液膜

厚体液膜是用一层相对较厚的不混溶的流体将料液相与接收项分开，膜相不需要支撑，它仅仅是借助不可混溶性与其他相分开，由于其膜层较厚，界面平稳，界面积恒定，迁移接近一种稳态过程，且具有操作简单，使用成本低廉等特点。由于该过程液膜相用量相对较大，也不存在支撑液膜技术中由于液膜流失所导致的液膜传质性能下降等问题，已被广泛用于金属离子迁移过程的研究和手性分离的应用，在手性分离领域占有一席之地。Krieg 等利用 β-环糊精作为手性载体，采用厚体液膜对外消旋氯噻酮混合物进行了手性富集。黄可龙等采用 D-(+)-DBTA 为手性载体，研究了 pH 和手性载体浓度对克仑特罗厚体液膜手性拆分性能的影响，并对拆分过程进行了动力学分析。厚体液膜的缺点是传质面积小，相对于支撑液膜和乳化液膜，传质速率较低，且溶剂用量较大，不易于工业规模的批量生产，因此如何实现多级分离成为目前研究的方向。

2. 手性拆分固膜

固膜拆分是利用膜内或膜外自身的手性位点对异构体的亲和能力差别，在不同推动力下造成不同异构体在膜中的选择性通过，从而达到手性拆分的效果。固膜拆分的推动力可以是压力差、浓度差和电势差。物质通过膜的渗透是由被拆分物质固膜中的分配行为和它们在膜中的扩散速度来决定的。为了提高膜的对映体选择性，需要优化这两个因素。固膜根据膜材特性和制备工艺可以分为以下三类。

(1) 分子印迹膜

分子印迹膜就是应用分子印迹技术人工合成对印迹分子具有专一识别能力的新型分离膜。它是通过在膜制备过程中引入模板分子，除去模板分子后使膜材料形成具有分子记忆与识别作用的空穴。这些空穴只允许与其构型相吻合的一种对映体(D 型或 L 型)通过，而另一种对映体只能被截留下来，从而达到手性分离的目的。Nidal 等以 2-乙基甲基丙烯酸作为功能单体、三甲基丙烷三甲基丙烯酸为交联剂，通过光引发聚合在 PVDF 基膜上复合一层分子印记聚合物，实现对 3,5-环磷腺苷(cAMP)的手性分离。Donato 制备出了能有效分离药物 S-萘普森(S-Nap)及其对映异构体的分子印迹复合膜，膜运输实验表明，S-Nap 流通量明显大于其他对映异构体，选择因子达 1.6。Roongnapa 等也制备了四环素类分子印迹复合膜，并讨论了模板分子对印迹膜分离效果的影响。分子印迹膜能在比较宽的环境下保持相对高的稳定和选择性，但制备繁琐，拆分范围较窄。

(2) 本体固膜

本体固膜是利用手性膜材(通常是手性化的基础膜材，如手性聚砜)在一定条件下制备出铸膜液，经过 L-S 法成膜并通过交联等方法固定膜结构，最终得到对特定的氨基酸实现手性拆分的固膜。本体拆分固膜的优点是合成步骤简单、操作简单；缺点是合适的膜材料少、适用面窄，膜的传质通量与膜的选择性难以平衡。Tania Gumi 等利用三步法通过非共价键将 N-十二烷基-4-羟基-L-脯氨酸作为载体结合到聚砜上，合成两种手性聚砜 CPSA(Chiral polysulfone A)和 CPSB。

(3) 改性固膜

改性拆分固膜是利用接枝技术在基膜表层涂覆具有手性分离作用的聚合物层，制备出具有对映分离能力的复合膜。手性分离主要在表层发生，基膜仅起到支撑作用。改性固膜优点是可设计性好，针对性佳，分离效率高，适用面广；缺点是改性后的固膜通常会在机械强度、耐受性等方面受到影响，而且在分离过程中与手性选择剂结合后的对映体不易分离。Masanori Nakamura 等利用牛血清蛋白(BSA)作为手性选择剂,以 160 mg/g 的比率均匀地接枝到多孔中空纤维膜上制得 BSA 复合膜,将溶解在 Tris - HCl 缓冲液中的色氨酸(Trp)溶液作为移动相,通过 BSA 复合膜的渗透作用可以实现 L - Trp 和 D - Trp 的手性拆分。

近年来手性膜技术已经成为膜科学领域研究的热点,该技术具有能耗低、批处理量大、稳定性好、可连续操作等独特的优势,但其在实际应用中仍存在一些问题,主要体现在通量和分离因子的矛盾上,如何找到两者的平衡点是实际应用中应考虑的主要问题。随着固膜拆分技术的不断发展,尤其是分子印迹膜技术的不断完善,在不远的将来将会在越来越多的领域得到应用和发展。

16.2 分子印迹技术

16.2.1 概况

分子印迹技术(MIT)也叫分子模板/烙印技术,是指为获得在空间结构和结合位点上与某一分子(印迹分子) 完全匹配的聚合物的制备技术,是结合高分子化学、有机化学、生物化学等学科发展起来的一门边缘学科。1972 年 Wulff. G 研究小组首次成功制备出分子印迹聚合物(molecular imprinted polymers,MIPs),使这方面的研究产生了突破性进展。20 世纪 80 年代后非共价型模板聚合物的出现,尤其是 1993 年 Mosbach 等人有关茶碱分子印迹聚合物的研究报道,使这一技术在生物传感器、人工抗体模拟及色谱固相分离等方面有了新的发展。

目前,文献报道中制备出的 MIP 一般均具有较好的物理和化学稳定性:机械强度较高;耐高温、高压;能抵抗酸、碱、高浓度离子及有机溶剂的作用;在很复杂的化学环境中能保持稳定。其他显著优势还有:①预定性,即它可以根据不同的目的制备不同的 MIPS,以满足各种不同的需要;②识别性,即 MIPS 是按照模板分子定做的,可专一地识别印迹分子;③实用性,即它可以与天然的生物分子识别系统如酶与底物、抗原与抗体、受体与激素相比拟。

由于合成 MIP 的功能单体、交联剂种类有限,对模板分子的选择有一定的限制,使得分子印迹技术暂时难以满足实际应用的需求。MIP 在水相体系中的应用及各种特殊功能单体、交联剂的开发合成也有待于大量研究工作的开展。应用领域从小分子拓宽到大分子如蛋白、核酸、多糖等是分子印迹分离技术今后研究的主要方向。

16.2.2 分子印迹技术分离的基本原理

MIP 是以某种化合物分子为合成的聚合物,对模板分子具有较高的特异性识别能力,类似于酶底物的"钥匙锁"相互作用原理。当模板分子(印迹分子)与聚合物单体接触时会形成多重作用点,通过聚合过程这种作用就会被记忆下来,当模板分子除去后,聚合物中就形成了与模板分子空间构型相匹配的具有多重作用点的空穴,这样的空穴将对模板分子及其类似物具有选择识别特性(图 16 -5)。与烙印分子立体结构相似的对映体分子也可与"记忆"空穴中的功能单体作用,表现出一定的空间匹配性,从而实现手性分离。分子印迹技术已广泛应用于临床药物的手性分离和分析。研究的分离对象包括药物、氨基酸及衍生物、肽及有机酸等。

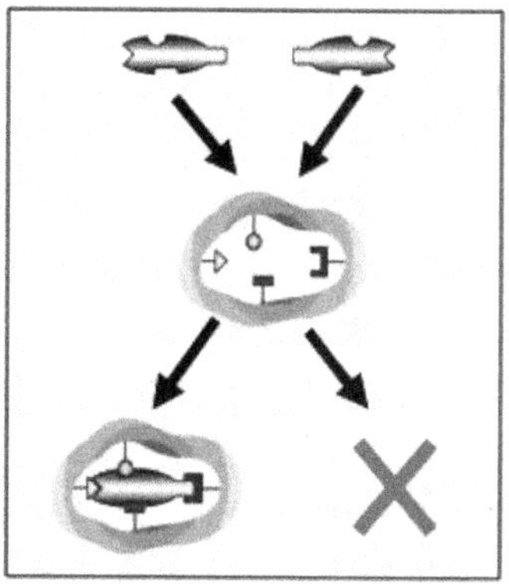

图 16 - 5 MIP 手性识别机制

16.2.3 分子印迹技术模板制备方法

目前，根据印迹分子与功能单体在聚合过程中相互作用的机理，将分子印迹技术分为共价法(预组织法)与非共价法(自组装法)两种类型。目前各类文献上报道的MIP制备方法基本上是非共价法。在此方法中，印迹分子与功能单体之间通过分子间的非共价作用预先自组装排列，以非共价键形成多重作用位点，这种分子间的相互作用通过交联聚合后保留下来。常用的非共价作用有：氢键、静电引力、金属螯合作用、电荷转移、疏水作用以及范德瓦尔斯力等，其中以氢键应用最为广泛。分子印迹聚合物具体制备过程如图16-6所示。

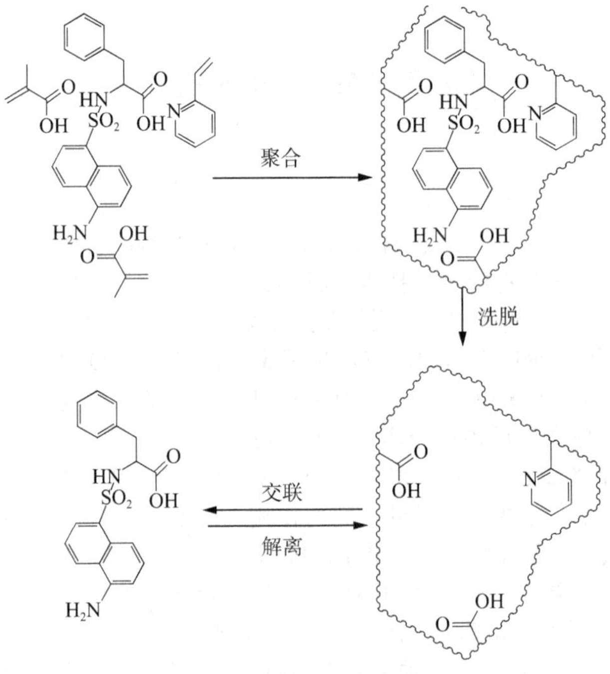

图16-6 分子印迹技术三步骤示意图

1. 印迹分子与单体发生相互作用

即在一定溶剂(也称致孔剂)中，模板分子(template molecule,)即印迹分子与功能单体(functional monomer)依靠官能团之间的共价或非共价作用形成主客体配合物(host guest complex)。需要根据单体与印迹分子作用力的类型和大小预测，合理地设计合成带有能与印迹分子发生作用的功能基的单体。印迹分子主要有糖、氨基酸、核酸、生物碱、维生素、蛋白质和酶、抗原、杀虫剂、除草剂、染料等。单体的选择主要由印迹分子决定，它首先必须能与印迹分子成键；且在反应中它与交联剂分子处于合适的位置才能使印迹分子恰好镶嵌于其中。常用的共价单体主要有含乙烯基的硼酸或二醇及含硼酸酯的硅烷混合物等，常用非共价键单体主要有甲基丙烯酸(MAA)、2-乙烯基吡啶、4-乙烯基吡啶三氟甲基丙烯酸(TFMAA)等。

2. 聚合反应

即在印迹分子和交联剂存在的条件下对单体进行聚合。通过加入交联剂，再由引发剂引发进行光或热聚合，使主客体配合物与交联剂通过自由基共聚合在模板分子周围形成高交联的刚性聚合物。交联剂有二乙烯基苯(DVB)、二甲基丙烯酸乙二醇酯(EGDMA)、丙烯酸三甲氧基丙烷三甲基酯(TRIM)。聚合方式有本体聚合、悬浮聚合、原位聚合、表面聚合等。影响聚合反应的因素包括浓度、温度、压力、光照、溶剂种类和极性等。一般来说，低温下单体与印迹分子能形成更为有序和稳定的聚合物，且选择性也好。由于非共价作用的强弱主要取决于溶液的极性，故非共价法一般在有机溶液如氯仿、甲苯中进行；而共价法一般在极性较强的水、醇等溶液中进行。

3. 印迹分子的去除

采用萃取、酸解等物理或化学方法把占据在识别位点上的绝大部分印迹分子洗脱下来。这样在聚合物中便留下了与模板分子大小和形状相匹配的立体孔穴，同时孔穴中包含了精确排列的与模板分子官能团相互补的由功能单体提供的功能基团。这便赋予该聚合物特异的“记忆”功能，即类似生物自然的识别系统。

4. 后处理

在适宜温度下对印迹分子聚合物进行真空干燥和研磨等成型加工。

16.2.4 分子印迹技术在药物提取分离上的应用

MIPS最广泛的应用之一是利用其特异的识别功能去提取富集目标成分及分离混合物，近年来，引人注目的立体、特殊识别位选择性分离已经完成。其适用的印迹分子范围广，无论是小分子(如氨基酸、药品和碳氢化合物等)还是大分子(如蛋白质等)已被应用于各种印迹技术中。

基于分子印迹技术制备的分离膜为分子印迹技术走向规模化和商业化提供了很好的示范，这种分离膜不仅具有处理量大、易放大的特点，而且对目标分子吸附的选择性和容量均很高。已经将MIPs应用于膜分离的物质有氨基酸及其衍生物、肽、9-乙基腺嘌呤、莠灭净、阿特拉津、茶碱等。此外基于分子印迹技术的固相萃取代替传统的液-液萃取，选择性好，操作简便，既可在有机溶剂中使用，又可在水溶液中使用。这方面的研究报道便相继出现较多，涉及的化合物主要有2-氨基吡啶、苯达松、吲哚-3-乙醇、*S*-萘普生、尼古丁、萘心安、三嗪类、沙玛尔丁、它莫西芬等药物。此外，以分子印迹聚合物作为色谱分离固定相在用来分离对应的印迹分子及其结构类似物分子方面得到了广泛运用。Mosbach等利用非共价法制备的分子印迹聚合物分离了苯丙氨酸衍生物，其分离系数为1.2，而后又制备出分离*N*-乙酰基-L-苯丙酰基-L-色氨酸甲酯的印迹聚合物，其分离系数达17.8。

分子印迹技术在中药活性成分分离纯化中的应用研究也已经广泛展开，涉及黄酮、多元酚、生物碱、甾体、香豆素等多种结构类型的化合物。这些研究均取得了较好的效果，为在生产实践中推广该技术提供了依据。以常见黄酮类化合物的分离为例，目前所报道的MIT法多以槲皮素为模板、丙烯酰胺为功能单体。北京大学化学与分子工程学院的谢建春等首先将槲皮素MIPs直接用于银杏叶提取物水解液的分离，得到了槲皮素和与其结构相似的山柰酚，其中槲皮素的回收率为89%，从而证明了利用MIPs直接从中药中获得具有相同药效的化合物的可能性。

16.3 固相萃取技术

16.3.1 概况

固相萃取(SPE)是20世纪70年代中期出现的技术。它建立在传统的液-液萃取(LLE)基础之上，其萃取机制取决于分析物与固相(填充剂)表面的活性基团之间的分子间作用力，分离主要包括以下过程：①一个样品包括分离物和干扰物通过吸附剂；②吸附剂选择性的保留分离物和一些干扰物，其他干扰物通过吸附剂；③用适当的溶剂淋洗吸附剂，使先前保留的干扰物选择性地淋洗掉，分离物保留在吸附剂床上；④纯化、浓缩的分离物从吸附剂上淋洗下来。固相吸附材料中活性炭、硅藻土、氧化铝作为传统的吸附剂已使用多年。1962年，Anton等人首次使用氧化铝作为吸附剂来净化样品，至今仍频繁使用。1970年，Fujimoto等人首次使用大孔网状树脂XAD-2筛选尿中的药物及代谢物，迄今为止已有上百种固相萃取材料得到开发与应用。之后相继出现了一些新型的吸附剂，它们具有容量高、疏水性好、选择性好，在反相条件下对亲水性物质保留时间长等优点。

另外，采用了各种新的模式来加速和简化 SPE 处理的过程，同时提高样品的通量、回收率和提取重现性。自动化的 SPE 装置将继续活跃的发展，用于生化样品处理的商品化的 384 孔和 1536 孔的 SPE 盘不久将会出现。凭借其拥有的巨大发展空间与潜力，固相萃取技术将在制药分离工程领域发挥着越来越大的作用。

16.3.2 分离原理及常见固相材料

1. 固相萃取原理

固相萃取是一个包括液相和固相的物理萃取过程，其分离机理是基于杂质或目标化合物与样品基体溶剂和吸附剂之间亲和力的相对大小。在固相萃取中，"保留"是一种存在于吸附剂和分离物分子间吸引的现象，造成当样品溶液通过吸附剂床时，分离物在吸附剂上不移动。保留是三个因素的作用，即分离物、溶剂和吸附剂。所以，一个给定的分离物的保留行为在不同溶剂和吸附剂存在下是变化的。"洗脱"是一种保留在吸附剂上的分离物从吸附剂上去除的过程，这通过加入一种对分离物的吸引比吸附剂更强的溶剂来完成。吸附容量则是衡量吸附剂的一个重要指标，它是单位吸附剂的量能够保留一个强保留分离物的总量。不同吸附剂的容量变化范围很大。选择性是吸附剂区别分离物和其他样品基质化合物的能力，也就是说，保留分离物除去其他样品化合物。一个高选择性吸附剂是从样品基质中仅保留分离物的吸附剂。吸附剂选择性是三个参数的作用，即分离物的化学结构、吸附剂的性质和样品基质的组成。

2. 固相萃取模式与材料分类

固相萃取按照作用机制来划分，有以下四种常见的分离模式。

(1) 反相萃取

反相萃取模式所用的吸附剂是非极性或弱极性的，如硅胶键合 C18，C8，C4，C2，—苯基等，流动相则是采用极性较大的溶剂(如醇-水溶液)。可应用于从强极性的溶剂中吸附非极性到中等极性的化合物。作用机理是非极性-非极性相互作用、范德瓦尔斯力或色散力。C18(ODS)为十八烷基键合相硅胶，键端封尾处理，除去硅胶表面残留的硅醇基，改善其对碱性或酸性化合物的吸附或拖尾；碳含量增大，通过其长达 18 个碳的长疏水链对非极性物质进行较强的吸附。C8 与 C18 材料相似，适合于非极性到中等极性的化合物，由于疏水链长有所减小(C18 减少到 C8)，故其对非极性化合物的保留较 C18 稍弱。苯基材料与 C8 类似，C4 疏水性弱，适合于多肽和蛋白质的萃取。另外聚合物吸附剂(如苯乙烯-二乙烯基苯共聚物)，用来保留含有亲水基团的疏水性物质，如芳香族化合物等。化合物的极性和吸附剂的极性越接近，产生的吸附越强。

(2) 正相萃取

此模式中所用的吸附剂都是极性的，其中极性键合相如硅胶键合—NH_2、—CN，—Diol(二醇基)；极性吸附剂如硅胶、硅酸镁、氧化铝、硅藻土等；主要作用机理为：①极性-极性相互作用；②表面硅羟基、铝羟基与极性化合物的极性官能团之间相互作用，包括氢键，$\pi-\pi$ 键等；③偶极-偶极相互作用；④偶极-诱导偶极相互作用。吸附柱材料中硅胶可以吸附酸性(有机酸类)或中性的极性化合物，由于表面的硅醇基可以释放出弱酸性的氢离子，还作为一种弱酸性阳离子交换剂吸附碱性化合物(生物碱类，胺类)；氧化铝表面含有铝羟基，也是一种强极性吸附剂，通过与极性化合物和不饱和化合物形成氢键而产生吸附，根据形成条件不同分为酸性、中性和碱性氧化铝，分别适合用于萃取酸性、中性和碱性化合物。此外—NH_2 柱能提供较强的氢键结合能力，对某些多官能团化合物如甾体、强心苷等有较好的分离能力，还可作为弱阴离子交换萃取从水溶液样品中萃取碳水化合物、弱阴离子和有机酸化合物。—CN 柱也有两种用途：①正相萃取，适用非极性样品溶液中吸附极性化合物，如酚类，类固醇；②反相萃取，适用于水溶液样品中等极性的化合物。—Diol 柱用于正相萃取时适于分离有机酸、甾体和蛋白质。以上三种材料形成氢键的能力强弱依次为—NH_2＞—CN＞—Diol。

(3) 离子交换萃取

离子交换固相萃取是靠目标化合物与吸附剂之间的相互作用是静电吸引力，适用于带有电荷的化合物(水溶液、有机溶液)。在静电吸引的作用下，化合物上的带电荷基团与键合硅胶上的带电荷基团之间的吸引。柱材按键合的离子基团的性质可分为：阳离子交换柱与阴离子交换柱，按在水溶液中解离的程度可分为强酸性(strong cation exchange，SCX)、弱酸性(weak cation exchange，WCX)、强碱性(strong anion exchange，SAX)、弱碱性(weak anion exchange，WAX)。相关内容已在第 11 章有详细的介绍，在此不再赘述。

(4) 免疫亲和与分子印迹

近来出现一种利用抗体自身选择性的免疫亲和固相萃取吸附剂，即所谓的免疫吸附剂，原理基于抗体的分子识别。由于抗原-抗体反应的高度亲和性和高选择性，其在复杂生物样品的分析中具有独特的优点。免疫吸附剂还可以吸附与目标分子结构相似的一类化合物，因此可以用来萃取体液中某一成分及其代谢物。作为固相萃取材料具有选择性高的优点，但制备复杂、耗时且可供选择的抗体种类少，机械强度和稳定性均较差。如前所述，分子印迹技术是指使目标分子与高分子基质形成共聚物，然后用化学方法使目标分子脱离高分子基质，在分子水平上使基质表面形成一个个空腔，从而对目标分子有很强选择性，其机理类似于抗原对抗体的特异识别，目前也已成功作为分离材料应用于固相萃取，它不仅能分离具有相似结构的混合物，而且还可纯化目标物，已成功地被用来分离氨基酸、肽类和蛋白质和其他药物。MIPs 在正相条件下表现出高选择性，然而在极性溶剂中，吸附剂与目标分子的选择作用(氢键作用等)被溶剂的极性给压制。今后的方向是如何解决其在反相条件下的选择性问题。

16.3.3 固相萃取技术在药物提取分离上的应用

固相萃取法凭借其选择性和易操作性正越来越多地应用于复杂样品中目标成分的提取与富集，特别是天然药物中的有效部位/成分及生物制剂和药物，相关的研究论文持续增长。如天然抗癌成分紫杉醇，其含量仅为万分之几，且从植物中直接提取的紫杉醇粗品含有色素和大量脂质、蜡质等，精制前需进行初分离。张志强等以 SPE 用于云南红豆杉浸膏初分离效果良好，能快速除去浸膏中的脂、蜡及色素等。初步纯化的紫杉醇再继以 C18 硅胶反相层析精制，可获得纯度在 95%以上的紫杉醇。李健等应用固相萃取装置探讨苦瓜皂苷的高效分离方法，在反相 C18SPE 柱(500 mg，1 mL)上，固相萃取精制的最佳工艺条件为：上样 pH 为 8，10%和 20%乙醇各 15 mL 淋洗后用 10 mL 40%乙醇淋洗，洗脱液浓度为 65%，洗脱体积为 7 mL，流速为 1 mL/min；此最佳条件下精制的苦瓜总皂苷含量为 82.13%。该方法选择性强，提取率高，通过线性放大可以满足不同水平样品量的需求。同时发现，OEG 柱在中药复杂成分的分离过程中比传统的 ODS 柱更容易实现聚类分离，即它对黄酮类、苯丙素类等成分的分离也具备一定的选择性。因此可以推测：若采用适宜的洗脱条件，用串联固相萃取法同样也能够简便迅速地实现黄酮类、苯丙素类成分的有效富集。

碳纳米管是近年来颇受关注的一种新兴功能材料。纳米级的尺寸使其具有很大的比表面积，从而表现出较强的吸附能力和较大的吸附容量。最近利用碳纳米管吸附生物大分子的研究也取得了一定的进展，其不但具有良好的生物兼容性，同时还有保留被吸附的生物大分子活性的能力，因此以其作为固相萃取生物大分子的吸附剂有着广泛的应用前景。杜卓等系统地研究了羧基功能化的多壁碳纳米管萃取溶菌酶的条件，其中包括 pH 值、离子强度、洗脱液及流速等对吸附性能的影响；并在此基础上，探讨了碳纳米管对溶菌酶的吸附机理，并对从蛋清中提取出来的溶菌酶的纯度进行了检验。以上研究均证明了 SPE 在分离工程中所起到的巨大作用与重要地位。

思考题

16－1 手性分离有哪些方法？这些方法的分类依据是什么？
16－2 手性色谱分离有哪三种方法？各自优缺点是什么？
16－3 手性膜拆分技术的原理是什么？固膜和液膜各有哪几种？
16－4 分子印迹技术原理是什么？在制药分离工程中有哪些应用？
16－5 固相萃取技术原理是什么？在制药分离工程中有哪些应用？

参考文献

[1] 宋航. 药学色谱技术. 北京：化学工业出版社，2007.

[2] 刘耀池，项伟中，徐伟箭. 分子印迹技术在固相萃取中的应用与展望. 化工学报，2004，55(10)：1602－1607.

[3] 张峰，等. 串联固相萃取法选择性富集白花蛇舌草中的环烯醚萜苷类成分. 色谱，2009，27(4)：436－441.

[4] 杜卓，张娜，王建华. 多壁碳纳米管固相萃取——在线提取蛋清中的溶菌酶. 高等学校化学学报，2008，29(5)：902－905.

[5] 李健，等. 固相萃取精制苦瓜皂苷工艺研究. 化学世界，2009，8：472－475.

17 溶剂回收技术

17.1 概　　述

在制药过程中不可避免地需要使用大量的溶剂，溶剂也在制药过程中扮演着重要的角色。例如在化学合成药物过程中，溶剂体系是必要的条件，有的情况下溶剂还可以作为原料之一参与药物的合成；天然药物提取和分离过程中，需要使用较大量的有机溶剂作为提取溶剂。实际上，各类制药过程中提取、分离、纯化、干燥及药物成型加工过程，都不同程度地涉及有机溶剂。可以说，溶剂的回收和利用是整个制药过程不可缺少的重要环节，在药品的生产过程中越来越重要。

制药工业使用的有机溶剂主要是以石油和天然气为原料制得。随着制药工业的不断发展，对于溶剂的需求有显著增大的趋势，而可用的化石资源却很有限。回收和循环使用溶剂对于制药工业的持续发展具有重要意义。同时，资源有限带来的是溶剂行业供需矛盾日趋突显，溶剂价格一涨再涨。在一些制药过程例如一些天然药物制药过程中，溶剂的用量较大，其所占生产成本的比例可能超过原料，有效回收和循环使用溶剂已成为该类制药过程能否实现的关键。所以回收溶剂以减少溶剂消耗，降低生产成本，对制药企业的发展具有重要作用。此外，各种药品生产过程会产生数量不等的废溶剂，这些废溶剂中大部分组分不容易自然降解，不仅污染环境，最终危害人类和动植物的生命安全。如何利用这些废溶剂或者从大量废水中回收有机溶剂，对于保护生态环境和降低药品制造成本，增强药品在市场上的竞争力，不可忽视。可以说溶剂回收及有效利用是制药企业提高经济效益的必要途径，也是环保的基本要求，从而实现经济、环境和社会效益的协调。

一般来说，根据分离操作的类别，制药行业中涉及的溶剂回收主要涉及溶剂蒸气的冷凝冷却、溶剂与固体的分离、废水中的溶剂回收，以及自由混合气体中溶剂回收等几种类型。这些不同类型的溶剂回收一般存在于料液浓缩、液-液萃取分离、结晶分离、固体物料干燥等过程中。

料液浓缩涉及的过程包括天然药物提取分离、萃取过程中萃取相的浓缩等，也包括喷雾干燥或造粒前的浓缩。料液浓缩主要是蒸发的溶剂的回收，冷凝成液态的成分较为单一；技术手段主要是常压蒸发、减压蒸发及闪蒸等，根据产品的温敏性选择合适的蒸发技术，再加上较为简单的精馏进一步纯化溶剂；设备主要是工业上常用的溶剂回收机；典型的工艺流程先将废溶剂收集至溶剂回收机的处理槽内，通过蒸馏，使废溶剂蒸发，再经冷却处理后，纯净的溶剂可自动回收至贮存桶内。

液-液萃取分离过程中，萃取相和萃余相中溶剂情况差别较大。萃取相中，溶剂量较大，回收与料液浓缩类似；萃余相中，主要回收溶解于萃余相中少量的溶剂，可以考虑泡沫分离、液膜分离等方法。

结晶分离过程中，结晶方式不同，溶剂的回收技术也不尽相同。结晶操作后，母液中含有少部分不挥发的产品成分和其他杂质，也可能有少量可挥发的杂质；如何保证母液的有效循环使用，需要依据不同情况，采用相应的技术措施。如果能用过滤等方式即可除去杂质，就不必采用耗能的蒸发过程。一般来说，该过程的溶剂回收主要不是蒸发，而是如何有效回收和再循环使用母液。

固体物料干燥过程中，结晶体的干燥(加热、冻干等)、固体粉料的干燥，蒸发的溶剂数量少，但不宜随意排放，更多的是从保护环境出发。需要采用适宜的技术措施才可行，例如溶液吸收或者吸附等手段。

17.2 料液浓缩过程中的溶剂回收

17.2.1 溶剂回收过程基本特征及原则

料液浓缩过程指的是使低浓度溶液除去溶剂(包括水)变为高浓度溶液的过程。料液浓缩过程是制药工业中最为常见的单元操作。例如天然药物的生产过程中，在提取纯化后，就需要将提取液浓缩成生产需要的流浸膏或者浸膏，这也是关系到后面制粒工艺的关键技术之一；微生物发酵制药技术中，要从低浓度的发酵液中富集目标组分，必须要经过发酵液浓缩过程；另外，在原料药的生产上，大部分产品是结晶体，工业上常用蒸发结晶得到结晶体，其实就是料液浓缩过程的一种，以及在成品药的干燥制粒过程中，也需要先进行料液浓缩的过程。

制药过程中涉及的料液浓缩过程的基本特征及原则包括：

(1) 料液中溶剂量及组成不同，溶剂回收的技术手段差异较大。当料液中有机溶剂含量较多，并且具有较高挥发度，可以采用简单的蒸馏进行回收溶剂；料液中存在多种有机溶剂时，根据溶剂之间的性质差异，可以采用萃取精馏及共沸精馏等手段对不同溶剂进行回收；在天然药物提取过程中，通常会采用少量的有机溶剂作为极性调节剂与水一起作为提取剂，这时如果采用蒸发的方法回收少量的溶剂，由于水的蒸发潜热比较大，存在能耗较大，不经济的问题，可以考虑先采用合适的溶剂把料液中少量有机溶剂萃取出来再进行回收。

(2) 根据目标药物性质不同，浓缩工艺具有差异性。例如，对于生物发酵所得产品的料液浓度过程，由于发酵液是非牛顿型流体，生物活性物质对温度、酸碱度的敏感性等特点，就决定了其浓缩过程不宜采用常规的蒸馏技术，而应采用减压蒸馏、低温冷冻浓缩等技术。

(3) 能耗较大。由于目前制药工业上，常采用的料液浓缩手段为蒸馏技术，面对大量的溶剂，需要较高的能耗。

17.2.2 溶剂回收处理的主要技术

料液浓缩过程中溶剂回收需要考虑溶剂的性质及浓缩产物的自身性质例如降解和活性损失。由于该类浓缩过程中溶剂数量一般较大，主要以蒸馏技术为基础。依据待分离产物的回收难度，蒸馏技术可以分为以下几种。

1. 平衡蒸馏

平衡蒸馏又称为闪蒸，是一个连续稳定过程，原料连续进入加热器中，加热至一定温度经节流阀骤然减压到规定压力，部分料液迅速汽化，气液两相在分离器中分开，得到易挥发组分浓度较高的顶部产品与易挥发组分浓度甚低的底部产品。

平衡蒸馏为稳态连续过程，生产能力大，但是分离效果差，得不到高纯产物，只能得到粗略分离的物料，因此，对于容易分离或分离要求不高的混合溶剂可以采用平衡蒸馏技术。

2. 精馏(间歇式)

平衡蒸馏仅通过一次部分汽化，只能部分地分离混合物中的组分，分离精度不高，较难分离结构差异性小的混合物。精馏可以通过多次的部分汽化和部分冷凝来提高分离度，增加回收组分的纯度。对于回收的是需要分离的混合溶剂的情况，采用精馏技术较适宜。

精馏技术按照操作方式的不同，可以分为连续精馏和间歇精馏两种。考虑到药厂溶剂回收的特点，多采用间歇精馏。其蒸馏过程是将待分离混合物一次性投料后进行蒸馏从而获得各纯组分。由于间歇蒸馏是非稳态过程，采用分批操作方式，原料的种类和组成及产品的要求均可以随便改动，尤其适合于制药工业复杂体系的溶剂回收。

对于溶剂属于共沸体系或沸点相近的情况，传统间歇精馏分离效果差，可考虑运用添加剂精馏技术，即在体系中引入某些添加剂以利用溶液的非理想性质来改变组分之间相对挥发度，从而实现高效和节能的气液分离。根据添加剂作用方式的不同，可分为共沸精馏、萃取精馏和加盐精馏。

3. 其他非常规精馏技术

随着绿色化工的发展及降低原料成本的需求，人们对制药工业中废液处理回收技术的要求也越来越高。比如，要求药厂溶剂的回收纯度越来越高；或是废液中一些贵重的药物中间体即使含量很低，也值得回收利用等。在这方面，精馏技术有很大的潜力和优势，因为从理论上而言，适合采用精馏技术分离的物系，原则上可以得到100％纯度的产品，这也是其他分离方法难以比拟的。蒸馏技术发展至今，其发展方向已经从常规蒸馏转向普通蒸馏过程无法分离的问题，通过物理或化学的手段提高分离效率，并且要求低能耗、低成本，向清洁分离发展。近年来，发展了多种非常规精馏技术，并在工程上得到了一定的应用，如吸附精馏、真空精馏、结晶精馏、分子短程精馏、膜精馏等。

17.3 液-液萃取分离过程中的溶剂回收

17.3.1 溶剂回收的必要性及需要考虑的因素

液-液萃取是一种用液态的萃取剂处理与之不互溶或者部分互溶的双组分或多组分溶液，利用相似相溶原理实现组分分离的一种分离技术，广泛应用于化工制药行业。液-液萃取工艺步骤主要包括三个工序：①料液和萃取剂充分混合形成乳状液，溶质自料液转入到萃取剂中；②将乳状液分成萃取相和萃余相；③溶质与溶剂的分离，即涉及溶剂的回收。可见，溶剂回收是萃取过程不可或缺的环节。

采用何种方式或技术实现溶质与溶剂的分离及溶剂的回收，取决于溶质和溶剂的性质。一般情况下，选择萃取过程中溶剂回收技术至少需要有以下几个方面的考虑：①如果混合溶剂中各组分间的沸点较接近，也即组分间的相对挥发度接近于1，若采用蒸馏方法则很不经济；②溶剂中各组分在蒸馏时形成恒沸物，用普通蒸馏方法不能达到所需的纯度；③溶剂中需分离的组分是热敏性物质，用常压蒸馏回收溶剂时容易分解、聚合或发生其他变化；④废水中需回收的溶剂组分含量很低且为难挥发组分，若采用蒸馏方法须将大量稀释剂汽化，则能耗较大；⑤溶剂回收过程中，必须注意安全和防火问题，包括溶剂的性能、毒性等。

17.3.2 萃取溶剂回收处理的技术

从萃取的操作过程来看，溶剂存在于萃取相和萃余相两个部分，两相中溶剂的类型及数量都具有明显的差异性。萃取相中主要包括大量的萃取剂和少量的原有溶剂，而萃余相中则多为原体系中的溶剂，并且萃余相的溶剂量较少。因此，在对于萃取过程中溶剂的回收技术选择时，有必要针对萃取相和萃余相的特征，来选择合适的技术手段。

下面我们从萃取相和萃余相两个方面来考虑溶剂回收的问题。

对于萃取相，由于含有大量的溶剂，并且可能含有多种溶剂，其溶剂回收基本技术与料液浓缩过程类似，一般采用蒸馏的手段来回收萃取剂，便于大规模处理，然后采用进一步的技术手段如精馏来对回收的多种溶剂进行分离纯化；在对于萃取相存在热敏性和生物活性成分，或者萃取剂具有较低挥发度的情况下，不宜采用常规蒸馏手段，宜采用减压蒸馏等技术。

而萃余相中，主要回收溶解于萃余相中少量的溶剂，采用蒸馏的方法进行回收溶剂，具有种种不便之处，如能耗较大，设备场地要求较大，生产成本较高等。可以考虑采用热空气蒸馏、吸附、膜分离等方法。热空气蒸馏，就是通过不断向萃余相泵入热空气，来夹带出萃余相中少量的溶剂组分，该技术适宜于回收萃余相中具有较高挥发度的溶剂。吸附主要的工艺原理是通过吸附材料对萃余相中的有机溶剂进行吸附脱附来达到回收的目的，具有操作简单，成本较低等优点。例如在从红霉素生产废水中分离回收萃取剂醋酸丁酯，就可以采用一种吸附树脂来动态吸附红霉素生产废水中残留的少量萃取剂醋酸丁酯，吸附饱和后，采用常压蒸气脱附、水冷凝分离回收醋酸丁酯。而膜分离指的是通过采用反渗透或者纳滤等手段，使得溶剂分子通过而溶质分子被截留来回收溶剂，具有低能耗的优势。例如在抗生素的生产过程中，常用有机溶剂萃取抗生素进行分离提取，一般水相还含有 0.1%～1%的抗生素和较多量的有机溶剂，就可以采用亲溶剂与稳定的纳滤膜 MPF－42 进行回收溶剂。

17.4 结晶分离过程中的溶剂回收

17.4.1 溶剂回收的基本目的及特点

结晶是固体物质以晶体状态从蒸气、溶液或者熔融物种析出的过程，主要是通过各种技术手段使得溶液形成过饱和溶液，使得固体物质从溶液中析出。对于不同的结晶方式，溶剂在结晶过程中的状态存在差异性，如何采用相应的技术措施来有效地从溶液中回收结晶分离过程中的溶剂，是本节需要讨论的问题。

另外，对于结晶后形成的母液中可能含有少部分不挥发的产品成分和其他杂质，也可能有少量可挥发的杂质。如何除去这些杂质，保证母液的有效循环使用，也是我们在回收溶剂过程需要考虑的。

17.4.2 溶剂回收处理的技术

大部分医药产品及中间体都是以晶体的形态出现的，很多制药过程中都包含了结晶这一单元操作。溶液结晶是工业中最常见的结晶过程。而按照结晶过程过饱和度产生的方法，溶液结晶大致可以分为冷却结晶法、蒸发结晶法、盐析结晶法等。对于不同的结晶方式，其过程中涉及的溶剂回收技术也有所不同。下面就不同结晶方式中的溶剂回收问题进行简单的介绍。

(1) 冷却结晶法　冷却结晶法是通过冷却降温使得溶液变过饱和，所以在结晶过程中基本不涉及除去溶剂。结晶操作结束后，通过过滤收集得到晶体，溶剂全部留在母液，需要通过采用蒸馏等手段对母液中的溶剂进行回收，同时除去母液中的其他可挥发杂质，母液才能进行循环使用。

(2) 蒸发结晶法　蒸发结晶主要是使溶液在常压或者减压下蒸发浓度而达到过饱和，结晶过程中需要除去一部分溶剂。这部分溶剂在结晶过程中以蒸气的形式存在，回收方式类似于料液浓缩中的溶剂回收。

(3) 盐析结晶法　盐析结晶指的是通过向溶液中加另一种物质来降低溶质在原溶剂中的溶解度来产生过饱和的方法。盐析结晶法可将结晶温度保持在较低水平，多用于热敏性物质的结晶。结晶过程中溶剂基本上保留在母液中，因此需要采用减压蒸馏，甚至分子短程蒸馏等技术手段，来回收母液中的溶剂，同时不破坏母液中的药物成分。但由于母液中除了溶剂以外，还引入了盐析剂，因此必须对母液进行处理以除去盐析剂，才能进行循环使用。

17.5 固体物料干燥过程中的溶剂回收

17.5.1 溶剂回收基本目的及特点

干燥是使物质从固体或半固体状经除去存在的水分或某种溶剂，从而获得干燥物品的过程。制药工业中很多产品都是以固体形态存在，要求溶剂组分控制在一定含量范围内。另外，对于一些附加值比较高或者对环境污染较严重的溶剂有必要进行干燥回收残留的溶剂。这种溶剂回收过程与蒸馏回收类似，都是通过变化温度和压力使物料中残留的溶剂汽化而实现，热量传递可以通过传导、对流或者辐射等多种方式实现，蒸发出的溶剂可通过冷凝回收。在药品生产中的干燥工艺，应该注意固体产物在较高温度下的降解或活性失活问题；而且干燥过程中不能引入其他杂质，如灰尘及微生物；干燥设备中不能积存物料或其他杂质，以免影响干燥产品的质量。

17.5.2 溶剂回收处理的技术

干燥是制药工业中不可缺少的单元操作，广泛应用于生物制品、原料药、中间体及成品的干燥。由于制药工业生产中被干燥物料的性质、预期干燥程度、生产条件的不同，所采用的干燥技术及设备也不尽相同。需要要回收的溶剂基本呈气态，但该类气态混合物中的成分可能因干燥过程的特点而可能有较大差异，相应的溶剂回收处理技术也不尽相同。

对于气态溶剂回收的常用方法主要有吸附法、吸收法、冷凝法和膜分离法等。下面再对每种方法进行简单的介绍。

1. 吸附法

目前，采用吸附法回收有机组分的工业应用已比较成熟，较大规模的吸附系统采用的通常流程为变温吸附法（TSA）和变压吸附法（PSA）流程，既可有效脱除有机污染物又可回收有用组分。吸附法在溶剂回收中表现了如下特点：在不使用深冷、高压的手段下，可以有效地回收有价值的有机组分；设备简单，易实现自动化控制；无二次污染。变温吸附法（TSA）是根据待分离组分在不同温度下的吸附容量差异实现分离，由于采用温度涨落的循环操作，低温下被吸附的强吸附组分在高温下得以脱附，吸附剂得以再生，冷却后可再次于低温下吸附强吸附组分。TSA 主要使用于从混合气体中回收一种成分，因此，如果要回收几种不同成分，需要安装几个变温操作单元。TSA 用分子筛作为吸附剂来回收非可燃的组分是可行的。但 TSA 不能用于回收热敏性药物中的溶剂。因此在制药工业上用 TSA 回收溶剂受到了一定的限制，其应用不如 PSA 广泛。变压吸附法（PSA）提纯或分离单元是根据恒定温度下混合气体中不同组分在吸附剂上吸附容量或吸附速率的差异，以及不同压力下组分在吸附剂上的吸附容量的差异而实现的，由于采用了压力涨落的循环操作，强吸附组分在低分压下脱附，吸附剂得以再生。研究发现脱附时真空度越小，脱附速度越大；脱附气体浓度越大，脱附速度相应变小。PSA 具有低能耗、产品纯度高且可灵活调节、工艺流程简单、自动化程度高、投资小、环境效益好等优点。在吸附法中，关键的是吸附剂的开发。目前吸附工艺的几种主要的吸附剂是活性炭、分子筛沸石、活性氧化铝和聚合的吸附剂。工业上使用的吸附剂除了要求具有巨大的表面积外，还要具有良好的选择性和再生性能，良好的机械强度、热稳定性及化学稳定性，较大的吸附容量，良好的吸附动力学性质和较低的水蒸气吸附容量和较小的压力损失等。

2. 吸收法

吸收是气体混合物中的一种或多种组分溶解于选定的液体吸收剂中，或者与吸收剂中的组分发生选择性化学反应，从而从气流中分离出来的过程。为避免二次污染，选择吸收剂除了要考虑吸收气态污染物外，最好能生成可回收的副产物或将其转化为难溶的固体(渣)分离出来，实现吸收剂的回收，并循环使用。吸收法处理有机废气主要利用有机废气能与大部分油类物质互溶的特点，用高沸点、低蒸气压的油类作为吸收剂来吸收废气中的有机物，常见的吸收器是填料洗涤吸收器。

3. 冷凝法

冷凝是对混合气体进行冷却或加压使其中待去除的物质达到过饱和状态而冷凝从气体中分离出来。冷凝能有效地分离回收沸点 310 K 以上有机气体。对于更低沸点的物质，其冷凝需要更深的冷却程度或更大的压强，因而大大增加了运行费用。冷凝的效率由于受到冷却程度和加压程度的限制，一般不会太高，因此往往作为预处理和前级净化手段，其排气还需进一步处理才能排放。回收下来的溶剂也需进一步的处理去除水分和杂质才能回用。国外已有采用冷冻法来回收溶剂或挥发组分的实际应用装置。

4. 膜分离法

膜法气体分离的基本原理是根据混合气体中各组分在压力的推动下透过膜的传递速率不同，从而达到分离目的。对不同结构的膜，气体通过膜的传递扩散方式不同，因而分离机理也各异。目前常见的气体通过膜的分离机理有两种：其一，气体通过多孔膜的微孔扩散机理；其二，气体通过非多孔膜的溶解-扩散机理。由于膜分离操作温度为室温，且物质不发生相变化，装置规模可以根据处理量的要求设计，且设备简单，操作方便，运行可靠性高，具有节能、高效的特点。膜分离广泛应用于医药化工行业的溶剂回收、气体分离等。膜法回收溶剂的方法主要有三种：①溶剂优先通过硅橡胶膜，如德国 GKSS 公司开发的板式膜组件，选用二甲基硅氧烷(PDMS)膜，该技术已经实现了工业化应用；②在膜反应器中用吸附剂吸附溶剂，根据膜基吸收原理，采用微孔中空纤维组件，选用硅油和矿物油作吸收剂，该技术上处于实验室研究阶段；③在膜生物过滤器中生物降解有机气体，用微孔的中空纤维作支撑，生物膜固定在纤维外侧(透过侧)，废气从管内进料，有机气体透过膜，进入生物膜侧，被生物膜降解。该技术目前主要用于废水中有机溶剂的分离，在气体分离中的应用尚处于开发阶段。最简单的膜分离过程为单级膜分离系统，即直接压缩混合气体并使其通过膜表面，以此实现有机溶剂的分离。由于分离程度低，单级很难达到分离要求。现在一般采用膜法与冷凝、吸附等其他过程集成的方法。膜分离法由于其特有的优点而成为研究的热点，被认为是最有发展前途的高新技术之一。近年的研究主要集中在开发高通量、高选择性和化学稳定性、热稳定性等更为理想的新型膜材料，研究新的制膜方法及新的表征方法。

17.6 溶剂回收处理的设备

制药工业中，存在溶剂成分及种类复杂，溶剂状态随工艺过程不同而变化等特点，选择合适的溶剂回收装置显得至关重要。合适的回收设备应以物料特性和工艺要求作为依据进行选择。例如，对于含有具有生物活性的药物组分的溶剂体系，由于这些组分自身降解和活性损失的关系，在进行设备及回收过程设计时，应该考虑回收温度及时间等因素；一些组分停留时间较长的装置，如精馏塔、真空蒸发器，必须控制更低的温度，此类装置内的静压可能使得液体过热，对此也要加以考虑；同时，对于制药工业来说，运转费用低、无菌和高回收效率也非常重要。总之，溶剂回收设备应最大限度地满足这些要求，在达到规定的处理要求的前提下，使总成本(包括设备造价、操作及能耗等)降到最低。

根据分离操作的类别，制药行业中涉及的溶剂回收主要涉及溶剂的蒸气与冷凝冷却、溶剂与固体的分离、废水中的溶剂回收、自由混合气体中溶剂回收等几个类型，下面根据这几种类型分别介绍几种常见的溶剂回收设备。

17.6.1 蒸馏冷凝设备介绍

本节将简要介绍制药工业中普遍应用的蒸馏装置，这些设备都有各自的应用特点，并适用于一定的场合。根据设备内气液传质特性，蒸馏设备有不同分类。考虑到药厂溶剂特点，这里主要选择其中几种进行简单介绍。

1. 折流式超重力旋转床

由于受到传质速率的影响，传统精馏设备存在体积庞大，造价高等缺点。为了解决这一难题，精馏设备专家提出了多种解决方案，折流式超重力旋转床是其中比较成功的一类新型设备。其核心就是利用旋转可调的离心场代替重力场，使得传质速率大大提高，从而提高精馏效率。如图 17-1 所示，折流式超重力旋转床的结构主要由圆形外壳和折流式转子组成，折流式转子是旋转床的核心部件，由静盘和动盘组成，两盘中间存在供气液流通的折流式通道。在分离过程中，料液在动盘中心被高速旋转的动折流圈反复甩到静折流圈，其间液相经历多次分散-聚集过程，形成了比表面积极大而且不断更新的气液界面，因此，具有极高的传质速率，从而提高分离效率。

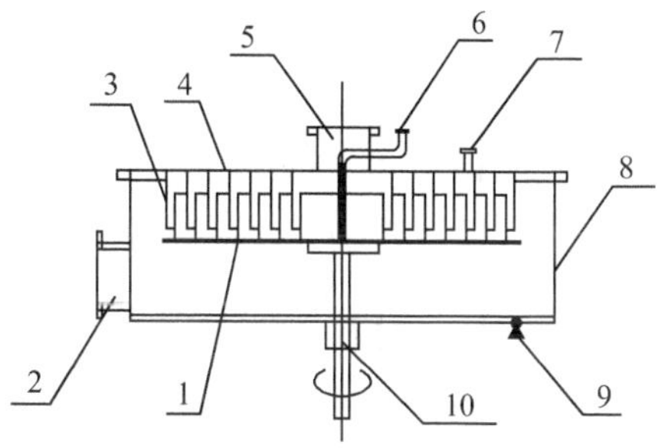

图 17-1 折流式超重力场旋转床结构简图

1—转动盘；2—气体入口管；3—折流圈；4—静止盘；5—气体出口管；6,7—液体进料管；8—壳体；9—液体出口管；10—转轴

与其他精馏设备相比，折流式超重力旋转床具有传质速率高、设备体积小、物料停留时间短、持液量小、抗堵能力强等优点。除此之外，还可以在壳体内同一轴上安装多层转子，从而将单台设备的理论板数成倍地提高。基于这些特点，折流式超重力旋转床在一些贵重、热敏、高黏度溶剂及有毒溶剂的处理方面具有显著优势。

2. 真空蒸馏设备

常规蒸馏设备具有蒸馏压力高、受热时间长、操作温度高和分离效率差等缺点，对于一些高沸点、热敏性物料存在分离困难。针对这一问题，研究工作者提出了多种解决方案，真空蒸馏系统是其中比较成功的一种。这种溶剂回收系统主要包括脱气系统、进料系统、分离装置、加热系统、真空冷却系统、接收系统和控制系统。其中，分离装置是整个系统的核心部分，在溶剂回收过程中起着关键作用。由于溶剂体系复杂及回收要求不同决定了分离装置类型的多样性。从大的方面来说，分离装置可以分为薄膜蒸发器或分子蒸馏器两种不同类型，现分别进行介绍。

1）薄膜蒸发器

这类蒸发器的特点是物料液体沿加热管壁呈膜状流动而进行传热和蒸发，物料在此过程中停留时间短，因此特别适合热敏性组分的蒸发。薄膜蒸发器机组由预热器和加热器、蒸发器、分离器、冷凝器、脱气/真空系统、泵、清洗系统、洗涤器等部分组成。蒸发器是其中的核心组件，按照成膜原因及流动方向的不同，主要分为降膜蒸发器、强制循环蒸发器、板式蒸发器、循环蒸发器四种类型。

(1) 降膜蒸发器，其主要结构由垂直管壳式换热器和带侧面或轴向安装离心分离器组成(图 17-2)。分离过程中，物料经分配装置均匀分配于蒸发器各加热管内，物料在重力和真空诱导及气流作用下，成膜状自上而下流动，运动过程中与加热管外壁加热蒸气发生热交换而蒸发。除蒸发条件温和、物料在蒸发器中停留时间短等优点外，降膜蒸发器具有效能高、操作灵活、所需占地面积小等特点，特别适用于处理温度敏感性的物料。

(2) 强制循环蒸发器,其主要结构为水平或垂直的管壳式换热器或者板式换热器作为加热列管,闪蒸罐/分离器位于换热器和循环泵的上部(图 17-3)。溶剂回收过程中,液体在列管中循环并被加热至过热,随后进入分离器,压力迅速下降导致部分溶剂闪蒸或沸腾。由于蒸发过程是在分离器内进行,在列管中的结垢现象很少。因此,强制循环蒸发器适合于处理易结垢、高黏度的溶剂。

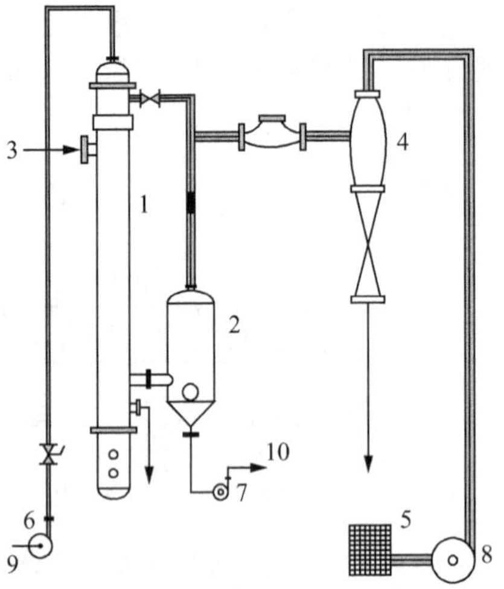

图 17-2 降膜蒸发器

1—蒸发器;2—分离器;3—蒸气进口;4—水力喷射器;5—循环水箱;6—进料泵;7—出料泵;8—离心泵;9—进料口;10—出料口

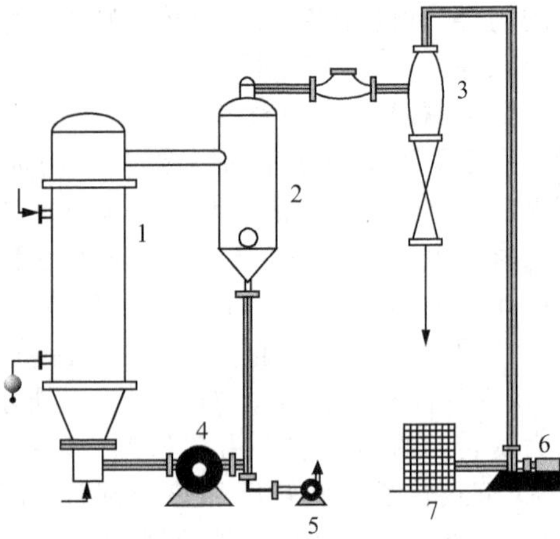

图 17-3 强制循环蒸发器

1—加热器;2—分离器;3—水力喷射器;4—强制循环泵;5—出料泵;6—多级泵;7—水箱

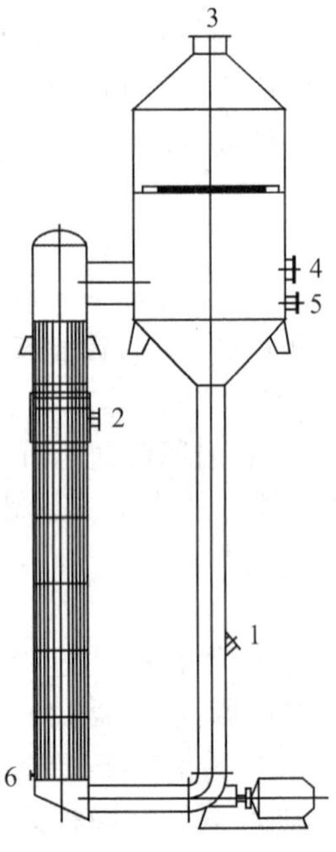

图 17-4 循环蒸发器

1—进料口;2—进气口;3—出气口;4—人孔;5—出料口;6—冷凝水出口

(3) 板式蒸发器,其主要结构由板式换热器和分离器组成。在这种装置中,料液从板间通过,并被蒸气加热而部分组分蒸发,气液混合物从出口处排出,随后,进入分离器实现分离回收。宽的入口管道和向上运动保证了在热交换器的全部横截面上达到理想分布。

此类设备结构紧凑、效率高(总传热系数为管式蒸发器的 2~4 倍),并且清洗方便、持液量少,物料在高温下的时间短,适用于温度敏感性的料液处理或者极端蒸发条件。

(4) 循环蒸发器,其主要部件是垂直管壳式换热器,换热管短,分离器安装在换热器侧面顶部。溶剂分离过程中,料液由加热器加热管底部进入,继而向上流至顶部。由于管外的加热,管内壁上的液膜开始沸腾并部分蒸发,产生的蒸气向上运动,液体被传至加热器顶部,随后,液体和蒸气在分离器内实现分离。此类设备适合于处理溶剂体积大的料液。

2) 分子蒸馏器

分子蒸馏器是一种特殊的液-液分离技术,其分离原理及设备在前面有关章节已作介绍。由于分子蒸馏是一种在高真空度条件下进行的非平衡分离操作的连续蒸馏过程。其操作系统压力很低(10^{-2}~10^{-1} Pa),溶剂组分可以在远低于沸点温度下挥发,而且受热情况下停留时间很短(约 10^{-1}~10 s),因此,特别适合于热敏性和具有生物活性物料中溶剂,以及高相对分子质量、高沸点、高黏度溶剂的回收。

17.6.2 吸附设备介绍

吸附法适用于低浓度(溶剂含量在 1～20 g/m³)的气态溶剂的回收。吸附常用设备,按照工艺流程(图 17-5)主要为原料气体处理装置、吸附装置及分离回收装置。本节主要对其中的吸附装置进行介绍。吸附器是溶剂回收的主体设备,要求有高的吸附效率,吸附、解吸、烘干、冷却操作都能均匀进行,生产能力大,便于操作,同时要求操作费用低。吸附器的种类,大体上可分为:固定层吸附器、移动层吸附器、流动层吸附器。

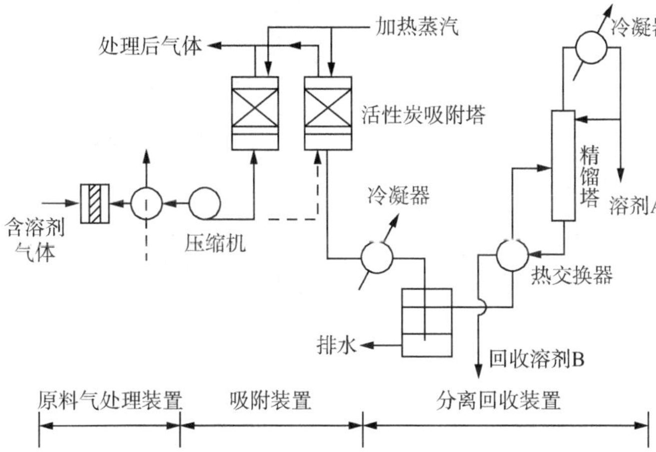

图 17-5 溶剂回收吸附装置的工艺流程

1. 固定层吸附器

固定层吸附器中最常用的就是卧式吸附器和立式吸附器,其构造见图 17-6,立式吸附器的优点是炭层表面分配比较均匀,但因设备高,厂房布置需要两层,管理困难,一般炭层比卧式吸附器高,压力降较大。在炭层厚度相同时,装炭量少,因而生产能力较小。

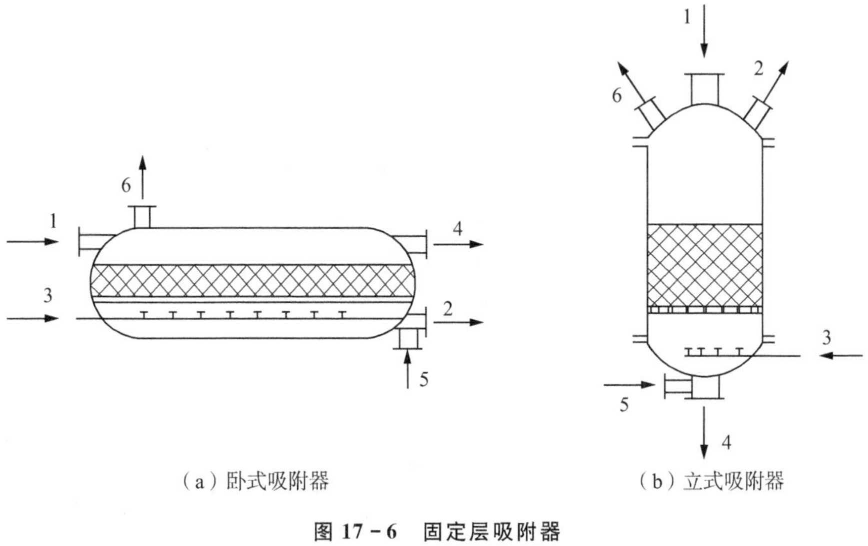

图 17-6 固定层吸附器

1—废气入口;2—净化气出口;3—水蒸气入口;4—脱附蒸汽出口;5—热空气入口;6—热湿空气出口

2. *移动层吸附器*

此类吸附器又叫超吸附法装置。它是利用活性炭的移动，连续地进行气体分离的装置，其构造如图 17－7 所示。移动层吸附器没有必要像固定层吸附器那样设置许多个充填层吸附装置，在吸附剂的充填高度方面，也仅仅只在吸附带的长度上进行适当的分配。从再生的时间来看，它可以利用吸附剂数量少这一优点，迅速进行再生。

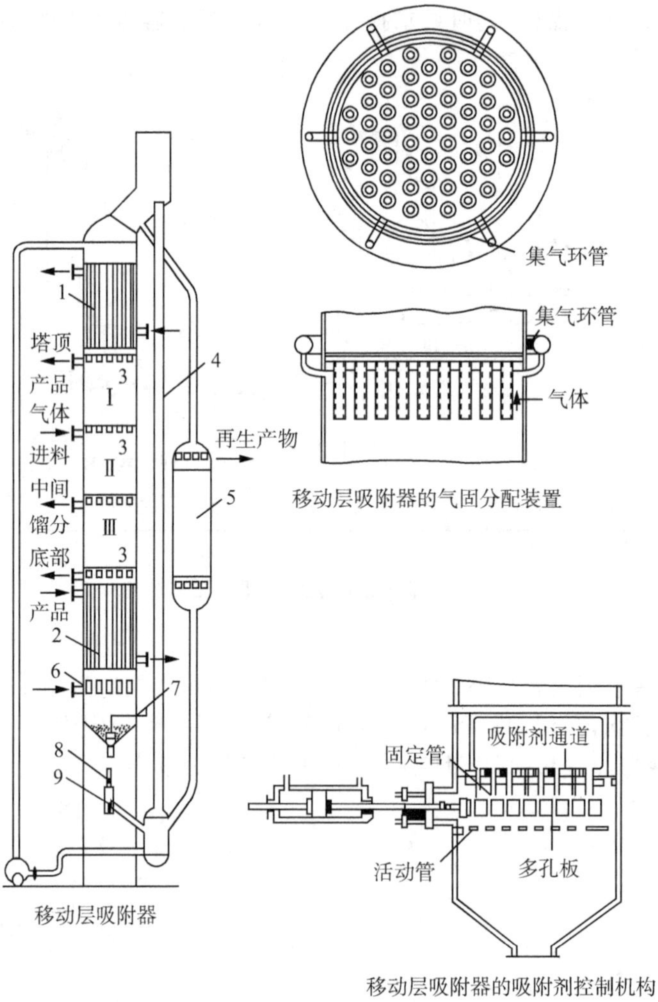

图 17－7　移动层吸附器

1—冷却器；2—脱附塔；3—分配塔；4—提升管；5—再生器；6—吸附剂控制机构；7—固粒料面控制器；8—封闭装置；9—出料阀门

3. *流动层吸附器*

流动层吸附器中，通过的流体可以采用大的流速，这点对缩小吸附塔径是有利的。但在流动层中，转入到再生工程的吸附剂，不像固定层吸附器、移动层吸附器那样近于饱和。从单位耗热来看，经济性差一点，在吸附器磨损方面，流动层吸附器最为剧烈。因此，吸附量大的场合才采用流动层吸附器。

17.6.3　吸收设备介绍

吸收法处理有机废气主要利用有机废气能与大部分油类物质互溶的特点，用高沸点、低蒸气压的油类作为吸收剂来吸收废气中的有机物，常见的吸收器除了填料塔外，还包括板式塔、湍球塔等。

1. 工业用吸收罐

工业用吸收罐亦称表面吸收罐。在吸收器中使气体掠过静止或缓慢流动的液体表面，吸收质在此过程中由气相主体转移到液相中。吸收罐适用于小批量、间歇处理腐蚀性强的物系。因其容积内的表面积较大，特别适宜处理吸收过程中需大量散热的气体。

2. 喷洒式吸收器

喷洒式吸收器是将液体喷成细雾或液滴状分散于气体中，以增大气液两相接触面积的一类设备。喷雾塔常用于易溶有机气体的吸收，喷雾装置可分为喷头式、机械离心式两大类。文丘里洗涤器(图 17－8)是常用的一种喷洒式吸收器，用于气体吸收时，具有体积小、喉部气体速度高、液气比小等特点，能处理大容量的气体，液体雾化效果好。

3. 湍球塔吸收器

湍球塔(图 17－9)是新发展的传质、传染和除尘设备，是将流化床技术应用于气、液传质设备，设备中的填料处于流化状态，气、液传质在表面不断更新和强烈湍动下进行。湍球塔操作时采用的气速高，处理量大，气、液分布均匀，塔内湍动剧烈，能用较小的塔高取得良好的传质效果，塔的结构简单，重量较轻，不易被物料堵塞。但其缺点是每段传质区中存在强烈的返混，所以只适合于传质单元数不多的过程。另外其球形填料用塑料制造，易溶胀和破裂，一般操作温度应在 80℃以下。

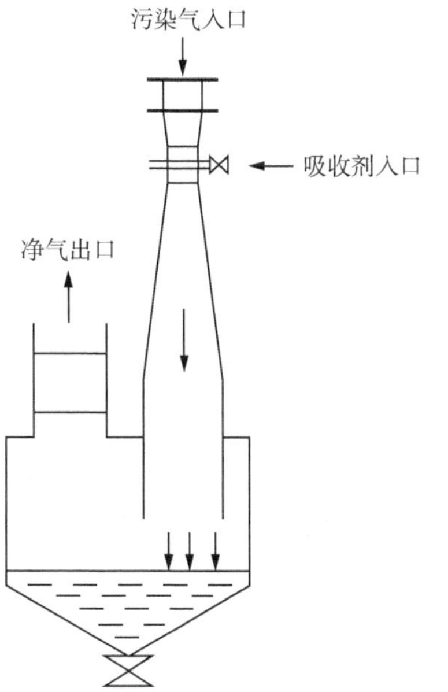

图 17－8　文丘里洗涤器

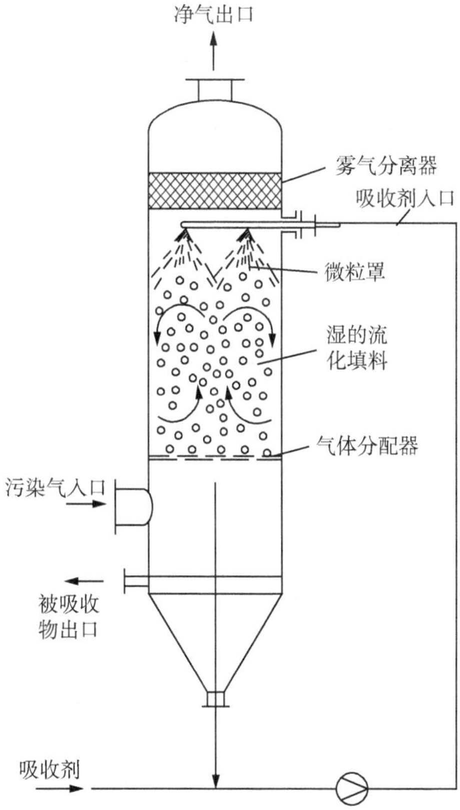

图 17－9　湍球塔洗涤器

17.6.4　膜分离设备

膜分离在有机溶剂回收中的应用，大体可以将分离体系分为两种：一种是对液体体系中有机溶剂的回收；另一种是在对干燥过程的混合气体及制药过程尾气中的有机溶剂的分离和回收。它们的主要差别在于膜材料的不同。各种分离膜材料组装成膜组件，并与泵、过滤器、阀、仪表及管路等装配在一起，形成膜分离设备，在一定驱动力作用下，完成对混合物中各组分的分离。本节主要对用于气体分离的膜材料及组件进行介绍。

气体分离膜使用的材料不同，其分离机理也不相同。气体分离膜按材料性质可分为高分子材料、无机材料和金属材料三大类。理想的气体分离膜材料应该同时具有高的透气性和良好的透气选择性、高的机械强度、优良的热和化学稳定性及良好的成膜加工性能。

1. 膜材料

(1) 高分子膜材料

主要是纤维素衍生物类、聚砜类、聚酞胺类、聚酞亚胺类、聚醋类、聚烯烃类、乙烯类聚合物、含硅聚合物、含氟聚合物和甲壳素类等可作为气体分离膜材料，目前还在各种分离膜领域中应用。其中有机硅膜材料的研究和开发也一直是一个热点，硅橡胶膜对有机气体的选择透过性一般比空气大 10～100 倍。当有机气体与膜材料表面接触时，可以透过膜，从废气中分离出来。为保证过程的进行，在膜的进料一侧使用压缩机或透过一侧使用真空泵，使膜的两侧形成压力差，提供气体透过膜所需的推动力。分离膜多为涂层和支撑层组成的复合膜，涂层提供分离性能，而多孔支撑层提供机械强度。常用的支撑层材料为聚砜、聚醚砜、聚酰亚胺、聚偏氟乙烯等，涂层材料一般为具有高度选择性的聚二甲基硅氧烷(PDMS)，PDMS 是目前工业应用中透气性最好的膜材料之一，美国、日本已成功地用它及其改性物制成了富氧膜，缺点是透气选择性低，超薄化困难。日本科学家发现聚乙炔类材料的渗透系数比 PDMS 高一个数量级。苏联研究人员开发的聚三甲基烷基乙烯(PVTMS)，其性能强于传统有机硅材料。用硅改进其他聚合物和改性有机硅膜材料将是今后研究的主要方向和热点。

(2) 无机膜

无机膜常由 Al_2O_3、TiO_2、SiO_2 等材料组成，膜具有化学和热稳定性较好，机械强度大、抗微生物能力强、孔径分布窄，分离效率高等优点。无机膜在气体分离中有独特的优势，可用于氢和烃类的分离、水与醇的分离、氢与一氧化碳的分离等，还可用于空气中烃蒸气的回收。

(3) 金属膜

金属膜材料主要是稀有金属，以钯及其合金为代表，主要用于 H_2 的分离，在有机气体的回收上应用有待开发。

2. 膜组件

各种膜材料只有组装成膜组件，才能用于分离。目前，工业上常用的膜组件主要有板框式、圆管式、螺旋卷式、中空纤维式和毛细管式五种类型，不过用于气体分离的聚合物膜组件主要有板框式、中空纤维式及螺旋卷式。

(1) 板框式膜分离器

板框式膜组件也称平板式膜组件，具有操作方便，膜片容易更换，且无需黏合即可使用等优点，但装填密度较低，处理量较小。因此，这种组件更多的是用于液体体系中的分离，在气体分离中使用较少。

(2) 中空纤维式膜分离器

中空纤维式膜分离器其核心部分是中空纤维，通常是把几万至几十万中空纤维膜平行放于分离器内，纤维束两段用环氧树脂封堵，称为封头。其中一端全部封死，而另一端只封住中空纤维束的间隙，类似管板。将丝内和丝外分隔成可耐一定压力的流道，然后装入耐压的外壳中，将封头和管板分别与外壳密封即成分离器。中空纤维式膜分离器在气体分离中使用得最多，其优点是装填密度高，处理量大；单位膜面积的制造费用较低；耐压稳定性高。其缺点是对原料气的预处理及压力要求较高。

(3) 螺旋卷式膜分离器

螺旋卷式膜分离器也由平板膜制成。将两张膜的三边密封，组成膜叶。在膜叶上铺有隔网，用带有小孔的多孔管卷绕依次放置的多层膜叶，形成膜卷；最后将膜卷装入圆筒形的外壳中，形成一个完整的螺旋卷式膜分离器。螺旋卷式分离器具有结构简单，造价低廉，装填密度较高等优点，并且由于有隔网的作用，气体分布和交换效果良好。但是渗透气流程较长，膜必须粘接且难以清洗。

思考题

17-1 简述溶剂回收在制药工业中的意义以及不同类型的需要溶剂回收的工艺过程。

17-2 料液浓缩过程中溶剂回收有哪些适宜技术？它们有何特点？

17-3 结晶分离过程中的溶剂回收利用的基本途径有哪些？其技术的基本原理是什么？

17-4 简述液-液萃取过程中溶剂回收与其他过程相比它具有的特点和相应的技术。

17-5 固体物料干燥过程中的溶剂回收有哪些基本特点？有哪些主要的技术及设备？

参考文献

[1] 刘铮. 生物分离过程科学. 詹劲，等译. 北京：清华大学出版社，2004.

[2]孙彦. 生物分离工程. 北京：化学工业出版社，2005.

[3] 张寿山. 制药厂生产车间新技术新工艺流程与操作技能应用、质量控制及设备运行维护实用全书. 北京：中国医药科技电子出版社，2005.

[4] 王效山，王健. 制药工艺学. 北京：北京科学技术出版社，2003.

[5] Acosta-Esquijarosa J, et al. Recovery of acetonitrile from aqueous waste by a combined process: solvent extraction and batch distillation. Separation and Purification Technology, 2006, 52(1): 95-101.

内容提要

本书系统地介绍了与制药过程相关的工业分离纯化技术和工程的基本概念、原理、方法、工艺及其应用。全书分为 17 章，主要内容包括制药原料的预处理、固-液初步分离、一般分离纯化、高度纯化、进一步的成品加工以及溶剂的回收循环使用等。每章选编适量的思考题和习题，供学生进一步理解、巩固和强化知识之用。

本书可用作制药工程、应用药学、化工、生物工程与技术等领域相关学科和专业的教材，也适合作为相关领域其他人员系统学习制药分离技术与工程知识的自学参考用书。